U0320701

贵州月亮山自然保护区
科学考察研究

主　编：罗　扬　龙笛信
副主编：李　茂　杨永彰　石文礼　陈志萍

中国林业出版社

图书在版编目（CIP）数据

贵州月亮山自然保护区科学考察研究／罗扬，龙笛信主编. —北京：中国林业
出版社，2019.9

ISBN 978 - 7 - 5219 - 0245 - 7

Ⅰ.①贵… Ⅱ.①罗…② 龙… Ⅲ.①自然保护区 - 科学考察 - 考察报告 -
榕江县 Ⅳ.①S759.992.734

中国版本图书馆 CIP 数据核字（2019）第 178192 号

出版 中国林业出版社（100009 北京西城区德内大街刘海胡同 7 号）
电话 （010）83143581
发行 中国林业出版社
印刷 北京中科印刷有限公司
版次 2019 年 9 月第 1 版
印次 2019 年 9 月第 1 次
开本 889mm×1194mm 1/16
印张 27.25
印数 1200 册
字数 906 千字

《贵州月亮山自然保护区科学考察研究》

编辑委员会

贵州月亮山自然保护区综合科学考察团
人员名单

团　长：黎　平（贵州省林业厅/原厅长）

副团长：孙吉慧（贵州省林业厅野生动植物保护与自然保护区管理处/处长）

　　　　冉景丞（贵州省林业厅贵州省野生动植物管理站/站长）

　　　　罗　扬（贵州省林业科学研究院/院长）

　　　　龙笛信（贵州省黔东南州林业局/副局长）

基础环境组：朱军、高华端、袁芳菊、吴鹏、舒德远、罗金、黄选华、左晋、李丽丽、杨荣和、洪康国、刘志楠、牟冶垒

动物组：李筑眉、冉景丞、黄小龙、杨洋、蒙文萍、江亚猛、匡中凡、胡灿实、田应洲、熊荣川、雷孝平、余金勇、朱秀娥、刘童童、李晓龙、陈会明、郭轩、陆天

植物组：张华海、吴兴亮、熊源新、苟光前、安明态、杨成华、谢双喜、何跃军、李秋华、李从瑞、陈志萍、钱长江、邓春英、李磊、曹威、刘良淑、钟世梅、崔再宁、吴菲菲、孙巧玲、余德会、袁丛军、李鹤、冯邦贤、韦堂灵、吴春玉、钟洪波、朱晓宇、丁章超

资源组：罗扬、邓伦秀、余登利、杨传东、魏鲁明、杨汉远、陈正仁、姜运力、潘德权、黄磊、陈锐、赵佳、黄胜先、杨加文

社区发展组：王定江、杨学义、李茂、胡岑龙、谢镇国、顾卿先、龙正凯、李芳

榕江县林业局：杨永彰、胡绍平、杨泉、宋锦、杨刻钧、杨铭、王世东、潘永光、徐昌松、郑阳、卫大全

从江县林业局：龙立平、韦兴桥、杨再辉、余永生、邬志雄、石海春、欧金文、潘荣广、李进昌、徐建林、蔡智芳、陈刚

前　言

巍巍苗岭，神秘月亮山。

月亮山、太阳山是与雷公山齐名的苗岭名山，境内森林茂密，沟壑纵横，生境复杂多样，植物区系起源古老。由于闭塞偏远，交通不便，疏于开发，加之人口较少，因此，在以月亮山为主的周边地区至今还保留着大面积的原始常绿落叶阔叶混交林。长期以来，月亮山原始的森林植被、完整的生态系统、丰富的生物多样性、离奇的"野人"传说、原生态的民族风情，吸引着社会各界的目光。

1962 年，西南综考队曾到月亮山林区作过调查，认为该区森林植被茂盛，生物资源丰富，并且是一个处于相对平衡状态的森林生态系统。1989 年，贵州省林业厅(现为"贵州省林业局"，下同)邀请省内大专院校、科研单位以及林业系统内部单位的 52 名专家、学者和科技人员，组织了含 15 个专业调查组的综合考察团，对南抵荔波县五狼坡，东至从江县污虽，北抵榕江县上拉力，西抵三都县茅坪，总面积约 110.25 km² 的月亮山林区进行了为期 20 天的野外考察，完成了 16 份专题报告，并出版《月亮山林区科学考察集》。这次科考对当时的月亮山林区作出这样的评价：历史上曾是一块茂密的原始林区，生物物种较丰富，有濒危物种、新分布物种，但林区生境状况已在局部地段有恶化趋势，居民生活贫困，文化落后。建议以月亮山和太阳山为中心，建设为水源涵养林保护区。

2003 年，黔东南自治州政府批准成立了榕江月亮山州级自然保护区和从江月亮山州级自然保护区。其中从江月亮山州级自然保护区总面积 33.6 万亩，保护区类型为森林生态型，主要保护对象为马尾松、猕猴及森林植被；榕江月亮山州级保护区总面积 49.3 万亩，保护区类型为森林生态型，主要保护对象为樟科、壳斗科、木兰科等常绿阔叶林。

为进一步加强榕江、从江两县生态文明建设，守住生态底线，更好地保护月亮山的森林植被，两县县委、县政府研究决定，经黔东南州政府同意，拟将两个州级自然保护区联合申请升级为贵州月亮山省级自然保护区。为此，榕江县、从江县县委、县政府于 2014 年 9 月向贵州省林业厅申请，由贵州省林业科学研究院牵头组织，邀请了贵州大学、贵州师范大学、贵州科学院、贵阳学院、贵州梵净山国家级自然保护区、贵州茂兰国家级自然保护区等十多个单位的地质、土壤、气象、植物、动物、生态、社会经济、自然保护等有关学科的专家学者，组成贵州月亮山自然保护区科学考察团，于 2014 年 9 月围绕榕江县、从江县拟建保护区及周边相关地区约 50000 h ㎡范围，开展深入的多学科综合科学考察工作。本次科考，根据自然保护区的发展需要和相关技术规程，增加了生物遗传资源、保护区威胁因素、社区共建模式、无脊椎动物的软体动物、倍足动物等学科。

金秋的月亮山，层林尽染，美不胜收。科考队员住苗寨，吃干粮，斗蚂蟥，跋山涉水，全身心投入科学考察，只为撩开月亮山神秘的面纱。在调查过程中，各学科根据自身特点，采取样线调查、固定样方、村寨访谈、资料收集等多种方式，科学规范地开展工作。集中考察结束后，各学科根据需要，进行补充调查。

经过历时近三年的样品分析、标本鉴定、数据处理、补查修正等工作，各学科共撰写 39 篇专题研究报告，集结成本书。

经考察，月亮山保护区位于云贵高原边缘向广西低山丘陵过渡、苗岭山脉南缘南岭桂北诸山接壤地带，出露地层主要为元古代、震旦纪和寒武纪地层，地形切割破碎、起伏较大，地貌类型复杂多样。保护区地处中亚热带，其垂直气候带为中亚热带和北亚热带，气候温暖湿润，森林植被类型较为丰富，以常绿落叶阔叶混交林为主。

本次考察共采集植物标本 6518 号（含相关调查）、动物标本 1536 号（大部分是野外直接观察），经鉴定整理，并充分参考已有的考察研究成果，保护区现有各类生物 594 科 1741 属 3226 种（含种以下变种、亚种等，下同），其中植物种类有 338 科 1021 属 2239 种，动物种类有 256 科 720 属 987 种。列为国家Ⅰ级保护植物有 3 种，Ⅱ级保护植物有 24 种，兰科植物 30 属 72 种，其他有保护价值的植物 17 种；列为国家Ⅰ级保护动物 4 种，Ⅱ级保护动物 26 种。发现动物新种 3 种，贵州新纪录植物 10 种，贵州新记录鸟类 1 种。

月亮山科考，考察范围广，涉及面宽，交通十分不便，难度较大。在贵州省林业厅、黔东南州林业局、从江县人民政府、榕江县人民政府、从江县林业局、榕江县林业局、光辉乡人民政府、计划乡人民政府、水尾乡人民政府、兴华乡人民政府、加勉乡人民政府等各级各部门领导和专家的大力支持和帮助下，圆满完成考察任务，在此表示感谢！

由于涉及学科众多、内容繁杂，编者水平有限，书中难免有错误疏漏，望读者批评指正。

编　者

2019 年 7 月

目　录

贵州月亮山自然保护区范围及功能区区划图

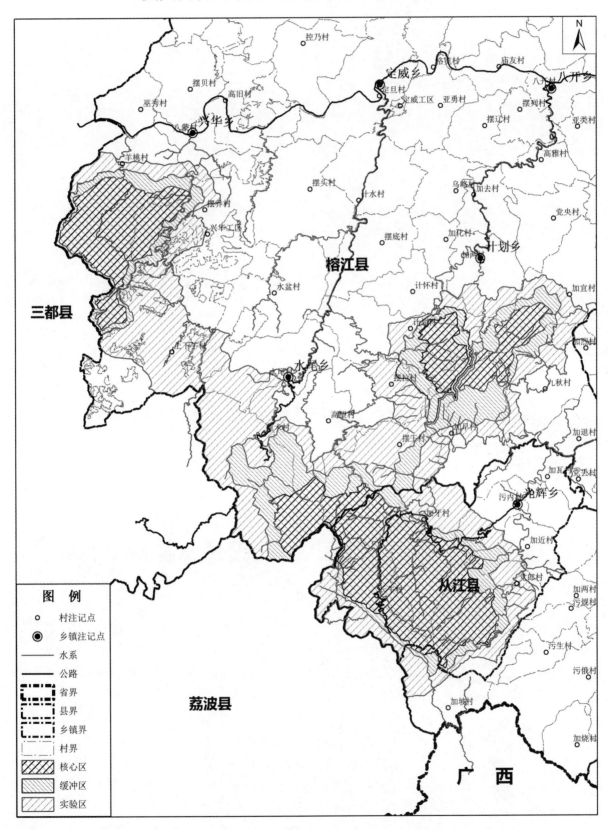

图　例

○　村注记点

◉　乡镇注记点

水系

公路

省界

县界

乡镇界

村界

核心区

缓冲区

实验区

第一章 概 述

贵州月亮山自然保护区(以下简称"月亮山保护区"或"保护区")地处贵州省黔东南苗族侗族自治州从江县与榕江县交界区域,涉及从江县光辉乡的加牙村、长牛村、党郎村、污内村、加近村和加勉乡的加坡村,榕江县水尾乡的水尾村、拉术村、水盆村、高望村和上下午村,计划乡摆拉村、摆王村、加早村、九秋村、计划村、计怀村、加两村和加宜村,兴华乡摆桥村、羊桃村和八蒙村以及国有林场兴华工区,计6个乡(林场)23个村(工区)。总面积34555.67 hm²,其中:从江县10007.82 hm²,榕江县24547.85 hm²。地理位置为 E:108°04′34″~108°23′21″, N:25°32′32″~25°49′31″。东至榕江县加宜村污秋河,西至榕江县羊桃村与三都县交界,南至从江县加坡村(县界)高程为海拔1285.5m的"梁坡"山顶,北至榕江县羊桃村与三都县交界海拔902.1m的"姑让坡"。

1 自然地理

1.1 地质地貌

月亮山保护区属江南古陆西南尾端,处于华南准地台与扬子准地台过渡地带,具体位置在云贵高原台凸甸湘西大向斜西麓过渡地带,属于江南地台西南麓的雪峰台凸地岗,为湘西大向斜之西部边缘。出露地层主要为元古代、震旦纪和寒武纪地层,多为浅海沉积的碎屑岩及浅变质岩。岩石类型多样,主要有粉砂质板岩、变余凝灰岩、砂质板岩、变余细砂岩、变余石英砂岩及含硅质绢云母板岩等,其次有古生代寒武系、震旦系冰碛砾岩、炭质页岩。总体上岩石质地较坚硬,SiO_2含量较高,属硅铝质类岩石。

保护区位于云贵高原边缘向广西低山丘陵过渡、苗岭山脉南缘南岭桂北诸山接壤地带。区内层峦叠嶂,地形切割破碎,起伏较大,有中中山、低中山、低山、丘陵和零星的河谷坝地等多样地貌类型,在地貌组合上,多呈侵蚀谷与脊状山组合。受断裂、地层及岩性的控制,地貌成因主要为构造-侵蚀地貌、河谷地貌和堆积地貌类型。保护区地势高程变化在海拔310m~1508m,以600m~1400 m地势为主,大于1000 m的地势等级面积达68%左右。最高海拔1508 m(太阳山),最低海拔310 m(里宜)。

1.2 水文

月亮山保护区处于珠江水系都柳江中上游高地,干流都柳江水源丰富。保护区水系属都柳江支流。支流牛场河发源于水尾乡滚通归信,呈北东流向于定威流入都柳江,全长47 km,水能理论蕴藏量1.43万 kW;八蒙河发源于荔波县板甲乡上茹城,全长36 km,水能理论蕴藏量0.768万 kW;污牛河(孖温河)发源于从江县西南部加鸠长牛村,流经加牙、加鸠、加瑞、孔明、东朗、加民、加哨、摆亥等地,至下江孖温村汇入都柳江,全长86 km,水能蕴藏量达4.7万 kW,可放运木材,下游可航行木船。

该地区长期受风化剥蚀,加上浅变质岩物理风化强烈,在地表流水的作用下,形成了大量的富水的厚层残、坡积物。整个保护区水道系统共发育5级,发育水道885条,其中1级水道697条、2级水道138条、3级水道37条、4级水道11条、5级水道2条。

保护区碎屑岩类广布,断层、节理裂隙发育,形成良好的地下水存贮运移条件,潜水丰富,地下水随地形而起伏,山高水高。构造风化裂隙水是保护区主要的地下水类型,这一含水层深度可达30~40 m,是月亮山保护区珍贵的地下水库。

保护区内地下水埋藏浅而径流速度慢,由于沟谷切割较深,便形成了以带状渗出为主的地下水排泄方式。复杂密集的断裂,形成了纵横交错的地表水网,为地下径流的排泄提供了条件,因而地下水的排泄量随沟谷长度的增加而增大。不同级别的沟谷水道形成了地下水不同的排泄基准面，这一特征进一步促进了保护区内地表径流调蓄、地下水以丰补歉、均衡地表水资源及地下水资源，形成了良好的水文生态环境。另一方面，保护区广泛分布的人工梯田，局部拦截了地表径流，形成人工湿地，增强了地表水向地下水的转化，也大大提高了保护区的水源涵养功能。

1.3 气候

月亮山保护区地处中亚热带，其垂直气候带为中亚热带和北亚热带，气候温暖湿润，主峰上有典型的"分水岭"。年日照时数为 1076.6 ~ 1292.5 h，年太阳总辐射量为 3595 ~ 3935 MJ/ m²，常呈现随高度增加而递减的现象，一年中 8 月最高，1 月最低，呈冬少夏多分布，属全国低值区范围。年平均气温 12.9 ~ 18.3℃，相对周围气温属于低值区，一年中 7 月最高，1 月最低。林木越冬条件较好，当有较强冷空气从东北路径入侵，加之静止锋维持时，林区因海拔高而降温剧烈，易产生凝冻天气，造成林木断枝、断梢。年平均降水量 1367.7 ~ 2108.8 mm，在保护区的东南侧、南侧，以加勉站为代表，形成了一个强降雨中心。降水分布特征为，南坡多于北坡，东坡多于西坡，北坡最小，东南坡及南坡最多；夏季多雨冬季干。林区相对湿度大，云、雾、雨日多。保护区地处低纬度地带，受极地大陆干冷气团影响相对较弱，受热带南海气流影响较大。受季风进退和强弱变化影响，保护区主要有暴雨洪涝、干旱、大风、冰雹、倒春寒、秋风等自然灾害。

1.4 土壤

月亮山保护区基岩大多为浅变质黏土岩类，成土母质以变质岩、沉积岩类的坡积物为常见，局部有残积物、冲积物分布。土壤以黄壤和黄棕壤为主，深厚，富含营养，适宜植物生长。保护区主要为酸性土壤，土壤 pH 值整体上呈现随自然恢复演替过程的发育而递减的趋势，土壤全氮、水解氮、全磷、有效磷、速效钾等均存在随土层深度增加而递减、随自然恢复演替过程的发育而递增的趋势。土壤生态化学计量特征的变化规律整体上与土壤养分的变化规律相似，但土壤阳离子交换量、全氮、水解氮和有机碳含量呈草本群落 > 灌木灌丛的状况，疑与保护区草本群落的形成背景有关，保护区草本群落多为人为耕作弃耕和森林植被火烧后形成，其施肥作用和火烧后大量残余物的回归可以有效改善土壤的理化性质，这些养分元素在短时间内逐渐流失，但还保留有一定的水平，到灌木灌丛阶段时，这些之前留下的养分元素流失殆尽，而且还没有形成较好的植被－土壤循环系统，所以养分元素含量水平较低。

对比分析表明，近 30 年来，保护区土壤养分状况有一定的变化。土壤有机碳从 33.34 ± 12.87 g/kg 提高到 49.24 ± 7.44 g/kg，增加了 47.69%；土壤全氮由 2.54 ± 0.99 g/kg 增加到 3.15 ± 0.90 g/kg，增加了 24.02%。土壤有机碳和全氮含量明显增加以及土壤 pH 值的降低，是因为保护区受到人为的保护，植被得到较好的恢复，凋落物量增多，凋落物在分解过程中产生较多的 CO_2 和有机酸，使土壤酸性增强，同时丰富了土壤有机碳含量，土壤肥力得到增强和维护。土壤全磷、全钾降低，源于磷元素和钾元素的淋溶流失和植被的吸收作用，被植被吸收的营养元素以枯落物的形式返还到土壤，钾从凋落物中释放的速度一般比其他元素都快。

2　植物多样性

2.1　森林植被

月亮山保护区森林植被类型较为丰富，以常绿落叶阔叶混交林为主，主要森林植被有 8 个类型，即常绿阔叶林、常绿落叶阔叶混交林、落叶阔叶林、针阔混交林、针叶林、竹林、灌丛及灌草丛等类型。

常绿阔叶林是保护区最主要的植被类型之一，与该区地带性植被相吻合，分布范围较广，但面积较小，次生性明显。由于人为干扰，主要分布在坡度较陡的地带，呈小块状分布，主要树种有壳斗科栲属、山茶科木荷属、樟科润楠属和樟属等树种，伴生少量针叶树；常绿落叶阔叶混交林是保护区最常见的植被类型，分布范围广，落叶树种占优势，伴生一定数量的常绿阔叶树种。主要落叶树种有壳斗科水青冈属、山柳科山柳属、蔷薇科花楸属和樱属、桦木科鹅耳枥属、樟科木姜子属和山胡椒属、木兰科鹅掌楸属等，常绿树种有壳斗科栲属、樟科樟属和润楠属、木兰科木莲属；落叶阔叶林植被以落叶阔叶树种占绝对优势，伴生少量常绿阔叶树种。该类型分布较广，主要落叶树种有卫矛科十齿花属、山柳科山柳属、马尾树科马尾树属等；针阔混交林主要分布在人为干扰较频繁的地段，针叶树在第一层占绝对优势，亚层主要为阔叶树种。针叶树主要有马尾松、杉木等，阔叶树种主要有水青冈、丝栗栲、枫香等；针叶林主要为纯林，分布较广，是一类受人为干扰频繁的植被，主要树种为马尾松、杉木、柏木等，林分上层为针叶树，下层伴生少量低矮的灌木，如油茶、菝葜、杜鹃、柃木等；竹林主要分布在海拔 500～800 m 之间，主要竹种为楠竹。

保护区的森林植被与中亚热带典型的常绿落叶阔叶混交林大致相同，反映了它们深受地带性气候条件的影响。在 8 个森林植被类型中，常绿阔叶林占保护区森林植被总面积的 19.05%，落叶阔叶林占39.34%，在落叶阔叶林中最主要的优势树种是水青冈，分布面积约占保护区总面积的三分之一。森林群落原生性总体上比较强，现在整个群落体现出一个良好的正向演替格局。

2.2　淡水藻类与地衣

月亮山保护区淡水藻类共包括 6 门 9 纲 17 目 32 科 64 种（属），其中蓝藻门为 1 纲 3 目 8 科 15 种（属），甲藻门为 1 纲 1 目 1 科 1 种（属），裸藻门为 1 纲 1 目 1 科 1 种（属），隐藻门为 1 纲 1 目 1 科 1种（属），硅藻门为 2 纲 5 目 9 科 20 种（属），绿藻门为 3 纲 6 目 12 科 26 种（属）。绿藻种类数最多，硅藻次之，蓝藻居第三，此 3 种藻类占总种类数的 95.2%，为保护区优势种类。

经发现的标本鉴定分析，保护区地衣涵盖 11 科 20 属。大量叶状地衣的出现表明该地生态环境优良，空气质量佳。

2.3　大型真菌

保护区大型真菌种类共有 234 种和变种，其中子囊菌 20 种，隶属于 6 科 11 属；担子菌 214 种，隶属于 42 科 99 属。不同的森林类型，表现出不同的大型真菌种类组成，针阔混交林下较为丰富。海拔的垂直变化，也直接影响着大型真菌种类的分布。保护区大型真菌可划分为 3 个垂直带，即低山林带、中山林带和山顶林带。在低山林带常见的有黄小双孢盘菌、长柄炭角菌、红毛盾盘菌、皱木耳、银耳假芝等；在中山林带以树上种类常见，地上种类并没有随海拔上升而减少，肉质种类和数量还是偏多，但少于 800 m 以下的肉质种类，特别是鹅膏科、牛肝菌科中的种类明显减少，半肉质种类常见；在高山林带常见种类有一色齿毛菌、扇形小孔菌、云芝、红毛盾盘菌、多型炭角菌等。保护区的食用菌有130 余种，常见的有蜜环菌、杯冠瑚菌、冠锁瑚菌、鳞柄长根菇等。

2.4　苔藓植物

保护区内苔藓植物 374 种，其中苔类植物 30 科 47 属 150 种，藓类植物 39 科 100 属 224 种。苔藓植物优势科、属组成中，苔类植物分别占 33.94%、67.16%，说明藓类、苔类植物对该地区的地理环境都有较好的适应。苔藓植物的垂直分布初步分为 4 个带：常绿阔叶林苔藓植物带（海拔 600 m 以下）、落叶常绿阔叶林苔藓植物带（海拔 600～900 m）、针阔混交林苔藓植物带（海拔 900～1200 m）和落叶阔叶林少灌木草甸苔藓植物带（海拔 1200～1500 m）。由于低海拔人为干扰和高海拔温度低、光照和辐射强等极端环境对苔藓植物的分布的影响，不同海拔科属种的数量先升高后降低，不同海拔优势科、属内种数也呈现相同趋势。苔藓植物群落的形成与所处的环境密切相关，不同海拔所处的环境不同，苔藓植物的群落组成也不同，石生群落和土生群落分布最广，水生群落分布最少。保护区共有树附生苔藓 36 科 63 属 112 种，其中优势科 7 个，含 26 属 56 种，以细鳞苔科（7 属 13 种）的属数和种数最多。

2.5　石松类和蕨类植物

保护区共有石松类和蕨类植物 25 科 78 属 194 种（含种以下分类单位），其中石松类植物 2 科 6 属13 种，蕨类植物 23 科 72 属 181 种，区内石松类及蕨类植物资源丰富，系统进化完善。从相对原始的木贼科 Equisetaceae 到比较进化的水龙骨科 Polypodiaceae，保护区内均有分布。鳞毛蕨类群、蹄盖蕨类群、凤尾蕨类群在该区内也占有较高比重。蕨类植物资源相对于石松类具有较高的丰富性，体现出月亮山保护区蕨类植物起源古老。国家Ⅱ级保护植物金毛狗在区内比较常见，有的 10 多株在一起，形成群落景观，这在其他地方少见。对保护区石松类和蕨类植物分布类型划分，东亚成分占优势，共有 106 种，占 56.08%，可以看出该地区蕨类植物正处于东亚区系中。东亚成分最多的是中国—日本分布亚型，有 47 种，占 24.87%，而中国—喜马拉雅分布亚型有 20 种，说明该区内蕨类植物在东亚区系中与日本的关系较为密切。

2.6　草本种子植物

保护区内有草本种子植物 587 种，隶属 78 科 326 属，其中假繁缕和三脉兔儿风为贵州首次记录种。保护区分布草本种子植物全为被子植物，其中双子叶植物 62 科 207 属 362 种，其科、属、种分别占 79.48%、63.50%、61.67%；单子叶植物有 16 科 119 属 225 种，其科、属、种分别占 20.52%、36.50%、38.33%。显然，在区系基本组成上双子叶植物占优势，单子叶植物种类较少。保护区列为《中国珍稀濒危植物名录》的草本种子植物种类主要有 2 种，即黄连和八角莲，且种群数量也少，没有发现列入国家重点保护野生植物名录的草本种子植物。保护区具有开发利用价值的草本经济植物较为丰富，各类经济草本植物达 200 余种，如秋海棠、舞花姜、橙黄玉凤花、七叶一枝花、桔梗等。保护区草本种子植物物种丰富度在不同海拔高度有明显差异，以低海拔的山脚、沟边草本种子植物种类最为丰富，较高海拔的山坡中上部、上部的物种丰富度最低。

2.7　木本种子植物

保护区内有木本种子植物 766 种（含引进栽培种，包括变种和种以下单位，下同），隶属 101 科 295 属。其中裸子植物（针叶类）6 科 9 属 14 种，被子植物（阔叶类）有 95 科 286 属 752 种。在被子植物中，双子叶植物有 90 科 272 属 722 种，科、属、种分别占全部的 89.11%、92.20%、94.26%，单子叶植物有 5 科 14 属 30 种，科、属、种分别占全部的 4.95%、4.75%、3.92%。珍贵用材类有红豆杉、南方红豆杉、伯乐树、翠柏、闽楠、伞花木、马尾树、香果树、十齿花、半枫荷等，油脂类有新木姜子、油茶、山桐子、山乌桕、油桐、伞花木、野漆等，园林观赏类有穗花杉、篦子三尖杉、翠柏、木莲、乐昌含笑、观光木、红叶木姜子、鸭公树、小果十大功劳、蜡瓣花、红淡比、四川大头茶、日本杜英、中国旌节花等，药用类有南方红豆杉、三尖杉、厚朴、紫花含笑、黑壳楠、木姜子、野八角、冷饭藤、十大功劳、小花清风藤、青钱柳、波叶梵天花、朱砂根等。经考察，保护区有新记录木本植物 8 种，包括小叶买麻藤、湖南茶藨子、凹尖紫麻、小果南蛇藤、短序厚壳桂、异叶吊石苣苔、南岭鸡眼藤、饶平石楠等。

2.8　珍稀植物

月亮山保护区内有天然分布的野生珍稀濒危植物 26 科 64 属 116 种，其中国家Ⅰ级保护植物 2 科 2 属 3 种，即红豆杉、南方红豆杉和伯乐树，国家Ⅱ级保护植物 19 科 21 属 24 种，贵州省重点保护树种 9 科 14 属 17 种，《濒危野生动植物种国际贸易公约》附录Ⅱ（简称 CITES Ⅱ）兰科 30 属 72 种。保护区内金毛狗、青钱柳、檫木等种的种群规模相对较大，个体数量较多；而喙核桃、红豆杉等个体数量稀少。保护区分布有特有植物 10 科 11 属 12 种，即苍背木莲、从江含笑、卷柱胡颓子、条叶猕猴桃、倒卵叶猕猴桃、纳雍槭、贵州青冈、狭叶缝线海桐等。

2.9　兰科植物

月亮山保护区有兰科植物 30 属 72 种，其中以兰属种类最多，达 9 种，占贵州兰属种类 17 种的 52.9%；其次羊耳蒜属，有 8 种；虾脊兰属和石斛属，各有 7 种，斑叶兰属和玉凤花属各 4 种；白芨属和开唇兰属各有 3 种；其余各属种类多为 1～2 种。月亮山保护区仍是贵州省主要的寒兰产地。保护区纬度较低，且有低海拔的河谷地带，但附生兰花种类却不多，这与该区的地形地貌、岩性及长期受人为干扰有重要关系。月亮山保护区的野生兰科植物大部分种类资源数量贫乏，分布范围狭窄，正陷入渐危或濒危状态。

2.10　药用植物

保护区是目前已知贵州野生药用植物资源种类十分丰富的地区之一，有药用植物 1174 种，由菌类植物、苔藓植物、蕨类植物、裸子植物、双子叶植物、单子叶植物六大类群组成，隶属于198科621属。主要集中在蕨类植物、双子叶植物、单子叶植物三大类，其次是真菌类。月亮山地区除药用植物种类丰富外，许多珍贵的药用植物种类还表现出种群数量大的特点，如竹节人参、雪里见、蛇连、八角莲、白芨等在林中随处可见。

2.11　含笑属植物

从江含笑，属木兰科含笑属植物，具有重要的观赏、用材和研究价值，其标本早在1959年就已被采到，但到1983年才由李永康先生采集到新的标本，作为新种在《贵州科学》上发表。虽然在1989年出版的《贵州植物志》第4卷和1996年出版的《中国植物志》30卷第一册中都没有记载该种，在2008年出版的《Flora of China》中，把该种合并到了长柄含笑，但2011年该种又被独立出来。本次科考，通过调查，补充了花的形态特征，并根据多号标本对比模式标本，赞同独立出来的观点。本次考察还对其生物学特征、生态学特征以及生长规律、群落组成等进行了深入研究。

3　动物多样性

3.1　软体动物、甲壳动物、环节动物和倍足动物

月亮山保护区内有软体动物28种，隶属于13科22属。

甲壳动物隶属于节肢动物门甲壳动物亚门。甲壳动物的形态差异很大，最小的体长不到1 mm，最大的是巨螯蟹，其在两螯伸展时宽度可达4 m。体常具由几丁质及钙质所形成的坚硬外骨骼。附肢形态变化很大，由于所在的体节不同，其构造、功能、节数不同。附肢具有感觉、咀嚼、捕食、游泳、步行、呼吸、交配、育幼等各种功能。全世界有3万余种甲壳动物，大多数生活在海洋里，少数栖息在淡水中和陆地上。保护区甲壳动物7种，隶属于6科7属，发现一个新种，即榕江米虾 *Caridina rongjiangensis* Chen et al, 2016。

环节动物门为两侧对称、分节的裂生体腔动物。已描述的种类有17000余种。体长从几毫米到3m，栖息于海洋、淡水或潮湿的土壤，是软底质生境中最占优势的潜居动物，分为多毛纲、寡毛纲和蛭纲3纲。蛭纲俗称蚂蟥，是一类高度特化的环节动物，保护区海拔较高区域常有分布。月亮山保护区有环节动物8科12属28种。

倍足动物，即节肢动物门多足亚门倍足纲动物，俗称"马陆"。马陆是现生陆生节肢动物最古老的类群之一，最古老的陆地动物化石是马陆，出现在4.1亿年前的古生代晚志留纪。大多数马陆生活于土壤上层或下层，主要取食一些腐烂的植物和真菌。保护区有4种，隶属于4科4属，其中章马陆、雕背马陆、真带马陆据估计应该是月亮山地区的特有种类。保护区倍足类动物种数估计有40种左右。

3.2　昆虫

保护区昆虫种类较为丰富，考察记录昆虫种类517种，隶属于14目109科387属。其中，蚤目1种，等翅目2种，革翅目1种，竹节虫目1种，蜚蠊目1科2属3种，螳螂目1科3属3种，直翅目7科14属16种，蜻蜓目4科13属19种，半翅目19科50属55种，鞘翅目25科86属99种，鳞翅目33科187属284种，双翅目6科14属15种，脉翅目1种，膜翅目7科12属18种。发现珍稀昆虫阳彩臂金龟 *Cheirotonus jansoni*。

3.3　蜘蛛

蜘蛛目是动物界的七大目之一，为小型到大型捕食性动物，分布广泛，生活在农作物间、洞穴、地表、水中、树穴、山林间和苔藓中等各种环境中。蜘蛛是农林昆虫的主要天敌之一，有些种类个体数量大，食量大，生活稳定，能捕食大量的农林害虫，在自然界的食物链中和维护生态平衡作用均占有重要地位。月亮山保护区有蜘蛛目动物13科33属43种，与其他自然保护区相比较，种类较少。分析其因，可能是调查采集的时间不够，调查季节单一，许多种类在调查时未出现。如有足够的采集时间和季节，月亮山保护区的蜘蛛种类应在100种以上。发现2个新种，即镰刀龙隙蛛 *Draconarius drepanoides* Jiang et Chen, 2015 和李氏贝尔蛛 *Belisana Lii* Chen et al, 2016，表明保护区生物多样性具有

重要的特有性和丰富性。

3.4　鱼类

保护区有鱼类 57 种，隶属于 4 目 14 科 44 属，占贵州鱼类总种数的 28.2%，均为淡水鱼类，其中主要经济鱼类有泥鳅、草鱼、宽鳍鱲、马口鱼、刺鲃等 37 种。基本上以鲤形目、鲇形目、鲈形目为主要组成。鲤形目种类最多，有 3 科 32 属 43 种，占保护区鱼类总数的 75.4%，与我国及贵州鱼类区系组成是基本一致的；鲇形目次之，有 4 科 5 属 7 种，占保护区鱼类总数的 12.3%；鲈形目第三，有 6 科 6 属 6 种，占保护区鱼类总数的 10.5%；合鳃目仅有黄鳝一个代表性种类。鲤科鱼类主要以东亚类群鱼类为主，如雅罗鱼亚科、鲌亚科、鲢亚科、鮈亚科、鳑亚科、鲤亚科的鲤属、鲫属等种类，共计 23 属 27 种，而南亚类群仅有鲃亚科的 3 属 7 种。利用平均动物地理区系相似性计算，月亮山保护区与雷公山保护区鱼类 r_{AFR} 值为 43.8%，其鱼类区系的关系为周缘关系；与茂兰保护区鱼类 r_{AFR} 值为 44.6%，其鱼类区系的关系也为周缘关系。保护区鱼类资源对于研究贵州鱼类区系和鲤科鱼类的起源、分化及地理分布具有重要的参考价值，亦对自然保护区的水域环境具有重要作用。区内有毒鱼、电鱼等现象。

3.5　两栖动物

本次考察采集到两栖动物成体标本 193 号，蝌蚪标本 20 余号，分属 2 目 9 科 22 属 28 种。蛙科两栖动物物种数最多，计 7 属 9 种，占种数的 32.14%；其次是角蟾科（4 属 4 种）和树蛙科（3 属 4 种）、占种数的 14.29%，隐鳃鲵科、蟾蜍科和雨蛙科物种数较少，各为 1 种，占种数的 3.57%。发现 2 种棘蛙，即棘蛙、棘侧蛙，但数量均较少，且当地百姓滥捕较为严重。有国家 II 级保护动物大鲵。

3.6　爬行动物

保护区有 48 种爬行动物，隶属于 3 目 10 科 34 属，类群数量较为丰富。蛇目种类最多，计有 39 种，占 81.25%；其次为蜥蜴目，有 7 种，占 14.58%。爬行动物 10 个科中，游蛇科有 17 属 28 种，占 58.33%，为种类最多的科；其次为眼镜蛇科和蝰科，各有 5 种，各占 10.42%。保护区爬行动物以蛇目为优势类群，科级分级阶元中，游蛇科种数最多，各类群物种组成与贵州爬行动物物种组成一致。列入濒危物种的有滑鼠蛇、舟山眼镜蛇、眼镜王蛇、棕黑腹链蛇等。

3.7　鸟类

保护区共有鸟类 176 种，隶属于 15 目 48 科。其中紫背苇鳽为贵州省鸟类新记录。国家 I 级重点保护动物 1 种，为白颈长尾雉。国家 II 级重点保护动物 14 种，分别为黑冠鹃隼、黑鸢、蛇雕、赤腹鹰、松雀鹰、普通鵟、红隼、白鹇、红腹锦鸡、褐翅鸦鹃、小鸦鹃、领角鸮、斑头鸺鹠、仙八色鸫。月亮山保护区鸟类科级分类阶元和目级分类阶元的多样性比较丰富，从科、属分类阶元上看，其 G-F 指数达到 0.81，体现出较丰富的多样性，鸟类种类与邻近的雷公山、茂兰保护区有较大的相似性。该区域呈现鸟类被过度猎捕现象，当地少数民族有狩猎习惯，调查时在山上常见有鸟网，亦能听到偷猎的枪声，常见留鸟中的麻雀、白腰文鸟、山麻雀、黄臀鹎、领雀嘴鹎等都少见。同样，迁徙鸟也受到威胁。

3.8　兽类

月亮山保护区兽类共 51 种，隶属 8 目 22 科 42 属，占贵州哺乳动物总数（142 种）的 35.92%，其中食虫目 1 科 2 属 3 种，翼手目 3 科 4 属 4 种，灵长目 1 科 1 属 3 种，鳞甲目 1 科 1 属 1 种，食肉目 6 科 15 属 16 种，偶蹄目 4 科 4 属 5 种，啮齿目 5 科 14 属 18 种，兔形目 1 科 1 属 1 种。食肉目和啮齿目物种种类较多。有国家重点保护动物 13 种，占总数 25.49%，其中国家 I 级保护物种 3 种，即熊猴、云豹、林麝；国家 II 级保护物种 10 种，即猕猴、藏酋猴、中国穿山甲、黑熊、黄喉貂、大灵猫、小灵猫、斑灵狸、金猫和中华斑羚。列入国家保护的有益的或者有重要经济、科学研究价值的陆生野生动物名录（简称"三有名录"）17 种，占总种数的 33.33%。此外，中国特有种 5 种，即藏酋猴、小麂、中华竹鼠、大绒鼠和高山姬鼠。根据兽类生境和生态习性，保护区兽类生态类型可分为 6 类，地下生活型 2 种，半地下生活型 15 种，地面生活型 11 种，树栖型 5 种，半树栖型 14 种，岩洞栖息型 4 种。人为强度干扰、非法捕猎等因素导致大型有蹄类动物和食肉动物减少甚至本地灭绝。多数群众不了解当地野生动物的种类、保护级别和保护价值，大肆地捕猎使得重点保护物种数量锐减，濒临灭绝。

4 生物资源

4.1 森林资源

月亮山保护区总面积中，林业用地 31355.81 hm²，占总面积的 90.74%；非林地 3199.86 hm²，占总面积的 9.26%，森林覆盖率 85.91%，活立木总蓄积量 300.45 万 m³。保护区有林地绝大部分为乔木林，达 29407.3 hm²，占有林地面积的 99.78%。保护区乔木林以阔叶类为主，面积达 20474.9 hm²，蓄积量 206.5 万 m³，分别占乔木林总面积和总蓄积量的 69.3%、68.7%，其他树种主要为马尾松和杉木，还有少量面积的毛竹、杂竹、板栗、茶叶等林分。保护区主要树种阔叶林近成过熟林单位面积蓄积量高达 8.87 m³/亩，反映出月亮山保护区是一个以良好的阔叶林为主体的区域，同时也从一个侧面表现出其生态价值。乔木林以密林为主，森林植被覆盖度较高，生物量较大，可以为生物多样性和野生动植物繁衍提供良好的庇护环境。

保护区森林资源主要分布在从江县的加牙、长牛、党郎等村及榕江县的拉术、上下午、摆王、摆拉、计划、羊桃等村以及国有林场的兴华工区，总体呈现总量大、质量高、分布均衡的特点。保护区天然林分布主要围绕 4 个中心区域，即太阳山、月亮山、计划大山和沙坪沟一带。保护区少量的灌木林地主要分布在从江县的加坡村，未成林地主要分布在榕江县的摆王村、摆拉村和计划村。保护区尚有 728.6 hm² 的宜林地和无立木林地，需要进行植被恢复。从总体上看，保护区密林主要分布在以太阳山顶、月亮山顶、计划大山、沙坪沟河谷为中心的区域，也是保护区核心区所在。

4.2 观赏植物资源

月亮山保护区主要观赏植物有 122 科 304 属 495 种，其中木本观赏植物共计 83 科 189 属 331 种，草本观赏植物共计 53 科 115 属 164 种。

保护区木本观赏植物 331 种，其中常绿种类有 193 种、落叶种类有 138 种，分别占该区木本观赏植物种类的 58.3%、41.7%；乔木种类有 141 种、灌木种类有 190 种，分别占该区木本观赏植物种类的 42.6%、57.4%；按观赏类型分，林木类 55 种、花木类 63 种、叶木类 42 种、果木类 57 种、荫木类 62 种、蔓木类 52 种，分别占该区木本观赏植物种类的 16.6%、19.0%、12.7%、17.2%、18.7%、15.8%。保护区主要木本观赏植物有海南五针松、大型四照花、贵州毛柃、香叶树、枫香、小叶红豆、小果冬青、珍珠花、阔瓣含笑、杜鹃、贵州芙蓉、亮叶含笑、小果十大功劳、朱砂根、猴欢喜等。

保护区草本观赏植物 164 种，按照观赏特性分为观叶、观花、观果、观形、其他 5 大类，观叶植物有 33 科 56 属 81 种，观花植物有 44 科 85 属 124 种，观果植物有 13 科 19 属 28 种，观形植物有 9 科 11 属 14 种，其他类的有 7 科 10 属 16 种，总体表现为观花的植物较多，其次是观叶植物。保护区主要草本观赏植物有宽叶金粟兰、秋海棠、蜘蛛抱蛋、黄金凤、单色蝴蝶草、铜锤玉带草、中华栝楼、粗齿冷水花、七叶一枝花等。

4.3 森林蔬菜资源

月亮山保护区森林蔬菜资源丰富，共计 176 种，隶属 65 科 133 属，其中孢子植物 5 科 7 属 11 种，种子植物 60 科 126 属 165 种。以菊科种类最为丰富，达 17 属 17 种，其次是百合科，9 属 11 种，再次是蔷薇科 8 属 10 种。

在森林蔬菜划分的叶菜类、茎菜类、果菜类、根菜类和花菜类五大类中，以叶菜类森林蔬菜资源最为丰富，达 38 科 65 属 80 种，分别占整个保护区森林蔬菜科、属种总数的 58.46%、48.87%、45.45%。其次是果菜类植物资源，茎果类资源最少。

4.4 生物遗传资源

月亮山保护区生物遗传资源丰富，有地方特色。"小而香"是月亮山区乡土畜禽品种的鲜明地方特色。畜禽繁殖多以自然选择为主，没有刻意人工干预，这样的养殖方式和自然环境，加上长期的近亲繁殖，造就了许多如小香猪、小香鸡、小香羊等具有鲜明地方特色的类群，其中列入国家和贵州省优良地方畜禽品种的有从江小香猪、从江小香鸡、榕江（塔石）小香羊、黔东小个子黄牛（黎平黄牛）等。

月亮山保护区也是我国唯一的禾的集中生产区和天然基因库。禾是当地苗侗等少数民族为适应本地区光照不足、冷、阴、烂、锈田多的环境条件，经长期培育而成的地方特有水稻品种群，栽培历史有2000余年，在相当长的时间里，禾一直是黔东南苗侗同胞的主粮。禾的米质优、黏性强、营养高、味道好、耐饥饿，特别是香禾糯，素有"一亩稻花十里香，一家烹食十户香"之誉。据1979－1980年调查，品种仍有437个（其中糯禾419个、黏禾18个），但后来由于人口压力以及外来品种特别是高产杂交水稻的推广，数量骤减，幸存的仍有数十种。禾文化也是黔东南原生态农耕文化的瑰宝。这是一种集生态、生产和生活于一体的积淀厚重的生存文化，是黔东南原生态文化的核心之一。

特色果树品种有从江椪柑、榕江脐橙等。

4.5　森林景观格局

月亮山保护区森林景观格局分析表明，硬阔林地和针叶林地是保护区的主要景观类型，是基质景观，对保护区的贡献相对较大。保护区景观类型破碎度由大到小的顺序为：其他林地、耕地、建设用地、宜林地、针阔混交林地、水域、未成林造林地、灌木林地、软阔林地、针叶林地、硬阔林地。景观类型异质性分析表明，月亮山保护区各景观类型面积、周长、斑块个数分布极不均匀。硬阔林地、软阔林地和针叶林地为保护区主要的景观类型，得到了很好的保护，破碎化较低，受人为干扰小。但耕地、建设用地、宜林地和其他林地破碎度相对较大，受人为干扰较大。景观水平异质性分析表明，月亮山自然保护区聚集度相对较好，但多样性较低，景观类型空间分布不均匀。

4.6　旅游资源

保护区生物资源丰富多样，水文资源得天独厚，人文资源多姿多彩，具有丰富、优质的旅游资源。世居于月亮山区的少数民族有苗族、侗族、水族，这三个主体民族都是依靠大山与江河繁衍发展，既相互和谐共处，又各自保持着独特浓郁的民族文化与传统习俗。

民族村寨与大面积的梯田组合是月亮山旅游资源的一大特色。由于区内河流众多，优良的水与沟谷、森林组合成特殊的河谷旅游景观。原始森林与天象景观的天然融合也是月亮山区生态旅游资源的重要组成部分。

根据《森林旅游资源评价标准》对保护区森林旅游资源进行评价，评价结果显示达到国家级森林旅游区标准。

5　评价

5.1　原始的森林植被和复杂的生态系统

保护区位于黔东南州和黔南州的4个县交界处，地处偏僻，地形复杂，交通不便，人烟稀少。得益于其独特地理位置优势，多年未遭受过大规模人工采伐，在以月亮山、太阳山为主的周边地区至今还保留着大面积的原始常绿落叶阔叶混交林。

保护区有林地中，大部分为乔木林，森林覆盖率高达85.91%，森林主体植被为常绿落叶阔叶混交林，主要组成树种有鲫蓢栲 *Castanopsis fissa*、栲树 *C. fargesii*、丝栗栲 *C. fargesii*、水青冈 *Fagus longipetiolata*、木莲 *Manglietia fordiana*、桂南木莲 *M. chingii*、楠木 *Phoebe zhennan*、樟树 *Cinnamomum camphora*、黑壳楠 *Lindera megaphylla*、鹅掌楸 *Liriodendron chinense*、钟萼木 *Bretschneidara sinensis*、石灰花楸 *Sorbus folgneri*、四照花 *Dendrobenthamia melanotricha*、马尾松 *Pinus massoninana*、枫香 *Liquidambar formosana*、红豆杉 *Taxus chinensis*、南方红豆杉 *T. chinensis* var. *mairei* 等。林内浓荫蔽日，古木参天，是贵州除梵净山、雷公山、习水保护区外少有的大体量原始森林植被分布地。

保护区以森林生态系统为主，也有少量农田生态系统、河沟湿地生态系统和村庄。根据《中国植被》分类系统，月亮山保护区地带性森林植被类型较为丰富，以常绿落叶阔叶混交林为主，主要森林植被有 8 个类型，即常绿阔叶林、常绿落叶阔叶混交林、落叶阔叶林、针阔混交林、针叶林、竹林、灌丛及灌草丛等类型。同时月亮山保护区面积较大，部分森林植被被非森林斑块和一些河流形成的廊道隔开，导致月亮山保护区生境类型多样，形成更多的林分类型。

5.2　天然的生物资源"基因库"和数量众多的珍稀、特有动植物

保护区有良好的水文条件、优越的气候条件和土壤条件，生物生境复杂多样，为生物的繁衍生息提供了良好场所，生物种类繁多，资源丰富，形成了天然的生物资源"基因库"。保护区现有各类生物 594 科 1741 属 3226 种，其中植物种类 338 科 1021 属 2239 种，动物 256 科 720 属 987 种。虽然较梵净山、雷公山略低，但相对于贵州大部分地区，物种多样性十分丰富。

保护区有天然分布的野生珍稀濒危植物 26 科 62 属 116 种，其中国家 I 级保护植物 2 科 2 属 3 种，国家 II 级保护植物 19 科 21 属 24 种，贵州省重点保护树种 9 科 14 属 17 种，《濒危野生动植物种国际贸易公约》附录 II（简称 CITES II）兰科 30 属 72 种。保护区内的贵州特有植物 10 科 11 属 12 种。保护区 51 种兽类中，有国家重点保护动物 13 种，其中国家 I 级保护物种 3 种，熊猴、云豹、林麝等国家 II 级保护物种 10 种。保护区 176 种鸟类中，国家 I 级重点保护动物白颈长尾雉 1 种，国家 II 级重点保护动物 14 种。28 种两栖动物中，中国大鲵 *Andrias davadainus* 为 IUCN 极度濒危物种，属国家 II 级野生保护动物；棘胸蛙 *Paa spinosa* 和棘侧蛙 *P. shini* 为 IUCN 易危物种，9 个物种为中国特有。保护区有爬行动物 48 种，其中濒危野生动植物种国际贸易公约（CITES）将平胸龟、滑鼠蛇、舟山眼镜蛇、眼镜王蛇列为 II 级保护动物，鳖为 III 级。《中国濒危动物红皮书（两栖类和爬行类）》将该保护区分布的 16 种爬行动物列入其中。517 种昆虫中，阳彩臂金龟 *Cheirotonus jansoni* 属于国家 II 级保护动物。

5.3　森林生态系统自然恢复的典范

月亮山保护区 20 世纪 80 年代末科学考察得出的基本结论是，森林生态系统和植被总体上表现出较强的次生性，只是在月亮山和太阳山顶部区域，保存有一定面积的原生性强的森林，也鉴于此，建议暂不设立保护区，设立月亮山保护点。通过 30 余年的演变，基于该地区良好的水热条件，辅以有效的管护，现在的月亮山已经发生了根本的变化，无论是森林资源的体量，还是其原生性、多样性、复杂性等质量指标，都有了很大的提高。现在整个群落体现出一个良好的正向演替格局，特别是位于核心区域的太阳山、月亮山、计划大山和沙坪沟，保存有大规模的原始森林群落。月亮山保护区原生的和次生的森林生态系统为认识自然规律、利用自然规律提供了良好的研究基地。保存较好的常绿阔叶林为深入研究原生性森林生态系统结构与功能，生物多样性保护，珍稀、濒危物种的生物学、生态学特征，扩展种群规模等提供了良好的研究场所。保护区因人为干扰，还存在较丰富的不同演替阶段的群落类型，这可以为退化群落恢复与重建的研究提供对象。

5.4　富有感染力的原生态

保护区内山体庞大深邃，峰峦高耸奇异，沟壑纵横交错，巉岩峭壁对峙，峡谷幽深野旷，瀑布千姿百态，溪涧水流湍急，森林植被丰富，集山、河、瀑、峡、林于一体，融雄、秀、幽、险、奇于一炉，春天花木吐艳，夏至绿叶争荣，秋天层林尽染，冬季银装素裹，四季景色变化无穷。生活在保护区内的苗族、水族、侗族群众在漫长的历史长河中，沉淀了丰厚的民族民间文化，有独具魅力的民族节日，绚丽多姿的民族歌舞，特色鲜明的少数民族民居建筑，众多的历史文物，精美的民族民间工艺，艳丽缤纷的民族服饰，风味别具的民族食品等。月亮山集原始生态和原始风情于一山，是贵州原始生态和原始文化的瑰宝。

6　建议

6.1　尽快建立省级保护区

保护区森林植被以天然林为主，原生性较强，是贵州除梵净山、雷公山和习水保护区外，为数不多的原始森林植被集中分布区域。随着经济社会的发展，特别是交通条件的改善，月亮山的原始森林植被和森林生态系统不可避免地面临较大的威胁，需要尽快建立省级自然保护区，成立专业的管理机构，保护这片宝贵的原始森林。省级保护区的建立，可以为月亮山林区内生活的珍稀动植物提供更广阔的生存空间，完善贵州省的自然保护区体系，发挥保护区生态功能，提升和强化管理能力，并为最终联合黔南州邻近区域，共同申报国家级自然保护区奠定基础。

6.2 积极开展科学研究，提升保护区的科研价值

月亮山保护区森林群落类型多样，植物物种丰富，为野生动植物提供了理想的庇护和繁衍栖息环境，同时，由于其处于多条河流的源头这个特殊的地理位置，对保障都柳江、樟江等河流的生态安全具有重要的意义。月亮山保护区由于成立时的级别较低，知名度不高，相关研究也不多，但保护区自身的发展也明确地提示，还有很多未知需要进一步的研究和探索。因此，要以本次科学考察为基础，联合科研院(所)，以保护区主要保护对象和特色资源为对象，有计划、有组织地开展野生动植物和森林生态学的科学研究工作，进行重点攻关，进一步探究中亚热带常绿阔叶林森林生态系统及天然次生林演替的内在机理和发展规律。积极拯救濒危物种，保护生物多样性，促进野生动物资源的增加，扩大珍稀动植物种群数量，更好地发挥月亮山保护区的生态价值。

6.3 切实做好宣传教育工作，提高周边群众的生态意识和保护意识

由于月亮山自然保护区地处边远山区，周边地区经济还比较落后，农村燃料和经济来源都不同程度地依赖于自然保护区。为更好地保护森林资源，应加大林业政策法规的宣传力度，增强森林防火和病虫害防治意识，引导区内百姓改变一些诸如捕食野鸟、电鱼、毒鱼等不良的习俗，切实处理好保护与发展的关系，提高周边群众的生态意识和保护意识。

6.4 在科学规划、保护前提下适当利用资源，缓解自然保护与当地经济发展的矛盾

保护区所处的月亮山区，是贵州最为贫困的地区之一，贫困人口多，贫困面广，贫困程度深。由于保护区绝大多数为集体林，是当地村民的重要收入来源，因此，保护与发展的矛盾较为突出。通过社区共建，保护丰富的自然资源，科学合理的利用自然资源，实现双赢，是缓解保护与发展矛盾的重要途径。应针对自然保护区功能分区实行分区分类管理。在核心区应结合规划和贵州省生态扶贫、移民搬迁工程，使自然保护区内群众通过生态移民搬迁，逐步迁移出自然保护区。在实验区，可利用月亮山丰富的经济物种资源、多彩的少数民族风情、极佳的生态旅游资源，科学规划设计，因势利导，利用开发资源发展经济，提高生活水平，吸引缓冲区群众逐步迁移出自然保护区，实现保护与利用双赢。

（罗　扬　李　茂）

第二章　自然地理环境

第一节　地质

1　地质构造

月亮山保护区属江南古陆西南尾端，处于华南准地台与扬子准地台过渡地带，具体位置在云贵高原台凸甸湘西大向斜西麓过渡地带，属于江南地台西南麓的雪峰台凸地岗，为湘西大向斜之西部边缘。受加里东构造运动、燕山构造运动及武陵山构造运动的影响，区域内主要的地质构造线方向为北东向，并在月亮山及太阳山一带形成抬升中心。岩层出露以元古代下江群绢云母板岩、变余凝灰岩、变余砂岩以及震旦纪、寒武纪的砂页岩为主，岩石主要基质是以硅铝质为主的含钾、铁酸性造岩矿物。

区域主要的地质构造带为平行的大向斜和大背斜构造带。其中，水尾向斜为北东20°走向。同时，由于地质皱褶应力的不平衡性，地壳上升与下降运动导致岩层移位而产生倾斜、弯曲、断裂构造。区内构造线多呈北东向，而且多为走向断层和次一级不完整的背斜、向斜构造带，在很大程度上控制了本区域地貌的基本骨架及山脉、河流、河谷盆地走向（图2.1.1）。

断裂构造发育，保护区内大型断层多达9条，整体上影响了高级河流的发育和走向。

2　地层岩性

保护区出露地层主要为元古代、震旦纪和寒武纪地层，多为浅海沉积的碎屑岩及浅变质岩。具体地层岩性由老到新如下（图2.1.1、图2.1.2）。

元古界：

下江群（P_{t3xj}）：上部为变余玻屑凝灰岩、凝灰质板岩、灰绿色变余凝灰岩、变余凝灰质砂岩、砂质板岩、变余砂岩；中部紫红、灰绿色绢云母板岩及砂质板岩；下部紫红色、灰绿色砂质板岩、绢云母板岩夹变余砂岩；底部灰绿色含砾绢云母板岩。

震旦系：

长安组（Z_{1c}）：上部灰绿色含冰碛砾石砂泥岩；中部灰绿色绢云母板岩、粉砂质板岩夹砂岩；下部灰绿色含砾砂岩夹砂质板岩。

富禄组（Z_{1f}）：顶部炭质页岩、锰矿；上部含砾砂岩、板岩，偶夹白云岩透镜体；中部紫红色长石岩屑砂岩夹金铁质板岩。

南沱组（Z_{1n}）：冰碛砾岩、冰碛含砾砂、泥岩夹紫红色页岩，有偏碱性超基性岩侵入。

陡山沱组（Z_{2d}）：上部炭质页岩、砂质页岩夹磷块岩；下部泥质白云岩。

灯影组（Z_{2dn}）：上部白云岩夹硅质条带白云岩；其下有紫、蓝灰色页岩、泥质白云岩，下部含藻白云岩。

寒武系：

渣拉沟组（$\text{\small∈}_{1z}$）：上部灰岩、泥质白云岩；中部砂质页岩、石英砂岩；下部粉砂质页岩及炭质

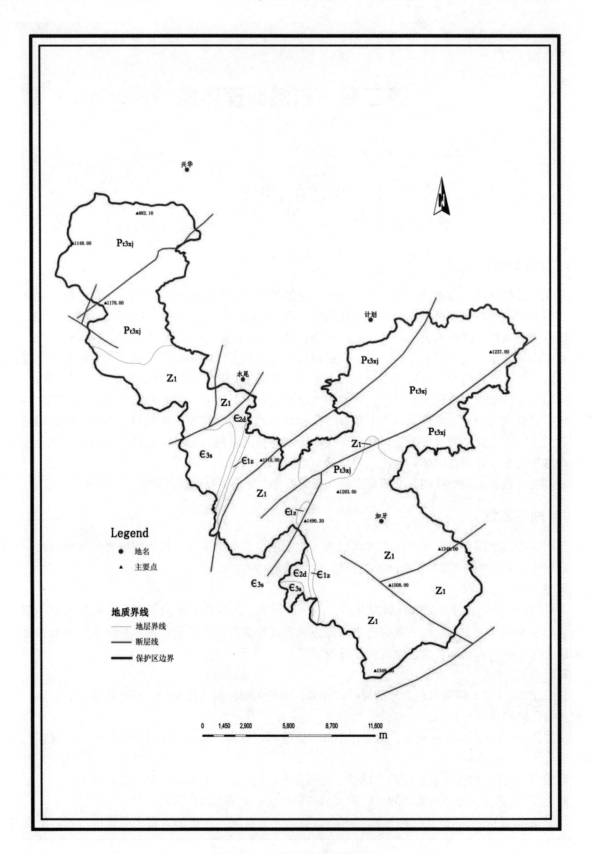

图 2.1.1　月亮山保护区地质图

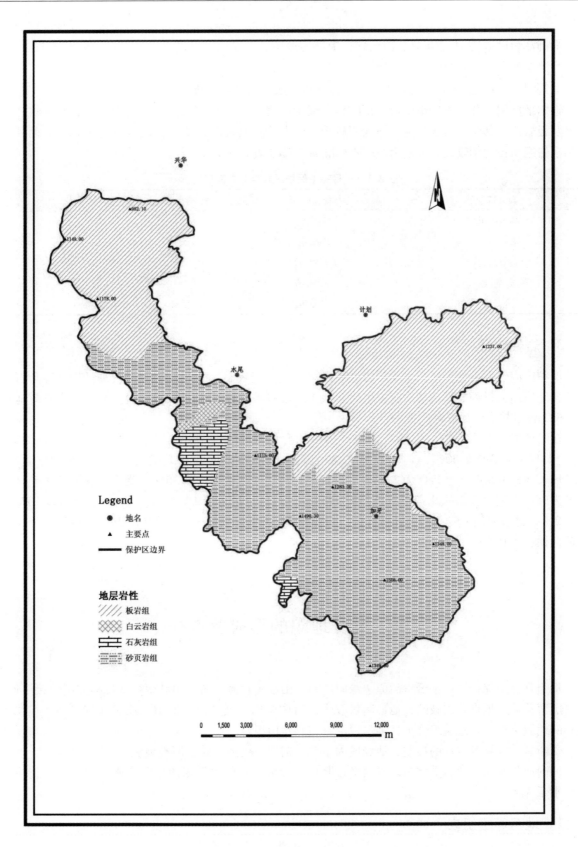

图 2.1.2　月亮山保护区岩组图

页岩。

都柳江组($\mathcal{E}_{2d}$)：上部灰岩、白云岩；中部为薄层、中厚层白云岩夹角砾状白云岩及砂质白云岩；下部为薄层砂质白云岩及鲕状白云岩。

三都组($\mathcal{E}_{3s}$)：上部页岩夹泥灰岩；下部钙质、灰岩及竹叶状灰岩。

根据地质图合并形成岩组图(图2.1.2)，保护区岩组类型有四大类：白云岩组、石灰岩组、砂页岩组及板岩组。其中，白云岩组分布面积较少，仅占总面积的0.76%，石灰岩组占3.73%，而砂页岩组和板岩组所占比例较大，分别为50.54%和44.97%(表2.1.1)。

表2.1.1 月亮山保护区岩组分布面积比例

岩组名称	面积(hm^2)	占保护区面积比例(%)
白云岩组	262.93	0.76
石灰岩组	1291.49	3.73
砂页岩组	17484.59	50.54
板 岩 组	15156.67	44.97
合 计	34555.67	100.00

3 岩性特征

保护区内岩石类型多样，主要有粉砂质板岩、变余凝灰岩、砂质板岩、变余细砂岩、变余石英砂岩及含硅质绢云母板岩等，其次有古生代寒武系、震旦系冰碛砾岩、炭质页岩。整体上岩石质地较坚硬，SiO_2含量较高，属硅铝质类岩石。

在组成成分方面，绢云母板岩各种矿物平均含量为SiO_2 67.38%、Al_2O_3 17.13%、K_2O 3.02%、Fe_2O_3 2.14%、FeO 2.30%，其他成分占8.03%；变余砂岩矿物平均含量为SiO_2 66.78%、Al_2O_3 16.24%、Fe_2O_3 5.77%、FeO为2.76%、K_2O 3.10%，其他成分占5.35%；变余凝灰岩各种矿物平均含量为碎屑石英20%、火山碎屑石英晶质5%、氏石1%、黑云母1%、白云母1%、水云母10%、绿泥石2%、硅质岩屑1%、黏土岩屑40%、胶结绿泥石8%、铁质8%、褐铁矿2%、黄铁矿0.5%、锆石及白铁石为0.5%。

（高华端 黄选华 罗 金）

<h1 style="text-align:center">第二节 地貌的形成及特征</h1>

贵州月亮山保护区位于云贵高原边缘向广西低山丘陵过渡、苗岭山脉南缘南岭桂北诸山接壤地带。区内层峦叠嶂，地形切割破碎，地形起伏较大，有中中山、低中山、低山、丘陵和零星的河谷坝地等多样的地貌类型，在地貌组合上，多呈侵蚀谷与脊状山组合。

受断裂、地层及岩性的控制，地貌成因主要为构造—侵蚀地貌、河谷地貌和堆积地貌类型。

区内河谷水系发育，受北东南西向平行断层的影响，主要水系走向呈北东南西向走向，整体以树枝状水系为主。

1 地势等级组成

保护区地势高程变化从海拔310~1508 m，以海拔600~1400 m地势为主(图2.2.1)，大于1000 m的地势等级面积达68%左右。最高海拔1508 m(太阳山)，最低海拔310 m(里宜)。各等级地势面积及比例见表2.2.1及图2.2.1。

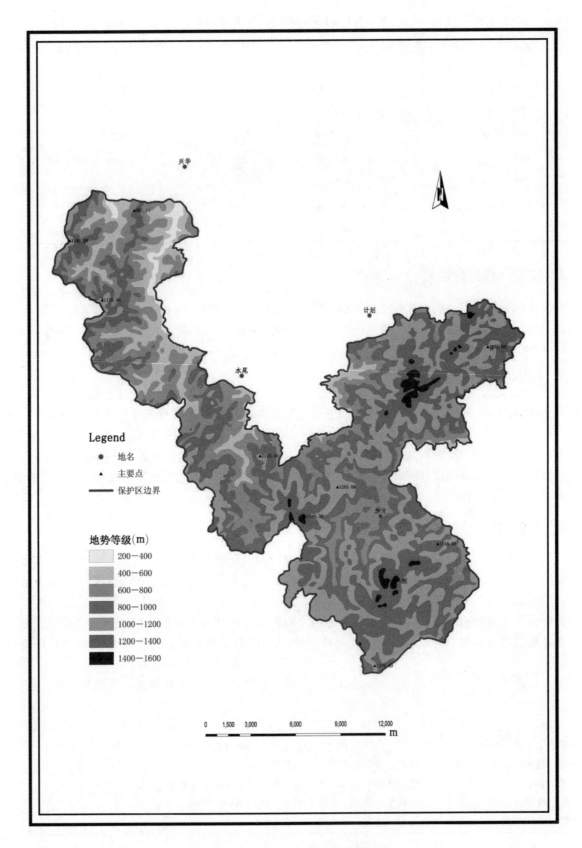

图 2.2.1　月亮山保护区地势等级图

表 2.2.1　月亮山保护区地势等级组成

地势等级(m)	面积(hm²)	占保护区面积比例(%)
200～400	454.54	1.31
400～600	3153.25	9.11
600～800	7490.77	21.65
800～1000	9215.94	26.75
1000～1200	8649.74	25.00
1200～1400	5100.40	14.74
1400～1600	491.04	1.42
合　计	34555.67	100.00

2　构造—侵蚀地貌

月亮山保护区构造—侵蚀地貌主要为断层河谷。区内地层受断层的破坏，抵抗流水侵蚀能力减弱，在断层分布带及其附近形成与断层走向一致的侵蚀谷地(河流)。如宰便河、污茂河、牛场河等河流的形成均与断层有关。

3　河流地貌

月亮山保护区内河流是塑造地貌形态的主要地质营力，河流地貌发育主要形成较为明显的三级梯地(一级为400 m以下，二级为400～700 m，三级为700 m以上)以及次级水道侵蚀形成的谷坡地貌。整体上，三级以上河流比降不大，多在5%以下，而低级河流比降较大，可达7%～10%。

受新构造运动间歇性抬升的影响，区内河流多为切割较深的河曲，河流岸坡陡峭，河身蜿蜒曲折，甚至部分河段还出现蛇曲。

4　重力侵蚀地貌

区内由于构造运动抬升、断裂发育以及浅变质岩物理风化强烈的特点，导致了在山体上部堆积停留大量的风化碎屑，在突发性降水的影响下，容易形成水力重力复合侵蚀，形成崩塌、滑坡及泥石流等严重的地质灾害，并形成局部的侵蚀堆积地貌。

复合侵蚀与地表植被是一对互为因果的关系，地表植被破坏或边坡破坏将诱发复合侵蚀，复合侵蚀将破坏地表现有植被。同时，在下游河道或平坦谷地中形成洪积锥，对下游居民安全及环境造成危害。

(高华端　黄选华　罗　金)

参考文献

王朝文，张玉环. 从江县综合农业区划. 贵阳：贵州人民出版社，1989.12.

王朝文，张玉环. 榕江县综合农业区划. 贵阳：贵州人民出版社，1990.3.

喻理飞，李明晶，谢双喜等. 佛顶山自然保护区科学考察集. 北京：中国林业出版社，2000.

周政贤，姚茂森. 雷公山自然保护区科学考察集. 贵阳：贵州人民出版社，1989.

贵州省地质矿产局. 贵州省区域地质志. 北京：地质出版社，1987.

第三节　气候

月亮山保护区位于贵州省东南部榕江、从江、荔波、三都四县交界地带。地处中亚热带，其垂直气候带为中亚热带和北亚热带，分界高度为 1000～1100 m。主山脊近乎东北—西南走向，是珠江水系之都柳江支流牛长河和污茂河与广西金城江支流打狗河和大环江的发源地和分水岭之一。保护区内原生植被完好，自然风景别具一格，千米以上山峰有 80 余座，主峰上有典型的"分水岭"，山脊峰丛和东南坡是森林植被的主要分布区。为摸清该保护区气候资源分布和生物资源本底，提供合理开发利用山区自然资源的科学依据，2014 年 9 月 20 日至 9 月 29 日，学科组参加了省林业厅组织的该保护区多学科科学考察，主要考察地点为榕江县计划乡、水尾乡和兴华乡，从江县光辉乡、加鸠乡和加勉乡。

1　资料来源与研究方法

本次考察对该保护区气候特征分析方法如下：气候考察以定点观测为主，应用周边气象观测站点历史资料和同步观测资料进行短期序列订正。本节所用的黔东南州从江、榕江和黔南州荔波、三都地面自动气象观测站 1985～2014 年温度、降水、湿度和日照逐日、月气象观测资料，以及辖区内 75 个区域自动站 2010～2014 年温度、降水实测资料均来自贵州省气象信息中心，日界为 20 时到次日 20时。利用一元线性拟合趋势、趋势系数和气候倾向率分析方法，分析气象要素的时空变化特征并结合考察期间调查访问情况来进行研究。

2　结果与分析

2.1　环流背景

在保护区特殊山地环境下，由于地形起伏变化大，使保护区内下垫面吸收热量和能量交换的不均匀性，导致该地区大气环流的不稳定性。但从长期的平均情况来看，影响该地的大规模大气环流又具有一定的稳定性，它以平均状态在一定时间内长期维持着，在一定程度上决定了该地天气状况和气候的形成。

冬季来自西伯利亚的干冷空气经长途跋涉到达贵州已势力大减，翻越贵州自西向东的鱼背脊地形后向南挺进，由于纬度偏南，冬季冷空气南下到达时已变性很多，故保护区较省内同高度的中部、北部山区温暖，林木越冬条件较好。但冷空气强盛加之静止锋维持时，该保护区因海拔高而降温剧烈，也会产生雨凇凌冻天气，造成林木断枝断梢危害，但是冻害伤痕有利来年多产野生香菇。

夏季，该区受来自太平洋东南季风和印度洋西南季风影响。这种来自低纬度洋面上空的暖湿气流，温高湿重，只要中、高空有切变线、低压槽及地面冷空气南下影响即可产生降水，加之该地区地形抬升作用的影响，夏季雨量充沛，温暖湿润多光照，为动、植物生长繁衍提供了有利气候条件。

春季和秋季是冷暖空气交锋频繁的过渡季节。春季热带南海气团占优势，北方冷气流到达且变性多，当地盛行西南气流，气候干燥，故经常出现冬春连旱。秋季北方冷气流退出早且变性多，秋雨也偏少，当地干、湿季明显。

2.2　光能资源

光能资源是指太阳以电磁波的形式不断地向四周宇宙空间放射的能量。光能资源一般用日照时数及太阳辐射描述。保护区无日照及辐射观测数据，用周边从江、榕江、三都、荔波 4 县气象台站的日照时数及太阳辐射量来代表保护区的日照和太阳总辐射情况进行分析。

2.2.1　日照时数

日照时数简称"日照"，是指一天内太阳直射光线照射地面的时间，表示一个地区太阳光照射时间的长短。世界气象组织规定，在全年自然条件下，太阳直接辐射的辐照度达到 $120W/m^2$，作为开始有日照的标准，达到上述标准的照射实际时数称为日照时间，又称为实照时数。

与太阳辐射相伴随的日照，在植物生命活动中，具有重要意义。它不仅影响植物的发育过程，而且对植物的形态特征产生深刻影响。科学实验证明，植物体内的干物质，有 90% 左右是直接或间接地来自光合作用的产物。

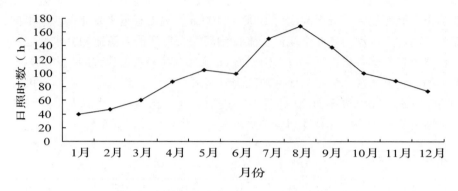

图 2.3.1　月亮山保护区年内各月日照时数演变图

通过榕江、从江、三都、荔波气象台站 1985～2014 年日照时数统计分析，可得到保护区年日照时数为 1076.6～1292.5 h，较省之中部和北部地区偏多，但不及省之西部同纬度地区，属贵州省中等偏高水平，全国日照时数低值区。保护区年内日照时数分布不均，如图 2.3.1 所示，1 月最低，为 38.3～42.1 h，占全年日照时数的 3.4%；8 月最高，达 156.4～187.0 h，占全年日照时数的 14.6%。四季中，日照时数呈冬少夏多分布。春季，日照时数为 216.7～281.2 h，占全年日照时数 20.1%～22.7%；夏季，日照时数为 368.3～484.5 h，占全年日照时数 32.4%～37.5%；秋季，日照时数为 310.9～353 h，占全年日照时数 27%～31%；冬季，日照时数为 153.4～173.8 h，占全年日照时数 13.4%～14.6%。林木生长季 4～10 月日照时数为 775.2～957.5 h，占全年日照实数的 72%～74.1%，利于林木生长。

表 2.3.1　月亮山保护区各方位毗邻站月、年平均日照时数统计表　　　　单位：h

站名	方位	1 月	2 月	3 月	4 月	5 月	6 月	7 月	8 月	9 月	10 月	11 月	12 月	全年
榕江	NEN	39.7	47.5	63.3	90.1	108.9	104.5	153.9	168.2	132.8	95.3	84.4	70.4	1159.1
从江	NEE	42.1	50.7	64.3	97.8	119.1	117.4	180.1	187.0	146.0	110.1	97.0	81.0	1292.5
荔波	SE	39.9	40.4	52.5	74.3	89.9	82.3	129.6	156.4	140.2	102.5	91.2	77.4	1076.6
三都	NW	38.3	47.4	61.8	87.9	102.3	90.8	140.4	163.5	134.2	92.5	84.2	67.7	1111.0

2.2.2　太阳总辐射

太阳总辐射，也称短波辐射，是指到达地面的太阳直接辐射和散射辐射之和，在山地小气候研究中还包括来自周围地形的反射辐射。太阳总辐射是随着太阳高度角、白昼长度和当地天气状况的不同而变化的。太阳辐射是地表热量的主要来源，是大气中一切物理现象和物理过程形成、发展变化，以及地球上所有生物得以生存和繁衍的最基本的能量源泉。根据辐射站 2011 年建站以来的历史资料，通过分布式模型的插值计算，得到榕江、从江、荔波和三都的各季度太阳总辐射（表 2.3.2）。

表2.3.2　月亮山保护区各方位毗邻站太阳辐射统计表　　　　　　　　　单位：MJ/ m²

站名	方位	海拔（m）	各季节太阳辐射总量				年总辐射
			春季（3～5月）	夏季（6～8月）	秋季（3～5月）	冬季（3～5月）	
榕江	NEN	287	965	1338	857	516	3676
从江	NEE	235	1009	1449	929	548	3935
荔波	SE	430	911	1252	905	527	3595
三都	NW	419	957	1295	864	509	3625

保护区年太阳总辐射量在3595～3935 MJ/ m²之间，较省内同经度的中北部地区偏高，但不及省的西南部地区，属省内中等偏高水平，属全国太阳总辐射低值区。从季节分布看：冬季太阳辐射量为509～548 MJ/ m²，占年总量的13.9%～14.7%；夏季太阳辐射量为1252～1449 MJ/ m²，占年总量的34.8%～36.8%；春季太阳辐射量为911～1009 MJ/ m²，占年总量的25.3%～26.4%；秋季太阳辐射量为857～929 MJ/ m²，占年总量的23.3%～25.4%。显然，保护区夏季辐射强，冬季辐射弱。一般情况下，高山由于气层较薄，太阳辐射被削弱较少，在相同天气条件下，高山的太阳辐射大于低坝，但由于保护区山高谷深，地形荫蔽，加之保护区云、雾、雨日多，云雾阴雨天气对太阳辐射削弱强，所以保护区太阳辐射常呈现出随高度增加而递减的现象。

2.3　温度和降水

月亮山保护区的核心区主要在榕江和从江两县南部交界的地区，面积不大。为了能够以实测资料为依据讨论月亮山区的温度和降水的气候特征，采用榕江、从江、三都、荔波4个常规气象观测站1985～2014年共30年的气象资料，统计得到月亮山保护区各个方向上气象要素的气候特征。为了能够更加细致地反映这一区域的温度和降水特点，特采用分布密度较高的两要素自动气象站资料。保护区及周边4个县共有75个两要素自动气象站，收集自2010年建站以来到2014年共5年的历史资料，统计计算了各站点5年年平均气温及年平均降水量的分布情况。

2.3.1　温度

（1）空间分布特征

如图2.3.2，为保护区及周边75个区域自动站近5年平均气温空间分布图，从图中可以看出，保护区的年平均气温相比周围地区偏低0.6℃～1.0℃，比从江东部地区低2℃。因此月亮山保护区相对周围气温偏低。

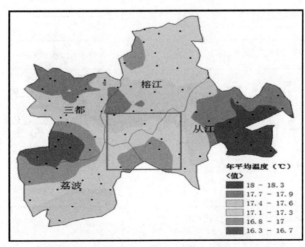

图2.3.2　月亮山保护区区域站2010～2014年5年平均气温的空间分布
（灰色矩形框表示月亮山保护区的位置，黑色点表示区域自动站的分布点）

选取保护区及周边不同海拔和坡向的 8 个区域自动站 2010~2014 年温度实测资料作为代表，分析保护区降水温度情况（表 2.3.3）。保护区内各代表站年平均气温为 15.6~18.3℃，温度随海拔的升高降低不明显，海拔最高的加勉站年平均气温为 15.6℃，最低的兴华站年平均气温为 18.3℃。本节应用保护区及周边 75 个区域自动站海拔与年平均气温建立相关方程，计算出山顶处海拔为 1490 m 气温为 12.9℃，经实测资料检验效果满意。一年中，平均气温 7 月最高，1 月最低，从季节分布来看，平均温度夏季最高，秋季次之，冬季最低。

表 2.3.3　月亮山保护区不同海拔、坡向区域自动站月平均温度统计表

单位：海拔（m），温度（℃）

站名	海拔	方位	1月	2月	3月	4月	5月	6月	7月	8月	9月	10月	11月	12月	年平均
兴华	288	N	7.6	10	14.1	18.7	22.3	24.9	27.1	26.5	23.7	19.2	15.3	9.8	18.3
计划	580	NE	5.8	8.2	12.4	17.3	21.2	23.8	26.2	25.2	22.1	17.6	13.5	7.5	16.7
水尾	456	ENE	6.8	9.4	13.6	18	21.7	24.3	26.5	25.6	22.6	18.2	14.3	8.5	17.5
加鸠	820	E	5.1	7.3	11.3	16.2	20.2	22.6	25.1	24.5	21.3	17	12.8	6.7	15.8
加勉	900	SSE	4.9	7.4	11.2	16	19.9	22.3	24.6	24.1	21	16.8	12.7	6.6	15.6
光辉	596	ESE	6	8.7	12.8	17.3	21	23.4	25.5	24.8	21.9	17.6	13.7	7.8	16.7
九阡	700	W	5.6	8.7	12.9	18.1	21.5	23.8	25.9	25.4	22.5	18.2	14.3	8.4	17.1
佳荣	696	S	6.2	8.9	12.7	17.4	21.3	23.6	25.3	25.1	22.5	18.5	14.3	8.4	17.0

（2）时间变化特征

利用 1985~2014 年常规观测站资料，统计得到月亮山保护区周边 4 个常规观测站 30 年平均气温的时间变化特征曲线图（图 2.3.3）。荔波位于保护区西南部，年平均气温达 18.6℃，为 4 站最高，较位于西北部的三都站高 0.4℃，位于保护区东部和北部的从江和榕江高 0.1℃。4 站的气温变化趋势基本一致，20 世纪以 90 年代中期为分界，前期各站均有温度下降的趋势，另外，在 1996~1998 年气温出现突变，3 年内上升了 1.2℃，后期气温变化不明显，接近历年平均值。

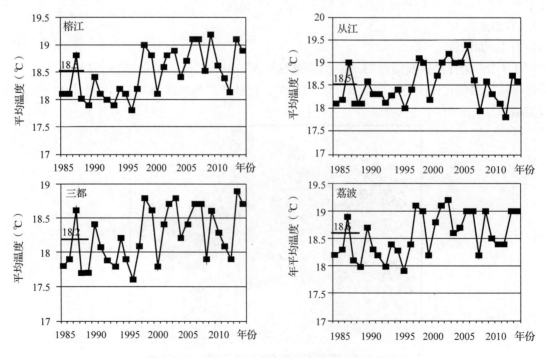

图 2.3.3　1985~2014 年年平均气温随时间变化图

（直线上为 30 年平均气温值）

（3）极端最高、最低气温

从榕江、从江、三都和荔波近30年极端气温来看，极端最高气温为38.5℃（荔波）～39.5℃（榕江），年极端最低气温为－3.1℃（从江）～－3.6℃（荔波），日最高气温≥35℃的年平均日数为9.5d（荔波）～24d（榕江），日最低气温≤0℃的年平均日数为2d（榕江）～5d（从江）。夏季，榕江、从江在副热带高压脊线控制下常常出现高温天气，但由于月亮山海拔较高，植被保存完好，主峰有典型的分水岭，夏季仍无高温酷暑天气。冬季，由于保护区地处低纬地带，冷空气南下到达时已变性很多，保护区较省内同高度的中部、北部山区温暖，低温冷害轻，林木越冬条件较好，但较强冷空气从东北路径入侵，且持续时间较长，加之静止锋维持时，保护区因海拔高而降温剧烈，也会产生凝冻天气，造成林木断枝、断梢。

2.3.2　降水

（1）空间分布特征

如图2.3.4为保护区及周边75个区域自动站近5年平均年降水量空间分布图。从图中可以看出，月亮山保护区处于一个明显的降水中心位置。降水量最大的为从江县加勉站，5年平均年降水量达到了2108.8 mm，另外，属保护区范围内的光辉和加榜两站也达到了2000 mm以上。荔波南部的降水中心强度略弱，最高为翁昂站，平均年降水量为1859.5 mm，相比月亮山保护区腹地的年平均降水量少249.3 mm，因此在月亮山的地形作用和良好的下垫面条件下，形成保护区内相比周围地区降水偏多的特点。

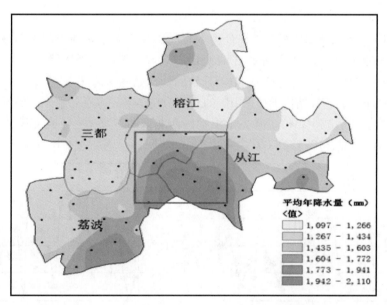

图2.3.4　区域站2010～2014年5年年平均降水量的空间分布
（灰色矩形框表示月亮山保护区的位置，黑色点表示区域自动站的分布点）

选取保护区及周边不同海拔和坡向的8个区域自动站2010～2014年降水实测资料作为代表来分析保护区降水情况（表2.3.4），保护区年平均降水量为1367.7～2108.8 mm，南坡（佳荣：1892.4 mm）多于北坡（兴华：1367.7 mm），东坡（加鸠：1779.2 mm）多于西坡（九阡：1398.6 mm），北坡最小，东南坡及南坡最多。这种分布特征与来自孟加拉湾和南海的偏南暖湿气流有密切的关系。来自低纬度洋面上空的暖湿气流，温高湿重，在高空槽、中低层切变和地面冷空气配合下可产生降水，南坡刚好处于迎风坡，加之地形抬升作用的影响，降水较北部背风坡明显偏多。实地考察发现，保护区东、南坡森林植被繁茂，西坡和北坡处于暖湿气候背风坡，降水偏少，植被生长条件较差。但也有人为原因，当地农民成片砍伐，用于种植经济作物，导致部分保护区原始植被破坏。

从季节分布来看，保护区夏季（6～8月）降水量最多，达511.9～880.6 mm，占全年降水的36.3%～

46.5%，其中6月份降水最多，达283.3~470.7 mm，占全年降水的18.3%~22.3%；冬季(12~2月)降水量最少，仅113.5~242.8 mm，占全年降水的7.3%~13.6%，其中最少月为12月，仅有24.5~61 mm，占全年降水的1.8%~3.3%。春季大于秋季，表现出保护区出现春雨多、且较早。4~10月为林木生长期，总降水量为1092.8~1642.7 mm，占全年降水量的75.1%~83.1%，是保护区动植物资源丰富的优越气候条件。

表2.3.4　月亮山区不同海拔、坡向区域自动站季、年平均降水量统计表

单位：海拔(m)，降水(mm)

县名	站名	海拔	坡向	春季	夏季	秋季	冬季	4~10月降水量	年平均降水量
榕江	兴华	288	N	492.2	519.1	242.9	113.5	1092.8	1367.7
榕江	计划	580	NE	655.4	650.3	304.6	179.9	1406.0	1790.2
榕江	水尾	456	ENE	720.5	683.1	266.5	130.8	1496.1	1800.9
从江	加鸠	820	E	582.3	677.2	276.9	242.8	1336.1	1779.2
从江	加勉	900	SSE	678.8	855.3	338.7	236.0	1642.7	2108.8
从江	光辉	596	ESE	662.6	826.3	351.1	195.8	1619.6	2035.8
三都	九阡	700	W	493.2	511.9	275.9	117.6	1126.5	1398.6
荔波	佳荣	696	S	574.8	880.6	257.8	179.2	1528.0	1892.4

(2)时间变化特征

利用1985~2014年常规观测站资料，统计得到月亮山周边4个常规观测站30年平均年降水量的时间变化特征曲线图(图2.3.5)。从江站位于月亮山区东部，气候年平均降水量为1173 mm，1993~1994年的年降水量达1600 mm以上，自1994年开始的从江站的年降水量有明显的下降趋势，线性拟合下降的速率达到8 mm/a；榕江站位于月亮山区的北部，气候年平均降水量为1167 mm，榕江站1985~2014年间年降水量先增加后减少；位于月亮山保护区西北部的三都站，平均年降水为1299 mm，是4站平均年降水量最大的站点，1985~2000年期间增加趋势明显，增加速率达到16 mm/a，2001年开始

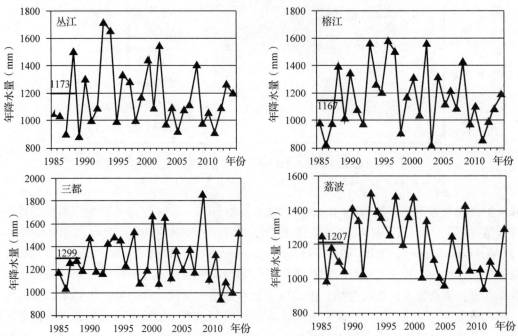

图2.3.5　1985~2014年年平均降水量随时间变化图

(直线上为30年平均降水量值)

除 2008 年和 2014 年两年降水异常偏多外，其他年份年降水量下降趋势达到 20 mm/a，下降趋势明显；位于月亮山保护区西南部的荔波站，年平均降水量为 1207 mm，2001 年开始下降趋势明显，递减速率为 13 mm/a。

综合 4 站年降水量的年际变化曲线特征，20 世纪 90 年代是 4 站降水偏高的时期，2001 年开始各站均有明显的递减趋势，三都站递减速率最大。

2.4　湿度

保护区千米以上山峰有 80 余座，主峰上有典型的"分水岭"，林中众多飞瀑高悬，水畔林间，加上地处低纬度地区，受偏南暖湿气流影响，温高湿重，年平均相对湿度大于 80%，且月季变化不明显。由于保护区常年湿度较大，雾日特别多，受静止锋及地形抬升影响，阴雨天常常出现锋面雾和地形雾，且持续时间较长。保护区空气湿润，利于野生香菇生长。

2.5　主要气象灾害

保护区地处低纬度地带，受极地大陆干冷气团影响相对较弱，受热带南海气流影响较大。受季风进退和强弱变化影响，主要有暴雨洪涝、干旱、大风、冰雹、倒春寒、秋风等灾害发生。保护区内没有连续的气象观测资料，利用保护区各方位邻近台站三都、荔波、榕江和从江 1985～2014 年气象观测资料进行分析统计。

暴雨洪涝：按日降水量≥50 mm 为暴雨划分标准，1985～2014 年保护区出现暴雨日数为 88～103 d，平均每年为 2.9～3.4 d。在四季中，夏季出现的几率最大，占全年半数以上，春季次之，秋季第三。平均五年中有两年出现暴雨洪涝灾害。洪涝的出现，往往毁没田土、损坏庄稼、冲走房屋和木材，甚至危及人畜。洪涝的产生，是由暴雨引起的，尤其是大暴雨或特大暴雨所产生的洪涝危害极大。

干旱：夏季，副热带高压西伸北抬控制贵州东南部，保护区常常出现高温干旱天气。正值大秋作物水稻分蘖、拔节、孕穗，玉米拔节、抽雄、成熟等生长期，遇见"洗手干"或伏旱，危害极大。如 1985 年 7 月上旬后期到 8 月中旬，各地出现了约 40 天的少雨干旱天气，给水稻生产造成损失极大，因其干旱时段主要出现在水稻拔节孕穗期，是需水量最大的时候；2009 年 8 月至 2010 年 4 月 20 日出现了黔东南州有气象记录以来最严重的夏秋冬春连旱，导致森林火灾频发。

大风：大风即风速≥17m/s，它常与冰雹、雷阵雨相伴出现，对农作物、树木、房屋等危害极大。一年之中，在冷暖空气交换频繁的 3～5 月，保护区出现大风的几率最大。

冰雹：1985～2014 年保护区出现冰雹日数为 7～26 d，平均每年为 0.2～0.9 d，出现冰雹日数最多的是从江，最少的是荔波。冰雹在一年内各月均可能出现，一般主要集中 2～5 月。一天之中，午后至傍晚出现冰雹次数多于夜间，且白天降冰雹强度大。冰雹一般发源于黔东南境外，向境内移动，以西北往东或东南方向移动为主。保护区正处于黔东南州南部，遇到冰雹重灾年，所经之处，树木落叶、树干脱皮、树枝折断，禾苗全毁。

倒春寒：倒春寒俗称"返春"，指每年 3 月下旬至 4 月天气回暖后，遇强冷空气入侵，日平均气温≤10℃，且持续≥3d 的时段（其中从第 4d 开始，允许有间隔一天的日平均气温≤10.5℃），常伴有阴雨。它是春播期间常造成烂秧的灾害天气之一。海拔越高，倒春寒出现次数越多，且危害越重。倒春寒偏重年，月亮山高海拔地区喜温林木果树易遭寒害、冻害。

秋风：每年 8 月 1 日至 9 月 10 日，凡出现日平均气温≤20℃，并持续 2d 或以上的时段（从第 3 d 起，允许有间隔一天的日平均气温≤20.5℃，海拔 1500 m 以上的测站，允许有间隔一天的日平均气温≤18.5℃），定为秋风天气过程。秋风对正在抽穗扬花的水稻危害较大，常造成结实率下降、千粒减轻、产量降低。随着海拔的升高，秋风次数增多，危害加重。

3　结论与讨论

月亮山保护区地处中亚热带，其垂直气候带为中亚热带和北亚热带，气候温暖湿润，保护区内林木葱郁、山清水秀、空气清新，主峰上有典型的"分水岭"，山脊峰丛和东南坡是森林植被的主要分布区。其气候具有以下特征：

（1）保护区年日照时数为1076.6～1292.5 h，年太阳总辐射量为3595～3935 MJ/ m²，一年中8月最高，1月最低，呈冬少夏多分布，日照和辐射属贵州省中等偏高水平，属全国低值区范围。由于保护区山高谷深，地形荫蔽，加之保护区云、雾、雨日多，保护区太阳辐射常呈现出随高度增加而递减的现象。

（2）保护区年平均气温为12.9～18.3℃，相对周围气温属于低值区。一年中，7月最高，1月最低。气温年际变化方面，以20世纪90年代中期为分界，前期呈下降趋势，在1996～1998年气温出现突升，后期气温变化不明显，接近历年平均值。从季节分布来看，夏季最高，冬季最低，秋季高于春季。保护区夏无酷暑，冬无严寒，林木越冬条件较好。当有较强冷空气从东北路径入侵，加之静止锋维持时，保护区因海拔高而降温剧烈，也会产生凝冻天气，造成林木断枝、断梢。

（3）保护区年平均降水量为1367.7～2108.8 mm，在保护区的东南侧、南侧，以加勉站为代表，形成一个强降雨中心。降水分布特征为：南坡多于北坡，东坡多于西坡，北坡最小，东南坡及南坡最多；夏季多雨冬季干。降水量年际变化，20世纪90年代是4站降水偏高的时期，从2001年开始各站均有明显的递减趋势，三都站递减速率最大。保护区相对湿度大，云、雾、雨日多，植被繁茂。

（4）保护区地处低纬度地带，受极地大陆干冷气团影响相对较弱，受热带南海气流影响较大。主要有暴雨洪涝、干旱、大风、冰雹、倒春寒、秋风等灾害发生。

（袁芳菊　李丽丽　左　晋）

参考文献

朱乾根，林锦瑞等. 天气学原理和方法. 北京：气象出版社，2000. 10
谷晓平. 贵州太阳能资源研究. 贵阳：贵州科技出版社，2014.01
特色农业气象实验研究. 北京：气象出版社，2015.04
穆彪. 月亮山保护区气候概况. 贵州农学院学报. 1994.03

第四节　水文

1　气候条件

保护区属中亚热带湿润季风气候，整体温暖湿润，雨量充沛，气候类型多样，形成良好的水文环境条件，为植被繁盛提供了基础。

2　地表水文条件

2.1　主要河流特征

保护区处于珠江水系都柳江中上游高地，干流都柳江水源丰富。保护区水系属都柳江支流，是重要的水源涵养林区。

牛场河发源于水尾乡海拔1151 m的滚通归信，呈北东流向，于定威流入都柳江。全长47 km，天然落差698 m，平均坡降14.9 m/km，集雨面积222 km²，多年平均流量5.20 m³/s，水能理论蕴藏量1.43万kW。八蒙河发源于荔波县海拔1000 m的板甲乡上茹城，全长36 km，天然落差613.4 m，平均坡降17.0 m/km，集雨面积167 km²，多年平均流量2.863 m³/s，水能理论蕴藏量0.768万kW。污牛河（孖温河）发源于从江县西南部加鸠长牛村，流经加牙、加鸠、加瑞、孔明、东朗、加民、加哨、摆亥等地，至下江孖温村汇入都柳江，全长86 km，流域面积880 km²，年均流量17.38 m³/s，水能蕴藏量达 4.7 万 kW，可放运木材，下游可航行木船。

总体上，保护区内河流水体景观良好，水质优良，流量稳定。

2.2　水道系统及径流

水道系统是地表径流的汇流通道，由于区内地质地貌条件的特殊性，水道系统发育。

整个保护区水道系统共发育了 5 级（见图 2.4.1、表 2.4.1），共计发育水道 885 条，其中 1 级水道 697 条、2 级水道 138 条、3 级水道 37 条、4 级水道 11 条、5 级水道 2 条。水道平均长 1 级水道 726.07 m、2 级水道 1111.77 m、3 级水道 2814.27 m、4 级水道 10041.62 m、5 级水道 18068.35 m。平均水道 频度 2.5581 条/km²，平均水道密度 2.631 km/km²。

低级水道径流量利用三角堰测量，高级水道径流量用断面测量。总体看来，水道平均径流量大小 悬殊（见表 2.4.2、表 2.4.3 及图 2.4.1）。其中，1~2 级水道径流量在 0.0008~0.013 m³/s 之间，3~ 4 级水道径流量多在 0.08~3.00 m³/s 之间变化。

表 2.4.1　月亮山保护区水道系统统计表

水道级别	1 级	2 级	3 级	4 级	5 级	总　计
水道条数（条）	697	138	37	11	2	885
水道总长度（m）	506069.11	153423.75	104128.06	110457.79	36136.70	910215.41
水道平均长（m）	726.07	1111.77	2814.27	10041.62	18068.35	
平均水道频度（条/km²）	2.5581					
平均水道密度（km/km²）	2.631					

表 2.4.2　月亮山保护区三角堰测流记录表

测流编号	三角堰堰上水头（m）	流量（m³/s）
2	0.10	0.0044
3	0.15	0.0122
4	0.08	0.0025
5	0.15	0.0122
7	0.15	0.0122
8	0.05	0.0008
10	0.05	0.0008
11	0.08	0.0025
12	0.18	0.0192
13	0.15	0.0122
18	0.15	0.0122
20	0.15	0.0122
21	0.15	0.0122
22	0.18	0.0192
24	0.12	0.0070
25	0.10	0.0044
27	0.10	0.0044
29	0.12	0.0070
31	0.13	0.0085
32	0.10	0.0044
33	0.15	0.0122
34	0.13	0.0085
35	0.12	0.0070
36	0.12	0.0070

表 2.4.3　月亮山保护区明渠断面测流记录表

编号	断面宽 B（m）	水深 H（m）	水力坡度（%）	水力半径 R（m）	水力坡度 J	糙率 n	谢才系数 C	流量（m³/s）
1	5.00	0.25	5.00	0.23	0.05	0.04	19.53	2.60
6	1.50	0.14	7.00	0.12	0.07	0.04	17.51	0.33
9	1.20	0.13	5.00	0.11	0.05	0.04	17.22	0.20
14	2.50	0.15	1.50	0.13	0.02	0.04	17.88	0.30
15	2.00	0.10	4.00	0.09	0.04	0.04	16.76	0.20
16	1.10	0.10	7.00	0.08	0.07	0.04	16.56	0.14
17	4.50	0.18	1.50	0.17	0.02	0.04	18.55	0.75
19	1.70	0.11	4.00	0.10	0.04	0.04	16.96	0.20
23	4.60	0.34	3.00	0.30	0.03	0.04	20.41	3.01
26	3.36	0.15	6.00	0.14	0.06	0.04	17.97	0.82
28	1.30	0.15	4.50	0.12	0.05	0.04	17.60	0.25
30	3.50	0.15	10.00	0.14	0.10	0.04	17.98	1.11
37	3.00	0.12	3.50	0.11	0.04	0.04	17.33	0.39
38	1.30	0.08	3.00	0.07	0.03	0.04	16.10	0.08

3　地下水

通过考察，保护区水文地质条件优越。地下水存贮、运移、排泄条件良好，潜水丰富，地下水随地形而起伏，山高水高。

保护区碎屑岩类广布，断层、节理裂隙发育，形成良好的地下水存贮运移条件。由于该地区长期按受风化剥蚀，加上浅变质岩物理风化强烈，在地表流水的作用下，形成了大量的富水的厚层残、坡积物。根据岩性及上覆残、坡积物的水理性质，将含水介质划分为松散岩土孔隙水类型及构造—风化网状裂隙水两种类型。

3.1　松散岩土孔隙水类型

保护区内浅变质岩及砂页岩风化发育的残坡积物质厚度大，残积物厚度多大于 2 m，坡积物厚度高达 10 m 以上，有的达 30 ~ 40 m。其物质成分主要为风化岩块、碎屑、角砾、沙质土及黏土，大小混杂、无分选性及磨圆性，广泛分布于山顶、山脊、剥夷面、山地斜坡及坡麓地带，透水性、含水性能良好，是保护区内广布的一类含水介质。在山麓河谷地带，洪积、冲积、冲洪积成因的碎屑角砾岩及砾石层也有大面积分布。松散岩土孔隙水埋藏浅，在1、2级沟道便可排出形成涓涓溪流。该类含水介质由于抗地表流水侵蚀能力差，需要地表植被的保护，在有良好植被的条件下，将形成植被涵养水源——控制水土流失——地下径流量增大——促进植被繁盛的良性循环。

3.2　构造—风化裂隙水类型

构造风化裂隙水是该区主要的地下水类型。由于浅变质岩区岩石形成环境与地表常温常压条件差异较大，出露后极容易在水热条件下产生机械崩解、破坏从而形成密集的风化裂隙；受区域内构造应力的影响，在岩体中广泛存在不同应力场下形成的张性节理及剪性节理；同时，由于河流水系的切割，导致边坡卸荷，地层中形成大量的卸荷裂隙。这样，构造节理裂隙、风化裂隙、卸荷裂隙以及岩层的层间裂隙共同组成复杂的地下构造—风化裂隙系统，形成了广布的深层地下水存贮运移空间。根据相关水文地质资料，这一含水层深度可达 30 ~ 40 m，是月亮山保护区珍贵的地下水库。

3.3　地下水补给、径流及排泄条件

月亮山保护区地下水主要来源于大气降水补给。由于区内地下水主要形式为孔隙型潜水及裂隙型潜水，其补给区域为含水介质的分布区域，整个保护区均为地下水的补给区域。在地下水补给过程中，

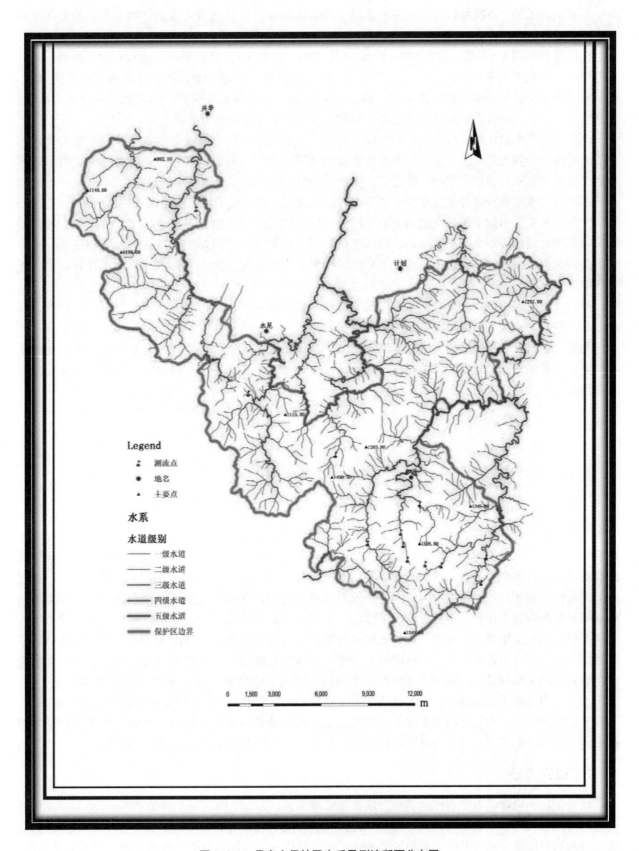

图 2. 4. 1 月亮山保护区水系及测流断面分布图

由于不同地貌类型、不同海拔段的大降水情况、地面植被情况以及地表入渗条件的差异，致使在空间上地下水的补给条件存在一定分异特征。

在局部剥夷面上（主要分布在 800～1000 m 及 1000～1200 m），地形平缓，残坡积物及构造—风化裂隙深厚，植被覆盖率高，大气降水入渗率高，易于形成地下径流。在山体下部，由于地形切割大，坡度较陡，表层松散含水介质厚度不大，地表容易产流，因而降水对地下水的入渗补给量大大减少。由此可见，保护区内高海拔地区的植被保护对全区的水源涵养显得更为重要。

保护区内广布的山地斜坡上残坡积物以及构造—风化裂隙中贮存着大量的地下水，在重力作用下沿水力坡降向沟谷缓慢渗流，从而形成连续不断的地下径流。当地表沟谷侵蚀达到地下水位时，地下水便以泉水的形式补给地表水网。经考察，保护区内的 2 级水道多有地下水补给。

区内地下水埋藏浅而径流速度慢。由于沟谷切割较深，便形成了带状渗出为主的地下水排泄方式。复杂密集的断裂，形成了纵横交错的地表水网，为地下径流的排泄提供了条件，因而地下水的排泄量随沟谷长度的增加而增大。不同级别的沟谷水道形成了地下水不同的排泄基准面，这一特征进一步促进了保护区内地表径流调蓄、地下水以丰补歉、均衡地表水资源及地下水资源，形成了良好的水文生态环境。

另一方面，保护区广泛分布的人工梯田，局部拦截了地表径流，形成人工湿地，减缓了地表水向地下水的转化，也大大提高了保护区的水源涵养功能。

整体上，月亮山保护区具有优越的气候条件、良好的水文地质环境以及发育的水道系统，生态系统良好，水源涵养功能强大。保护和改善保护区的生态环境，将进一步促进地质、地貌、水文及生态的良性循环，最大化实现其水源涵养功能。

（高华端　黄选华　罗　金）

第五节　土壤

不同环境及物种本身的遗传因素决定了植物功能性状的表达，在环境变化过程中，不同种群功能性状的差异决定了种群的种间关系，如某一(些)性状就可能决定着植物种群在竞争中的结果，最后导致群落结构和性质产生改变，进而发生演替。不同演替阶段其组成和结构存在差异，对于山地，对土壤的理化性质起明显控制作用的因子主要是地形和植被类型，在同一气候区，地形通过改变气候因子的空间分配影响植被格局，植被影响成土过程、土壤演替及其理化性质，另一方面，植被格局可以控制微气候和影响土壤状况。所以，森林土壤养分状况，与构成林分的树种组成、林分结构等林分因子有密切关系。月亮山保护区位于黔东南州东南部，山体相对高差大，土壤垂直分布明显，其土壤的地球化学特征和生物循环特点既保留了地带性土壤的共性又具有特定气候、植被条件下体现出的个性。历史上月亮山地区为原始森林，由于近代人为毁林开荒，长期用火烧山，使该地区森林植被急剧减少。对月亮山保护区不同演替阶段的土壤养分特征和生态化学计量特征进行研究，探索土壤养分特征与植被不同演替阶段的关系，可以为月亮山保护区的植被恢复重建提供理论依据和数据基础。

1　研究方法

在保护区内选择具有代表性的演替阶段设置标准样地（表 2.5.1），每个样地 20 m × 20 m。在样地内进行每木检尺，测定其树高、胸径，调查记录植物种类、郁闭度、盖度等。演替阶段的划分参照喻理飞等的研究成果，选择月亮山典型的植被恢复演替阶段，分别划分为草本群落阶段、灌木灌丛阶段、乔林阶段和顶极常绿落叶阔叶混交林阶段。

剖面的挖掘：在设置的样地内，选择典型剖面地点开挖剖面，并观察记录其所处位置、地形地貌、植被类型、各土层颜色、质地、结构及松紧度等剖面特征。

土壤样品的采集：根据实地所划分的土壤剖面层次，每层取 500 g 以上土样，装入布袋，贴上标签，运回室内自然风干后，备用；同时分层采集相应的土壤环刀样品分析测定土壤孔隙特征。另外，还在每个样地内按 S 形布点法，分别取表层土壤(0 ~ 10 cm)进行充分混合后，采用 4 分法取样品 500 g以上，运回室内自然风干后备用。

土壤样品的测定：按照国家林业局发布的中华人民共和国林业行业标准进行测定。

土壤生态化学计量比均采用元素质量比，实验数据处理与作图采用 Excel 2007，运用 SPSS 20.0 对数据进行相关性分析。

表 2.5.1　月亮山保护区森林土壤调查样地基本情况表

演替阶段	优势种	北纬	东经	海拔(m)	土壤	母质	坡度(°)
草本群落阶段	五节芒、白茅、林地早熟禾、巴茅草、箭竹	25°35′26.2″ ~ 25°37.24.5″	108°14′55.4″ ~ 108°18′23.1″	820 ~ 1104	黄壤	板岩	15 ~ 30
灌木灌丛阶段	花楸、山柳、盐肤木、小果南烛、山胡椒	25°34′8.8″ ~ 25°37′15.3″	108°14′7.9″ ~ 108°18′48.8″	1160 ~ 1278	黄壤、黄棕壤	砂页岩、板岩	10 ~ 25
乔林阶段	丝栗栲、水青冈、木莲、杜英、山柳、鹅掌楸、鳌蕲栲、枫香	25°35′1.8″ ~ 25°48′0.9″	108°6′54.0″ ~ 108°19′57.9″	503 ~ 1335	黄壤、黄棕壤	砂页岩、板岩	3 ~ 40
顶极阶段	白辛树、木莲、水青冈、中华槭、狭叶方竹	25°35′40.2″ ~ 25°41′57.8″	108°14′41.5″ ~ 108°18′44.7″	1376 ~ 1470	黄棕壤	板岩	5 ~ 30

2　结果与分析

2.1　不同演替阶段土壤养分特征

由图 2.5.1 可知，A 层土壤 pH 值变化范围为 3.95 ~ 4.29，均值为 4.14 ± 0.16，变异系数为3.87%；土壤阳离子交换量变化范围为 23.64 ~ 48.70 cmol/kg，均值为 32.85 ± 11.80 cmol/kg，变异系数为 35.92%；全氮变化范围为 4.27 ~ 7.29 g/kg，均值为 5.42 ± 1.44 g/kg，变异系数为 26.57%；水解氮变化范围为 388.80 ~ 749.87 mg/kg，均值为 510.59 ± 167.83 mg/kg，变异系数为 32.87%；全磷变化范围为 0.52 ~ 1.00 g/kg，均值为 0.74 ± 0.18 g/kg，变异系数为 24.32%；有效磷变化范围为 2.17 ~ 5.38 mg/kg，均值为 3.47 ± 1.44 mg/kg，变异系数为 41.50%；全钾变化范围为 15.59 ~ 20.52 g/kg，均值为 17.42 ± 2.17 g/kg，变异系数为 12.46%；速效钾变化范围为 57.43 ~ 88.06 mg/kg，均值为 68.59 ± 13.41 mg/kg，变异系数为 19.55%；土壤有机碳变化范围为 58.51 ~ 146.63 g/kg，均值为 87.69 ± 40.75 g/kg，变异系数为 46.47%。

B 层土壤 pH 值变化范围为 3.71 ~ 4.61，均值为 4.15 ± 0.37，变异系数为 8.92%；土壤阳离子交换量变化范围为 16.67 ~ 21.53 cmol/kg，均值为 18.37 ± 2.28 cmol/kg，变异系数为 12.41%；全氮变化范围为 1.82 ~ 3.19 g/kg，均值为 2.61 ± 0.67 g/kg，变异系数为 25.67%；水解氮变化范围为 181.52 ~ 326.41 mg/kg，均值为 248.26 ± 59.80 mg/kg，变异系数为 24.09%；全磷变化范围为 0.31 ~ 0.67 g/kg，均值为 0.49 ± 0.15 g/kg，变异系数为 30.61%；有效磷变化范围为 1.13 ~ 2.38 mg/kg，均值为 1.73 ± 0.62 mg/kg，变异系数为 35.84%；全钾变化范围为 14.83 ~ 21.05 g/kg，均值为 18.36 ± 2.66 g/kg，变异系数为 14.49%；速效钾变化范围为 26.96 ~ 38.19 mg/kg，均值为 34.05 ± 5.04 mg/kg，变异系数为 14.80%；土壤有机碳变化范围为 26.56 ~ 44.91 g/kg，均值为 35.60 ± 7.85 g/kg，变异系数为 22.05%。

C 层土壤 pH 值变化范围为 4.16 ~ 4.53，均值为 4.30 ± 0.16，变异系数为 3.72%；土壤阳离子交换量变化范围为 13.68 ~ 28.24 cmol /kg，均值为 19.15 ± 6.37 cmol/kg，变异系数为 33.26%；全氮变化范围为 0.85 ~ 4.23 g/kg，均值为 2.33 ± 1.45 g/kg，变异系数为 62.23%；水解氮变化范围为 135.35 ~ 432.77 mg/kg，均值为 238.46 ± 137.43 mg/kg，变异系数为 57.63%；全磷变化范围为 0.37 ~ 0.73

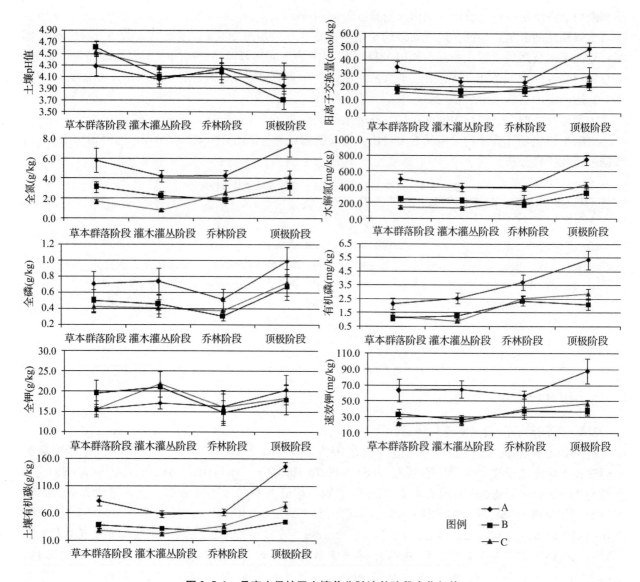

图 2.5.1　月亮山保护区土壤养分随演替阶段变化规律

g/kg，均值为 0.48 ± 0.17 g/kg，变异系数为 35.42%；有效磷变化范围为 0.92 ~ 2.92 mg/kg，均值为 1.92 ± 0.98 mg/kg，变异系数为 51.04%；全钾变化范围为 15.70 ~ 21.90 g/kg，均值为 18.06 ± 2.38 g/kg，变异系数为 15.67%；速效钾变化范围为 21.65 ~ 47.20 mg/kg，均值为 33.26 ± 12.63 mg/kg，变异系数为 37.97%；土壤有机碳变化范围为 22.43 ~ 73.59 g/kg，均值为 40.43 ± 22.91 g/kg，变异系数为 56.67%。

从不同样地各土层平均值来看，月亮山保护区土壤 pH 值为 4.20 ± 0.23，阳离子交换量为 22.02 ± 4.76 cmol/kg，全氮为 3.15 ± 0.90 g/kg，水解氮为 301.87 ± 52.96 mg/kg，全磷为 0.54 ± 0.15 g/kg，有效磷为 2.18 ± 0.74 mg/kg，全钾为 17.89 ± 1.67 g/kg，速效钾为 40.80 ± 6.93 mg/kg，土壤有机碳为 49.24 ± 7.44 g/kg。

从不同土壤层次来看：土壤阳离子交换量、全氮、水解氮、全磷、有效磷、速效钾和土壤有机碳含量整体上均存在随土层深度的增加而递减的趋势，即 A 层 > B 层 > C 层，A 层总是大于 B 层和 C 层，局部有 C 层大于 B 层的现象；土壤 pH 值和土壤全钾含量随土层深度的增加无明显变化规律。

从不同演替阶段来看：不同土层的 pH 值整体上存在随自然恢复演替过程的发育而递减的趋势，即草本群落阶段 > 灌木灌丛阶段 > 乔林阶段 > 顶极阶段；土壤阳离子交换量、全氮、水解氮、全磷、有效磷、速效钾和土壤有机碳含量整体上均存在随自然恢复演替过程的发育而递增的趋势，即草本群落阶段＜灌木灌丛阶段＜乔林阶段＜顶极阶段，但是土壤阳离子交换量、全氮、水解氮、和土壤有机碳含量在部分土层中呈现草本群落阶段＞灌木灌丛阶段的现象；土壤全钾含量随自然恢复演替过程的发育无明显变化规律。

2.2　不同演替阶段土壤生态化学计量特征

如图 2.5.2 所示，A 层土壤 C∶N 变化范围为 13.67 ~ 18.82，均值为 15.46 ± 2.29，变异系数为 14.81%；C∶P 变化范围为 81.65 ~ 164.81，均值为 116.54 ± 36.04，变异系数为 30.93%；C∶K 变化范围为 3.41 ~ 7.32，均值为 4.69 ± 1.79，变异系数为 38.17%；N∶P 变化范围为 6.08 ~ 8.47，均值为 7.41 ± 1.12，变异系数为 15.12%；N∶K 变化范围为 0.25 ~ 0.41，均值为 0.31 ± 0.07，变异系数为 22.58%；P∶K 变化范围为 0.03 ~ 0.05，均值为 0.04 ± 0.01，变异系数为 25.00%。

B 层土壤 C∶N 变化范围为 13.04 ~ 15.81，均值为 14.32 ± 1.21，变异系数为 8.45%；C∶P 变化范围为 70.82 ~ 87.91，均值为 78.33 ± 7.08，变异系数为 9.04%；C∶K 变化范围为 1.68 ~ 2.75，均值为 2.04 ± 0.48，变异系数为 23.53%；N∶P 变化范围为 5.20 ~ 5.91，均值为 5.64 ± 0.31，变异系数为 5.50%；N∶K 变化范围为 0.12 ~ 0.21，均值为 0.15 ± 0.04，变异系数为 26.67%；P∶K 变化范围为 0.02 ~ 0.04，均值为 0.03 ± 0.01，变异系数为 33.33%。

C 层土壤 C∶N 变化范围为 13.34 ~ 30.37，均值为 20.96 ± 7.65，变异系数为 36.50%；C∶P 变化范围为 55.14 ~ 70.09，均值为 61.61 ± 6.25，变异系数为 10.15%；C∶K 变化范围为 0.86 ~ 1.88，均值为 1.32 ± 0.45，变异系数为 34.09%；N∶P 变化范围为 2.43 ~ 5.10，均值为 3.64 ± 1.13，变异系数为 31.04%；N∶K 变化范围为 0.04 ~ 0.14，均值为 0.08 ± 0.04，变异系数为 50.00%；P∶K 变化范围为 0.01 ~ 0.03，均值为 0.02 ± 0.01，变异系数为 50.00%。

从不同样地各土层平均值来看，月亮山保护区土壤 C∶N 为 16.49 ± 2.01，C∶P 为 89.14 ± 13.61，C∶K 为 2.82 ± 0.91，N∶P 为 5.79 ± 0.80，N∶K 为 0.19 ± 0.06，P∶K 为 0.03 ± 0.01。

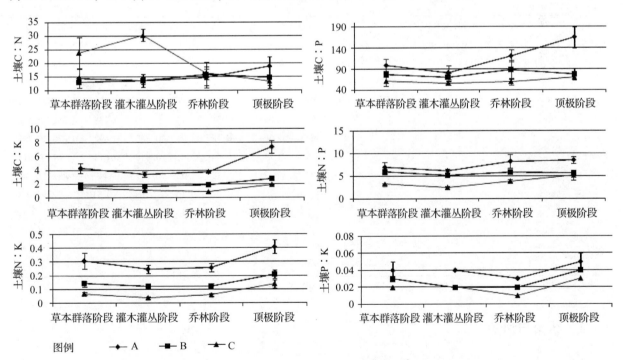

图 2.5.2　月亮山保护区土壤生态化学计量随演替阶段变化规律

从不同土壤层次来看：土壤 C∶P、C∶K、N∶P、N∶K 和 P∶K 整体上均存在随土层深度的增加而递减的趋势，即 A 层＞B 层＞C 层；土壤 C∶N 随土层深度的增加无明显变化规律，草本群落阶段和灌木灌丛阶段在 C 层中明显大于 A 层和 B 层。

从不同演替阶段来看：土壤 C:P、C:K、N:P 和 N:K 整体上均存在随自然恢复演替过程的发育而递增的趋势，即草本群落阶段 < 灌木灌丛阶段 < 乔林阶段 < 顶极阶段，但是在局部呈现草本群落阶段 > 灌木灌丛阶段的现象；土壤 C:N 随自然恢复演替过程的发育无明显变化规律，在 A 层和 B 层中略有随自然恢复演替过程的发育而递增的趋势，在 C 层中明显存在随自然恢复演替过程的发育而递减的趋势；土壤 P:K 整体上有随自然恢复演替过程的发育而递增的趋势，但是在各土层中乔林阶段明显低于草本群落阶段和灌木灌丛阶段。

2.3 土壤养分与土壤生态化学计量的相关性分析

如表 2.5.1 所示，土壤 pH 值与全钾存在极显著的正相关；土壤有机碳与全磷、有效磷、全钾、速效钾、全氮、水解氮、阳离子交换量、C:P、C:K、N:P、N:K 和 P:K 存在极显著的正相关；土壤全磷与有效磷、速效钾、全氮、水解氮、阳离子交换量、C:K、N:K 和 P:K 存在极显著的正相关；土壤有效磷与速效钾、全氮、水解氮、阳离子交换量、C:P、C:K、N:P、N:K 和 P:K 存在极显著的正相关；土壤全钾与阳离子交换量存在极显著的正相关；土壤速效钾与全氮、水解氮、阳离子交换量、C:P、C:K、N:P、N:K 和 P:K 存在极显著的正相关；土壤全氮与水解氮、阳离子交换量、C:P、C:K、N:P、N:K 和 P:K 存在极显著的正相关；土壤水解氮与阳离子交换量、C:P、C:K、N:P、N:K 和 P:K 存在极显著的正相关；土壤阳离子交换量与 C:P、C:K、N:P、N:K 和 P:K 存在极显著的正相关；土壤 C:N 与 N:P 存在极显著的正相关；土壤 C:P 与 C:K、N:P 和 N:K 存在极显著的正相关；土壤 C:K 与 N:P、N:K 和 P:K 存在极显著的正相关；土壤 N:P 与 N:K 存在极显著的正相关；土壤 N:K 与 P:K 存在极显著的正相关。

表 2.5.1　月亮山保护区土壤养分与土壤生态化学计量的相关性

指标	有机碳	全磷	有效磷	全钾	速效钾	全氮	水解氮	阳离子交换量	C:N	C:P	C:K	N:P	N:K	P:K
pH 值	0.178	0.010	−0.005	0.435**	0.185	−0.009	−0.052	0.154	0.208	0.173	−0.101	−0.098	−0.254	−0.225
有机碳	1	0.642**	0.528**	0.365**	0.824**	0.853**	0.914**	0.872**	0.149	0.740**	0.823**	0.523**	0.607**	0.478**
全磷		1	0.414**	0.264	0.638**	0.740**	0.709**	0.452**	−0.025	0.105	0.538**	0.105	0.542**	0.839**
有效磷			1	0.016	0.596**	0.485**	0.466**	0.347*	−0.025	0.384**	0.494**	0.303*	0.399**	0.377**
全钾				1	0.220	0.140	0.223	0.279*	0.177	0.066	−0.110	−0.175	−0.271	−0.256
速效钾					1	0.787**	0.831**	0.695**	0.031	0.548**	0.700**	0.438**	0.582**	0.522**
全氮						1	0.946**	0.690**	−0.180	0.593**	0.862**	0.692**	0.878**	0.700**
水解氮							1	0.775**	−0.031	0.624**	0.849**	0.613**	0.781**	0.618**
阳离子交换量								1	0.178	0.702**	0.717**	0.449**	0.482**	0.348*
C:N									1	0.164	0.022	−0.310*	−0.259	−0.142
C:P										1	0.772**	0.790**	0.542**	0.125
C:K											1	0.734**	0.893**	0.658**
N:P												1	0.778**	0.267
N:K													1	0.745**

注：**. 在 0.01 水平（双侧）上显著相关；*. 在 0.05 水平（双侧）上显著相关。

3　结论与讨论

3.1　不同演替阶段对土壤养分的影响

通过分析可以看出，月亮山保护区土壤主要为酸性土壤，土壤 pH 值整体上存在随自然恢复演替过程的发育而递减的趋势，这与陈瑞梅等的研究规律一致。随着演替阶段的发育，凋落物量随着群落生物量的增加而增多，凋落物在分解过程中产生较多的 CO_2 和有机酸，使土壤酸性增强。土壤阳离子交换量和土壤有机碳含量整体上均存在随土层深度的增加而递减、随自然恢复演替过程的发育而递增的趋势，二者呈极显著正相关，这与姜林等的研究结果一致。有机质是土壤固相的重要组分，其中的腐殖质成分具有较大的比表面积和大量可水解产生负电荷的官能团，能够增加土壤胶体的交换点位和负电荷密度。土壤全氮、水解氮、全磷、有效磷、速效钾等均存在随土层深度的增加而递减、随自然恢复演替过程的发育而递增的趋势，这与前人的研究结果规律类似。随着群落的正向演替，森林生物量增大，郁闭度逐渐增加，植被对土壤中营养的利用率提高，另一方面，枯落物逐渐增多且分解速度变慢，土壤养分含量增加，土壤养分状况得到改善，说明加强保护区内枯落物的保护，可以有效促进森林更好的生长。土壤阳离子交换量、全氮、水解氮和土壤有机碳含量呈现草本群落阶段 > 灌木灌丛阶段的现象，这与前人的研究规律不符。这可能与月亮山保护区草本群落的形成背景有关。月亮山保护区草本群落多为人为耕作弃耕和森林植被火烧后形成的草本群落，人为耕作的施肥作用和火烧后大量残余物的回归，可以有效改善土壤的理化性质。这些养分元素在短时间内逐渐流失，但是还保留有一定的水平，到灌木灌丛阶段时，这些之前留下的养分元素流失殆尽，而且还没有形成较好的植被—土壤循环系统，所以养分元素含量水平较低。

3.2　不同演替阶段对土壤生态化学计量特征的影响

月亮山保护区土壤生态化学计量特征的变化规律整体上与土壤养分的变化规律相似。土壤 C∶N 随土层深度的增加和自然恢复演替过程的发育无明显变化规律，A、B 和 C 层的土壤有机碳的变异系数分别为 46.47%、22.05% 和 56.67%，全氮含量变异系数分别为 26.57%、25.67% 和 62.23%，但 C∶N 的变异系数分别为 14.81%、8.45% 和 34.50%，明显低于土壤有机碳和全氮的变异系数。这与土壤碳和氮空间分布的一致性有关。土壤的 C∶N 比较稳定，相关性分析也验证了这一结果，土壤全氮和土壤有机碳存在极显著的正相关（r = 0.853）。土壤 C∶P 和 N∶P 整体上均存在随土层深度的增加而递减、随自然恢复演替过程的发育而递增的趋势，与曾全超等的研究结果类似。这主要与海拔有关，海拔通过温度等气候因子影响植被的分布：在低海拔区域，湿度大，温度高，有利于植被的生长，主要为演替中后期的植被，促进了 C 和 N 的积累；高海拔区域则主要为演替前期的植被，不利于 C 和 N 的积累，而磷的淋溶作用强度差异不大。土壤 C∶K 和 N∶K 与 C∶P 和 N∶P 相似，整体上均存在随土层深度的增加而递减、随自然恢复演替过程的发育而递增的趋势。在自然森林生态系统中，钾素主要源自于林地枯落物的矿化以及土壤矿质颗粒的风化过程，其中钾从凋落物中释放的速度一般比其他任何元素快。与土壤养分的变化规律相似，土壤 C∶P、C∶K、N∶P 和 N∶K 整体上均存在随自然恢复演替过程的发育而递增的趋势，但是在局部呈现草本群落阶段 > 灌木灌丛阶段的现象，究其原因同样与人为耕作和火烧有关。

3.3　与早期土壤养分对比

月亮山保护区曾在 20 世纪 80 年代组织过科学考察，并于 1994 年出版了《月亮山林区科学考察集》。时隔近 30 年，保护区土壤养分状况有了一定的变化。通过对比当时的研究成果，土壤有机碳由当时的 33.34 ± 12.87 g/kg 变到现在的 49.24 ± 7.44 g/kg，增加了 47.69%；土壤全氮由当时的 2.54 ± 0.99 g/kg 变到现在的 3.15 ± 0.90 g/kg，增加了 24.02%；土壤全磷由当时的 1.86 ± 0.51 g/kg 变到现在的 0.54 ± 0.15 g/kg，含量降低为原来的 29.03%；土壤全钾由当时的 25.84 ± 2.34 g/kg 变到现在的 17.89 ± 1.67 g/kg，含量降低为原来的 69.23%；土壤 pH 值由当时的 4.48 ± 0.23 g/kg 变到现在的 4.20 ± 0.23 g/kg，降低为原来的 93.75%。磷元素和钾元素含量降低，是因为磷元素和钾元素的淋溶流失和植被的吸收作用，被植被吸收的营养元素以枯落物的形式返还到土壤，钾从凋落物中释放的速度一般比其他任何元素快；土壤有机碳和全氮含量明显增加以及土壤 pH 值的降低，是因为保护区受到人为的保护，植被得到较好的恢复，凋落物量增多，凋落物在分解过程中产生较多的 CO_2 和有机酸，使土壤酸性增强，同时丰富了土壤有机碳含量，土壤肥力得到增强和维护。

（舒德远　朱　军　吴　鹏）

参考文献

Fu D G, Duan C Q. Advances in plant functional traits in plant ecology [M]. Advances in ecological sciences. Beijing：Higher Education Press, 2007, 97 – 121.

郝成员, 张永领, 吴绍洪, 等. 岭谷组合地形的植被空间变异性对比及成因[J]. 山地学报, 2009, 27(1)：14 – 23.

刘世梁, 马克明, 傅伯杰, 等. 北京东灵山地区地形土壤因子与植物群落关系研究[J]. 植物生态学报, 2003, 27(4)：496 – 502.

王作梅, 宋秀琴. 不同林分类型土壤养分状况的调查研究[J]. 辽宁林业科技, 1995, 6：42 – 43.

朱军, 辛克敏. 月亮山森林土壤[A]. 见：贵州省林业厅, 梵净山自然保护区管理处. 月亮山林区科学考察集[M]. 贵阳：贵州民族出版社, 1994, 38 – 46.

喻理飞, 朱守谦, 魏鲁明, 等. 退化喀斯特群落自然恢复过程研究 – 自然恢复演替系列[J]. 山地农业生物学报, 1998, 17(2)：71 – 77.

中华人民共和国林业行业标准. 森林土壤分析方法[M]. 国家林业局发布, 1999.

陈瑞梅, 肖文发, 王晓荣, 等. 三峡库区植被不同演替阶段的土壤养分特征[J]. 林业科学, 2010, 46(9)：1 – 6.

胡玉福, 邓良玉, 张世熔, 等. 川中丘陵区不同利用方式的土壤养分特征研究[J]. 水土保持学报, 2006, 20(6)：85 – 89.

姜林, 耿增超, 李珊珊, 等. 祁连山西水林区土壤阳离子交换量及盐基离子的剖面分布[J]. 生态学报, 2012, 32(11)：3368 – 3377.

于天仁, 陈志诚. 土壤发生中的化学过程[M]. 北京：科学出版社, 1990.

罗亚勇, 张宇, 张静辉, 等. 不同退化阶段高寒草甸土壤化学计量特征[J]. 生态学杂志, 2012, 31(2)：254 – 260.

寇萌, 焦菊英, 尹秋龙, 等. 黄土丘陵沟壑区主要草种枯落物的持水能力与养分潜在归还能力[J]. 生态学报, 2015, 35(5)：1337 – 1349.

曾全超, 李鑫, 董扬红, 等. 陕北黄土高原土壤性质及其生态化学计量的纬度变化特征[J]. 自然资源学报, 2015, 30(5)：870 – 878.

张向茹, 马露莎, 陈亚南, 等. 黄土高原不同纬度下刺槐林土壤生态化学计量学特征研究[J]. 土壤学报, 2013, 50(4)：182 – 189.

刘娜利. 牛背梁国家级自然保护区土壤特性研究[D]. 杨凌：西北农林科技大学, 2012.

第六节　植被

1　研究方法

植被分布采用遥感影像解译与实地调查相结合的方法, 个别地段用1∶10000 地形图勾绘, 并辅以GPS 定位并与遥感影像叠图。在实地调查时, 按照调查地形、地貌, 植被分布情况, 选择有代表性的线路设置样线, 样线长度一般不短于 10 km, 样线数量不少于 1～3 条。在样线上设置典型样方和记录样方, 调查植物群落的树种组成及数量特征。

2　结果与分析

月亮山处于中亚热带季风湿润气候区域, 地带性植被为常绿阔叶林。由于早期人类干扰以及历史的原因, 本区现存植被主要为次生植被, 总体森林植被为常绿落叶阔叶混交林, 主要组成树种有：黧蒴栲 *Castanopsis fissa*、丝栗栲 *C. fargesii*、水青冈 *Fagus longipetiolata*、木莲 *Manglietia fordiana*、桂南木莲 *M. chingii*、楠木 *Phoebe zhennan*、樟树 *Cinnamomum camphora*、黑壳楠 *Lindera megaphylla*、鹅掌楸 *Liriodendron chinense*、钟萼木 *Bretschneidara sinensis*、石灰花楸 *Sorbus folgneri*、四照花 *Dendrobenthamia melanotricha*、马尾松 *Pinus massoninana*、枫香 *Liquidambar formosana*、红豆杉 *Taxus chinensis*、南方红豆

杉 *T. chinensis* var. *mairei*。

森林植被特点与20世纪80年代第一次综合考察相比，树种组成没有明显变化，以阔叶树占绝对优势，占保护区总面积的65.4%；孑遗植物少、森林植被受人为影响的状况、垂直分布规律及垂直带谱组成简单情况没有变，但农田植被略有下降。由于采伐，退耕还林等，出现了灌丛和灌草丛演替类型，面积分别为192.28 hm^2和728.91 hm^2。局部有常绿阔叶林类型，如罴蒴栲、丝栗栲等占优势的森林群落。整体森林生态系统演替规律、稳定性良好。

保护区植被无水平分异规律，植被呈镶嵌状分布，主体为水青冈占优势的森林植被。在低海拔的山麓处多为人工林，如马尾松、杉木林和竹林以及农田植被等。月亮山保护区现存森林植被主要类型有8个类型。

2.1　常绿阔叶林

常绿阔叶林与该区地带性植被相吻合，是保护区主要的植被类型之一。常绿阔叶林总面积5971.85 hm^2，分布范围较广，但面积较小，次生性明显。由于人为干扰，主要分布在坡度较陡的地带，呈小块状分布。主要树种有壳斗科栲属、山茶科木荷属、樟科润楠属和樟属等树种，伴生少量针叶树。对该植被类型调查了2个标准地，样地所处位置为太阳山，海拔530 m，坡度40°，样地内人为活动较少。群落优势种为罴蒴栲、丝栗栲，重要值253.84，乔木层盖度70%～80%，树种组成较为简单，600 m^2内有乔木树种4～10种(表2.6.1、表2.6.2)。

表2.6.1　月亮山保护区罴蒴栲林乔木层种群重要值

树种	相对密度	相对显著度	相对频度	重要值
罴蒴栲 *Castanopsis fissa*	84.34	87.05	52.63	224.02
杉木 *Cunninghamia lanceolata*	8.43	8.71	21.05	38.19
丝栗栲 *Castanopsis rargesn*	6.02	2.74	21.05	29.82
花楸 *Catalpa ovata*	1.2	1.5	5.26	7.97
	100.00	100.00	100.00	300.00

表2.6.2　月亮山保护区丝栗栲—木荷林种群重要值

树种	相对密度	相对显著度	相对频度	重要值
丝栗栲 *Castanopsis rargesn*	43.64	74.1	37.04	154.77
木荷 *Schima superba*	9.09	11.5	11.11	31.7
润楠 *Machilus pingii*	14.55	3.25	11.11	28.91
木莲 *Manglietia fordiana*	14.55	1.68	11.11	27.34
香樟 *Machilus ichangensis*	9.09	1.47	14.81	25.38
黄樟 *Cinnamomum porrectum*	1.82	4.29	3.7	9.81
枫香 *Liquidambar formosana*	1.82	3.16	3.7	8.69
毛叶新木姜子 *Neolitsea velutina*	3.64	0.47	3.7	7.81
柃木 *Eurya japonica*	1.82	0.07	3.7	5.59
	100.00	100.00	100.00	300.00

2.2　常绿落叶阔叶混交林

该植被类型是保护区主要植被类型，是保护区最常见植被类型，分布范围广，总面积12335.04 hm^2。落叶树种占优势，伴生一定数量的常绿阔叶树种。主要落叶树种有壳斗科水青冈属、山柳科山柳属、蔷薇科花楸属和樱属、桦木科鹅耳枥属、樟科木姜子属和山胡椒属、木兰科鹅掌楸属和木莲属等，常绿树种有壳斗科栲属、樟科樟属和润楠属及楠木属。共调查6个标准地，4个记录样方。乔木层盖度70%～95%，高度在8～30 m之间，胸径12～65 cm。树种组成丰富，600 m^2样地有乔木树种19种左右。林分组成成分代表样地如表2.6.3、表2.6.4。

表2.6.3　月亮山保护区鹅掌楸—木莲林种群重要值

树种	相对密度	相对显著度	相对频度	重要值
鹅掌楸 *Liriodendron chinense*	10.64	55.2	10.53	76.37
木莲 *Manglietia fordiana*	12.77	3.47	10.53	26.76
枫香 *Liquidambar formosana*	2.13	19.35	2.63	24.11
黄丹木姜子 *Litsea elongata*	10.64	2.67	10.53	23.84
四照花 *Cornus japonica* var. *chinensis*	8.51	3.25	10.53	22.28
栲树 *Castanopsis carlesii*	6.38	1.28	7.89	15.56
山茶 *Camellia japonica*	6.38	1.24	7.89	15.52
川桂 *Cinnamomum wilsonii*	8.51	1.42	5.26	15.2
黑壳楠 *Lindera megaphylla*	6.38	1.3	5.26	12.95
中华槭 *Acer sinense*	4.26	2.87	5.26	12.39
杜鹃 *Cuculus canorus*	4.26	0.54	5.26	10.06
野漆 *Toxicodendron succedaneum*	4.26	1.96	2.63	8.85
水青冈 *Fagus longipetiolata*	4.26	1.68	2.63	8.57
山柳 *Salix pseudotangii*	2.13	2.72	2.63	7.48
檫木 *Sassafras tzumu*	2.13	0.37	2.63	5.13
钓樟 *Lindera rubronervia*	2.13	0.24	2.63	5
青榨槭 *Acer davidii*	2.13	0.24	2.63	5
	100.00	100.00	100.00	300.00

表2.6.4　月亮山保护区水青冈—栲树林种群重要值

树种	相对密度	相对显著度	相对频度	重要值
水青冈 *Fagus longipetiolata*	33.33	29.06	26.67	89.06
栲树 *Castanopsis carlesii*	25	41.86	16.67	83.53
杜鹃 *Rhododendron* sp.	16.67	10.45	16.67	43.78
木莲 *Manglietia fordiana*	5	2.07	10	17.07
木荷 *Schima superba*	5	7.98	6.67	19.65
檫木 *Sassafras tzumu*	5	4.66	6.66	16.33
硬斗石栎 *Lithocarpus hacei*	3.33	1.34	3.33	8.01
桂南木莲 *Manglietia chingii*	1.67	0.21	3.33	5.21
冬青 *lex purpurea*	1.67	0.92	3.33	5.92
野樱 *Cerasus szechuanica*	1.67	1.18	3.33	6.18
中华槭 *Acer sinense*	1.67	0.27	3.33	5.27
合计	100.00	100.00	100.00	300.00

2.3　落叶阔叶林

落叶阔叶林植被以落叶阔叶树种占绝对优势，伴生少量常绿阔叶树种。该类型分布较广，总面积2198.72 hm²。主要落叶树种有卫矛科十齿花属、山柳科山柳属、马尾树科马尾树属等。林内树干通直饱满。群落明显可分为乔木层、灌木层和草本层，乔木覆盖度80%以上，高14~22 m，树种组成复杂，种的丰富度较高。600 m²内有12种以上。林分组成成分代表样地如表2.6.5。

表 2.6.5　月亮山保护区十齿花—山柳林种群重要值

树种	相对密度	相对显著度	相对频度	重要值
十齿花 Dipentodon sinicus	36.29	30.55	20.00	86.84
山柳 Salix pseudotangii	13.71	8.80	10.00	32.51
马尾树 Rhoiptelea chiliantha	12.10	2.73	12.00	26.83
沙梨 Pyrus pyrifolia	0.81	18.56	2.00	21.37
水青冈 Fagus longipetiolata	2.42	12.07	6.00	20.49
木莲 Manglietia fordiana	8.87	2.65	6.00	17.52
杨梅 Myrica rubra	5.65	4.38	6.00	16.02
杉木 Cunninghamia lanceolata	3.23	1.62	8.00	12.84
枫香 Liquidambar formosana	2.42	4.93	4.00	11.35
漆树 Toxicodendron vernicifluum	2.42	2.18	4.00	8.60
山胡椒 Lindera glauca	1.61	2.24	4.00	7.85
杜鹃 Rhododendron sp.	2.42	2.37	2.00	6.79
	100.00	100.00	100.00	300.00

2.4　针阔混交林

针阔混交林主要分布在人为干扰较频繁的地段，即保护区的实验区内。该植被类型针叶树与阔叶树覆盖度较接近，乔木层分为 2 个亚层，针叶树在第一层占绝对优势，亚层主要为阔叶树种。分布范围很小，面积不足 10 hm²。针叶树主要有马尾松 Pinus massonianna、杉木 Cunninghamia lanceolata 等树种，阔叶树种主要由水青冈、丝栗栲、枫香等树种组成，树种组成丰富，针叶树种一般处于林分上层。群落外貌不整齐。

2.5　针叶林

该植被类型主要为纯林，分布较广，保护区各分区均有分布，是一类受人为干扰频繁的植被，总面积 9803.62 hm²。植被主要树种为马尾松、杉木、柏木 Cupressus funebris 等。林分上层为针叶树，下层伴生少量低矮的灌木，如油茶、菝葜 Smilax china、杜鹃、枪木等。盖度在 60% ~ 85%，高度为 14 ~ 20 m，胸径为 12 ~ 30 cm。

2.6　竹林

主要分布在海拔 500 ~ 800 m 之间，群落盖度在 60% ~ 85%。为楠竹 Phyllostachys pubescens 纯林，竹林密度 3450 杆/hm²，楠竹胸径 8 ~ 12 cm，均为人工造林而形成的植被类型。

2.7　灌丛

主要呈镶嵌状小块分布，一般海拔 600 ~ 800 m，主要树种为马桑 Coriaria sinica、菝葜、水麻 Debregeasia Edulis、竹叶椒 Zanthoxylum planispinum、乌饭树、蔷薇科悬钩子属植物等。盖度在 50% ~ 80% 之间，高度 2 ~ 4 m。

2.8　灌草丛

主要由禾本科芒属、野青茅属，里白科里白属等植物组成，群落优势种有 2 ~ 4 个，其间有少量马桑、羊耳菊、悬钩子等混生。高度 1.2 ~ 2.0 m，盖度达 95% 以上。主要分布在采伐迹地、火烧迹地等地段。最下层有地瓜、金疮小草、聚花过路黄等植物。

3　结论与讨论

（1）月亮山保护区植物资源丰富，森林类型多样。森林植被有 8 个主要类型，与中亚热带典型的常绿阔叶落叶混交林大致相同，反映了它们深受地带性气候条件的影响。在 8 个森林植被类型中，常绿阔叶林占保护区森林植被总面积的 19.05%，常绿落叶阔叶混交林占 39.34%，在常绿落叶阔叶混交林中最主要的优势树种是水青冈，分布面积约占保护区总面积的三分之一。

（2）群落物种丰富度较好。根据8个典型样地及14个记录样地调查统计表明，600 m² 样地内平均为20种，最高29种，最低12种。

（3）月亮山保护区森林植被明显地具有次生性。它们是在人们长期经营和干扰下顺向演替和逆向演替交织进行过程中不同演替阶段的产物，如乱砍滥伐、不同程度用途的选择、自然灾害、人为地抚育某一树种而将其他树种伐除等方式，其结果就构成了该地区目前半自然半人工的森林群落。由于本区优越的气候条件，植被的自然恢复较容易，因此各类森林在停止人为破坏后，顺向演替进度较快。

（4）月亮山保护区森林植被与上次考察相比，垂直分异规律及垂直带谱组成情况没有变化，但在局部地段有常绿性成分占绝对优势的群落类型出现。农田植被有一定程度下降。由于人为干扰，出现采伐迹地、火烧迹地，此地段上出现了灌草丛逆向演替的植被类型，有的地段有灌丛植被分布。

（杨荣和　谢双喜）

参考文献

黄威廉，屠玉麟，杨龙 . 贵州植被［M］. 贵阳：贵州人民出版社 . 1988. 84～332.

贵州省林业厅，梵净山自然保护处 . 月亮山保护区科学考察集［M］. 1994. 8

第三章 植物多样性

第一节 地衣

月亮山保护区地处贵州省黔东南榕江、从江一带，最高峰海拔大约1500 m，相对高差约1100 m，山体雄伟高大，沟谷切割深长。气候温暖湿润，原生植被完好，生态系统遭到破坏程度较小。这些自然环境特点都为地衣的生长和保存提供了有利条件。

1 结果与分析

通过显微观察，初步分析，从该保护区采集的标本隶属于11科20属，名录列出如下：

（1）茶渍科，脐鳞衣属 Rhizoplaca sp.

子囊盘紧密贴生于基物表面，无果柄，盘面呈暗红色，盘缘颜色略浅为深红色，初生子囊盘为圆形，随着长大，逐渐为不规则形状或近圆形，盘面完全打开，并略微鼓起，无粉霜。子囊盘散生，少数拥挤在一起。

（2）地卷科，裂边地卷 Peltigera degenii Gyelnik

地衣体呈叶状，表面呈绿色、蓝绿色、绿褐色，皮层发育良好，光滑具有光泽，边缘裂片宽大，无粉裂芽及分生孢子器着生，背面为白色至浅棕色，有大量脉纹，有较长的假根，假根单一不分叉，子囊果未见。

（3）地图衣科，地图衣属 Rhizocarpon sp.

地衣体壳状，有龟裂状裂纹，子囊盘埋生或半埋生，多拥挤在一起，有时分散，盘面打开，颜色为褐色，盘缘颜色略浅。

（4）肺衣科，肺衣属 Lobaria sp.

地衣体叶状，革质，呈蓝绿色，暗绿色或灰褐色，上表面光滑，具有裂片，裂片宽圆，平铺与基物或略微翘起，下表面无杯点或假杯点，但有网状的突起和绒毛，子囊盘未见。

（5）鸡皮衣科，肉疣衣属 Ochrolechia sp.

地衣体壳状，呈灰色、灰白色，紧密固着于基物表面，子囊盘圆形，贴生，果柄短小，盘面打开，盘缘加厚呈唇状，与地衣体颜色相同，盘面凹陷，呈肉色或棕色，有时可见少量粉霜。

（6）鸡皮衣科，鸡皮衣属 Pertusaria sp.

地衣体壳状，紧密覆盖于树皮表面，上表层光滑，略有光泽，呈暗绿色。子囊壳埋生于地衣体表面以下，但有明显突起，壳口有粉末状。大量的被地衣体覆盖的子囊壳口突起于地衣体表面呈现鸡皮疙瘩状。K－，C－。

（7）胶衣科，胶衣属 Collema sp.

地衣体呈胶质叶状，深蓝色或深褐色，无粉裂芽，共生藻为念珠藻。

（8）梅衣科，斑叶衣属 Cetrelia sp.

地衣体叶状，上下皮层均发育良好，上表面有大量的丛生的裂片或裂芽存在，略靠近边缘位置有白色的假杯点，腹面有假根，并且假根为白色，较短，呈成簇存在的短发状排列。

（9）梅衣科，裸缘梅衣属 *Parmotrema* sp.

地衣体叶状，表面灰色至灰白色，具少量疣状裂芽，边缘具较宽圆的裂片；腹面棕色至棕褐色，有短小的假根，假根有枝状分叉，子囊果未见，地衣体表面 K + 淡黄色，C - ，KC + 淡黄色；基物为树皮。

（10）梅衣科，梅衣属 *Parmelia* sp.

地衣体叶状，表面灰白色，表面有大量裂片或裂芽存在，地衣体下表面成浅色，有大量白色假根，假根不分叉或偶有二分叉，腹面无脉纹，子囊盘贴生于上皮层中间，果柄短小，数量较多，盘面略浅，较大，颜色呈肉棕色，有时整个子囊盘呈薄片状，盘面直径最大可达 1 ~ 1.5mm。基物为树皮。

（11）梅衣科，条衣属 *Everniastrum* sp.

地衣体叶状，上下表面皮层均发育良好，表面呈浅灰色或灰绿色，具有明显裂片，且裂片为狭长的二叉状，下表面内卷呈沟状或槽状。

（12）梅衣科，网裂梅衣 *Rimelia* sp.

地衣体叶状，表层灰色至灰白色，表面具有网状裂纹，叶缘有粉芽或分生孢子器。背面呈棕褐色，有假根，假根单一不分叉；K + 黄色，C - 。

（13）梅衣科，星点梅属 *Punctelia* sp.

地衣体叶状，表面灰色、灰白色至白色，有白色的假杯点分布于上表面，背面呈棕褐色，地衣体边缘裂片较宽大。未见假根，未见子囊果。K + 淡黄色，C - ，着生于苔藓层。

（14）梅衣科，皱梅衣属 *Flavoparmelia* sp.

地衣体叶状，表面灰绿色，上表面有明显褶皱，裂片宽圆，下表面边缘为浅棕色，中间褐色，有短小假根固着于基物，未见子囊果。

（15）珊瑚枝科，癞屑衣属 *Lepraria* sp.

地衣体呈粉末状存在于土层表面，颜色为灰色、灰白色，无良好的地衣皮层结构。显微镜下只能看到菌丝松散地包围着藻细胞。

（16）珊瑚枝科，珊瑚枝属 *Stereocaulon* sp.

地衣体为枝状，直立固着于基物表面，有分叉，实心，具有骨质中轴，分叉较多，且比较均匀，分枝顶端有头状结构，分枝多为白色或灰白色，在分枝中段及底部靠近基物位置有裂芽或者裂片存在。

（17）石蕊科，鹿蕊属 *Cladina* sp.

地衣体枝状，呈明显鹿角状分叉，分叉上面又有多次分叉，规则整齐，黄白色，分枝为中空管状，分枝表面具有边缘规则的小孔，分枝顶端颜色略微加深，呈浅棕色。分枝 K + 浅棕色，C - ；基物为土层及土藓层。

（18）石蕊科，石蕊属 *Cladonia* sp.

初生地衣体鳞片状，分布于土层表面或石土层表面，鳞片上表面多为绿色或灰绿色，下表面为白色或灰白色。果柄有分枝，顶端略尖，未见杯体，果柄中间及基部有大量鳞片存在。

（19）文字衣科，文字衣属 *Graphis* sp.

地衣体壳状，灰色至灰白色，子囊盘线状，黑色，半埋生至贴生。

（20）蜈蚣衣科，蜈蚣衣属 *Physcia* sp.

地衣体叶状或鳞叶状，表面灰色或暗灰色，裂片较深，常呈细条带状分枝，腹面褐色或黑色，有假根，有时叶缘可见明显假根。

2　结论与讨论

在本次考察路线中，因时间原因未进入计划大山深处进行考察采集。采集到的标本中涵盖 20 个属，其中，壳状地衣 6 属，叶状地衣 11 属，枝状地衣为 3 属。如果深入到保护区腹地深处进一步考察采集，可能会有更多的科属被发现。在发现的标本之中，大量叶状地衣的出现表明该地生态环境优良，空气质量佳。地衣，尤其是叶状和枝状地衣对空气尤其是污染空气比较敏感，所以在一定程度上，该类大型地衣的出现反映了当地的空气质量情况。

（孟庆峰 付少彬）

参考文献：

上海自然博物馆. 长江三角洲及邻近地区孢子植物志. 上海：上海科学技术出版社，1989.

赵继鼎，徐连旺，孙曾美. 中国地衣初编. 北京：科学出版社，1982.

吴金陵. 中国地衣植物图鉴，ed. 1. 北京：中国展望出版社，1987.

阿不都拉. 阿巴斯，吴继农. 新疆地衣. 乌鲁木齐：新疆科技卫生出版社，1998.

任强. 中国鸡皮衣科地衣研究. 山东师范大学，2009.

郭顺香. 秦岭太白山地区石蕊属和树花属地衣的研究. 山东师范大学，2007.

吕蕾. 中国西部茶渍属地衣的研究. 山东师范大学，2011.

贾泽峰. 中国文字衣属地衣的分类研究. 山东农业大学，2010.

第二节 淡水藻类

藻类是水体中的初级生产者，是整个生态系统中物质循环和能力流动的基础。其种类组成、群落结构、数量分布和种群多样性等生态学特征，能较好地反映水质污染状况，是评价水环境质量的重要指标之一。

月亮山保护区地处亚热带季风湿润气候区，森林覆盖率高，区内溪流众多，生境丰富，其得天独厚的自然环境为藻类生长繁殖提供了优越的条件。

1 研究方法

本次科学考察于2014年9月20日至30日对月亮山保护区进行为时10天的藻类定性采样。对生活于湖泊、河流的浮游藻类采用25#浮游生物网于水平及垂直方向"∞"字形缓慢拖网置于100 ml小瓶，并立即用甲醛溶液固定；对生活于水底卵石表面、树枝表皮的附着藻类采用硬刷（刮刀）保存于100 ml小瓶并用甲醛溶液固定。

2 结果与分析

藻类鉴定主要参考（胡鸿钧等，2006；陈椽等，2006；郑洪萍等，2012；陈茜等，2010）。本次调查中，月亮山保护区淡水藻类共包括6门9纲17目32科64种（属）（表3.2.1）：绿藻门为3纲6目12科26种（属），硅藻门为2纲5目9科20种（属），蓝藻门为1纲3目8科15种（属），甲藻门为1纲1目1科1种（属），裸藻门为1纲1目1科1种（属），隐藻门为1纲1科1种（属）。

表3.2.1 月亮山保护区淡水藻类群落结构

门	纲	目	科	种（属）	占总种数（%）
绿藻门	3	6	12	26	40.6
硅藻门	2	5	9	20	31.3
蓝藻门	1	3	8	15	23.4
甲藻门	1	1	1	1	1.56
裸藻门	1	1	1	1	1.56
隐藻门	1	1	1	1	1.56

　　综上所述，在本次调查中，绿藻种类数最多，硅藻次之，蓝藻居第三，此三种藻类占总种类数的93.8%，为月亮山保护区优势种类。绿藻门中的栅藻属种类最多，样品中出现频率亦较高，包括弯曲栅藻 *Scenedesmus arcuatus*、四尾栅藻 *S. quadricauda*、二形栅藻 *S. dimorphus*、多棘栅藻 *S. spinosus* 以及双对栅藻 *S. bijuba*，该藻种营浮游于静水湖泊、池塘或缓流溪流中，对有机质要求较高，常用来指示富营养化。此外，绿藻门中的大型藻类丝藻 *Ulothrix*、水绵 *Spirogyra*、双星藻 *Zygnema* 以及轮藻 *Chara* 肉眼即能看见，采样中出现频率较高，该类藻种常出现于清洁的、流速较缓的溪流、沟渠以及相对静止的稻田。其余常见藻种如鼓藻 *Cosmarium*、空星藻 *Coelastrum*、四角藻 *Tetraedron*、十字藻 *Crucigenia*、盘星藻 *Pediastrum*、胶囊藻 *Gloeocystis*、蹄形藻 *Kirchneriella* 主要于湖泊、池塘、水库营浮游生活。

　　硅藻门中的针杆藻 *Synedra*、菱形藻 *Nitzschia*、桥弯藻 *Cymbella*、异极藻 *Gomphonema* 营浮游或附着生活，甚至在激流中亦能通过附着于卵石或植物表面生长良好。该类藻种在保护区小溪中常常见到。而圆筛藻科的小环藻 *Cyclotella*、直链藻 *Melosira* 以及舟形藻科的舟形藻 *Navicula*、脆杆藻 *Fragilaria*、布纹藻 *Gyrosigma*、羽纹藻 *Pinnularia*、辐节藻属 *Stauroneis*、双壁藻 *Diploneis* 出现频率亦较高，于湖泊、水库等水体中较为常见，主要营浮游生活。

　　蓝藻门的大型藻类念珠藻 *Nostoc*（俗称"地木耳"）在保护区潮湿的地面随处可见，此外在部分溪流石块表层亦有采到，有较高的食用价值。而蓝藻中的颤藻 *Oscillatoria* 亦分布极广，生命力顽强，湖泊、池塘、水沟、树皮，甚至于农家屋前潮湿地面或土墙亦常发现，营浮游或附着生活。而湖泊假鱼腥藻 *Pseudanabaena*、湖丝藻 *Limnothrix* sp.、蓝纤维藻 *Dactylococcopsis*、鱼腥藻 *Anabaena*、束丝藻 *Aphanizomenon* 则在湖泊、池塘的浮游植物捞网中大量采到，主要营浮游生活。

　　此外裸藻门中的扁裸藻以及隐藻门中的隐藻常出现于村民生活区附近的有机质丰富的鱼塘，而多甲藻则在保护区都柳江有大量采到，此三种类均营浮游生活。

（李秋华　李　磊）

第三节　大型真菌

1　研究方法

　　本次科学考察，调查了月亮山保护区范围内不同林带、不同海拔高度的大型真菌生境，采集了300 余号样品，采用 Singer（1986）的研究方法，结合大量的参考文献，基于标本的宏观形态特征和微观结构对这些样品进行了鉴定（Gilbortson，1986；Singer，1986；Pegler 1983；吴兴亮等，1993，1997，1998，2005，2011，2013），对所获得的数据按照最新真菌分类系统（Kirk et al. 2008）进行编目和统计分析。

2　结果与分析

2.1　月亮山大型真菌种类组成与特点

　　本次科学考察采集月亮山大型真菌标本 300 余份，共鉴定大型真菌种类 234 种（包括变种），隶属于 2 门 6 纲 15 目 48 科 110 属，其中子囊菌 20 种，隶属于 6 科 11 属；担子菌 214 种，隶属于 42 科 99 属（表 3.3.1）。物种多样性名录按《Dictionary of The Fungi》第十版系统排列。

表 3.3.1　月亮山保护区大型真菌数量统计

门	纲	目	科	属	种
子囊菌门	3	4	6	11	20
担子菌门	3	11	42	99	214
共计	6	15	48	110	234

从表 3.3.2 的科属统计表可知，含有 10 种以上的优势科有 3 科 95 种，占总科数的 6.25%，占总种数的 40.6%。种类最多的是红菇科 39 种，占总数的 16.7%；第二为多孔菌科有 38 种，占总数的 16.2%；第三为小皮伞科 18 种，占总数的 7.7%。红菇科在这次科学考察季节正是生长旺季，多孔菌科和小皮伞科，子实体水分含量少，存在时间长，采集过程中获取了更多的标本材料，这三科作为月亮山大型真菌优势科的种类有一定人为因素造成，以后分析中应补充更多不同季节的标本加以分析。10 种以下的科有 45 科，139 种，占总科数的 93.7%，占总种数的 59.4%；单种科有 8 科，占总科数的 16.7%，占总种数的 3.4%。

从表 3.3.2 科属统计表可知，优势属（5 种以上）有 8 属 76 种，占总属数的 7.3%，占总种数的 32.5%。种类最多的是红菇属 27 种，占总数的 11.5%；第二为乳菇属有 12 种，占总数的 5.1%；第三为灵芝属 8 种，占总数的 3.4%。这与当时采集季节和月亮山的植被特征有很大关系。

表 3.3.2　贵州月亮山大型真菌科属统计

门	科	属（种数）
子囊菌门 Ascomycota	锤舌菌科 Leotiaceae	*Bisporella*（1）
	麦角菌科 Claviciptaceae	*Cordyceps*（3）*Ophiocordyceps*（1）
	盘菌科 Ascobolaceae	*Microstoma*（2）
	火丝盘菌科 Pyronemataceae	*Aleuria*（1）*Anthracobia*（1）*Scutellinia*（1）
	肉杯菌科 Sarcoscyphaceae	*Phillipsia*（1）*Sarcoscypha*（2）
	炭团菌科 Xylariaceae	*Daldinia*（2）*Xylaria*（5）
担子菌门 Basidiomycota	蘑菇科 Agaricaceae	*Agaricus*（1）*Lepiota*（3）*Macrolepiota*（1）*Leucocoprinus*（1）*Micropsalliota*（1）
	鹅膏科 Amanitaceae	*Amanita*（6）
	粪锈伞科 Bolbitiaceae	*Agroocybe*（1）*Bolbitius*（1）*Panaeolus*（1）
	鬼伞科 Coprinaceae	*Coprinellus*（2）*Coprinopsis*（3）
	丝膜菌科 Cortinariaceae	*Cortinarius*（2）
	粉褶蕈科 Entolomataceae	*Clitopilus*（1）
	蜡伞科 Hygrophoraceae	*Hygrophorus*（2）Hygrocybe（1）
	丝盖伞科 Inocybaceae	*Crepidotus*（2）*Inocybe*（1）
	角齿菌科 Hydnagiaceae	*Laccaria*（2）
	小皮伞科 Marasmiaceae	*Anthracophyllum*（1）*Campanella*（1）*Crinipellis*（1）*Flammulina*（1）*Gymnopus*（4）*Marasmiellus*（1）*Marasmius*（6）*Megacollybia*（1）*Panellus*（1）*Resupinatus*（1）
	小菇科 Mycenaceae	*Mycena*（3）
	鸟巢菌科 Nidulariaceae	*Crucibulum*（1）*Cyathus*（2）
	膨瑚菌科 Physalacriaceae	*Hymenopellis*（1）
	侧耳科 Pleurotaceae	*Pleurotus*（2）
	光柄菇科 Pluteaceae	*Pluteus*（2）*Volvariella*（1）
	小脆柄菇科 Psathyrellaceae	*Parasola*（1）*Psathyrella*（1）
	裂褶菌科 Schizophyllaceae	*Schizophyllum*（1）
	球盖菇科 Strophariaceae	*Hypholoma*（1）*Gymnopilus*（2）*Pholiota*（1）
	口蘑科 Tricholomataceae	*Termitomyces*（2）*Xeromphalina*（1）
	牛肝菌科 Boletaceae	*Boletinus*（1）*Phylloporus*（1）

（续）

门	科	属（种数）
	桩菇科 Paxillaceae	*Paxillus*（1）*Tapinella*（1）
	松塔牛肝菌科 strobilomyceaceae	*Strobilomyces*（2）
	乳牛肝菌科 Suillaceae	*Suillus*（4）
	锁瑚菌科 Clavulinaceae	*Clavulina*（1）*Multiclavula*（1）
	刺革菌科 Hymenochaetaceae	*Coltricia*（2）
	喇叭菌科 Catharellaceae	*Trogia*（1）
	皱皮孔菌科 Meruliaceae	*Steccherinum*（1）
	韧革菌科 Stereaceae	*Aleurodiscus*（1）*Stereum*（3）*Xylobolus*（1）
	灵芝科 Ganodermataceae	*Amauroderma*（1）*Ganoderma*（8）
	粘褶菌科 Gloeophyllaceae	*Gloeophyllum*（2）
	彩孔菌科 Hapalopilaceae	*Bjerkandera*（2）
	多孔菌科 Polyporaceae	*Antrodia*（1）*Cerrena*（1）*Ceriporia*（1）*Cotylidia*（1）*Daedaleopsis*（2）*Fomes*（1）*Hexagonia*（1）*Laetiporus*（2）*Lentinula*（1）*Lentinus*（2）*Lentinus*（3）*Lopharia*（1）*Merulius*（1）*Microporus*（3）*Phellinus*（1）*Polyporus*（6）*Pycnoporus*（2）*Thelephora*（1）*Trametes*（6）*Trichaptum*（1）*Tyromyces*（1）
	齿耳科 Steccherinaceae	*Irpex*（2）
	马勃科 Lycoperdaceae	*Lycoperdon*（2）*Pisolithus*（1）
	硬皮马勃科 Sclerodermataceae	*Astraeus*（1）*Calostoma*（1）*Calvatia*（1）*Geastrum*（1）*Scleroderma*（6）
	耳瑚菌科 Lachnocladiaceae	*Scytinostroma*（1）
	耳匙菌科 Auriscalpiaceae	*Artomyces*（2）
	红菇科 Russulaceae	*Lactarius*（12）*Russula*（27）
	木耳科 Auriculariaceae	*Auricularia*（3）
	叉担子科 Dacryomycetaceae	*Calocera*（1）
	银耳科 Tremellaceae	*Tremella*（3）
	花耳科 Dacrymycetaceae	*Dacrymyces*（2）*Dacryopinax*（1）

2.2　大型真菌与森林植被类型的关系

森林植被类型的不同，反映出大型真菌种类组成不同。根据本次大型真菌考察资料分析，可将月亮山的大型真菌与森林类型的关系划分为针叶林中的大型真菌、针阔叶混交林中的大型真菌、阔叶林中的大型真菌、草丛中的大型真菌。

2.2.1　针叶林中的大型真菌

月亮山的针叶林，属热带和温带成分针叶林，以人工栽培的杉木林居多，也有原始的马尾松 *Pinus massoniana*、柏木 *Cupressus funebris* 等种类，分布较为分散，以榕江计划大山附近居多。本类型中的大型真菌种类主要有：栎裸伞 *Gymnopus dryophilus*、多汁乳菇 *Lactarius hatsudake*、稀褶乳菇 *L. hygrophoroides*、白乳菇 *L. piperatus*、绒白乳菇 *L. vellereus*、铜绿红菇 *Russula aeruginea*、红黄红菇 *R. luteolacta.*、红绿菇 *R. virescens*、紫晶蜡蘑 *Laccaria amethystea*、蜡蘑 *L. laccata*、松林小牛肝菌 *Boletinus pinctatipes*、乳牛肝菌 *Suillus bovinus*、点柄乳牛肝菌 *S. granulatus*、琥珀乳牛肝菌 *S. placidus*、多根硬皮马勃 *Scleroderma polyrhizum* 等。除此外，还有一些其他真菌，如盘菌和多孔菌科的一些真菌。

2.2.2　针阔混交林中的大型真菌

针阔叶混交林中狭叶方竹、落叶栎混交林，落叶栎林中主要以巴东栎、青冈栎等为主。由于针阔混交林下土壤的吸水性强，林中湿度大，树种复杂，形成多种小气候，为大型真菌生长繁殖提供了有利的条件。这种林型中的大型真菌从种类上来看，比针叶林中发生的大型真菌种类多，而且数量较大。主要种类有栎裸伞 *Gymnopus dryophilus*、白条盖鹅膏 *Amanita chepangiana*、纯黄白鬼伞 *Leucocoprinus birnbaumii*、灰盖鬼伞 *Coprinopsis cinerea*、黄盖小脆柄菇 *Psathyrella canadensis*、云芝 *Trametes versicolor*、长根菇 *Hymenopellis radicata*、紫晶蜡蘑 *Laccaria amethystea*、网纹灰包 *Lycoperdon perlatum*、小灰包 *L. pusillum*、白微皮伞 *Marasmiellus candidus*、丝光铋孔菌 *Coltricia cinnamomea*、大孔多孔菌 *Neofavolus alveolaris*、冷杉附毛菌 *Trichaptum abietinum*、翘鳞香菇 *Lentinus squarrosulus*、侧耳 *Pleurotus ostreatus* 等种类。

2.2.3　阔叶林中的大型真菌

在月亮山保护区阔叶林面积很大，可以说是该地的背景植被，其中水青冈 *Fagus longipetiolata*、光叶榉、枫香占较大的比重。其林下灌木稀少，光照明亮，郁闭度低。常见的真菌种类有黑轮炭球 *Daldinia concentrica*、蛹虫草 *Cordycepes militaris*、银耳 *Tremella fuciformis*、树舌灵芝 *Ganoderma applanatum*、南方灵芝 *G. australe*、褐灵芝 *G. brownii*、喜热灵芝 *G. calidophilum*、有柄灵芝 *G. gibbosum*、褐扇小孔菌 *Microporus vernicipes*、胶角耳 *Calocera cornea*、扇形小孔菌 *Microporus affinis*、灰褐鹅膏 *Amanita griseofolia*、卵孢鹅膏 *A. ovalispora*、托鹅膏有环变型 *A. sychnopyramis* f. *subannulata*、白微皮伞 *Marasmiellus candidus*、红盖小皮伞 *M. hamatocephalus* 等。

2.3　大型真菌垂直分布

月亮山保护区海拔的垂直变化，直接影响着大型真菌种类的分布。从考察所得到的资料分析，该区大型真菌可划分为 3 个垂直带，即低山林带大型真菌、中山林带大型真菌、山顶林带大型真菌。

2.3.1　低山林带大型真菌

本带分布于海拔 800 m 以下地带，森林植被以次生林为主，混生着大片的竹类植物。生长在本带的大型真菌常见的有黄小双孢盘菌 *Bisporella citrina*、长柄炭角菌 *Xylaria longipes*、红毛盾盘菌 *Scutellinia scutellata*、皱木耳 *Auricularia delicata*、银耳 *Tremella fuciformis*、假芝 *Amauroderma rugosum*、云芝 *Trametes versicolor*、雅致栓菌 *Lenzites elegans*、鲜红密孔菌 *Pycnoporus cinnabarinus*、血红密孔菌 *P. sanguineus*、真根蚁巢伞 *Termitomyces eurhizus*、小果鸡枞 *T. microcarpus*、托鹅膏有环变型 *Amanita sychnopyramis* f. *subannulata*、角鳞白鹅膏 *A. solitaria*、鳞柄白鹅膏 *A. virosa*、香菇 *Lentinula edodes* 等。

2.3.2　中山林带中的大型真菌

本带分布在海拔 800~1200 m，植被自然恢复较好，生态环境得以重建，森林茂密，郁闭度较大，枯枝落叶层较厚，土层深，肥力高，形成了相对完善的森林生态系统。大型真菌种类明显增多，常见种类有扇形小孔菌 *Microporus affinis*、褐扇小孔菌 *M. vernicipes*、角状胶角耳 *Calocera cornea*、掌状花耳 *Dacrymyces chrysospermus*、香菇 *Lentinula edodes*、白乳菇 *L. piperatus*、绒白乳菇 *L. vellereus*、铜绿红菇 *Russula aeruginea*、黄囊耙齿菌 *Flavodon flavus*、无柄紫灵芝 *Ganoderma mastoporum*、褐扇小孔菌 *Microporus vernicipes*、盏芝小孔菌 *M. xanthopus*、云芝 *Trametes versicolor*、桦褶孔菌 *Lenzites betulina*、紫晶蜡蘑 *Laccaria amethystea*、蜡蘑 *L. laccata*、托鹅膏有环变型 *Amanita sychnopyramis* f. *subannulata*、角鳞白鹅膏 *A. solitaria*、鳞柄白鹅膏 *A. virosa*、黄斑红菇 *Russula crustosa*、蓝黄红菇 *R. cyanoxantha*、臭黄菇 *R. foetens*、红菇 *R. rosea* 等。本带的大型真菌树上种类常见，地上种类并没有随海拔上升而减少，肉质种类和数量还是偏多，但 800 m 以下的肉质种类，特别是鹅膏科、牛肝菌科中的种类明显减少，半肉质种类常见。

2.3.3　山顶林带的大型真菌

本带分布在海拔 1200 m 以上地带，由于海拔升高，年平均气温低，常年风大，水分少，土层较薄，肥力不高，植物种类少，树种组成较简单。在本带采集到的大型真菌常见种类有一色齿毛菌 *Cerrena unicolor*、扇形小孔菌 *Microporus affinis*、云芝 *Trametes versicolor*、红毛盾盘菌 *Scutellinia scutellata*、多型炭角菌 *Xylaria polymorpha*、色炭角菌 *X. tabacina*、黄盖鹅膏白色变种 *Amanita subjunquillea* var. *alba*、烟色血韧革菌 *Stereum gausapatum* 等。

3　结论与讨论

3.1　食用菌

食用菌是我国的重要生物资源，也是科学研究的重要类群，同时与人们的饮食生活密切相关，在中国记载可食用的有 900 多种，利用的种类不到 100 种，其中多数属于担子菌亚门。有文字记载的我国食用菌研究始于 20 世纪 80 年代，出版多部（册）有关食用菌的论著，其中具代表性的包括应建浙等（1982）发表的《食用蘑菇》，该书介绍了 300 种食用蘑菇；毕志树等（1991）编写的《中国食用菌志》共收录 567 种；卯晓岚（1998，2000）在《中国经济真菌》和《中国大型真菌》中注明有食用价值的种类分别为 876 种和 830 种，因而相关报道逐年增加。不同的真菌分布在不同的地区、不同的生态环境中，以原始森林中生长的种类和数量较多。野生食用菌极其珍贵，不仅味美，而且营养丰富，常常受到人们的喜爱。但人们对于野生真菌了解甚少，不能对它们正确识别，往往很少利用到野生食用菌，还常因食用野生菌而引起蘑菇中毒事件。因此，大力宣传野生食用菌和毒蘑菇的相关知识，重视野生资源的开发与利用，驯化选育，发挥资源优势是十分必要的。根据我们调查发现，月亮山保护区食用菌有 130 余种，常见的有蜜环菌 Armillaria mellea、杯冠瑚菌 Artomyces pyxidatus、冠锁瑚菌 Clavulina cristata、鳞柄长根菇 Hymenopellis furfuracea、紫晶蜡蘑 Laccaria amethystea、林地蘑菇 Agaricus silvaticus、毛柄小火焰菇 Flammulina velutipes、香乳菇 Lactarius camphoratus、松乳菇 L. deliciosus、红汁乳菇 L. hatsudake、远东疣柄牛肝菌 Leccinum extremiorientale、绿红菇 Russula virescens、盾形蚁巢伞 Termitomyces clypeatus、香菇 Lentinula edodes、侧耳 Pleurotus ostreatus、草菇 Volvariella volvacea、牛舌菌 Fistulina hepatica、木耳 Auricularia auricula – judae、皱木耳 A. delicata、银耳 Tremella fuciformis、鸡油菌 Cantharellus cibarius，少数属于子囊菌门，其中有羊肚菌 Morchella esculenta 等。

3.2　药用菌

人们认识和利用药用真菌已有数千年的历史，早在 2500 年前，中国就已采用酒曲治疗肠胃病。中国东汉初期的《神农本草经》及以后历代本草书内都记载有不少种类的真菌。但对药用真菌进行系统的研究则始于 20 世纪 80 年代。刘波的《中国药用真菌》介绍了 121 种，应建浙等的《中国药用真菌图鉴》报道了 272 种，卯晓岚在其论文和著作中，先后记载了 387 种和 406 种，2008 年戴玉成和杨祝良对我国药用真菌的名称进行了系统考证，记载了 473 种，吴兴亮的《中国药用真菌》介绍了 799 种。特别提醒的是过去我国文献中曾报道过一些药用真菌物种，但根据研究证实，这些物种在我国实际上并不存在，有些种类在我国事实上没有分布。到目前为止，我国药用真菌 799 种，而月亮山保护区分布有 150 余种，常见的种类有亚黑管孔菌 Bjerkandera fumosa、硫磺菌 Laetiporus sulphureus、假蜜环菌 Armillaria tabescens、硬皮地星 Astraeus hygrometricus、银耳 Tremella fuciformis、木耳 Auricularia auricula、皱木耳 A. delicata、蛹虫草 Cordyceps militaris、木蹄层孔菌 Fomes fomentarius、紫芝 Ganoderma sinense、灵芝 G. sichuanense 等，这些药用真菌都经历了长期的医疗实践，疗效得到了充分的验证，至今仍被广泛地应用。目前临床上常用的药用真菌如黄硬皮马勃 Scleroderma flavidum、鲜红密孔菌 Pycnoporus cinnabarinus、硫磺菌 Laetiporus sulphureus 等；还有对慢性肝炎、肾盂肾炎、血清胆固醇高、高血压、冠心病、白血球减少、鼻炎、慢性支气管炎、胃痛、十二指肠溃疡等有不同程度疗效的树舌灵芝 Ganoderma applanatum 等；从紫芝 Ganoderma sinense 中发现的法尼基羟醌醚羊毛甾三萜（ganosinensins A – C）和含有四元环新奇骨架的三萜成分 Methyl ganosinensate A 和 ganosinensic acid B；到处可见的裂褶菌 Schizophyllum commune 所含的裂褶菌多糖对小白鼠肉瘤 180、小白鼠艾氏癌、大白鼠吉田肉瘤、小白鼠内瘤 39 种的抑制率为 89% ~ 100%；红菇属约有 6 种，它们对小白鼠肉瘤 180 及艾氏癌的抑制均在 60% ~ 80%，以臭黄菇 Russula foetens、蓝黄红菇 R. cyanoxantha、黄斑红菇 R. crustosa 等最常见；香菇 Lentinula edode 所含的香菇多糖可以促进白细胞升高，减轻 X 射线照射、环磷酰胺、盐酸阿糖胞苷导致的骨髓抑制，明显改善骨髓的造血功能。药用真菌具有较好的药理作用，目前在市场上出售的都为其野生种类。随着人们大规模采集开发，药用菌野生资源日渐稀少，因此有必要进行人工栽培，以进一步开发利用及保护野生资源。可喜的是近年来，我国各地区的科技工作者，在驯化野生药用菌方面成绩显著，一些野生药用真菌被驯化成功，如抗溃疡、补血、润肺、止血、降血糖的木耳 *Auricularia auricula-judae*；增强免疫力，治疗失眠和抑肿瘤的蜜环菌 *Armillaria mellea*；降低血压，降低胆固醇，抑制肿瘤的毛柄小火焰菇 *Flammulina velutipes*；抑肿瘤，降血压，抗血栓，安神补肝，增强免疫等方面的灵芝 *Ganoderma sichuanense*。近年来发现灵芝对血液循环系统有综合性疗效，对大鼠血管平滑肌细胞有抗脂质过氧化作用，其抗动脉粥样硬化的作用机制可能与对抗活性氧引发的脂质过氧化反应、增强体内抗氧化酶的活性有关。灵芝多糖对 DM 大鼠有降低血糖、血脂和升高胰岛素水平的作用。目前从灵芝真菌中分离鉴定的化学成分以灵芝三萜研究较多。灵芝三萜类化合物相对分子质量一般在 400～600，化学结构较为复杂，目前已知有 7 类不同的母核结构，三萜母核上有多个不同的取代基，常见有羧基、羟基、酮基、甲基、乙酰基和甲氧基等，灵芝三萜可抑制脾脏原生肿瘤和肝脏转移瘤，其抑制转移瘤的机制可能为灵芝三萜抑制了由肿瘤引起的血管增生；还有一些药用真菌如止血化痰、抑肿瘤、抗菌、补肾、治疗支气管炎的蛹虫草 *Cordyceps militaris*，有清目、益肠胃、抑肿瘤、治疗呼吸道及消化道感染功能的鸡油菌 *Cantharellus cibarius* 等。药用真菌来源的鞘酯基本结构为神经酰胺，即以（神经）鞘氨醇为基本骨架，与长链脂肪酸形成的酰胺类化合物。鞘脂可分为以下几类：神经酰胺、脑苷、糖鞘脂、肌醇磷酸神经酰胺、二肌醇磷酸神经酰胺。神经酰胺如蜜环菌 *Armillaria mellea* 中的新化合物 armillaramide，我国研制的蜜环菌甲素和乙素，取自假蜜环菌 *A. tabescens* 的菌丝体，用它制成的"亮菌片"对胆囊炎和传染性肝炎有一定疗效。

3.3　毒蘑菇

自然界的毒菌估计达 1000 种以上，而我国至少有 500 种。据多年来考察研究和文献记载，我国目前包括怀疑有毒的在内多达 421 种。根据蘑菇中毒后的症状可把毒蘑菇分成胃肠中毒型、神经精神型、溶血型、肝脏损害型、呼吸与循环衰竭型和光过敏性皮炎型 6 种类型。毒菌中绝大多数属于担子菌类的伞菌目 Agaricales。许多毒菌生态习性与食用菌相似，特别是绝大多数的野生食用菌形态特征与毒菌不易区别，甚至许多毒菌同样味道鲜美，误食毒菌中毒便很自然。由于毒菌种类多且毒素成分复杂，我国在毒素成分提取及毒性方面研究甚少。在我们已知的毒菌中绝大多数毒素成分不清，有些被怀疑有毒，有的食用菌在国外已分离出有毒化学物质。野生食用菌被视为增强机体免疫力、营养价值很高、很珍贵的绿色食品受到人们的喜爱。然而，误食毒菌事件大量发生，毒蘑菇的研究也就日益迫切。值得提及的是，在现代高科技发展中，人们发现鹅膏菌毒肽对真核生物细胞的 RNA 聚合酶 II 具有专一性抑制作用，而鬼笔毒肽对肌动蛋白具有束缚作用。它们被用于现代生命科学的研究中，起到了积极的作用。20 世纪 60 年代以来，我国毒菌中毒事件增多，80 年代，国家和各地方政府都有大力宣传关注毒菌中毒事件，尤其在中毒事件频发的贵州、广东、湖南、云南等地积极建立预警机制。近几年来，特别是贵州地区因中毒事例增多，引起科技人员的关注，贵州省把误食毒菌事件作为重点宣传的公共性事件。毒蘑菇快速鉴别是一项艰巨的课题。预防蘑菇中毒的最好办法是不要轻易尝试不认识的蘑菇，同时不偏听偏信。如果吃了蘑菇发生了身体不舒服的感觉，应该及时到医院诊治，千万不可大意，有的蘑菇可能仅仅少量就能致命。值得强调指出的是，中国的剧毒鹅膏物种资源十分丰富，在森林中，都有剧毒鹅膏分布，而且它们常与可食的鹅膏菌出现在同一环境中。因此，在采撷此类野生食用菌时须格外小心，注意区分。

中国的毒蘑菇种类已知有 400 多种，而月亮山保护区有 60 种多种，显示了月亮山分布着丰富的毒蘑菇资源。月亮山内最常见的毒蘑菇种类有绿褐裸伞 *Gymnopilus aeruginosus*、变黑蜡伞 *Hygrophorus conicus*、粪生花褶菇 *Panaeolus fimicola*、卷边网褶菌 *Paxillus involutus*、密褶黑菇 *Russula densifolia*、毒红菇 *R. emetica*、稀褶黑菇 *R. nigricans*、马鞍菌 *Helvella elastica*、簇生沿丝伞 *Hypholoma fasciculare*、鳞皮扇菇 *Panellus stypticus*、绒白乳菇 *Lactarius vellereus* 等。随着研究的深入，对丰富的有毒真菌资源进行广泛的抗虫活性物质的筛选和测定，全面探索人工驯化和培养技术，系统研究有毒真菌子实体及其发酵培养物的次生代谢产物，以及这些活性物质的化学结构及其抗虫机理，具有抗虫活性的有毒真菌以及具有良好抗虫活性的物质将会被发现，必将有效地促进有毒真菌的研究和开发利用，早日研制出环境友好型的真菌源新农药，有毒真菌在未来新型生物源农药的研制与开发中具有巨大的潜力。

（邓春英　吴兴亮）

第四节　苔藓类植物区系

2014年9月20日至9月30日在月亮山地区，包括计划大山、太阳山、亚巩、污公冲、八沙沟等近30个采集地，采集标本近1000号。根据对相关资料的查阅，对标本进行整理鉴定，鉴定出苔藓植物共计69科147属374种（包括种及种以下分类单位，下同）；其中藓类39科100属224种，苔类30科47属150种。所有凭证标本保存于贵州大学生命科学学院植物学教研标本室（GACP）。

1　研究结果与分析

1.1　物种组成成分分析

1.1.1　苔藓植物科的统计分析

对月亮山保护区苔藓植物多样性进行分析时，根据标本鉴定得种总数和各科内种的数量之间的关系，将科的丰富性作为一项分析标准。因此将含10种及以上的科定为该地区的优势科，优势科有齿萼苔科Lophocoleaceae、叶苔科Jungermanniaceae、金发藓科Polytrichaceae、丛藓科Pottiaceae、耳叶苔科Frullaniaceae、羽藓科Thuidiaceae、真藓科Bryaceae、凤尾藓科Fissidentaceae、毛锦藓科Pylaisiadelphaceae、白发藓科Leucobryaceae、蔓藓科Meteoriaceae、平藓科Neckeraceae、青藓科Brachytheciaceae、羽苔科Plagiochilaceae、灰藓科Hypnaceae、细鳞苔科Lejeuneaceae等共16个科，共包括76个属221个种（见表3.4.1）。

表3.4.1　月亮山保护区苔藓植物科的组成

种数	科数（占总科数 百分比%）	属数（占总属数 百分比%）	种数（占总种数 百分比%）
1	20（28.99）	20（13.61）	20（5.35）
2	11（15.94）	13（8.84）	22（5.88）
3~9	22（31.88）	38（25.85）	111（29.68）
≥10	16（23.19）	76（51.70）	221（59.09）
合计	69	147	374

从表3.4.1可见，月亮山保护区的苔藓植物具有相当数量的寡种科（所含种数低于3种的科），占保护区总科数的44.93%。统计中苔藓植物种数达10种及以上的科有16个，占该区总科数的23.19%，集中了该区51.70%的属和59.09%的种，仅含1种的科有20个，占总科数的28.99%；体现了该地区苔藓植物科级分类阶元组成上的丰富性。

表 3.4.2　月亮山保护区苔藓植物优势科排列情况

序号	科名	属数	种数
1	齿萼苔科 Lophocoleaceae	2	10
2	叶苔科 Jungermanniaceae	5	10
3	金发藓科 Polytrichaceae	3	10
4	丛藓科 Pottiaceae	6	11
5	耳叶苔科 Frullaniaceae	1	11
6	羽藓科 Thuidiaceae	3	11
7	真藓科 Bryaceae	3	11
8	凤尾藓科 Fissidentaceae	1	13
9	毛锦藓科 Pylaisiadelphaceae	7	13
10	白发藓科 Leucobryaceae	3	14
11	蔓藓科 Meteoriaceae	11	14
12	平藓科 Neckeraceae	9	14
13	青藓科 Brachytheciaceae	6	15
14	羽苔科 Plagiochilaceae	1	16
15	灰藓科 Hypnaceae	7	20
16	细鳞苔科 Lejeuneaceae	8	28
合计(占总数%)	16(23.19)	76(51.70)	221(59.09)

统计分析中以种的丰富性为标准，结合总种数和科内总种数，含 10 种及以上的科定为优势科。从表 3.4.2 可知，优势科有细鳞苔科 Lejeuneaceae、蔓藓科 Meteoriaceae、青藓科 Brachytheciaceae、灰藓科 Hypnaceae 等 16 科，占该区总科数 23.19%；16 个优势科的苔藓植物的总属数为 76 属，占该保护区总属数的 51.70%；16 个优势科的苔藓植物的总种数 221 种，占该保护区总种数的 59.09%。这说明 16 个优势科的苔藓植物的属数、种数在该区的总属数、种数上占主导地位。其中蔓藓科科内属数最多，含 11 个属；细鳞苔科所含种数最多，为 28 种。表明蔓藓科和细鳞苔科苔藓植物比其他科苔藓植物更适应月亮山保护区的生存环境。

1.1.2　苔藓植物属的统计分析

对该保护区 147 属的苔藓植物进行统计分析，从表 3.4.3 可知，月亮山保护区苔藓植物单属单种所占的比例最大，仅 1 种的属有 74 个，占总属数的 50.34%，说明这些属在分类上表现为孤立性及演化上的原始性，同时也反映该地区在苔藓植物组成上的丰富性与复杂性。

表 3.4.3　月亮山保护区苔藓植物属的组成

种数	属数(占百分比%)	种数(占百分比%)
1	74(50.34)	74(19.79)
2	26(17.69)	52(13.90)
3~4	24(16.33)	79(21.12)
≥5	23(15.65)	169(45.19)
	147	374

将含种数 8 种以上(包括 8 种)的属定为优势属，根据表 3.4.4 可知，优势属有细鳞苔属 Lejeunea、真藓属 Bryum、耳叶苔属 Frullania 等共 6 个，占该保护区总属数的 4.08%；优势属苔藓植物共包括 67 种，占该保护区总种数的 17.91%。羽苔属包含的种最多，16 种，说明羽苔属在该保护区的分布比较广。

表 3.4.4　月亮山保护区苔藓植物属优势属

序号	属名	种数
1	细鳞苔属 *Lejeunea*	8
2	真藓属 *Bryum*	9
3	疣鳞苔属 *Cololejeunea*	10
4	耳叶苔属 *Frullania*	11
5	凤尾藓属 *Fissidens*	13
6	羽苔属 *Plagiochila*	16
合计(占总数%)	6(4.08)	67(17.91)

1.2　区系成分分析

参照吴征镒对中国种子植物属的分布类型的研究中界定的范围,结合月亮山保护区苔藓植物实际的地理分布,该地区的苔类植物分为 15 个类型(见表 3.4.5)。

表 3.4.5　月亮山保护区苔藓植物区系成分统计

序号	区系地理成分类型	种数	占总数的百分比(%)
1	世界广布*	43	—
2	北温带成分	49	14.8
3	旧世界温带成分	3	0.91
4	热带亚洲至热带大洋洲成分	6	1.81
5	泛热带成分	11	3.32
6	中国特有成分	31	9.37
7	东亚北美成分	17	5.14
8	热带亚洲和热带美洲间断成分	3	0.91
9	东亚成分	39	11.78
10	中国-日本成分	68	20.54
11	中国-喜马拉雅成分	23	6.95
12	热带亚洲成分	62	18.73
13	温带亚洲成分	8	2.42
14	旧世界热带成分	3	0.91
15	热带亚洲至热带非洲成分	8	2.42
	合计	374	100

注:"*"百分比不包括世界分布种。

1.2.1　世界广布

包括几乎遍布世界各大洲而没有特殊分布中心的种,或虽有一个或数个分布中心而包含世界分布种的种。本成分共有苔藓植物 43 种,占总数的 11.50%。它们是爪哇扁萼苔 *Radula javanica*、平叶异萼苔 *Heteroscyphus planus*、刺叶桧藓 *Pyrrhobryum spiniforme*、细叶牛毛藓 *Ditrichum pusillum*、扁枝藓 *Homalia trichomanoides*、木藓 *Thamnobryum aLopecurum* 等,共 43 种。

1.2.2　北温带成分

北温带分布区类型一般是指广泛分布于欧洲、亚洲和北美洲温带地区的种。由于地理和历史原因,有些种沿山脉向南伸延到热带山区,甚至远达南半球温带,但其原始类型或分布中心仍在北温带。它们是匍枝长喙藓 *Rhynchostegium serpenticaule*、白发藓 *Leucobryum glaucum*、短瓣大萼苔 *Cephalozia macounii*、石生耳叶苔 *Frullania inflata*、刺叶护蒴苔 *CaLypogeia arguta*、三角护蒴苔 *C. azurea*、圆叶裸蒴苔 *Haplomitrium mnioides*、波叶片叶苔 *Riccardia sinuata*、稀枝钱苔 *Riccia huebeneriana*、水生长喙藓(圆叶美缘藓)*Rhynchostegium riparioides* 等,共 49 个种。

1.2.3　旧世界温带成分

这一成分一般是指广泛分布于欧洲、亚洲中高纬度的温带和寒温带，或最多有个别种延伸到北非及亚洲、非洲热带山地，或澳大利亚的类群。它们有钟瓣耳叶苔 *Frullania parvistipula*、黄灰藓 *Hypnum pallescens*、灰白青藓(青藓) *Brachythecium albicans* 共 3 种。

1.2.4　热带亚洲至热带大洋洲成分

热带亚洲至热带大洋洲成分是旧世界热带分布区的东翼，其西端有时可达马达加斯加，但一般不到非洲大陆。它们有双齿异萼苔 *Heteroscyphus coalitus*、长尖明叶藓 *Vesicularia reticulata*、华东同叶藓 *Isopterygium courtoisii*、单体疣鳞苔 *Cololejeunea trichomanis*、南亚疣鳞苔 *C. tenella*、小扭叶藓原变种 *Trachypus humilis* var. *humilis* 共 6 种。

1.2.5　泛热带成分

泛热带成分包括普遍分布于东、西两半球热带，和在全世界热带范围内有一个或数个分布中心，但在其他地区也有一些种类分布的类群。它们有卷叶湿地藓(欧洲湿地醉) *Hyophila involuta*、钝叶光萼苔 *Porella obtusata*、粗茎唇鳞苔(瓦叶唇鳞苔) *Cheilolejeunea trapezia*、卷边唇鳞苔 *C. xanthocarpa*、假肋疣鳞苔 *Cololejeunea platyneura*、近高山真藓 *Bryum paradoxum* 等。

1.2.6　中国特有成分

该成分苔藓植物隶属 18 科 23 属，共 31 种，占总种数(除世界广布种)9.37%。它们有长帽绢藓 *Entodon doLichocucullatus*、芒尖毛口藓 *Trichostomum zanderi*、短齿牛毛藓 *Ditrichum brevidens*、秦岭羽苔 *Plagiochila biondiana*、光柄细喙藓 *Rhynchostegiella laeviseta*、淡枝长喙藓 *R. pallenticaule*、刺边疣鳞苔 *Cololejeunea albodentata* 等。

1.2.7　东亚北美成分

指间断分布于东亚和北美洲温带及亚热带地区的类群。包括细茎耳叶苔 *Frullania bolanderi*、双齿护蒴苔 *Calypogeia tosana*、拳叶灰藓 *Hypnum circinale*、亚美绢藓 *Entodon sullivantii*、长柄绢藓 *E. macropodus*、羽枝片叶苔(新拟) *Riccardia submultifida*、柔叶同叶藓 *Isopterygium tenerum* 等。

1.2.8　热带亚洲和热带美洲间断成分

这一类型包括间断分布于美洲和亚洲温暖地区的热带种，在旧世界(东半球)从亚洲可能延伸到澳大利亚东北部或西南太平洋岛屿。包括南亚火藓 *Schlotheimia grevilleana*、疣萼细鳞苔 *Lejeunea tuberculosa*、偏叶管口苔(偏叶叶苔) *Solenostoma comatatum*、刀叶树平藓 *Homaliodendron scalpellifolium* 等。

1.2.9　东亚成分

东亚成分指东喜马拉雅一直分布到日本的类群，本成分中除广泛分布喜马拉雅至日本的类型外，因种的分布中心不同，还可划分为中国—喜马拉雅成分和中国—日本成分。包括卷叶丛本藓 *Anoectangium thomsonii*、剑叶舌叶藓(剑叶藓) *Scopelophila cataractae*、南亚小金发藓 *Pogonatum proliferum*、直蒴卷柏藓 *Racopilum orthocarpum*、树雉尾藓 *Dendrocyathophorum decolyi*、芽胞同叶藓 *Isopterygium propaguliferum*、小叶拟大萼苔 *Cephaloziella microphylla*、阿萨姆曲尾藓 *Dicranum assamicum* 等，共 39 种。

1.2.10　中国－日本成分

其分布中心位于东亚区系成分的东部，物种向东部延至喜马拉雅。包括圆叶裂萼苔 *Chiloscyphus horikawanus*、暖地带叶苔 *Pallavicinia levieri*、密枝灰藓 *Hypnum densirameum*、南亚灰藓 *H. oldhamii*、陕西鳞叶藓 *Taxiphyllum giraldii*、日本毛耳苔 *Jubula japonica*、暗绿毛锦藓 *Pylaisiadelpha tristoviridis*、短叶毛锦藓 *P. yokohamae* 等。

1.2.11　中国－喜马拉雅成分

该区分布中心位于东亚成分的西部，但物种延伸未到日本。包括多枝剪叶苔 *Herbertus ramosus*、矮锦藓 *Sematophyllum subhumile*、黄边孔雀藓 *Hypopterygium fLavolimbatum*、赤茎小锦藓 *Brotherella erythrocaulis*、残齿长灰藓 *Herzogiella renitensi*、曲尾藓 *Dicranum scoparium*、暗绿细鳞苔 *Lejeunea obscura*、小曲尾藓 *Dicranella amplexans* 等。

1.2.12 热带亚洲成分

热带亚洲(印度—马来西亚)是旧世界热带的中心部分。这一类型分布区的范围包括印度、斯里兰卡、中南半岛、印度尼西亚、加里曼丹、菲律宾及新几内亚等。它们有疏叶细鳞苔(长叶细鳞苔)*Lejeunea discreta*、魏氏细鳞苔 *L. wightii*、异齿藓 *Regmatodon declinatus*、加萨羽苔 *Plagiochila khasiana*、美姿羽苔 *P. pulcherrima*、拟灰羽藓 *Thuidium glaucinoides*、白边鞭苔 *Bazzania oshimensis* 等,共 62 种。

1.2.13 温带亚洲成分

温带亚洲成分是指分布区主要局限于亚洲温带地区的类群。它们有粗叶白发藓 *Leucobryum boninense*、毛叶青毛藓 *Dicranodonitium filifolium*、盔瓣耳叶苔 *Frullania muscicola*、匙叶木藓 *Thamnobryum subseriatum*、三裂鞭苔 *Bazzania tridens* 等。

1.2.14 旧世界热带成分

旧世界热带是指亚洲、非洲和大洋洲热带地区及邻近岛屿(也称为古热带 Paleoropics),以与美洲新大陆相区别。在月亮山保护区,该区系成分的苔藓植物有 3 种,包括尖叶裂萼苔 *ChiLoscyphus cuspidatus*、四齿异萼苔 *Heteroscyphus argutus*、黄叶凤尾藓原变种(黄色凤尾藓)*Fissidens crispulus* var. *crispulus Fissidens zippelianus*。

1.2.15 热带亚洲至热带非洲成分

这一分布类型是旧世界热带分布区类型的东翼,即从热带非洲至印度—马来西亚,特别是其西部(西马来西亚),有的也分布到斐济等南太平洋岛屿,但不见于澳大利亚大陆。它们有南亚火藓 *Schlotheimia grevilleana*、疣萼细鳞苔 *Lejeunea tuberculosa*、偏叶管口苔(偏叶叶苔)*Solenostoma comatatum*、刀叶树平藓 *Homaliodendron scalpellifolium* 等。

经分析可以得出,月亮山保护区苔藓植物区系组成有如下特征:

保护区苔藓植物的分布类型中最高为中国—日本成分,占保护区苔藓植物总数(除世界广布成分)的 20.54%。其次为热带亚洲成分,共 62 种,占自然保护区苔藓植物总数(除世界广布成分)的 18.73%。还有北温带成分的苔藓植物有 49 种,占保护区苔藓植物总数(除世界广布成分)的 14.80%,并且中国特有成分共 26 种,占该区苔藓植物总数(除世界广布成分)的 11.82%,这四种成分的苔藓植物的种数占总种数(除世界广布成分)的 65.89%。由此可见,月亮山保护区苔藓植物以温带的苔藓植物种类为主,且具有浓厚的东亚色彩。

2 结论与讨论

(1)月亮山保护区苔藓植物物种丰富,经初步调查得到该地区苔藓植物 374 种,其中藓类植物包括 39 科 100 属 224 种,苔类植物包括 30 科 47 属 150 种。仅包括一个属的科有耳叶苔科 Frullaniaceae、凤尾藓科 Fissidentaceae、羽苔科 Plagiochilaceae 3 个科,占总科数的 4.38%,但这三个科所包含的苔藓植物都超过 10 种,属于优势科。这体现了苔藓植物在该区上的物种组成的丰富性与复杂性。在该区苔藓植物优势科、属的组成中,苔类植物分别占 33.94%、67.16%。说明藓类、苔类植物对该地区的地理环境都有较好的适应。

(2)在月亮山保护区中国—日本成分的苔藓植物有 68 种,占总种数的 20.54%,在该区苔藓植物区系中占最大比重,说明该地区苔藓植物起源于中国和日本的历史渊源。此外该区的中国特有成分有 31 种,占总种数(除世界广布种)的 9.37%,这在一定程度上说明该地区苔藓植物区系的特殊性。具有温带成分(温带亚洲成分、旧世界温带成分、北温带成分)的苔藓植物共 60 种,占总种数(除世界广布成分)的 18.13%;具有热带成分(热带亚洲、热带亚洲至热带大洋洲、泛热带、旧世界热带、热带亚洲至热带非洲、热带亚洲和热带美洲间断)的苔藓植物共 93 种,占总种数(除世界广布成分)的 28.10%。热带成分所占比例比温带高,说明该地区从温带向热带过渡。其中旧世界温带成分、热带亚洲和热带美洲间断成分、旧世界热带成分 3 种的区系成分的苔藓共 9 种,仅占总种数(除世界广布成分)的 2.72%,说明这三种区系成分对该保护区的苔藓植物区系影响较小。

（谈洪英　熊源新　曹威　钟世梅　罗先真）

参考文献

高谦,吴玉环. 中国苔纲和角苔纲植物属志[M]. 北京:科学出版社,2010:123-180.

吴征镒. 云南植物志:第17卷[M]. 北京:科学出版社,2000.

熊源新. 贵州苔藓植物图志. 贵阳:贵州科技出版社,2011.

HE S, CAO C. Moss Flora of China English Vol. 1[M]. Science Press (Beijing, New York) &Missouri Botanical Garden Press (St. Louis), 1999.

HE S, LI X J. Moss Flora of China English:Version Vol. 2[M]. Science Press(Beijing, New York)&Missouri Botanical Garden Press(St. Louis), 2001.

HE S, GAO C. Moss Flora of China English:Version Vol. 3[M]. Science Press(Beijing, New York)&Missouri Botanical Garden Press(St. Louis), 2003.

HE S, LI X J. Moss Flora of China English:Version Vol. 4[M]. Science Press(Beijing, New York)&Missouri Botanical Garden Press(St. Louis), 2007.

HE S, WU P C. Moss Flora of China English:Version Vol. 5[M]. Science Press(Beijing, New York)&Missouri Botanical Garden Press(St. Louis), 2011.

HE S, WU P C. Moss Flora of China English:Version Vol. 6[M]. Science Press(Beijing, New York)&Missouri Botanical Garden Press(St. Louis), 2002.

HE S, HURL, WANG Y F. Moss Flora of China English:Version Vol. 7[M]. Science Press(Beijing, New York)&Missouri Botanical Garden Press(St. Louis), 2008:1-50.

HE S, WU P C. Moss Flora of China English:Version Vol. 8[M]. Science Press(Beijing, New York)&Missouri Botanical Garden Press(St. Louis), 2005:164-188.

高谦. 中国苔藓志:第9卷[M]. 北京:科学出版社,2003.

高谦,吴玉环. 中国苔藓志:第10卷[M]. 北京:科学出版社,2008:1-464.

吴征镒,周浙昆,李德铢. 世界种子植物科的分布区类型系统[J]. 云南植物研究所,2003,25(3):245-257.

熊源新,闫晓丽. 贵州红水河谷地区苔藓植物区系研究[J]. 广西植物,2008,28(1):37-46.

贾鹏,熊源新,王美会. 广西猫街鸟类自然保护区苔藓植物初步研究[J]. 贵州大学学报(自然科学版),2010,27(6):55-62.

第五节　苔藓植物垂直分布

1　研究方法

　　根据月亮山保护区地质地貌、气候水文和植被特点,选取代表性的采集地点,从高海拔的山地,沿山体的北坡和南坡分段进行,以每50 m海拔高度为一个采集点,对苔藓植物进行采集并记录海拔、地点,根据苔藓植物生长的基质确定生态群落(郑桂灵等,2002)。采集的标本借助 UB102i 型显微镜对苔藓植物标本进行观察,利用《Moss Flora of China》和云南植物志第十七卷(中国科学院昆明植物研究所,2000)等苔藓分类工具书进行标本的鉴定,通过标本实物和苔藓植物分类工具书对苔藓植物雌雄同株或异株进行判定。通过统计整理标本,发现长柄绢藓在各海拔段都有分布,所以选取长柄绢藓作为材料,然后从每个海拔段选取10个植株,分别选取植株的上中下三个位置的叶各3片,通过 HYYF～C1 测微尺分别测量这些叶的叶长、叶宽及植株上的蒴柄长、孢蒴长和孢子直径,取平均值,并用 SPSS19 对其在 $P < 0.05$ 和 $P < 0.01$ 进行显著分析。通过 Excel2003 对记录的数据,进行分科属种统计、分析。

2 结果与分析

2.1 不同海拔生境下苔藓植物的常见科种的分布

苔藓植物的垂直分布受种子植物植被的影响较为明显，结合该保护区的种子植物的分布，将苔藓植物的垂直分布初步分为 4 个带：①常绿阔叶林苔藓植物带（海拔 600 m 以下）；②落叶常绿阔叶林苔藓植物带（海拔 600～900 m）；③针阔混交林苔藓植物带（海拔 900～1200 m）；④落叶阔叶林少灌木草甸苔藓植物带（海拔 1200～1500 m）。由图 3.5.1 可知，常绿落叶阔叶林苔藓植物带，处于低海拔区，受人为干扰大，苔藓植物主要分布于路边，分布主要有：藓类有凤尾藓科 Fissidentaceae、提灯藓科 Mniaceae、青藓科 Brachytheciaceae 等；苔类有羽苔科 Plagiochilaceae、细鳞苔科 Lejeuneaceae 等。按生活类型分类，几乎全为交织型和矮丛集型。这些生活型反映了该带基质及空气的干燥，如：交织型和矮丛集型生的匐灯藓 *Plagiomnium cuspidatum*、卵叶长喙藓 *Rhynchostegium ovalifolium*、暗绿细鳞苔 *Lejeunea obscura* 等。落叶常绿阔叶林苔藓植物带，由常绿阔叶植物和落叶阔叶植物形成的混交林苔藓植物带，分布主要有：藓类有真藓科 Bryaceae、灰藓科 Hypnaceae；苔类有指叶苔科 Lepidoziacea 等。该海拔范围内，空气湿度大，树附生种类较多，如树附生的白边鞭苔 *Bazzania oshimensis*、鳞叶藓 *Taxiphyllum taxirameum* 等。针阔混交林苔藓植物带，由针叶林和阔叶林形成混交林苔藓植物带，分布主要有：藓类有金发藓科 Polytrichaceae、蔓藓科 Meteoriaceae；苔类有剪叶苔科 Herbertaceae 等。该区与第二个苔藓带相差不多，空气湿度大，如沼泽地生的狭叶仙鹤藓 *Atrichum angustatum* 和树附生的扭叶藓 *Trachypus bicolor* 等。落叶阔叶林少灌木草甸苔藓植物带，分布主要有：藓类有白发藓科 Leucobryaceae、蔓藓科 Meteoriaceae、苔类有羽苔科 Plagiochilaceae、细鳞苔科 Lejeuneaceae 等。由于低矮的灌丛和草甸提供的潮湿的地方相对有限，严重影响了藓类植物的生长，有灌木附生的树形羽苔 *Plagiochila arbuscula*、暗绿细鳞苔 *Lejeunea obscura* 和石土生的白发藓 *Leucobryum glaucum*、扭叶藓 *Trachypus bicolor* 等。

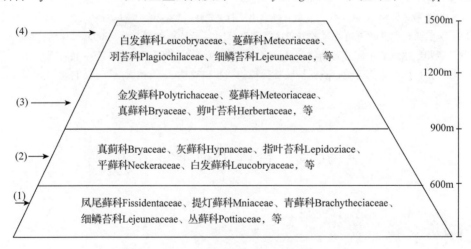

图 3.5.1 月亮山保护区苔藓植物的垂直分布

2.2 不同海拔高度科属种的分布

对保护区苔藓植物进行科属种统计分析，如图 3.5.2 可知，该区苔藓植物科属种所占的百分比均随着海拔升高先逐渐增加，后减小，在海拔 900～1200 m 均达到最大，在该海拔高度苔藓植物种类最丰富，这与针阔混交林苔藓植物带的水湿环境有关。而在海拔 600 m 以下苔藓植物科属种的数量与所处低海拔有关，人为干扰较大，科属种数量较少。海拔 1200～1500 m 苔藓植物与受所处高海拔气温偏低，风速较大影响，科属种数量较少。各科属种的苔藓植物主要集中在海拔 900～1200 m，这与该区的森林垂直分布特点相一致，在约 1100 m 以下，由于森林覆盖率的提高，植被类型的多样，湿度的增加，苔藓植物科属种数量不断增加，在约 1100 m 以上，海拔升高，环境逐渐不利于苔藓植物的生长，苔藓植物的科属种数量不断减少。

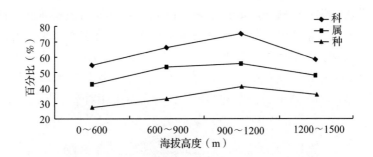

图 3.5.2　月亮山保护区苔藓植物不同海拔高度科属种的分布

2.3　优势科、属的垂直分布

结合总种数、科内种数和属内种数，将科内种数 14 种以上的科定为优势科，属内种数 8 种以上的属定为优势属。则优势科有细鳞苔科、灰藓科、羽苔科、白发藓科、青藓科、蔓藓科、毛锦藓科、平藓科，优势属有羽苔属、凤尾藓属、耳叶苔属、真藓属、疣鳞苔属、细鳞苔属，其垂直分布情况如图 3.5.3、图 3.5.4 所示。

由图 3.5.3 可知，各科分布规律极为明显，主要分布在 900～1200 m 之间。灰藓科和细鳞苔科的种数均随着海拔的升高先增加后减少，在海拔 900～1200 m 分布最多；羽苔科、白发藓科、蔓藓科、青藓科和毛锦藓科均随着海拔的升高不断增加，而平藓科在整个海拔段上的分布较为均匀。由图 3.5.4 可知，各属的分布规律较为明显，主要分布在 900～1200 m 之间，与优势科分布的海拔段相同，羽苔属的种数随着海拔的升高不断增加，凤尾藓属、耳叶苔属、真藓属、疣鳞苔属和细鳞苔属内种数均随着海拔的升高先增加后减少；细鳞苔属在各海拔段较为均匀地分布。优势科、属主要分布在 900～1500 m 之间，随着海拔升高，各个优势科、属内的种数的变化与图 3.5.2 总科属种的数量变化基本一致。

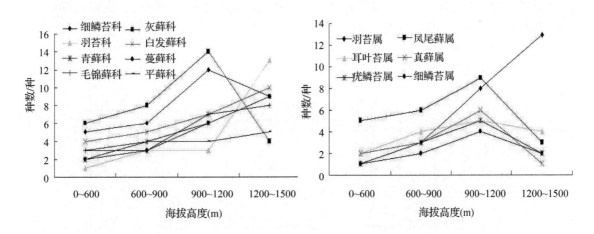

图 3.5.3　月亮山保护区苔藓植物优势科、属的垂直分布

2.4　不同海拔苔藓植物生态群落分布特点

根据已有的苔藓植物的群落的划分，结合对月亮山保护区的实际观察和记录，本书将该保护区苔藓植物划分为 4 种群落类型，即水生群落、土生群落、木生群落和石生群落，其中木生群落包括树生群落和腐木生群落。

苔藓植物其个体微小，对生存的环境非常敏感，要求的条件在种间亦有异，群落的形成不仅与其生活习性相关，而且与所处的生态环境密切相关。由图 3.5.4 可知，不同海拔高度，苔藓植物的生态群落不一样，石生群落和土生群落在不同海拔均有分布，海拔 600～900 m 和海拔 900～1200 m 苔藓植物群落均以石生群落分布最多；海拔600 m以下和海拔1200～1500 m苔藓植物群落分别以土生群落和木生群落分布最为丰富。石生群落和土生群落分布最广；木生群落次之；水生群落分布范围最小。木生群落分布对空气湿度有很大的依赖性，气候干燥，空气湿度小的地方，木生群落少，因此，木生群落在树干上的分布位置和群落的丰富程度，一定程度上反映了该保护区水湿条件；水生群落种类对水湿条件要求更高，因此在不同海拔上，分布种类最少，分布范围相对窄。

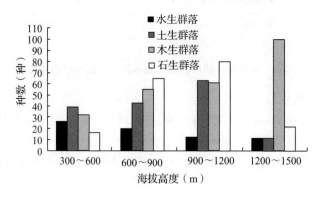

图3.5.4　月亮山保护区不同海拔苔藓植物生态群落分布

2.5　不同海拔雌雄同株和雌雄异株的苔藓植物分布特征

对于较高海拔地区，雌雄异株种类的分布较为分散，而雌雄同株同孢子体的产生具有密切的相关性，因而对苔藓植物在不同海拔雌雄同株和异株的差异情况进行分析。

由图3.5.5可知，在不同海拔生境条件下，苔藓植物雌雄异株的数量均大于同株的数量，说明雌雄异株的苔藓植物更适应该区环境的生存，也是环境选择的结果；而在低海拔区，雌雄异株的数量明显大于同株数量，表明对于低海拔的高干扰和高海拔的低温、高紫外线的环境，雌雄异株的苔藓植物更能适应这种环境，雌雄异株苔藓逐渐增加，雌雄同株逐渐减少，由于雌雄异株的苔藓植物的干物质积累、净光合作用、蒸腾速率等和雌雄同株苔藓植物相比，具有较高的优越性；在海拔600～1500 m范围内，环境相对适宜，温度、湿度和光照比较适合苔藓植物的生存，在这种环境下，雌雄异株苔藓植物主要利用无性繁殖来扩大种群，雌雄同株主要利用有性生殖来扩大种群，因此在此海拔范围内，雌雄异株和同株的数量各自占总数的比例变化不明显，雌雄异株的数量与雌雄同株的数量比约为7:3。

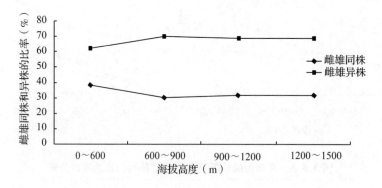

图3.5.5　月亮山保护区不同海拔雌雄同株和雌雄异株的苔藓植物分布

2.6　不同海拔长柄绢藓形态特征分析

苔藓植物的叶片、蒴柄、孢蒴和孢子与海拔高度之间存在一定的相关性，由表3.5.1可知，随着海拔的升高，长柄绢藓的叶长和叶宽逐渐显著性减小，叶片显著减小，叶长与叶宽的比逐渐增大，叶片形状呈卵圆形到卵状披针形变化，这些形态的变化可能与海拔升高所带来的环境变化有关，随着海拔升高，大气温度降低，太阳光和紫外线辐射增强等因素，叶片大小和形状受到影响；同时随着海拔的升高，蒴柄显著增长，孢蒴极显著的缩短，孢子直径逐渐增大。孢子产量与孢子大小通常成反比，而由于孢子直径显著增大，孢蒴极显著缩短，随着海拔的升高，苔藓植物孢子产量逐渐减少。认为当孢子直径 > 17 μm，不适合远距离气流传播；随着海拔升高，孢子产量逐渐地减少，孢子直径逐渐地增大，对孢子的传播不利，此时蒴柄的逐渐增长，为孢子的传播提供有利的条件，充分说明苔藓植物对环境的敏感性和对环境的适应性。

表 3.5.1　月亮山保护区不同海拔长柄绢藓形态特征(LSD)

	600 m 以下	600～900 m	900～1200 m	1200～1500 m
叶长(mm)	2.178 ± 0.197 a　A	2.056 ± 0.189 ab　AB	1.905 ± 0.517 b　AB	1.868 ± 0.214 b　B
叶宽(mm)	0.615 ± 0.132 ab　A	0.565 ± 0.105 b　AB	0.496 ± 0.053 bc　AB	0.441 ± 0.067 c　B
叶长/叶宽	3.680 ± 0.897 ab	3.726 ± 0.654 ab	3.871 ± 0.392 ab	4.324 ± 0.842 b
蒴柄长(cm)	1.733 ± 0.229 a　A	1.982 ± 0.190 a　A	2.895 ± 0.224 b　B	3.153 ± 0.338 b　B
孢蒴长(mm)	2.752 ± 0.171 a　A	2.182 ± 0.222 b　B	1.813 ± 0.147 c　C	1.490 ± 0.970 d　D
孢子直径(μm)	101.167 ± 3.870 a	102.333 ± 1.867 a	112.333 ± 0.889 ab	133.000 ± 2.220 b

注：通过 t 检验对各组数据进行显著性检验，置信区间为 $P < 0.05$ 水平。

3　结论与讨论

不同结构的种子植物对苔藓植物生活的环境具有极大影响，种子植物的分布对苔藓植物的分布有一定的影响。月亮山保护区种子植物垂直分布明显呈带状，苔藓植物也呈现明显的带状，与黄士良等研究的河北省侧蒴藓植物垂直分布规律相似，苔藓植物中苔类细鳞苔科和藓类真藓科在各个海拔都有分布，表明其相对分布广。由于低海拔人为干扰和高海拔温度低、光照和辐射强等的极端环境对苔藓植物的分布的影响，不同海拔科属种的数量先升高后降低，不同海拔优势科、属内种数也呈现相同趋势。苔藓植物群落的形成与所处的环境密切相关，不同海拔所处的环境不同，苔藓植物的群落组成也不同，该地区石生群落和土生群落分布最广，水生群落分布最少。不同海拔对苔藓植物雌雄异株分布有关，而孢子的产生与雌雄同株有关，雌雄异株数量在不同海拔均比同株数量多，在海拔 600～1500 m，雌雄同株和异株各自所占比变化不大，数量比约为 3∶7。随着海拔升高，不利环境使得长柄绢藓的叶片显著变小、叶片由卵圆形变为卵披针形；孢蒴显著缩短、孢子直径极显著增大，制约着孢子的产量和传播，但蒴柄的逐渐增长，有利于孢子的传播，表明苔藓植物对环境的适应性。

（罗先真　熊源新　曹　威　钟世梅　黎小冰　夏　欣　周书芹）

参考文献

Chen J(陈娟), LiCY(李春阳). 2014. Sex-specific responses to environmental stresses and sexual competition of dioecious plants (环境胁迫下雌雄异株植物的性别响应差异及竞争关系)[J]. Appl Environ Biol(应用与环境生物学报), 20(4): 743 – 750

Chen J(陈军), Zhu JY(朱杰英), Chen GX(陈功锡), et al. 2002. Primary Study on Population Variance of Morphological Characteristics of Leaf in Dolichomitriopsis diversiformis (Mitt.) Nog. (尖叶拟船叶藓居群叶形态变异的初步研究)[J]. Life Science Research(生命科学研究), 6(4): 367 – 370

He Q(贺琼). 2012. Spore output and cell surface structure of selected liverworts, and species diversity of Drepanolejeunea in China(苔类植物的孢子产量、细胞表面结构以及中国角鳞苔属的物种多样性)[D]. 上海：华东师范大学.

He Q. and Zhu R. L. 2010. Spore output in 24 Asian bryophytes. Acta bryolichenologica Asiatica，3：125 – 129

Gradstein S. R., Churchill S. R and Salazar Allen N. 2001. Guide to the bryophytes of Tropical America. Memoirs of the New York Botanical Garden，86：1 – 577

Huang SL(黄士良)，Wang ZJ(王振杰)，Zhao JC(赵建成)，et al. . 2009. Studies on the Vertical Distribution of Pleurocarpous Mosses in Hebei(河北省侧蒴藓类植物垂直分布研究)[J]. HEBEI NORMAL UNIVERSITY/ Natural Science Edition(河北师范大学学报(自然科学版))，33(5)：666 – 671

Institutum botanicum Kunmingense academiae sinicae edita(中国科学院昆明植物研究所). 2000. Flora Yunnanica(云南植物志)：17 卷[M]，北京：科学出版社：1 – 648.

Li FX(李粉霞). 2006. Species and Ecosystem Diversity of BryoPhyte in FoPing Nature Reserve(佛坪国家自然保护区苔藓植物的物种及生态系统多样性)[D]. 上海：华东师范大学.

Li GY(李高阳). 2004. Relationship between Enviromnent and Morphology and Genetic Diversity of BryoPhytes(苔藓植物形态、遗传多样性及其与环境的关系的研究)[D]. 成都：四川大学.

Liu ZD(刘正东)，Xiong YX(熊源新)，Yang B(杨冰)，et al. 2013. Study on liverworts in Duliu River Wetland Nature Reserve in Dushan Country of Guizhou(贵州省独山都柳江源湿地自然保护区苔类植物研究)[J]. Guizhou Agriculture Sciences(贵州农业科学)，41(6)：35 – 41

Sundberg S. and Rydin H. 1998. Spore number in Sphagnum and its dependence on spore and capsule size. Journal of Bryology. 20：1 – 16

Xiong YX(熊源新). 2003. Bryophyte in Nangong natural reserve(南宫自然保护区苔藓植物)[G]. 贵阳：贵州科技出版社，40 – 54

Xu X(胥晓)，Yang F(杨帆)，YIN CY，et al. 2007. Research advances in sex-specific responses of dioecious plants to environmental stresses(雌雄异株植物对环境胁迫响应的性别差异研究进展)[J]. Applied Ecology(应用生态学报)，18(11)：2626 – 2631

Wang DH(汪岱华)，Wang YF(王幼芳)，Zuo Q(左勤)，et al. 2012. Bryophyte species diversity in seven typical forests of the West Tianmu Mountain in Zhejiang，China(浙江西天目山主要森林类型的苔藓多样性比较)[J]. Plant Ecology(植物生态学报)，36(6)：550 – 559

Zhang Z(张政). 2006. Studies on Species Diversity and Distribution Pattern of Bryophytesin WuxiCity，Jiangsu Province(江苏省无锡市苔鲜植物物种多样性及其分布格局的研究)[D]. 上海：上海师范大学.

Zheng GL(郑桂灵)，Liu SX(刘胜祥)，Chen GY(陈桂英)，et al. 2002. Studies on the Vertical Distribution of Mosses in Mt. Jiugongshan，Hubei，China (湖北省九宫山藓类植物垂直分布的初步研究) [J]. Wuhan Botanical Research (武汉植物学研究)，20(6)：429 – 432

Zhu RL(朱瑞良)，Hu RL(胡人亮). 1993. Studies on the Mosses in evergreen broad – leaf forest of Baishanzu，Zhejiang(浙江百山祖常绿阔叶林内苔藓植物的研究)[J]. East of China Normal University(Natural Science)(华东师范大学学报(自然科学版))，(3)：95 – 105

第六节　树附生苔藓植物的多样性与分布

　　树附生苔藓植物是指附着生活在活的树木或灌木树皮上的一类苔藓植物，是森林生态系统的重要组成部分。由于其特殊的生活形态和生长基质，其生活所需水分及营养主要来自雨水、露水和大气尘埃撞击沉积物，对微环境变化较为敏感，可作为大气 SO$_2$ 等污染物的指示物，且由于其是多年生隐花植物，全年均可检测大气污染的影响。此外，树附生苔藓植物的种类、群落类型与森林立地条件、树干位置高度、树皮性质及地质历史有复杂的相关性。因此，研究树附生苔藓植物有重大意义。

　　我国对树附生苔藓植物的研究报道较少。郭水良等对长白山森林生态系统树附生苔藓植物研究表明，海拔高度、树干离地高度、附生树的种类是影响树附生苔藓植物分布的重要环境因子；田晔林等对北京百花山自然保护区树附生苔藓植物研究指出，树附生苔藓物种多样性大小与生境、树皮上的裂缝、水湿条件等相关；刘慰秋等研究了广东黑石顶自然保护区影响树附生苔藓植物分布的环境因子，并指出离地 20 cm 处的树附生苔藓植物种类和盖度均大于 60 cm 以上。贵州省有关树附生苔藓植物的研究均在范围相对要小的区域，如左思艺等对贵阳市附生于刺槐上苔藓植物、茅台酒厂附近树附生苔藓植物和贵阳市区的树附生苔藓进行了相关研究报道。为此，本次考察对贵州月亮山保护区树附生苔藓植物进行系统研究，范围广，跨度大，以期为贵州省甚至国内树附生苔藓植物的研究提供理论参考依据。

1　研究方法

采用广泛采集方法，于 2014 年 9 月底采集月亮山保护区内树干或树基附着生长的苔藓植物，并详细记录采集地的海拔高度及附生苔藓植物树干的离地高度。依据苔藓植物分类工具书及文献的方法在室内将采集的标本详细鉴定到种。

(1)树附生苔藓植物优势科的确定。以种的丰富性为标准，并结合总种数与科内种数的实际情况，将科内所含种数≥8 的科定为优势科。

(2)树附生苔藓植物区系成分的划分。根据吴征镒对中国种子植物分布类型的研究方法对月亮山地区树附生苔藓植物进行区系成分划分。

(3)海拔高度与离地高度对树附生苔藓植物的影响。详细记录标本采集地的海拔高度和苔藓附生树干上的离地高度，将海拔高度分成 4 个区段：≤500 m、500～800 m、800～1100 m、1100～1490 m；将离地高度(树干与地面的高度)也分成 4 个区段：≤0.5 m、0.5～1 m、1～1.5 m、>1.5 m(由于人力因素限制，超过 3 m 的附生苔藓植物未能采集)。通过分析分布规律来考察不同海拔高度和离地高度对树附生苔藓植物的影响。

2　结果与分析

2.1　树附生苔藓植物种类

经调查鉴定，月亮山保护区共计有树附生苔藓植物 36 科 63 属 112 种(表 3.6.1)。其中，藓类 24 科 44 属，苔类 12 科 19 属。细鳞苔科 Lejeuneaceae、耳叶苔科 Frullaniaceae、羽苔科 Plagiochilaceae、锦藓科 Sematophyllaceae、蔓藓科 Meteoriaceae、平藓科 Neckeraceae 和羽藓科 Thuidiaceae 为优势科，这 7 个优势科含 26 属 56 种，分别占总科数、总属数和总种数的 19.44%、41.26% 和 50%，以细鳞苔科(7 属 13 种)的属数和种数最多。

表 3.6.1　月亮山保护区苔藓植物科的组成

种数范围	科数(个)	属数(个)	种数(个)
≥6	7(19.44)	26(41.26)	56(50.00)
4～5	3(8.33)	8(12.69)	14(12.50)
2～3	13(36.11)	16(25.39)	29(25.89)
1	13(36.11)	13(20.63)	13(11.61)
合计	36(100)	63(100)	112(100)

注：括号内数值为占比(%)。

2.2　区系组成

从表 3.6.2 看出，月亮山保护区树附生苔藓植物区系成分中，东亚成分略占主导地位，占总物种数的 27.68%；热带和温带成分所占比例相差不大，分别占总物种数的 24.11% 和 26.9%；中国特有成分占比最少，仅占总物种数的 9%。说明，该地区苔藓植物区系存在明显的过渡性，有不同性质类型的树附生苔藓植物在这里交汇融合。

表 3.6.2　月亮山保护区树附生苔藓植物的区系组成

区系成分	物种数(个)	占总物种比例(%)
世界广布	15	13.39
热带	27	24.11
温带	30	26.79
东亚	19	27.68
中国特有	9	8.03

2.3　海拔高度与离地高度对树附生苔藓植物的影响

2.3.1　海拔高度

从图 3.6.1 看出，在所采集的树附生苔藓植物中，高海拔(1100~1490 m)区段的附生苔藓植物数量最多，其次是低海拔地区(≤500 m)，而中海拔地区(500~1000 m)的数量最少。锦藓科、羽苔科等优势科的大部分种也喜生于高海拔区段，可能是随着高海拔的升高，年降水量有所增加，且高海拔地区的林下相对湿度较大，为树附生苔藓提供了良好的微环境有关。芽孢扁萼苔 *Radula constricta* 只生于海拔≤500 m 的地区，斑叶细鳞苔 *Lejeunea punctiformis* 只生于海拔 1100~1490 m 的高海拔地区；而暗绿多枝藓 *Haplohymenium triste* 在 4 个海拔高度区段均有分布，说明其适应性最强，生态幅度最宽；刀叶树平藓 *Homaliodendron scalpellifolium* 和长帽蓑藓 *Macromitrium tosae* 在多数海拔高度区段均有分布，位居其次。

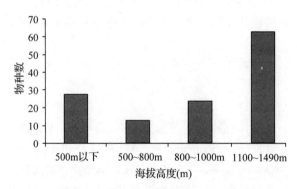

图 3.6.1　月亮山保护区不同海拔高度的树附生苔藓植物物种数

2.3.2　离地高度

月亮山保护区树附生苔藓植物的离地高度以≤0.5 m 的数量最多(表 3.6.3)，0.5~1 m 次之，>1.5 m 也占有一定的比例。细鳞苔科、羽苔科和羽藓科等优势科多生长在≤0.5 m 的树干上。可见，该地区树附生苔藓更趋向于生在树干的靠下位置。可能是树干靠下位置的空气湿度相对大，受到的直射阳光会相对要少，使得在树干靠下位置的树附生苔藓植物数量相对较多。此外，平藓科和蔓藓科许多专性树附生的物种，如刀叶树平藓 *Homaliodendron scalpellifolium*、延叶平藓 *Neckera decurrens*、短肋平藓 *N. goughiana*、悬藓 *Barbella compressiramea*、细尖悬藓 *B. spiculata* 和四川丝带藓 *Floribundaria setschwanica* 等多生长在树干靠上的位置，由于本次野外采集标本对树干较高的地方未能采集，对离地较高地方苔藓植物分布规律有待于进一步研究。

表 3.6.3　月亮山保护区树附生苔藓植物海拔高度及离地高度

科名	种名	海拔（m）	离地高（m）
白发藓科	爪哇白发藓 *Leucobryum javense*	1100～1490	≤0.5
Leucobryaceae	南亚白发藓 *Leucobryumn eilgherrense*	1100～1490	0.5～1
	绿叶白发藓 *Leucobryum chlorophyllosum*	1100～1490	0.5～1
桧藓科 Rhizogoniaceae	刺叶桧藓 *Pyrrhobryum spiniforme*	1100～1490	≤0.5
蔓藓科 Meteoriaceae	新丝藓 *Neodicladiella pendula*	≤500，500～800	≤0.5，0.5～1
	毛扭藓 *Aerobryidium filamentosum*	800～1100，1100～1490	≤0.5，0.5～1，1.5
	四川丝带藓 *Floribundaria setschwanica*	1100～1490	0.5～1
	细尖悬藓 *Barbella spiculata*	1100～1490	＞1.5
	悬藓 *Barbella compressiramea*	1100～1490	＞1.5
	扭尖隐松罗藓 *Papillaria feae*	1100～1490	＞1.5
鳞藓科 Theliaceae	小粗疣藓 *Fauriella tenerrima*	1100～1490	0.5～1
	粗疣藓 *Fauriella tenuis*	1100～1490	1～1.5
平藓科 Neckeraceae	刀叶树平藓 *Homaliodendron scalpellifolium*	500～800，800～1100，1100～1490	1～1.5，＞1.5
	小树平藓 *Homaliodendron exiguum*	≤500	≤0.5
	疣叶树平藓 *Homaliodendron papillosum*	1100～1490	≤0.5
	拟扁枝藓 *Homalia targionianus*	≤500，800～1100	≤0.5，0.5～1
	延叶平藓 *Neckera decurrens*	1100～1490	＞1.5
	短肋平藓 *Neckera goughiana*	800～1100	＞1.5
丛藓科 Pottiaceae	卷叶毛口藓 *Trichostomumhattorianum*	≤500	＞1.5
	卷叶丛本藓 *Anoectangium thomsonii*	1100～1490	0.5～1
羽藓科 Thuidiaceae	细枝羽藓 *Thuidium delicatulum*	500～800	≤0.5
	拟灰羽藓 *Thuidium glaucinoides*	1100～1490	≤0.5
	狭叶麻羽藓 *Claopodium aciculum*	≤500	＞1.5
	细麻羽藓 *Claopodium gracillimum*	800～1100	≤0.5，0.5～1
	大麻羽藓 *Claopodium assurgens*	≤500	≤0.5，1～1.5
	密毛细羽藓 *Cyrtohypnum gratum*	≤500	0.5～1
白齿藓科 Leucodontaceae	单齿藓 *Dozya japonica*	500～800	1～1.5
木灵藓科 Orthotrichaceae	长帽蓑藓 *Macromitrium tosae*	≤500，800～1100，1100～1490	≤0.5，0.5～1，＞1.5
	长柄蓑藓 *Macromitrium reinwardtii*	800～1100	＞1.5
	钝叶蓑藓 *Macromitrium japonicum*	500～800	＞1.5
	南亚火藓 *Schlotheimia grevilleana*	800～1100	＞1.5
毛藓科 Prionodontaceae	台湾藓 *Taiwanobtyum speciosum*	1100～1490	＞1.5
孔雀藓科 Hypopterygiaceae	黄雉尾藓 *Cyathophore llaburkillii*	800～1100	≤0.5
棉藓科 Plagiotheciaceae	直叶棉藓 *Plagiothecium eurphyllum*	1100～1490	≤0.5
	扁平棉藓 *Plagiothecium neckeroideum*	1100～1490	＞1.5，0.5～1
绢藓科 Entodontaceae	宝岛绢藓 *Entodon taiwanensis*	≤500	＞1.5
	长帽绢藓 *Entodon dolihocucullatus*	≤500	1～1.5
卷柏藓科 Racopilaceae	薄壁卷柏藓 *Racopilum cuspidigerum*	≤500	≤0.5
灰藓科 Hypnaceae	羽枝梳藓 *Ctenidium pinnatum*	1100～1490	1～1.5
	凸尖鳞叶藓 *Taxiphyllum cuspidifolium*	500～800	≤0.5
	纤枝同叶藓 *Isopterygium minufirameum*	≤500	0.5～1
	弯叶金灰藓 *Pylaisiella falcate*	≤500	≤0.5
	黄灰藓 *Hypnum pallescens*	800～1100	≤0.5
锦藓科 Sematophyllaceae	赤茎小锦藓 *Brotherella erythrocaulis*	1100～1490	≤0.5

（续）

科名	种名	海拔(m)	离地高(m)
	曲叶小锦藓 *Brotherella curvirostris*	≤500，800~1100	≤0.5
	南方小锦藓 *Brotherella henonii*	1100~1490	0.5~1
	全缘刺疣藓 *Trichosteleum lutschianum*	1100~1490	0.5~1
	三列疣胞藓 *Clastobryum glabrescens*	1100~1490	1~1.5
	橙色锦藓 *Sematophyllum phoeniceum*	1100~1490	1~1.5
	厚角藓 *Gammiella pterogonioides*	1100~1490	0.5~1
木藓科 Thamnobryaceae	木藓 *Thamnobryum subseriatum*	1100~1490	≤0.5
牛舌藓科 Anomodontaceae	羊角藓 *Herpetineuron toccoae*	1100~1490	≤0.5
	暗绿多枝藓 *Haplohymenium triste*	≤500，500~800，800~1100，1100~1490	1~1.5，>1.5
	台湾多枝藓 *Haplohymenium formosanum*	≤500	0.5~1
曲尾藓科 Dicranaceae	粗叶青毛藓 *Dicranodontium asperulum*	1100~1490	0.5~1
	青毛藓 *Dicranodontium denudatum*	1100~1490	0.5~1
青藓科 Brachytheciaceae	光柄细喙藓 *Rhynchostegiella laeviseta*	≤500	1~1.5
	匍枝长喙藓 *Rhynchostegium serpenticaule*	≤500	1~1.5
薄罗藓科 Leskeaceae	异齿藓 *Regmatodon declinatus*	500~800，800~1100	>1.5
扭叶藓科 Trachypodaceae	扭叶藓 *Trachypus bicolor*	800~1100，1100~1490	≤0.5，1.5
	小扭叶藓 *Trachypus humilis*	1100~1490	≤0.5
油藓科 Hookeriaceae	日本毛柄藓 *Calyptro chaetajaponica*	1100~1490	≤0.5
真藓科 Bryaceae	比拉真藓 *Bryum billardieri*	800~1100	≤0.5
耳叶苔科 Frullaniaceae	钩瓣耳叶苔 *Frullania hamatiloba*	≤500	≤0.5
	列胞耳叶苔 *Frullania moniliata*	800~1100，1100~1490	0.5~1，>1.5
	中华耳叶苔 *Frullania sinensis*	500~800	0.5~1
	石生耳叶苔 *Frulla niainflate*	500~800	0.5~1
	弯瓣耳叶苔 *Frullania linii*	1100~1490	0.5~1
	刺苞叶耳叶苔 *Frullania ramulifera*	1100~1490	≤0.5
	钟瓣耳叶苔 *Frullania parvistipula*	800~1100	1~1.5
	毛耳叶苔爪哇亚种 *Jubula hutchinsiae* subsp. *javanica*	1100~1490	≤0.5
扁萼苔科 Radulaceae	爪哇扁萼苔 *Radula javanica*	500~800	1~1.5
	钝瓣扁萼苔 *Radula aquiligia*	≤500	0.5~1
	大瓣扁萼苔 *Radula cavifolia*	800~1100，1100~1490	≤0.5
	芽胞扁萼苔 *Radula constricta*	≤500	>1.5
	扁萼苔 *Radula complanata*	≤500	≤0.5
光萼苔科 Porellaceae	毛边光萼苔 *Porella perrottetiana*	800~1100	0.5~1
	钝叶光萼苔鳞叶变种 *Porellao btusata* var. *macroloba*	800~1100	≤0.5
细鳞苔科 Lejeuneaceae	南亚瓦鳞苔 *Trocholejeunea sandvicensis*	500~800	>1.5
	浅棕瓦鳞苔 *Trocholejeunea Infuscuca*	1100~1490	>1.5
	斑叶细鳞苔 *Lejeunea punctiformis*	1100~1490	≤0.5
	暗绿细鳞苔 *Lejeunea obscura*	≤500，1100~1490	≤0.5，1.5
	弯叶细鳞苔 *Lejeunea curviloba*	1100~1490	0.5~1
	魏氏细鳞苔 *Lejeunea wightii*	1100~1490	≤0.5
	疣萼细鳞苔 *Lejeunea tuberculosa*	800~1100	0.5~1m

（续）

科名	种名	海拔（m）	离地高（m）
	瓦叶唇鳞苔 *Cheilolejeunea imbricata*	800~1100，1100~1490	≤0.5，1.5
	卷边唇鳞苔 *Cheilolejeunea xanthocarpa*	1100~1490	≤0.5
	皱萼苔 *Ptychanthuss triatus*	≤500	≤0.5
	线角鳞苔 *Drepanolejeunea angustifolia*	1100~1490	0.5~1
	异鳞苔 *Tuzibeanthus chinensis*	≤500	>1.5
	南亚疣鳞苔 *Cololejeuneatenella*	800~1100，1100~1490	0.5~1
羽苔科 Plagiochilaceae	纤幼羽苔 *Plagiochila exigua*	1100~1490	≤0.5
	朱氏羽苔 *Plagiochila zhuensis*	≤500	≤0.5
	密鳞羽苔原亚种 *Plagiochila durelii*	1100~1490	1~1.5
	刺叶羽苔 *Plagiochila sciophila*	≤500，1100~1490	≤0.5
	秦岭羽苔 *Plagiochila biondiana*	1100~1490	0.5~1
	树形羽苔 *Plagiochila arbuscula*	1100~1490	0.5~1
	圆头羽苔 *Plagiochila parvifolia*	800~1100	>1.5
	美姿羽苔 *Plagiochila pulcherrima*	1100~1490	≤0.5
	狭叶羽苔 *Plagiochila trabeculata*	1100~1490	0.5~1
剪叶苔科 Herbertaceae	剪叶苔 *Herbertusa duncus*	1100~1490	≤0.5
	鞭枝剪叶苔 *Herbertusma stigophoroides*	1100~1490	1~1.5
地萼苔科 Geocalyaceae	圆叶异萼苔 *Heteroscy phustener*	1100~1490	0.5~1
指叶苔科 Lepidoziaceae	小叶鞭苔 *Bazzania ovistipula*	1100~1490	0.5~1
	白边鞭苔 *Bazzania oshimensis*	1100~1490	1~1.5
	日本鞭苔 *Bazzania japonica*	1100~1490	0.5~1
大萼苔科 Caphaloziaceae	拳叶苔 *Nowellia curvifolia*	1100~1490	>1.5
带叶苔科 Pallaviciniaceae	长刺带叶苔 *Pallavicinia subcilliata*	1100~1490	0.5~1
绿片苔科 Aneuraceae	宽片叶苔 *Riccardia latifrons*	1100~1490	≤0.5
	中华片叶苔 *Riccardia chinensis*	≤500	1~1.5
叶苔科 Jungermanniaceae	黄色杯囊苔 *Notoscyphus lutescens*	500~800	≤0.5

3　结论与讨论

（1）研究结果表明，月亮山保护区共有树附生苔藓36科63属112种。其中，优势科7个，含26属56种，分别占总科数、总属数和总种数的19.44%、41.26%和50%，以细鳞苔科（7属13种）的属数和种数最多。月亮山保护区树附生苔藓植物以东亚成分为主，占总物种数的27.68%，温带成分和热带成分比例相当。说明，该地区树附生苔藓植物的区系成分有明显的过渡性。

（2）月亮山保护区树附生苔藓在海拔相对较高的区域内分布相对较多，可能是随着海拔的升高，年降水量有所增加，且高海拔地区的林下相对湿度较大，为树附生苔藓提供了良好的微环境有关，与Starklr等的研究结果相近；低海拔区域也占据一定比例，可能是树干靠下位置的空气湿度相对大，受到的直射阳光会相对要少，使得在树干靠下位置的树附生苔藓植物数量相对较多，与孙守琴等的研究结果相近。此外，该地区树附生苔藓有些物种会专性附生于低海拔地区树干上，如芽孢扁萼苔；有些物种只附生于海拔较高地区树干，如斑叶细鳞苔；而暗绿多枝藓在所有海拔区段的树干均有分布，表明其生态幅度最宽，适应性最强。

（3）研究还发现，分布于树干靠下位置的树附生苔藓数量相对较多，这也与其湿度、光照等微环境有关。个别种为土生或石生类型种类，如指叶苔科的日本鞭苔和丛藓科的卷叶丛本藓，其出现并附生在树干上，可能是由于苔藓植物孢子轻小，易于散布，使其落入树皮缝隙中，进而附生于树干上。

（钟世梅　熊源新　刘良淑　崔再宁　谈红英　罗先真）

参考文献

Smith A J. Bryophyte Ecology[M]. London：Chapman & Hall，1982：1 – 14.

吴鹏程，罗健馨. 苔藓植物与大气污染[J]. 环境科学，1979(3)：68 – 72.

闵运江. 六安市区常见树附生苔藓植物及其对大气污染的指示作用研究[J]. 城市环境与城市生态，1997，10(4)：31 – 33.

Quarterman R. Ecology of cedar gladers. Ⅲ. Corticolous bryophytes[J]. The Bryologist，1949，52：153 – 165.

郭水良，曹　同. 长白山森林生态系统树附生苔藓植物分布与环境关系研究[J]. 生态学报，2000，20(6)：923 – 931.

田晔林，李俊清，石爱平，等. 背景百花山自然保护区树附生苔藓植物物种多样性[J]. 生态学杂志，2013，32(4)：838 – 844.

刘蔚秋，戴小华，王勇繁，等. 影响广东黑石顶树附生苔藓分布的环境因子[J]. 生态学报，2008，28(3)：1080 – 1088.

左思艺，张朝晖. 贵阳市刺槐树附生苔藓初步调查[J]. 贵州师范大学学报：自然科学版，2010，28(4)：79 – 82.

刘雪兰，张朝晖，郭坤亮. 贵州茅台酒厂树附生苔藓植物的研究[J]. 贵州师范大学学报：自然科学版，2010，28(4)：64 – 68.

王子飞，熊源新，刘正东，等. 贵阳市区树木生苔藓植物的种类及大气净度指数[J]. 贵州农业科学，2012，40(7)：170 – 172.

吴开岑，王定江，冯邦贤. 榕江月亮山植物群落的特征及多样性[J]. 贵州农业科学，2013，41(8)：23 – 27.

吴达武，罗应金，詹先泽. 月亮山细叶云南松林调查初报[J]. 贵州林业科技，1994，22(3)：：31 – 33.

高　谦. 中国苔藓志[M]. 北京：科学出版社，1994.

黎兴江. 中国苔藓志：第4卷[M]. 北京：科学出版社，2006.

吴鹏程，贾渝. 中国苔藓志：第5卷[M]. 北京：科学出版社，2011.

吴鹏程. 中国苔藓志：第6卷[M]北京：科学出版社，2002.

胡人亮，王幼芳. 中国苔藓志：第7卷[M]. 北京：科学出版社，2005.

吴鹏程，贾　渝. 中国苔藓志：第8卷[M]. 北京：科学出版社，2004.

HE S，GAO C. Moss Flora of China English：Version Vol. 3[M]. Science Press(Beijing，New York) &Missouri Botanical Garden Press(St. Louis)，2003.

贾　渝，何　思. 中国生物物种名录[M]. 北京：科学出版社，2013.

高　谦. 中国苔藓志：第9卷[M]. 北京：科学出版社，2003.

高　谦，吴玉环. 中国苔藓志：第10卷[M]. 北京：科学出版社，2008.

吴征镒. 中国种子植物属的分布区类型[J]. 云南植物研究，1991(增刊)：1 – 139.

Starklr，Castetterrc. A gradient analysis of bryophyte population in desert mountain range[M]. Memoirs of the New York Botanical Garden，1987，45：186 – 197.

孙守琴，王根绪，罗　辑. 苔藓植物对环境变化的响应和适应性[J]. 西北植物学报，2009，29(11)：2360 – 2365.

Trynoski S E，Glime JM. Direction and height of bryophytes on four species of Northern T rees. The Bryologist，1982，85(4)：281 – 300.

第七节　蕨类植物

1　研究方法

　　2014年9月，通过线路调查法对月亮山保护区内的石松类和蕨类植物进行了调查，采集地点主要包括榕江县兴华乡的摆乔村、长牛村、计划大山、牛长河，从江县光辉乡(龙潭、党郎村)、加牙村、冷山沟等地，共采集标本250余号，采用常规方法制作标本(凭证标本保存于贵州大学标本室)，用体视显微镜观察并参考《云南植物志》及《贵州蕨类植物志》进行标本鉴定。结果分析参照 1978 年秦仁昌系统，同时按"Flora of China"的科属组成进行名录的排列，并参照吴世福等的"中国蕨类植物属的分布区类型及区系特征"中的分类方法，对月亮山保护区内的石松类和蕨类植物进行统计、排序和分析。

2　结果与分析

2.1　种类组成

根据采自月亮山保护区石松类和蕨类植物标本的鉴定，统计得到该保护区共有石松类和蕨类植物 25 科 78 属 194 种（含种以下分类单位）。参照 2013 最新版"Flora of China"系统（FOC），中国现有石松类和蕨类植物 38 科 177 属 2129 种，区境内石松类和蕨类植物占全国科、属、种的 65.8%、44.1%、9.1%，占贵州石松类和蕨类植物 931 种的 20.84%，其中石松类植物 2 科 6 属 13 种，蕨类植物 23 科 72 属 181 种（均含种以下分类单位），区境内石松类及蕨类植物资源较为丰富，系统进化完善，所以对月亮山保护区石松类和蕨类植物进行调查，从物种的多样性、植物地理学特性及系统分类学的角度都是极其必要的。

2.1.1　石松类植物概况及优势性分析

保护区内石松类植物组成为：石松科 Lycopodiaceae 5 属 5 种，卷柏科 Selaginellaceae 1 属 8 种。区境内石松类植物组成具体情况见表 3.7.1。

表 3.7.1　月亮山保护区内石松类植物组成

科	属	种
石松科 Lycopodiaceae	石杉属 Huperzia	蛇足石杉 Huperzia serrata
	马尾杉属 Phlegmariurus	华南马尾杉 Phlegmariurus austrosinicus
	石松属 Lycopodium	石松 Lycopodium japonicum
	小石松属 Lycopodiella	垂穗石松 Palhinhaea cernua
	藤石松属 Lycopodiastrum	藤石松 Lycopodiastrum casuarinoides
卷柏科 Selaginellaceae	卷柏属 Selaginella	薄叶卷柏 Selaginella delicatula
		江南卷柏 Selaginella moellendorffii
		细叶卷柏 Selaginella labordei
		剑叶卷柏 Selaginella xipholepis
		疏松卷柏 Selaginella effusa
		地卷柏 Selaginella prostrata
		深绿卷柏 Selaginella doederleinii
		翠云草 Selaginella uncinata

从石松类植物整体组成来看，卷柏属 Selaginella 是相对较优势的属，在该地区内分布广泛，虽然水韭科 Isoëtaceae 植物在该保护区内未见标本，但石松科所包含的 5 个属（2013，FOC）在该保护区全都有分布，因此该保护区内石松类植物资源还是比较丰富的。从系统地位角度来看，石松类植物是与裸子植物、蕨类植物并列的另一姊妹单系群，起源相对古老，推断该保护区在植物迁移进化过程中处于迁移过渡地段，原始起源性较低；而从蕨类植物种属组成上来看，从相对原始的木贼科 Equisetaceae 到比较进化的水龙骨科 Polypodiaceae 在该保护区内均有分布，鳞毛蕨类群、蹄盖蕨类群、凤尾蕨类群在该区内也占有较高比重，蕨类植物资源相对于石松类具有较高的丰富性，这体现出月亮山保护区蕨类植物起源古老，在历史变迁中逐渐进化，并在过渡迁移过程中种类逐渐丰富。

2.1.2　蕨类植物概况及优势性分析

该地区蕨类植物中含 10 个种以上的科有 7 个，它们分别是：鳞毛蕨科 Dryopteridaceae、水龙骨科 Polypodiaceae、凤尾蕨科 Pteridaceae、蹄盖蕨科 Athyriaceae、金星蕨科 Thelypteridaceae、铁角蕨科 Aspleniaceae、碗蕨科 Dennstaedtiaceae。这 7 个科所含属、种的情况见表 3.7.2。可以看出，鳞毛蕨科和水龙骨科在本地区所包含的种类最多，都占该地区石松类和蕨类植物种数的 14.4%。鳞毛蕨科在我国有 10 属约 493 种(FOC)，本地区产 9 属 28 种，是真蕨类的一个大科，该科世界广布，可能起源于亚洲大陆南部，而在我国西南部及喜马拉雅得到了最大的发展。本科 9 个属中的黔蕨属 *Phanerophlebiopsis* 是中国特有属，黔蕨属的分布中心在贵州。

表 3.7.2　月亮山保护区石松类和蕨类植物含 10 种以上科的统计

科名	属数	种数	占该区全部种(%)
鳞毛蕨科 Dryopteridaceae	9	28	14.40
水龙骨科 Polypodiaceae	11	28	14.40
凤尾蕨科 Pteridaceae	6	23	11.90
蹄盖蕨科 Athyriaceae	4	22	11.30
金星蕨科 Thelypteridaceae	11	19	9.80
铁角蕨科 Aspleniaceae	2	11	5.70
碗蕨科 Dennstaedtiaceae	6	11	5.70
合计	49	142	73.20

金星蕨科广布世界热带和亚热带，主产长江以南各省低山区，由于在保护区内有许多海拔相对较低的低谷地带，因此同样主产于低海拔温暖地区的铁角蕨科在这里也得到了很好的发展。水龙骨科在本区所包含的种类是相对比较多的，它在亚洲的分布中心在喜马拉雅至横断山一带，本区并不在其演化中心的范围内，所含的属以热带成分居多，该科的 11 个属就有 6 种分布类型，其中盾蕨属 *Neolepisorus*、瓦韦属 *Lepisorus*、星蕨属 *Microsorum* 为热带亚洲至热带非洲分布，槲蕨属 *Drynaria*、石韦属 *Pyrrosia* 为旧热带分布，锡金假瘤蕨属 *Himalayopteris*、伏石蕨属 *Lemmaphyllum* 为东亚分布，薄唇蕨属 *Leptochilus*、水龙骨属 *Polypodiodes* 为热带亚洲分布，剑蕨属 *Loxogramme* 为热带亚洲、非洲和中、南美洲分布，节肢蕨属 *Arthromeris* 为爪哇(或苏门答腊)喜马拉雅间断或星散分布到华南、西南分布类型。

鳞毛蕨科、水龙骨科和凤尾蕨科所含有的种数占本区蕨类植物总种数的 55.6%，构成本区蕨类植物区系的主体。另外，含有 1 个种的科有 6 个，直接体现出该地区蕨类植物具有较强的过渡性。

2.2　石松类和蕨类植物的区系成分分析

2.2.1　属的区系成分分析

月亮山保护区共有石松类和蕨类植物 25 科 78 属 194 种，参照吴世福、张伟江等的"中国蕨类植物属的分布区类型及区系特征"中的分类方法，可将属的区系成分划分为 11 个分布类型(表 3.7.3)。

表 3.7.3　月亮山保护区石松类和蕨类植物属的区系成分表

分布类型	属数	比例*(%)
1. 世界分布	13	—
2. 泛热带分布	25	38.46
3. 热带亚洲、热带美洲间断分布	3	4.62
4. 旧世界热带	8	12.31
5. 热带亚洲至热带大洋洲分布	1	1.54
6. 热带亚洲至热带非洲分布	6	9.23
7. 热带亚洲(印度 – 喜马拉雅)	10	15.39
8. 北温带	4	6.15
11. 温带亚洲分布	1	1.54
14. 东亚(东喜马拉雅 – 日本)	6	9.23
15. 中国特有分布	1	1.54
合计	78	100

* 比例为包含世界分布属 Cosmopolitan genera excluded。

（1）世界分布。此类型包括几乎遍布世界各大洲而没有特殊分布中心的属或虽有1个或数个分布中心而包含世界分布种的属。该地区属于此分布类型的有鳞毛蕨属 *Dryopteris*、铁角蕨属 *Asplenium*、卷柏属 *Selaginella*、蹄盖蕨属 *Athyrium* 以及耳蕨属 *Polystichum* 等13个属。

（2）泛热带分布。此类型包括普遍分布于东西两半球热带和在全世界热带范围内有一个或数个分布中心，但在其他地区也有一些种类分布的热带属。这种分布类型在该地区属的区系成分中最多，包括马尾杉属 *Phlegmariurus*、碗蕨属 *Dennstaedtia* 等。

（3）热带亚洲和热带美洲间断分布。此类型包括间断分布于美洲和亚洲温暖地区的热带属，在旧世界从亚洲可能延伸到澳大利亚东北部或西南太平洋岛屿。在该地区典型的是双盖蕨属 *Diplazium*，这个成分所占的比例较少。

（4）旧世界热带分布。旧世界热带是指亚洲、非洲和大洋洲热带地区及其附近岛屿，以与美洲新大陆热带相区别。保护区内有芒萁属 *Dicranopteris*、石韦属、莲座蕨属 *Angiopteris*、鳞盖蕨属 *Microlepia* 等，其中芒萁属是我国长江流域及以南地区和荒坡常见的种类，也是构成草本层的主要成分之一。

（5）热带亚洲至热带大洋洲分布。热带亚洲—大洋洲分布区是旧世界热带分布区的东翼，其西端有时可达马达加斯加，但一般不至非洲大陆。在保护区内仅有新月蕨属 *Pronephrium* 1个属。

（6）热带亚洲至热带非洲分布。此类型是旧世界热带分布区类型的西翼，有的属也分布到斐济等南太平洋岛屿，但不见于澳大利亚大陆。保护区内有盾蕨属、星蕨属、瓦韦属等6个属。

（7）热带亚洲（印度—马来西亚）分布。该分布区是旧世界热带的中心部分。此类型的分布范围向西至印度、斯里兰卡，南至印度尼西亚、加里曼丹，东至斐济等南太平洋岛屿，但不到澳大利亚大陆，北缘往往到达我国西南、华南及台湾省甚至更北地区。在保护区内主要有金粉蕨属 *Onychium*、方秆蕨属 *Glaphyropteridopsis*、鱼鳞蕨属 *Acrophorus*、水龙骨属等10个属。

（8）北温带分布。该分布类型一般是指那些广泛分布于欧洲、亚洲和北美洲温带地区的属。由于地理和历史的原因，有些属沿山脉向南延伸到热带地区，甚至远达南半球温带，但其原始类型或分布中心仍在北温带。保护区内有木贼属 *Equisetum*、紫萁属 *Osmunda*、卵果蕨属 *Phegopteris*、狗脊属 *Woodwardia* 4个属。

（9）温带亚洲分布。此类型是主要局限于亚洲温带地区的属，它们的分布范围一般包括从独联体中亚（或南俄罗斯）至东西伯利亚和亚洲东北部，南部界限至喜马拉雅山区，我国西南、华北至东北，朝鲜和日本北部也有一些属种分布到亚热带，个别属种到达亚洲热带，甚至到新几内亚。保护区内只有贯众属 *Cyrtomium* 属于这种分布类型。

（10）东亚分布。这里指的是从东喜马拉雅一直分布到日本的一些属。其分布区向东北一般不超过俄罗斯的阿穆尔州，并从日本北部至萨哈林，向西南不超过越南北部和喜马拉雅东部，向南最远达菲律宾、苏门答腊和爪哇，向西北一般以我国各类森林边界为界。该分布类型在保护区有伏石蕨属、圣蕨属 *Dictyocline*、紫柄蕨属 *Pseudophegopteris*、钩毛蕨属 *Cyclogramma* 等6个属。

（11）中国特有分布。以云南或西南诸省为中心，向东北、华北、或西北方向辐射并逐渐减少，而主要分布于秦岭—山东以南的热带、亚热带地区，个别可突破国界到缅甸、越南的北部。月亮山保护区内只有1个中国特有分布的属，即黔蕨属。黔蕨属的分布中心在贵州，也可以说是贵州特有。

2.2.2　种的区系成分分析

研究一个具体的植物区系，仅仅分析其属的区系类型是不够的。一个地区的区系性质是由种的地理成分决定的，而与科属的分布类型不一定完全相同，有时甚至存在极大差别。所以，要得到月亮山保护区内石松类和蕨类植物的性质，还要进一步研究该地区石松类和蕨类植物种的区系成分。组成月亮山保护区石松类和蕨类植物区系的194种植物按照石松类和蕨类植物的现代地理分布可划分为9个分布类型和6个亚型（表3.7.4）。

表 3.7.4　月亮山保护区石松类和蕨类植物种的区系成分表

分布类型	种数	比例*（%）
1. 世界分布	5	—
2. 泛热带分布	4	2.12
3. 热带亚洲和热带美洲分布	1	0.53
4. 旧世界热带分布	2	1.06
5. 热带亚洲至热带大洋洲分布	6	3.17
5-1 中国（西南）亚热带和新西兰间断分布	1	0.53
6. 热带亚洲至热带非洲分布	-2	—
6-2 华南、西南到印度和热带非洲间断分布	2	1.06
7. 热带亚洲（印度—喜马拉雅）	15	7.94
7-1 亚洲热带及亚热带广布	4	2.12
7-4 越南（或中南半岛）至华南（或西南）分布	13	6.88
8. 北温带分布	1	0.53
14. 东亚分布（东喜马拉雅—日本）	39	20.63
14-1 中国—喜马拉雅分布不包括日本	20	10.58
14-2 中国—日本（SJ）不包括印度	47	24.87
15. 中国特有分布	34	17.99
合计	194	100

　　* 比例为包含世界分布种 Cosmopolitan species excluded。

（1）世界分布。保护区内属于此类型的有田字苹 *Marsilea quadrifolia*、槐叶苹 *Salvinia natans*、满江红 *Azolla imbricata*、蕨 *Pteridium aquilinum* var. *latiusculum*、铁角蕨 *Aspleniumtrichomanes* 5 个种。

（2）泛热带分布。在该保护区内这种类型所包含的种有节节草 *Commelina diffusa*、栗蕨 *Histiopteris incisa*、凤尾蕨 *Pteris cretica* var. *intermedia*、肾蕨 *Nephrolepiscordifolia* 4 个种。

（3）热带亚洲和热带美洲分布。属于该分布类型的只有 1 个种，即普通针毛蕨 *Macrothelypteris torresiana*。

（4）旧世界热带分布。该保护区内属于此分布类型的只有毛叶茯蕨 *Leptogramma pozoi* 和阴石蕨 *Humata repens* 2 个种。

（5）热带亚洲至热带大洋洲分布。该区域内有 6 种，包括蛇足石杉 *Huperzia serrata*、垂穗石松 *Palhinhaea cernua*、藤石松 *Lycopodiastrum casuarinoides*、海金沙 *Lygodium japonicum*、姬蕨 *Hypolepis punctata* 和干旱毛蕨 *Cyclosorus aridus*。此外还有 1 个种是属于此分布类型的一个亚型（中国（西南）亚热带和新西兰间断分布）即宽叶紫萁 *Osmunda javanica*。

（6）热带亚洲至热带非洲分布。在该保护区内有 2 个种是属于该分布类型下的 1 个亚分布类型：热带亚洲和东非或马达加斯加间断分布，包括鳞始蕨 *Lindsaea odorata* 和扁柄铁角蕨 *Asplenium yoshinagae*。

（7）热带亚洲分布。本区属于这种分布类型的种类较多，共有 32 种，可以划分为 2 个亚型：亚洲热带及亚热带广布：包括溪边假毛蕨 *Pseudocyclosorus ciliatus*、长叶实蕨 *Bolbitis heteroclita*、毛叶轴脉蕨 *Ctenitopsis devexa* 和显脉星蕨 *Microsorum zippelii* 4 个种；越南（或中南半岛）至华南（或西南）分布：主要有长柄假脉蕨 *Crepidomanes racemulosum*、顶果膜蕨 *Hymenophyllum khasyanum*、小叶膜蕨 *H. oxyodon* 等 13 个种。此外属于热带亚洲分布的还有 15 个种，包括石松 *Lycopodium japonicum*、笔管草 *Equisetum ramosissimum* 等。

（8）北温带分布。在保护区内的蕨类植物中只有细毛碗蕨 *Dennstaedtia hirsuta* 1 个种属于该分布类型。

（9）东亚分布。在该保护区的蕨类植物中符合这种分布类型的种类最多（106 种），所占的比例高达 56.08%。该分布类型可划分为 2 个亚型：中国—喜马拉雅分布（不包括日本），有小叶海金沙 *Lygodium microphyllum*、金毛狗 *Cibotium barometz* 等种；中国—日本分布（不包括印度），分布类型中这个分布亚型所包含种类较多，有江南卷柏 *Selaginella moellendorffii*、阔鳞鳞毛蕨 *Dryopteris championii*、贯众 *Cyrtomium fortunei* 等 47 种。此外属于东亚分布类型的有 39 个种，包括薄叶卷柏 *Selaginella delicatula*、半边旗 *Pteris semipinnata*、金星蕨 *Parathelypteris glanduligera* 等。

（10）中国特有分布。该地区所包含的中国特有属虽然只有 1 个，但是中国特有种却有 34 种，所占的比例达 17.99%，可以划分为 2 个亚型：中国特有分布，分布在月亮山保护区内的石松类和蕨类植物中，有华南马尾杉 *Phlegmariurus austrosinicus*、华南紫萁 *Osmunda vachellii*、中华复叶耳蕨 *Arachniodes chinensis* 等 30 种。西南特有分布，有赫章鳞毛蕨 *Dryopteris hezhangensis*、黔蕨 *Phanerophlebiopsis tsiangiana*、镰羽凤了蕨 *Coniogramme falcipinna*、峨眉凤了蕨 *C. emeiensis* 4 个种。

对月亮山保护区石松类和蕨类植物的分布类型划分后可以看出，东亚成分占优势，共有 106 种，占 56.08%，可以看出该地区蕨类植物正处于东亚区系中。东亚成分最多的是中国—日本分布亚型，有 47 种，占 24.87%，而中国—喜马拉雅分布亚型有 20 种，说明该区内蕨类植物在东亚区系中与日本的关系较为密切。

热带亚洲分布在本区域种的分布类型中排列第二，属于这种分布类型的种类适应能力较强，对环境的要求不高，可沿沟谷等水热条件较好的环境向温带扩展，如日本蹄盖蕨 *Athyrium niponicum* 在我国的分布北界可以到达四川、辽宁，在保护区有适合这些种类生存的环境。热带亚洲成分通过本保护区向北渗透，说明该区内蕨类植物处于一个过渡性的地段，具有温带成分向热带成分过渡的性质；同时有世界广布种和多种热带成分，体现了该区内石松类和蕨类植物的广泛的地理联系性。

3 结论与讨论

3.1 月亮山保护区石松类和蕨类植物丰富。

保护区内共有石松类和蕨类植物 25 科 78 属 194 种（含种以下分类单位），占全国科、属、种的 65.8%、44.1%、9.1%。其中优势科为鳞毛蕨科、水龙骨科和凤尾蕨科。

3.2 月亮山保护区石松类和蕨类植物区系组成较为丰富。

保护区石松类和蕨类植物科、属组成情况，从相对原始的木贼科到比较进化的水龙骨科在区内均有分布，说明该区蕨类起源古老，在历史变迁中逐渐进化。但是其中多种科、多种属相对较少，说明区内石松类和蕨类植物的分化程度也相对较低，只包含一个种的属大量存在，也说明了月亮山保护区石松类和蕨类植物处在热带亚洲和东亚两大植物分布区的过渡地段上，这与贵州省蕨类区系特点是相符的。

属的区系成分分析，以泛热带分布为主；而种的地理分布上，区内温带种占绝对优势，为总种数的 56.61%，具温带性质。其中，东亚分布有 106 种，占总种数的 56.08%，属于东亚植物区系，并有广泛的地理联系性。根据吴征镒先生在种子植物区系分类中提出云南金沙江河谷为中国—日本分布和中国—喜马拉雅分布的分界线，月亮山保护区石松类和蕨类植物处于中国—日本分布区，故其成分多于中国—喜马拉雅成分，表明了该区内石松类和蕨类植物区系与日本的关系较为密切；同时该地区接近分布区的分界线，为过渡地带，反映到石松类和蕨类植物上为含 1 种的属较多，具有过渡性，这与苟光前对南宫自然保护区、薛高亮对黔北蕨类植物的研究结果一致。同时，保护区石松类和蕨类植物中中国特有种有 34 种，其中 4 种为西南特有种而赫章鳞毛蕨仅见于贵州，以及中国特有分布属黔蕨属的存在，都说明该地区石松类和蕨类植物具有一定的特殊性。

3.3 月亮山保护区石松类和蕨类植物具有一定的珍稀保护价值和经济价值

金毛狗为国家 II 级保护植物，在区内比较常见，有的 10 多株在一起，形成群落景观，在省内其他地方已很少见到这样的景观了，应加强保护；而紫萁（薇菜）*Osmunda japonica*，营养价值高，是东南亚一带人们喜食的野菜之一；海金沙、水龙骨 *Polypodiode sniponica* 等均为传统的中药材，具有较高的医药价值；肾蕨、石韦 *Pyrrosia lingua* 等，叶型奇特美观，可作为耐阴盆栽美化环境，具有一定的经济价值。

（孙巧玲　苟光前　杨　泉　罗承秀　韦兴桥　欧金文）

参考文献

吴征镒. 云南植物志(第 20 卷)[M]. 北京：科学出版社，2006：20 - 785.

吴征镒. 云南植物志(第 21 卷)[M]. 北京：科学出版社，2006：21 - 477.

王培善，王筱英. 贵州蕨类植物志[M]. 贵阳：贵州科学出版社，2001：1 - 727.

秦仁昌. 中国蕨类植物科属的系统排列和历史来源[J]. 植物分类学报，1978，16(3)：1 - 19.

吴世福，张伟江，周伟，等. 中国蕨类植物属的分布区类型及区系特征[J]. 考察与研究，1993，13：63 - 77.

李茂，陈景艳，罗扬，等. 贵州蕨类植物整理研究[J]. 贵州林业学报，2009，37(1)：32 - 38.

陆树刚，陈凤论. 蕨类植物生态类型的划分问题[J]. 云南大学学报(自然科学版)，2013，35(3)：407 - 415.

吴征镒. 中国种子植物属的分布区类型[J]. 云南植物研究，1991(增刊)：1 - 139.

苟光前. 蕨类植物[C]. 南宫自然保护区科学考察集. 贵阳：贵州科技出版社，2003：54 - 63.

薛高亮，王韶敏，苟光前，等. 黔北丹霞地貌蕨类植物初步研究[J]. 山地农业生物学报，2011，30(2)：110 - 114.

第八节　草本种子植物

1　研究方法

在保护区各片区和保护点选择典型线路和地段进行系统的草本种子植物种类资源专项调查，共记录和采集草本种子植物标本 651 号。通过室内标本鉴定和参考相关文献，结合 2010 ~ 2011 年开展"中国南岭地区生物多样性调查试点"在该区草本种子植物调查的种类，编写出月亮山保护区草本种子植物系统名录。剔除调查时记录的栽培种、逸生种和外来种，分析区内植物组成及其优势科属；通过调查统计单位面积(S)草本种子植物物种数(A)作为物种丰富度指数 G(G = A/S)，并通过查阅资料与民间用途调查，对保护区主要草本经济植物资源进行了初步分析探讨。

2　结果与分析

2.1　种类组成与贵州新纪录

通过初步调查，月亮山保护区内有草本种子植物 587 种(含亚种、变种和变型，下同)，隶属 78 科326 属。其中，假繁缕 *Theligonum macranthum* 和三脉兔儿风 *Ainsliaea trinervis* 为贵州首次记录种。前者发现于榕江县水尾乡上下午村下午组海拔 425 m 的河沟边，种群数量少；后者发现于从江县光辉乡加牙(太阳山)1110 m 小河沟边，生长在石缝隙中，分布面积约有 25 m²。

保护区分布草本种子植物全为被子植物。其中，双子叶植物 62 科 207 属 362 种，其科、属、种分别占 79.48%、63.50%、61.67%；单子叶植物有 16 科 119 属 225 种，其科、属、种分别占 20.52%、36.50%、38.33%。显然，本区草本种子植物区系基本组成上双子叶植物占优势，单子叶植物种类较少。但根据野外调查，以单子叶植物分布最广，种群数量最多，单子叶植物种群的广布程度和覆盖率均占绝对优势。

2.2　优势科属

按物种数量多少排序，具有 10 种以上(含 10 种)的有 15 个科，其属、种数合计分别为 193、383，分别占保护区草本种子植物总属、种数的 60.88%、67.31%(表 3.8.1)。其中排在前 5 位分别是菊科

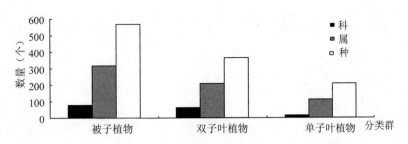

图 3.8.1 月亮山保护区草本种子植物主要类型分类群数量比较

Compositae、兰科 Orchidaceae、禾本科 Gramineae、蓼科 Polygonaceae、莎草科 Cyperaceae。具有 5 种以上（含 5 种）的属有 12 个，合计 98 种，占保护区草本种子植物总物种数的 17.22%。可见本区草本种子植物的优势科、属都较为明显。同时，具有 1～2 属、种的科有 35 科、49 科，分别占保护区草本植物总科数的 44.87%、62.82%；具有 1 个种的属有 202 属，占保护区草本植物总属数的 63.72%，说明该区草本种子植物物种种类多样性丰富。

表 3.8.1 月亮山保护区草本种子植物优势科、属统计（按物种数量排序）

排序	科名	属数/种数	占本区总属/种数的比率（%）	排序	属名	种数	占本区总种数的比率（%）
1	菊科	41/68	12.93/11.95	1	蓼属	17	2.99
2	兰科	22/53	6.94/9.31	2	堇菜属	12	2.11
3	禾本科	37/52	11.67/9.14	3	薯蓣属	10	1.76
4	蓼科	6/27	1.89/4.75	4	楼梯草属	9	1.58
5	莎草科	10/27	3.15/4.75	5	苔草属	9	1.58
6	荨麻科	7/25	2.21/4.39	6	兰属	8	1.41
7	百合科	16/24	5.05/4.22	7	冷水花属	6	1.05
8	玄参科	10/19	3.15/3.34	8	马蓝属	6	1.05
9	唇形科	15/17	4.73/2.99	9	石斛属	6	1.05
10	伞形科	10/14	3.15/2.46	10	凤仙花属	5	0.88
11	天南星科	7/14	2.21/2.46	11	天南星属	5	0.88
12	堇菜科	1/12	0.32/2.11	12	苎麻属	5	0.88
13	葫芦科	6/11	1.89/1.93				
14	爵床科	4/10	1.26/1.76				
15	薯蓣科	1/10	0.32/1.76				
合计		193/383	60.88/67.31	合计		98	17.22

2.3 物种丰富度

根据保护区内月亮山、太阳山、计划大山低海拔至高海拔的不同海拔高度的林中、林缘设草本种子植物的样方调查，其群落最小样方面积从 2 m² 至 8 m² 不等，绝大多数为 4 m² 左右波动，其物种丰富度随生境的复杂性、多样性而复杂化。为统一标准便于比较，结合各调查点的综合情况，样方面积按 1 m×1 m 统计，其单位面积物种丰富度（种数/m²）如表 3.8.2。出现种数最多的是太阳山下部草地，多为 11～20 种，最少的是月亮山山顶的草坡，多为 5～7 种。总体来说，以低海拔的山脚、沟谷草本种子植物种类最为丰富，较高海拔的山坡中上部、上部的物种丰富度最低。

表3.8.2　　月亮山保护区主要分布区不同海拔亮度的物种丰富度指数

样方号	代表地段(海拔)								
	月亮山下部(450m)	月亮山中部(930m)	月亮山山顶(1480m)	太阳山下部(555m)	太阳山中部(870m)	太阳山上部(1200m)	计划大山下部(825m)	计划大山中部(906m)	计划大山上部(1145m)
样方号1	17	10	7	20	9	7	9	13	5
样方号2	13	14	5	21	15	11	16	12	4
样方号3	8	5	5	14	14	9	7	14	5
样方号4	12	7	6	11	12	5	13	9	10

2.4　珍稀濒危与特有植物

本次科考调查,保护区内列入《中国珍稀濒危植物名录》的草本种子植物主要有2种,即黄连 *Coptis chinensis* 和八角莲 *Dysosma versipellis*。其中,黄连发现于榕江县计划乡加去村(计划大山)水沟边海拔825 m阔叶林下,约有50多株,生长良好;八角莲发现于从江县光辉乡太阳山林下海拔1115 m和榕江县计划乡计划大山林下海拔1000 m,零星分布,共见32株,生长良好。该保护区没有发现列入国家重点保护野生植物名录的草本种子植物。

2.5　经济植物资源

保护区具有开发利用价值的草本经济植物较为丰富,各类经济草本植物可达200余种。其中,优良饲料植物有多种鸡腿堇菜 *Viola acuminata*、荠 *Capsella bursa - pastoris*、垂盆草 *Sedum sarmentosum*、野百合 *Crotalaria sessiliflora*、乌蔹莓 *Cayratia japonica* 等近100种;观赏植物有多种凤仙花 *Impatiens* spp. 和秋海棠 *Begonia* spp.、蜘蛛抱蛋 *Aspidistra elatior*、大野芋 *Colocasia gigantea*、多种半蒴苣苔 *Hemiboea* spp. 及多种兰科植物等可达近100种。其中,观赏价值较高、开发利用前景较好的主要是舞花姜 *Globba racemosa* 和橙黄玉凤花 *Habenaria rhodocheila*,前者在保护区分布广、资源丰富,后者为花姿独特、颜色艳丽,是兰花植物观花类的佼佼者;药用植物有蛇莲 *Hemsleya sphaerocarpa*、日本蛇根草 *Ophiorrhiza japonica*、多种黄精 *Polygonatum* spp.、七叶一枝花 *Paris polyphylla*、川八角莲 *Dysosma veitchii*、八角莲等100余种;淀粉植物有薯蓣属 *Dioscorea*、大百合 *Cardiocrinum giganteum*、桔梗 *Platycodon grandiflorus* 等10余种;野生蔬菜有鸭儿芹 *Cryptotaenia japonica*、水芹 *Oenanthe javanica*、三脉紫菀 *Aster ageratoides*、山莴苣 *Lactuca indica*、蕺菜 *Houttuynia cordata* 等40余种;野生草本水果有黄毛草莓 *Fragaria nilgerrensis*、金钱豹 *Campanumoea javanica*、虎杖 *Reynoutria japonica*,等等。有些植物还兼有多种用途,如薯莨 *Dioscorea cirrhosa* 不但是优良的淀粉植物,块茎含淀粉达16% ~31%,而且可作药用,有收敛止血、止痢、固涩、镇痛之效,民间还用作染布、染鱼网等。桔梗是优良中药,其花色艳丽,又可作草本花卉。大百合是优良鲜切花材料,其鳞茎富含淀粉,营养丰富,亦是优良的食用植物,本区分布面积大,且比较集中,开发前景可观。

3　结论与讨论

(1)月亮山保护区草本种子植物种类资源较为丰富,有587种(含亚种、变种和变型),隶属78科326属。其中,以双子叶植物占优势,单子叶植物种类较少;以单子叶植物分布最广,种群数量最多,单子叶植物种群的广布程度和覆盖率均占绝对优势。优势科属明显,其中具有10种以上(含10种)的15个科所包含的物种,分别占保护区草本种子植物总属、种数的60.88%、67.31%;具有5种以上(含5种)的12个属所包含的种,占保护区草本种子植物总物种数的17.22%。草本植物物种种类多样性丰富,具有1~2属、种的科有35科、49科,分别占保护区草本植物总科数的44.87%、62.82%;具有1个种的属有202属,占保护区草本植物总属数的61.96%。

(2)不同海拔高度的单位面积草本种子植物的物种丰富度调查统计表明,保护区草本种子植物物种丰富度在不同海拔高度有明显差异,在1m²样方范围内,出现种数最多的是太阳山下部草地,多为

11～20 种，最少的是保护区月亮山山顶的草坡，多为 5～7 种。总体来说，以低海拔的山脚、沟边草本种子植物种类最为丰富，较高海拔的山坡中上部、上部的物种丰富度最低。

（3）保护区列为《中国珍稀濒危植物名录》的草本种子植物种类主要有 2 种，即黄连和八角莲，且种群数量也少，没有发现列入国家重点保护野生植物名录的草本种子植物。该保护区优势群落较有特色，如计划乡计划大山的大百合草本群落，可作为林下经济种质的优良选择；还有榕江县兴华乡兴光村的大野芋 *Colocasia gigantea* 群落、榕江县计划乡加去村（计划大山）的穗花蛇菰 *Balanophora spicata* 群落等。但该保护区人为活动较为频繁，地形切割，沟壑纵横，不合理采挖利用较为严重。因此，应尽快加强保护区的建设，合理保护与开发利用，鼓励人们人工种植，不仅可以增加农户的收入，且更有效地保护野生资源。

（余德会　袁丛军　安明态　胡绍平　杨　泉　潘碧文　杨代长　石开平　杨焱冰）

第九节　木本植物

1　研究方法

2014 年 9 月至 2015 年 9 月，对月亮山保护区木本植物先后进行了两次科学考察，主要区域是月亮山、计划大山、都柳江河谷支流（榕江县计划乡和兴华乡范围），结合以前在该地区进行的相关研究，并参考了《月亮山林区科学考察集》（1994）等资料综合进行整理分析。调查收集的木本植物包含了半灌木、木质化藤本及木质化草本，调查方法是选择重点区域和代表性区域，并结合普遍线路调查，对常见可以识别的种进行记录，对珍稀保护种类和野外不易识别的种类，采集标本并拍摄数码图片，以供鉴定、佐证和查阅。调查过程中，共采集标本 826 号 1000 余份，发现新分布种 8 个。本研究名录采用的分类系统，裸子植物采用郑万钧系统，被子植物采用克朗奎斯特系统。

2　结果与分析

2.1　种类组成

通过调查，保护区内有木本种子植物 766 种（含引进栽培种，包括变种和种以下单位，下同），隶属 101 科 295 属。其中，裸子植物（针叶类）6 科 9 属 14 种，科、属、种分别占全部的 5.94%、3.05%、1.83%，被子植物（阔叶类）有 95 科 286 属 752 种，科、属、种分别占全部的 94.06%、96.95%、98.17%。在被子植物中，双子叶植物有 90 科 272 属 722 种，科、属、种分别占全部的 89.11%、92.20%、94.26%，单子叶植物有 5 科 14 属 30 种，科、属、种分别占全部的 4.95%、

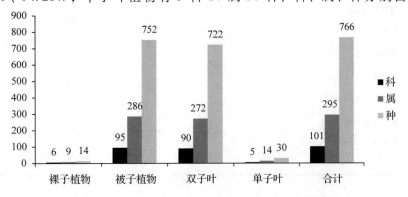

图 3.9.1　月亮山保护区木本种子植物科、属、种统计

4.75%、3.92%。可以看出，双子叶植物在本地区木本种子植物中占据绝对优势，其分布最广，种群数量最多，是保护区的主要木本植物资源。

2.2　优势科属

按物种数量多少进行排序，具有 4 属以上（含 4 属）的科有 25 个（见表 3.9.1），合计有 184 属，占总属数的 62.37%，其中豆科 Leguminosae 和蔷薇科 Rosaceae 分别含 19 属和 18 属，为属数最多的两个科。具有 10 种以上（含 10 种）的科有 28 个（见表 3.9.2），合计有 557 种，占总种数的 72.72%，其中蔷薇科 Rosaceae 有 59 种，占总种数的 7.70%，物种数量排名前五位的科分别是蔷薇科、樟科 Lauraceae、壳斗科 Fagaceae、豆科、山茶科 Theaceae，占总种数的 27.02%。具有 10 种以上（含 10 种）的属有 13 个（见表 3.9.3），合计有 158 种，占总种数的 20.63%，其中悬钩子属 *Rubus* 有 18 种，排序第一，另外，还有杜鹃花属 *Rhododendron*、山矾属 *Symplocos*、荚蒾属 *Viburnum*、无花果属 *Ficus*、木姜子属 *Litsea* 等都是种类比较多的属。比较保护区木本植物的种类，可见，该保护区内优势科属比较明显。

表 3.9.1　月亮山保护区属数超过 4 属的科排序

序号	科名	属数	占总属数的比例（%）
1	豆科 Fabaceae	19	6.44
2	蔷薇科 Rosaceae	18	6.10
3	茜草科 Rubiaceae	14	4.75
4	五加科 Araliaceae	10	3.39
5	禾本科 Poaceae	9	3.05
6	山茶科 Theaceae	9	3.05
7	樟科 Lauraceae	9	3.05
8	芸香科 Rutaceae	8	2.71
9	大戟科 Euphorbiaceae	7	2.37
10	虎耳草科 Saxifragaceae	7	2.37
11	金缕梅科 Hamamelidaceae	6	2.03
12	壳斗科 Fagaceae	6	2.03
13	鼠李科 Rhamnaceae	6	2.03
14	野茉莉科 Styracaceae	6	2.03
15	杜鹃花科 Ericaceae	5	1.69
16	胡桃科 Juglandaceae	5	1.69
17	木兰科 Magnoliaceae	5	1.69
18	木通科 Lardizabalaceae	5	1.69
19	葡萄科 Vitaceae	5	1.69
20	榆科 Ulmaceae	5	1.69
21	楝科 Meliaceae	4	1.36
22	马鞭草科 Verbenaceae	4	1.36
23	木犀科 Oleaceae	4	1.36
24	桑科 Moraceae	4	1.36
25	紫金牛科 Myrsinaceae	4	1.36
合计		184	62.37

Header: 第三章 植物多样性 75_

表 3.9.2　月亮山保护区种数超过 10 种的科排序

序号	科名	种数	占总种数的比例（%）
1	蔷薇科 Rosaceae	59	7.70
2	樟科 Lauraceae	53	6.92
3	壳斗科 Fagaceae	37	4.83
4	豆科 Fabaceae	31	4.05
5	山茶科 Theaceae	27	3.52
6	杜鹃花科 Ericaceae	24	3.13
7	茜草科 Rubiaceae	23	3.00
8	木兰科 Magnoliaceae	21	2.74
9	忍冬科 Caprifoliaceae	21	2.74
10	桑科 Moraceae	20	2.61
11	芸香科 Rutaceae	18	2.35
12	卫矛科 Celastraceae	16	2.09
13	紫金牛科 Myrsinaceae	16	2.09
14	虎耳草科 Saxifragaceae	15	1.96
15	五加科 Araliaceae	15	1.96
16	禾本科 Poaceae	14	1.83
17	马鞭草科 Verbenaceae	14	1.83
18	葡萄科 Vitaceae	14	1.83
19	鼠李科 Rhamnaceae	14	1.83
20	大戟科 Euphorbiaceae	13	1.70
21	清风藤科 Sabiaceae	13	1.70
22	山矾科 Symplocaceae	13	1.70
23	木犀科 Oleaceae	12	1.57
24	野茉莉科 Styracaceae	12	1.57
25	百合科 Liliaceae	11	1.44
26	冬青科 Aquifoliaceae	11	1.44
27	猕猴桃科 Actinidiaceae	10	1.31
28	槭树科 Aceraceae	10	1.31
合计		557	72.72

表 3.9.3　月亮山保护区种数超过 10 种的属排序

序号	属名	种数	占总种数的比例（%）
1	悬钩子属 *Rubus* Linn.	18	2.35
2	杜鹃花属 *Rhododendron* Linn.	16	2.09
3	山矾属 *Symplocos* Jacq.	13	1.70
4	荚蒾属 *Viburnum* Linn.	12	1.57
5	无花果属 *Ficus* Linn.	12	1.57
6	锥栗属 *Castanopsis* Spach	12	1.57
7	菝葜属 *Smilax* Linn.	11	1.44
8	冬青属 *Ilex* Linn.	11	1.44
9	柯属 *Lithocarpus* Blume	11	1.44
10	润楠属 *Machilus* Nees	11	1.44
11	樟属 *Cinnamomum* Trew	11	1.44
12	含笑属 *Michelia* Linn.	10	1.31
13	槭属 *Acer* Linn.	10	1.31
合计		158	20.63

2.3 分布特点

通过对保护区木本植物进行全面的调查，调查区域海拔幅度在 310～1491 m 之间，在海拔 1200～1491 m 之间调查到 316 种，主要是壳斗科、山茶科、樟科、杜鹃花科、蔷薇科、木兰科的种类，主要属有锥栗属、柯属、青冈属、水青冈属、润楠属、山茶属、杜鹃属、花楸属、含笑属、木莲属的植物；在海拔 1000～1199 m 之间调查到 80 种，主要是樟科、豆科、蔷薇科等的种类，种类少的原因是在这一海拔范围内，地形相对较缓，多被开发为农地；在海拔 500～1000 m 之间调查到 411 种，300～500 m 之间调查到 446 种，主要有蔷薇科、桑科、豆科、壳斗科、山茶科、梧桐科等的植物，有许多喜热的种类，如：小叶买麻藤 *Gnetum parvifolium*、观光木 *Michelia odora*、假苹婆 *Sterculia lanceolata*、粗叶榕 *Ficus hirta*、贵州毛柃 *Eurya kueichowensis*、光叶山黄麻 *Trema cannabina* 等。该地区植物种类较丰富，其中杉木 *Cunninghamia lanceolata*、马尾松 *Pinus massoniana*、香叶树 *Lindera communis*、山胡椒 *L. glauca*、木姜子 *Litsea pungens*、马桑 *Coriaria nepalensis*、构树 *Broussonetia papyrifer*、茅栗 *Castanea seguinii*、水麻 *Debregeasia orientalis*、阔叶十大功劳 *Mahonia bealei*、地果 *Ficus tikoua*、火棘 *Pyracantha fortuneana*、长序莓 *Rubus chiliadenus*、宜昌悬钩子 *Rubus ichangensis*、粗叶悬钩子 *R. alceifolius*、毛桐 *Mallotus barbatus*、盐肤木 *Rhus chinensis*、竹叶花椒 *Zanthoxylum armatum*、臭牡丹 *Clerodendrum bungei*、宜昌荚蒾 *Viburnum erosum* 等种类为广泛分布种。

2.4 按用途分类

保护区内木本植物，按照用材纤维类、珍稀类、油脂类、园林观赏类、淀粉树胶类、药用类、香料色素果胶类、干鲜水果类、森林蔬菜类、蜜源类的用途进行统计，共计 10 个类型。

2.4.1 用材纤维类

该类用途干形（通直度、尖削度）、节疤（数量、大小）及材性（木材物理－力学特性、纤维素含量和特性等）等方面表现优良，适合工业、农业的各种应用。保护区内的该类植物共有 65 科 162 属 396 种，如马尾松、柏木 *Cupressus funebris*、檫木 *Sassafras tzumu*、猴樟 *Cinnamomum bodinieri*、楠木 *Phoebe zhennan*、化香树 *Platycaria strobilacea*、宜昌润楠 *Machilus ichangensis*、狭叶润楠 *M. rehderi*、润楠 *M. nanmu* 等。

2.4.2 珍稀类

该类植物具有较高的研究和保护价值，保护区内天然分布的野生珍稀濒危木本植物 22 科 32 属 39 种。其中国家Ⅰ级保护植物 2 科 2 属 3 种，即红豆杉 *Taxus wallichiana* var. *chinensis*、南方红豆杉 *T. wallichiana* var. *mairei*、伯乐树 *Bretschneideraceae sinensis*；国家Ⅱ级保护植物 14 科 17 属 19 种，包括翠柏 *Calocedrus macrolepis*、闽楠 *Phoebe bournei*、伞花木 *Eurycorymbus cavaleriei*、马尾树 *Rhoiptelea chiliantha*、香果树 *Emmenopterys henryi*、十齿花 *Dipentodon sinicus*、半枫荷 *Semiliquidambarcathayensis* 等；贵州省重点保护树种 9 科 14 属 17 种，包括三尖杉 *Cephalotaxus fortunei*、青钱柳 *Cyclocarya paliurus*、红花木莲 *Manglietia insignis*、阔瓣含笑 *Michelia cavaleriei*、深山含笑 *M. maudiae*、银鹊树 *Tapiscia sinensis*.、刺楸 *Kalopanax septemlobus*、川桂 *Cinnamomum wilsonii* 等。

2.4.3 油脂类

该类植物体内富含油脂，可开发为生物能源。共有 14 科 19 属 38 种，如马尾松 *Pinus massoniana*、新木姜子 *Neolitsea aurata*、油茶 *Camellia oleifera*、山桐子 *Idesia polycarpa*、山乌桕 *Sapium discolor*、油桐 *Vernicia fordii*、伞花木 *Eurycorymbus cavaleriei*、野漆 *Toxicodendron succedaneum* 等。

2.4.4 园林观赏类

该类植物的形态、冠形、枝、叶、花、果等方面具有较高的观赏价值，可开发作为园林观赏。该类植物共有 76 科 175 属 421 种，如穗花杉 *Amentotaxus argotaenia*、篦子三尖杉 *Cephalotaxus oliveri*、翠柏、木莲 *Manglietia fordiana*、乐昌含笑 *Michelia chapensis*、观光木、红叶木姜子 *Litsea rubescens*、鸭公树 *Neolitsea chuii*、小果十大功劳 *Mahonia bodinieri*、蜡瓣花 *Corylopsis sinensis*、红淡比 *Cleyera japonica*、四川大头茶 *Polyspora speciosa*、日本杜英 *Elaeocarpus japonicus*、中国旌节花 *Stachyurus chinensis* 等。

2.4.5 淀粉树胶类

该类植物体内富含淀粉、树胶、树脂等成分，可作为化工原料或食用。该类木本植物有 7 科 11 属 42 种，如猫儿屎 *Decaisnea insignis*、栗 *Castanea mollissima*、栲 *Castanopsis fargesii*、贵州青冈 *Cyclobalanopsis argyrotricha*、厚斗柯 *Lithocarpus elizabethae*、白栎 *Quercus fabri*、亮叶桦 *Betula luminifera*、火棘 *Pyracantha fortuneana*、黄檀 *Dalbergia hupeana* 等。

2.4.6 药用类

该类植物是指医学上用于防病、治病的植物，其植株的全部或一部分供药用或作为制药工业的原料。该类木本植物共有 71 科 154 属 294 种，如柏木、南方红豆杉、三尖杉、厚朴 *Houpoëa officinalis*、紫花含笑 *Michelia crassipes*、黑壳楠 *Lindera megaphylla*、木姜子 *Litsea pungens*、野八角 *Illicium simonsii*、冷饭藤 *Kadsura oblongifolia*、十大功劳 *Mahonia fortunei*、小花清风藤 *Sabia parviflora*、青钱柳、波叶梵天花 *Urena repanda*、朱砂根 *Ardisia crenata* 等。

2.4.7 香料色素果胶类

该类植物是指植物体内富含天然的香料、色素、果胶类成分，可以提取用于食品、饮料的添加剂以及用作染料等。在保护区中该类木本植物共有 18 科 25 属 62 种，如柏木、猴樟、米槁 *Cinnamomum migao*、山鸡椒 *Litsea cubeba*、木姜子、黄杞 *Engelhardtia roxburghiana*、竹叶花椒 *Zanthoxylum armatum*、豆腐柴 *Premna microphylla*、木犀 *Osmanthus fragrans*、忍冬 *Lonicera japonica*、水红木 *Viburnum cylindricum* 等。

2.4.8 干鲜水果类

该类植物是指植物的果实营养丰富，有一些优良的特性，可供人们食用或作为育种材料。该类木本植物有 22 科 33 属 80 种，如地果、火棘、寒莓 *Rubus buergeri*、枳椇 *Hovenia acerba*、宜昌橙 *Citrus ichangensis*、桑 *Morus alba*、杨梅 *Myrica rubra*、栗、梅 *Armeniaca mume*、华中樱桃 *Cerasus conradinae*、白木通 *Akebia trifoliata* subsp. *australis*、中华猕猴桃 *Actinidia chinensis*、君迁子 *Dispyrosa lotus* 等。

2.4.9 森林蔬菜类

该类植物的芽、茎、叶、花可以作为蔬菜食用，不仅野味诱人，而且营养丰富，大众十分喜欢。该类木本植物共有 6 科 11 属 26 种，如香椿 *Toona sinensis*、白簕 *Eleutherococcus trifoliatus*、楤木 *Aralia chinensis*、黄毛楤木 *A. chinensis*、刺楸 *Kalopanax septemlobus*、狭叶方竹 *Chimonobambusa angustifolia*、棕榈 *Trachycarpus fortunei*、菝葜 *Smilax china* 等。

2.4.10 蜜源类

该类植物是指可供蜜蜂采集花蜜和花粉的植物。该类木本植物共有 9 科 34 属 81 种。如瑞木 *Corylopsis multiflora*、蜡瓣花 *Corylopsis sinensis*、油茶 *Camellia oleifera*、贵州连蕊茶 *C. costei*、贵州毛柃、木荷 *Schima superba*、小蜡 *Ligustrum sinense* 等。近年来，本地散养的蜂蜜（俗称野生蜂蜜）价高稀缺，丰富的蜜源植物为养蜂提供了资源。

2.5 新分布种

通过调查和鉴定，保护区有以下新记录的木本植物。

◆小叶买麻藤 *Gnetum parvifolium*（Warb.）Chun，李鹤，杨成华，RJ－170，RJ－249。

◆湖南茶藨子 *Ribes hunanense* C. Y. Yang et C. J. Qi，杨成华，7819，李鹤，杨成华 CJ－575。

◆凹尖紫麻 *Oreocnide obovata*（C. H. Wright）Merr. var. *paradaxa*（Gagnep.）C. J. Chen，杨成华 6915。

◆小果南蛇藤 *Celastrus homaliifolius* Hsu 李鹤，杨成华，从江－480

◆短序厚壳桂 *Cryptocarya brachythyrsa* H. W. Li，李鹤，杨成华，榕江 208

◆异叶吊石苣苔 *Lysionotus heterophyllus* Franch.，李鹤，杨成华，榕江－295

◆南岭鸡眼藤 *Morinda nanlingensis* Y. Z. Ruan，李鹤，杨成华，榕江－355，

◆饶平石楠 *Photinia raupingensis* Kuan，李鹤，杨成华，榕江－404，

3 结论与讨论

从以上研究看，该保护区的木本植物资源比较丰富，体现在分布类型多、区系成分多样、用途类型多，并且，其中的月亮山、太阳山、计划大山都保存有比较好的原生植被，是黔东地区比较宝贵的植物基因库，建议加强保护。对于都柳江河谷支流延伸进入保护区的流域区域，主要是一些沟谷地带，保存有许多热带成分种类，是研究植物地理的重要场所。但是，村寨多，破坏也比较严重，更要加强保护。

（杨成华　李　鹤　邓伦秀　潘德权）

参考文献

陈谦海．贵州植物志(第十卷)［M］．贵阳：贵州科技出版社，2004.
邓伦秀，冉景丞，尚金文．贵州纳雍珙桐自然保护区科学考察研究［M］．北京：中国林业出版社，2013.
罗扬，刘浪．贵州望谟苏铁自然保护区科学考察集［M］．贵阳：贵州科技出版社，2010.
罗扬，刘浪．贵州习水自然保护区科学考察集［M］．贵阳：贵州科技出版社，2011.
李永康．贵州植物志(第一卷)［M］．贵阳：贵州人民出版社，1985.
李永康．贵州植物志(第二卷)［M］．贵阳：贵州人民出版社，1985.
李永康．贵州植物志(第三卷)［M］．贵阳：贵州人民出版社，1986.
李永康．贵州植物志(第四卷)［M］．成都：四川民族出版社，1989.
李永康．贵州植物志(第五卷)［M］．成都：四川民族出版社，1988.
李永康．贵州植物志(第六卷)［M］．成都：四川民族出版社，1989.
李永康．贵州植物志(第七卷)［M］．成都：四川民族出版社，1989.
李永康．贵州植物志(第八卷)［M］．成都：四川民族出版社，1988.
李永康．贵州植物志(第九卷)［M］．成都：四川民族出版社，1989.
李永康．贵州树木手册［M］．北京：中国林业出版社，1995.
欧定坤，张兴国，等．黎平太平山自然保护区综合科学考察集［M］．贵阳：贵州科技出版社，2006. 5.
熊芳，杨成华．贵州盆景常用植物图谱［M］．贵阳：贵州科技出版社，2013.
徐来富，杨成华．贵州野生木本花卉［M］．贵阳：贵州科技出版社，2006.
徐来富，杨成华．贵州野生草本花卉［M］．贵阳：贵州科技出版社，2009.
邓伦秀，杨成华．贵州常见湿地植物图谱［M］．贵阳：贵州科技出版社，2013.
谢双喜，喻理飞，周庆．大沙河自然保护区［M］．贵阳：贵州科技出版社，2006.
杨业勤．麻阳河黑叶猴自然保护区科学考察集［M］．贵阳：贵州民族出版社，1994.
杨业勤．月亮山林区科学考察集［M］．贵阳：贵州民族出版社，1994.
喻理飞，李明晶，等．贵州佛顶山自然保护区科学考察集［M］．北京：中国林业出版社，2000.
喻理飞，谢双喜，等．宽阔水自然保护区综合科学考察集［M］．贵阳：贵州科技出版社，2004.
张华海．南宫自然保护区科学考察集［M］．贵阳：贵州科技出版社，2003.
张华海．老蛇冲自然保护区科学考察集［M］．贵阳：贵州科技出版社，2003.
张华海．桴墕自然保护区科学考察集［M］．贵阳：贵州科技出版社，2003.
张华海，李明晶，邓锦光．黎平太平山自然保护区综合科学考察集［M］．贵阳：贵州科学出版社，2006.
张华海，龙启德，廖德平．兴义坡岗自然保护区综合科学考察集［M］．贵阳：贵州科学出版社，2006.
张华海，周庆，等．湄潭百面水自然保护区综合科学考察集［M］．贵阳：贵州科技出版社，2006.
张华海，李明晶，等．草海研究［M］．贵阳：贵州科技出版社，2007.
张华海，张旋．雷公山国家级自然保护区生物多样性研究［M］．贵阳：贵州科技出版社，2007.
周政贤．梵净山自然保护区科学考察集［M］．贵阳：贵州科技出版社，2003.
周政贤．茂兰喀斯特森林科学考察集［M］．贵阳：贵州人民出版社，1987.
周政贤，姚茂生．雷公山自然保护区科学考察集［M］．贵阳：贵州人民出版社，1989.
周政贤．贵州森林．贵阳：贵州科技出版社［M］．北京：中国林业出版社，1992.

周政贤. 梵净山研究[M]. 贵阳：贵州人民出版社，1990.

郑万钧. 中国树木志[M]. (1 - 3 卷)北京：中国林业出版社，1983 ~ 1997.

朱军，傅国祥，等. 盘县八大山自然保护区科学考察研究[M]. 北京：中国林业出版社，2013.

中国科学院植物研究所. 中国高等植物图鉴(1 - 5 册)[M]. 北京：科学出版社，1994.

中国科学院植物研究所. 中国高等植物(3、4、5、6、7、8、9、10、11、13 卷)[M]. 青岛：青岛出版社，1999 ~ 2005.

杨加文，李鹤，安明态，等. 贵州新分布植物[J]. 2015.34(2).

第十节　种子植物基本特征

经过调查，月亮山保护区有野生种子植物 147 科 584 属 1300 种，（被子植物采用克朗奎斯特系统）；本研究主要对保护区内的野生植物区系进行初步分析。

1　科的区系

1.1　野生种子植物科的大小排列顺序

科和属的大小是植物区系的一个重要的数量特征，而属的大小可以反映一个地区植物区系的古老性特点，依据李仁伟等对被子植物区系研究中的统计方法，根据各科在其区系中所含种的多少，保护区种子植物区系的科、属可划分为 5 个类型：多种科(≥20 种)、中等类型的科(11 ~ 19)、少种科(2 ~ 10)、单种科(在该区只分布 1 种)；多种属(≥20)、中等类型的属(11 ~ 19)、少种属(2 ~ 10)、单种属(表 3.10.1)。

表 3.10.1　月亮山保护区野生种子植物科、属内种的数量组成

科的类型	科数	占总科数(%)	包含种数	占总种数(%)	属的类型	属数	占总属数(%)	包含种数	占总种数(%)
≥20	17	11.56	635	48.85	≥20	0	0	0	0
11 ~ 19	23	15.65	325	25.00	11 ~ 19	14	2.43	179	13.77
2 ~ 10	78	53.06	311	23.92	2 ~ 10	250	43.40	801	61.62
1	29	19.73	29	2.23	1	320	54.17	320	24.62
合计	147	100	1300	100		584	100	1300	100

统计结果表明，该区少种科，达 78 科 311 种，分别占该区种子植物总科、总种数的 53.06% 和 23.92%，单种科 29 科 29 种，分别占该区种子植物总科、总种数的 19.73% 和 2.23%。单种属 320 属 320 种，分别占该区种子植物总属、总种数的 54.79% 和 24.62%，少种属 250 属，801 种，分别占该区种子植物总属、总种数的 42.81% 和 61.62%。

从科的分布水平来看，最能体现该区种子植物分布特征的是含有多种科，虽然只有 17 科，所占该区科总数的比例并不高，但它们所包含种的数量达 635 种，而且在这些多种科中分布不乏超过 50 种以上的特大型科，如：兰科 Orchidaceae 31/72(属/种，以下同)、蔷薇科 Rosaceae 22/65、禾本科 Gramineae 45/64、菊科 Compositae 34/62、樟科 Lauraceae 9/53 等。另外在该地区分布有 20 ~ 50 种的主要类群有壳斗科 Fagaceae 6/37、豆科 Leguminosae 21/34、百合科 Liliaceae15/34、茜草科 Rubiaceae 18/32、荨麻科 Urticaceae9/28 等。

这些多种科成为该区植物区系的主导因素，反映出保护区植被分布格局，同时这些科的很多类群是森林群落、草地群落的优势种，在该区生态环境中起着极为重要的作用。

1.2　科的区系特点

根据吴征镒先生对中国种子植物科的区系成分的划分原则，保护区内的野生种子植物分布区类型

可以分为以下类型，详见表 3.10.2。其中以世界分布、泛热带分布和北温带分布三种成分占主要，分别有 41、50 和 23 科，占保护区种子植物总科数的 27.89%、34.01%、15.65%。按世界分布、热带分布、温带分布三种成分划分，则分别包含 41 科、67 科和 39 科，分别占该地野生种子植物总科数的 27.89%、45.58%、26.53%。从该地区植物的科的分布比例可以看出保护区种子植物区系具有很明显的热带亲缘关系，其主要原因可能是由于本区地形复杂，地质史上的冰期对本区的影响较小，从而有大量古热带性质的科被保留了下来。

表 3.10.2　月亮山保护区野生种子植物科的地理分布区类型

序号	分布类型	科数	科数率%
一	世界分布	41	27.89
二	泛热带及其变型	50	34.01
三	热带亚洲和热带美洲间断分布	10	6.80
四	旧世界热带分布及其变型	0	0.00
五	热带亚洲至热带大洋洲分布及其变型	2	1.36
六	热带亚洲至热带非洲分布及其变型	0	0.00
七	热带亚洲分布及其变型	5	3.40
八	北温带分布及其变型	23	15.65
九	东亚与北美洲间断分布及其变型	6	4.08
十	旧世界温带分布及其变型	2	1.36
十一	温带亚洲分布及其变型	1	0.68
十二	地中海区、西亚至中亚分布及其变型	0	0.00
十三	中亚分布及其变型	0	0.00
十四	东亚分布及其变型	7	4.76
十五	中国特有分布	0	0.00
	合计	147	100

在保护区中，缺乏旧世界热带分布、热带亚洲至热带非洲分布、地中海区分布、中亚分布和中国特有的所有类型及变型，以及热带亚洲带、北温带、东亚和北美间断分布和旧世界温带分布等的部分变型。

1.2.1　世界分布

世界分布区类型包括几乎遍布世界各大洲而没有特殊的分布中心的科，或虽有一个或数个分布中心而包括世界分布属的科。

保护区有世界分布 41 科，占总科数的 27.89%，其中草本植物有 32 科。常见的有菊科 Compositae、禾本科 Poaceae、百合科 Liliaceae、莎草科 Cyperaceae、玄参科 Scrophulariaceae、唇形科 Lamiaceae、堇菜科 Violaceae、苋科 Amaranthaceae、藜科 Chenopodiaceae 等。木本植物有 9 科，常见的有豆科 Fabaceae、木犀科 Oleaceae、蔷薇科 Rosaceae、杨梅科 Myricaceae 等。

表 3.10.3　月亮山保护区种子植物世界分布科统计表

中名	拉丁名	类型	中名	拉丁名	类型
菊科	Asteraceae	1	报春花科	Primulaceae	1
蔷薇科	Rosaceae	1	龙胆科	Gentianaceae	1
禾本科	Poaceae	1	石竹科	Caryophyllaceae	1
兰科	Orchidaceae	1	苋科	Amaranthaceae	1
百合科	Liliaceae	1	藜科	Chenopodiaceae	1
豆科	Fabaceae	1	瑞香科	Thymelaeaceae	1
茜草科	Rubiaceae	1	旋花科	Convolvulaceae	1

（续）

中名	拉丁名	类型	中名	拉丁名	类型
蓼科	Polygonaceae	1	泽泻科	Alismataceae	1
莎草科	Cyperaceae	1	车前科	Plantaginaceae	1
玄参科	Scrophulariaceae	1	景天科	Crassulaceae	1
桑科	Moraceae	1	狸藻科	Lentibulariaceae	1
虎耳草科	Saxifragaceae	1	柳叶菜科	Onagraceae	1
唇形科	Lamiaceae	1	马齿苋科	Portulacaceae	1
鼠李科	Rhamnaceae	1	千屈菜科	Lythraceae	1
堇菜科	Violaceae	1	杨梅科	Myricaceae	1
木犀科	Oleaceae	1	酢浆草科	Oxalidaceae	1
桔梗科	Campanulaceae	1	金鱼藻科	Ceratophyllaceae	1
茄科	Solanaceae	1	水马齿科	Callitrichaceae	1
榆科	Ulmaceae	1	小二仙草科	Haloragaceae	1
败酱科	Valerianaceae	1	紫草科	Boraginaceae	1
毛茛科	Ranunculaceae	1			

1.2.2　泛热带分布及其变型

泛热带分布指广布于两半球热带。保护区有该类型 50 科，占该地区种子植物总科数的 34.01%，详见表 3.10.4。

表 3.10.4　月亮山保护区种子植物泛热带分布科统计表

中名	拉丁名	类型	中名	拉丁名	类型
樟科	Lauraceae	2	金粟兰科	Chloranthaceae	2
荨麻科	Urticaceae	2	苦木科	Simaroubaceae	2
山茶科	Theaceae	2	无患子科	Sapindaceae	2
芸香科	Rutaceae	2	棕榈科	Arecaceae	2
葡萄科	Vitaceae	2	萝藦科	Asclepiadaceae	2
卫矛科	Celastraceae	2	马钱科	Loganiaceae	2
紫金牛科	Myrsinaceae	2	蛇菰科	Balanophoraceae	2
大戟科	Euphorbiaceae	2	梧桐科	Sterculiaceae	2
天南星科	Araceae	2	古柯科	Erythroxylaceae	2
葫芦科	Cucurbitaceae	2	谷精草科	Eriocaulaceae	2
薯蓣科	Dioscoreaceae	2	夹竹桃科	Apocynaceae	2
野牡丹科	Melastomataceae	2	山榄科	Sapotaceae	2
爵床科	Acanthaceae	2	水玉簪科	Burmanniaceae	2
防己科	Menispermaceae	2	檀香科	Santalaceae	2
鸭跖草科	Commelinaceae	2	铁青树科	Olacaceae	2
凤仙花科	Balsaminaceae	2	桑寄生科	Loranthaceae	2s
楝科	Meliaceae	2	桃金娘科	Myrtaceae	2s
漆树科	Anacardiaceae	2	石蒜科	Amaryllidaceae	2S
柿树科	Ebenaceae	2	山龙眼科	Proteaceae	2s
锦葵科	Malvaceae	2	粟米草科	Molluginaceae	2s
秋海棠科	Begoniaceae	2	山矾科	Symplocaceae	2 – 1
藤黄科	Clusiaceae	2	鸢尾科	Iridaceae	2 – 2
大风子科	Flacourtiaceae	2	马兜铃科	Aristolochiaceae	2 – 2
番荔枝科	Annonaceae	2	买麻藤科	Gnetaceae	2 – 2
胡椒科	Piperaceae	2	椴树科	Tiliaceae	2 – 2

常见的有樟科 Lauraceae、漆树科 Anacardiaceae、萝藦科 Asclepiasaceae、野牡丹科 Melastomataceae、天南星科 Araceae、荨麻科 Urticaceae、卫矛科 Celastraceae、芸香科 Rutaceae、大戟科 Euphorbiaceae、薯蓣科 Dioscoreaceae、凤仙花科 Balsaminaceae 等，这些植物是保护区中亚热带常绿阔叶落叶混交林中的重要组成之一，也是林下草本层常见的植物。

除了正型以外，该类型还有以下 2 种变型：

热带亚洲—大洋洲和热带美洲（南美洲或/和墨西哥）1 科，即山矾科 Symplocaceae；

热带亚洲—热带非洲—热带美洲（南美洲）4 科，即鸢尾科 Iridaceae、马兜铃科 Aristolochiaceae、买麻藤科 Gnetaceae、椴树科 Tiliaceae。

1.2.3　热带亚洲和热带美洲间断分布

这一分布区类型包括间断分布于美洲和亚洲温暖地区的热带科。保护区有该类型 10 科，占该地区植物区系总科数的 6.80%，即五加科 Araliaceae、马鞭草科 Verbenaceae、野茉莉科 Styracaceae、冬青科 Aquifoliaceae、苦苣苔科 Gesneriaceae、杜英科 Elaeocarpaceae、木通科 Lardizabalaceae、省沽油科 Staphyleaceae、桤叶树科 Clethraceae、茶茱萸科 Icacinaceae。

1.2.4　热带亚洲至热带大洋洲分布

这一分布区类型包括以热带亚洲至热带澳洲洲际连续或间断分布的科。保护区有该类型 2 科，即交让木科 Daphniphyllaceae、姜科 Zingiberaceae。

1.2.5　热带亚洲分布

热带亚洲是旧世界热带的中心部分，包括印度、斯里兰卡、中南半岛、印度尼西亚、加里曼丹、菲律宾及新几内亚等。保护区有该类型 5 科，即清风藤科 Sabiaceae、伯乐树科 Bretschneideraceae、马尾树科 Rhoipteleaceae、十齿花科 Dipentodontaceae、五列木科 Pentaphylacaceae。

1.2.6　北温带分布

一般是指那些广泛分布于欧洲、亚洲和北美洲温带地区的科。保护区北温带分布有 23 科，占总科数的 15.65%，该类型主要有下面 4 个类型：

北温带广布类型有 8 科，如松科 Pinaceae、忍冬科 Caprifoliaceae、忍冬科 Caprifoliaceae、伞形科 Apiaceae、十字花科 Brassicaceae 等。

北温带和南温带间断分布类型有 13 科，包括壳斗科 Fagaceae、槭树科 Aceraceae、金缕梅科 Hamamelidaceae、桦木科 Betulaceae、胡桃科 Juglandaceae、胡颓子科 Elaeagnaceae、山茱萸科 Cornaceae、红豆杉科 Taxaceae、杨柳科 Salicaceae、柏科 Cupressaceae、灯心草科 Juncaceae、罂粟科 Papaveraceae、牻牛儿苗科 Geraniaceae 等。

地中海、东亚、新西兰和墨西哥—智利间断分布 1 科，即马桑科 Coriariaceae。

欧亚和南美洲温带间断分布 1 科，即小檗科 Berberdaceae。

1.2.7　东亚与北美洲间断分布

这一分布区类型就是指间断分布于东亚和北美洲温带及亚热带地区的科。保护区有该类型 6 科，它们是木兰科 Magnoliaceae、五味子科 Schisandraceae、八角科 Illiciaceae、蓝果树科 Nyssaceae、三白草科 Saururaceae、透骨草科 Phrymaceae。

1.2.8　旧世界温带分布

保护区种子植物区系中，旧世界温带分布型有 2 科，即川续断科 Dipsacaceae、牛繁缕科 Theligonaceae。

1.2.9　温带亚洲分布及其变型

保护区种子植物区系中，温带亚洲分布有 1 科，即八角枫科 Alangiaceae。

1.2.10　东亚分布

1.2.10.1　东亚分布

该分布是指从喜马拉雅一直分布到日本的科。保护区有该类型 6 科，即猕猴桃科 Actinidiaceae、海桐花科 Pittosporaceae、旌节花科 Stachyuraceae、桃叶珊瑚科 Aucubaceae、青荚叶科 Helwingiaceae、三尖杉科 Cephalotaxaceae。

1.2.10.2　东亚分布变型

中国—喜马拉雅变型(SH)

中国至喜马拉雅山区的分布变型，保护区有 1 科，即鞘柄木科 Torricelliaceae。

1.3　科的区系小结

从这些科的分布区类型来看，既有世界性广布的科，也有以温带和热带分布为主的科，而以泛热带分布的科居首(50 科，占总科数的 34.01%)，其次是世界分布科(41 科，占总科数的 27.89%)。两者合计共占总科数的 62.59%，构成了月亮山保护区野生种子植物区系科级组成的主体。在区系成份上，除去世界性分布的 41 个科外，在科级水平上，以热带分布为主的科有 67 科，占总科数的 45.58%；以温带分布为主的科有 39 科，占总科数的 26.53%，该植物区系表现出一定的热带性质。科级水平的热带性质反映了保护区野生植物区系起源和形成有十分久远的古热带渊源。

2　野生种子植物属的区系分析

植物区系属的分布型分析比较科学，更具体地反映植物的演化扩展过程、区域分异及地理特征。根据吴征镒对种子植物属的分布区类型划分方法，保护区的 584 属野生种子植物可分为 14 种分布类型，各分布类型的属数分布情况见表 3.10.5。

表 3.10.5　月亮山保护区野生种子植物属的地理分布统计表

序号	分布区类型及比变型	属数	占总属数(%)
一、	世界分布	43	7.36
	1. 世界分布	43	7.36
二、	泛热带分布及其变型	102	17.47
	2. 泛热带	101	17.29
	2-2. 热带亚洲、热带非洲和热带美洲(南美洲)间断	1	0.17
三、	热带亚洲和热带美洲间断分布	17	2.91
	3. 热带亚洲和热带美洲间断分布	17	2.91
四、	旧世界热带分布及其变型	39	6.68
	4. 旧世界热带	38	6.51
	4-1. 热带亚洲、非洲和大洋洲间断	1	0.17
五、	热带亚洲至热带大洋洲分布及其变型	39	6.68
	5. 热带亚洲至热带大洋洲	38	6.51
	5-1. 中国(西南)亚热带和新西兰间断分布	1	0.17
六、	热带亚洲至热带非洲分布及其变型	19	3.25
	6. 热带亚洲至热带非洲	19	3.25
七、	热带亚洲分布及其变型	78	13.36
	7. 热带亚洲(印度—马来西亚)	75	13.01
	7-3. 缅甸、泰国至华西南分布	2	0.34
八、	北温带分布及其变型	95	16.27
	8. 北温带	95	16.27
九、	东亚和北美洲间断分布及其变型	43	7.36
	9. 东亚和北美洲间断	43	7.36
十、	旧世界温带分布及其变型	27	4.62
	10. 旧世界温带	26	4.45
	10-1. 地中海区、西亚和东亚间断	1	0.17

（续）

序号	分布区类型及比变型	属数	占总属数(%)
十一、	温带亚洲分布	3	0.51
	11. 温带亚洲分布	3	0.51
十二、	地中海区、西亚至中亚分布及其变型	1	0.17
	12－3. 地中海区至温带－热带亚洲，大洋洲和/或北美南部至南美洲间断	1	0.17
十三、	东亚分布及其变型	68	11.64
	14. 东亚(东喜马拉雅－日本)	41	7.02
	14－1. 中国－喜马拉雅(SH)	11	1.88
	14－2. 中国－日本(SJ)	16	2.74
十四、	中国特有分布	10	1.71
	15. 中国特有	10	1.71
	合计	584	100

2.1 世界分布

该分布遍及全世界，没有固定分布中心的属。保护区有世界分布43属，占该区种子植物总属数的7.36%。其中木本植物有4属，即悬钩子属 *Rubus*、铁线莲属 *Clematis*、卫矛属 *Euonymus*、鼠李属 *Rhamnus*；草本植物有39属，即鬼针属 *Bidens*、蒿属 *Artemisia*、鼠麹草属 *Gnaphalium*、酸模属 *Rumex*、羊耳蒜属 *Liparis*、慈姑属 *Sagittaria*、金丝桃属 *Hypericum*、珍珠菜属 *Lysimachia*、变豆菜属 *Sanicula*、车前属 *Plantago*、灯心草属 *Juncus*、独行菜属 *Lepidium*、狸藻属 *Utricularia*、藜属 *Chenopodium*、龙胆属 *Gentiana*、千里光属 *Senecio*、莎草属 *Cyperus*、水葱属 *Schoenoplectus*、酢浆草属 *Oxalis*、荸荠属 *Eleocharis*、苍耳属 *Xanthium*、刺子莞属 *Rhynchospora*、大戟属 *Euphorbia*、繁缕属 *Stellaria*、蔊菜属 *Rorippa*、黄芩属 *Scutellaria*、剪股颖属 *Agrostis*、金鱼藻属 *Ceratophyllum*、拉拉藤属 *Galium*、老鹳草属 *Geranium*、毛茛属 *Ranunculus*、鼠尾草属 *Salvia*、水马齿属 *Callitriche*、碎米荠属 *Cardamine*。这些属是保护区分布较为普遍的种类，也是该区植被的主要组成成分。这些世界性广布属难以反映本地的区系地理特征，因而在区系统计分析中未计入其中。

2.2 泛热带分布

包括普遍分布于东、西两半球热带，和在全世界热带范围有一个或数个分布中心，但在其他地区也有一些种类分布的热带属。指广布于东西半球的热带地区的属，保护区有该分布类型102属，占该区种子植物总属数的17.47%。该分布类型分为正型和一个变型。其中泛热带正型有101属，木本植物如鹅掌柴属 *Schefflera*、钩藤属 *Uncaria*、厚壳桂属 *Cryptocarya*、厚皮香属 *Ternstroemia*、买麻藤属 *Gnetum*、木防己属 *Cocculus*、木槿属 *Hibiscus*、苹婆属 *Sterculia*、算盘子属 *Glochidion*、糙叶树属 *Aphananthe*、古柯属 *Erythroxylum*、猴耳环属 *Abarema*、琼楠属 *Beilschmiedia*、朴属 *Celtis*、羊蹄甲属 *Bauhinia*、䅟属 *Eleusine*、乌桕属 *Sapium*、云实属 *Caesalpinia* 等，是该地主要的乔木层和灌木层植被。草本植物如冷水花属 *Pilea*、耳草属 *Hedyotis*、凤仙花属 *Impatiens*、苎麻属 *Boehmeria*、半边莲属 *Lobelia*、马唐属 *Digitaria*、秋海棠属 *Begonia*、虾脊兰属 *Calanthe*、鸭嘴草属 *Ischaemum*、母草属 *Lindernia*、飘拂草属 *Fimbristylis*、求米草属 *Oplismenus*、雀稗属 *Paspalum*、黍属 *Panicum*、大薸属 *Pistia*、地胆草属 *Elephantopus*、丁香蓼属 *Ludwigia*、甘蔗属 *Saccharum*、狗牙根属 *Cynodon* 等，均是保护区林下植物的主要组成部分。保护区山地小气候使这些热带分布而向亚热带和温带扩展分布得到了充分的发展。

该类型有1种变型，热带亚洲—热带非洲—热带美洲(南美洲)变型1属，即鹧鸪花属 *Heynea*。这种地跨大洲间的间断分布式样反映了欧亚大陆与大洋洲和南美洲在过去地质历史时期的联系(表3.10.6)。

表3.10.6　月亮山保护区种子植物泛热带分布属统计表

中名	拉丁名	类型	中名	拉丁名	类型
山矾属	*Symplocos*	2	雀稗属	*Paspalum*	2
菝葜属	*Smilax*	2	黍属	*Panicum*	2
无花果属	*Ficus*	2	算盘子属	*Glochidion*	2
冬青属	*Ilex*	2	天胡荽属	*Hydrocotyle*	2
薯蓣属	*Dioscorea*	2	下田菊属	*Adenostemma*	2
紫金牛属	*Ardisia*	2	仙茅属	*Curculigo*	2
大青属	*Clerodendrum*	2	鸭跖草属	*Commelina*	2
花椒属	*Zanthoxylum*	2	叶下珠属	*Phyllanthus*	2
南蛇藤属	*Celastrus*	2	鱼藤属	*Derris*	2
冷水花属	*Pilea*	2	艾麻属	*Laportea*	2
耳草属	*Hedyotis*	2	白茅属	*Imperata*	2
凤仙花属	*Impatiens*	2	糙叶树属	*Aphananthe*	2
柿树属	*Diospyros*	2	刺蒴麻属	*Triumfetta*	2
苎麻属	*Boehmeria*	2	大薸属	*Pistia*	2
半边莲属	*Lobelia*	2	地胆草属	*Elephantopus*	2
粗叶木属	*Lasianthus*	2	丁香蓼属	*Ludwigia*	2
桂樱属	*Laurocerasus*	2	甘蔗属	*Saccharum*	2
黄檀属	*Dalbergia*	2	狗牙根属	*Cynodon*	2
马唐属	*Digitaria*	2	古柯属	*Erythroxylum*	2
秋海棠属	*Begonia*	2	谷精草属	*Eriocaulon*	2
虾脊兰属	*Calanthe*	2	猴耳环属	*Abarema*	2
鸭嘴草属	*Ischaemum*	2	节节菜属	*Rotala*	2
紫珠属	*Callicarpa*	2	聚花草属	*Floscopa*	2
扁莎草属	*Pycreus*	2	兰花参属	*Wahlenbergia*	2
狗尾草属	*Setaria*	2	狼尾草属	*Pennisetum*	2
胡椒属	*Piper*	2	醴肠属	*Eclipta*	2
茉莉属	*Jasminum*	2	柳叶箬属	*Isachne*	2
母草属	*Lindernia*	2	芦苇属	*Phragmites*	2
飘拂草属	*Fimbristylis*	2	马鞭草属	*Verbena*	2
朴属	*Celtis*	2	马齿苋属	*Portulaca*	2
羊蹄甲属	*Bauhinia*	2	木蓝属	*Indigofera*	2
珍珠茅属	*Scleria*	2	千金子属	*Leptochloa*	2
猪屎豆属	*Crotalaria*	2	青葙属	*Celosia*	2
巴戟天属	*Morinda*	2	琼楠属	*Beilschmiedia*	2
白粉藤属	*Cissus*	2	球柱草属	*Bulbostylis*	2
稗属	*Echinochloa*	2	䅟属	*Eleusine*	2
斑鸠菊属	*Vernonia*	2	山黄麻属	*Trema*	2
杜若属	*Pollia*	2	山菅属	*Dianella*	2
鹅掌柴属	*Schefflera*	2	山榄属	*Planchonella*	2
梵天花属	*Urena*	2	石豆兰属	*Bulbophyllum*	2
钩藤属	*Uncaria*	2	鼠尾栗属	*Sporobolus*	2
厚壳桂属	*Cryptocarya*	2	水玉簪属	*Burmannia*	2
厚皮香属	*Ternstroemia*	2	粟米草属	*Mollugo*	2
湖瓜草属	*Lipocarpha*	2	菟丝子属	*Cuscuta*	2

（续）

中名	拉丁名	类型	中名	拉丁名	类型
画眉草属	*Eragrostis*	2	乌桕属	*Sapium*	2
买麻藤属	*Gnetum*	2	豨莶属	*Siegesbeckia*	2
牡荆属	*Vitex*	2	小金梅草属	*Hypoxis*	2
木防己属	*Cocculus*	2	野古草属	*Arundinella*	2
木槿属	*Hibiscus*	2	云实属	*Caesalpinia*	2
苹婆属	*Sterculia*	2	醉鱼草属	*Buddleja*	2
求米草属	*Oplismenus*	2	鹧鸪花属	*Heynea*	2－1

在该类型中，冬青属 *Ilex* 11 种，世界分布 400 种以上，分布于两半球的热带、亚热带至温带地区，主产中南美洲和亚洲热带。我国约 200 余种，分布于秦岭南坡、长江流域及其以南广大地区，而以西南和华南最多。花椒属 *Zanthoxylum* 7 种，世界分布约 250 种，广布于亚洲、非洲、大洋洲、北美洲的热带和亚热带地区，温带较少。我国有 39 种 14 变种，自辽东半岛至海南岛，东南部自台湾至西藏东南部均有分布。山矾属 *Symplocos* 2 种，世界分布 350 种，分布于亚洲、大洋洲和美洲的热带和亚热带地区，我国有 80 余种，主要分布于西南部至东南部，以西南部种类较多，东北部仅 1 种。区内常见草本植物有凤仙花属 *Impatiens* 5 种，世界分布 500 种，广布于全球热带地区，也见于东亚和北美的温暖地区，中国分布 180 种，大多数分布于长江以南各省区。薯蓣属 *Dioscorea* 11 种，世界分布 600 多种，广布于热带及温带地区，我国有 49 种，主产于西南和东南，西北部和北部较少。

综上所述，该分布的特点是：

（1）以灌木层或藤状木本植物为多数，乔木层树种较少。

（2）草本植物多数是林下耐阴植物，也有生于荒坡、草丛或湿地。

2.3　热带亚洲和热带美洲间断分布

该分布指热带美洲和温带亚洲地区间断分布属，但在东半球亚洲地区，可延伸到澳大利亚东北部或西南太平洋岛屿等。从古地理资料分析：热带美洲或南美洲，原来位于古南大陆西冀，中生代晚期与非洲分离。由于古南大陆的解体及几个板块向北的欧亚大陆漂移，促使这些古老的属向亚洲热带侵入，形成间断分布属，它们起源于古南大陆。保护区有该类型分布 17 属，占该区种子植物总属的2.91%（表 3.10.7）。

表 3.10.7　月亮山保护区种子植物热带亚洲和热带美洲间断分布属统计表

中名	拉丁名	类型	中名	拉丁名	类型
樟属	*Cinnamomum*	3	雀梅藤属	*Sageretia*	3
木姜子属	*Litsea*	3	山香圆属	*Turpinia*	3
泡花树属	*Meliosma*	3	树参属	*Dendropanax*	3
柃属	*Eurya*	3	白珠树属	*Gaultheria*	3
安息香属	*Styrax*	3	红丝线属	*Lycianthes*	3
桤叶树属	*Clethra*	3	苦木属	*Picrasma*	3
红豆树属	*Ormosia*	3	青皮木属	*Schoepfia*	3
猴欢喜属	*Sloanea*	3	水东哥属	*Saurauia*	3
假卫矛属	*Microtropis*	3			

该分布全部是木本植物属，没有草本植物属。其中木姜子属 *Litsea*、柃木属 *Eurya*、苦木属 *Picrasma*、樟属 *Cinnamomum*、木姜子属 *Litsea*、泡花树属 *Meliosma* 等为该地常见森林植物，其中很多种类是本区林区植被的建群种和重要的组成成分。

2.4　旧世界热带分布

旧世界热带又称古热带，其分布范围包括亚洲、非洲热带地区、太平洋及其邻近的岛屿。保护区有该分布39属，占该区种子植物总属数6.68%（表3.10.8）。

表3.10.8　月亮山保护区种子植物旧世界热带分布属统计表

中名	拉丁名	类型	中名	拉丁名	类型
楼梯草属	*Elatostema*	4	吊灯花属	*Ceropegia*	4
海桐花属	*Pittosporum*	4	豆腐柴属	*Premna*	4
艾纳香属	*Blumea*	4	独脚金属	*Striga*	4
昆明鸡血藤属	*Callerya*	4	合欢属	*Albizia*	4
蒲桃属	*Syzygium*	4	黄皮属	*Clausena*	4
野桐属	*Mallotus*	4	鸡血藤属	*Millerettia*	4
八角枫属	*Alangium*	4	金茅属	*Eulalia*	4
蝴蝶草属	*Torenia*	4	金鱼草属	*Dichrocephala*	4
千金藤属	*Stephania*	4	楝属	*Melia*	4
杜茎山属	*Maesa*	4	牛膝属	*Achyranthes*	4
荩草属	*Arthraxon*	4	青牛胆属	*Tinospora*	4
老鼠拉冬瓜属	*Zehneria*	4	石龙尾属	*Limnophila*	4
水竹叶属	*Murdannia*	4	天门冬属	*Asparagus*	4
酸藤子属	*Embelia*	4	细柄草属	*Capillipedium*	4
乌口树属	*Tarenna*	4	香茅属	*Cymbopogon*	4
乌蔹莓属	*Cayratia*	4	一点红属	*Emilia*	4
五月茶属	*Antidesma*	4	翼核果属	*Ventilago*	4
香茶菜属	*Isodon*	4	栀子属	*Gardenia*	4
簕竹属	*Bambusa*	4	爵床属	*Justicia*	4－1
刺篱木属	*Flacourtia*	4			

该类型正型有38属，如楼梯草属 *Elatostema*、海桐花属 *Pittosporum*、艾纳香属 *Blumea*、酸藤子属 *Embelia*、乌口树属 *Tarenna*、乌蔹莓属 *Cayratia*、五月茶属 *Antidesma* 等。其中该类型还有1个变型，即热带亚洲、非洲和大洋洲间断或星散分布变型，有1属，即爵床属 *Justicia*，是保护区林下植物。

该分布的植物多见于林下灌木丛中或林缘、林中空地，如野桐属 *Mallotus* 多见于林缘、灌木丛中；林下灌木还有栀子属 *Gardenia*、杜茎山属 *Maesa*、吊灯花属 *Ceropegia*、豆腐柴属 *Premna* 等，草本植物有天门冬属 *Asparagus*、香茶菜属 *Rabdosia*、艾纳香属 *Blumea*、一点红属 *Emillia*、细柄草属 *Capillipedium*、楼梯草属 *Elatostema* 等，多见于林下湿地或水沟边。

该分布的特点：

（1）木本植物主要以灌木为主，耐阴植物居多。

（2）该分布属的种多为中国或东亚特有，分布于长江以南的华中、华南、西南，个别种北至陕西、山西，或延伸到印度或越南。

2.5　热带亚洲至热带大洋洲分布

该分布位于旧世界热带东部，其西端有时可达马达加斯加，但一般不到非洲大陆。保护区有39属，占该区种子植物总属数的6.68%。乔木层有猫乳属 *Rhamnella*、香椿属 *Toona*、臭椿属 *Ailanthus* 等是该地区亚热带常绿阔叶和常绿落叶阔叶混交林的重要组成，苞舌兰属 *Spathoglottis*、淡竹叶属 *Lophatherum*、隔距兰属 *Cleisostoma*、海芋属 *Alocasia*、姜属 *Zingiber*、阔蕊兰属 *Peristylus*、露籽草属 *Ottochloa*、毛兰属 *Eria*、毛麝香属 *Adenosma*、通泉草属 *Mazus*、蜈蚣草属 *Eremochloa* 等是保护区林下主要植被的种类（表3.10.9）。

表 3.10.9　月亮山保护区种子植物热带亚洲至热带大洋洲分布属统计表

中名	拉丁名	类型	中名	拉丁名	类型
兰属	*Cymbidium*	5	海芋属	*Alocasia*	5
石斛属	*Dendrobium*	5	姜属	*Zingiber*	5
新木姜子属	*Neolitsea*	5	阔蕊兰属	*Peristylus*	5
杜英属	*Elaeocarpus*	5	露籽草属	*Ottochloa*	5
瓜馥木属	*Fissistigma*	5	毛兰属	*Eria*	5
栝楼属	*Trichosanthes*	5	毛麝香属	*Adenosma*	5
山姜属	*Alpinia*	5	糯米团属	*Gonostegia*	5
石仙桃属	*Pholidota*	5	山龙眼属	*Helicia*	5
通泉草属	*Mazus*	5	石柑属	*Pothos*	5
野牡丹属	*Melastoma*	5	蜈蚣草属	*Eremochloa*	5
臭椿属	*Ailanthus*	5	舞草属	*Codariocalyx*	5
开唇兰属	*Anoectochilus*	5	舞花姜属	*Globba*	5
猫乳属	*Rhamnella*	5	小二仙草属	*Gonocarpus*	5
蛇菰属	*Balanophora*	5	新耳草属	*Neanotis*	5
香椿属	*Toona*	5	崖爬藤属	*Tetrastigma*	5
粉口兰属	*Pachystoma*	5	帝沿兰属	*Tainia*	5
天麻属	*Gastrodia*	5	万带兰属	*Vanda*	5
苞舌兰属	*Spathoglottis*	5	紫薇属	*Lagerstroemia*	5
淡竹叶属	*Lophatherum*	5	文参属	*Metapanax*	5 – 1
隔距兰属	*Cleisostoma*	5			

2.6　热带亚洲与热带非洲分布

该分布位于旧世界地西部，通常指从热带非洲到印度—马来西亚，也有些属分布到斐济等南太平洋岛屿；保护区有 19 属，占该区种子植物总属数的 3.25%（表 3.10.10）。

该分布的特点是：

（1）从系统发育上看，木本植物为原始类型，但缺少乔木种类，灌木有铁仔属 *Myrsine*、狗骨柴属 *Diplospora*、杨桐属 *Adinandra*、玉叶金花属 *Mussaenda*、白接骨属 *Asystasiella*；攀援植物有藤黄属 *Garcinia*、老虎刺属 *Pterolobium* 等。

（2）草本植物有芒属 *Miscanthus*、魔芋属 *Amorphophallus*、木耳菜属 *Crassocephalum*、苞叶兰属 *Brachycorythis*、扶郎花属 *Gerbera*、观音兰属 *Tritonia*、九头狮子草属 *Peristrophe* 等。

表 3.10.10　月亮山保护区种子植物热带亚洲与热带非洲分布属统计表

中名	拉丁名	类型	中名	拉丁名	类型
马蓝属	*Strobilanthes*	6	苞叶兰属	*Brachycorythis*	6
铁仔属	*Myrsine*	6	飞龙掌血属	*Toddalia*	6
狗骨柴属	*Diplospora*	6	扶郎花属	*Gerbera*	6
芒属	*Miscanthus*	6	观音兰属	*Tritonia*	6
魔芋属	*Amorphophallus*	6	九头狮子草属	*Peristrophe*	6
木耳菜属	*Crassocephalum*	6	老虎刺属	*Pterolobium*	6
水麻属	*Debregeasia*	6	藤黄属	*Garcinia*	6
杨桐属	*Adinandra*	6	莠竹属	*Microstegium*	6
玉叶金花属	*Mussaenda*	6	长蒴苣苔属	*Didymocarpus*	6
白接骨属	*Asystasiella*	6			

2.7 热带亚洲(印度—马来西亚)分布

该分布是以旧世界热带为中心,范围包括印度、斯里兰卡、中南半岛、印度尼西亚、加里曼丹、菲律宾及新几内亚,东到斐济等太平洋岛屿,不到澳大利亚,其北到我国华南、西南及台湾省。保护区有78属,占该区种子植物总属数的13.36%(表3.10.11)。

表3.10.11 月亮山保护区种子植物热带亚洲(印度—马来西亚)分布属统计表

中名	拉丁名	类型	中名	拉丁名	类型
润楠属	*Machilus*	7	黄棉树属	*Metadina*	7
含笑属	*Michelia*	7	黄杞属	*Engelhardtia*	7
山茶属	*Camellia*	7	喙核桃属	*Annamocarya*	7
木莲属	*Manglietia*	7	假糙苏属	*Paraphlomis*	7
楠属	*Phoebe*	7	假柴龙树属	*Nothapodytes*	7
青冈属	*Cyclobalanopsis*	7	尖子木属	*Oxyspora*	7
清风藤属	*Sabia*	7	浆果楝属	*Cipadessa*	7
赤瓟属	*Thladiantha*	7	绞股蓝属	*Gynostemma*	7
唇柱苣苔属	*Chirita*	7	金发草属	*Pogonatherum*	7
独蒜兰属	*Pleione*	7	金钱豹属	*Campanumoea*	7
柑橘属	*Citrus*	7	九里香属	*Murraya*	7
锦香草属	*Phyllagathis*	7	雷公连属	*Amydrium*	7
木瓜红属	*Rehderodendron*	7	梨果寄生属	*Scurrula*	7
木荷属	*Schima*	7	轮环藤属	*Cyclea*	7
南五味子属	*Kadsura*	7	罗伞属	*Brassaiopsis*	7
赤车属	*Pellionia*	7	马蹄参属	*Diplopanax*	7
钝果寄生属	*Taxillus*	7	马蹄荷属	*Exbucklandia*	7
葛属	*Pueraria*	7	马尾树属	*Rhoiptelea*	7
构树属	*Broussonetia*	7	密脉木属	*Myrioneuron*	7
虎皮楠属	*Daphniphyllum*	7	泡竹属	*Pseudostachyum*	7
金粟兰属	*Chloranthus*	7	肉穗草属	*Sarcopyramis*	7
枇杷属	*Eriobotrya*	7	山茉莉属	*Huodendron*	7
蛇根草属	*Ophiorrhiza*	7	蛇莓属	*Duchesnea*	7
省藤属	*Calamus*	7	石荠苎属	*Mosla*	7
异药花属	*Fordiophyton*	7	水丝梨属	*Sycopsis*	7
芋属	*Colocasia*	7	微柱麻属	*Chamabainia*	7
竹根七属	*Disporopsis*	7	五列木属	*Pentaphylax*	7
伯乐树属	*Bretschneidera*	7	线柱苣苔属	*Rhynchotechum*	7
草珊瑚属	*Sarcandra*	7	香果树属	*Emmenopterys*	7
赤杨叶属	*Alniphyllum*	7	蕈树属	*Altingia*	7
翅荚木属	*Zenia*	7	野菰属	*Aeginetia*	7
刺果菊属	*Pterocypsela*	7	薏苡属	*Coix*	7
刺通草属	*Trevesia*	7	栀子皮属	*Itoa*	7
大苞寄生属	*Tolypanthus*	7	重阳木属	*Bischofia*	7
大血藤属	*Sargentodoxa*	7	竹叶兰属	*Arundina*	7
飞蛾藤属	*Dinetus*	7	紫麻属	*Oreocnide*	7
轮钟花属	*Cyclocodon*	7	白蝶兰属	*Pecteilis*	7
红果树属	*Stranvaesia*	7	穗花杉属	*Amentotaxus*	7-3
黄常山属	*Dichroa*	7	翠柏属	*Calocedrus*	7-3

热带亚洲保存着许多第三纪古热带植物区系的后裔或残遗，其中有不少是古老或原始、单型属、少型或多型属，在保护区有润楠属 *Machilus*、南五味子属 *Kadsura*、山茶属 *Camellia*、含笑属 *Michelia*、木莲属 *Manglietia* 等，它们起源于第三纪古热带。很多属都直接分布到热带和亚热带，如构树属 *Broussonetia*、大苞寄生属 *Tolypanthus*、虎皮楠属 *Daphniphyllum*、五列木属 *Pentaphylax* 等。

保护区热带亚洲分布还有 1 个变型，即缅甸、泰国至华西南分布；保护区属于该分布的有穗花杉属 *Amentotaxus*、翠柏属 *Calocedrus* 2 属。

该分布的特点是：

保护区热带亚洲分布类型的数量较多，是森林和林下植物的主要组成部分，这些属与热带类型的联系非常紧密，从亚热带到温带有自己的代表种，可见，保护区种子植物与热带性质联系都较大。

2.8　北温带分布

北温带分布主要指广布于欧洲、亚洲和北美洲温带地区的属；保护区有 95 属，占该区种子植物总属数的 16.27%。该分布的种类是保护区种子植物区系的重要组成，也是该地区常绿落叶阔叶混交林的主要成分，其中含 10 种以上有樱属 *Cerasus*、蔷薇属 *Rosa*、栎属 *Quercus*、槭树属 *Acer*、忍冬属 *Lonicera*、荚蒾属 *Viburnum* 等（表 3.10.12）。

表 3.10.12　月亮山保护区野生种子植物北温带分布属统计表

中名	拉丁名	类型	中名	拉丁名	类型
蓼属	*Polygonum*	8	打碗花属	*Calystegia*	8
杜鹃花属	*Rhododendron*	8	鹅观草属	*Roegneria*	8
荚蒾属	*Viburnum*	8	拂子茅属	*Calamagrostis*	8
槭属	*Acer*	8	藁本属	*Ligusticum*	8
忍冬属	*Lonicera*	8	狗舌草属	*Tephroseris*	8
花楸属	*Sorbus*	8	枸杞属	*Lycium*	8
胡颓子属	*Elaeagnus*	8	胡萝卜属	*Daucus*	8
栎属	*Quercus*	8	虎耳草属	*Saxifraga*	8
山茱萸属	*Cornus*	8	黄精属	*Polygonatum*	8
天南星属	*Arisaema*	8	黄连属	*Coptis*	8
樱属	*Cerasus*	8	黄杨属	*Buxus*	8
斑叶兰属	*Goodyera*	8	茴芹属	*Pimpinella*	8
婆婆纳属	*Veronica*	8	金腰属	*Chrysosplenium*	8
蔷薇属	*Rosa*	8	看麦娘属	*Alopecurus*	8
桑属	*Morus*	8	李属	*Prunus*	8
玉凤花属	*Habenaria*	8	琉璃草属	*Cynoglossum*	8
紫菀属	*Aster*	8	露珠草属	*Circaea*	8
鹅耳枥属	*Carpinus*	8	葎草属	*Humulus*	8
瑞香属	*Daphne*	8	马桑属	*Coriaria*	8
松属	*Pinus*	8	马先蒿属	*Pedicularis*	8
越橘属	*Vaccinium*	8	苹果属	*Malus*	8
白蜡树属	*Fraxinus*	8	葡萄属	*Vitis*	8
菖蒲属	*Acorus*	8	蒲公英属	*Taraxacum*	8
稠李属	*Padus*	8	桤木属	*Alnus*	8
葱属	*Allium*	8	漆姑草属	*Sagina*	8
风轮菜属	*Clinopodium*	8	茜草属	*Rubia*	8
红豆杉属	*Taxus*	8	雀麦属	*Bromus*	8
桦木属	*Betula*	8	三毛草属	*Trisetum*	8
蓟属	*Cirsium*	8	山梅花属	*Philadelphus*	8

（续）

中名	拉丁名	类型	中名	拉丁名	类型
接骨木属	*Sambucus*	8	首乌属	*Fallopia*	8
景天属	*Sedum*	8	绶草属	*Spiranthes*	8
栗属	*Castanea*	8	水晶兰属	*Monotropa*	8
柳属	*Salix*	8	乌头属	*Aconitum*	8
龙芽草属	*Agrimonia*	8	夏枯草属	*Prunella*	8
路边青属	*Geum*	8	香科科属	*Teucrium*	8
水芹属	*Oenanthe*	8	香青属	*Anaphalis*	8
水青冈属	*Fagus*	8	缬草属	*Valeriana*	8
委陵菜属	*Potentilla*	8	绣线菊属	*Spiraea*	8
细辛属	*Asarum*	8	鸭儿芹属	*Cryptotaenia*	8
杨梅属	*Myrica*	8	岩菖蒲属	*Tofieldia*	8
鸢尾属	*Iris*	8	盐肤木属	*Rhus*	8
泽兰属	*Eupatorium*	8	野青茅属	*Deyeuxia*	8
紫堇属	*Corydalis*	8	一枝黄花属	*Solidago*	8
舌唇兰属	*Platanthera*	8	珊瑚兰属	*Corallorhiza*	8
薄荷属	*Mentha*	8	榆属	*Ulmus*	8
报春花属	*Primula*	8	蚤缀属	*Arenaria*	8
草莓属	*Fragaria*	8	獐牙菜属	*Swertia*	8
茶藨子属	*Ribes*	8			

　　该分布类型的乔木有松属 *Pinus*、桦木属 *Betula*、杨属 *Populus*、栎属 *Quercus*、樱属 *Cerasus*、桑属 *Morus*、山茱萸属 *Cornus* 等，是保护区常绿落叶阔叶混交林的主要成分，灌木有荚蒾属 *Viburnum*、胡颓子属 *Elaeagnus*、小檗属 *Berberis*、越橘属 *Vaccinium*、白蜡树属 *Fraxinus*、蔷薇属 *Rosa*，该类植物是保护区喀斯特地貌常见植物。常见的草本植物有紫菀属 *Aster*、首乌属 *Fallopia*、绶草属 *Spiranthes*、乌头属 *Aconitum*、夏枯草属 *Prunella*、香科科属 *Teucrium*、香青属 *Anaphalis*、缬草属 *Valeriana*、鸭儿芹属 *Cryptotaenia*、岩菖蒲属 *Tofieldia*、蓟属 *Cirsium*、野古草属 *Arundinella*、天南星属 *Arisaema*、蒲公英属 *Taraxacum* 等。

　　保护区有地中海、东亚、新西兰和墨西哥—智利间断分布的马桑属 *Coriaria*，是马桑科的单型属，它起着维系南北古大陆的作用。

2.9　东亚与北美洲间断分布

　　该分布范围为东亚、北美洲温带和亚热带的属；保护区有43属，占该区种子植物总属数的7.36%（表3.10.13）。

表3.10.13　月亮山保护区种子植物东亚与北美洲间断分布属统计表

中名	拉丁名	类型	中名	拉丁名	类型
锥栗属	*Castanopsis*	9	檫木属	*Sassafras*	9
柯属	*Lithocarpus*	9	大头茶属	*Polyspora*	9
山胡椒属	*Lindera*	9	断肠草属	*Gelsemium*	9
石楠属	*Photinia*	9	鹅掌楸属	*Liriodendron*	9
蛇葡萄属	*Ampelopsis*	9	枫香树属	*Liquidambar*	9
绣球属	*Hydrangea*	9	勾儿茶属	*Berchemia*	9
楤木属	*Aralia*	9	黄水枝属	*Tiarella*	9
木犀属	*Osmanthus*	9	鸡眼草属	*Kummerowia*	9
爬山虎属	*Parthenocissus*	9	蓝果树属	*Nyssa*	9

（续）

中名	拉丁名	类型	中名	拉丁名	类型
十大功劳属	*Mahonia*	9	龙头草属	*Meehania*	9
八角属	*Illicium*	9	落新妇属	*Astilbe*	9
络石属	*Trachelospermum*	9	人参属	*Panax*	9
鼠刺属	*Itea*	9	三白草属	*Saururus*	9
五味子属	*Schisandra*	9	山蚂蝗属	*Desmodium*	9
珍珠花属	*Lyonia*	9	水姑里属	*Hylodesmum*	9
红淡比属	*Cleyera*	9	檀梨属	*Pyrularia*	9
厚朴属	*Houpoëa*	9	头蕊兰属	*Cephalanthera*	9
胡枝子属	*Lespedeza*	9	透骨草属	*Phryma*	9
金线草属	*Antenoron*	9	香槐属	*Cladrastis*	9
漆属	*Toxicodendron*	9	小槐花属	*Ohwia*	9
旃檀属	*Stewartia*	9	银钟花属	*Halesia*	9
柘属	*Maclura*	9			

　　该类型乔木层树种有厚朴属 *Houpoëa*、漆属 *Toxicodendron*、枫香树属 *Liquidambar*、锥栗属 *Castanopsis*、檫木属 *Sassafras*、楤木属 *Aralia* 等；灌木层如勾儿茶属 *Berchemia*、胡枝子属 *Lespedeza*、山蚂蝗属 *Desmodium* 等；草本植物有龙头草属 *Meehania*、落新妇属 *Astilbe*、人参属 *Panax*、三白草属 *Saururus*、金线草属 *Antenoron* 等。

　　综上所述，东亚与北美洲间断分布属联系密切，与两地的地史变迁有紧密的关系，正如吴征镒院士指出：东亚与北美洲间断分布属是第三纪古热带起源。

2.10　旧世界温带分布

　　指分布于欧亚大陆高纬度地区的温带和寒温带，个别延伸到北美洲及亚洲、热带山地或澳大利亚；保护区有该分布27属，占该区种子植物总属数的4.62%（表3.10.14）。

　　保护区有欧亚温带变型26属，即梨属 *Pyrus*、瑞香属 *Daphne*、淫羊藿属 *Epimedium*、菊属 *Dendranthema*、鹅观草属 *Roegneria* 等。

　　保护区有地中海区，至西亚（或中亚）和东亚间断分布变型1属，即窃衣属 *Torilis*。

表3.10.14　月亮山保护区种子植物旧世界温带分布属统计表

中名	拉丁名	类型	中名	拉丁名	类型
败酱属	*Patrinia*	10	榉树属	*Zelkova*	10
天名精属	*Carpesium*	10	苦苣菜属	*Sonchus*	10
女贞属	*Ligustrum*	10	梨属	*Pyrus*	10
荞麦属	*Fagopyrum*	10	牛蒡属	*Arctium*	10
莴苣属	*Lactuca*	10	前胡属	*Peucedanum*	10
淫羊藿属	*Epimedium*	10	沙参属	*Adenophora*	10
川续断属	*Dipsacus*	10	桃属	*Amygdalus*	10
风毛菊属	*Saussurea*	10	橐吾属	*Ligularia*	10
活血丹属	*Glechoma*	10	香薷属	*Elsholtzia*	10
火棘属	*Pyracantha*	10	旋覆花属	*Inula*	10
假牛繁缕属	*Theligonum*	10	阴行草属	*Siphonostegia*	10
假千里光属	*Parasenecio*	10	重楼属	*Paris*	10
角盘兰属	*Herminium*	10	窃衣属	*Torilis*	10－1
荆芥属	*Nepeta*	10			

该分布的特点是：

（1）草本植物占优势，如败酱属 *Patrinia*、天名精属 *Carpesium*、假牛繁缕属 *Theligonum*、假千里光属 *Parasenecio*、角盘兰属 *Herminium*、荆芥属 *Nepeta*、重楼属 *Paris* 等。

（2）木本的较少，仅有 6 属，以灌木或小乔木为主，即梨属 *Pyrus*、女贞属 *Ligustrum*、榉属 *Zelkova*、火棘属 *Pyracantha*、桃属 *Amygdalus*、瑞香属 *Daphne*。

（3）由于旧世界温带分布属的多元起源，因此，它们起源于欧亚大陆及古地中海沿岸和旧世界热带。

2.11　温带亚洲分布

这一分布区类型是指主要局限于亚洲温带地区的属，它们分布区的范围一般包括从前苏联中亚（或南俄罗斯）至东西伯利亚和亚洲东北部，南部界限至喜马拉雅山区，我国西南、华北至东北、朝鲜和日本北部，也有一些属分布到亚热带，个别属种到达亚洲热带，甚至到新几内亚；保护区有 3 属，占该区种子植物总属数的 0.51%；它们是枫杨属 *Pterocarya*、虎杖属 *Reynoutria*、马兰属 *Kalimeris*。

该分布式中，草本占绝大多数，是保护区主要地被植物。

2.12　地中海、西亚至中亚分布

该范围从现代地中海至古地中海地区，包括西亚、西南亚及乌兹别克斯坦、吉尔吉斯斯坦、塔吉克斯坦、哈萨克斯坦和中国新疆、青海、青藏高原及蒙古一带。保护区有 1 属，即常春藤属 *Hedera*，且它是地中海区至温带—热带亚洲、大洋洲或北美南部至南美洲间断分布变型。这表明了保护区植物区系与古地中海植物区系的微弱联系。

2.13　东亚分布

该分布区从喜马拉雅一直分布到日本的属；保护区有 68 属，占总属数的 11.64%。其中，东亚分布 41 属占该区种子植物属数的 7.02%；中国—喜马拉雅（SH）变型 11 属，占该区种子植物属数的 1.88%；中国—日本（SJ）变型 16 属，占该区种子植物属数的 2.74%。

该分布的特点：

（1）木本植物属占优势，但乔木很少，灌木树种占绝大多数，它们是当地植物的重要组成部分。

（2）单型属、少型属丰富，含 1 种有蕺菜属 *Houttnynia*、兔儿风属 *Ainsliaea*、紫苏属 *Perilla*、南天竹属 *Nandina*、吉祥草属 *Reineckia* 等，保护区单型属、少型属占的比例大。

（3）本区还分布有大量的古老和孑遗类群，如三尖杉属 *Cephalotaxus*、刺楸属 *Kalopanax*、白辛树属 *Pterostyrax*、十齿花属 *Dipentodon* 等，说明该地植物区系性质的古老、原始性（表 3.10.15）。

表 3.10.15　月亮山保护区种子植物东亚分布属统计表

中名	拉丁名	类型	中名	拉丁名	类型
猕猴桃属	*Actinidia*	14	石斑木属	*Rhaphiolepis*	14
旌节花属	*Stachyurus*	14	松蒿属	*Phtheirospermum*	14
桃叶珊瑚属	*Aucuba*	14	无柱兰属	*Amitostigma*	14
兔儿风属	*Ainsliaea*	14	绣线梅属	*Neillia*	14
沿阶草属	*Ophiopogon*	14	野海棠属	*Bredia*	14
白及属	*Bletilla*	14	玉山竹属	*Yushania*	14
刚竹属	*Phyllostachys*	14	山兰属	*Oreorchis*	14
蜡瓣花属	*Corylopsis*	14	八角莲属	*Dysosma*	14SH
青荚叶属	*Helwingia*	14	开口箭属	*Campylandra*	14SH
吊石苣苔属	*Lysionotus*	14	鞘柄木属	*Toricellia*	14SH
寒竹属	*Chimonobambusa*	14	冠盖藤属	*Pileostegia*	14SH
南酸枣属	*Choerospondias*	14	箭竹属	*Fargesia*	14SH
三尖杉属	*Cephalotaxus*	14	猫儿屎属	*Decaisnea*	14SH
水团花属	*Adina*	14	牛姆瓜属	*Holboellia*	14SH

（续）

中名	拉丁名	类型	中名	拉丁名	类型
万寿竹属	*Disporum*	14	十齿花属	*Dipentodon*	14SH
茵芋属	*Skimmia*	14	筒冠花属	*Siphocranion*	14SH
油点草属	*Tricyrtis*	14	雪胆属	*Hemsleya*	14SH
油桐属	*Vernicia*	14	油杉属	*Keteleeria*	14SJ
枳椇属	*Hovenia*	14	半蒴苣苔属	*Hemiboea*	14SJ
紫苏属	*Perilla*	14	木通属	*Akebia*	14SJ
钻地风属	*Schizophragma*	14	泡桐属	*Paulownia*	14SJ
刺五加属	*Eleutherococcus*	14	四数花属	*Tetradium*	14SJ
大百合属	*Cardiocrinum*	14	白苞芹属	*Nothosmyrnium*	14SJ
大明竹属	*Pleioblastus*	14	白辛树属	*Pterostyrax*	14SJ
吊钟花属	*Enkianthus*	14	刺楸属	*Kalopanax*	14SJ
杜鹃兰属	*Cremastra*	14	防己属	*Sinomenium*	14SJ
盒子草属	*Actinostemma*	14	化香树属	*Platycarya*	14SJ
虎刺属	*Damnacanthus*	14	桔梗属	*Platycodon*	14SJ
吉祥草属	*Reineckea*	14	六月雪属	*Serissa*	14SJ
蕺菜属	*Houttuynia*	14	萝藦属	*Metaplexis*	14SJ
檵木属	*Loropetalum*	14	山桐子属	*Idesia*	14SJ
南天竹属	*Nandina*	14	野木瓜属	*Stauntonia*	14SJ
泥胡菜属	*Hemisteptia*	14	野鸦椿属	*Euscaphis*	14SJ
散血丹属	*Physaliastrum*	14	玉簪属	*Hosta*	14SJ

2.14　中国特有属

保护区有中国特有 10 属，占总属数的 1.71%；主要有拟单性木兰属 *Parakmeria*、青钱柳属 *Cyclocarya*、伞花木属 *Eurycorymbus*、石笔木属 *Tutcheria*、匙叶草属 *Latouchea*、异叶苣苔属 *Whytockia* 等 10 属（表 3.10.16）。

表 3.10.16　月亮山保护区种子植物中国特有分布属统计表

中名	拉丁名	类型	中名	拉丁名	类型
箬竹属	*Indocalamus*	15	石笔木属	*Tutcheria*	15
栾树属	*Koelreuteria*	15	匙叶草属	*Latouchea*	15
拟单性木兰属	*Parakmeria*	15	异叶苣苔属	*Whytockia*	15
青钱柳属	*Cyclocarya*	15	瘿椒树属	*Tapiscia*	15
伞花木属	*Eurycorymbus*	15	枳属	*Poncirus*	15

以上保护区区系属级构成的分析表明，4 个比例最高的分布型依次是：泛热带分布属（102），占总属数的 17.47%；北温带分布属（95），占总属数的 16.27%；热带亚洲分布属（78），占总属数的 13.36%；东亚分布属（68），占总属数的 11.64%。四者合计有 343 属，占总属数的 58.73%，构成属级区系组成的主体部分。在野生种子植物区系中，热带属（294），占总属数的 50.34%，温带属（237），占总属数的 40.58%，中国特有属 10 属，占总属数的 1.71%。结果表明该地区植物区系以热带分布占优势，属于热带性质，同时很多属的植物也是从热带到温带的过渡地带的重要种类，该地区植物区系和热带区系联系非常紧密。

3. 保护区种子植物种的地理分布区类型

一个自然区域和一个行政区的植物区系，是由各自的植物种类组成的。研究种的地理分布区类型，可以确定该区域的植物区系地带性质和起源。

保护区有种子植物1300种，划分为13个地理分布区类型（表3.10.17）。

表 3.10.17　月亮山保护区种子植物种的地理分布

序号	分布区类型	种数	占全区种数（%）
1	世界分布	22	1.69
2	泛热带分布	45	3.46
3	热带亚洲至热带和热带美洲间断分布	11	0.85
4	旧世界热带分布	23	1.77
5	热带亚洲至热带大洋洲分布	37	2.85
6	热带亚洲至热带非洲分布	29	2.23
7	热带亚洲分布	240	18.46
8	北温带分布	113	8.69
9	东亚和北美洲间断分布	7	0.54
10	旧世界温带分布	65	5.00
11	温带亚洲分布	59	4.54
12	地中海区，西亚至中亚分布	0	0.00
13	中亚分布	0	0.00
14	东亚分布	308	23.69
15	中国特有分布	341	26.23
合计		1300	100

3.1　世界分布种

保护区有世界分布种22种，占地区的总种数1.69%，多为世界性广布或亚世界分布的草本植物。它们是小藜 *Chenopodium ficifolium*、藜 *C. album*、马齿苋 *Portulaca oleracea*、习见蓼 *Polygonum plebeium*、蓼蓝 *P. tinctorium*、虎杖 *Reynoutria japonica*、酢浆草 *Oxalis corniculata*、马鞭草 *Verbena officinalis*、荆芥 *Nepeta cataria*、茜草 *Rubia cordifolia*、豨莶 *Sigesbeckia orientalis*、碎米莎草 *Cyperus iria*、狗牙根 *Cynodon dactylon*、稗 *Echinochloa crusgalli*、芦苇 *Phragmites australis*。

本分布的特点：草本占绝对优势；全世界分布较少，亚世界分布较多，如欧亚分布种。这与农业开发和人类的活动有关。

3.2　泛热带分布种

保护区泛热带分布种45种，占该地区的总种数3.46%，它们是粟米草 *Mollugo stricta*、地桃花 *Urena lobata*、截叶铁扫帚 *Lespedeza cuneata*、扶芳藤 *Euonymus fortunei*、母草 *Lindernia crustacea*、金盏银盘 *Bidens biternata*、鬼针草 *B. pilosa*、野茼蒿 *Crassocephalum crepidioides*、鳢肠 *Eclipta prostrata*、地胆草 *Elephantopus scaber*、一点红 *Emilia sonchifolia*、苍耳 *Xanthium strumarium*、纤毛马唐 *Digitaria ciliaris*、牛筋草 *Eleusine indica*、画眉草 *Eragrostis pilosa* 等。

泛热带植物分布于全球热带地区，保护区该类型植物种类比较多，说明该区植物区系与热带性质有联系密切。

3.3　热带亚洲至热带美洲间断分布种

这一分布区类型包括间断分布于美洲和亚洲温暖地区的热带属，在旧世界（东半球）从亚洲可能延伸的到澳大利亚东北部或西南太平洋岛屿。保护区有热带亚洲至热带美洲间断分布11种，占该地区的总种数0.85%，如葎草 *Humulus scandens*、杠板归 *Polygonum perfoliatum*、蔊菜 *Rorippa indica*、水晶兰 *Monotropa uniflora*、叶下珠 *Phyllanthus urinaria* 等。

3.4　旧世界热带分布种

旧世界热带指亚洲、非洲和大洋洲热带地区及其邻近岛屿（也常称为古热带），与美洲新大陆热带相区别。保护区有旧世界热带分布23种，占该该区的总种数1.77%。如空心泡 *Rubus rosifolius*、鱼藤

Derris trifoliata、千里香 *Murraya paniculata*、独脚金 *Striga asiatica*、烟管头草 *Carpesium cernuum*、鱼眼草 *Dichrocephala integrifolia*、夜香牛 *Vernonia cinerea*、丝叶球柱草 *Bulbostylis densa*、华湖瓜草 *Lipocarpha chinensis*、刺子莞 *Rhynchospora rubra* 等。该分布类型的种类大多是草本类型，常常表现出不同程度的喜干热生境特点。

3.5　热带亚洲至热带大洋洲分布种

该分布位于旧世界热带东部，其西端有时可达马达加斯加，但一般不到非洲大陆。保护区有热带亚洲至热带大洋洲分布 37 种，占该区总种数的 2.85%，如葛 *Pueraria montana*、小二仙草 *Gonocarpus micranthus*、野牡丹 *Melastoma malabathricum*、山地五月茶 *Antidesma montanum*、秋枫 *Bischofia javanica*、粗糠柴 *Mallotus philippensis*、白粉藤 *Cissus repens*、乌蔹莓 *Cayratia japonica*、扭肚藤 *Jasminum elongatum*、毛麝香 *Adenosma glutinosum*、黄花狸藻 *Utricularia aurea*、挖耳草 *U. bifida*、耳草 *Hedyotis auricularia*、下田菊 *Adenostemma lavenia*、泥胡菜 *Hemisteptia lyrata* 等。

该分布型的特点是：该类型植物藤本植物和草本植物居多，适应能力比较强，远达我国东北及日本、朝鲜。

3.6　热带亚洲至热带非洲分布种

该分布位于旧世界地西部，通常指从热带非洲到印度—马来西亚，特别是其西部（西马来西亚），也有些种分布到斐济等南太平洋岛屿，但不见于澳大利亚。保护区有该分布类型 29 种，占该地区的总种数的 2.23%，如青葙 *Celosia argentea*、尼泊尔蓼 *Polygonum nepalense*、刺篱木 *Flacourtia indica*、铁仔 *Myrsine africana*、飞龙掌血 *Toddalia asiatica*、天胡荽 *Hydrocotyle sibthorpioides*、三对节 *Clerodendrum serratum*、多枝婆婆纳 *Veronica javanica*、水毛花 *Schoenoplectus mucronatus* subsp. *robustus*、千金子 *Leptochloa chinensis* 等。

3.7　热带亚洲分布种

该分布包括印度半岛、斯里兰卡、中南半岛、马来西亚、印度尼西亚、菲律宾及新几内亚，东到萨摩群岛，西到马尔代夫群岛。保护区有热带亚洲分布种 240 种，占该地区总种数的 18.46%。其中木本植物鹅掌楸 *Liriodendron chinense*、桂南木莲 *Manglietia conifera*、木莲 *M. fordiana*、红花木莲 *M. insignis*、乐昌含笑 *Michelia chapensis*、观光木 *M. odora*、少花桂 *Cinnamomum pauciflorum*、香桂 *C. subavenium*、黄果厚壳桂 *Cryptocarya concinna*、香叶树 *Lindera communis*、山胡椒 *L. glauca* 等。

藤本或攀援状灌木：如小木通 *Clematis armandii*、牛姆瓜 *Holboellia grandiflora*、大血藤 *Sargentodoxa cuneata*、樟叶木防己 *Cocculus laurifolius*、西南轮环藤 *Cyclea wattii*、小花清风藤 *Sabia parviflora*、蛇葡萄 *Ampelopsis glandulosa*、毛枝蛇葡萄 *A. rubifolia*、葛藟葡萄 *Vitis flexuosa* 等。

草本植物：如琉璃草 *Cynoglossum furcatum*、微毛布惊 *Vitex quinata* var. *puberula*、牛尾草 *Isodon ternifolius*、筒冠花 *Siphocranion macranthum*、铁轴草 *Teucrium quadrifarium*、具芒碎米莎草 *Cyperus microiria*、黑鳞珍珠茅 *Scleria hookeriana*、假俭草 *Eremochloa ophiuroides*、金茅 *Eulalia speciosa*、细毛鸭嘴草 *Ischaemum ciliare*、五节芒 *Miscanthus floridulus*、小花露籽草 *Ottochloa nodosa* var. *micrantha*、华山姜 *Alpinia oblongifolia*、天门冬 *Asparagus cochinchinensis*、竹根七 *Disporopsis fuscopicta* 等。

3.8　北温带分布种

该分布指欧洲、亚洲和北部非洲热带以外，部分种可以延伸到热带山地，甚至到达南半球温带。保护区有 113 种，占该地区总种数的 8.69%，如及己 *Chloranthus serratus*、三白草 *Saururus chinensis*、五味子 *Schisandra chinensis*、榉树 *Zelkova serrata*、透茎冷水花 *Pilea pumila*、黄杞 *Engelhardia roxburghiana*、荞麦 *Fagopyrum esculentum*、萹蓄 *Polygonum aviculare*、稀花蓼 *P. dissitiflorum*、酸模 *Rumex acetosa*、鸡腿堇菜 *Viola acuminata*、独行菜 *Lepidium apetalum*、蛇莓 *Duchesnea indica*、路边青 *Geum aleppicum*、鸡眼草 *Kummerowia striata*、卫矛 *Euonymus alatus*、水金凤 *Impatiens nolitangere*、菟丝子 *Cuscuta chinensis*、夏枯草 *Prunella vulgaris*、水马齿 *Callitriche palustris*、毛泡桐 *Paulownia tomentosa* 等。

3.9　东亚与北美洲间断分布种

欧亚大陆和北美大陆早在第三纪以后，靠着白令地区这个"陆桥"通道，促使两大陆物种相互交流。由于晚第三纪时，白令地区太冷，导致大量物种灭绝，加之第四纪冰川和间冰期交替，白令海峡形成，断绝两大陆物种交流，形成了东亚与北美间断分布。保护区有 7 种，占该地区的总种数 0.54%。如蓝花参 *Wahlenbergia marginata*、栀子 *Gardenia jasminoides* 等。

3.10　旧世界温带分布种

指分布于欧亚大陆和北部非洲。保护区有 65 种，占该地区的总种数 5.00%，如繁缕 *Stellaria media*、齿果酸模 *Rumex dentatus*、尼泊尔酸模 *R. nepalensis*、球果堇菜 *Viola collina*、碎米荠 *Cardamine hirsuta*、落新妇 *Astilbe chinensis*、圆锥绣球 *Hydrangea paniculata*、龙芽草 *Agrimonia pilosa*、三叶委陵菜 *Potentilla freyniana*、尖叶长柄山蚂蝗 *Hylodesmum podocarpum* subsp. *Oxyphyllum*、南方露珠草 *Circaea mollis*、假柳叶菜 *Ludwigia epilobioides*、老鹳草 *Geranium wilfordii*、楤木 *Aralia elata*、刺楸 *Kalopanax septemlobus*、水芹 *Oenanthe javanica*、变豆菜 *Sanicula chinensis*、小窃衣 *Torilis japonica*、透骨草 *Phryma leptostachya* subsp. *Asiatica*、大车前 *Plantago major*、白蜡树 *Fraxinus chinensis*、松蒿 *Phtheirospermum japonicum*、阴行草 *Siphonostegia chinensis*、桔梗 *Platycodon grandiflorus* 等。

3.11　温带亚洲分布

这一分布区类型是指主要局限于亚洲温带地区的属，它们分布区的范围一般包括从苏联中亚（或南俄罗斯）至东西伯利亚和亚洲东北部，南部界限至喜马拉雅山区，我国西南、华北至东北、朝鲜和日本北部，也有一些属分布到亚热带，个别属种到达亚洲热带，甚至到新几内亚。保护区有 59 种，占该地区总种数的 4.54%，如稀花蓼 *Polygonum dissitiflorum* 产东北、河北、山西、华东、华中、陕西、甘肃、四川及贵州，生河边湿地、山谷草丛，海拔 140~1500m，朝鲜、俄罗斯（远东）也有。还有小连翘 *Hypericum erectum*、及已 *Chloranthus serratus* 等。

3.12　东亚分布种

该分布范围指东经 83° 以东的喜马拉雅、印度东北部边境地区，缅甸北部山区，北部湾北部山区，中国大部分，朝鲜半岛、琉球群岛、九州岛、四国岛、本州岛、北海道、小笠原群岛和硫黄列岛、千岛群岛南部岛屿、哈萨林南部和北部。东亚植物区系是北温带植物区系的一部分，保护区有 308 种，占该地区的总种数 23.69%，依据吴征镒的区系分类系统，把保护区东亚分布植物与相应的东亚地区分为 3 个类型。

3.12.1　东亚广布

从东喜马拉雅一直分布到日本的种类，其分布区向东北一般不超过前苏联的阿穆尔州，并从日本北部一直到萨哈林，向西南不超过越南北部和喜马拉雅东部，向南最远达菲律宾等。保护区有 119 种，占该地区的总种数 9.21%，如绞股蓝 *Gynostemma pentaphyllum* 产于陕西南部和长江以南各省区，生于海拔 300~3200 m 的山谷密林中、山坡疏林、灌丛中或路旁草丛中，分布于印度、尼泊尔、孟加拉国、斯里兰卡、缅甸、老挝、越南、马来西亚、印度尼西亚（爪哇）、新几内亚、北达朝鲜和日本。还有鸡桑 *Morus australis*、笔罗子 *Meliosma rigida*、水麻 *Debregeasia orientalis*、裸花水竹叶 *Murdannia nudiflora*、宽穗扁莎 *Pycreus diaphanus*、鼠尾粟 *Sporobolus fertilis*、大叶仙茅 *Curculigo capitulata*、小金梅草 *Hypoxis aurea* 等。

3.12.2　中国—喜马拉雅

分布于喜马拉雅山区至我国西南，部分种类达陕、甘、华东或台湾，向南甚至达中南半岛。保护区有 107 种，占该地区的总种数 8.28%，如托叶楼梯草 *Elatostema nasutum* 产西藏（波密、墨脱）、云南西北部及东部、广西北部、贵州、湖南、江西西部、湖北西南部、四川西部（马边至峨眉山），生于山地林下或草坡阴处，海拔 600~2400 m，尼泊尔、不丹也有分布。蛇含委陵菜 *Potentilla kleiniana* 产辽宁、陕西、山东、河南、安徽、江苏、浙江、湖北、湖南、江西、福建、广东、广西、四川、贵州、云南、西藏，生田边、水旁、草甸及山坡草地，海拔 400~3000 m，朝鲜、日本、印度、马来西亚及印度尼西亚均有分布。还有枳椇 *Hovenia acerba*、竹节参 *Panax japonicus*、鞘柄木 *Toricellia tiliifolia*、清香藤 *Jasminum lanceolaria*、翅柄马蓝 *Strobilanthes atropurpurea*、西南新耳草 *Neanotis wightiana*、岩生千里光 *Senecio wightii* 等。

3.12.3　中国—日本

分布于我国滇、川金沙江河谷以东地区直至日本和琉球，但不见于喜马拉雅。保护区有 82 种，占该地区的总种数 6.35%，如乌冈栎 *Quercus phillyraeoides* 产陕西、浙江、江西、安徽、福建、河南、湖北、湖南、广东、广西、四川、贵州、云南等省区，生于海拔 300～1200m 的山坡、山顶和山谷密林中，常生于山地岩石上，日本也有分布。还有金线草 *Antenoron filiforme* 产甘肃南部、陕西南部、山西南部、河南南部、台湾北部和西南三省、中南二省、华东五省、华南二省等 17 个省区，生于海拔 400～2500m 的低山区的山坡、山洼等落叶阔叶林和针阔叶混交林中，通常集中分布于海拔 900m（秦岭以南地区）至海拔 1400m（西南地区）的山地，朝鲜、日本的南部也有分布。垂盆草 *Sedum sarmentosum* 产福建、贵州、四川、湖北、湖南、江西、安徽、浙江、江苏、甘肃、陕西、河南、山东、山西、河北、辽宁、吉林、北京（模式产地），生于海拔 1600 m 以下山坡阳处或石上，朝鲜、日本也有。野鸦椿 *Euscaphis japonica* 除西北各省区外，全国均产，主产江南各省，西至云南东北部，日本、朝鲜也有。还有樟叶泡花树 *Meliosma squamulata*、交让木 *Daphniphyllum macropodum*、糙叶树 *Aphananthe aspera*、朴树 *Celtis sinensis*、冷水花 *Pilea notata*、枫杨 *Pterocarya stenoptera*、槲栎 *Quercus aliena*、乌冈栎 *Quercus phillyreoides* 等。

3.13　中国特有种分布

限于分布在中国境内的植物种，称为中国特有种。保护区中国特有种都是属于泛北极东亚植物区系，中国特有种 341 种占该地区的总种数 26.23%，划分为 4 个地区分布亚型：南北片、南方片、西南片、贵州特有。

表 3.10.18　月亮山保护区中国特有种分布统计

序号	与保护区联系的植物	种数	该区中国特有比例
一	南北片		
	广布或亚广布	19	5.57
	西南、西北、华中	35	10.26
	西南、西北、中南、华东	66	19.35
	西南、中南、华东	43	12.61
	西南、中南、西北	25	7.33
二	南方片		
	西南、华中	22	6.45
	西南、华南	19	5.57
	西南、华中、华东	20	5.87
	西南、华南、华东	6	1.76
	西南、中南	38	11.14
三	西南—保护区分布		
	黔、滇、	6	1.76
	黔、川	7	2.05
	黔、桂	5	1.47
	黔、滇、川、	19	5.57
	黔、滇、川、桂	6	1.76
四	贵州特有	5	1.47
	合计	341	100

3.13.1　南北片

指分布于长江以南和以北的植物种，长江以北包括华北、东北、西北，也称为中国特有种的广布种或亚广布种，共 181 种，占本类型种数的 53.08%，分为 5 个变型。

3.13.1.1　广布或亚广布

保护区有该变型 14 种，占本分布区类型种数的 4.73%，如马尾松 Pinus massoniana、李 Prunus salicina、接骨木 Sambucus williamsii、三裂蛇葡萄 Ampelopsis delavayana、藁本 Ligusticum sinense、中华绣线菊 Spiraea chinensis 等。

3.13.1.2　西南、西北、华中变型

保护区有该变型 35 种，占本分布区类型种数的 10.26%，如毛叶绣线梅 Neillia ribesioides、金佛山荚蒾 Viburnum chinshanense、毛脉南酸枣 Choerospondias axillaris var. pubinervis、鄂赤瓟 Thladiantha oliveri、蜡莲绣球 Hydrangea strigosa、红叶木姜子 Litsea rubescens、异叶鼠李 Rhamnus heterophylla 等。

3.13.1.3　西南、华东、中南、西北变型

保护区有该变型 66 种，占本分布区类型种数的 19.35%，如爬藤榕 Ficus sarmentosa var. impressa、光枝勾儿茶 Berchemia polyphylla var. leioclada、黑壳楠 Lindera megaphylla、红茴香 Illicium henryi、京梨猕猴桃 Actinidia callosa var. henryi、中华猕猴桃 A. chinensis、扬子小连翘 Hypericum faberi、中国旌节花 Stachyurus chinensis 等。

3.13.1.4　西南、中南、华东变型

保护区有该变型 36 种，占本分布区类型种数的 10.56%，如乐东拟单性木兰 Parakmeria lotungensis、瓜馥木 Fissistigma oldhamii、薄叶润楠 Machilus leptophylla、木姜润楠 M. litseifolia、鸭公树 Neolitsea chui、大叶新木姜子 Neolitsea levinei 等。

3.13.1.5　西南、中南、西北变型

保护区有该变型 25 种，占本分布区类型种数的 7.33%，如宜昌润楠 Machilus ichangensis、白楠 Phoebe neurantha、鄂赤瓟 Thladiantha oliveri、多毛樱桃 Cerasus polytricha、华钩藤 Uncaria sinensis、花叶地锦 Parthenocissus henryana 等。

3.13.2　南方片

指分布于长江以南广大地区的植物种。保护区有 105 种，占保护区中国特有种分布类型的 30.79%，分为 5 个变型。

3.13.2.1　西南、华中变型

保护区有该变型 22 种，占本分布区类型种数的 6.45%，如掌裂秋海棠 Begonia pedatifida、大叶鸡爪茶 Rubus henryi var. sozostylus、龙头草 Meehania henryi、蒙自桂花 Osmanthus henryi、慈竹 Bambusa emeiensis、小果润楠 Machilus microcarpa 等。

3.13.2.2　西南、华南变型

保护区有该变型 19 种，占本分布区类型种数的 5.57%，如冷饭藤 Kadsura oblongifolia、突肋茶 Camellia costata、秃房茶 Camellia gymnogyna、糙毛猕猴桃 Actinidia fulvicoma var. hirsuta、毛脉鼠刺 Itea indochinensis var. pubinervia、饶平石楠 Photinia raupingensis、革叶鼠李 Rhamnus coriophylla 等。

3.13.2.3　西南、华中、华东

保护区有该变型 20 种，占本分布区类型种数的 5.87%，如凤凰润楠 Machilus phoenicis、紫柳 Salix wilsonii、假繁缕 Theligonum macranthum、苦竹 Pleioblastus amarus、红毒茴 Illicium lanceolatum 等。

3.13.2.4　西南、华南、华东

保护区有该变型 6 种，占本分布区类型种数的 1.76%，如木姜润楠 Machilus litseifolia、海桐山矾 Symplocos heishanensis、长苞羊耳蒜 Liparis inaperta、折枝菝葜 Smilax lanceifolia var. elongata 等。

3.13.2.5　西南、中南(包括华南、华中)变型

保护区有该变型 38 种，占本分布区类型种数的 11.14%，如阔瓣含笑 Michelia cavaleriei var. platypetala、紫花含笑 *M. crassipes*、香粉叶 *Lindera pulcherrima* var. *attenuata*、滑叶润楠 *Machilus ichangensis* var. *leiophylla*、狭叶润楠 *M. rehderi*、黔岭淫羊藿 *Epimedium leptorrhizum* 等。

3.13.3　西南片

分布于云南、贵州、西藏、四川、重庆、及湖南、广西的植物。保护区共 43 种，占本分布区类型种数的 12.61%，分 5 个变型：

3.13.3.1　黔、滇变型

保护区有该变型 6 种，占本分布区类型种数的 1.76%，即倒卵叶木莲 *Manglietia obovalifolia*、滇南桂 *Cinnamomum austroyunnanense*、翅柄紫茎 *Stewartia pteropetiolata*、狭叶桃叶珊瑚 *Aucuba chinensis* var. *angusta*、短序吊灯花 *Ceropegia christenseniana* 等。

3.13.3.2　黔、川变型

保护区有该变型 7 种，占本分布区类型种数的 2.05%，如菱叶花椒 *Zanthoxylum rhombifoliolatum*、峨眉拟单性木兰 *Parakmeria omeiensis*、绒叶木姜子 *Litsea wilsonii*、粉叶新木姜子 *Neolitsea aurata* var. *glauca*、大花鼠李 *Rhamnus grandiflora* 等。

3.13.3.3　黔、桂变型

保护区有该变型 5 种，占本分布区类型种数的 1.47%，即贵州锥 *Castanopsis kweichowensis*、光叶楔叶榕 *Ficus trivia* var. *laevigata*、长瓣马蹄荷 *Exbucklandia longipetala*、密果花椒 *Zanthoxylum glomeratum*、柔毛油杉 *Keteleeria pubescens*。

3.13.3.4　黔、滇、川变型

保护区有该变型 19 种，占本分布区类型种数的 5.57%，如石木姜子 *Litsea elongata* var. *faberi*、润楠 *Machilus nanmu*、川八角莲 *Dysosma delavayi*、云南赤瓟 *Thladiantha pustulata*、小果南蛇藤 *Celastrus homaliifolius*、木犀 *Osmanthus fragrans*、南川斑鸠菊 *Vernonia bockiana*、春剑 *Cymbidium tortisepalum* var. *longibracteatum* 等。

3.13.3.5　黔、滇、川、桂变型

保护区有该变型 6 种，占本分布区类型种数的 1.76%，如毛萼香茶菜 *Isodon eriocalyx*、腺毛长蒴苣苔 *Didymocarpus glandulosus*、扁竹兰 *Iris confusa*、大叶熊巴掌 *Phyllagathis longiradiosa* 等。

3.13.4　贵州特有种

限于分布在贵州省内的植物种，称为贵州特有种。保护区有贵州特有种 12 种，占本分布式种数的 3.52%，即苍背木莲 *Manglietia glaucifolia*、从江含笑 *Michelia chongjiangensis*、卷柱胡颓子 *Elaeagnus retrostyla*、条叶猕猴桃 *Actinidia fortunatii*、倒卵叶猕猴桃 *A. obovata*、纳雍槭 *Acer nayongense*、贵州青冈 *Cyclobalanopsis argyrotricha*、狭叶缝线海桐 *Pittosporum perryanum* var. *linearifolium*、总状桂花 *Osmanthus racemosus*、贵州通泉草 *Mazus kweichowensis*、荔波唇柱苣苔 *Chirita liboensis*、黔中紫菀 *Aster menelii* 等。

3.14　种的地理分布小结

保护区有种子植物 1300 种，经过植物区系地理分布的分析：

（1）保护区种子植物区系世界分布 22 种，占全区总种数的 1.69%，热带分布，共 385 种，占全区总种数的 29.62%；温带分布 552 种，占全区总种数的 42.46%。该结果说明保护区植物区系温带性质明显。

（2）特有种多，中国特有种 341 种，贵州特有种 12 种，这与该地特殊的地质地貌有很大的关系。

4　小结

通过初步分析，保护区野生种子植物区系呈以下特征：

（1）保护区野生种子植物区系成份丰富，有野生种子植物 147 科 584 属 1300 种（除外来植物），这与该区独特的地理位置、多样的气候类型以及复杂的地质地貌等具有密切的关系，这些因素的相互作用使该区的植物多样性非常丰富。

（2）在种的分布型中，从属和种的区系分析看来，该保护区植物区系属于温带性质。

（3）本区自然条件优越，而且受第四纪冰川的影响不大，因而保留了许多古老或原始、单型属、少型属和中国特有属和中国特有种。

（4）本区植物区系具有较多四川、贵州和湖南交界地区特有的种类，与湖南植物区系联系紧密。

（5）保护区属于中亚热带季风湿润气候区，植被区划上属于中亚热带常绿落叶针阔混交林。其中裸子植物中的松科、杉科、柏科植物在林层中占有很大优势，属于保护区植物群落中的优势种。

（张华海　陈志萍）

第十一节　森林群落

1　研究方法

1.1　样方调查

在月亮山保护区内设置 3 条调查样线，样线覆盖了月亮山保护区大部分植被类型。在调查样线内，采用典型样方调查方法，样地面积设置为 10 m×10 m，采用相邻格子法，将每个样方分割成 10 个 6 m×6 m 的小样方，调查并记录样方内所有乔木层、灌木层、草本层和层间植物的物种及其数量，测定乔木层树种的胸径 DBH>5 cm 的所有植株，并记录其株数、高度、枝下高、冠幅，灌木层物种的株数、高度、盖度，草本层物种的盖度和高度等指标。2.5 cm> DBH>5 cm 的木本植物作为灌木，DBH<2.5 cm 的木本植物作为幼苗。记录层间藤本类植物、枯倒木、病腐木等。

1.2　记录样地调查

在 3 条调查样线内，对于一些具有一定面积并形成特有群落类型的难以设置样方的地段，采用记录样地的方法进行调查。调查内容包括样地环境特征、植物种类、群落高度和盖度、乔、灌、草层优势物种等。

1.3　数据分析方法

根据野外调查资料，计算乔木层物种株数、密度、显著度、频度，进一步计算相对密度、相对显著度和相对频度，最终得出乔木层树种的重要值，确定优势树种。记录样地群落不进行重要值计算，根据样地的主要优势物种确定群落类型。

其重要值计算公式如下：

$$IV = Rd + Pr + Fr$$

①式中 IV 为重要值，Rd 为相对密度，Pr 相对显著度，Fr 相对频度；②密度（D）=某样方内某种植物的个体数/样方面积；③相对密度（Rd）=（某种植物的密度/全部植物的总密度）×100%；④显著度=（样方中某种植物的胸高断面积/样方面积）×100%；⑤相对显著度（Pr）=（样方中该种个体胸高断面积和/样方中全部个体胸高断面积总和）×100%；⑥相对频度（Fr）=（某种物种的频度/所有物种的频度之和）×100%。

2　结果与分析

2.1　阔叶林

2.1.1　水青冈-栲树林

表 3.11.1 所示，该林分群落主要分布海拔为 1158 m，其土层厚度>50 cm，地理位置为 E108°19′44″、N25°35′11″，坡度 25°上坡，群落总盖度为 95%，群落平均高度为 18 m，平均 DBH 20cm。乔木层主要树木有水青冈 *Fagus longipetiolata*、栲树、杜鹃 *Cuculus canorus*、木莲 *Manglietia fordiana*、桂南木莲

M. chingii、木荷 *Schima superba*、梗豆石栎 *Lithocarpus glaber*、冬青 *Lindera communis*、檫木 *Sassafras tzu-mu*、野樱 *Cerasus szechuanica*、中华槭 *Acer sinense*。乔木层中水青冈重要值达到 89.06，栲树重要值为 83.53，表明乔木层中水青冈和栲树是该层片中的优势种，二者对群落的总体结构和影响较大，是群落中的共优种；其次杜鹃重要值达 43.78，说明杜鹃对群落结构和建成起到非常重要的作用；其余物种重要值均在 5.27～17.07 之间，它们共同构建了群落乔木层结构。灌木层主要物种有高山杜鹃、栲、中华槭、方竹、光皮桦、灯台树、水青冈幼苗、檫木、野茉莉，其中方竹是灌木层优势树种，盖度达 80%；其次高山杜鹃在灌木层中占有很重要的地位。草本层总盖度为 20%，主要植物有里白、淡竹叶、芒草、狗脊蕨，狗脊蕨是草本层优势种；由于受到方竹的遮荫影响，草本层光照强度相对不足，因此草本层植物相对较少，但是群落内部附生了一些藤本植物如菝葜、爬山虎、悬钩子等。

表 3. 11. 1　月亮山保护区水青冈-栲树林乔木层种群重要值表

样地地点：月亮山　海拔：1158m　坡度 25°　坡位：上坡　群落盖度：95%　土壤类型：黄壤

植物名称	密度 （株/600m²）	相对密度 （%）	显著度 （m²/600m²）	相对显著 度（%）	频度	相对频度 （%）	重要值	重要 值序
水青冈 *Fagus longipetiolata*	20	33.33	0.3008	29.06	0.8	26.67	89.06	1
栲树 *Castanopsis carlesii*	15	25.00	0.4334	41.86	0.5	16.67	83.53	2
杜鹃 *Cuculus canorus*	10	16.67	0.1082	10.45	0.5	16.67	43.78	3
木荷 *Schima superba*	3	5.00	0.0826	7.98	0.2	6.67	19.65	4
木莲 *Manglietia fordiana*	3	5.00	0.0214	2.07	0.3	10.00	17.07	5
檫木 *Sassafras tzumu*	3	5.00	0.0483	4.66	0.2	6.67	16.33	6
梗豆石栎 *Lithocarpus glaber*	2	3.33	0.0139	1.34	0.1	3.33	8.01	7
野樱 *Cerasus szechuanica*	1	1.67	0.0123	1.18	0.1	3.33	6.18	8
冬青 *lex purpurea*	1	1.67	0.0095	0.92	0.1	3.33	5.92	9
中华槭 *Acer sinense*	1	1.67	0.0028	0.27	0.1	3.33	5.27	10
桂南木莲 *Manglietia chingii*	1	1.67	0.0021	0.21	0.1	3.33	5.21	11
合计　　11	60	100.00	1.0352	100.00	3	100.00	300.00	

2.1.2　十齿花－映山红林

如表 3.11.2 所示，该群落林分分布在海拔 1116 m 的山体中下部，分布了十齿花－映山红－淡竹叶群落，群落总盖度为 80%，土层厚度 >50 cm，土壤类型为黄壤。乔木层平均 *DBH* 25～30 cm，乔木层物种主要以十齿花 *Dipentodon sinicus* 为优势种，重要值达到 124.08，其他物种重要值均小于 25.08；其中马尾树 *Rhoiptelea chiliantha* 也出现在该群落中，重要值达 18.70；重要值最低的为杜鹃 7.03，样方内仅出现 1 株；其余还有沙梨、水青冈、木莲、杨梅、杉木、枫香、漆树、山胡椒等。灌木层主要物种有十齿花幼苗、映山红、杜鹃、方竹、天门冬、冬青、榕树、光皮桦幼苗，其中十齿花幼苗在灌木层中占有绝对优势。草本层主要物种有淡竹叶、芒草、锦香草等，一些藤本类植物如菝葜等出现在群落中，草本层总盖度达 70%。以上结果表明，群落中出现了一些演替阶段的物种如山柳和光皮桦，说明群落处于演替的中后期。对珍稀植物十齿花的保护，除了保护物种本身外，对群落生境及其他物种的保护也是极其重要的。

表 3. 11. 2　月亮山保护区十齿花－映山红林乔木层物种重要值

样地地点：光辉乡加牙村　坡度：30°　坡位：中坡　群落盖度：80%　土壤类型：黄壤

植物名称	密度 （株/600m²）	相对密度 （%）	显著度 （m²/600m²）	相对显著 度（%）	频度	相对频度 （%）	重要值	重要 值序
十齿花 *Dipentodon sinicus*	21	52.50	0.4962	42.42	0.7	29.17	124.08	1
水青冈 *Fagus longipetiolata*	2	5.00	0.1752	14.98	0.2	8.33	28.31	2

（续）

植物名称	密度 （株/600m²）	相对密度 （%）	显著度 （m²/600m²）	相对显著 度（%）	频度	相对频度 （%）	重要值	重要 值序
山柳 *Salix pseudotangii*	4	10.00	0.0387	3.30	0.3	12.50	25.80	3
沙梨 *Pyrus pyrifolia*	3	7.50	0.0861	7.36	0.2	8.33	23.19	4
马尾树 *Rhoiptelea chiliantha*	2	5.00	0.0628	5.37	0.2	8.33	18.70	5
杨梅 *Cortex Myricae Rubrae*	1	2.50	0.1213	10.37	0.1	4.17	17.03	6
木莲 *Manglietia fordiana*	2	5.00	0.0284	2.43	0.2	8.33	15.76	7
杉木 *Cunninghamia*	1	2.50	0.0615	5.26	0.1	4.17	11.93	8
枫香 *Liquidambar formosana*	1	2.50	0.0615	5.26	0.1	4.17	11.93	9
漆树 *Toxicodendron vernicifluum*	1	2.50	0.0152	1.30	0.1	4.17	7.96	10
山胡椒 *Linderaglauca* Sieb. EtZuccBl	1	2.50	0.0186	1.59	0.1	4.17	8.26	11
杜鹃 *Cuculus canorus*	1	2.50	0.0043	0.37	0.1	4.17	7.03	12
合计　　12	40	100.00	1.1699	100.00	2.4	100.00	300.00	

2.1.3　丝栗栲 – 方竹林

表3.11.3所示，该林分群落主要分布在海拔1270 m，集中在太阳山顶中上部，地理位置为E108°18′35″、N25°36′15.36″，群落总盖度为95%，群落平均高度为22 m，平均*DBH* 35~50 cm。该群落乔木树种相对平均，各个树种株数占有的比例相差不大，群落中还出现了钟萼木 *Bretschneidara sinensis*、红花木莲 *Manglietia insignis*、马尾树 *Rhoiptelea chiliantha* 等濒危植物。其中出现的2株钟萼木，其平均胸径达90 cm，平均冠幅为8 m×8 m，对该群落的结构有较大的影响，其重要值为53.06；红花木莲的平均胸径为12 cm，平均冠幅4 m×4 m，其重要值为41.16；同时还出现1株马尾树，其胸径为16 cm，冠幅为6 m×6 m，其重要值为6.69，保护该群落对珍稀物种的保护具有重要意义。其次还出现了丝栗栲、中华槭、栲树、水青冈、多脉青冈 *Cyclobalanopsis multinervis*、川桂 *Cinnamomum wilsonii*、香樟 *C. camphora*、野桐 *Mallotus japonicus*、十齿花，其重要值均在12.40以上；而野茉莉 *Styrax japonicus*、杜鹃、黑壳楠 *Lindera megaphylla*、枪木 *Ilex suzukii*、润楠 *Machilus pingii*、四照花 *Dendronenthamia japonica* var. *chinensis* 等，这几种植物重要值在6.15~8.40之间，它们共同构建了群落乔木层结构。灌木层主要物种为方竹和严重受压的杜鹃，其中方竹是灌木层优势树种，盖度达95%；其次高山杜鹃在灌木层中占有很重要的地位。草本层总盖度为25%，主要植物有鳞毛蕨、淡竹叶、芒草等。

表3.11.3　月亮山保护区丝栗栲 – 方竹林乔木层物种重要值

样地地点：太阳山　坡度20°　　　　坡位：中坡　群落盖度：95%　　　　土壤类型：黄壤

植物名称	密度 （株/600m²）	相对密度 （%）	显著度 （m²/600m²）	相对显著 度（%）	频度	相对频度 （%）	重要值	重要 值序
丝栗栲 *Castanopsis fargesii*	2	5.56	1.0549	41.05	0.20	6.45	53.06	1
钟萼木 *Bretschneidara sinensis*	2	5.56	0.8321	32.38	0.10	3.23	41.16	
中华槭 *Acer sinense*	5	13.89	0.1356	5.28	0.40	12.90	32.07	3
栲树 *Castanopsis carlesii*	2	5.56	0.2076	8.08	0.20	6.45	20.08	4
水青冈 *Fagus longipetiolata*	3	8.33	0.0817	3.18	0.20	6.45	17.97	5
红花木莲 *Manglietia insignis*	3	8.33	0.0246	0.96	0.20	6.45	15.74	6
多脉青冈 *Cyclobalanopsis multinervis*	2	5.56	0.0367	1.43	0.20	6.45	13.44	7
川桂 *Cinnamomum wilsonii*	2	5.56	0.0267	1.04	0.20	6.45	13.05	8
香樟 *Cinnamomum camphora*	2	5.56	0.0157	0.61	0.20	6.45	12.62	9
野桐 *Mallotus japonicus.*	2	5.56	0.0154	0.60	0.20	6.45	12.61	10

（续）

植物名称	密度（株/600m²）	相对密度（%）	显著度（m²/600m²）	相对显著度（%）	频度	相对频度（%）	重要值	重要值序
十齿花 Dipentodon sinicus	2	5.56	0.0102	0.40	0.20	6.45	12.40	11
野茉莉 Styrax japonicus	2	5.56	0.0232	0.90	0.10	3.23	9.69	12
四照花 Cornus. japonica var. chinensis	1	2.78	0.0572	2.23	0.10	3.23	8.23	13
马尾树 Rhoiptelea chiliantha	1	2.78	0.0177	0.69	0.10	3.23	6.69	14
杜鹃 Cuculus canorus	1	2.78	0.0113	0.44	0.10	3.23	6.44	15
黑壳楠 Lindera megaphylla	1	2.78	0.0050	0.20	0.10	3.23	6.20	16
枰木 Ilex suzukii	1	2.78	0.0050	0.20	0.10	3.23	6.20	17
润楠 Machilus pingii	1	2.78	0.0050	0.20	0.10	3.23	6.20	18
山荔枝 Dendronenthamia japonica var. chinensis	1	2.78	0.0038	0.15	0.10	3.23	6.15	19
合计　19	36	100.00	2.5695	100.00	3.10	100.00	300.00	

2.1.4　鹅掌楸－方竹林

如表 3.11.4 所示，该林分群落分布在海拔 1327 m 的山体中部，分布了鹅掌楸－方竹－莎草群落，群落平均高为 23 m，群落总盖度为 70%，乔木层平均 DBH 为 65 cm。该群落中鹅掌楸最为显著，其平均树高达到 28 m，平均胸径为 65 cm，显著度达到 1.4331，重要值达到 76.37；其次为木莲，在该 600 m² 的样地中出现了 6 株，对该群落结构也有较大的影响，重要值为 26.70；该群落中还出现了 1 株大胸径的枫香，胸径达到 80 cm，树高为 35 m，冠幅为 10 m × 10 m，尽管只有 1 株，但它的显著度在该样地中也是比较高的；在该群落中还出现了贵州比较稀少的植物大果山茶等；其次还有黄丹木姜子，其重要值为 23.84；四照花重要值为 22.28，栲树重要值为 15.56，其余还有中华槭、杜鹃、野漆、水青冈，其重要值在 8.57~15.56 之间；其余山柳、檫木、红脉钓樟 Lindera rubronervia、青榨槭、木姜子也分别在样地中出现了 1 株，其重要值在 4.93~7.48 之间。灌木层主要物种有鹅掌楸幼苗、润楠、中华槭、栲树、悬钩子、川桂、三尖杉、杜鹃幼苗等，说明该群落处于演替中后期。草本层群落盖度为 65%，主要物种有莎草、鳞毛蕨、漏粉草。一些藤本类植物如菝葜、葛藤、薯蓣等出现在群落中。

表 3.11.4　月亮山保护区鹅掌楸－方竹林群落乔木层物种重要值

样地地点：太阳山　　　海拔：1327m　　　群落盖度：70%　　　坡位：中坡　　　土壤类型：黄壤

植物名称	密度（株/600m²）	相对密度（%）	显著度（m²/600m²）	相对显著度（%）	频度	相对频度（%）	重要值	重要值序
鹅掌楸 Liriodendronchinensis	5	10.64	1.4331	55.20	0.4	10.53	76.37	1
木莲 Manglietia fordiana	6	12.77	0.0901	3.47	0.4	10.53	26.76	2
枫香 Liquidambar formosana	1	2.13	0.5024	19.35	0.1	2.63	24.11	3
黄丹木姜子 Litsea elongata	5	10.64	0.0694	2.67	0.4	10.53	23.84	4
四照花 Cornus. japonica var. chinensis	4	8.51	0.0843	3.25	0.4	10.53	22.28	5
栲树 Castanopsis carlesii	3	6.38	0.0333	1.28	0.3	7.89	15.56	6
山茶 Camellia japonica	3	6.38	0.0322	1.24	0.3	7.89	15.52	7
川桂 Cinnamomum wilsonii	4	8.51	0.0370	1.42	0.2	5.26	15.20	8
黑壳楠 Lindera megaphylla	3	6.38	0.0337	1.30	0.2	5.26	12.95	9
中华槭 Acer sinense	2	4.26	0.0745	2.87	0.2	5.26	12.39	10
杜鹃 Cuculus canorus	2	4.26	0.0141	0.54	0.2	5.26	10.06	11
野漆 Toxicodendron succedaneum	2	4.26	0.0509	1.96	0.1	2.63	8.85	12
水青冈 Fagus longipetiolata	2	4.26	0.0437	1.68	0.1	2.63	8.57	13
山柳 Salix pseudotangii	1	2.13	0.0707	2.72	0.1	2.63	7.48	14
檫木 Sassafras tzumu	1	2.13	0.0095	0.37	0.1	2.63	5.13	15

（续）

植物名称	密度（株/600m²）	相对密度（%）	显著度（m²/600m²）	相对显著度（%）	频度	相对频度（%）	重要值	重要值序
红脉钓樟 *Lindera rubronervia*	1	2.13	0.0064	0.24	0.1	2.63	5.00	16
青榨槭 *Acer davidii* Franch.	1	2.13	0.0064	0.24	0.1	2.63	5.00	17
木姜子 *Litsea cubeba*	1	2.13	0.0044	0.17	0.1	2.63	4.93	18
合计　18	47	100.00	2.5960	100.00	3.8	100.00	300.00	

2.1.5 黧蒴栲林

表3.11.5所示，该林分主要分布在海拔503m的地方，坡位为上坡位，坡度40°，土壤为山地黄壤，其中母岩为砂页岩，土层厚40 cm，A层厚15 cm，通过土壤剖面发现在A层中根系分布很密，土壤质地为壤质，枯枝落叶层厚10 cm，且分布均匀，地理位置为E108°06′53.96″、N25°48′0.86″，群落总盖度为80%，群落平均高度为15~18 m，平均DBH 15~25 cm，密度75株/亩。该群落乔木树种组成相对单一，其中黧蒴栲占绝对优势，对群落结构有较为重要的影响，其重要值高达224.02，平均冠幅5.3 m×5.7 m；杉木在该样地中出现了7株，平均DBH为18.5 cm，平均冠幅为3.0 m×4.0 m，重要值也达到38.19，对群落结构也有重要作用；丝栗栲在该群落中出现了5株，重要值达到29.82，对该群落结构同样具有较大的影响，丝栗栲在该群落中显著度不大，只达到0.0414，但是相对频度却和杉木一样达到21.05%，说明丝栗栲和杉木一样在群落中分布也是较为广泛的；花楸 *Catalpa ovata* 在群落中分布了1株，其重要值只有7.97。灌木层主要是黧蒴栲幼苗和杜鹃，说明该群落正在处于生长发育阶段；该群落中群落盖度达到75%，草本层植物比较丰富，主要以鳞盖蕨、野山姜为主，这两种草本层植物均占10%以上；除此之外还有蓼的群落盖度为5%，莎草的群落盖度为3%，两面针的群落盖度为2%，皱叶狗草的群落盖度为1%，以及楼梯草等。从整体群落外貌来看，群落外貌呈墨黑色，树冠浑圆状。由于人为开荒、伐薪、放牧，该类型森林保存不多，尤其是在山下部，仅保存于陡峭、人迹少到的坡地。该类型是月亮山、太阳山常绿阔叶林中较为典型的类型。

表3.11.5　月亮山保护区黧蒴栲林乔木层物种重要值

样地地点：太阳山　　　海拔：503m　　　群落盖度：80%　　　坡位：下坡　　　坡度：40°

植物名称	密度（株/600m²）	相对密度（%）	显著度（m²/600m²）	相对显著度（%）	频度	相对频度（%）	重要值	重要值序
黧蒴栲 *Castanopsis fissa*	70	84.34	1.3161	87.05	1	52.63	224.02	1
杉木 *Cunninghamia lanceolata*	7	8.43	0.1316	8.71	0.4	21.05	38.19	2
丝栗栲 *Castanopsis rargesn*	5	6.02	0.0414	2.74	0.4	21.05	29.82	3
花楸 *Catalpa ovata*	1	1.20	0.0227	1.50	0.1	5.26	7.97	4
合计　5	83	100.00	1.5118	100.00	1.9	100.00	300.00	

2.1.6 水青冈、杜鹃林

如表3.11.6所示，样地分布于月亮山山顶丘陵坡面上，海拔1468 m的区域，其土层厚度为A层5 cm，B层15 cm，土壤为板岩、砂岩发育的山地黄棕壤，地理位置为E108°18′41.73″、N25°42′16.77″，坡度20°，坡位为上坡位，群落盖度高达100%，群落外貌呈浅绿色，林内树干高大，饱满，树皮灰黑色，深裂。群落高度20 m左右，乔木层盖度0.9，主要乔木有水青冈、杜鹃、川桂、木莲、枫香、丝栗栲、野樱 *Cerasus szechuanica*、中华槭等，其中水青冈在该群落中的重要值达到了191.77，相对密度为50%，占乔木成群落树种的一半，相对显著度达到91.77，说明水青冈是该群落中的优势种；其次杜鹃在该600m²样地中也出现了7株，重要值达到36.09，对该群落结构也有重要的影响；川桂在该群落中出现了4株，重要值达到21.13；其次木莲、枫香、丝栗栲在样地中都分别出现了2株，重要值在10.70~13.22之间；野樱、中华槭在群落中只出现1株，其中中华槭重要值最小只有7.91。由于受到乔木层植被郁闭度大的影响，使得灌木层和草本层光照缺少，灌木层只有方竹，盖度为40%。草本层主要是鳞毛蕨，盖度为10%。

表3.11.6　月亮山保护区水青冈－杜鹃林群落乔木层物种重要值

样地地点：计划大山山顶　　海拔：1468 m　　群落盖度：100%　　坡位：上坡　　坡度：20°

植物名称	密度 （株/600m²）	相对密度 （%）	显著度 （m²/600m²）	相对显著度（%）	频度	相对频度 （%）	重要值	重要值序
水青冈 *Fagus longipetiolata*	19	50.00	2.5983	91.77	1.00	50.00	191.77	1
杜鹃 *Cuculus canorus*	7	18.42	0.0756	2.67	0.30	15.00	36.09	2
川桂 *Cinnamomum wilsonii*	4	10.53	0.0172	0.61	0.20	10.00	21.13	3
木莲 *Manglietia fordiana*	2	5.26	0.0837	2.96	0.10	5.00	13.22	4
枫香 *Liquidambar formosana*	2	5.26	0.0222	0.78	0.10	5.00	11.05	5
丝栗栲 *Castanopsis rargesn*	2	5.26	0.0123	0.44	0.10	5.00	10.70	6
野樱 *Cerasus szechuanica*	1	2.63	0.0141	0.50	0.10	5.00	8.13	7
中华槭 *Acer sinense*	1	2.63	0.0079	0.28	0.10	5.00	7.91	8
合计	38	100.00	2.8313	100.00	2.00	100.00	300.00	

2.1.7　水青冈、山柳林

如表3.11.7所示，该林分群落分布在海拔1426 m的山体上部，在月亮山保护区的计划大山山顶，地理位置为E108°18′42.06″、N25°42′12″，群落总盖度为60%，群落平均高为8~12 m，乔木层平均 *DBH* 为12~20 cm，最大 *DBH* 为25 cm，坡位为上坡位，枯枝落叶层厚5 cm，土层厚度>30 cm。调查发现该群落的乔木层植物树高相对较低，在该600 m²的样地中胸径达到23.06 cm的只有1株水青冈，其余的树种胸径均在16.50 cm及以下。该群落中水青冈和山柳对该群落的结构影响较大，是该群落中的优势种。水青冈在样地中出现了60株，重要值为138.4，在600 m²样地中的显著度为0.5024，平均胸径为13.5 cm，平均冠幅为4 m×3.5 m；山柳在该样地中出现了51株，重要值为102.71，在600 m²样地中的显著度为0.2560，平均胸径为8.0cm，平均冠幅为1.5 m×1.5 m；杜鹃在该样地中出现了4株，重要值为18.42；青榨槭在该样地中出现了3株，重要值为11.25；化香 *Platycarya strobilacea*、丝栗栲各出现了2株，重要值分别为9.18和6.18；其余中华槭、小果南烛 *Lyonia ovalifolia*、野茉莉各有1株，重要值在4.88以下。灌木层主要物种有山柳幼苗、川桂、方竹、苍背木莲 *Manglietia glaucifolia*、悬钩子等。该群落树木胸径不大，山柳幼树较多，说明该群落处于演替中期。草本层群落盖度为50%，主要有莎草、粽叶狗草等。

表3.11.7　月亮山保护区水青冈、山柳林群落乔木层物种重要值

样地地点：计划大山山顶　　海拔1426m　　群落盖度：60%　　坡度：上坡　　坡度：30°

植物名称	密度 （株/600m²）	相对密度 （%）	显著度 （m²/600m²）	相对显著度（%）	频度	相对频度 （%）	重要值	重要值序
水青冈 *Fagus longipetiolata*	60	48.00	0.5024	58.17	1.00	32.26	138.43	1
山柳 *Salix pseudotangii*	51	40.80	0.2560	29.65	1.00	32.26	102.71	2
杜鹃 *Cuculus canorus*	4	3.20	0.0200	2.31	0.40	12.90	18.42	3
青榨槭 *Acer davidii*	3	2.40	0.0486	5.62	0.10	3.23	11.25	4
化香 *Platycarya strobilacea*	2	1.60	0.0089	1.03	0.20	6.45	9.08	5
丝栗栲 *Castanopsis rargesn*	2	1.60	0.0117	1.35	0.10	3.23	6.18	6
中华槭 *Acer sinense*	1	0.80	0.0074	0.85	0.10	3.23	4.88	7
小果南烛 *Lyonia ovalifolia*	1	0.80	0.0033	0.38	0.10	3.23	4.41	8
野茉莉 *Styrax japonicus*	1	0.80	0.0054	0.63	0.10	3.23	4.65	9
合计　9	125	100.00	0.8636	100.00	3.10	100.00	300.00	

2.1.8　丝栗栲林

表 3.11.8 所示，该林分群落分布海拔为 384 m，其土层厚度 80~100 cm，地理位置为 E108°15′7.31″、N25°47′11.60″，坡度 20°，上坡，群落总盖度为 65%，群落平均高度为 25 m，平均 DBH 20~30 cm，最大 DBH 为 40 cm，地面枯枝落叶层较厚，达到 5 cm，土壤类型为黄壤。乔木层主要树木有丝栗栲、木荷、润楠、木莲、香樟、黄樟 Cinnamomum porrectum、枫香、毛叶新木姜子、柃木 Eurya japonica，其中丝栗栲为该群落的优势种，在该样地中出现了 24 株，平均胸径达 38.5cm，重要值达到 154.77，冠幅为 5.2 m×5.3 m，丝栗栲对该群落结构具有较大的作用；同时还出现了 5 株木荷 Schima superba，平均胸径为 30.06 cm，平均高 20.0 m，重要值为 31.70，对该群落的结构也有较大的影响；润楠、木莲在群落中分别出现了 8 株，其重要值为 28.91 和 27.34，仅次于木荷；香樟在该样地中出现了 5 株，重要值为 9.81；黄樟、枫香、毛叶新木姜子、柃木在样地中均出现了 1 株，重要值在 5.59~9.89 之间。灌木层有楠木、丝栗栲幼苗、木莲幼苗、红豆树幼苗、花桐木幼苗、鬜蕋栲幼苗等，说明该群落正在演替中期。草本层的群落盖度为 50%，主要有鳞毛蕨群、野山姜等。

表 3.11.8　月亮山保护区丝栗栲林群落乔木层物种重要值

样地地点：计划乡马鞍山　　海拔：384m　　群落高度：25m　　坡位：上坡　　坡度：20°

植物名称	密度（株/600m²）	相对密度（%）	显著度（m²/600m²）	相对显著度（%）	频度	相对频度（%）	重要值	重要值序
丝栗栲 Castanopsis rargesn	24	43.64	2.0629	74.10	1.00	37.04	154.77	1
木荷 Schima superba	5	9.09	0.3201	11.50	0.30	11.11	31.70	2
润楠 Machilus pingii	8	14.55	0.0905	3.25	0.30	11.11	28.91	3
木莲 Manglietia fordiana	8	14.55	0.0467	1.68	0.30	11.11	27.34	4
香樟 Machilus ichangensis	5	9.09	0.0411	1.47	0.40	14.81	25.38	5
黄樟 Cinnamomum porrectum	1	1.82	0.1194	4.29	0.10	3.70	9.81	6
枫香 Liquidambar formosana	1	1.82	0.0881	3.16	0.10	3.70	8.69	7
毛叶新木姜子 Neolitsea velutina	2	3.64	0.0131	0.47	0.10	3.70	7.81	8
柃木 Eurya japonica	1	1.82	0.0020	0.07	0.10	3.70	5.59	9
合计　10	55	100.00	2.7838	100.00	2.70	100.00	300.00	

2.1.9　鹅耳枥、中华槭林

该林分群落位于海拔 1156 m 的月亮山中部，地理位置为 N25°37′14″、E108°15′07″，群落乔木层平均高度为 13~16 m，平均 DBH 为 12~16 cm，群落总盖度为 60%。主要乔木有鹅耳枥、水青冈、山柳、杜英、枫香、中华槭，该群落中鹅耳枥占主要优势，是乔木层的优势种。灌木层有合欢、杉木、水青冈幼苗、川桂、红豆杉、山胡椒、杜鹃等。草本层主要是铁芒萁和莎草，有少数的南烛等。

2.1.10　响叶杨、光皮桦林

该群落位于海拔 1127 m 的月亮山中上部，群落盖度在 70%~80%，曾经受到较大人为干扰，群落正处在恢复过程中。乔木主要有响叶杨、光皮桦、灯台树、盐肤木、五裂槭、柃木。主要灌木树种有水青冈幼苗、里白、锦带花、算盘子、枫香幼苗等。主要草本有芒草、铁芒箕、狗脊蕨。该群落正处于演替中期。

2.1.11　石灰花楸、山柳林

该样地位于海拔为 1335 m 的月亮山中上部，群落盖度在 80% 左右，曾经受到人为干扰也较大。该群落在恢复过程中，石灰花楸和山柳长势较快。石灰花楸平均高度为 8 m，占整个乔木树种的 50%；山柳平均高度为 6 m，占整个乔木树种的 40%。灌木树种有石灰花楸幼苗、山柳幼苗、水青冈幼苗、川桂幼苗、海桐幼苗等。草本层有莎草、芒草、耳蕨、狗脊、菝葜等。

2.1.12　马尾树、中华槭林

该林分群落海拔为 1043 m，分布在沟谷旁边，坡位处于下坡位，群落盖度为 70%，主要乔木为马尾树，其次还有中华槭、杉木、灯台树、大叶栲、枫香等。灌木层有盐肤木、方竹、木莲、三尖杉、青榨槭、算盘子、野桐、映山红、山柳。草本层有八月瓜、猕猴桃、水麻、百合、葛藤等。该群落水分阳光比较充足，群落长势较好。

2.1.13 香果树、栲树林

该林分群落分布在海拔 1100 m 的区域，地理位置为 N25°37′14″、E108°15′07″，群落乔木层平均高为 8 m，平均 *DBH* 为 20 ~ 25 cm，群落落总盖度为 70%。该群落中主要有香果树、红豆杉等濒危物种，保护好该群落对保护生物多样性具有重要意义。其他乔木有柿树、山柳、灯台树、杉木等。灌木层有算盘子、方竹、合欢、野桐、盐肤木、海桐、山胡椒等。草本层主要有鸢尾、野污麻、鳞毛蕨、猕猴桃等。

2.2 针叶林

2.2.1 马尾松林

该林分为马尾松纯林，位于海拔 1050 m 的区域，地理位置为 N25°39′12″、E108°20′54″，坡位为中坡位，坡度 25°，土壤为山地黄壤，土层厚 60 cm，A 层厚 25 cm，枯枝落叶层厚 15 cm，群落的总盖度为 85%，群落的平均高为 20 m，平均 *DBH* 18 ~ 25 cm，该群落乔木树种组成单一，马尾松占绝对优势，对群落结构有较为重要的影响。灌木层有杨梅、算盘子、小果南烛、蛇葡萄、椤木、合欢等，盖度为 20%。草本层主要有铁芒萁、红毛鳞蕨、五节芒、羊耳菊、地菍等，盖度为 5%。

2.2.2 杉木林

该类型主要分布在月亮山，海拔为 1120 m 左右，地理位置为 N25°35′32″、E108°19′56″的地方，坡度为 25° ~ 40°，以杉木纯林为主，乔木层平均高 20 m，平均 *DBH* 为 35 cm，群落盖度为 80%。杉木林群落在自然保护区中的缓冲区有大面积存在，为当地的林木用材提供保障，是保护区缓冲区的重要树种。该群落的部分区域林地破坏较大，保护区内有近 40% ~ 50% 被伐木，甚至皆伐或间伐后留下疏林地，郁闭度 0.2 左右，有的破坏后未及时抚育形成灌草丛次生植被。山体下部以人工林为主，主要是杉木针叶林；山体中上部为针阔混交林，上部混交林主要是植被破坏后演替形成的次生林，其恢复过程中主要有响叶杨、光皮桦、灯台树、盐肤木、水青冈、猕猴桃、麻栎、锦带花、枫香，其他物种有毛桐、芒草、铁芒萁、狗脊蕨、五裂槭、石楠、菝葜、箭竹等。草本层有翠云草、悬钩子、蝴蝶花、莎草、水麻等，盖度为 25%。

2.3 针阔混交林

楠竹、马尾松混交林

该群落海拔为 896 m，乔木层平均高 12 m，群落总盖度为 60%，处于下坡位。乔木层主要有楠竹、马尾松、杉木、枫香等。灌木层有白栎、油茶、鹅掌柴、椤木、南烛、拐枣等。其中楠竹在该群落中处于优势种，对群落结构影响较大。草本层有铁芒萁、竹叶草、莎草等。藤本有崖豆藤、菝葜等，构成了丰富的群落结构。

2.4 竹林

（1）楠竹林

该群落位于海拔 1032 m 地区，为人工林，群落盖度 85%，平均 *DBH* 为 12 cm，群落高为 17 m。该群落位于缓冲区，树种较单一，只有楠竹 1 个树种，起源为人工林。楠竹为当地居民提供大量竹材。灌木层有山茶、白栎、悬钩子、木莲黄、紫萁、山胡椒、杨梅、光皮桦幼苗。草本层被大量的枯枝落叶盖住，枯枝落叶厚度为 13 cm。

（2）方竹林

该群落位于海拔 1130 m 的地区，群落盖度为 95%。乔木层只有几株散生的杉木，树高 20 m，胸径 30 cm，枝下高 9 m；其余均为方竹，平均胸径 1.5 cm。群落高为 2 m，枯枝落叶层厚 10 cm。在该群落中，因阳光不够充足，没有草本层植物。方竹在大部分月亮山保护区群落中均有分布，对月亮山森林演替和群落特征研究具有重要的意义。

2.5　次生林群落

月亮山保护区次生林植被主要是在杉木林植被被人为砍伐破坏后，形成的更新植被，分布在党郎村寨一带，更新群落物种包含花楸、山柳幼苗、杉木幼苗、芒草、铁芒箕、石楠、菝葜、艾蒿、苔草等。

2.6　村寨林

在村寨附近分布了古龙柏林，胸径平均 50 cm，胸径较大者达 1.2 ~ 1.5 m，平均高度达到 25 m，主要分布在加牙村。此外在在榕江县光辉乡苗王墓附近分布了楠木林，胸径 20 ~ 40 cm，树高达到20 ~ 25 m。对这些珍稀古树的保护极其重要。

3　结论与讨论

本次调查研究发现，月亮山保护区维持了较丰富的森林类型，共同构建了月亮山自然森林生态系统。月亮山保护区森林植被主要以壳斗科、木兰科、樟科、杜鹃花科植物占优势，这些植物构成的植被类型主要以落叶阔叶林、常绿阔叶林和常绿落叶阔叶林。保护区内有大量的珍稀树种，如红豆杉、马褂木、篦子三尖杉、红花木莲、十齿花、马尾树、钟萼木、桫椤、金毛狗等，说明月亮山生境组成复杂、类型多样，维持了较高的物种多样性。月亮山保护区雨热条件优越，物种比较丰富，拥有多种珍稀物种植物资源，同时部分片区古树历史悠久，拥有胸径高达 1 米多的红豆杉、龙柏、水青冈等，是非常值得保护的。同时月亮山保护区面积较大，部分森林植被被非森林斑块和一些河流形成的廊道隔开，导致月亮山保护区生境类型多样，形成更多的林分类型。保护区内也受到一定的人为干扰，部分原生植被受到人为干扰形成次生性植被，有的林地被皆伐后种植杉木林，有的间伐后留下疏林地以及有的地方采伐后没有及时造林，从而形成次生灌草丛。这些行为在一定程度上破坏了保护区森林生态系统的稳定性和系统功能发挥，不利于保护区生态系统的平衡和物种多样性的维持。建议减少保护区内人为干扰，进一步加大保护区管理力度，对保护区进行规划建设，科学划定核心区和缓冲区，对核心区的一些珍稀濒危种质资源、珍贵树种形成的群落加强保护。

（何跃军　谢双喜　丁章超　钟洪波　朱晓宇　吴春玉）

参考文献

Burke A. Classification and ordination of plant communities of the Nankluft mountains J). Nambia J. Veg. Sci. , 2001, 12：53 ~ 60.

宋永昌. 植被生态学[M]. 上海：华东师范大学出版社，2001.

Curtisj T. Mcintoshrp An Upland Forest Continuum in the Prairie – forest Border Region of Wisconsin [J] Ecology, 1951, 32：476 ~ 496

彭少麟. 广东亚热带森林群落的生态优势度[J]，生态学报，1987，1）36 ~ 42

Lindsey A. Sampling Methods and Community Attributes in Forest Ecology[J]，Forest Science ，1956，2：287 ~ 296

Ayyadma G，Dixrl. Analysis of a Vegetation – microenvironmental Complex on Prairie Slopes inSaskatchewan [J]，Ecologica，1964，34：421 ~ 422

马克平. 生物群落多样性的测度方法[M]，北京：中国科学技术出版社. 1994，141 ~ 165

喻理飞，朱守谦. 月亮山林区森林类型研究[M]，《月亮山林区科学考察集》，贵阳：贵州省科技出版社. 1989，111 ~ 125

朱守谦，喻理飞. 月亮山太阳山森林群落的种群分析[J]，贵阳：贵州农院学报，1990，91：32 ~ 42

穆彪. 月亮山、太阳山林区气候特征及分析[M]，《月亮山林区科学考察集》，贵阳：贵州省科技出版社. 1989

吴开岑，王定江，冯邦贤等. 榕江月亮山植物群落的特征及多样性[J]，贵州农业科学，2013，418：23 ~ 27

王育松，上官铁梁. 关于重要值计算方法的若干问题[J]，山西大学学报自然科学版，2010332：312 ~ 316

陈俊华，文吉富，王国良等. Excel 在计算群落生物多样性指数中的应用[J]，四川林业科技，2009，30(3)

岳永杰，余新晓，刘丽丽等. 北京雾灵山植物群落结构及物种多样性研究[J]，北京林业大学学报，2008，302：165 ~ 171

汪殿蓓，暨淑仪，陈飞鹏. 深圳南山区天然林群落多样性及演替现状[J]，生态学报，2003，23(7)：1415 ~ 1444

第十二节　特有植物从江含笑

从江含笑 *Michelia chongjiangensis* Y. K. Li et X. M. Wang，属于木兰科 Magnoliaceae 含笑属的植物，具有观赏价值、用材价值和研究价值。它的标本早在 1959 年就已经被采集到，但是，到了 1983 年才由李永康先生又采集到新的标本，作为新种在《贵州科学》上发表。但在 1989 年出版的《贵州植物志》第 4 卷和 1996 年出版的《中国植物志》30 卷第一册中都没有记载该种，在 2008 年出版的《Flora of China》中，把该种合并到了长柄含笑(*Michelia leveilleana* Dandy)中。2011 年，司马永康先生将该种独立出来。在月亮山科学考察活动中，对该种进行了深入调查，补充了花的形态特征，并根据在 3 个分布区采集到的多号标本，对比了模式标本，赞同独立出来的观点。由于该种主要分布于贵州月亮山保护区，地势偏僻，交通不便，即使发表后已经 30 多年，有关生物学和生态学特性等的研究还未见报道。

1　结果与分析

1.1　生物学特性

1.1.1　形态特征

常绿乔木，高达 25 m(原记录 18 m)，胸径 78cm，小枝无毛，芽有平贴绢状锈色柔毛。叶革质，长椭圆形或卵状椭圆形，长 6~10(12.5)cm，宽 2.5~5(6.3)cm，顶端短尖或骤短尖，基部圆形，稀钝，中脉在表面下陷，侧脉每边 7~12 条，纤细，细脉明显，结成不规则的小网眼，干时两面均明显突起，表面绿色有光泽，无毛，背面有极稀疏的锈色粉状微柔毛，稀局部变无毛；叶柄长 2~4 cm，无毛，无托叶痕。花芽有锈色绢状柔毛，花白色，花瓣 9~10 片，外轮花被片倒卵形，长 3.5~3.8 cm，宽 1.4~1.8 cm，内轮花被片倒披针形，长 3.5~3.8 cm，宽 1.4~1.8 cm，花被片无毛，雄蕊白色，长 0.8~1 cm，雌蕊群无毛。聚合果长 3~9 cm，果梗长 0.6~1.6 cm，有 3 个环痕，被锈色柔毛；蓇葖长 1~3 cm，果瓣木质，厚 1~2 mm，外有稀疏的褐色疣点，先端短尖；每蓇葖有种子 2~4，种子宽椭圆形，长约 10 mm，宽约 8 mm，鲜红色。花期 3 月，果期 9 月。

1.1.2　种实特征

采集从江含笑的果实并处理出种子，进行果实和种子测定，测定样本数大于 30 个，共测定了 12 个指标；然后进行统计，计算出平均值等(见表 3.12.1)。从江含笑的果实和种子主要指标为：果序平均长度 100.4 mm，果序平均直径 38.1 mm，果序平均蓇葖数 10 枚，种子轴向长度 6.7 mm，种子横向长度 5.8 mm。按照林业生产的育苗需要，计测了从江含笑果实的出种率为 18.8%，千粒重为 56.1 g(17825 粒/kg)。为了比较直观地对比从江含笑的果实和种子的大小，将其中的几个主要指标与同属的其他 3 个种进行比较(见表 3.12.2)。从表 3.12.2 看，在木兰科含笑属的果实和种子中，从江含笑属于比较小的类型，比马丁含笑(*Michelia martinii*)、金叶含笑(*M. foveolata*)和乐昌含笑(*M. chapensis*)的小，但是出种率比较高。

表 3.12.1　月亮山保护区从江含笑果实和种子特性测定

类别	平均值	标准差	最大值	最小值	变异系数
果序长度(mm)	100.4	8.092	117.9	88.2	0.081
果序直径(mm)	38.1	6.106	51.1	31.6	0.160
果序鲜重(g)	10.8	1.829	14.56	8.36	0.169

（续）

类别	平均值	标准差	最大值	最小值	变异系数
果序蓇葖数（枚）	10.4	2.375	14	7	0.228
果序种子粒数（粒）	17.8	4.354	24	11	0.245
果序种子净重（g）	1.8	0.435	2.4	1.1	0.242
带假种皮种子轴向长度（mm）	7.7	0.303	8.40	7.20	0.039
带假种皮种子轴向宽度（mm）	6.2	0.207	6.60	5.90	0.033
单粒带假种皮种子净重（g）	0.2	0.030	0.20	0.10	0.150
种子轴向长度（mm）	6.7	0.448	7.60	6.00	0.067
种子轴向宽度（mm）	5.8	0.223	6.20	5.50	0.038
单粒种子净重（mm）	0.1	0.000	0.10	0.10	0.000

表 3.12.2　月亮山保护区从江含笑与同属的 3 个种的果实和种子对比

种类	果序长度（cm）	果序直径（cm）	出种率%	千粒种（g）
从江含笑	100.5	37.7	18.8	56.1
马丁含笑	147.0	59.0	6.2	78.2
金叶含笑	150.0	62.0	3.8	85.4
乐昌含笑	154.1	52.7	16.6	300.0

1.1.3　生长与更新

在榕江县计划大山采集了 1 株天然生长的解析木，立地条件为坡中上部，西坡，坡度 20°，地理位置 N25°42′49.00″、E108°18′46.35″，海拔 1449 m，砂页岩，黄壤，土层厚度大于 100 cm，枯枝落叶层厚度 15 cm，腐殖质厚度 5 cm，土壤的物理性状和化学性状见表 3.12.5、表 3.12.6；植被为常绿落叶阔叶林。树干解析的结果见表 3.12.3、图 3.12.1、图 3.12.2，可见，该解析木总体的生长比较慢，66 年生时，高达 11.2 m，胸径 19.1 cm，材积 0.129532 m^3；高生长在 35~40 年和 55 年后生长较快，连年生长量在 0.2 m；胸径生长在 40~45 年时比较快，连年生长量在 0.4~0.5 cm，材积生长在 40 年后比较快，连年生长在 0.002137 m^3 以上。

通过对人工培育的一年生苗木进行观测，种子在 2011 年采集于从江县太阳山，2012 年 11 月 30 日观测，平均苗高 12.39 cm，最高 17 cm，平均地径 4.30 mm，最大 5.85 mm，平均冠幅 11.48 cm，最大 17.00 cm。

表 3.12.3　月亮山保护区从江含笑解析木生长过程总表

年龄	胸径（cm）			树高（m）			材积（m^3）			生长率（%）
	总生长量	平均生长量	连年生长量	总生长量	平均生长量	连年生长量	总生长量	平均生长量	连年生长量	
5	–	–	–	1.1	0.2	0.2	0.000093	0.000019	0.000019	40
10	1.3	0.1	0.3	1.7	0.2	0.2	0.000256	0.000026	0.000033	18.7
15	1.7	0.1	0.1	2.2	0.1	0.1	0.000665	0.000044	0.000082	17.8
20	2.5	0.1	0.2	2.8	0.1	0.1	0.001276	0.000064	0.000122	12.6
25	3.1	0.1	0.1	3.3	0.1	0.1	0.001984	0.000079	0.000141	8.7
30	4.4	0.1	0.3	4	0.1	0.1	0.004199	0.00014	0.000443	14.3
35	6	0.2	0.3	5.2	0.1	0.2	0.008265	0.000236	0.000813	13
40	8.7	0.2	0.5	6	0.2	0.2	0.018957	0.000474	0.002139	15.7

（续）

年龄	胸径（cm）			树高（m）			材积（m³）			
	总生长量	平均生长量	连年生长量	总生长量	平均生长量	连年生长量	总生长量	平均生长量	连年生长量	生长率（%）
45	10.5	0.2	0.4	6.6	0.1	0.1	0.030823	0.000685	0.002373	9.5
50	11.8	0.2	0.3	7.2	0.1	0.1	0.046582	0.000932	0.003152	8.1
55	13.2	0.2	0.3	8.3	0.2	0.2	0.062878	0.001143	0.003259	6
60	14.9	0.2	0.3	9.8	0.2	0.3	0.08815	0.001469	0.005054	6.7
65	16.4	0.3	0.3	11	0.2	0.2	0.111025	0.001708	0.004575	4.6
66	16.9	0.3	0.5	11.2	0.2	0.2	0.11687	0.001771	0.005845	1
带皮	17.7	—	—	11	—	—	0.129532	—		

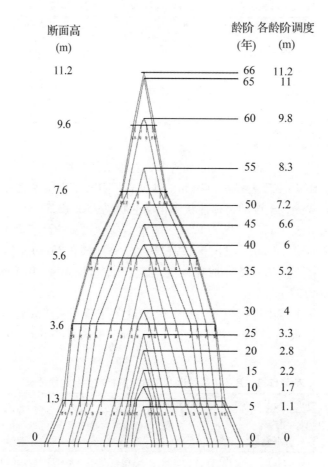

图 3.12.1　月亮山保护区从江含笑解析木树干纵断面图

野外调查了 1 个面积 450 m² 的从江含笑群落更新情况，海拔 1300 m，上层乔木主要是水青冈、从江含笑等，郁闭度 0.7，灌木层以狭叶方竹为优势，覆盖度 80%；从江含笑共有幼苗幼树 8 株，见表 3.12.4，高度 1.9m 以下有 3 株，2～2.9 m 有 2 株，3～3.9 m 有 1 株，4 m 以上有 2 株，更新较好。所以，在调查区域，从江含笑在群落中属于比较常见的种。

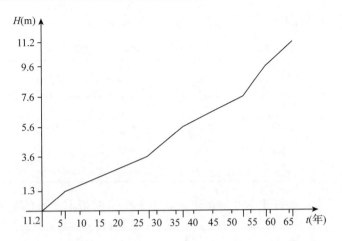

图 3. 12. 2　月亮山保护区从江含笑解析木树高生长曲线

表 3. 12. 4　月亮山保护区从江含笑更新调查

序号	高度（m）	地径（cm）
1	2.5	2.0
2	1.6	1.0
3	1.7	1.2
4	2.3	1.2
5	3.8	4.0
6	2.3	4.2
7	4.5	3.0
8	0.6	2.0

1.2　生态学特性

1.2.1　资源分布

目前，该种仅发现分布于广西和贵州的相邻区域。在贵州，分布于从江县光辉乡加牙的太阳山（海拔 1400 m）和月亮山（野佳木：N 25°38′13.80″、E 108°14′50.78″，海拔 1364 m；老远，海拔 1415 m；上拉力，海拔 1100 m；三角顶，N 108°14′38.40″、E 25°38′04.80″，海拔 1490.3 m），秀塘公社甲路九万大山山顶（海拔 1610 m），榕江县计划乡计划大山（香猪岩 N 25°42′07.20″，E 108°18′36.69″，海拔 1438 m；计划乡，海拔 800 m），荔波县毗邻从江月亮山的地区；在广西，分布于九万大山。模式标本采于从江县太阳山。分布海拔 800～1610 m，最高海拔在九万大山的山顶。可见，该种主要分布于黔桂交界的局部地段。

1.2.2　地质地貌

从江含笑分布区位于云贵高原边缘向广西低山丘陵过渡区的苗岭山脉南缘南岭桂北诸山的接壤地带，在贵州，主要是东南部的榕江、从江、荔波三县交界的地带，属于珠江水系的都柳江支流（牛长河和污茂河）与广西金城江支流（打狗河和大环江）的发源地和分水岭之一。区内层峦叠嶂，地形切割破碎，起伏较大，有中中山、低中山、低山的侵蚀地貌类型，地貌组合有侵蚀谷与脊状山等。从江含笑常见生长于山顶、山脊、斜坡地带，在月亮山主峰最高的位置就有生长。

分布区主要出露元古界、震旦系和寒武系地层，多为浅海沉积的碎屑岩及浅变质岩。岩层出露以元古代下江群绢云母板岩、变余凝灰岩、变余砂岩以及震旦纪、寒武纪的砂页岩为主，岩石主要基质是以硅铝质为主的含钾、铁酸性造岩矿物。

1.2.3　土壤条件

从江含笑生长的土壤为山地黄壤，主要发育于变质岩，成土母质为坡积，土层深厚，我们对采集解析木地点的土壤剖面进行了调查并取样（见表 3.12.5），从剖面看，土壤发育良好，土层为中厚层，但石砾含量较高，物理性状好。

表 3. 12. 5　月亮山保护区从江含笑土壤剖面结构

层次	厚度 （cm）	颜色	质地	结构	孔隙度	湿度	石砾含量 （%）
A0	5 ~ 0	黑棕色	—	—	—	—	—
A	0 ~ 6	暗棕	中壤	粒状	多孔隙	潮湿	10
B	6 ~ 33	淡棕黄	中壤	块状	多孔隙	湿	30
C	33 ~ 50 以下	黄棕	中壤	块状	中等	湿	50

采集 2 个土壤剖面的土壤进行化学性质测定，其中 1 个是解析木地点的土样（编号 1），上层土取样深度 10 ~ 15 cm，下层土取样深度 40 ~ 50 cm，结果见表 3. 12. 6。从表中看，土壤的肥力条件好，由于分布地的热量条件好，湿度大，枯落物为阔叶树种，有机物分解快，氮、磷、钾的总量和有效成分含量都比较高，特别是上层土壤，是从江含笑须根吸收养分的主要土层，与本次科学考察的土壤专项调查结果进行对比，土壤的氮、磷、钾的有效成分含量都比较高。

表 3. 12. 6　月亮山保护区从江含笑生长的土壤化学性质测定

原始编号	pH 值	有机质含量 （g/kg）	全磷含量 （g/kg）	有效磷含量 （mg/kg）	全钾含量 （g/kg）	速效钾含量 （mg/kg）	全氮含量 （g/kg）	水解氮含量 （mg/kg）
1 号上层	4. 03	178. 93	0. 87	3. 09	14. 47	82. 47	9. 52	789. 52
1 号下层	4. 48	65. 94	0. 59	0. 79	16. 50	44. 64	3. 75	372. 42
2 号上层	3. 59	127. 51	0. 57	2. 27	15. 33	56. 56	5. 99	583. 79
2 号下层	4. 71	45. 21	0. 42	1. 29	17. 09	24. 46	2. 04	271. 37

1. 2. 4　气候

从江含笑分布区地处中亚热带，气候温暖湿润，年平均降水量为 1367. 7 ~ 2108. 8 mm，4 ~ 10 月总降水量为 1092. 8 ~ 1642. 7 mm，占全年降水量的 75. 1% ~ 83. 1%，年日照时数为 1076. 6 h ~ 1292. 5 h，较省中部和北部地区偏多，林木生长季 4 ~ 10 月日照时数为 775. 2 ~ 957. 5 h，占全年日照时数的 72% ~ 74. 1%，利于林木生长。

根据有关研究报告，从江含笑分布区的年平均气温为 12. 9 ~ 18. 3℃，相比周围地区偏低 0. 6 ~ 1. 0℃，比从江东部地区低 2℃。在月亮山山顶处的海拔为 1490 m，年平均气温为 12. 9℃，从榕江、从江和荔波近 30 年极端气温来看，极端最高气温为 38. 5℃（荔波）、39. 5℃（榕江），年极端最低气温为 -3. 1℃（从江）、-3. 6℃（荔波），从江含笑分布的地势较高的地段因海拔高而降温剧烈，最低极端温度还要低，每年会产生不同程度的凝冻天气，从江含笑等林木就有被冻害的现象，特别是 2008 年的极端凌冻天气造成的冻害断梢断枝都还可见，这也显示从江含笑的抗寒能力较强。

1. 2. 5　群落物种组成特征

从江含笑生长的森林植被属于亚热带常绿阔叶林，本次科考选择了 1 个比较有代表性的样地进行调查，共有被子植物 16 科 22 属 23 种，无蕨类植物和裸子植物。属和种数最多的为樟科 Lauraceae 和壳斗科 Fagaceae，分别有 3 属 3 种，其次为山茶科 Theaceae、蔷薇科 Rosaceae，各有 2 属 2 种，其余 12 科均只有 1 属 1 种；属的热带成分占优势，但也有相当比例的温带属（占 28. 6%）分布，区系表现为典型的亚热带植物区系；群落主要由革质和高位芽植物景观所决定，具有典型的常绿落叶阔叶混交林的外貌和结构，呈现出比较原始的森林特征，3 ~ 4 月，从江含笑的白花十分明显地点缀在上层乔木林中，表现出优势树种的景观。

乔木层植物可分为 3 个亚层，主要种类有水青冈 *Fagus longipetiolata*、从江含笑、川桂 *Cinnamomum wilsonii*、烟斗柯 *Lithocarpus corneus*、交让木 *Daphniphyllum macropodum*、石灰花楸 *Sorbus folgneri*、

野柿 *Diospyros kaki* var. *silvestris*、粗柄槭 *Acer tonkinense*、多脉青冈 *Cyclobalanopsis multinervis*、红淡比 *Cleyera japonica*、虎皮楠 *Daphniphyllum oldhami*、黔桂润楠 *Machilus chienkweiensis*、木荷 *Schima superb* 等。通过乔木层的重要值分析，从江含笑为 79.18、水青冈为 78.84，说明在整个群落中常绿树种的从江含笑和落叶树种的水青冈是群落的建群种，是典型的亚热带常绿落叶阔叶混交林的森林群落类型，该群落结构比较稳定。

灌木层种类以狭叶方竹占绝对优势，其次为从江含笑幼苗。可见，从江含笑的更新良好，是群落优势种的表现，是群落中比较稳定的常绿乔木种类。草本层种类相对单一，仅有莎草科 Cyperaceae 的花莛苔草 *Carex scaposa* 和鸢尾科 Iridaceae 的鸢尾 *Iris tectorum* 两种植物分布，覆盖率仅 8%，说明在灌木层为方竹优势的群落中，较高的覆盖度和郁闭度使草本植物的生长受到极大的限制，种类少。

2 结论与讨论

从江含笑在当地主要用于木材，作建筑和方板材使用；花大洁白，芳香，花期早，是园林观赏的优良种类。同时，该种分布区狭窄，属于黔桂局部区域的特有种，具有较高的研究价值。虽然在分布地比较常见，但是群体数量并不多，资源有限，也没有人工培育。应该对从江含笑的生态和生物学特性进行进一步深入研究，并引种繁殖试验，进行人工培育，增加资源量，同时加强保护。

（杨成华 李 鹤）

参考文献

李永康，王雪明．贵州树木的 3 个新种[J]．贵州科学．1983(3)，18 - 19

张治．木兰科[A]．见：贵州植物志编委会．贵州植物志，4[M]．成都：四川民族出版社，1989，87 - 135.

刘玉壶．木兰科[A]．见：中国科学院中国植物志编辑委员会．中国植物志，31(1)[M]．北京：科学出版社，1996，82 - 198

Xia Nianhe, Liu Yuhu, Hans P. Nooteboom, Magnoliaceae[A]. Flora of China [M]. Beijing：Science Press, St. Louis：Missouri Botanical Garden Press，2008，7：48 - 91

司马永康．中国木兰科植物的分类学修订[D]．昆明：云南大学．2011，220

第十三节 珍稀濒危及特有植物资源

2014 年 8 月至 11 月，笔者随考察团对月亮山保护区珍稀濒危及特有植物资源进行了调查研究，查明了该保护区内珍稀濒危及特有植物资源本底、分布概况，以期为保护区的科学规划和合理保护与利用提供一定的参考。

1 研究方法

1.1 线路法

结合实际，对分布范围大而个体又零散分布的物种采用此法。根据访问和查阅现有资料，按照调查区域的地形、地貌，树种分布范围，从山脚到山顶选择有代表性的线路，按海拔每 100 m 划分成段，详细记载该线路两则各 20 m 水平距离范围内出现的目的物种数量，再根据调查队员每天发现的株数来推算每平方千米株数。在不同海拔不同坡向设立样线，样线长度一般不短于 2 km，样线数目不少于 3 条。

1.2 样方法

对于片状分布的树种，设置样方进行调查。样方分为主副样方，呈五点梅花状，主样方位于 4 个副样方对角线 20 m 处。

1.3　分布点定位及数据处理

1.3.1　勾绘地图

统一采用 1:10000 地形图，对坡勾绘面积，并以 GPS 辅助定位。

1.3.2　数据处理

资源量 = 单位面积物种数量 × 出现度 × 分布面积

其中分布面积根据在地形图上勾绘物种的分布范围，采用 AUTO CAD 软件求出面积。

出现度公式为：$F = n/(N_1 + N_2)$，式中：F 表示目的物种在某种群落的出现度，n 表示在该群落中出现目的物种的主、副样方总数，N_1 表示在该群落中所设主样方数，N_2 表示在该群落中所设副样方数。

单位面积物种数量计算：$D = N/S$，即样方内目的物种密度 = 样方内目的物种的数量/样方的合计面积。

1.4　珍稀濒危及特有植物的依据

《国家重点保护植物名录(第一批)》1999.8；

《中国珍稀濒危保护植物名录》1987；

《中国植物红皮书》1991；

《濒危野生动植物种国际贸易公约》(CITES)，1997.9.18；

《贵州省重点保护树种名录》1993.4.19；

《贵州维管束植物分类与代码》(DB52/T 820 – 2013)。

2　结果与分析

2.1　珍稀濒危植物种类资源

经过多次考察及采集的标本资料统计，月亮山保护区内有天然分布的野生珍稀濒危植物 26 科 64 属 116 种(包括变种，下同)。其中国家Ⅰ级保护植物 2 科 2 属 3 种，国家Ⅱ级保护植物 19 科 21 属 24 种，贵州省重点保护树种 9 科 14 属 17 种，《濒危野生动植物种国际贸易公约》附录Ⅱ(简称 CITES Ⅱ)兰科 30 属 72 种(表 3.13.1)。

表 3.13.1　月亮山保护区珍稀濒危植物种类、习性、现状统计

序号	植物名称	科名	习性	保护级别	现状
1	南方红豆杉 *Taxus mairei*	红豆杉科 Taxaceae	常绿乔木	Ⅰ	渐危
2	红豆杉 *Taxus chinensis*	红豆杉科 Taxaceae	常绿乔木	Ⅰ	渐危
3	伯乐树 *Bretschneideraceae sinensis*	伯乐树科 Bretschneideraceae	落叶乔木	Ⅰ	渐危
4	桫椤 *Alsophila spinulosa*	桫椤科 Cyatheaceae	乔木状	Ⅱ	渐危
5	金毛狗 *Cibotium barometz*	蚌壳蕨科 Dicksoniaceae	草本状	Ⅱ	渐危
6	翠　柏 *Calocedrus macrolepis*	柏科 Cupressaceae	常绿乔木	Ⅱ	渐危
7	柔毛油杉 *Keteleeriapubescens*	松科 Pinaceae	常绿乔木	Ⅱ	渐危
8	篦子三尖杉 *Cephalotaxus oliveri*	三尖杉科 Cephalotaxaceae	常绿灌木	Ⅱ	稀有
9	闽楠 *Phoebe bournei*	樟科 Lauraceae	常绿乔木	Ⅱ	渐危
10	楠木 *Phoebe zhennan*	樟科 Lauraceae	常绿乔木	Ⅱ	渐危
11	润楠 *Machilus nanmu*	樟科 Lauraceae	常绿乔木	Ⅱ	渐危
12	伞花木 *Eurycorymbus cavaleriei*	无患子科 Sapindaceae	落叶乔木	Ⅱ	渐危
13	翅荚木 *Zenia insignis*	豆科 Fabaceae	落叶乔木	Ⅱ	稀有
14	马尾树 *Rhoiptelea chiliantha*	马尾树科 Rhoipteleaceae	落叶乔木	Ⅱ	稀有
15	喙核桃 *Annamocarya sinensis*	胡桃科 Juglandaceae	落叶乔木	Ⅱ	稀有

（续）

序号	植物名称	科名	习性	保护级别	现状
16	香果树 *Emmenopterys henryi*	茜草科 Rubiaceae	落叶大乔木	II	稀有
17	花榈木 *Ormosia henryi*	蝶形花科 Papilionaceae	常绿乔木	II	渐危
18	半枫荷 *Semiliquidambar cathayensis*	金缕梅科 Hamamelidaceae	常绿乔木	II	渐危
19	马蹄参 *Diplopanax stachyanthus*	五加科 Araliaceae	常绿乔木	II	稀有
20	十齿花 *Dipentodon sinicus*	卫矛科 Celastraceae	落叶乔木	II	稀有
21	凹叶厚朴 *Magnolia officinalis*	木兰科 Magnoliaceae	落叶乔木	II	渐危
22	厚朴 *Houpoëa officinalis*	木兰科 Magnoliaceae	落叶乔木	II	渐危
23	观光木 *Michelia odora*	木兰科 Magnoliaceae	常绿乔木	II	渐危
24	红椿 *Toona ciliata*	楝科 Meliaceae	落叶乔木	II	渐危
25	川八角莲 *Dysosma veitchii*	小檗科 Berberidaceae	多年生草本	II	渐危
26	八角莲 *Dysosma versipellis*	小檗科 Berberidaceae	多年生草本	II	渐危
27	金荞麦 *Fagopyrum dibotrys*	蓼科 Polygonaceae	多年生草本	II	渐危
28	三尖杉 *Cephalotaxus fortunei*	三尖杉科 Cephalotaxaceae	常绿乔木	省级	渐危
29	刺楸 *Kalopanax septemlobus*	五加科 Araliaceae	落叶乔木	省级	渐危
30	青钱柳 *Cyclocarya paliurus*	胡桃科 Juglandaceae	落叶乔木	省级	稀有
31	川桂 *Cinnamomum wilsonii*	樟科 Lauraceae	常绿乔木	省级	稀有
32	银鹊树 *Tapiscia sinensis.*	省沽油科 Staphyleaceae	落叶乔木	省级	稀有
33	檫木 *Sassafras tzumu*	樟科 Lauraceae	落叶乔木	省级	稀有
34	紫楠 *Phoebe sheareri*	木兰科 Magnoliaceae	常绿乔木	省级	稀有
35	白辛树 *Pterostyrax psilophylla*	野茉莉科 Styracaceae	落叶乔木	省级	渐危
36	红花木莲 *Manglietia insignis*	木兰科 Magnoliaceae	常绿乔木	省级	渐危
37	桂南木莲 *Manglietia conifera*	木兰科 Magnoliaceae	常绿乔木	省级	渐危
38	乐东拟单性木兰 *Parakmeria lotungensis*	木兰科 Magnoliaceae	常绿乔木	省级	渐危
39	华南桦 *Betula austrosinensis*	桦木科 Betulaceae	常绿乔木	省级	渐危
40	紫茎 *Stewartia sinensis*	山茶科 Theaceae	常绿乔木	省级	渐危
41	阔瓣含笑 *Michelia cavaleriei*	木兰科 Magnoliaceae	常绿乔木	省级	渐危
42	深山含笑 *Michelia maudiae*	木兰科 Magnoliaceae	常绿乔木	省级	渐危
43	贵州木瓜红 *Rehderodendron kweichowense*	野茉莉科 Styracaceae	落叶乔木	省级	渐危
44	木瓜红 *Rehderodendron macrocarpum*	野茉莉科 Styracaceae	落叶乔木	省级	渐危

备注：*为保护区贵州植物志记录种，在本次科考中没有找到的种类。兰科植物详见《兰科植物资源》。

2.2　珍稀濒危植物分布地点及资源数量

保护区内金毛狗、青钱柳、檫木等种的种群规模相对较大，个体数量较多；而喙核桃、红豆杉等个体数量稀少（表3.13.2）。

（1）金毛狗：保护区分布在兴华乡星月村坡脚，林缘，河边，海拔471～511 m，主要呈零星或成片分布，生长旺盛；主要伴生树种：细齿叶柃木 *Eurya japonica*、响叶杨 *Populus adenopoda*、云贵鹅耳枥 *Carpinus pubesceens*、青冈 *Cyclobalanopsis myrsinaefolia*、黄连木 *Pistacia chinensis*、盐肤木 *Rhus chinensis*、青榨槭 *Acer davidii*、刺叶高山栎 *Quercus spinosa*、川滇木莲 *Manglietia duclouxii* 等。

（2）桫椤：区内见于兴华乡星月村坡脚，八开乡至计划乡沿线沟谷，由于人们采挖，野外很难见到较大植株。

（3）南方红豆杉：多为零星混生、散生，其中水尾乡高望村高望寨中较大几株的胸径达30.6 cm、33.1 cm、55.7 cm，树高分别超过8 m、15 m、10 m。主要伴生树种：乔木层树种有蚊母树 *Distylium racemosum*、冬青 *Ilex chinensis*、青榨槭 *Acer davidii*、刺叶高山栎 *Quercus spinosa*、川滇木莲 *Manglietia duclouxii* 等；灌木层常见植物有壮刺小檗 *Berberis deinacantha*、方竹 *Chimonobambusa quadrangularis*、鞘

柄木 *Toricellia tiliifolia*、楤木 *Aralia chinensis*、化香树 *Platycarya strobilacea*、猫儿屎 *Decaisnea insignis*、阿里山十大功劳 *Mahonia oiwakensis*、箭竹 *Fargesia spathacea*、西南绣球 *Hydrangea davidii*；藤本植物常见有中华猕猴桃 *Actinidia chinensis*、游藤卫矛 *Euonymus vagans*；草本植物稀少。植被覆盖度 80%，平均高度 3m，平均胸径 12cm，南方红豆杉在群落中受乔灌影响，属弱势种群。

（4）伞花木：区内分布兴华乡星月村坡脚河边，海拔 545 m，几株胸径分别为 16 cm、11.1 cm、7.9 cm，另有 8 株胸径为 12～20 cm。

（5）翅荚木：保护区分布兴华乡星月村、兴华乡下午村，海拔 430 m，长势一般。

（6）青钱柳：保护区分布榕江县兴华乡星月村、摆王村寨旁、月亮山，海拔 1070 m，主要伴生植物：马尾松、杉木、枫香、毛叶木姜子、山杜英、盐肤木、贵州山柳、白辛树、银鹊树、白接骨、鸢尾、八角枫、水青冈、青榨槭。

（7）闽楠：保护区分布水尾乡高望村高望寨边、计划乡加宜村加五寨边、计划乡加宜村岩寨、光辉乡加牙村上寨，海拔 660～800 m，其中大树 1 株，胸径 102 cm，树高 35 m，主要伴生植物：杉木、枫香、楠竹、南方红豆杉、三尖杉、毛桐、盐肤木、波叶山蚂蝗、山黄麻、红叶木姜子。

（8）伯乐树：保护区主要分布在计划乡往计划大山山顶的公路边、太阳山、兴华乡下午村，主要伴生植物：贵州山柳、厚皮香、野鸦椿、山鸡椒、灰毡毛忍冬、海通、香港四照花、毛叶木姜子、锥栗、青榨槭等。

（9）白辛树：保护区分布在计划乡往计划大山山顶的公路边、月亮山，主要伴生植物：花楸、野柿、香果树、小叶交让木、山鸡椒、野桐、檫木、阔叶槭。

（10）桂南木莲：保护区分布在计划乡往计划大山山顶的公路边、计划大山山顶、太阳山，长势一般。

（11）香果树：保护区分布在计划乡往计划大山山顶的公路边、月亮山，主要伴生植物：花楸、野柿、白辛树、小叶交让木、山鸡椒、野桐、檫木、阔叶槭。

（12）乐东拟单性木兰：区内分布在计划乡往计划大山山顶的公路边、计划乡计划村寨中，主要伴生植物：马尾松、杉木、枫香、柔毛油杉、半枫荷、柃木、檵木等。

（13）红花木莲：保护区主要分布在计划乡往计划大山山顶的公路边、太阳山，伴生植物：马尾树、溪畔杜鹃、白栎、水青冈、宜昌润楠、大花枇杷、桃叶珊瑚、亮叶含笑、锦香草、三尖杉、白辛树。

（14）三尖杉：保护区主要分布在计划乡往计划大山山顶的公路边、光辉乡加牙村上寨、太阳山（加牙往光辉乡路边），伴生植物：中华槭、海通、锦香草、杉木、杜鹃、紫楠、猫儿屎、楤木、青榨槭、尾尖连蕊茶、桂南木莲、水青冈、丝栗栲、小果冬青。

（15）华南桦：保护区主要分布在计划乡往计划大山山顶的公路边，主要伴生植物：水青冈、厚皮栲、细叶青冈栎、长蕊杜鹃、桂南木莲、石灰花楸、狭叶方竹、长毛红山茶、油茶、尖连蕊茶。

（16）檫木：保护区主要分布在计划大山山顶、计划乡往计划大山山顶的公路边、月亮山等，伴生植物：麻栎、小果南烛、光皮桦、油桐、白栎、马尾松、亮叶水青冈、小叶交让木。

（17）马尾树：保护区内分布在计划乡摆王村公路边、月亮山、太阳山等，其中太阳山 500 m 样线内沟谷两边见到大树 46 株，平均胸径 18 cm，平均高 10 m，幼树 35 株，平均地径 2 cm，平均高 3.5 m。伴生植物：水青冈、钩栲、野桐、毛桐、白辛树、银鹊树、网脉山龙眼、白接骨、鸢尾、八角枫、青榨槭、金线草。

（18）柔毛油杉：区内分布在水尾乡水尾村归界冲、计划乡计划村寨中、兴华乡下午村，主要分布在山腰、山脊和山顶。伴生植物：山合欢、油桐、枫香、山杜英、化香、青冈栎、杉木、蜡瓣花、红叶木姜子、地桃花、山胡椒、贵州山柳、穗序鹅掌柴、马蓝、鸭跖草、鸢尾、淡竹叶等。

（19）十齿花：保护区主要分布在计划乡摆王村公路边、太阳山，其中太阳山 10 m×10 m 样方内 8 丛，每丛 5 株左右，每株胸径 4 cm 左右，高 5 m，伴生植物：马尾树、溪畔杜鹃、白栎、水青冈、宜昌润楠、大花枇杷、桃叶珊瑚、亮叶含笑、红花木莲、锦香草、三尖杉、白辛树。

（20）翠柏：主要分布在计划乡摆王村寨中、水尾乡高望村高望寨边、光辉乡加牙村新寨，其中光辉乡加牙村新寨 34 株，为寨旁古树，胸径大于 150 cm 的有 4 株，分别为 150 cm、160 cm、175 cm、176 cm，高 20～25 m，另有 13 株胸径在 40～90 cm 之间，有 10 株在 10～30 cm 之间，幼树 7 株。伴生植物：马尾松、楠竹、杉木、杨梅、光皮桦、檫木、黄连木、毛桐、泡桐、溪畔杜鹃、枫香。

（21）银鹊树：区内主要分布在计划乡往计划大山山顶的公路边、月亮山、太阳山，伴生植物：水青冈、杉木、溪畔杜鹃、丝栗栲、厚皮香、檫木、棉毛猕猴桃、锦香草、三尖杉、狭叶方竹、白辛树。

（22）紫楠：区内主要分布在太阳山（加牙往光辉乡路边），伴生植物：中华械、海通、锦香草、杉木、杜鹃、三尖杉、川桂、猫儿屎、檫木、青榨械、尾尖连蕊茶、桂南木莲、水青冈、丝栗栲、小果冬青。

（23）半枫荷：区内分布在计划乡计划村寨中，主要伴生植物：马尾松、杉木、枫香、柔毛油杉、乐东拟单性木兰、檵木、枪木等。

（24）马蹄参：主要分布在计划大山山顶，约 2 株/亩，分布面积约 40 hm²。主要伴生植物：水青冈、野茉莉、香港四照花、华山矾、腺柄山矾、狭叶方竹、深山含笑、桂南木莲、中国旌节花、檫木等。

（25）紫茎：保护区主要分布在计划乡计划村（计划往乌朗方向），约 50 株，胸径最大 43 cm，最小 5 cm，平均 18 cm，分布面积约 4 hm²。伴生植物：小红栲、桂南木莲、老鼠屎、盐肤木、多花山矾、杜英、木荷、鹿角杜鹃、中华械、深山含笑。

（26）兰科植物：保护区内的兰科植物都是零星或散生，区内均有分布，种类丰富，兰科植物是著名的观赏和药用植物，有些还能做药用，保护区内野生资源数量处于濒危状态，亟待保护。

表 3.13.2　月亮山保护区珍稀濒危植物的分布地点及资源数量

序号	植物名称	自然分布及生境	资源量（株）	分布格局
1	南方红豆杉	计划乡摆王村寨中，海拔 1060m；水尾乡高望村高望寨中，海拔 660m；计划乡加宜村岩寨，海拔 755m；光辉乡加牙村上寨，海拔 800m	260	零星
2	红豆杉	水尾乡高望村高望寨边，海拔 750m	300	零星
3	伯乐树	计划乡往计划大山山顶的公路边，海拔 1270m；太阳山，海拔 1150m；兴华乡下午村，海拔 530m	220	零星、片状
4	桫椤	兴华乡星月村坡脚	1100	零星、片状
5	金毛狗	兴华乡星月村坡脚，分布在林缘，河边，海拔 471～635m	5000	片状
6	翠柏	计划乡摆王村寨中，海拔 1075m；水尾乡高望村高望寨边，海拔 745m；光辉乡加牙村新寨，海拔 750m	3000	零星、片状
7	柔毛油杉	水尾乡水尾村归界冲，海拔 730m；水尾乡水尾村归界冲，海拔 860m；兴华乡下午村，海拔 530m	160	零星、片状
8	篦子三尖杉	水尾乡必翁村下必翁，海拔 555m	1200	零星
9	闽楠	水尾乡高望村高望寨边，海拔 755m；计划乡加宜村加五寨，海拔 660m；计划乡加宜村岩寨，海拔 755m；光辉乡加牙村上寨，海拔 800m	430	零星、片状
10	楠木	榕江计划大山，海拔 1436m	1500	零星
11	伞花木	兴华乡星月村坡脚河边，海拔 545m	980	零星
12	翅荚木	兴华乡星月村、下午村，海拔 430m	2000	零星
13	马尾树	计划乡摆王村公路边，海拔 1120m；月亮山，海拔 1012m；太阳山，海拔 1060～1200m	120	零星

（续）

序号	植物名称	自然分布及生境	资源量（株）	分布格局
14	喙核桃	兴华乡下午村，海拔450m	5	零星
15	香果树	计划乡往计划大山山顶的公路边，海拔1280m；月亮山，海拔845m	800	零星
16	花榈木	计划乡计划村，海拔890m	1400	零星
17	半枫荷	计划乡计划村寨中，海拔860m	180	零星
18	马蹄参	计划大山山顶，海拔1470	1200	零星、片状
19	十齿花	计划乡摆王村公路边，海拔1120m；太阳山，海拔1120～1145m	1200	零星
20	凹叶厚朴	光辉乡党郎洋堡，海拔1309m	1700	零星、片状
21	厚朴	水尾乡毕贡，海拔682m	2000	零星、片状
22	润楠	光辉乡加牙村月亮山白及组，海拔693m；榕江县计划乡摆拉村上拉力组，海拔885m	5000	零星、片状
23	观光木	牛长河（马鞍山），海拔314m	4200	零星、片状
24	红椿	水尾乡上下午村下午组，海拔430m；从江光辉乡党郎洋堡，海拔1236m；从江光辉乡加牙村太阳山昂亮，海拔1120m	6700	零星、片状
25	川八角莲	光辉乡太阳山，海拔1115m；榕江县计划乡计划大山，海拔1000m区内林下，零星分布	1000	片状
26	八角莲	光辉乡太阳山，海拔1115m；榕江县计划乡计划大山，海拔1000m区内林下，零星分布	800	片状
27	金荞麦	水尾乡下必翁河边，海拔555m	520	片状
28	三尖杉	计划乡往计划大山山顶的公路边，海拔1305m；光辉乡加牙村上寨，海拔805m；太阳山，海拔1060～1130m	1500	零星
29	刺楸	太阳山，海拔1150m	5000	零星、片状
30	青钱柳	兴华乡星月村，摆王村寨旁，海拔1070m；月亮山，海拔1015m	15000	零星、片状
31	川桂	太阳山（加牙往光辉乡路边），海拔1060m	550	零星
32	银鹊树	计划乡往计划大山山顶的公路边，海拔1277m；月亮山，海拔1012m；太阳山，海拔1130～1135m	780	零星
33	檫木	计划大山山顶，海拔1380m；计划乡往计划大山山顶的公路边，海拔1280m；月亮山，海拔825m；光辉乡加牙村新寨翠柏群落中；太阳山，海拔1150m	12000	零星、片状
34	紫楠	太阳山，海拔1060m	1000	零星
35	白辛树	计划乡往计划大山山顶的公路边，海拔1280m；月亮山，海拔1012m	8000	零星、片状
36	红花木莲	计划乡往计划大山山顶的公路边，海拔1320m；太阳山，海拔1145m	3500	零星、片状
37	桂南木莲	计划山，海拔1453m；从江光辉乡加牙村月亮山白及组，海拔693m；从江光辉乡加牙村太阳山阿枯；从江光辉乡党郎洋堡，海拔929m；榕江县计划乡，海拔1227m；榕江县计划乡，海拔1227m	1500	零星
38	乐东拟单性木兰	计划乡往计划大山山顶的公路边，海拔1320m；计划乡计划村寨中，海拔860m	500	零星
39	华南桦	计划乡往计划大山山顶的公路边，海拔1290m	1600	零星

（续）

序号	植物名称	自然分布及生境	资源量 （株）	分布格局
40	紫茎	计划乡计划村	180	零星
41	阔瓣含笑	榕江计划山，海拔1453m；从江光辉乡加牙村月亮山，海拔1178m；从江光辉乡加牙村太阳山昂亮，海拔1120m；从江光辉乡党郎洋堡，海拔929m	3300	零星
42	深山含笑	从江光辉乡加牙村月亮山白及组，海拔693m；从江光辉挡郎村污星组，海拔1309m	5500	零星
43	贵州木瓜红	榕江计划山，海拔1439m	7000	零星
44	木瓜红	从江光辉乡加牙村太阳山昂亮，海拔1120m	8200	零星
45	小白芨	计划乡加去村（计划大山），海拔960m	200 丛	零星
46	黄花白芨	水尾乡上拉力后山，海拔893m；从江县光辉乡加叶村，海拔705m	120 丛	零星
47	泽泻虾脊兰	水尾乡必拱，海拔1385m；从江县光辉乡太阳山，海拔855m	410 丛	零星
48	三棱虾脊兰	水尾乡上拉力后山，海拔1221m	370 丛	零星
49	反瓣虾脊兰	计划乡计划大山（2010年调查），海拔840m；榕江县水尾乡月亮山，海拔1110m	100 丛	零星
50	金兰	光辉乡党郎村羊堡，海拔929m；榕江县兴华镇沙坪沟下午，海拔700m	300 丛	零星
51	蕙兰	光辉乡太阳山，海拔1040m	220 丛	零星
52	寒兰	光辉乡太阳山，海拔855m	210 丛	零星
53	春兰	水尾乡下必翁，海拔630m；榕江县水尾乡必拱，海拔1280m；榕江县计划乡计划大山，海拔1000m	480 丛	零星
54	多花兰	光辉乡太阳山，海拔855m	130 丛	零星
55	斑叶兰	计划乡加去村（计划大山），海拔970m；榕江县计划大山，海拔830m	100 丛	零星
56	莲座叶斑叶兰	水尾乡必拱，海拔1040m	70 丛	零星
57	羊耳蒜	光辉乡太阳山，海拔870m	350 丛	零星
58	半柱毛兰	兴华乡兴光村，海拔495m	150 丛	零星
59	橙黄玉凤花	榕江县水尾乡，海拔680m	80 丛	零星
60	大序隔距兰	兴华乡兴光村，海拔460m	50 丛	零星
61	云南独蒜兰	计划乡计划大山，海拔1010m	60 丛	零星
62	美花石斛	计划乡计划村，海拔830m	120 丛	零星
63	石仙桃	兴华乡兴光村，海拔460m	330 丛	零星

2.3 特有植物资源概况

该保护区共有特有植物10科11属12种（包括变种）（见表3.13.3和表3.13.4）。

表 3.13.3　月亮山保护区特有植物概况

序号	科名	种名	性状特征	分布地点	海拔(m)
1	木兰科 Magnoliaceae	苍背木莲 *Manglietia glaucifolia*	常绿乔木	雷山、凯里、榕江	1580
2	木兰科 Magnoliaceae	从江含笑 *Michelia chongjiangensis*	常绿乔木	从江	1300
3	胡颓子科 Elaeagnaceae	卷柱胡颓子 *Elaeagnus retrostyla*	常绿灌木	贵州西部	1400~1500
4	猕猴桃科 Actinidiaceae	条叶猕猴桃 *Actinidia fortunatii*	半常绿藤本	黔南	700~1500
5	猕猴桃科 Actinidiaceae	倒卵叶猕猴桃 *Actinidia obovata*	落叶藤本	清镇	600~1500
6	槭树科 Aceraceae	纳雍槭 *Acer nayongense*	落叶小乔木	纳雍	1700~1800
7	壳斗科 Fagaceae	贵州青冈 *Cyclobalanopsis argyrotricha*	常绿乔木	都匀、毕节、纳雍	1600
8	海桐花科 Pittosporaceae	狭叶缝线海桐 *Pittosporum perryanum* var. *linearifolium*	常绿小灌木	贵州东南部	800~1100
9	木犀科 Oleaceae	总状桂花 *Osmanthus racemosus*	小乔木	遵义	500~1000
10	玄参科 Scrophulariaceae	贵州通泉草 *Mazus kweichowensis*	多年生草本	贵州东南部	900
11	苦苣苔科 Gesneriaceae	荔波唇柱苣苔 *Chirita liboensis*	多年生草本	荔波	400
12	菊科 Asteraceae	黔中紫菀 *Aster menelii*	多年生草本	贵州中部	400

表 3.13.4　月亮山保护区特有植物科属种统计表

序号	科名	总属数	总种(变种)数
1	木兰科 Magnoliaceae	2	2
2	胡颓子科 Elaeagnaceae	1	1
3	猕猴桃科 Actinidiaceae	1	2
4	槭树科 Aceraceae	1	1
5	壳斗科 Fagaceae	1	1
6	海桐花科 Pittosporaceae	1	1
7	木犀科 Oleaceae	1	1
8	玄参科 Scrophulariaceae	1	1
9	苦苣苔科 Gesneriaceae	1	1
10	菊科 Asteraceae	1	1
	合计	11	12

2.4　野生珍稀濒危植物的保护价值

保护区内国家级野生珍稀植物的保护价值分为我国特有、科学研究、园林观赏、珍贵用材、药用、轻工原料等方面的价值(见表 3.13.5)。

(1)27 种为我国特有,著名的有紫楠、南方红豆杉、伯乐树、伞花木、香果树等。

（2）在植物系统学研究价值显著的有金毛狗、马蹄参等 12 种。

（3）可供园林观赏的有 66 种，如南方红豆杉、香果树等。

（4）可作珍贵用材的有 22 种，如伞花木、南方红豆杉、香果树等。其中南方红豆杉边材黄白色，心材赤红，质坚硬，纹理致密，形象美观，不翘不裂，耐腐力强，可供建筑、高级家具、室内装修、车辆、铅笔杆等用。

（5）可作轻工原料的有 13 种，如篦子三尖杉、香果树等。篦子三尖杉的树叶富含单宁，可提制栲胶；种子可榨油，供工业用。

（6）药用的有 13 种，著名的有白芨、美花石斛、凹叶厚朴等。如凹叶厚朴的树皮、根皮、花、种子及芽皆可入药，以树皮为主，为著名中药，有化湿导滞、行气平喘、化食消痰、驱风镇痛之效；种子有明目益气功效，芽作妇科药用。

表 3.13.5　月亮山保护区珍稀植物价值

保护级别	植物名称	我国特有	科学研究	孑遗植物	园林观赏	珍贵用材	药用	轻工原料
I	南方红豆杉	+	+	+	+	+	+	+
I	红豆杉	+	+	+	+	+	+	
I	伯乐树	+	+		+			+
II	桫椤		+	+	+			
II	金毛狗				+		+	
II	翠柏		+		+	+		+
II	柔毛油杉		+			+		+
II	篦子三尖杉		+		+			+
II	闽楠	+			+	+		+
II	楠木	+			+	+		+
II	润楠	+			+	+		+
II	伞花木	+				+		
II	翅荚木							
II	马尾树				+			
II	喙核桃							
II	香果树	+	+		+	+		+
II	花榈木				+	+	+	
II	半枫荷	+				+	+	
II	马蹄参	+						
II	十齿花		+		+			
II	凹叶厚朴				+		+	
II	厚朴				+		+	
II	观光木				+			+
II	红椿				+			
II	川八角莲				+		+	
II	八角莲				+		+	
II	金荞麦				+			
省级	三尖杉	+				+	+	
省级	刺楸	+			+	+	+	
省级	青钱柳	+			+	+		
省级	川桂	+			+			+
省级	银鹊树	+	+		+	+		
省级	檫木	+	+		+	+	+	+

（续）

保护级别	植物名称	我国特有	科学研究	孑遗植物	园林观赏	珍贵用材	药用	轻工原料
省级	紫楠	+			+	+		+
省级	白辛树	+		+		+		
省级	红花木莲	+	+		+	+		
省级	桂南木莲	+			+			
省级	乐东拟单性木兰	+			+			
省级	华南桦	+				+		
省级	紫茎	+			+			
省级	阔瓣含笑	+			+			
省级	深山含笑	+			+			
省级	贵州木瓜红	+			+			
省级	木瓜红	+			+			
CITES	白芨							
CITES	小白芨							
CITES	黄花白芨							
CITES	虾脊兰				+		+	
CITES	泽泻虾脊兰				+			
CITES	三棱虾脊兰				+			
CITES	反瓣虾脊兰							
CITES	金兰				+			
CITES	杜鹃兰				+			
CITES	蕙兰				+		+	
CITES	寒兰							
CITES	建兰							
CITES	春剑							
CITES	多花兰				+			
CITES	春兰				+		+	
CITES	硬叶兰				+			
CITES	兔耳兰				+			
CITES	斑叶兰				+			
CITES	光萼斑叶兰				+			
CITES	莲座叶斑叶兰				+			
CITES	绒叶斑叶兰				+			
CITES	毛葶玉凤花				+			
CITES	叉唇角盘兰				+			
CITES	羊耳蒜				+			
CITES	香花羊耳蒜				+			
CITES	紫花羊耳蒜				+			
CITES	长苞羊耳蒜				+			
CITES	半柱毛兰				+			
CITES	苞舌兰				+			
CITES	毛葶玉凤花				+			
CITES	橙黄玉凤花				+			
CITES	鹅毛玉凤花				+			
CITES	坡参				+			
CITES	竹叶兰				+			

（续）

保护级别	植物名称	我国特有	科学研究	孑遗植物	园林观赏	珍贵用材	药用	轻工原料
CITES	大序隔距兰				+			
CITES	单叶石仙桃				+			
CITES	独蒜兰				+			
CITES	毛唇独蒜兰				+			
CITES	云南独蒜兰				+			
CITES	短距苞叶兰				+			
CITES	广东石豆兰				+			
CITES	广东石斛				+		+	
CITES	美花石斛				+		+	
CITES	钩状石斛				+		+	
CITES	疏花石斛				+		+	
CITES	铁皮石斛				+		+	
CITES	细茎石斛				+		+	
CITES	石仙桃				+			
CITES	云南石仙桃				+			
CITES	无柱兰				+			
CITES	西南齿唇兰				+			
CITES	艳丽齿唇兰				+			
CITES	狭穗阔蕊兰				+			
CITES	绶草				+		+	

3　结论与讨论

3.1　月亮山保护区珍稀濒危及特有植物的致濒原因

由于人口的增加，工业的发展，城镇建设迅速扩大，人们向森林用材、药用植物、经济植物、观赏植物资源等自然植物资源索取越来越多，如保护区周围老百姓为了燃料、用材及生产的需要，对区内边缘地带的森林进行破坏，从而导致以下两方面后果：①生境受到破坏：生物的生存都需要特定的生存环境，一旦生境受到破坏，生物的生存就受到相应的威胁，严重的就会灭绝。人为干扰是月亮山保护区珍稀植物的首要致濒原因。长期以来，区内及周边村民的生活、生产用材都依赖于该保护区森林植被，加之保护区建立之前对森林过度采伐，一些珍贵的用材树种如楠木、红豆树等较大个体很难见到；随着乔木种类的减少，环境的改变，一些喜阴湿的物种失去了原来的生存条件而消失，如兰花。②过度采挖：很多珍稀植物具有极高的经济价值、药用价值，被人类过度采挖，使其数量锐减。还有些种类因其观赏价值高，也被过度地采挖或破坏而使其生存受到威胁。长期掠夺性的采挖，导致了这些物种的锐减。特别是该保护区的石灰岩地段，生态脆弱，植被恢复较慢，人为破坏加剧了生存环境的恶化，使得一些物种失去原来的生存条件而消亡。

3.2　对区内珍稀濒危及特有植物的评价及建议

3.2.1　评价

（1）贵州月亮山保护区内的珍稀濒危植物种类资源是丰富多彩的，尤其是马蹄参，就贵州其他自然保护区而言，建立自然保护区有其必要性。

（2）区内珍稀植物的种类是丰富的，但各种的资源量差别很大，多者达几百近数万株，少的只有几株，也就是说，稍不注意，这些种类很快就会灭绝。

3.2.2　建议

（1）依法强化管理、保护好现有资源。当地政府应当制定相关的地方性的法规和文件，使当地的野生植物资源得到有效的保护，使野生珍稀植物资源的管理法制化。特别是对一些已经濒危的物种和生态脆弱的地段，乱挖滥采要坚决制止，将有限的个体及其生存环境保护下来，使这些珍稀物种不致于灭绝。

（2）加强宣传教育、提高人们的科学素质。保护区由于地处偏僻，交通不便，文化教育、科学教育十分落后，特别是区内的村民文化科学知识更加贫乏，远远落后于时代发展的要求。只有通过长期的宣传教育和科普活动来提高人们的素质，认识到人与自然、人与环境、人与各类生物不可分割，才能将对自然资源的被动保护变为主动保护的行为。

（3）提高护林人员的待遇，同时加强管理，最大限度调动其积极性，他们对保护区的发展、保护有实实在在的意义和不可或缺的作用。

（4）有关部门在加大管理力度的同时，对保护区未来和发展进行必要的关注，要在保护区的发展上积极工作，争取上级财政的支持，从而达到保护各种珍稀濒危植物及其生态系统的最终目的。

（5）争取各方资金，拯救即将濒危的数量较少的珍稀濒危植物，将这些植物迁出异地保护，并进行繁殖、引种和驯化方面的研究；保存物种基因，为将来重建提供种源和范本。

（6）处理好保护区建设、发展规划与保护区民众之间的利益关系，在保护的基础上，扶持、指导保护区村民进行合理的开发利用，只有保护区的村民生活幸福、和谐，才有可能可持续发展。

（李从瑞　韦堂灵）

参考文献

李瑞平，孟君朝等．小五台山区珍稀植物濒危成因及保护措施[J]，河北林业科技，2010 年 6 月，第三期

国家环境保护局 中国科学院植物研究所．中国植物红皮书—稀有濒危植物．北京：科学出版社，1992

国家环境保护局 中国科学院植物研究所．中国珍稀濒危保护植物名录．（第一册），北京：科学出版社，1987

宋朝枢，等．中国珍稀濒危保护植物．北京：中国林业出版社，1989

中国科学院植物研究所．中国高等植物图鉴［M］.（1—5 册），北京：科学出版社，1994

中国科学院植物研究所．中国高等植物[M].（3、4、5、6、7、8、9、10、11、13 卷）青岛：青岛出版社，1999－2005

中国科学院植物研究所．中国高等植物图鉴[M].补编1—2 册，北京：科学出版社，1994

中国科学院中国植物志编委会．中国植物志[M]（有关各卷），北京：科学出版社，1958－2005

张华海．贵州野生珍贵植物资源．北京：中国林业出版社，2000

张华海，周庆，张金国．湄潭百面水自然保护区综合科学考察集．贵阳：贵州科学出版社，2006

张华海，龙启德，廖德平．兴义坡岗自然保护区综合科学考察集．贵阳：贵州科学出版社，2006

张礼安．贵州省野生动植物保护自然保护区管理工作手册．贵阳：贵州教育出版社，1993

第十四节　兰科植物资源

2014 年 9 月，由贵州省林业厅主持，贵州省林业科学研究院组织了对贵州月亮山保护区的综合考察。笔者先后考察了保护区内榕江县境内的八蒙河、沙坪沟、牛场河、高雅溪、计划大山、摆王、茅坪、月亮山顶，从江县境内的加牙、八沙沟、太阳山等地，对这些区域的兰科植物的种类、分布、习性、生境及资源量进行了全面调查研究。

1　结果与分析

1.1　种类组成

通过对多次采集到的标本进行整理和鉴定，已知月亮山保护区有兰科植物 30 属 72 种。其中以兰属的种类最多，达 9 种，占贵州的兰属种类 17 种的 52.9 %；其次是羊耳蒜属，有 8 种；虾脊兰属和

石斛属，各有 7 种；斑叶兰属和玉凤花属各 4 种；白芨属和开唇兰属各有 3 种；其余各属种类多为 1 ~ 2 种（见表 3.14.1）。

表 3.14.1 月亮山保护区兰科植物名录

中名 学名	生活型	分布地点	海拔（m）	生境
1. 兰属 *Cymbidium* Sw.				
1. 春兰 *C. goeringii*	地生	全区广布	500 ~ 1100	山地林下
2. 春剑 *C. goeringii* var. *longibracteatum*	地生	茅坪	800 ~ 1000	山地林下
3. 寒兰 *C. kanran*	地生	八蒙河乌公冲	400 ~ 1200	林下岩石上
4. 蕙兰 *C. faberi*	地生	太阳山	800 ~ 1200	山地林下
5. 硬叶兰 *C. bicolor*	地生	加牙	400 ~ 500	山地林下
6. 建兰 *C. ensifolium*	地生	计划大山	700 ~ 1200	山地林下
7. 多花兰 *C. floribundum*	地生	加牙、摆贝	500 ~ 800	村寨大树上
8. 兔耳兰 *C. lancifolium*	地生	全区广布	500 ~ 1400	山地林下
9. 大根兰 *C. macrorhizon*	地生	茅坪	750 ~ 1000	山地林下
2. 斑叶兰属 *Goodyera* R. Br.				
10. 大花斑叶兰 *G. biflora*	地生	计划大山	1000 ~ 1200	方竹林下
11. 大斑叶兰 *G. schlechtendnliana*	地生	月亮山顶	1200 ~ 1300	方竹林下
12. 绒叶斑叶兰	地生	太阳山	1200	山地林下
13. 光萼斑叶兰	地生	茅坪	1000 ~ 1200	山地林下
3. 白芨属 *Bletilla* Rchb. f.				
14. 白芨 *B. striata*	地生	月亮山脚	1000 ~ 1100	山地草坡
15. 小白芨 *B. formosana*	地生	茅坪	900 ~ 1100	山地草坡
16. 黄花白芨 *B. ochracea*	地生	加牙八沙沟	800 ~ 1000	山地草坡
4. 头蕊兰属 *Cephalanthera* L. C. Rich				
17. 金兰 *C. falcata*	地生	摆王	800 ~ 1100	山地林下
18. 银兰 *C. erecta*	地生	茅坪	800 ~ 1000	山地林下
5. 苞叶兰属 *Brachycorythis* Lindl.				
19. 短矩苞叶兰 *B. galeandra*	地生	茅坪、摆王	800 ~ 1200	山地草坡上
6. 角盘兰属 *Herminium* Guett.				
20. 叉唇角盘兰 *H. lanceum*	地生	太阳山	700 ~ 1200	山地草坡上
7. 无柱兰属 *Amitostigma* Schltr.				
21. 无柱兰 *A. gracile*	地生	上拉力	800	林下岩石上
8. 白蝶兰属 *Pecteilis* Raf.				
22. 龙头兰 *P. susannae*	地生	茅坪、毕贡	800 ~ 1100	山地草坡上
9. 阔蕊兰属 *Peristylus* Bl.				
23. 狭穗阔蕊兰 *P. densus*	地生	茅坪、毕贡	1000 ~ 1300	山地草坡上
10. 绶草属 *Spiranthes* L. C. Rich.				
24. 绶草 *S. sinensis*	地生	全区广布	1000 ~ 1200	山地草坡上
11. 舌唇兰属 *Platanthera* L. C. Rich				
25. 小舌唇兰 *P. minor*	地生	计划大山	1100 ~ 1200	山地林下
12. 开唇兰属 *Anoectochilus* Bl.				
26. 艳丽齿唇兰 *A. moulmeinensis*	地生	沙坪沟	400 ~ 500	林下阴湿处
27. 西南齿唇兰 *A. elwesii*	地生	沙坪沟	600 ~ 700	山谷林下
28. 金线兰 *A. roxburghii*	地生	牛场河	1250	方竹林下
13. 独蒜兰属 *Pleione* D. Don				
29. 独蒜兰 *P. bulbocodioides*	附生	计划大山	1200 ~ 1400	林下树干上

（续）

中名　　学名	生活型	分布地点	海拔(m)	生境
30. 毛唇独蒜兰 *P. hookeriana*	附生	月亮山顶	1200～1400	林下树干上
14. 玉凤花属 *Habenaria* Willd.				
31. 毛葶玉凤花 *H. ciliolaris*	地生	加牙八沙沟	800～1000	沟旁阴湿处
32. 橙黄玉凤花 *H. rhodocheila*	地生	九秋、污成河	600～750	沟旁阴湿处
33. 鹅毛玉凤花 *H. dentata*	地生	摆王	800～1200	山坡林下
34. 坡参 *H. linguella*	地生	茅坪	800～1200	山坡草地
15. 天麻属 *Gastrodia* R. Br.				
35. 天麻 *G. elata*	腐生	摆王、上拉力	800～1100	山地林下
16. 山兰属 *Oreorchis* Lindl				
36. 长叶山兰 *O. fargesii*	地生	茅坪、长牛	800～1000	山谷湿地
17. 杜鹃兰属 *Cremastra* Lindl.				
37. 杜鹃兰 *C. appendiculata*	地生	摆王、上拉力	800～1200	山地草坡上
18. 珊瑚兰属 *Corallorhiza* Gagnebin				
38. 珊瑚兰 *C. trifida*	腐生	茅坪、长牛	1000～1300	山地林下
19. 粉口兰属 *Pachystoma* Bl.				
39. 粉口兰 *P. pubescens*	地生	茅坪、长牛荔波	700～1000	山坡草地
20. 带春兰属 *Tainia* Bl.				
40. 带唇兰 *T. dunnii*	地生	茅坪、长牛荔波	700～1000	林下阴湿处
21. 苞舌兰属 *Spathoglottis* Bl.				
41. 苞舌兰 *S. pubescens*	地生	计划大山	800～1200	山坡灌木中
22. 竹叶兰属 *Arundina* Bl.				
42. 竹叶兰 *A. graminifolia*	地生	摆王、茅坪	700～1000	山坡草地
23. 虾脊兰属 *Calanthe* R. Br.				
43. 虾脊兰 *C. discolor*	地生	摆王、月亮山顶	700～1200	山地林下
44. 三褶虾脊兰 *C. triplicata*	地生	摆王、月亮山顶	700～1200	山地林下
45. 三棱虾脊兰 *C. tricarinata*	地生	太阳山	700～1100	山地林下
46. 泽泻虾脊兰 *C. alismaefolia*	地生	加牙八沙沟	800～1000	林下阴湿处
47. 反瓣虾脊兰 *C. reflexa*	地生	计划大山	800～1100	林下阴湿处
48. 香花虾脊兰 *C. odora*	地生	沙坪沟	700～800	山地林下
49. 镰萼虾脊兰 *C. puberula*	地生	污秋雾蒙沟	800～900	林下沟旁
24. 羊耳蒜属 *Lipatis* L. C. Rich.				
50. 见血清 *L. nervosa*	地生	牛场河	600～800	山地林下
51. 大花羊耳蒜 *L. distans*	附生	八蒙河乌公冲	400～600	沟边石壁上
52. 香花羊耳蒜 *L. odorata*	地生	计划大山	800～1200	山坡草地上
53. 紫花羊耳蒜 *L. nigra*	地生	茅坪、上拉力	800～1300	山地林下
54. 镰翅羊耳蒜 *L. bootanensis*	附生	牛场河、沙坪沟	500～700	沟边岩石上
55. 贵州羊耳蒜 *L. Esquirolii*	附生	太阳山、八沙沟	600～800	沟旁树干上
56. 长苞羊耳蒜 *L. inaperta*	附生	牛场河	700～900	沟旁树干上
57. 平卧羊耳蒜 *L. chapaensos*	附生	沙坪沟、八沙沟	500～700	沟旁岩石上
25. 毛兰属 *Eria* Lindl.				
58. 半柱毛兰 *E. corner*	附生	八蒙河乌公冲	400～600	沟边石壁上
59. 匍茎毛兰 *E. clausa*	附生	八蒙河乌公冲	500～600	沟边石壁上
26. 石斛属 *Dendrobium* Sw.				
60. 流苏石斛 *D. fimbriatum*	附生	加牙、太阳山	800～1200	林中树干上
61. 疏花石斛 *D. harveyanum*	附生	摆王、茅坪	700～1300	林中树干上

（续）

中名 学名	生活型	分布地点	海拔（m）	生境
62. 广东石斛 *D. wilsonii*	附生	加牙、长牛	500~800	林中岩石上
63. 细茎石斛 *D. moniliforme*	附生	牛场河、沙坪沟	500~800	沟旁树干上
64. 铁皮石斛 *D. officinale*	附生	月亮山、太阳山	800~1400	林中岩石上
65. 钩状石斛 *D. aduncum*	附生	太阳山、长牛	700~1000	林中树干上
66. 美花石斛 *D. loddigesii*	附生	加勉乡党港	700~800	村旁大树上
27. 石仙桃属 *Pholidota* Hook.				
67. 云南石仙桃 *P. yunnanensis*	附生	八蒙河、八沙沟	500~700	河边石壁上
68. 石仙桃 *P. chinensis*	附生	沙坪沟、牛场河	500~800	林中岩石上
28. 石豆兰属 *Bulbophyllum* Thou.				
69. 广东石豆兰 *B. kwangtungense*	附生	沙坪沟、牛场河	400~500	沟边石壁上
70. 齿瓣石豆兰 *B. levinei*		加牙八沙沟	600~700	沟边石壁上
29. 隔距兰属 *Cleisostoma* Bl.				
71. 尖喙隔距兰 *C. rostrarum*	附生	八蒙河、沙坪沟	600~700	溪旁树干上
30. 万带兰属 *Vanda* W. Jones ex R. Br.				
72. 琴唇万代兰 *V. concolor*	附生	八蒙河、沙坪沟	400~500	河边树干上

从生活型上看，地生种类有 48 种，占 66.6%；附生的种类为 21 种，占 29.2%；另有腐生 3 种，即天麻、大根兰、珊瑚兰，仅占 4.2%。月亮山保护区的纬度较低，且有低海拔的河谷地带，但附生兰花种类却不多，这与该区的地形地貌、岩性及长期受人为干扰有重要关系。

1.2 资源分布

月亮山保护区位于贵州省东南部，地处榕江、从江、荔波、三都四县交界地带，为苗岭山脉的重要大山。在大地构造上处于江南古陆西南尾端，出露基岩主要为浅变质陆源碎屑岩，极少碳酸盐岩和硅质岩。地貌类型属强切割侵蚀构造中低山，山体多呈长条状，山脊锯齿状或波浪状起伏，其上部普遍由浑圆馒头状丘峰（高差 30~50 m）复合构成，仅少数山峰为尖顶型。山脊两翼陡峭，断裂裂隙密集发育，河流切割强烈，地形破碎，水系呈放射状，主要溪河有牛场河、八蒙河、沙坪沟、高雅溪、污成河、长牛河、白朵河等。区内地势西南高东北低，最高峰太阳山海拔 1508 m，其次为月亮山海拔 1490 m、计划大山海拔 1440 m，三座大山相距 10 余 km，东西遥望，蔚为壮观。北部的八蒙河谷海拔 310 m，是区内的最低地带。

月亮山地处中亚热带，地带性植被为常绿阔叶林，因地势抬升而造成生物气候变异，在海拔 1100 m 以上范围为常绿落叶阔叶混交林。但受区内群众日常活动和生产的影响，使植被现状发生了巨大变化。表现为原地带性自然植被仅在山顶、山脊和溪河两岸残留，其间镶嵌大量受人为控制和影响的非自然植被，如马尾松林、杉木林、松杉阔混交林、灌木丛、禾草草坡等。

因地貌类型和植被类型的差异及兰花自身的生长习性的不同，其野生兰科植物的分布各有差异。大部分的地生兰分布在海拔 400~1400 m 的常绿阔叶林和常绿落叶阔叶林中；部分地生兰如绶草、头蕊兰、白芨、竹叶兰、舌唇兰、苞舌兰、粉口兰、杜鹃兰、山兰等多分布在海拔 800~1200 m 的月亮山、太阳山上部山脊一带的平缓山坡和山头上的山地灌木林、灌丛和草坡中。羊耳蒜、石仙桃、石豆兰属、隔距兰、万带兰等附生性兰花大多分布在海拔较低的河流和沟谷中，如牛场河、八蒙河、沙坪沟、高雅溪、污成河、长牛河、白朵河等常绿阔叶林的树干上及两岸的岩石上；大多数石斛种类和独蒜兰则多分布原生植被保存完好、水雾较重、海拔较高的计划大山、摆王、茅坪等地及山顶、山脊一带的常绿落叶阔叶林中。

1.3 珍稀种类

寒兰又称冬兰，为著名的观赏国兰之一。因其花季大多在寒露和小雪期间（即 10~11 月），具有凌寒怒放飘幽香的特色而得名。寒兰多生于林下、溪谷旁或稍荫蔽、湿润、多石之土壤上，其株形修长健美，叶姿优雅俊秀，花色艳丽多变，香味清醇久远，凌霜冒寒吐芳。此次考察发现，在牛场河、八蒙河、沙坪沟、长牛河、白朵河等河流两岸的常绿阔叶林下，有较多数量的寒兰分布，表明月亮山保护区是贵州省主要的寒兰产地，应加强对该地区寒兰资源的保护。

石斛是珍贵的药用兰科植物，月亮山因处于低纬度高海拔地区，林深雾重，水热条件优越，适宜石斛生长，过去曾是贵州石斛的主要产区。但由于原生性森林植被的破坏和人为的采挖，其资源量已急剧下降。此次考察中，在加勉乡党港村旁的大树上发现有美花石斛，在摆王、加牙、茅坪、长牛、污秋等地有石斛种类被群众采回家中栽植，在兴华、计划、水尾、光辉等乡镇的集市上常有交易。说明月亮山保护区仍是贵州目前有野生石斛生长的地区，但在野外已很难看到野生的石斛了。

白芨也是珍贵的药用兰科植物，主要用于收敛止血，消肿生肌。其花有紫红、白、蓝、黄和粉等色，亦是良好的观赏花卉和园林植物。白芨在贵州广泛分布。但由于人为过量的采挖，现资源量已不多了。在考察中发现，白芨属的三个种在月亮山均有分布，在加牙、摆王、茅坪等地的山地草坡上有较多数量的野生种群，应加强对该属种类的保护。

独蒜兰属的种类，花大而艳丽，也是兰科植物中著名的观赏种类。在月亮山原生植被保存较好的一些地方，如计划大山、茅坪、加牙等地，尚有一定数量的独蒜兰和毛唇独蒜兰分布。但因独蒜兰的假鳞茎（又名冰球子）多作中药中的山慈姑入药，当地群众过量采挖，现资源量已不多，亟待加强保护。

1.4 面临的威胁

月亮山保护区的野生兰科植物，其大部分种类资源数量贫乏，分布范围狭窄，正陷入渐危或濒危状态，究其原因，除兰科植物自身的生物学特性外，更主要的是人为原因。一是原生性森林植被的破坏。月亮山保护内的各种原生性的森林植被，由于在建保护区前的刀耕火种、烧草场、采伐林木烧木炭和种植香菇、土地开垦等人为原因，致使这一带的常绿阔叶林和常绿落叶阔叶混交林曾遭到了大面积的破坏。除在计划大山、月亮山主峰及相邻海拔较高的山脊、太阳山顶及牛场河、八蒙河、沙坪沟、长牛河、白朵河等河流两岸有较为原始的森林外，原生林已残存不多，现有的林分多为马尾松林、杉木林、针阔混交林、落叶阔叶林等次生林及大面积山地灌丛和草坡，且大量的人工植物群落（包括农耕地）和现存的次生性植物群落交错镶嵌。这使兰科植物失去了赖以生存的自然环境。二是具有重要经济价值的种类受到过度的采挖。受经济利益的驱使，当地群众对野生兰花乱采滥挖的现象十分严重，特别是针对兰属植物和药用兰花石斛、白芨、独蒜兰等，导致这些种类资源量急剧下降，濒于灭绝。

2 结论与讨论

2.1 加强对森林资源的保护管理

绝大多数兰科植物的生长都必须依托于森林，其与森林息息相关，一旦失去森林的庇护，兰科植物就会消失和灭绝。由于历史及其他原因，目前月亮山保护区的保护级别低，无保护管理机构，森林植被得不到有效的保护，现有林分多为次生林和人工林，林种结构单一，森林资源退化，对兰科植物的生长威胁很大，一些种群量小、栖息地狭窄的种濒临灭绝。因而必须加强对现有森林资源特别是原生性森林的保护力度，严禁砍伐天然林、土地开垦、樵采烧炭、放火烧荒等现象，以保护野生兰花赖以生存的自然环境。

2.2 加大对兰花集市贸易的市场管理

月亮山保护区目前的野生兰花市场交易仍有一定的规模，每逢赶场天都会有农民将在野外采集到的一些野生兰花（主要是兰属中的种类）拿到周边乡镇和县城集市上进行交易，一些药用兰花如石斛、独蒜兰、天麻、白芨等也有药商在收购，这些非法贸易致使野生兰花资源遭受了毁灭性的灾难。当地林业部门应积极会同工商管理部门，加强对农贸市场上的野生兰花交易的管理，严格禁止野生兰花上市交易，对非法采集、非法收购人员要按照相关的法律法规进行处罚。

2.3 开展兰花保育的宣传教育工作

兰科植物的所有种类均已被国家列为重点保护植物，但对于在山区的广大农民群众，他们并不知晓何为国家重点保护植物，更不知道这些植物所具有的重大科研价值和保护价值，只知道兰草可以卖钱。因此林业部门要主动向广大人民群众开展宣传教育工作，宣传兰科植物所具有的重要保护价值，告诫他们采集和贩卖野生兰花是违法行为，会受到法律的处罚，以提高人民群众爱护兰花、保护兰花的自觉性。同时，要对林业部门工作人员进行野外兰花识别和保护技能等方面的专业培训，以提高他们的保护管理水平。

2.4 开展兰花人工繁育的科学研究，进行科学合理利用

我国自唐代就开始栽培兰花，有着悠久的栽兰养兰历史，是世界上最早种植和拥有最多爱好者的国家。中国人对兰花的欣赏已远远超出兰花的本身，而是和文学、艺术、道德、情操结合在一起，成为中华民族传统文化的一个组成部分——兰花文化。但人们对兰花的需求和有限的野生兰花资源产生了矛盾，要解决这个矛盾，只有通过科学手段，开展人工繁育和人工栽培，满足市场对兰花资源的需求，实现兰花资源的可持续利用。目前国内的一些科研院所和养兰基地在部分兰花的组织培养技术上已取得成功，可对一些观赏价值大的种类如寒兰等进行人工繁育，以满足兰花爱好者的需要。此外，省内一些地区开展了铁皮石斛和金钗石斛的人工培植，并取得了成功。可学习和借鉴这些地区的经验，在保护区内开展药用兰科植物石斛、白芨、独蒜兰等的人工种植，既可满足社会对此类药用植物的需求，又可让区内群众脱贫致富。

2.5 继续开展兰科植物的研究工作

月亮山地处贵州东南部，是苗岭山脉的重要区域，境内山高谷深，峰高雾重，沟壑纵横，河溪交错，林密草茂，为兰科植物的生长繁育提供了良好的气候条件和生态环境。理论上兰科植物应较丰富，不应只有此次考察的70余种。主要原因是保护区的部分核心区，由于交通困难和其他原因，此次考察都未深入其中，也就难以得出全面的资料。如珍稀兰花杓兰，在相邻的雷公山已有发现，月亮山与雷公山同为高大山体，相距不远，森林植被类型一致，生境相似，而此次考察一直未能看到，其他一些种类亦是如此。因而今后要在此次考察的基础上，在条件许可的情况下，深入保护区的核心区，进一步开展野生兰科植物的调查工作，以得出更加全面翔实的资料。

（魏鲁明　余登利）

参考文献

郎楷永，陈心启，罗毅波，等. 中国植物志(第17卷)〔M〕. 北京：科学出版社. 1999.

陈心启，吉占和，郎楷永，等. 中国植物志(第18卷)〔M〕. 北京：科学出版社. 1999.

吉占和，陈心启，罗毅波，等. 中国植物志(第19卷)〔M〕. 北京：科学出版社. 1999.

陈谦海. 贵州植物志(第10卷)〔M〕. 贵阳：贵州科技出版社. 2004.

Jin XH(金效华)，Tsi ZH(吉占和)，Qin HN( )覃海宁，*et al.* Novelities of the Orchidaceae of Guizhou，china(贵州兰科植物增补)〔J〕. Acta Phytotax sin(植物分类学报)，2002. 40(1)：82—88.

Wei LM(魏鲁明). Additions to the Orchidaceae of Guizhou Province(贵州兰科植物的新记录)〔J〕. Guihaia(广西植物)，2009. 29(4)：430—432.

Wei LM(魏鲁明). Additions to the Orchidaceae of Guizhou Province(贵州兰科植物的新资料)〔J〕. Journal of Nanjing Forestry University (Natural Science Edition)(南京林业大学学报)(自然科学版)，2011. 35(4).

Chen Xinqi et al. Orchidaceae. In：Wu Z. H. & Raven P. H. (eds.). Flora of China 2009. 25：350，357. Beijing：Science Press & St. Louis：Missouri Botanical Garden Press.

第四章　动物多样性

第一节　无脊椎动物

1　软体动物

软体动物是无脊椎动物中数量和种类都非常多的一个门类，已经发现的现代种类加上化石种类一共有 12 万种，仅次于节肢动物而成为动物界中的第二大门类。软体动物适应力强，因而分布广泛，陆地、淡水和咸水中都有大量成员，像蜗牛、河蚌、海螺、乌贼等都是我们熟悉的代表。

月亮山保护区目前共有软体动物 28 种，隶属于 13 科 22 属。

2　甲壳动物

甲壳动物隶属于节肢动物门 Arthropoda 甲壳动物亚门 Crustacea。甲壳动物的形态差异很大，最小的体长不到 1 mm，最大的是巨螯蟹，其在两螯伸展时宽度可达 4 m。甲壳动物体常具由几丁质及钙质形成的坚硬外骨骼，附肢形态变化很大，由于所在的体节不同，其构造、功能、节数不同，具有感觉、咀嚼、捕食、游泳、步行、呼吸、交配、育幼等各种功能。全世界有 3 万余种甲壳动物，大多数生活在海洋里，少数栖息在淡水中和陆地上。Martin 和 Davis（2001）将甲壳动物分为 1 个亚门 6 个纲。

甲壳动物与人类关系十分密切，在社会经济中占有相当重要的地位。不仅一部分种类可供人类食用，同时发展渔业、保护环境、开发能源以及卫生保健等都与甲壳动物有关。

枝角类体短，多数左右侧扁，分节不明显，体长 0.2 ~ 21 mm，一般不超过 1 mm。枝角类主要分布于湖泊中，尤其在蔓生水草的浅水沿岸区，种类特别丰富。海洋以及咸水域中虽然也有枝角类，但种类稀少，淡水水域是这类动物最重要的栖息场所。全世界枝角类共有 11 科 65 属 440 种，其中栖息于淡水水域的计 10 科 57 属 410 种。这些淡水枝角类广泛分布于整个地球上，无论寒带、温带，还是热带，均有不少种类。分布这样广泛，主要由于地球上任何地区都存在着可作为枝角类食物的细菌、藻类以及有机腐屑。其次，枝角类本身对环境的适应力以及所产冬卵能抵抗恶劣环境，并能附着在鸟类体上而被带走，也都是分布广泛的重要原因。

桡足类是淡水水域中营自由生活的小型甲壳动物，它们与原生动物、轮虫、枝角类同为浮游动物的重要组成部分，是食物链中不可缺少的环节。淡水桡足类的形态特征比海洋桡足类的简单，并且个体较小，外壳较薄，是适应盐分低和比重小的淡水环境的主要特点。桡足类的身体窄长，体节分明，一般由 16 或 17 个体节组成。

十足目是甲壳动物中最高等的一目，其神经系统、感觉器官、循环系统以及消化系统都十分发达，生理机能也相应复杂。与其他各目相比，体形特大，但因种类的不同成体大小也十分悬殊，体长从几毫米一直到半米以上。该目主要分布于海洋，但内陆的半咸水中也栖息着不少种类，特别在热带，淡水水域中种类较少。此外，还有少数种类暂时或终生在陆上生活。正由于生活环境十分复杂多样，因而该目特化成很多种类，总计超过 8000 种，约占甲壳动物总种数的 1/3。

月亮山保护区目前共有甲壳动物 7 种，隶属于 6 科 7 属，其中榕江米虾 *Caridina rongjiangensis* Chen et al,2016 为 1 新种(另文发表)。

3 环节动物门

环节动物门 Annelida 为两侧对称、分节的裂生体腔动物,已描述的种类约有 17000 种,分为多毛纲 Polychaeta、寡毛纲 Oligochaeta 和蛭纲 Hirudinea3 纲。体长从几毫米到 3 m,栖息于海洋、淡水或潮湿的土壤,是软底质生境中最占优势的潜居动物。分节性身体由若干相似的体节或环节构成,分为头部、躯干部和肛部。头部位于身体前端,多由口前叶和围口节组成;躯干部位于头部和肛部之间;肛部具肛门,位于体之后端由 1 节或若干节组成。除大部分蛭类外,多具几丁质刚毛、疣足。寡毛纲、蛭纲雌雄同体,雄性先熟,异体交配受精,具卵茧,且直接发育;多数多毛纲动物生殖产物直接排放在水中,受精卵经螺旋卵裂发育成倒梨形的担轮幼虫。环节动物可提高土壤肥力,有利于改良土壤。可促进固体废物还原;可供做饵料,增加动物蛋白质;可作为环境指示种;可用于医疗和入药。另外,有的是有害的海洋污着生物。

蚯蚓属环节动物门,是土壤中无脊椎动物分布广,数量多的寡毛纲陆栖无脊椎动物,目前已知的种类约有 1800 余种,我国已发现 170 多种,而且还有许多新种正在不断地被发现。蚯蚓是雌雄同体。但繁殖时,通常是异体交配。少数的种也有自体交配现象,称为"处女生殖"。蚯蚓喜欢栖息在温暖潮湿的环境,但是不同种的蚯蚓在不同地区、不同季节,它们的生活习性和生活方式是不一样的。在南方亚热带地区,一年大部分时间都能活动。在北方冬季或干旱季节,大部分种类钻到土壤下层,盘结成球,停止呼吸和进食,皮肤腺体分泌一种黏液,形成一层胶膜包围身体,并进入休眠状态。但是有的种类则不钻入土壤深层,而在冻土层中蛰居。

蛭纲俗称蚂蟥,是一类高度特化的环节动物。它们与寡毛纲、多毛纲等其他环节动物不同,多数营暂时性的体外寄生生活。与这种生活方式相适应,蛭纲的体上无刚毛,前、后端有吸盘,体内肌肉发达,体腔被肌肉和结缔组织分割充填而缩小。蛭类在形态上适于获得和消化主要由鱼、龟、蛙、蝾螈、鸟类以及哺乳动物的血液组成的食物,可以作为这些动物的暂时性体外寄生虫。它们也消耗像环节动物、昆虫和软体动物这样一些无脊椎动物的腐肉、体液、组织以及整个身体。蛭类是淡水底栖无脊椎动物以及动物寄生虫的重要组成部分,它们与人类的生活有着直接或间接的关系。世界已知约 600 种,分隶于 4 目 10 科。中国已知约 100 种,隶属于 3 目 5 科 25 属。

月亮山保护区有环节动物 8 科 12 属 28 种,其中寡毛类大部分种类引自邱江平(1994 年,月亮山林区的陆栖寡毛类,《月亮山林区科学考察集》)。

4 倍足动物

倍足动物即节肢动物门 Arthropoda 多足亚门 Myriapoda 倍足纲 Diplopoda 动物,俗称"马陆"。马陆是现生陆生节肢动物最古老的类群之一,最古老的陆地动物化石是马陆,出现在 4.1 亿年前的古生代晚志留纪。

马陆外骨骼缺少腊质表皮以防止体表干燥,但它们分布于所有的亚北极区环境,包括沙漠,因而栖息于潮湿的枯枝落叶层以下。

大多数马陆生活于土壤上层或下层,主要取食一些腐烂的植物和真菌。雌性产卵在小的巢中(由土壤或它们的排泄物建造的)。大多数马陆可能有 1 ~ 2 年的生命期。

在温和到炎热、潮湿或干燥的季节,一些马陆常躲藏到土壤的深层或腐木里。在雨季,成体出现并散开进行交配。在一些常年都在下雨的地方,马陆能够适应并长期在地表面活动。在一些冬天较冷的地方,马陆(像大多数节肢动物一样)以卵和幼体在非冻土带里越冬。

马陆在自然状态下很少分散开,这样似乎对进化成新的物种很有利。结果是,许多马陆类分布范围很狭窄(大约 100 ~ 1000 km²)。一些马陆仅知分布于一个小地域,比如一个特定的山体。马陆属也有一个特别的分布模式,在同一个属中,每个种只占据自己的地方,很少或根本不会形成种类分布重叠。少部分马陆由于人类无意的携带和动物的传播，使它们进入新的领域，特别是在热带。马陆对庄稼并没有严重的危害，有一些种类，比如亚洲的种类 *Oxidus gracilis* 传入美国后，数量剧增，并在房屋和庄园周围游荡，使人不堪其烦。

大约有 8000 种马陆为植食性或腐食性，主要生活于潮湿环境的朽木中和枯枝落叶层，一些种类具较强的挖掘能力。与蜈蚣类似，雌性马陆产卵于巢中，刚孵化出来的马陆幼体只有 3 对足，随着身体的长大蜕皮，步足和体节就增加。

马陆广泛分布于地球上除了南极和高纬度的北极外的地方。在热带森林种类特别丰富，但在温带的森林、林地草丛也并不是罕见的，也有 5 ~ 10 种马陆。

马陆具有令人难以相信的多样性，全球大约已描述了 8000 种，估计全球有 80000 种左右。中国的马陆区系研究很少，区系情况很不清楚，目前估计已描述 200 种左右，但距中国马陆真实的区系相差太远，中国马陆估计物种数可能达近万种。

近年来，笔者对贵州部分地区(荔波、梵净山、宽阔水、印江、思南、佛顶山等地)的马陆种类进行了初步研究，这些地区的马陆种类主要以格氏山蛩 *Spirobolus grahami*、章马陆属 *Chamberlinius*、雕背马陆属 *Epanerchodus*、真带马陆属 *Eutrichodesmus*、雕马陆属 *Glyphiulus* 等类群组成，除格氏山蛩广泛分布于武陵山区及邻近地区外，其他类群的种类分布均较狭窄，基本上每个地区的每个类群均有 1 ~ 2 个地方特有种。

月亮山保护区目前已知的 4 种马陆，除格氏山蛩 *Spirobolus grahami* 分布较广外，其余 3 种，章马陆 *Chamberlinius* sp.、雕背马陆 *Epanerchodus* sp.、真带马陆 *Eutrichodesmus* sp. 由于研究时间和研究资料不足，还未能确定其种类，但估计应该是月亮山地区的特有种类。月亮山地区的倍足类动物的特种数估计有 40 种左右。

5 蛛形动物

蜘蛛目 Araneae 是动物界的七大目之一，为小型到大型捕食性动物，分布广泛，生活在农作物间、洞穴、地表、水中、树穴、山林间和苔藓中等各种环境中。蜘蛛是农林昆虫的主要天敌之一，有些种类个体数量大，食量大，生活稳定，能捕食大量的农林害虫，在自然界的食物链中和对维护生态平衡作用均占有重要地位。蜘蛛目动物目前全球已知有 114 科 45776 种，中国已知 112 科 3898 属 43678 种。

经调查研究，月亮山保护区有蜘蛛目动物 13 科 33 属 43 种。其中圆蛛科 Araneidae 种数最多，7 属 11 种，占总种数的 25.6%；跳蛛科 Salticidae 次之，6 属 7 种，占总种数的 16.3%；随后是漏斗蛛科 Agelenidae，6 属 6 种，占总种数的 14.0%；球蛛科 Theridiidae，4 属 5 种，占总种数的 11.6%；肖蛸科 Tetragnathidae，2 属 3 种，狼蛛科 Lycosidae，1 属 3 种，分别占总种数的 7.0%；猫蛛科 Oxyopidae，1 属 2 种，占总种数的 4.7%；巨蟹蛛科 Sparassidae、盗蛛科 Pisauridae、平腹蛛科 Gnaphosidae、络新妇科 Nephilidae、管巢蛛科 Clubionidae、幽灵蛛科 Pholcidae，均为 1 属 1 种，分别占总种数的 2.3%。

月亮山保护区有蜘蛛目动物 13 科 33 属 43 种，与其他自然保护区相比较，种类较少。分析其因，可能是调查采集的时间不够，调查季节单一，许多种类在调查时未出现。如有足够的采集时间和季节，月亮山的蜘蛛种类应在 100 种以上。

月亮山保护区目前已发现 2 个蜘蛛新种，镰刀龙隙蛛 *Draconarius drepanoides* Jiang et Chen，2015(已另文发表)和李氏贝尔蛛 *Belisana Lii* Chen et al，2016(将另文发表)。龙角蛛属 *Draconarius* 于 1999 年建立，隶属于漏斗蛛科 Agelenidae 隙蛛亚科 Coelotinae，是目前隙蛛亚科多样性最丰富的属，全世界已知 241 种，主要分布于东亚及周边区域，其中在中国分布的有 151 种；贝尔蛛属 *Belisana* 由 T. Thorell 于 1898 年建立，后来 Bernhard A. Huber(2005)作了全面的修订并描述了一些新的种类。贝尔蛛类群属于热带分布类型的蜘蛛，主要分布于东南亚地区。全球目前已知有贝尔蛛属 111 种，主要分布于中国、帕劳群岛、日本、韩国、印度尼西亚、泰国、菲律宾、澳大利亚、越南、斯里兰卡、老挝、印度、斐济、巴布亚新几内亚、新加坡、马来西亚、缅甸、加罗林群岛。中国已报道 30 种，分布贵州的种类已知有5种，大部分(4种)都采集于喀斯特洞穴中，月亮山的贝尔蛛采集于低热河谷树林的枝叶间。

月亮山2蜘蛛新种的发现，表明了月亮山保护区生物多样性具有重要的特有性和丰富性，进一步阐明了其生物多样性保护的价值。

（陈会明）

第二节　昆虫

1　调查方法

根据月亮山及其周边的生境特点，沿着林缘、山道、溪流等周边进行标本采集，主要通过扫网和捕捉的形式进行，并在夜间进行灯诱作为辅助采集手段收集趋光性昆虫。将采集到的昆虫制作成标本，带回实验室进行种类鉴定。

2　调查结果

2.1　种类组成

通过对月亮山保护区的调查，共采集了2000余号昆虫标本，共记录了昆虫种类517种，隶属于14目109科387属。其中鳞翅目科、属、种数量均最多，其次为鞘翅目和半翅目，三个目所包含的种类数占本次调查总数的84.72%，占绝对优势。蚤目、等翅目、革翅目、竹节虫目、蜚蠊目和螳螂目均只有1个科，种类数很少，只占本次调查总数的2.13%(表4.2.1)。

表 4.2.1　月亮山保护区昆虫种数

目	科	属	种
鳞翅目	33	187	284
鞘翅目	25	86	99
半翅目	19	50	55
蜻蜓目	4	13	19
膜翅目	7	12	18
直翅目	7	14	16
双翅目	6	14	15
螳螂目	1	3	3
蜚蠊目	1	2	3
脉翅目	1	1	1
蚤目	1	1	1
等翅目	2	2	1
革翅目	1	1	1
竹节虫目	1	1	1
合计	109	387	517

2.2　资源分析

2.2.1　珍稀昆虫

世界上很多国家和地区都将植物和动物(包括昆虫)中的珍稀种类列为保护对象，立法保护。中国也对一些数量较少或已濒临灭绝的动物进行了保护，共分为三个级别。中国制定了《野生动物保护法》，将国家重点保护野生动物划分为国家Ⅰ级保护动物和国家Ⅱ级保护动物两种，并对其保护措施作出相关规定。考察人员在月亮山保护区发现了阳彩臂金龟 *Cheirotonus jansoni*，阳彩臂金龟是国家Ⅱ级保护动物、国家重点保护野生动物红色名录中收录的珍稀昆虫。据王敏君报道，我国曾在 1982 年宣布阳彩臂金龟灭绝，但近几年贵州、重庆、江西等地相继又有发现，2011 年 8 月 8 日报道，在贵州雷公山国家级自然保护区发现 1 只阳彩臂金龟。本次在月亮山保护区也发现了 1 只雄性阳彩臂金龟，这也在一定程度上表明了月亮山保护区所蕴含昆虫资源的珍贵与丰富。

2.2.2　观赏性昆虫

观赏性昆虫是指能给人以美感，可供赏玩、娱乐以增添生活情趣、有益身心健康的昆虫。根据观赏昆虫为人们提供的观赏内容可分为鸣叫类观赏昆虫、运动类观赏昆虫、形体类观赏昆虫、发光类观赏昆虫及色彩类观赏昆虫。保护区内较常见的种类有：玉斑凤蝶 *Papilio helenus*、碧凤蝶 *P. bianor*、美凤蝶 *P. memnon*、蓝凤蝶 *P. protenor*、樟青凤蝶 *Graphium sarpedon*、大绢斑蝶 *Parantica sita*、琉璃蛱蝶 *Kaniska canace*、幻紫斑蛱蝶 *Hypolimnas bolina*、赤异痣蟌 *Ischnura rofostigma*、透顶单脉色蟌 *Matrona basilaris basilaris*、朱肩丽叩甲 *Campsosternus gemma*、斑衣蜡蝉 *Lycorma delicatula*、东方丽沫蝉 *Cosmoscarta heros*、绿草蝉 *Mogannia hebei* 等，种类十分丰富，数量繁多。

2.2.3　传粉昆虫

大多数开花植物是依靠昆虫或其他动物传粉以维持植物种群的繁衍。传粉动物在生态系统正常运作和为人类提供营养物质方面扮演着本质性的角色。早至达尔文等生物学家就发现，传粉动物不仅可以为植物传粉，还可以促使植物多样性的演化。传粉昆虫指的是习惯于花上活动并能传授花粉的昆虫，主要的传粉昆虫多属于鞘翅目（14.1%）、双翅目（28.4%）、膜翅目（43.7%），此外还见于鳞翅目、直翅目、半翅目、缨翅目。常见的传粉昆虫如：蜜蜂、蝶、蛾、蚁、甲虫。保护区内主要种类有：中华蜜蜂 *Apis cerana cerana*、黑足熊蜂 *Bombus atripes*、黄胸木蜂 *Xylocopa appendiculata*、大头金蝇 *Chrysomyia megacephala* 等。

2.2.4　天敌昆虫

天敌昆虫系指昆虫的一个虫期或终生寄生在其他昆虫体内、外，并以取食寄主维持其生长发育，或以捕食其他昆虫维持其生长发育的种类。根据天敌昆虫的取食特点，分为捕食性天敌昆虫和寄生性天敌昆虫两大类群。长期以来，一些林业本地害虫和外来入侵害虫对我国森林生态系统造成了严重损害或威胁，天敌昆虫作为一类有效的自然调控因子，对这些害虫的种群抑制发挥了重要作用。通过调查，发现保护区寄生性天敌昆虫主要有：广黑点瘤姬蜂 *Xanthopimpla punctata*、两色深沟姬蜂 *Trogus bicolor*、镶黄蜾蠃 *Eumenes decorates*；捕食性天敌昆虫有螳螂目 Mantodea、蜻蜓目 Odonata、步甲科 Carabidae、中华草蛉 *Chrysoperla sinica*、暴猎蝽 *Agriosphodrus dohrni*、霜斑素猎蝽 *Epidaus famulus* 等。

2.2.5　食用昆虫

食用昆虫是可食用昆虫的总称。由于昆虫具有蛋白质含量高、蛋白纤维少、营养成分易被人体吸收、繁殖世代短、繁殖指数高、适于工厂化生产、资源丰富等特点，成为一种理想的亟待开发的再生食物资源。早在 1980 年的第五届拉丁美洲营养学家和饮食学家代表大会上，就提出为了补充人类食品不足，应该把昆虫作为食品的来源的一部分。保护区内众多的蝗虫，蜻蜓目蜻科幼虫，鳞翅目中的蚕蛹，螳螂目的螳螂，膜翅目中的蚁、蜂，半翅目中的蝉科、蝽象等均可食用。贵州一些地方有食用的传统习惯，因此食用昆虫资源值得开发利用。

2.2.6　工业用昆虫

工业原料昆虫是开发应用最早的传统资源昆虫，包括蚕、蜜蜂、白蜡虫、紫胶虫、五倍子蚜虫等。除传统应用外，蚕丝蛋白在化妆品、医药、固定化酶载体材料等方面均有应用，紫胶虫、白蜡虫的分泌物是军事工业和电子工业的重要原料。昆虫在工业资源方面的价值十分可观，随着人类社会进步和科学事业的发展，人们对昆虫的研究和认识也越发深入，变害为益的例子也越来越多，通过仿生技术也为人类创造了很多新技术，所以对昆虫资源的开发与利用，将是一个永恒的课题。月亮山保护区也具有相应的昆虫资源和发展利用前景。

3　结论与讨论

这次考察时间虽短，但通过各位专家、学者的努力，取得了较大的成果。初步调查鉴定结果表明，贵州省月亮山保护区的昆虫种类共有 517 种，隶属于 14 目 109 科 387 属，由此可见，月亮山自然保护区的昆虫种类是较为丰富的，可以反映出月亮山保护区地区的气候和地理区域特点。

本次调查工作仅是 2014 年 9 月 1 次采样分析的结果，没有进行重复采样分析，采集地点也不是十分全面，且容易受到季节性影响，因而不能完全反映整个月亮山保护区昆虫种类的情况。如果想要得到详细的昆虫种类全貌，还有待于进一步的调查研究。

（刘童童　余金勇　朱秀娥　李晓龙　杨再华）

参考文献

陈世骧等．中国经济昆虫志第一册（鞘翅目天牛科）[M]．北京：科学出版社，1959：1 - 120．

贵州动物志编委会．贵州农林昆虫分布名录．贵阳：贵州人民出版社，1984：1 - 271．

郭振中．贵州农林昆虫志（卷 1）[M]．贵阳：贵州人民出版社，1987：1 - 499．

郭振中．贵州农林昆虫志（卷 2）[M]．贵阳：贵州人民出版社，1989：1 - 592．

郭振中．贵州农林昆虫志（卷 3）[M]．贵阳：贵州人民出版社，1991：3 - 361．

郭振中．贵州农林昆虫志（卷 4）[M]．贵阳：贵州人民出版社，1992：1 - 304．

蒋书楠，蒲富基，华立中．中国经济昆虫志第三十五册（鞘翅目天牛科）[M]．北京：科学出版社，1985：1 - 189．

李铁生．中国经济昆虫志第三十册（膜翅目胡蜂总科）[M]．北京：科学出版社，1985：1 - 159．

柳支英等．中国动物志昆虫纲第一卷（蚤目）[M]．北京：科学出版社，1986：1 - 1334．

刘崇乐．中国经济昆虫志第五册（瓢虫科）[M]．北京：科学出版社，1985：1 - 101．

刘正忠，郑红军，曾宪勤．毕节地区华山松害虫种类调查[J]．贵州林业科技，2007.35(3)：34 - 42．

刘正忠，郑红军，曾宪勤．毕节地区林业有害生物普查[J]．贵州林业科技，2007.35(3)：57 - 64．

蒲富基．中国经济昆虫志第十九册（鞘翅目天牛科）[M]．北京：科学出版社，1980：1 - 146．

谭娟杰，虞佩玉．中国经济昆虫志第五十四册鞘翅目叶甲总科[M]．北京：科学出版社，1980：1 - 213．

田立超，陈力．柄天牛属八种（亚种）雌性生殖器的比较研究（鞘翅目，天牛科，天牛亚科）[J]．动物分类学报，2009.34
　　(4)：823 - 829．

杨惟义．中国经济昆虫志第二册（半翅目蝽科）[M]．北京：科学出版社，1962：1 - 138．

袁锋，周尧．中国动物志昆虫纲第二十八卷同翅目（角蝉总科：犁胸蝉科角蝉科）[M]．北京：科学出版社，2002：
　　1 - 590．

王敏，范骁凌．中国灰蝶志[M]．郑州：河南科学技术出版社，2002：1 - 440．

王直诚．原色中国东北天牛志[M]．长春：吉林科学技术出版社，2003：1 - 419．

章士美等．中国经济昆虫志第三十一册（半翅目）[M]．北京：科学出版社，1985：1 - 242．

张广学，钟铁森．中国经济昆虫志第二十五册（半翅目蚜虫科）[M]．北京：科学出版社，1983：1 - 387．

周尧．中国蝴蝶志（上、下）[M]．郑州：河南科学技术出版社，1994：1 - 852．

陈汉彬，许荣满．贵州虻类志[M]．贵阳：贵州科技出版社．1992．

金道超，李子忠．习水景观昆虫[M]．贵阳：贵州科技出版社，2005．

李子忠，杨茂发，金道超．雷公山景观昆虫[M]．贵阳：贵州科技出版社，2007．

杨再华，余金勇，朱秀娥．贵州纳雍珙桐自然保护区科学考察研究[M]．北京：中国林业出版社，2013．

杨茂发，徐芳龄，旺廉敏．宽阔水保护区昆虫初步调查// 喻理飞，谢双喜，吴太伦．宽阔水自然保护区综合科学考察集
　　[M]．贵阳：贵州科技出版社，2004．

周勇．中国伪叶甲亚族分类研究（革肖翅目：拟步甲科：伪叶甲族）[D]．河北大学，2011．

第三节　两栖动物

2009 年 7 月 8～10 日、2010 年 7 月 6～16 日、2011 年 8 月 23～9 月 4 日、2012 年 8 月 5～10 日、2013 年 7 月 10～15 日、2014 年 9 月 18～27 日以及 2015 年 5 月 1～16 日,考察组一行对黔东南苗族侗族自治州月亮山地区(榕江县与从江县交界处)的两栖动物资源进行了多次野外考查,考查方法根据实际地形采用样线法或样方法。考察路线共计 15 条,其中从江县 6 条,榕江片区 9 条。1 号线路:加牙—扒耍田坝小溪—太阳山北坡—太阳山顶—太阳山南坡—白朵;2 号线路:白吉—长牛河白吉段—月亮山北段;3 号线路:长牛河—长牛—月亮山南段;4 号线路:污内—汪古—污登—加页;5 号线路:加斗—加近—党郎—污耶—龙塘;6 号线路:党郎—污虽—太阳山东坡;7 号线路:计划大山;8 号线路:月亮山(上拉力—月亮山顶—茅坪(毕贡));9 号线路:加早(污恰—河边—加早);10 号线路:沙坪沟(溪口—亚公—返回);11 号线路:八蒙河(八蒙—摆桥—下午—八蒙);12 号线路:牛长河;13 号线路:污俄—污下—污说—达忙;14 号线路:达忙—雷家坡—廖家坡;15 号线路:污生—污规—加两—加勉。

1　结果与分析

通过多次科学考察,共收集到两栖动物成体标本 193 号,蝌蚪标本 20 余号,经鉴定,月亮山保护区两栖动物共 2 目 9 科 22 属 28 种(表 4.3.1)。

表 4.3.1　月亮山保护区两栖动物名录

目、科、属、种	区系成分	IUCN 濒危物种等级
Ⅰ 有尾目 Urodela		
(一)隐鳃鲵科 Crptobranchidae		
1. 大鲵属 *Andris* Tschudi, 1826		
大鲵 *Andrias davidianus*	SW/N/QZ/C/S	极危
(二)蝾螈科 Salamandridae		
2. 瑶螈属 *Yaotriton* Dubois et Raffaelli, 2009		
细痣瑶螈 *Yaotriton asperrimus*	C/S	低危
3. 肥螈属 *Pachytriton* Boulenger, 1878		
瑶山肥螈 *Pachytriton inexpectatus*	C/S	数据不足
Ⅱ 无尾目 Anura		
(三)角蟾科 Megophryidae		
4. 掌突蟾属 *Paramegophrys* Liu, 1964		
福建掌突蟾 *Paramegophrys liui*	C/S	无危
5. 髭蟾属 *Vibrisaphora* Liu, 1945		
雷山髭蟾 *Vibrisaphora leishanensis*	C	濒危
6. 短腿蟾属 *Brachytarsophrys* Tian et Hu, 1983		
宽头短腿蟾 *Brachytarsophrys carinensis*	SW/C/S	无危
7. 角蟾属 *Megophrys* Kuhl et van Hasselt, 1822		
小角蟾 *Megophrys minor*	SW/C/S	无危
(四)蟾蜍科 Bufonidae		
8. 蟾蜍属 *Bufo* Laurenti, 1768		

（续）

目、科、属、种	区系成分	IUCN 濒危物种等级
中华大蟾蜍 *Bufo gargarizans*	NE/N/MX/SW/C	无危
（五）雨蛙科 Hylidae		
9. 雨蛙属 *Hyla* Laurenti，1768		
华西雨蛙 *Hyla gongshanensis*	SW/C/S	无危
（六）蛙科 Ranidae		
10. 侧褶蛙属 *Pelophylax* Fitzinger，1843		
黑斑侧褶蛙 *Pelophylax nigromaculatus*	NE/N/MX/SW/C/S	低危
11. 臭蛙属 *Odorrana* Fei，Ye et Huang，1900		
大绿臭蛙 *Odorrana graminea*	C/S	数据不足
花臭蛙 *Odorrana schmackeri*	C/S	无危
竹叶臭蛙 *Odorrana versabilis*	C/S	无危
12. 水蛙属 *Hylarana* Tschudi，1838		
台北纤蛙 *Hylarana taipehensis*	C/S	无危
13. 沼蛙属 *Boulengerana* Fei，Ye et Jiang，2010		
沼蛙 *Boulengerana guentheri*	SW/C/S	无危
14. 肱腺蛙属 *Sylvrana* Dubois，1992		
阔褶水蛙 *Sylvrana latouchii*	C/S	无危
15. 林蛙属 *Rana* Linnacus，1785		
峨眉林蛙 *Rana omeimontis*	C	无危
16. 湍蛙属 *Amolops* Cope，1856		
华南湍蛙 *Amolops ricketti*	C/S	无危
（七）叉舌蛙科 Dicroglossidae		
17. 陆蛙属 *Fejeruarya* Bolkay，1915		
泽陆蛙 *Fejervarya multistriata*	N/SW/C/S	数据不足
18. 棘胸蛙属 *Quasipaa* Dubois，1975		
棘胸蛙 *Quasipaa spinosa*	C/S	易危
棘侧蛙 *Quasipaa shini*	C	易危
（八）树娃科 Rhacophoridae		
19. 泛树蛙属 *Polypedates* Tschudi，1838		
斑腿泛树蛙 *Polypedates megacephalus*	SW/C/S	无危
20. 水树蛙属 *Aquixalus* Delorme，Dubois，Grosjean et Ohler，2005		
锯腿水树蛙 *Aquixalus odontotarsus*	SW/S	无危
21. 树蛙属 *Rhacophorus* Kuhl et van Hasselt，1822		
白线树蛙 *Rhacophorus leucofasciatus*	C/S	数据不足
大树蛙 *Rhacophorus* dennysi	C/S	无危
（九）姬蛙科 Microhylidae		
22. 姬蛙属 *Microhyla* Tschudi，1838		
饰纹姬蛙 *Microhyla fissipes*	SW/C/S	无危
小弧斑姬蛙 *Microhyla heymonsi*	SW/C/S	无危
花姬蛙 *Microhyla pulchra*	C/S	无危

注：NE：东北区；N：华北区；MX：蒙新区；QZ：青藏区；SW：西南区；C：华中区；S：华南区。

表4.3.2　月亮山保护区两栖动物各科物种数

科名	属数	种数	占总种数的百分比(%)
隐鳃鲵科 Crptobranchidae	1	1	3.57
蝾螈科 Salamandridae	2	2	7.14
角蟾科 Megophryidae	4	4	14.29
蟾蜍科 Bufonidae	1	1	3.57
雨蛙科 Hylidae	1	1	3.57
蛙科 Ranidae	7	9	32.14
叉舌蛙科 Dicroglossidae	2	3	10.71
树蛙科 Rhacophoridae	3	4	14.29
姬蛙科 Microhylidae	1	3	10.71
合计	22	28	100.00

　　由表4.3.2得知，月亮山保护区蛙科两栖动物物种数最多，计7属9种，占种数的32.14%；其次是角蟾科(4属4种)和树蛙科(3属4种)，均各占种数的14.29%，隐鳃鲵科、蟾蜍科和雨蛙科物种数较少，各为1种，各占种数的3.57%。

表4.3.3　月亮山保护区两栖动物区系

区系成分	物种数	占总种数的百分比(%)
古北界与东洋界广布种	4	14.3
华中华南亚种	13	46.4
华中华南西南亚种	7	25
华中亚种	3	10.7
华南西南亚种	1	3.6
合计	28	100

　　由表4.3.3可知，保护区28种两栖动物中，华中华南区种最多，计13种，占种数的46.4%；其次为华中华南西南亚种，计7种，占种数的25%；华南西南亚种，为1种，占种数的3.6%；中国特有种12种，占总种数的43%；无华南区种。

2　结论与讨论

2.1　大鲵的保护

　　大鲵 Andrias davidianus 是《中华人民共和国野生动物保护法》所保护的Ⅱ级野生保护动物，IUCN红色名录极危(CR)已列入濒临绝种野生动植物种国际贸易公约(CITES)公约附录Ⅰ，是中国特有种，也是贵州省生物多样性保护行动计划中的重点保护动物。贵州有34个县有野生大鲵的分布。目前，大鲵人工繁殖已成为贵州省一大迅速发展的新兴产业。建议有关部门组织科研人员进行专题调查研究，并提出保护开发大鲵的措施。

2.2　棘蛙类的保护

　　棘蛙为无尾目蛙科所辖的一属较为特殊的两栖动物，在很多地方也称石蚌、石蛙、石鸡、石蛤。本次在月亮山的两栖动物考察过程中，在榕江县水尾乡以及计划乡发现了棘蛙 Quasipaa spinosa、棘侧蛙 Q. shini，但数量均较少。棘蛙体形扁平，体大肉多，味道鲜嫩甘美，具有滋补和药用价值，因此，当地农民每隔一段时间到野外进行捕杀食用，特别是繁殖期捕杀了大量尚未繁殖的成体，严重威胁着物种的生存。目前，棘蛙类野外种群数量极度下降，建议相关部门将棘腹蛙、棘胸蛙列为省级保护动物，严禁捕杀野生棘蛙。

2.3　加强保护宣传

　　在此次调查过程中，看到当地老百姓在河里捕鱼，常常将蝌蚪也当成小鱼来捕捉和食用。更为严重的是，许多老百姓使用"电捕"的方式进行捕鱼，导致水体中所有动物，不论个体大小，全部被电晕甚至电死，这种毁灭性的捕鱼方式或生活习惯，非常不利于当地动物的保护和科学利用。因此，需要有关部门加强保护宣传，提高老百姓的生态理念、环保认识，移风易俗，更加科学、可持续地利用野生动植物资源。

（熊荣川 田应洲 杨 泉 李 松 陈 红）

参考文献

费梁，胡淑琴，叶昌媛，黄永昭等. 2009. 中国动物志. 两栖纲（下卷）. 无尾目. 蛙科 [M]. 北京：科学出版社. 967 – 1645.

费梁，胡淑琴，叶昌媛，黄永昭等. 2009. 中国动物志. 两栖纲（中卷）. 无尾目 [M]. 北京：科学出版社. 81 – 870.

费梁，叶昌媛，黄永昭等. 1999. 中国两栖动物图鉴 [M]. 郑州：河南科学技术出版社. 1 – 432

费梁，叶昌媛，江建平. 2010. 中国两栖动物彩色图谱 [M]. 成都：四川出版集团. 四川科学技术出版社. 1 – 491.

费梁，叶昌媛，江建平等. 2005. 中国两栖动物检索及图解 [M]. 成都：四川科学技术出版社，1 – 340.

费梁，叶昌媛. 2000. 四川两栖类原色图谱 [M]. 北京：中国林业出版社. 1 – 230.

胡淑琴，赵尔宓，刘承钊. 1973. 贵州省两栖爬行动物调查及区系分析 [J]. 动物学报，19（2）：149 – 178.

李德俊，李东平，王大中等. 1989. 雷公山自然保护区两栖动物物种及区系分析 [A]. 雷公山自然保护区科学考察集 [M]. 贵阳：贵州人民出版社：401 – 412.

李德俊. 1982. 梵净山两栖爬行动物种类分布及其区系成分 [A]. 载：贵州环境保护局，梵净山科学考察集 [C]，232 – 244.

刘承钊，胡淑琴，杨抚华. 1962. 贵州西部两栖类初步调查报告 [J]. 动物学报，14（3）：381 – 392.

刘承钊，胡淑琴. 1961. 中国无尾两栖类 [M]. 北京：科学出版社：1 – 364.

魏刚，陈服官，李德俊. 1989. 贵州两栖类区系特征及地理区划的研究 [J]. 动物学研究，10（3）：241 – 249.

伍律，董谦，须润华. 1986. 贵州两栖志 [M]. 贵阳：贵州人民出版社，1 – 144.

须润华，徐宁，魏刚，郑建州. 1985. 宽阔水林区两栖动物调查 [A]. 宽阔水林区科学考察集 [C]. 贵阳：贵州人民出版社，188 – 189.

徐宁，高喜明，江亚猛，魏刚. 2008. 贵州省8个自然保护区两栖动物分布研究 [J]. 四川动物，27（6）：1165 – 1168.

郑建州，周江. 2000. 佛顶山自然保护区两栖动物物种组成及区系分析 [A]. 佛顶山自然保护区科学考察集 [C]. 北京：中国林业出版社，244 – 247.

第四节 爬行动物

2009年7月8～10日、2010年7月6～16日、2011年8月23日～9月4日、2012年8月5～10日、2013年7月10～15日、2014年9月18～27日以及2015年5月1～16日，考察组一行对黔东南苗族侗族自治州月亮山地区（榕江县与从江县交界处）的爬行动物资源进行了多次野外考查，考查根据实际地形采用样线法或样方法。考察路线总共15条，其中从江县6条，榕江片区9条。1号线路：加牙—扒耍田坝小溪—太阳山北坡—太阳山顶—太阳山南坡—白朵；2号线路：白吉—长牛河白吉段—月亮山北段；3号线路：长牛河—长牛—月亮山南段；4号线路：污内—汪古—污登—加页；5号线路：加斗—加近—党郎—污耶—龙塘；6号线路：党郎—污虽—太阳山东坡；7号线路：计划大山；8号线路：月亮山（上拉力—月亮山顶—茅坪（毕贡））；9号线路：加早（污恰—河边—加早）；10号线路：沙坪沟（溪口—亚公—返回）；11号线路：八蒙河（八蒙—摆桥—下午—八蒙）；12号线路：牛长河；13号线路：污俄—污下—污说—达忙；14号线路：达忙—雷家坡—廖家坡；15号线路：污生—污规—加两—加勉。

1　结果与分析

根据野外观察记录和现场调查结果，并查阅已有的文献资料综合分析，目前月亮山保护区分布爬行动物 3 目 10 科 34 属 48 种（表 4.4.1）。

表 4.4.1　月亮山保护区爬行动物名录及分布

种名	NE			N		MX			QZ		SW		C		S				
	a	b	c	a	b	a	b	c	a	b	a	b	a	b	a	b	c	d	e
一、龟鳖目 TESTUDINES																			
（一）平胸龟科 PLATYSTERNIDAE																			
平胸龟属 *Platysternon*																			
1. 平胸龟 *P. megacephalum*													+	+	+	+	+		
（二）鳖科 TRIONYCHIDAE																			
鳖属 *Pelodiscus*																			
2. 鳖 *P. Sinensis*	+	+	+	+	+	+					+		+	+	+	?	+	+	
二、蜥蜴目 LACERTIFORMES																			
（三）鬣蜥科 AGAMIDAE																			
棘蜥属 *Acanthosaura*																			
3. 丽棘蜥 *Acanthosaura lepidogaster*													+	+	+	+			
树蜥属 *Calotes*																			
4. 细鳞树蜥 *C. microlepis*													+				+		
（四）石龙子科 SCINCIDAE																			
石龙子属 *Eumeces*																			
5. 石龙子 *Eumeces chinensis*													+	+	+		+		+
6. 蓝尾石龙子 *Eumeces elegans*				+									+	+	+	+	+		+
蜓蜥属 *Sphenomorphus*																			
7. 铜蜓蜥 *S. indicus*											+		+	+	+	+	+		+
（五）蜥蜴科 LACERTIDAE																			
草蜥属 *Takydromus*																			
8. 北草蜥 *Takydromus septentrionalis*	—	?		—	—								+	+					+
（六）蛇蜥科 ANGUIDAE																			
脆蛇蜥属 *Ophisaurus*																			
9. 脆蛇蜥 *O. harti*											+		+						+
三、蛇目 SERPENTIFORMES																			
（七）盲蛇科 TYPHLOPIDAE																			
钩盲蛇属 *Ramphotyphlops*																			
10. 钩盲蛇 *R. braminus*													+	+	+	+	+	+	
（八）游蛇科 COLUBRIDAE																			
腹链蛇属 *Amphiesma*																			
11. 锈链腹链蛇 *Amphiesma octolineatum*						—					+		+	+	+				
12. 丽纹腹链蛇 *A. optatum*											+		—	+					
13. 坡普腹链蛇 *A. popei*													—	+	+	+			
14. 棕黑腹链蛇 *A. sauteri*													+	+	+	+	+		+
15. 草腹链蛇 *A. stolatum*					—								+	+	+		+		+
林蛇属 *Boiga*																			
16. 绞花林蛇 *B. kraepelini*											+		+	+	+	+			+
两头蛇属 *Calamaria*																			

（续）

种名	NE			N		MX			QZ		SW		C		S				
	a	b	c	a	b	a	b	c	a	b	a	b	a	b	a	b	c	d	e
17. 钝尾两头蛇 *C. septentrionalis*												+	+	+		+			
翠青蛇属 *Cyclophiops*																			
18. 翠青蛇 *Cyclophiops major*				—						+		+	+	+	—		+	+	
链蛇属 *Dinodon*																			
19. 黄链蛇 *D. flavozonatum*											+		+	+		+			
20. 赤链蛇 *D. rufozonatum*	+	+	+	+	+	+					+		+	+	+	+	+		
锦蛇属 *Elaphe*																			
21. 王锦蛇 *Elaphe carinata*				—							+		+	+	+		+		
22. 玉斑锦蛇 *E . mandarina*					+				+	+	+		+	+		+			
23. 三索锦 *E . radiata*												+	+	+	+				
24. 黑眉锦蛇 *Elaphe taeniura*	+			+	+						+		+	+	+	+			
颈棱蛇属 *Macropisthodon*																			
25. 颈棱蛇 *M. rudis*				—							+		+	+		+			
小头蛇属 *Oligodon*																			
26. 中国小头蛇 *O. chinensis*											+		+	+	+	+			
后棱蛇属 *Opisthotropis*																			
27. 山溪后棱蛇 *Opisthotropis latouchii*													+	+					
斜鳞蛇属 *Pseudoxenodon*																			
28. 横纹斜鳞蛇 *P. bambusicola*													+	+		+			
29. 崇安斜鳞蛇 *P. karlschmidti*													+	+		+			
鼠蛇属 *Ptyas*																			
30. 灰鼠蛇 *P. korros*													+	+	+	+	+		
31. 滑鼠蛇 *P. mucosus*											+		+	+	+	+	+		
乌梢蛇属 *Zaocys*																			
32. 乌梢蛇 *Zoacys dhumnades*				+							+		+	+		+			
颈槽蛇属 *Rhabdophis*																			
33. 虎斑颈槽蛇 *Rhobdophis tigrina*	+	+	+	+	+	+			?	+	+	+	+	+	+	+	+		
华游蛇属 *Sinonatrix*																			
34. 乌华游蛇 *S . percarinata*											+		+	+			+	+	
35. 环纹华游蛇 *S . aequifasciata*													+	+			+	+	
渔游蛇属 *Xenochrophis*																			
36. 渔游蛇 *X . piscator*												+	+	+	+	+	+		
白环蛇属 *Lycodon*																			
37. 黑背白环蛇 *L. ruhstrati*											+		+	+		+			
紫砂蛇属 *Psammodynastes*																			
38. 紫砂蛇 *P. pulverulentus*												+	+	+	+	+	+		
（九）蝰科 VIPERIDAE																			
竹叶青蛇属 *Trimeresurus*																			
39. 竹叶青指名亚种 *Trimeresurus stejnegeri stejnegeri*											+		+	+			+	+	
40. 白唇竹叶青 *T . albolabris*													+	+			+		
烙铁头蛇属 *Ovophis*																			
41. 山烙铁头 *Trimeresurus monticola*											+	+	+	+	+		+		

（续）

种名	NE			N		MX			QZ		SW		C		S				
	a	b	c	a	b	a	b	c	a	b	a	b	a	b	a	b	c	d	e
原矛头蝮属 *Protobothrops*																			
42. 原矛头蝮 *P. mucrosquamatus*						—				+		+	+	+	+	+			+
尖吻蝮属 *Deinagkistrodon*																			
43. 尖吻蝮 *D. acutus*											+	+							+
（十）眼镜蛇科 ELAPIDAE																			
环蛇属 *Bungarus*																			
44. 银环蛇 *B. multicinctus*										+		+	+	+	+	+			+
45. 金环蛇 *B. fasciatus*													+	+	+				
丽纹蛇属 *Calliophis*																			
46. 丽纹蛇 *C. macclellandi*										+		+	+	+	+	+			+
眼镜蛇属 *Naja*																			
47. 舟山眼镜蛇 *N . atra*										+		+	+	+	+	+			+
眼镜王蛇属 *Ophiophagus*																			
48. 眼镜王蛇 *O . hannah*										+		+	+	+	+	+			

　　古北界：NE：东北区，NE a：大兴安岭亚区、NE b：长白山地亚区、NE c：松辽平原亚区；N：华北区，N a：黄淮平原亚区、N b：黄土高坡亚区；MX：蒙新区，MX a：东部草原亚区、MX b：西部荒漠亚区、MXc：天山山地亚区；QZ：青藏区，QZ a：羌塘高原亚区、QZ b：青海藏南亚区。

　　东洋界：SW：西南区，SW a：西南山地亚区、SW b：喜马拉雅山亚区；C：华中区，C a：东部丘陵平原亚区、C b：西部山地高原亚区；S：华南区，S a：闽广沿海亚区、S b：滇南山地亚区、S c：海南岛亚区、S d：台湾亚区、S e：南海诸岛亚区　+ 本区分布；一见于边缘；* 外来种。

　　保护区内分布的 48 种爬行动物，其属级以上分类阶元类群较为丰富（表 4.4.2）

表4.4.2　月亮山保护区爬行动物各科物种数

目名	科名	属数	占总属数（%）	种及亚种数	占总种数（%）
龟鳖目	平胸龟科	1	2.94	1	2.08
	鳖科	1	2.94	1	2.08
小计	2 科	2	5.88	2	4.16
蜥蜴目	鬣蜥科	2	5.88	2	4.16
	蛇蜥科	1	2.94	1	2.08
	蜥蜴科	1	2.94	1	2.08
	石龙子科	2	5.88	3	6.27
小计	4 科	6	17.65	7	14.59
蛇目	盲蛇科	1	2.94	1	2.08
	游蛇科	17	50	28	58.33
	眼镜蛇科	4	11.76	5	10.42
	蝰科	4	11.76	5	10.42
小计	4 科	26	76.47	39	81.25
总计	10 科	34	100	48	100

　　根据表 4.4.2 统计结果，保护区 3 目的爬行动物中，蛇目种类最多，计有 39 种，占 81.25%；其次为蜥蜴目，有 7 种，占 14.59%。10 个科中，游蛇科有 17 属 28 种，占 58.33%，为种类最多的科；其次为眼镜蛇科和蝰科，各为 5 种，各占 10.42%。根据统计结果，保护区爬行动物以蛇目为优势类群，科级分级阶元中，游蛇科种数最多，各类群物种组成与贵州爬行动物物种组成一致。

　　48 种爬行动物目前区系成分分析如表 4.4.3。

表4.4.3　月亮山保护区爬行动物区系成分统计表

区系成分	物种数	占总种数的百分比（%）
古北界东洋界广布种	7	14.58
东洋界广布种	22	45.83
华中华南区种	17	35.43
西南华中区种	1	2.08
华南区种	1	2.08
总计	48	100

东洋界广布22种，占45.83%；其次是华中华南区17种，占35.43%；西南华南区和华南区最少，各1种，占2.08%。该保护区内以东洋界广布种为优势类群。

濒危野生动植物种国际贸易公约（CITES）将平胸龟、滑鼠蛇、舟山眼镜蛇、眼镜王蛇列为Ⅱ级保护动物，鳖为Ⅲ级。《中国濒危动物红皮书（两栖类和爬行类）》将平胸龟、脆蛇蜥、棕黑腹链蛇、三索锦蛇、灰鼠蛇、滑鼠蛇、金环蛇、尖吻蝮列为濒危动物；将眼镜王蛇列为极危动物；将鳖、王锦蛇、玉斑锦蛇、黑眉锦蛇、银环蛇、舟山眼镜蛇列为易危动物。乌梢蛇需予关注。

2　结论与讨论

（1）月亮山保护区的爬行动物拥有较多高阶元分类类群，具有较高的物种丰富度。

（2）爬行动物与人类各方面的生活、生产、研究及自然界的生态平衡等方面都有重要意义。因此，要给予关注和保护，禁止食用野生爬行动物，广泛向群众宣传保护野生动物的相关法律法规和意义，让野生动物保护意识深入人心。当地农民抓尖吻蝮出售，导致该地区尖吻蝮数量急剧下降，因此要加大林区治安巡逻，遏止滥捕滥杀野生动物行为，与县森林公安及乡、村委会护林大队联合开展执法检查，采用点面结合的方法，对河道、水库、山区等野生动物出现比较集中的地方进行排查，遇到捕捉野生动物的行为及时制止，进行说服教育。

（3）蛇类有毒蛇和无毒蛇之分，有毒的蛇，头部多为三角形，有毒腺，能分泌毒液，无毒蛇则无上述特征。毒蛇咬人或动物时，毒液从毒牙流出使被咬的人或动物中毒。蝮蛇、银环蛇等都是毒蛇。毒液可供医药用。毒蛇的毒液，可制备特效药抗蛇毒血清，还可制备镇痛剂和止血剂，效果胜于吗啡、杜冷丁，无成瘾性。蛇毒还可治疗瘫痪、小儿麻痹症等。近年来蛇毒又被用以治疗癌症。蛇蜕具有祛风、定惊、解毒、退翳的功效，用于小儿惊风、抽搐痉挛、角膜出翳、喉痹、疔肿、皮肤瘙痒等。因此可以好好利用蛇类资源，通过养殖蛇类等方式来发挥其作用。

（陈　红　杨　泉　田应洲　李　松　熊荣川）

参考文献

胡淑琴，赵尔宓，刘承钊，1973，贵州省两栖爬行动物资源及区系分析[J]. 动物学报，19(2)：149－181.

季达明，温世生.2002，中国爬行动物图鉴[M]. 中国野生动物保护协会主编，郑州，河南科学技术出版社，1－347.

伍律，李德俊，刘积琛.1986. 贵州爬行类志[M]. 贵阳：贵州人民出版社，1－349.

赵尔宓.2006. 中国蛇类（上、下册）[M]. 合肥：安徽科学技术出版社．1－669.

赵尔宓.1998. 中国濒危动物红皮书两栖类和爬行类[M]. 北京：科学出版社，1－330.

张荣祖.1999. 中国动物地理[M]. 北京：科学出版社，1—502.

中国野生动物保护协会.2006. 国家重点保护野生动物名录．(EB/OL)http：//www.forestry.gov.cn/portal/bhxh/s/709/content－85157.html

第五节　鱼类

月亮山保护区位于贵州省黔东南榕江县和从江县交界处，地处贵州省的南端，与广西接壤，地理位置优越，交通方便。月亮山主要受大气环流影响，属于中亚热带过渡到北亚热带的季风山地气候，春秋温暖、冬无严寒、夏无酷暑，气候宜人。月亮山保护区属于珠江水系重要支流的都柳江源头，该区丰富的河流分布、优越的自然条件和环境，为鱼类的栖息与繁衍创造了良好的生存环境。

1　研究方法

本次调查范围包括榕江县兴华乡、定威乡（长牛河）、八开乡、计划乡以及从江县的污牛河等水域（表4.5.1），基本覆盖了月亮山保护区内及周边的溪流、河谷、水库等水体。调查采用雇请渔民捕捞和自捕的方式采集鱼类标本，调查渔具包括：电鱼机、小钩、定置刺网、拦河网等4种。采集的鱼类标本现场鉴定种类，并进行体长、体重等生物学测量，同时记录数量、采集地的生境描述以及 GPS 定位等相关数据。现场未能鉴定的种类，用福尔马林溶液（10%）固定，带回室内鉴定，标本鉴定及分类依据伍律的《贵州鱼类志》、陈宜瑜的《中国动物志硬骨鱼纲鲤形目》、褚新洛的《云南鱼类志》、乐佩琦的《中国动物志硬骨鱼纲的鲤形目》、伍汉霖的《中国动物志硬骨鱼纲的鲈形目》以及李林春编著的《中国鱼类图鉴》。

表 4.5.1　月亮山保护区鱼类标本主要采集地位置

地名	地理位置	海拔（m）
榕江都柳江	E108°31′44.9″ N25°56′47″	270
榕江兴华	E108°10′40.7″ N25°50′15″	370
榕江兴华小河	E108°11′42″ N25°51′31.7″	360
从江污牛河	E108°35′10.9″ N25°50′40.8″	230
长牛河	E108°16′36.5″ N25°36′9.4″	740

利用资料对毗邻的雷公山国家级自然保护区、茂兰国家级自然保护区的鱼类进行了对比。采用平均动物地理区系相似性（Average Faunal Resemblance），简称 AFR 系数，计算不同水域的鱼类共同区系的关系。其 $r_{AFR} = C(N_1 + N_2)/2 N_1 N_2$，式中 r_{AFR} 为相似性系数，C 为两个水域共有的鱼类物种数；N_1 为第一个区域水体的鱼类物种数；N_2 为第二个区域水体的鱼类物种数。当 r_{AFR} 值为 80% ~ 100% 时，两个水域为共同区系关系；当 r_{AFR} 值为 60% ~ 79% 时，两个水域的鱼类区系关系为密切关系；当 r_{AFR} 值为 40% ~ 59% 时，区系关系为周缘关系；小于 40% 时，为疏远关系。

2　结果与分析

关于贵州月亮山保护区的鱼类资源和水体情况，1989 年"月亮山林区科学考察"时对该区的长牛、加牙、拉易以及月亮山的毗邻地区的岩洞口、高里开展过调查并有调查报告。2014 年 9 月，随贵州月亮山保护区科学考察团，对保护区的鱼类资源及水体情况进行了调查。本次调查比 1989 年的调查扩大了范围，以区内的大小溪流、水塘、河流、水库以及保护区附近的河段为主，但未对毗邻地区的岩洞口和高里等地开展调查。共采获标本 300 余号，计 57 种，隶属于 4 目 14 科 44 属，占贵州省鱼类种类数 202 种和亚种的 28.2%，均为淡水鱼类，其中主要经济鱼类计有泥鳅、草鱼、宽鳍鱲、马口鱼、刺鲃等 37 种。

2.1　种类及区系组成特点

月亮山保护区鱼类全属于硬骨鱼纲鱼类，其各目种类详见名录，该区鱼类的主要组成有下列特点。

（1）月亮山保护区的鱼类基本上以鲤形目、鲇形目、鲈形目为主要组成。鲤形目种类最多，有 3 科 32 属 43 种，占保护区鱼类总数的 75.4%；鲇形目次之，有 4 科 5 属 7 种，占保护区鱼类总数的 12.3%；鲈形目第三，有 6 科 6 属 6 种，占保护区鱼类总数的 10.5%；合鳃目仅有黄鳝一个代表性种类（见表 4.5.2）。

（2）月亮山保护区鱼类区系组成中，鲤形目的鲤科鱼类为其区系组成的主体，与我国及贵州鱼类区系组成是基本一致的。保护区鲤形目中鲤科为最大的一个科，有 10 个亚科 26 属 34 种，占保护区鱼类总数的 59.6%，中国的鲤科鱼类有 12 个亚科，月亮山保护区缺少鳅鮀亚科和裂腹鱼亚科的种类。在 10 个亚科中，种类最多的鮈亚科 6 属 7 种和鲃亚科 3 属 7 种均占保护区鲤科鱼类总数的 20.6%；其次为鲌亚科的 6 属 6 种，占保护区鲤科鱼类总数的 17.7%；第三位的为鲤亚科的 2 属 5 种，占保护区鲤科鱼类总数的 14.7%，鲂亚科、鲢亚科、野鲮亚科均为 2 属 2 种，分别占保护区鲤科鱼类的 5.9%，列第四；雅罗鱼亚科、鳋亚科、鳤亚科均为单属单种，各占保护区鲤科鱼类总数的 2.9%（见表 4.5.3）。

（3）月亮山保护区鱼类区系组成中的鲤科鱼类主要以东亚类群鱼类为主，如雅罗鱼亚科、鲌亚科、鲢亚科、鮈亚科、鳤亚科、鲤亚科的鲤属、鲫属等种类，共计 23 属 27 种，而南亚类群仅有鲃亚科的 3 属 7 种。

（4）月亮山保护区溪流峡谷、险滩颇多，河床纵坡较大，水流湍急，因而适应水急滩多环境生活的鱼类较多，如鲤科的鲃亚科，还有平鳍鳅科、鳅科的鱼类。该区的鱼类多数种类为小型鱼类，喜居流水，急流险滩、高氧、低温环境、山区型中小型鱼类，如鮈亚科、鲃亚科等，有的类群具有适应急流环境的特殊结构和功能，如平鳍鳅科和鳅科的种类。由于都柳江形成了较宽阔的水域，故该区生长有一些喜居宽阔水域，缓流、暖水性鱼类，如雅罗鱼亚科的草鱼、鲌亚科的大眼华鳊、鮨科的斑鳜等，因此形成了该区鱼类类群多样的区系组成特征。

（5）月亮山保护区鱼类中，属于广泛分布于贵州省各水系中的种类有泥鳅、草鱼、宽鳍鱲、马口鱼、大眼华鳊、鳙、鲢、麦穗鱼、鲤、鲫、黄颡鱼、鲇、黄鳝等共 13 种，占保护区鱼类总数的 22.8%。

2.2　与毗邻两个国家级自然保护区的鱼类比较

根据资料已知：雷公山国家级自然保护区鱼类 35 种，与月亮山保护区共有种类 19 种，茂兰国家级自然保护区鱼类 37 种，与月亮山保护区共有的种类 16 种。利用平均动物地理区系相似性计算，月亮山保护区与雷公山保护区鱼类 r_{AFR} 值为 43.8%，其鱼类区系的关系为周缘关系；月亮山保护区与茂兰保护区鱼类 r_{AFR} 值为 44.6%，其鱼类区系的关系也为周缘关系。虽然雷公山保护区和茂兰保护区均与月亮山保护区毗邻，但在鱼类的地理分布上均为周缘关系，其形成的主要原因是雷公山保护区的水系是清水江（长江水系）和都柳江（珠江水系）的重要水源补给体，其鱼类在分布上也具有长江水系和珠江水系的鱼类种类的特点，而月亮山保护区的水体主要以珠江水系为主，其鱼类的分布缺少部分长江水系分布的鱼类。茂兰保护区其地质地貌以喀斯特为主，大量的溶洞存在为洞穴鱼类的生存创造了条件，虽然茂兰保护区与月亮山保护区的水体均属于珠江水系，但月亮山保护区缺少洞穴鱼的种类。

2.3　与上次综合科考调查结果的比较

1989 年调查月亮山及毗邻地区有鱼类 23 种，隶属于 3 目 5 科 21 属，本期调查范围扩大，种类较上期多，为 57 种，隶属于 4 目 14 科 44 属。但由于本次科考未对月亮山毗邻地区开展调查，有些种类未采到标本或未发现，这些种类分别为：瑶山鲤、中华细鲫、鲈鲤、粗须铲颌鱼、南方白甲鱼、花棘似刺鳊鮈、横纹条鳅、西江鲇等。其中的一些种类缺失，主要是由于生活于小溪沟中的鱼类因为毒鱼现象的发生而导致数量减少，甚至在小溪沟中灭绝，如瑶山鲤、中华细鲫、粗须铲颌鱼、花棘似刺鳊鮈等。

表 4.5.2　月亮山保护区鱼类统计

目	科	属	种
鲤形目	鳅科	4	7
	鲤科	26	34
	平鳍鳅科	2	2
鲇形目	胡鲇科	1	1
	鲇科	1	1
	鮠科	1	1
	鲿科	2	4
合鳃鱼目	合鳃鱼科	1	1
鲈形目	鮨科	1	1
	塘鳢科	1	1
	鰕虎鱼科	1	1
	斗鱼科	1	1
	鳢科	1	1
	刺鳅科	1	1
合计	4 目　14 科	44 属	57 种

表 4.5.3　月亮山保护区鲤科鱼类统计

鲤科	属数	种数	该种类占鲤科鱼类总数(%)
鲂亚科	2	2	5.88
雅罗鱼亚科	1	1	2.94
鲃亚科	6	6	17.65
鲷亚科	1	1	2.94
鲢亚科	2	2	5.88
鮈亚科	6	7	20.59
鳍亚科	1	1	2.94
鲃亚科	3	7	20.59
野鲮亚科	2	2	5.88
鲤亚科	2	5	14.71
合计　10 亚科	26 属	34 种	100

2.4　资源评价

月亮山保护区的鱼类 57 种分属于 4 目 14 科 44 属，占贵州鱼类总种数的 28.2%，是鱼类资源较为丰富的地区之一。尤其是鲤科鱼类，包含了我国整个鲤科鱼类 12 个亚科中 10 个亚科的部分种类。在地理分布上，也包含了东亚类群、南亚类群和高原类群的种类。因此，对于研究贵州鱼类区系和鲤科鱼类的起源、分化及地理分布具有重要的参考价值，亦对保护区的水域环境具有重要作用。

该区 57 种鱼类中，主要经济鱼类 37 种，占总种数的 64.9%，数量较多，资源丰富，因此，可合理开发利用，增加当地经济收入，改善当地人民的生活。

该区为贵州境内珠江水系的重要支流都柳江的发源地之一，研究该区河流内鱼类物种的分布规律和特点、起源与分化，对研究珠江水系鱼类的分布特点及其区系组成，都具有一定的参考作用。

3　结论与讨论

（1）榕江县和从江县境内均分布有多条溪流，得天独厚的条件给月亮山地区较为丰富的鱼类资源分布和栖息提供较为理想的场所，可合理利用该区的鱼类资源使之永续为当地群众造福。而在该区有鱼类分布的绝大多数河面上，仍有毒鱼、电鱼的现象，在鱼类产仔繁殖期也不例外，这种毁灭性的捕捞方式，如当地渔业等相关部门不加以有效控制，该区的许多鱼类的数量和种类将迅速下降，甚至有许多种类将面临灭绝的危险。建议各级政府和渔业部门采取有效措施，每年限定禁渔期，并限量捕捞以达到合理永续利用。

（2）造成月亮山地区鱼类资源衰减的另一个主要原因是随着气候变暖以及天然林面积的减少导致降雨量下降，保护区周边的许多河段已经形成干涸的河沟。据走访，几年前有鱼类生存的地方，由于水源断流，鱼类也就随之消亡了。

（3）由于月亮山保护区与雷公山国家级自然保护区和茂兰国家级自然保护区毗邻，但在鱼类的地理分布上仅为周缘关系，充分证明在鱼类的地理分布上存在较大差异，因此为了有效保护鱼类资源的多样性，加强月亮山保护区的管理极为重要。

（4）通过本次调查，该区鱼类较为丰富的种类主要有泥鳅、草鱼、宽鳍鱲、马口鱼、大眼华鳊、唇鳎、花鳎、麦穗鱼、银色颌须鮈、刺鲃、厚唇鱼、北江厚唇鱼、小口白甲鱼、鲫、黄鳝等。种群数量极少的鱼类有平头岭鳅、东方墨头鱼、平舟原缨口鳅、贵州爬岩鳅、斑鳠、大鳍鳠、斑鳜、叉尾斗鱼、沙塘鳢等。

（雷孝平　陈　靖　龙立平　杨　泉　潘碧文）

参考文献

伍律，等．贵州鱼类志[M]．贵阳：贵州人民出版社，1989.

陈宜瑜，等．中国动物志·硬骨鱼纲·鲤形目（中卷）[M]．北京：科学出版社，1998.

褚新洛，等．云南鱼类志（上册）[M]．北京：科学出版社，1989.

褚新洛，等．云南鱼类志（下册）[M]．北京：科学出版社，1990.

乐佩琦，等．中国动物志·硬骨鱼纲·鲤形目（下卷）[M]．北京：科学出版社，2000.

伍汉霖，等．中国动物志·硬骨鱼纲·鲈形目（五）·虾虎鱼亚目·上册[M]．北京：科学出版社，2008.

伍汉霖，等．中国动物志·硬骨鱼纲·鲈形目（五）·虾虎鱼亚目·下册[M]．北京：科学出版社，2008.

张荣祖．中国动物地理[M]．北京：科学出版社，1999.

张华海，等．雷公山国家级自然保护区生物多样性研究．贵阳：贵州科技出版社，2007.

冉景丞．荔波洞穴鱼类初步研究．中国岩溶，2000，19（4）：327－332.

喻庆国，等．生物多样性调查与评价．昆明：云南出版集团公司云南科技出版社，2007.

第六节　鸟类

月亮山保护区地处贵州省东南部的从江、榕江、荔波、三都四县交界处，主要位于其主峰所在区域的榕江县计划乡、水尾乡、定威乡、兴华乡和从江县的光辉乡及荔波县的佳荣乡。月亮山相对高差1100余米，山体雄伟高大，沟谷切割深长。月亮山保护区的鸟类调查最早开展于1963年，中国科学院昆明动物研究所在其东面的鸟类采集。此后，吴志康为编撰《贵州鸟类志》分别于1976年5月及1982年3月两次到从江、榕江进行采集。1989年，在月亮山林区展开了保护区综合科学考察，贵州省生物研究所的吴志康随科考队进入月亮山腹地调查，记录到鸟类81种，加上资料统计共有鸟类119种，分属 13 目 31 科。时隔近 25 年，2014 年 9 月由贵州省林科院组织，对月亮山保护区进行一次综合科学考察，在此次调查中记录到鸟类 93 种，结合前人的调查结果，月亮山保护区鸟类合计为 176 种。

1　研究方法

本次科学考察主要采用样线法进行调查，同时辅以鸣声辨别、摄影取证等调查方法。野外观察仪器为奥林帕斯 10×42 mm 和施华洛斯奇 10×42 mm 双筒望远镜。样线布设覆盖了榕江县计划乡、水尾乡、定威乡、兴华乡和从江县的光辉乡，并涵盖了不同生境不同海拔。每日调查的时间为上午 7：00～11：00 和下午 15：00～18：30。步行调查时，平均速度控制在 1～2 km/h。

在野外调查时，对于难以通过望远镜识别的鸟类，考察队员借助超远摄镜头辅助拍摄识别。鸟类种类鉴定依据《中国鸟类野外手册》（约翰·马敬能等，2000）；鸟类分类系统依据《中国鸟类分类与分布名录》（第二版）（郑光美，2011）。

数据用 Microsoft Office Excel 2007 处理。物种科属多样性采用 G－F 指数（蒋志刚，1999）进行统计，计算公式为：

$$D_{G-F} = 1 - \frac{D_G}{D_F}$$

其中 $D_F = \sum_{k=1}^{m} D_{F_k}$，$m$ 为科数，$D_{F_k} = -\sum_{i=1}^{n} p_i \ln p_i$，$p_i = s_{k_i}/s_k$，$s_k$ 为名录中 k 科中的物种数，s_{k_i} 为名录中 k 科 i 属中的物种数，n 为 k 科中的属数；$D_G = -\sum_{j=1}^{p} q_j \ln q_j$，$q_j = s_j/s$，$s$ 为物种数，s_j 为 j 属中的物种数，p 为属数。

2　结果与分析

2.1　种类组成

此次月亮山保护区科学考察鸟类共记录到 93 种，同时通过整理吴志康 1986《贵州鸟类志》中在从江、榕江的标本记录以及其《月亮山林区鸟类调查报告》中的记录，统计月亮山保护区到目前共记录到鸟类 176 种（详见名录），隶属于 15 目 48 科。其中，非雀形目鸟类 60 种，占总种数的 34.09%；雀形目 116 种，占 65.91%（表 4.6.1）。此次调查中记录到的 93 种鸟中，有 35 种鸟为之前未在月亮山记录到的鸟类，其中记录到的紫背苇鳽 *Ixobrychus eurhythmus* 为贵州省鸟类新记录。国家 I 级重点保护动物 1 种，为白颈长尾雉 *Syrmaticus ellioti*；国家 II 级重点保护动物 14 种，分别为黑冠鹃隼 *Aviceda leuphotes*、黑鸢 *Milvus migrans*、蛇雕 *Spilornis cheela*、赤腹鹰 *Accipiter soloensis*、松雀鹰 *A. virgatus*、普通鵟 *Buteo buteo*、红隼 *Falco tinnunculus*、白鹇 *Lophura nycthemera*、红腹锦鸡 *Chrysolophus pictus*、褐翅鸦鹃 *Centropus sinensis*、小鸦鹃 *C. toulou*、领角鸮 *Otus bakkamoena*、斑头鸺鹠 *Glaucidium cuculoides*、仙八色鸫 *Pitta nympha*。列入世界自然保护联盟 IUCN 红色名录近危种 NT 2 种，为白颈长尾雉和白颈鸦 *Corvus torquatus*；易危种 VU 1 种，为仙八色鸫 *Pitta nympha*。列入濒危动植物国际贸易公约 CITES 附录 I 有 1 种；列入附录 II 有 12 种。

表 4.6.1　月亮山保护区鸟类目、科和种的组成

目	科	种	占总种数（%）
鹳形目	1	6	3.41
雁形目	1	1	0.57
隼形目	2	7	3.98
鸡形目	1	6	3.41
鹤形目	2	6	3.41
鸻形目	2	4	2.27

（续）

目	科	种	占总种数(%)
鸽形目	1	3	1.70
鹃形目	1	11	6.25
鸮形目	1	2	1.14
夜鹰目	1	1	0.57
雨燕目	1	2	1.14
佛法僧目	1	3	1.70
戴胜目	1	1	0.57
鴷形目	2	7	3.98
雀形目	30	116	65.91

2.2　鸟类居留类型及区系特征

在月亮山保护区记录到的鸟类中，夏候鸟有 47 种，占 26.70%；冬候鸟 6 种，占 3.41%；留鸟 108 种，占 61.36%；旅鸟 11 种，占 6.25%；旅鸟或冬候鸟 2 种，占 1.41%；留鸟或冬候鸟、留鸟或旅鸟各 1 种，分别占 0.57%。

在区系成分上，东洋界鸟类占明显优势，共有 107 种，占 60.80%；古北界鸟类为 15 种，占 8.52%；广布种 29 种，占 16.32%。由此可见，保护区鸟类区系构成以东洋界成分为主。

2.3　鸟类 G – F 多样性指数

对记录到的 176 种鸟类，进行科属间 G – F 指数统计，结果为：G 指数为 4.52，F 指数为 23.55，G – F 指数为 0.81。其中对指数贡献最大的为鹟科和画眉科。

2.4　近 30 年鸟类多样性对比

此次调查共记录到鸟类 93 种，隶属于 11 目 34 科；吴志康(1986)《贵州鸟类志》中记录 1976 年和 1982 年在从江、榕江的标本采集记录显示有 94 种，隶属于 9 目 34 科；吴志康《月亮山林区科学考察集》中，记录了 1989 年在月亮山鸟类调查到 119 种鸟类，隶属于 14 目 40 科(注：以上统计均采用郑光美(2011)《中国鸟类分类与分布名录》中的分类系统统计)。以上调查中，1976～1982 年、1989 年、2014 年 3 次调查，每次都记录到的物种有 31 种，隶属于 2 目 16 科；仅 1976～1982 年调查到的鸟类有 18 种，隶属于 7 目 13 科；仅在 1989 年调查到的鸟类有 25 种，隶属于 9 目 17 科；仅在 2014 年的调查中记录到的鸟类有 35 种，隶属于 11 目 22 科。

2.5　新增贵州省鸟类记录

2014 年 9 月 29 日，在从江县光辉乡的一起盗捕鸟类出售事件中，发现了两只紫背苇鳽 *Ixobrychus eurhythmus* 并拍照记录。经查阅《中国鸟类分类与分布名录》、《贵州鸟类志》及中国观鸟记录中心资料，确认该鸟属于鹭科(Ardeidae)，为贵州省鸟类新记录。

紫背苇鳽隶属于苇鳽属，目前该属全世界有 8 个种，中国有 4 个种，贵州有 2 个种。其鉴别特征为体形较栗苇鳽稍小，与黄斑苇鳽相似。小腿下部裸出；头顶黑褐，背暗紫栗色，翅上覆羽皮黄色。幼鸟背羽满布白色星状点斑(杨岚，1995)。从国内分布记录来看，贵州周边的四川、重庆、湖南、广西、广东、云南均有记录，贵州出现该鸟亦属正常。

3　结论与讨论

月亮山保护区属于东洋界中印亚界华中区西部山地高原亚区，气候为亚热带气候，与其北面的雷公山相似，都具有典型华中区特点。亚热带森林生态系统的特点为每个物种的种群数量少但物种数高，这些特点也在调查中体现出来。对比其邻近的雷公山、茂兰国家级自然保护区的鸟类调查结果，月亮山的鸟类多样性次于茂兰国家级自然保护区，且这 3 个自然保护区的鸟类种类有一定的相似性。目前在月亮山保护区共记录到 15 目 48 科共 176 种鸟类，表明月亮山保护区鸟类在科级分类阶元和目级分类阶元的多样性比较丰富。从科、属分类阶元上看，其 G－F 指数达到 0.81，也体现出较丰富的多样性。根据目前资料显示，紫背苇鳽和朱鹂 *Oriolus traillii* 两种鸟在贵州省内仅在这一区域有记录。但是，在该保护区的本次调查与前人调查时情况相似，当地少数民族有狩猎习惯，调查时在山上常见有鸟网，亦能听到偷猎的枪声。目前，该区域已呈现鸟类被过度猎捕，留鸟中的常见种如麻雀、白腰文鸟、山麻雀、黄臀鹎、领雀嘴鹎都少见。同样，迁徙鸟也难逃厄运，如省内仅 1975 年在遵义记录到 1 次的黄脚三趾鹑，在光辉乡从当地村民盗捕的鸟类中就发现两只，与之一起的还有十几只杜鹃。所以，月亮山保护区虽有丰富的鸟类资源，但加强巡护和保护宣传是当前所急需的。

首先，增强保护区的巡护强度和执法力度，特别是在迁徙季节夜间对迁徙通道的监管。保护区管理机构可以结合日常管护工作，或与科研院所以及大学合作，在春、秋季节鸟类迁徙时，在迁徙通道上设立候鸟观察点或环志点，对候鸟观察统计，进行环志研究，收集相关数据，为制定保护管理措施提供科学依据。

其次，利用农村赶场等集会机会，广泛进行普法宣传，增强广大群众的法律意识。

最后，地方政府与一些环保公益组织合作，深入到当地一些中小学生当中去做环保和科普教育。

（匡中帆　江亚猛　陈东升　李筑眉　胡灿实）

参考文献

蒋志刚，纪力强 . 1999. 鸟兽物种多样性测度 G－F 方法 [J]. 生物多样性，7(3)：220－225.

吴志康 . 1986. 贵州鸟类志 [M]. 贵州：贵州人民出版社 .

吴志康 . 1994. 月亮山林区科学考察集 [M]. 贵州：贵州民族出版社 .

杨岚 . 1995. 云南鸟类志 [M]. 云南：云南科技出版社 .

约翰·马敬能，卡伦·菲利普斯，何芬奇 . 2000. 中国鸟类野外手册 [M]. 长沙：湖南教育出版社 .

张荣祖 . 2004. 中国动物地理 [M]. 北京：科学出版社 .

郑光美，张正旺，宋杰等 . 1995. 鸟类学 [M]. 北京：北京师范大学出版社 .

郑光美 . 2011. 中国鸟类分类与分布名录 [M]. 北京：科学出版社 .

第七节　兽类

贵州月亮山保护区位于贵州从江、荔波、榕江和三都 4 县交界处，拥有独特的地理优势，保护区内动植物资源丰富，但对具体物种资源和特征缺乏有效证实，为进一步加强贵州月亮山保护区建设和管理，全面了解保护区内兽类群落组成及资源分布状况，促进黔东南州生态文明发展，于 2014 年 9 月，对贵州月亮山保护区兽类资源进行了调查。

1　研究方法

1.1　调查范围

本次调查以原从江月亮山州级保护区和榕江月亮山州级保护区范围为基础，重点考察榕江县的计划乡、水尾乡和兴华乡，从江县的光辉乡、加鸠乡和加勉乡。

1.2　调查方法

本次调查根据月亮山保护区的地形特征、植被类型状况以及兽类生物学特征，分层抽样布设调查样线，主要采用样线法、铗日法、网捕法和非诱导式访问调查法。

1.2.1　样线法

调查路线按照保护区重点考察区域，穿越不同生境类型和海拔段，共设置 10 条样线，$L_i \geq 3$ km，调查时以 4~5 人为一组,沿途观察并记录样带两侧 25 m 内的兽类实体、活动痕迹如足迹、皮毛、粪便、巢穴,发现珍稀、重点保护动物时,记录生境类型和 GPS 信息等。样线总抽样面积为 150 hm²,约占保护区调查总面积的 0.43%。

1.2.2 铗日法

小型兽类(鼠类、兔类、食虫类)采用铗日法调查,在营地周边的林地、灌丛地和农用地(含新弃耕地、菜地与农田)三大类型地类中布铗。铗距 5 m,行距 20 m,以花生、新鲜肉类做诱饵。翼手目采用网捕法进行调查,主要选择在保护区的岩洞内。采集到标本后,进行常规的测量、记录和标本制作,然后进行室内鉴定。

1.2.3 访问法

为更好地了解保护区内兽类资源的多样性,对大部分兽类采用访问法调查。主要访问样线分布地区周边村落里对兽类有一定识别经验的猎人、居民和经常在保护区中巡逻的工作人员,根据被访问者的描述,通过对照贵州兽类图鉴及动物实体照片来判断兽类物种。同时查看居民家中保存的皮张、骨头、足爪等标本,以确定保护区过去和现在可能存在的兽类种类。

1.3 分析方法

群落相似性分析采用 Jaccard 相似性系数(C),计算公式为:$Cj = j/(a + b - j)$。式中 Cj 为群落 A 与群落 B 的相似性系数,a、b 分别为群落 A、B 的物种数,j 为群落 A、B 共有的物种数,当 $0.75 \leqslant Cj \leqslant 1.0$ 时,群落组成成分极其相似;当 $0.5 \leqslant Cj \leqslant 0.75$ 时,群落组成成分中等相似;当 $0.25 \leqslant Cj \leqslant 0.5$ 时,群落组成成分中等不相似;当 $0 \leqslant Cj \leqslant 0.25$ 时,群落组成成分极不相似。

2 结果与分析

2.1 调查结果

根据本次调查结果与前人研究资料统计,该区兽类物种共计 51 种,隶属 8 目 22 科 42 属。经整理月亮山保护区兽类物种名录如表 4.7.1,分类参照 Andrew & 解焱《中国兽类野外手册》(2009)及王应祥《中国哺乳动物种和亚种分类名录与分布大全》(2003)。

表 4.7.1 月亮山保护区哺乳动物物种名录

物种名/拉丁名	区系	分布型	保护级别					物种证据				
			国家重点保护	IUCN濒危等级	China RL	CITES附录	三有或特有种	实体	痕迹粪便	调查照片	访谈	文献资料
Ⅰ、食虫目 INSECTIVORA												
一、鼩鼱科 Soricidea												
(1)麝鼩属 *Crocidura*												
1. 长尾大麝鼩 *Crocidura fuliginosa*	东	Sd			LC			√		√		√
2. 灰麝鼩 *Crocidura attenuate*	东	Sd			LC			√			√	
(2)臭鼩属 *Suncus*												
3. 臭鼩 *Suncus murinus*	东	Wd			LC						√	
Ⅱ、翼手目 CHIROPTERA												
二、菊头蝠科 Rhinolophidae												
(3)菊头蝠属 *Rhinolophus*												
4. 皮氏菊头蝠 *Rhinolophus pearsonii*	东	Wd			LC			√		√	√	
三、蹄蝠科 Hipposideridae												
(4)蹄蝠属 *Hipposideros*												
5. 大蹄蝠 *Hipposideros armiger*	东	Wd			LC			√				√
四、蝙蝠科 Vespertilionidae												

（续）

物种名/拉丁名	区系	分布型	保护级别					物种证据				
			国家重点保护	IUCN濒危等级	China RL	CITES附录	三有或特有种	实体	痕迹粪便	调查照片	访谈	文献资料
（5）伏翼属 *Pipistrellus*												
6. 东亚伏翼 *Pipistrellus abramus*	广	Eb			LC						√	
（6）彩蝠属 *Kerivoula*												
7. 彩蝠 *Kerivoula picta*	东	Wc			VU				√			√
Ⅲ、灵长目 PRIMATES												
五、猴科 Cercopithecidae												
（7）猕猴属 *Macaca*												
8. 猕猴 *Macaca mulatta*	广	We	II	LR/nt	VU	II		√			√	√
9. 藏酋猴 *Macaca thibetana*	东	Se	II	LR/nt	VU	II	●				√	√
10. 熊猴 *Macaca assamensis*	东	We	I	VU	VU	II					√	√
Ⅳ、鳞甲目 PHOLIDOTA												
六、鲮鲤科 Manidae												
（8）鲮鲤属 *Manis*												
11. 中国穿山甲 *Manis pentadactyla*	东	Wc	II	LR/nt	EN				√		√	
Ⅴ、食肉目 CARNIVORA												
七、犬科 Canidae												
（9）貉属 *Nyctereutes*												
12. 貉 *Nyctereutes procyonoides*	东	Sc			VU						√	√
八、熊科 Ursidae												
（10）熊属 *Ursus*												
13. 黑熊 *Ursus thibetanus*	东	We	II	VU	VU	I					√	√
九、鼬科 Mustelidae												
（11）鼬属 *Mustela*												
14. 黄腹鼬 *Mustela kathiah*	东	Sd			NT 几近 VU	Ⅲ	K				√	√
15. 黄鼬 *Mustela sibirica*	古	Uh			NT 几近 VU	Ⅲ	K				√	√
（12）貂属 *Martes*												
16. 黄喉貂 *Martes flavigula*	东	Wb	II		NT 几近 VU	Ⅲ					√	√
（13）鼬獾属 *Melogale*												
17. 鼬獾 *Melogale moschata*	东	Sd			NT 几近 VU		K				√	√
（14）獾属 *Meles*												
18. 狗獾 *Meles leucurus*	古	Uh										
（15）猪獾属 *Arctonyx*（单型属）						NT 几近 VU		K				√	√
19. 猪獾 *Arctonyx collaris*												
十、灵猫科 Viverridae	东	We			VU		K				√	√
（16）大灵猫属 *Viverra*												
20. 大灵猫 *Viverra zibetha*	东	Wd	II		EN						√	√
（17）小灵猫属 *Viverricula*												
21. 小灵猫 *Viverricula indica*	东	Wd	II		VU						√	√
（18）灵狸属 *Prionodon*												
22. 斑灵狸 *Prionodon paricolor*	东	Wc	II		VU	I					√	√
（19）花面狸属 *Paguma*（单型属）												
23. 花面狸 *Paguma larvata*	东	We			NT 几近 VU		K	√	√		√	

（续）

物种名/拉丁名	区系	分布型	保护级别					物种证据				
			国家重点保护	IUCN濒危等级	China RL	CITES附录	三有或特有种	实体	痕迹粪便	调查照片	访谈	文献资料
十一、獴科 Herpestidae												
（20）獴属 *Herpestes*												
24. 食蟹獴 *Herpestes urva*	东	Wc			NT 几近 VU						√	√
十二、猫科 Felidae												
（21）豹猫属 *PrionaiLurus*												
25. 豹猫 *PrionaiLurus bengalensis*	东	We			VU	II	K		√		√	√
（22）金猫属 *Catopuma*												
26. 金猫 *Catopuma temminckii*	东	We	II	VU	CR	I					√	√
（23）云豹属 *Neofelis*												
27. 云豹 *Neofelis nebulosi*	东	Wc	I	VU	EN	I					√	
Ⅵ、偶蹄目 ARTIODACTYLA												
十三、猪科 Suidae												
（24）猪属 *Sus*												
28. 野猪 *Sus scrofa*	古	Uh			LC		K		√		√	√
十四、麝科 Moschidae												
（25）麝属 *Moschus*												
29. 林麝 *Moschus berezovskii*	广	Sc	I	LR/nt	EN	II	K				√	√
十五、鹿科 Cervidae												
（26）麂属 *Muntiacus*												
30. 小麂 *Muntiacus reevesi*	东	Sd			VU		●/K				√	√
31. 赤麂 *Muntiacus muntjak*	东	Wc			VU		K				√	√
十六、牛科 Bovidae												
（27）斑羚属 *Naemorhedus*												
32. 中华斑羚 *Naemorhedus griseus*	东	Eb	II		EN	I					√	√
Ⅶ、啮齿目 PODENTIA												
十七、松鼠科 Sciuridae												
（28）鼯鼠属 *Petaurista*												
33. 红白鼯鼠 *Petaurista alborufus*	东	Wd			LC		K	√			√	
（29）丽松鼠属 *Callosciurus*												
34. 赤腹松鼠 *Callosciurus erythraeus*	东	Wd			LC		K	√	√		√	
（30）长吻松鼠属 *Dremomys*												
35. 珀氏长吻松鼠 *Dremomys pernyi*	东	Sd			LC		K				√	√
36. 红颊长吻松鼠 *Dremomys rufigenis*	东	Wd			NT 几近 VU						√	√
（31）花松鼠属 *Tamiops*												
37. 隐纹花松鼠 *Tamiops swinhoei*	东	We			LC		K				√	√
十八、仓鼠科 Circetidae												
（32）绒鼠属 *Eothenomys*												
38. 大绒鼠 *Eothenomys miletus*	东	Y(He)			LC		●				√	√
（33）田鼠属 *Microtus*												
39. 东方田鼠 *Microtus fortis*	广	Ee			LC			√				√
十九、鼠科 Muridea												
（34）姬鼠属 *Apodemus*												

（续）

物种名/拉丁名	区系	分布型	保护级别					物种证据				
			国家重点保护	IUCN濒危等级	China RL	CITES附录	三有或特有种	实体	痕迹粪便	调查照片	访谈	文献资料
40. 黑线姬鼠 *Apodemus agrarius*	古	Ub			LC			√				√
41. 高山姬鼠 *Apodemus chevrieri*	东	Ub					●	√				√
（35）硕鼠属 *Berylmys*												
42. 青毛硕鼠 *Berylmys bowersi*	东	Wb			LC			√				
（36）小鼠属 *Mus*												
43. 小家鼠 *Mus caroli*	古	Uh			LC			√			√	
（37）巢鼠属 *Micromys*（单型属）												
44. 巢鼠 *Micromys minutus*	古	Uh		LR/nt	LC			√				
（38）白腹鼠属 *Niviventer*												
45. 北社鼠 *Niviventer confucianus*	广	We			LC	K		√				
（39）家鼠属 *Rattus*												
46. 褐家鼠 *Rattus norvegicus*	古	Ue			LC			√				
47. 黄胸鼠 *Rattus tanezumi*	东	Wb			LC			√			√	
二十、竹鼠科 Rhizomyidae												
（40）竹鼠属 *Rhizomys*												
48. 银星竹鼠 *Rhizomys pruinosus*	东	Wb			LC				√		√	
49. 中华竹鼠 *Rhizomys sinensis*	东	We			LC		●		√		√	
二十一、豪猪科 Hystricidae												
（41）豪猪属 *Hystrix*												
50. 豪猪 *Hystrix brachyura*	广	Wd		VU	VU		K				√	√
Ⅷ、兔形目 LAGOMORPHA												
二十二、兔科 Leporidae												
（42）兔属 *Lepus*												
51. 华南兔 *Lepus sinensis*	东	Sc			LC						√	√

注：1. 区系：广—古北、东洋界广布种、东—东洋界物种、古—古北界物种；2. 分布型，Eb—季风型（延伸至朝鲜及俄罗斯远东）、Sc—南中国型（热带－亚热带）、Sd—南中国型（热带－北亚热带）、Sv—南中国型（热带－中温带）、Ub—古北型（寒温带－中温带）、Ue—古北型（北方湿润－半湿润带）、Uh—古北型（欧亚温带－亚热带）、Wb—东洋型（热带－南亚热带）、Wc—东洋型（热带－中亚热带）、Wd—东洋型（热带－北亚热带）、We—东洋型（热带－温带）、Y(He)—云贵高原种。

2. 保护级别中：国家重点保护指《国家重点保护野生动物名录》中Ⅰ、Ⅱ级保护动物；IUCN濒危等级—指国际自然保护联盟组织濒危物种红色名录（《The IUCN Red List of Threatened Species》）对物种受危等级的划定，其中：VU－易危、LR/nt－低危/近危；China RL指《中国濒危动物红皮书(兽类)》对物种受危等级的划定，其中：CR－极危、EN－濒危、VU－易危、NT－近危、LC－无危；CITES附录指《国际濒危野生动植物贸易公约》列入其附录Ⅰ、Ⅱ、Ⅲ的物种；三有或特有种—"三有"动物指列入国家林业局《国家保护的、有益的或有重要经济、科学研究价值的陆生野生动物名录》的物种，以K表示；"特有种"指中国特有（以●表示）。

3. 物种证据中：实体指在调查中遇见或铗获动物实体；痕迹粪便指在样线调查中遇见的各类活动痕迹或巢穴等证据；调查照片指在调查中遇见或铗获动物的照片；访谈指采用访谈法获取的数据；文献资料指《贵州兽类志》和保护区提供资料。

2.2　月亮山保护区兽类组成及区系特征

通过对保护区实地调查和查阅相关文献资料，确认月亮山保护区现有兽类51种，隶属于8目22科42属（见表4.7.2），占贵州省兽类总数的35.92%。其中，食虫目INSECTIVORA 1科2属3种，占保护区兽类总数的5.88%；翼手目CHIROPTERA 3科4属4种，占保护区兽类总数的7.84%；灵长目PRIMATES 1科1属3种，占保护区兽类总数的5.88%；鳞甲目PHOLIDOTA 1科1属1种，占保护区兽类总数的1.96%；食肉目CARNIVORA 6科15属16种，占保护区兽类总数的31.37%；偶蹄目ARTIODACTYLA 4科4属5种，占保护区兽类总数的9.80%；啮齿目PODENTIA 5科14属18种，占保护区兽类总数的35.29%；兔形目LAGOMORPHA 1科1属1种，占保护区兽类总数的1.96%。食肉目和啮齿目物种种类较多。

从区系上看，月亮山保护区 51 种兽类中，东洋界物种 37 种，占兽类总数的 72.55%；古北界物种 8 种，占兽类总数的 15.69%；广布种 6 种，占兽类总数的 11.76%。东洋界物种占优势。

从分布型来看，东洋型 29 种，分别是：臭鼩 *Suncus murinus*、皮氏菊头蝠 *Rhinolophus pearsonii*、大蹄蝠 *Hipposideros armiger*、彩蝠 *Kerivoula picta*、猕猴 *Macaca mulatta*、熊猴 *M. assamensis*、中国穿山甲 *Manis pentadactyla*、黑熊 *Ursus thibetanus*、黄喉貂 *Martes flavigula*、猪獾 *Arctonyx collaris*、大灵猫 *Viverra zibetha*、小灵猫 *Viverricula indica*、斑灵狸 *Prionodon paricolor*、花面狸 *Paguma larvata*、食蟹獴 *Herpestes urva*、豹猫 *PrionaiLurus bengalensis*、金猫 *Catopuma temminckii*、云豹 *Neofelis nebulosi*、赤麂 *Muntiacus muntjak*、红白鼯鼠 *Petaurista alborufus*、赤腹松鼠 *Callosciurus erythraeus*、红颊长吻松鼠 *Dremomys rufigeni*、隐纹花松鼠 *Tamiops swinhoei*、青毛硕鼠 *Berylmys bowersi*、北社鼠 *Niviventer confucianus*、黄胸鼠 *Rattus tanezumi*、银星竹鼠 *Rhizomys pruinosus*、中华竹鼠 *R. sinensis*、豪猪 *Hystrix brachyura*。

南中国型 10 种，分别是：长尾大麝鼩 *Crocidura fuliginosa*、灰麝鼩 *C. attenuate*、藏酋猴 *Macaca thibetana*、貉 *Nyctereutes procyonoides*、黄腹鼬 *Mustela kathiah*、鼬獾 *Melogale moschata*、林麝 *Moschus berezovskii*、小麂 *Muntiacus reevesi*、珀氏长吻松鼠 *Dremomys pernyi*、华南兔 *Lepus sinensis*。

古北型 8 种，分别是：黄鼬 *Mustela sibirica*、狗獾 *Meles leucurus*、野猪 *Sus scrofa*、黑线姬鼠 *Apodemus agrariu*、高山姬鼠 *A. chevrieri*、小家鼠 *Mus caroli*、巢鼠 *Micromys minutus*、褐家鼠 *Rattus norvegicus*。

另外，东亚伏翼 *Pipistrellus abramus*、中华斑羚 *Naemorhedus griseu*、东方田鼠 *Microtus fortis* 属于季风型，大绒鼠 *Eothenomys miletus* 属于云贵高原型。

表 4.7.2　月亮山保护区哺乳动物种类组成

目	科	属	种	种占该区总数（%）
食虫目	1	2	3	5.88
翼手目	3	4	4	7.84
灵长目	1	1	3	5.88
鳞甲目	1	1	1	1.96
食肉目	6	15	16	31.37
偶蹄目	4	4	5	9.80
啮齿目	5	14	18	35.29
兔形目	1	1	1	1.96
总计	22	42	51	

2.3　月亮山保护区兽类保护物种

2.3.1　国家重点保护物种

月亮山保护区 51 种兽类物种中，有国家重点保护动物 13 种，占总数 25.49%，其中国家 I 级保护物种 3 种：熊猴、云豹、林麝；国家 II 级保护物种 10 种：猕猴、藏酋猴、中国穿山甲、黑熊、黄喉貂、大灵猫、小灵猫、斑灵狸、金猫、中华斑羚。

2.3.2　《中国濒危动物红皮书（兽类）》名录物种

列入《中国濒危动物红皮书（兽类）》名录的物种有 50 种，极危（CR）物种 1 种（占总数的 1.96%）：金猫；濒危（EN）物种 5 种（占总数的 9.80%）：中国穿山甲、大灵猫、云豹、林麝、中华斑羚；易危（VU）物种 13 种（占总数的 25.49%）：彩蝠、猕猴、藏酋猴、熊猴、貉、黑熊、猪獾、小灵猫、斑灵狸、豹猫、小麂、赤麂、豪猪；近危几近易危（NT 几近 VU）物种 8 种（占总数的 15.69%）：黄腹鼬、黄鼬、黄喉貂、鼬獾、狗獾、花面狸、食蟹獴、红颊长吻松鼠；其余 23 种为无危（LC）等级，占总数的 45.09%。

2.3.3　IUCN 红色名录与 CITES 附录物种

列入世界自然保护联盟（IUCN）濒危物种红色名录的物种有 10 种，易危（VU）物种 5 种（占总数的

9.80%)：熊猴、黑熊、金猫、云豹、豪猪；低危/近危（LR/nt）物种 5 种（占总数的 9.80%）：猕猴、藏酋猴、中国穿山甲、林麝、巢鼠。

列入濒危野生动植物种国际贸易公约（CITES）的兽类 13 种，列入附录Ⅰ的 5 种：黑熊、斑灵狸、金猫、云豹、中华斑羚；列入附录Ⅱ的 5 种：猕猴、藏酋猴、熊猴、豹猫、林麝；列入附录Ⅲ的 3 种：黄腹鼬、黄鼬、黄喉貂。

2.3.4　"三有物种"

列入国家保护的有益的或者有重要经济、科学研究价值的陆生野生动物名录（简称"三有名录"）17 种，占总种数的 33.33%。此外，中国特有种 5 种（占总数的 9.80%）：藏酋猴、小麂、中华竹鼠、大绒鼠、高山姬鼠。

2.4　月亮山保护区兽类生态类型

根据兽类生境和生态习性，将月亮山自然保护区兽类生态类型分为 6 类：（1）地下生活型：竹鼠科共 2 种，占保护区兽类总数的 3.92%；（2）半地下生活型：鼩鼱科 3 种、鲮鲤科 1 种、仓鼠科 2 种、鼠科 8 种、豪猪科 1 种，共 15 种，占保护区兽类总数的 29.41%；（3）地面生活型：包括食肉目的貉、黑熊、鼬獾、猪獾、狗獾，偶蹄目的 4 科 5 种，兔科 1 种，共 11 种，占保护区兽类总数的 21.57%；（4）树栖型：松鼠科的 5 种，占保护区兽类总数的 9.80%；（5）半树栖型：包括猴科 3 种，鼬科的黄腹鼬、黄鼬、黄喉貂，灵猫科 4 种，獴科 1 种，猫科 3 种，共 14 种，占保护区兽类总数的 27.45%；（6）岩洞栖息型：翼手目的 4 科 4 种，占保护区兽类总数的 7.84%。

2.5　贵州苗岭兽类多样性及分布差异探讨

从较大的地理区域尺度上看，月亮山、雷公山、黎平太阳山和麻江老蛇冲属贵州苗岭山脉的东南段、东段、南段和中段，在生境类型和植被类型较为相似。因此将月亮山保护区、雷公山国家级自然保护区、黎平太平山州级自然保护区和老蛇冲州级自然保护区兽类群落进行比较，分析其相似性。

表4.7.3　月亮山与周边自然保护区兽类群落

目	月亮山			雷公山			黎平太平山			麻江老蛇冲		
	科数	种数	占该区总数（%）	科数	种数	占该区总数（%）	科数	种数	占该区总数（%）	科数	种数	占该区总数（%）
食虫目	1	3	5.88	2	8	10.13	1	1	2.27	2	3	6.38
翼手目	3	4	7.84	3	7	8.86	2	5	11.36	2	3	6.38
灵长目	1	3	5.88	1	2	2.53	0	0	0	1	1	2.13
鳞甲目	1	1	1.96	1	1	1.27	1	1	2.27	1	1	2.13
食肉目	6	16	31.37	6	22	27.85	4	14	31.82	5	17	36.17
偶蹄目	4	5	9.80	4	7	8.86	2	4	9.09	3	6	12.77
啮齿目	5	18	35.29	5	31	39.24	5	18	40.91	6	15	31.91
兔形目	1	1	1.96	1	1	1.27	1	1	2.27	1	1	2.13
总计	22	51	1	23	79	1	16	44	1	21	47	1

从表 4.7.3 中可以看出，月亮山保护区兽类物种多样性低于雷公山保护区，而高于太平山和老蛇冲保护区。月亮山保护区与雷公山保护区共有兽类 42 种，与太平山保护区共有兽类 27 种，与老蛇冲自然保护区共有兽类 24 种，其中，月亮山保护区与雷公山然保护区共有兽类物种相对较高，占月亮山兽类总数的 80.77%，而通过 Jaccard 相似性系数分析得出：月亮山保护区与雷公山保护区兽类群落相似性系数较低（$C = 0.48$），中等不相似；与老蛇冲保护区兽类群落相似性系数较低（$C = 0.32$），中等不相似；与太平山保护区兽类群落相似性系数较低（$C = 0.4$），中等不相似。雷公山位于苗岭主峰，又是清水江和都柳江的分水岭，水资源与天然植被丰富，且保护区面积广阔，受人为活动影响较小，不同海拔地区生境植被保存完整，兽类物种多样性丰富；而月亮山、太平山和老蛇冲自然保护区面积相对较小，保护区内道路、建筑、耕地、捕猎及砍伐等人为活动频繁，兽类生存环境受人为干扰较为严重，

因此在物种组成和物种多样性方面相差较大。

3　结论与讨论

调查结果表明，月亮山保护区现有兽类 51 种，隶属 8 目 22 科 42 属。从物种组成上，食肉目和啮齿目种类较多。从区系分布看，东洋界物种 37 种，占兽类总数的 72.55%；古北界物种 8 种，占兽类总数的 15.69%；广布种 6 种，占兽类总数的 11.76%。东洋界种数占绝对优势。

月亮山保护区由于地处偏僻，保存着十分完好的森林生态系统，具有较强的典型性、高度的脆弱性和自然性以及丰富的生物多样性，为野生动物生存提供了较好的条件。然而，由于人们对自然资源缺乏足够的了解，保护意识比较薄弱，对自然资源进行不同程度的盲目性和掠夺性的开发利用，如乱砍滥伐、公路修建、保护区内人工建设建筑等，不但破坏了自然生态系统，也导致了野生动物生境的破坏和逐渐丧失。同时，非法捕猎等因素导致大型有蹄类动物和食肉动物减少甚至本地灭绝，多数群众不了解当地野生动物的种类、保护级别和保护价值。大肆的捕猎使得重点保护物种数量锐减、濒临灭绝，亟须加强保护。另外，因缺乏天敌的捕食，具有较强繁育力的鼠类种群数量逐渐增多，与当地居民生产活动的冲突日趋加重。

基于本次调查对保护区兽类资源特点、保护管理现状和社区居民保护意识的了解，并结合当地政策方针，提出如下建议：

（1）加快保护区升级建设，制定并完善月亮山保护区野生动物保护管理制度；健全保护区管理职能，提高保护区管理水平，有效发挥保护区的综合效益。

（2）完善保护区基础设施建设，划定野生动物重点保护管理区域，并进行定期监测和巡护。

（3）积极开展保护区科学研究，加强生境和物种保护，对珍稀濒危物种的种群动态实行长期监测。

（4）加大执法力度，遏制非法捕猎行为。

（5）积极开展自然保护宣传工作，提高人们保护意识，完善因野生动物活动对保护区内居民造成损失的补偿机制。

（黄小龙　冉景丞　杨　洋　蒙文萍）

参考文献

Smith A, Xie Y. A Guide to the Mammals of China, 544, PrincetonUniversity Press, Princeton, 2008.

罗泽询，陈卫，高武等. 中国动物志（兽纲第六卷）[M]. 北京：科学出版社，2000.

Andrew T, 解焱. 中国兽类野外手册. 长沙：湖南教育出版社，2009. 34.

王应祥. 中国哺乳动物种和亚种分类名录与分布大全. 北京：中国林业出版社，2003. 394.

罗蓉. 贵州兽类志. 贵阳：贵州科技出版社. 1993. 3.

张荣祖. 中国动物地理[M]. 北京：科学出版社，1999.

汪松，解炎. 中国物种红色名录，第一卷. 北京：高等教育出版社. 2004，154 – 300.

汪松，解炎. 中国物种红色名录，第二卷，脊椎动物，上册. 北京：高等教育出版社. 2004，150 – 730.

汪松，解炎. 中国物种红色名录，第二卷，脊椎动物，下册. 北京：高等教育出版社. 2004，56 – 568.

国家林业局：http://www.forestry.gov.cn/[三有名录]兽纲

魏辅文，冯祚建，王祖望. 野生动物对生境选择的研究概况[J]. 动物学杂志，1998，33（4）：48 – 52.

张明海，李言阔. 动物生境选择研究中的时空尺度[J]. 兽类学报，2005，25（4）：395 – 401.

陈继军，谢振国，张旋，等. 贵州雷公山国家级自然保护区兽类调查[J]. 凯里学院学报，2008，26（6）：92 – 95.

第八节　动物区系分析

1　种类组成

根据已有调查和考察所获的种类记录或标本采集结果，在月亮山保护区共记录动物 15 纲 62 目 256 科 720 属 987 种，其中脊椎动物 5 纲 32 目 103 科 255 属 360 种，占全省约 1020 种脊椎动物的 35.3%；无脊椎动物 10 纲 30 目 153 科 465 属 627 种（表 4.8.1）。

表 4.8.1　月亮山保护区动物各阶元数量统计

	动物类群	纲	目	科	属	种
脊椎动物	兽类 MAMMALIA	1	8	22	42	51
	鸟类 AVES	1	15	48	113	176
	爬行类 REPTILIA	1	3	10	34	48
	两栖类 AMPHIBIA	1	2	9	22	28
	鱼类 PISCES	1	4	14	44	57
	合计	5	32	103	255	360
无脊椎动物	环节类 ANNELIDA	2	5	8	12	28
	软体类 MOLLUSCA	2	4	13	22	28
	蜘蛛类 ARANEAE	1	1	13	33	43
	甲壳类 CRUSTACEA	3	4	6	7	7
	昆虫类 INSECTA	1	14	109	387	517
	倍足类 DIPLOPODA	1	2	4	4	4
	合计	10	30	153	465	627

由表 4.8.1 可知，在 360 种脊椎动物中，以鸟类 176 种最多，占全部脊椎动物的 48.9%；其次依次为鱼类 57 种，占 15.8%；兽类 51 种，占 14.2%；爬行类 48 种，占 13.3%；两栖类 28 种，占 7.8%。在 627 种无脊椎动物中，以昆虫 517 种为最多，占全部无脊椎动物的 82.4%；其次依次为蜘蛛类 43 种，占 6.9%；环节类 28 种，占 4.5%；软体类 28 种，占 4.5%；甲壳类 7 种，占 1.1%；倍足类 4 种，占 0.6%。

2　陆栖脊椎动物区系分析

本次考察在月亮山保护区记录陆栖脊椎动物（两栖类、爬行类、鸟类、兽类）303 种，占本省现知约 800 余种陆栖脊椎动物的约 37.9%。根据各种的地理分布统计出各类群的分布型如表 4.8.2。

表 4.8.2　月亮山保护区陆栖脊椎动物分布型统计

分布型	兽类	鸟类	爬行类	两栖类	合计	占百分比（%）
C 全北型						
h 温带为主，再伸至热带		2			2	
小计					2	0.66
U 古北型		7			7	
b 寒带 – 寒温带	1	3			4	
c 寒温带为主		3			3	
d 温带		2			2	

（续）

分布型	兽类	鸟类	爬行类	两栖类	合计	占百分比(%)
e 北方湿润 – 半湿润带	1				1	
h 温带为主，再伸至热带	5	5			10	
小计					27	8.94
M 东北型(我国东北或再包括附近地区)		7			7	
a 贝加尔、蒙古、阿穆尔、乌苏里		2			2	
b 乌苏里及朝鲜半岛		2			2	
c 包括朝鲜半岛		1			1	
e 朝鲜半岛和蒙古		1			1	
g 乌苏里及东西伯利亚		1			1	
i 间断(华北)至喜马拉雅东部		2			2	
小计					16	5.30
X 东北 – 华北型		2			2	
小计					2	0.66
E 季风区型(东部湿润地区为主)		1	1	1	3	
a 阿穆尔或再延至俄罗斯远东			2	1	3	
b 乌苏里或再延至朝鲜及俄罗斯远东	2				2	
d 包括至朝鲜与日本			1		1	
e 包括蒙古、贝加尔与朝鲜	1				1	
g 包括乌苏里、朝鲜	2			1	3	
h 包括俄罗斯远东地区、日本		2			2	
小计					15	4.97
H 喜马拉雅 – 横断山区型						
c 横断山为主		1			1	
e 喜马拉雅 – 横断山交汇地区	1				1	
m 横断山及喜马拉雅(南翼为主)		2			2	
小计					4	1.32
Y 云贵高原型			1	2	3	
小计					3	0.99
S 南中国型		1			1	
b 热带 – 南亚热带	1	1	2	1	5	
c 热带 – 中亚热带	1	4	8	7	20	
d 热带 – 北亚热带	7	10	6	1	24	
e 南亚热带 – 中亚热带	1	2		3	6	
f 南亚热带 – 北亚热带				1	1	
h 中亚热带 – 北亚热带		2	2	1	5	
i 中亚热带		1	2	2	5	
m 热带 – 暖温带		1			1	
v 热带 – 中温带		2	1		3	
小计					71	23.51
W 东洋型						
a 热带		7	1		8	
b 热带 – 南亚热带	1	9	2	1	13	
c 热带 – 中亚热带	8	21	13	4	46	
d 热带 – 北亚热带	8	27		1	36	
e 热带 – 温带	11	28	4	1	44	
小计					147	48.68

（续）

分布型	兽类	鸟类	爬行类	两栖类	合计	占百分比（%）
O 不易归类的分布		5			5	
1 旧大陆温带、热带或温带－热带		7			7	
2 环球温带－热带		1			1	
3 地中海附近－中亚或包括东亚		1			1	
5 东半球（旧大陆－大洋洲）温带－热带		2			2	
小计					16	4.97

注：分布型依《中国动物地理》（张荣祖，1999，2011）。

据《中国动物地理》（张荣祖，1999，2011）对我国动物分布型的划分，我国陆栖脊椎动物按种的地理分布被归纳为17种分布型。表4.8.2所示，月亮山保护区陆栖脊椎动物种的分布型有10种，可见其区系组成是比较丰富的。在月亮山保护区的303种陆栖脊椎动物中，属于北方分布的全北型（C，2种）、古北型（U，27种）、东北型（M，16种）和东北－华北型（X，2种）共有47种，占全部陆栖脊椎动物的15.51%；属于季风区型（东部湿润地区为主）（E）的有15种（季风区型在分布上可有属于北方分布的物种，也可有属于南方分布的物种），占4.95%；属于南方分布的有喜马拉雅－横断山区型（H，4种）、云贵高原型（Y，3种）、南中国型（S，71种）、东洋型（W，147种）有225种，占74.26%；不易归类的分布（O）有16种，占5.28%。从表4.8.2所示各分布型所涵盖的温度带看，属于从热带到温带分布的种类，即东洋型（W，147种，占48.51%）和南中国型（S，71种，占23.43%）即有218种，占全部陆栖脊椎动物的71.95%。

我国地跨动物地理分布的古北和东洋两大动物地理区，北方分布的种类属于古北界，南方分布的种类属于东洋种。从分析结果可见，月亮山保护区的陆栖脊椎动物区系主要为东洋界成分，同时有部分古北界成分渗入，这一情况与贵州陆栖动物区系的特点是相一致的（伍律、董谦等，1986；伍律、李德俊等，1985；罗荣等，1993；吴志康等，1986）。贵州省的地理位置处在东洋界在我国境内的华中、华南、西南三大动物地理区的过渡地带，在省的东部主要属于华中区西部高原山地亚区，西部接近西南区西南山地亚区，西南部则更接近华南区。从陆栖脊椎动物分布型与动物地理区划的联系看，东洋型分布主要代表热带分布类型，在我国属于华南区成分，南中国型分布主要代表亚热带分布类型，在我国主要属于华中区成分。由此可见，月亮山陆栖脊椎动物区系与华南区系最为接近，其次为华中区系，与西南区最远，这与贵州陆栖脊椎动物区系的组成和动物地理区划是一致的。

（李筑眉）

参考文献

李子忠. 贵州野生动物名录. 贵阳：贵州科技出版社，2011，1-678.

李子忠，杨茂发，金道超主编. 雷公山景观昆虫. 贵阳：贵州科技出版社，2007，1-438.

罗蓉，等. 贵州兽类志. 贵阳：贵州科技出版社，1-416.

申效诚，孙浩，马晓峰. 中国昆虫区系成分构成及分布特点. Journal of Life Sciences，2009，3（7），19-25.

伍律，等. 贵州鱼类志. 贵阳：贵州人民出版社，1989，1-314.

伍律，董谦，须润华. 贵州两栖类志. 贵阳：贵州人民出版社，1986，1-147.

伍律，李德俊，刘积琛. 贵州爬行类志. 贵阳：贵州人民出版社，1985，1-369.

吴至康，等. 贵州鸟类志. 贵阳：贵州人民出版社，1986，1-474.

王大忠，李德俊. 黔东南地区鱼类区系及其地理学分析. 遵义医学院学报，1989，12（3），1-8.

尹长民. 中国蜘蛛地理区划和东洋界区系特点. 生命科学研究，1997，1（1），23-29.

赵亚辉，张春光. 广西十万大山地区的鱼类区系及其动物地理学分析. 生物多样性，2001，9（4），336-344.

张荣祖. 中国动物地理. 北京：科学出版社，1999，1~502；2011，1-330.

郑光美. 中国鸟类分类与分布名录（第二版）. 北京：科学出版社，2011，1-456.

第五章 资源状况

第一节 旅游资源

1 调查方法

按照《自然保护区科学考察规程》，以《森林旅游学》（董智勇）旅游资源分类方法，调查统计月亮山保护区已知的旅游资源共涉及五大类型33种旅游资源，即地质景观、水文景观、生物景观、天象气候景观、人文景观。另外考察了非物质文化类、旅游商品、特色小吃。此次调查还增加了月亮山保护区部分地点负氧离子测定内容。

2 调查结果

2.1 自然资源

据初步调查，月亮山保护区内及周边自然景观共5个类型21个景物景点（见表5.1.1）。

表5.1.1 月亮山保护区自然景观资源分布与现状评价表

资源类型	景物名称	地点	景物主要因子描述	威胁因子分析	现状评价	开发利用条件
林海林网	计划大山原始森林	计划乡	海拔1300~1480 m，是常态地貌上极为罕见的常绿阔叶林。林相整齐，季相明显。	自然灾害侵扰、极端气候、人为破坏。	保存完整。	可进入条件一般
	沙坪沟原始森林		以壳斗科、樟科、山茶科为主的常绿阔叶林和部分针叶林组成。	采伐、极端气候	山清水秀，环境优美；物种多样，林层分明；林相季相色彩丰富。	可进入条件一般
	太阳山原始森林	光辉乡	以壳斗科、樟科、山茶科为主的常绿阔叶林。	自然灾害、人为破坏。	林层分明、林相季相色彩丰富。	可进入条件较差
	月亮山原始森林	光辉乡	以"人在山顶伸手可摘月得名"。是由壳斗科、樟科、山茶科等树种组成的常绿阔叶林。	自然灾害、人为破坏。	林木高大苍翠，原生性强，林层分明林相季相色彩丰富。	可进入条件较差
	马鞍山原始森林	定威乡	由壳斗科、樟科、山茶科等树种组成的原生性常绿阔叶林。	自然灾害、人为破坏。	林木高大苍翠，原生性强。	进入方便
	人工针叶林	兴华工区	以马尾松、杉木为主的大面积人造针叶林。	火灾、森林病虫害、过度采伐。	林木结构疏密有致，林相整齐。	可进入条件较好

（续）

资源类型	景物名称	地点	景物主要因子描述	威胁因子分析	现状评价	开发利用条件
古大珍稀树木	翠柏	定威摆头村1组	3株，平均胸径1.1 m，平均高达20 m。	人为破坏。	长势良好。	可进入条件一般
	钟萼木	计划大山	胸径0.4 m，高30 m，海拔1450 m。	人为破坏。	长势良好。	可进入条件一般
	观光木	牛场河马鞍山	胸径0.59 m，高25 m，海拔670 m。	人为破坏。	长势良好。	可进入条件较好
	柔毛油杉	水尾乡水尾村归盖冲	胸径0.35 m，高16 m，海拔670 m。	人为破坏。	长势良好。	可进入条件较好
	闽楠	水尾乡高旺村高旺组	胸径1.02 m，高31 m，海拔883 m。	人为破坏。	村寨风水树，保护较好。	可进入条件较好
	楠木	党郎	胸径1.2 m，高26 m，海拔782 m。	人为破坏。	村寨风水树，保护较好。	可进入条件较好
	翠柏古树群	光辉乡长流村一组	平均胸径1.3 m，高21 m，海拔820 m。	人为破坏。	村寨风水林，保护较好。	可进入条件较好
优美森林环境	亮叶水青冈林		罕见的亮叶水青冈林群落。	人为破坏、火灾。	景观保存完整。	可进入条件较差
水景	龙塘	水尾乡乌耶	面积1000 m²。天然瀑布下生成的深幽水潭，原始森林环绕。		不通公路，从乌耶出发步行约2小时到达。	可进入条件极差
	牛场河	水尾–兴华	发源于水尾乡海拔1151 m的滚通归信，呈北东流向于定威流入都柳江。全长47 km，计溪至定威段约16 km可开发做漂流。	村寨排污与倾倒垃圾。	水流量大，水势平缓、水质好，安全性高，两岸有森林、民族村寨和田园风光。	可进入条件较好，沿途的千年桐开花是一道极美的风景线。
	八蒙河	水尾乡	发源于荔波县海拔1000 m的板甲乡上茹城。全长36 km，天然落差613.4 m。	村寨排污与倾倒垃圾。	终年清澈见底。	可进入条件较好
	污牛河		发源于从江县西南部加鸠长牛村，流经加牙、加鸠、摆亥等地，至下江孖温村汇入都柳江，全长86 km。	村寨排污与倾倒垃圾。	两岸古榕婆娑、竹修林茂、吊脚木楼、风雨桥，与高山幽谷组合成绝妙的山水画卷。	可进入条件较好
气象景观	云海景观	月亮山顶	山体雄伟壮阔，海拔1490 m，山顶常年云雾缭绕，雨雾云开时远山近树流云尽收眼底。	自然灾害，如雪凝、冰雹等。	景观保存完整。	可进入条件较差
		太阳山顶	山体雄伟壮阔，海拔1508 m，可观晨曦夕晖，赏云蒸霞蔚，听林海涛声。	自然灾害，如雪凝、冰雹等。	景观保存完整。	可进入条件较差
	朝夕景观	水尾高旺夕照	水尾高旺寨地处山顶，山下是深幽的流长河，远望山峦起伏，近观梯田层叠，令人心旷神怡。	人为破坏。	景观保存完整。	可进入条件较好

2.2　人文资源

　　月亮山保护区内及周边人文景观共6大类型12个景物景点14种文化习俗及13种土特产品，详见表5.1.2。

表5.1.2　月亮山保护区人文资源分布与现状评价表

资源类型	景物名称	地点	景物主要因子描述	威胁因子分析	现状评价	开发利用条件
古建筑	木拱桥	党郎村	长18 m，宽0.7 m，高8 m单拱木桥，历经风雨二百多年，现仍可供人畜通行。设计巧妙，结构独特，可谓苗乡第一。	风雨侵蚀，洪水冲刷。	县级文物保护单位、整体结构完好。	有重要的人文价值，可自成一景。
民族村寨	加细村乌溪寨	移民新村	全组15户80人，住房一律为木瓦结构。	火与电的不规范使用。	民居疏落有致、总体保存完好，环境优美。	交通便利、宜开展农家乐旅游接待，但是民居总体规模较小，有一定的视觉吸引力
	高旺组观景	水尾乡高旺村	俯瞰全景，梯田、村落、沟壑、溪流尽收眼底。		村寨散落于高山梯田之中	进入交通条件一般，可建观景台。
	江宜苗寨	兴华乡	原始的村寨坐落在千重梯田之中。独具黔东南特色的民族区域风光。	火与电的不规范使用。	村寨与梯田相融，与自然共生。	交通方便，可进行苗族文化与农事体验。
	党郎苗寨	水尾乡	楠木古树、河流环绕。	居民外迁、火与电不规范使用。	保存完整。	进入条件较差，可进行苗族文化与农事体验。
	加进苗寨	水尾乡	规模大、古大树木成片，环境整洁幽静。	居民外迁、火与电不规范使用。	保存完整。	交通方便，可进行苗族文化与农事体验。
	加瓦苗寨	光辉乡	居住约20户苗族人家，勾栲、楠木古树群成为村寨的风水林。	居民外迁、火与电不规范使用。	部分房屋失修损毁	交通方便，可进行苗族文化与农事体验。
	加牙苗寨	光辉乡	规模较大，房屋多为木瓦结构，梯田如纽带环绕村寨四周。	居民外迁与现代建筑影响。	住户相对分散，有几幢现代建筑与村寨整体不协调	交通方便，可进行苗族文化与农事体验。
梯田	加两梯田	计划乡	海拔660～1300 m，总面积近千亩。		梯田层层叠叠，秋时如万千彩带舞动	交通便利、宜开展农家乐旅游接待，但是民居总体规模较小，有一定视觉震撼力。
	江宜梯田	兴华乡	总面积上千亩。		梯田层层叠叠，秋时如万千彩带舞动	交通便利、宜开展农家乐旅游接待。
	加牙梯田	光辉乡	坡度相对较小，总面积近千亩。		田园、村舍、道路、森林交相映衬。	视觉震撼力一般。交通便利、宜开展农家乐旅游接待。
溜索	都柳江溜索	江岸	都柳江两岸采伐木材时所用的运输设施，单程可承受约100 kg的原木，通常滑程约1km。	限制采伐，功能丧失。	江岸已较少见。	可作森林采伐体验进行完善利用。
特色民风民俗（非物质文化）	九月初二斗牛节、吃新节、牯藏节、水族墓石雕、瓜节（端节）、铜鼓舞、斗牛舞、摆王木鼓舞、摆贝苗王坟、摆贝苗族百鸟衣、摆贝苗族"嘎嘿"舞、加两苗年、阿蓉传说、摆贝日月石。					
地方特产	香猪、月亮山贡米、香菇（花菇）、苗族银饰。					
	其他　　月亮山腊肉、土蜂蜜、野生金银花、竹笋。					
风味小吃	山羊瘪、木姜子串烧田鱼、酸汤鱼、香猪肉、红肉。					

负氧离子测定见表5.1.3。

表5.1.3　月亮山保护区各地负氧离子测定表（取1分钟内最大值）

地点	时间	天气	负氧离子数量（个/cm³）	备 注
兴华乡政府	2014.9.21，11：30	晴	1800	
牛场河摆横桥	2014.9.21，13：30	晴	1800	
水尾乡高望坡	2014.9.21，14：41	晴	2600	
计划大山原始森林	2014.9.22，10：30	晴	5800	
龙塘	2014.9.26，11：30	晴	55000	瀑布、水潭与森林组合处，人迹罕至。

3　分析与评价

3.1　资源特征

3.1.1　生物资源丰富多样

月亮山保护区内重峦叠嶂，森林茂密，溪流潺潺，生物资源十分丰富。据调查，目前该地区保存有约15万亩的常绿阔叶林，另有13万多亩的杉木和马尾松林。已发现国家Ⅰ级保护植物2科2属3种，国家Ⅱ级保护植物19科21属24种，贵州省重点保护树种9科14属17种，《濒危野生动植物种国际贸易公约》附录Ⅱ（简称CITES Ⅱ）兰科30属72种。

3.1.2　水文资源得天独厚

保护区处于珠江水系都柳江中上游高地，由于保护区内河流地貌发育，因而形成较为明显的三级梯地以及次级水道侵蚀形成的谷坡地貌，加之受新构造运动间歇性抬升的影响，区内河流多为切割较深的河曲，河流岸坡陡峭，河身蜿蜒曲折，甚至部分河段还出现奇妙的蛇曲现象。干流都柳江水源丰富，河面宽阔平缓，是月亮山麓各族群众生产生活与交通运输的依靠。贵州历史上第一辆汽车就是从这条江自广西运输进入贵阳。无疑，都柳江曾是月亮山区各族同胞与外部地区交流的重要通道，而且至今仍发挥着重要的作用。发源于月亮山区的支流众多，主要有牛场河、八蒙河、污牛河等等。

牛场河：发源于水尾乡海拔1151 m的滚通归信，呈北东流向于定威流入都柳江。全长47 km，天然落差698 m。平溪桥至河口长约16 km河段，河面时而窄时而阔，流水时而急时而缓，有时在高峡密林中歌唱，有时在田野木楼旁徜徉，是极佳的漂流区域。

八蒙河：发源于荔波县海拔1000 m的板甲乡上茹城。全长36 km，天然落差613.4 m，经年清澈见底。两岸古榕婆娑、竹修林茂、吊脚木楼、风雨桥，与高山幽谷组合成绝妙的山水画卷，是休闲度假的人间桃源。

污牛河：也称孖温河，发源于从江县西南部加鸠长牛村，流经加牙、加鸠、加瑞、孔明、东朗、加民、加哨、摆亥等地，至下江孖温村汇入都柳江，全长86 km，可放运木材，也可行木船。

3.1.3　人文资源多姿多彩

世居于月亮山区的少数民族有苗族、侗族、水族，这三个主体民族都是依靠大山与江河繁衍发展，既相互和谐共处又各自保持着独特浓郁的民族文化与传统习俗。

3.2　空间布局

3.2.1　旅游资源组合情况

民族村寨与大面积的梯田组合是月亮山旅游资源的一大特色。由于区内河流众多，优良的水与沟谷、森林组合成特殊的河谷旅游景观；原始森林与天象景观的天然融合也是月亮山区生态旅游资源的重要组成部分。

3.2.2 分布区域

据此次科学考察组功能区划的初步成果，上述旅游资源中 15 种分布于实验区，2 种分布于缓冲区，3 种分布于核心区。

3.3 旅游资源质量评价

3.3.1 评价方法

采用层次分析法，按照冯书成先生《森林旅游资源评价标准》，将月亮山保护区森林旅游资源评价项目分为两大类 20 个项目，每项按 1、3、5 分三个级别计分。综合评价总分为百分制，以取得的总分反映森林旅游资源的质量、品位，并按所得总分确定森林旅游区的级别。

表 5.1.4 月亮山保护区森林旅游资源评价表

评价因子	权重(%)	级别	评价标准	实际得分
一、风景质量				
1. 林景	20			
森林覆盖率	5	一级	风景林(含灌木林，下同)覆盖率在 60% 以下	1
		二级	风景林覆盖率在 60%~85%	3√
		三级	风景林覆盖率在 85% 以上	5
林相	5	一级	林相单一，多为人工纯林，植物群落简单	1
		二级	林相较丰富，天然纯林或混交林，植物群落多样	3
		三级	林相较丰富，异龄复层混交林，植物群落复杂	5√
季相	5	一级	季相变化少，景色单一，观赏期较短	1
		二级	季相变化明显，景色较丰富，三季有景可赏	3
		三级	季相变化多样，景色丰富，四季各异，有景可赏	5√
古树名木	5	一级	古树名木不足 5 株或者没有	1
		二级	古树名木较多，有 5~20 株，保护价值较高	3
		三级	古树名木众多，有 20 株以上，保护观赏价值较高	5√
2. 山景	10			
山体	5	一级	无山景，或属低山、丘陵、沙漠，相对高差 200 m 以下	1
		二级	以中山景为主，相对高差 200~1000 m	3
		三级	有高山景观，雄伟险峻，相对高差 1000 m 以上	5√
特征	5	一级	造型一般，峰、石、崖、洞景观少	1√
		二级	造型较美，有奇峰、怪石、险崖、溶洞	3
		三级	造型奇特，千姿百态，雄、奇、秀、险幽兼具	5
3. 水文	10			
水体	5	一级	无水景或少有水景，水面不足 50 hm²	1
		二级	有天然湖泊或人工库塘，无水景或少有水景，水面 50~300 hm²	3√
		三级	濒临湖海，水域辽阔，水面 300 hm² 以上	5
特征	5	一级	形态单调，水质一般，无或有常见动态水景	1
		二级	自然形态，水质清纯，瀑、泉动态水景优美	3√
		三级	动态水景流量大，落差大，景观奇特，远近闻名	5
4. 生物景	10			
植物	5	一级	植物 400 种以下，无珍稀植物	1
		二级	植物 400~1000 种，有珍稀濒危植物	3
		三级	植物 1000 种以上，珍稀濒危种多	5√
动物	5	一级	野生动物 100 以下，无珍贵动物	1
		二级	野生动物 100~200 种，珍贵动物 10 种以下	3
		三级	野生动物 200 种以上，珍贵动物 10 种以上	5√

（续）

评价因子	权重%	级别	评价标准	实际得分
5. 气象景观	5	一级	气象一般，无奇异景观	1
		二级	有美丽动人的气象景观，当地闻名	3
		三级	有奇特美妙的气象景观，省内外闻名	5√
6. 人文景观	5	一级	无或仅有一般文物古迹	1
		二级	文物古迹多，有市、县级重点文物保护单位	3√
		三级	文物古迹众多，有全国省级重点文物保护单位	5
7. 环境质量	10			
大气	5	一级	大气质量达到国家三级标准	1
		二级	大气质量达到国家二级标准	3
		三级	大气质量达到国家一级标准	5√
水质	5	一级	地表水质量达到国家三类水标准	1
		二级	地表水质量达到国家二类水标准	3
		三级	地表水质量达到国家一类水标准	5√
二、开发条件	30			
8. 地理位置	5	一级	距省会、地级城市 100 km 以上	1
		二级	距省会、地级城市 20～100 km	3√
		三级	距省会、地级城市 20 km 以内	5
9. 外部交通	5	一级	距铁路、国道、省道 50 km，有普通公路直达	1
		二级	距铁路、国道、省道 10～50 km，有三级公路直达	3
		三级	距铁路、国道、省道 10 km 以内，有二级专线直达	5√
10. 旅游协作	5	一级	周边 50 km 以内无或有一般旅游景点	1
		二级	周边 50 km 以内有省市级旅游景点	3
		三级	周边 50 km 以内有国家级旅游景点	5√
11. 服务设施	5	一级	有一般服务设施，仅能提供旅游食宿	1√
		二级	服务设施较全，可供多种大众化服务	3
		三级	基本形成旅游服务体系，可提供优质旅游服务	5
12. 游人规模	5	一级	年接待国内外游客 5 万人次以下	1
		二级	年接待国内外游客 5 万～10 万人次	3√
		三级	年接待国内外游客 10 万人次以上	5
13. 知名度	5	一级	有一定的知名度，在当地闻名	1
		二级	知名度较高，省内外闻名	3√
		三级	知名度高，国内外闻名	5
说明			1. 为减少人为主观因素影响，由多名专家或者有经验的人员分别评分； 2. 评价部分大于 75 分时，为国家级森林旅游区，51～75 分为省级森林旅游区；小于或等于 50 分时为市、县级森林旅游区。	

3.3.2　评价结果

从表 5.1.4 评价和综合统计得森林旅游资源标准分为 78 分，处于区位值 75～85 分之间，达到国家级森林旅游区标准。

4　结论与讨论

4.1　加强民族村寨与河流的保护

民族村寨是融历史文化、民族风情、自然观光于一体的综合性强的特殊旅游资源，因此，应加强村寨环境保护，完善民族村寨基础设施，使民族村寨成为设施完善、信息充分、服务良好的旅游地。

保护区内河流水体景观良好，水质优良，流量稳定。但调查发现，几条主要河流都存在不同程度的污染和破坏，如倾倒垃圾、过度取沙等。建议加强宣传，制定村规民约，共同保护优美的河道环境。

4.2 制定切实可行的规划是开发利用的前提

通过科学的规划，合理的布局，高端的设计，打造人与自然和谐共荣的新型生态旅游区。建议"一十百千"为月亮山区旅游开发总布局，即游一条江（都柳江）、访十个民族村寨、穿越百里林海、赏千层壮丽梯田，结合苗、侗、水独特的民族风情与风味美食，联合周边知名景区，打造贵州南部新型具有国际竞争力的自驾游目的地。

4.3 慎选开发利用区域，避免触碰底线

按照规定，保护区能在实验区开展生态旅游。因此，月亮山保护区的旅游开发也应在"保护第一"的前提下，规划适当的面积，适度开展森林生态旅游活动。一方面，自然保护区的建立，使濒危、珍稀物种得到了有效的保护，但不应因"保护"而剥夺了人们欣赏独特自然景观和争取发展、脱贫致富的权利。另一方面，通过旅游可以带动游线及周边群众餐饮、住宿、土特产品销售等服务与特色产业的快速发展，这样既保护了生态环境，又依托良好的生态环境和自然风光实现绿色发展、低碳发展、协调发展。

（余登利　陈正仁）

参考文献

徐进. 旅游开发规划景区景点管理务实全书. 北京：北京燕山出版社. 2000.

董智勇. 中国森林旅游学. 北京：石油工业出版社. 2002.

杨桂华. 生态旅游景区开发. 北京：科学出版社. 2004.

刘锐，陈京华等. 自然保护区社区发展理论与实践. 北京：中国大地出版社. 2010.

杨远松. 榕江导游. 贵阳：贵州民族出版社，2009.

第二节　森林资源

贵州月亮山保护区地跨黔东南州榕江县和从江县，涉及榕江县的计划乡、水尾乡、兴华乡、县国有林场兴华工区及从江县的光辉乡、加勉乡，总面积34555.67 hm²。保护区处于亚热带湿润季风气候区，冬无严寒，夏无酷暑，光热水资源丰富，适合林木生长。本次综合科学考察对保护区内森林资源状况进行了深入调查。

1 调查方法

本次保护区森林资源调查主要根据《贵州省第三次森林资源规划设计调查工作细则》（以下简称"细则"）的有关规定，结合保护区森林资源特点，提出相应的技术标准和调查研究方法。

1.1 主要技术标准

1.1.1 地类划分

根据《榕江县林地保护利用规划（2010～2020年）》、《从江县林地保护利用规划（2010～2020年）》以及森林资源调查的相关规定，将保护区土地类型分为林地和非林地两大类。林地划分为纯林、混交林、竹林、灌木林、疏林地、未成林地、无立木林地、宜林地和其他林地；非林地划分为25°以上坡耕地和其他非林地。

1.1.2 森林类别划分

森林类别的划分以林地为区划对象，参照公益林区划界定成果资料，将保护区林地分为生态公益

林和商品林两大类别。生态公益林地按照其区位、发挥作用的不同，又划分为重点公益林和一般公益林。

1.1.3 林种划分

根据有林地主导功能的不同划分林种。

1.2 调查及数据处理

根据细则规定，以地形图（比例尺 1∶10000）和最新拍摄的 SPOT5 卫星影像图（比例尺 1∶10000）为工作底图，小（细）班区划采用"对坡"勾绘法进行，采用自然区划或综合区划，在片区范围内，对地域相连、经营方向、措施相同的林地划为同一林班，在林班内进行区划。深入小（细）班进行调查因子的调查记录，最后采用地理信息系统软件以及相关统计软件进行数据处理。本次调查主要是以保护区已完成并通过验收评审的森林资源调查成果为基础和本底，以区划的保护区范围为调查研究对象，并对森林资源的质量和功能进行深入研究和分析。

2 调查结果

保护区总面积 34555.67 hm²，其中林业用地 31355.81 hm²，占总面积的 90.74%；非林地 3199.86 hm²，占总面积的 9.26%。森林覆盖率 85.91%，活立木总蓄积量 300.45 万 m³。

2.1 各地类面积

在林业用地中按地类划分，有林地 29471.9 hm²，占林业用地的 93.99%；灌木林地 215.5 hm²，占林业用地的 0.69%；未成林地 816.3 hm²，占林业用地的 2.60%；其他林地 851.6 hm²，占林业用地的 2.72%。保护区有林地绝大部分为乔木林，达 29407.3 hm²，占有林地面积的 99.78%。保护区内各县、乡镇各地类分布情况见表 5.2.1。

表 5.2.1 月亮山保护区各地类面积分布　　　　　　　　　单位：hm²

县	乡	村	土地总面积	林业用地	有林地	疏林地	灌木林地	未成林地	无立木林地	宜林地	森林覆盖率（%）
合计			34555.67	31355.2	29471.9	123.0	215.5	816.3	4.7	723.9	85.91
从江县	计		10008.1	8810.5	8192.1	57.6	192.8	0.0	4.7	363.2	83.78
	光辉乡	小计	9407.0	8267.4	7788.2	57.6	95.9	0.0	3.6	322.1	83.81
		加牙村	3849.2	3321.5	3170.1	24.5	18.8	0.0	3.0	105.1	82.85
		长牛村	2254.7	1940.3	1737.9	0.0	52.2	0.0	0.0	150.2	79.39
		党郎村	2520.1	2317.0	2203.3	28.3	24.3	0.0	0.6	60.5	88.39
		污内村	432.4	355.7	344.1	4.8	0.5	0.0	0.0	6.3	79.69
		加近村	350.6	332.9	332.9	0.0	0.0	0.0	0.0	0.0	94.94
	加勉乡	加坡村	601.1	543.1	403.9	0.0	96.9	0.0	1.1	41.1	83.33
榕江县	计		24547.8	22544.7	21279.7	65.4	22.7	816.3	0.0	360.7	86.78
	水尾乡	小计	9428.2	8800.9	8470.2	0.0	1.9	67.0	0.0	261.7	89.86
		水尾村	614.1	588.5	570.1	0.0	0.0	0.0	0.0	18.3	92.84
		拉术村	3942.7	3670.1	3473.7	0.0	1.5	0.9	0.0	193.9	88.14
		水盆村	302.9	295.3	278.7	0.0	0.0	16.7	0.0	0.0	92.01
		高望村	1058.1	932.6	880.0	0.0	0.4	18.0	0.0	34.2	83.2
		上下午村	3510.3	3314.4	3267.7	0.0	0.0	31.4	0.0	15.3	93.09
	计划乡	小计	10536.7	9413.2	8676.3	2.3	0.5	685.5	0.0	48.5	82.35
		摆拉村	1720.3	1511.1	1308.7	0.0	0.0	173.8	0.0	28.7	76.07
		摆王村	2139.5	1793.7	1518.8	2.3	0.5	272.1	0.0	0.0	71.01
		加早村	1717.6	1585.1	1494.7	0.0	0.0	74.5	0.0	15.9	87.02
		九秋村	1118.7	980.1	979.8	0.0	0.0	0.3	0.0	0.0	87.59

（续）

县	乡	村	土地总面积	林业用地	有林地	疏林地	灌木林地	未成林地	无立木林地	宜林地	森林覆盖率（%）
榕江县	兴华乡	计划村	1848.7	1667.9	1534.9	0.0	0.0	130.1	0.0	2.9	83.02
		计怀村	385.9	358.3	355.9	0.0	0.0	2.5	0.0	0.0	92.23
		加两村	501.1	484.6	478.0	0.0	0.0	6.6	0.0	0.0	95.38
		加宜村	1105.0	1032.4	1005.6	0.0	0.0	25.7	0.0	1.1	91
		小计	3910.3	3664.3	3472.2	63.1	20.2	59.3	0.0	49.5	89.31
		摆桥村	517.7	453.6	440.1	1.7	0.0	4.2	0.0	7.6	85.01
		羊桃村	3296.1	3131.5	2953.4	61.5	20.2	54.6	0.0	41.9	90.21
		八蒙村	96.5	79.1	78.7	0.0	0.0	0.5	0.0	0.0	81.55
	国有林场	兴华工区	672.5	666.4	661.0	0.0	0.0	4.5	0.0	0.9	98.29

　　从表5.2.1可以看出，保护区森林资源主要分布在从江的加牙、长牛、党郎等村及榕江县的拉术、上下午、摆王、摆拉、计划、羊桃等村以及国有林场的兴华工区，森林覆盖率均较高，总体呈现出总量大、质量高、分布均衡的特点。保护区少量的灌木林地主要分布在从江县的加坡村，未成林地主要分布在榕江县的摆王村、摆拉村和计划村。保护区尚有728.6 hm² 的宜林地和无立木林地，需要进行植被恢复。保护区还有非林业用地3200.7 hm²，主要是农田、农土、河流、居民点等，其中农田又多以各具特色的梯田为主。

2.2　乔木林资源

2.2.1　按林种划分

保护区乔木林资源按林种调查统计见表5.2.2。

表5.2.2　月亮山保护区乔木林资源按林种分布统计　　　　　单位：hm²

| 县 | 乡（镇） | 资源合计 | | 林种 | | | | | | | | |
| | | | | 防护林 | | 特种用途林 | | 用材林 | | 经济林 | | 薪炭林 | |
		面积	比例（%）	面积	比例（%）	面积	比例（%）	面积	比例（%）	面积	比例（%）	面积	比例（%）
保护区合计		29407.3	100.00	16979.7	57.74	5396.1	18.35	6924.1	23.55	16.9	0.06	90.5	0.31
从江	小计	8181.9	100.00	1748.1	21.37	5385.6	65.82	951.0	11.62	6.7	0.08	90.5	1.11
	光辉乡	7780.6	100.00	1464.4	18.82	5279.3	67.85	949.1	12.20	6.7	0.09	81.1	1.04
	加勉乡	401.3	100.00	283.7	70.69	106.3	26.48	1.9	0.47	0.0	0.00	9.5	2.36
榕江	小计	21225.4	100.00	15231.7	71.76	10.5	0.05	5973.1	28.14	10.2	0.05		
	水尾乡	8463.4	100.00	6462.2	76.35	10.0	0.12	1982.5	23.42	8.7	0.10		
	计划乡	8628.9	100.00	5891.2	68.27	0.5	0.01	2737.2	31.72				
	兴华乡	3472.1	100.00	2832.1	81.57			638.5	18.39	1.5	0.04		
	国有林场	661.0	100.00	46.2	6.99			614.8	93.01				

　　保护区乔木林以生态公益林为主，生态公益林占乔木林资源的76.09%，主要为防护林。用材林主要分布在榕江县国有林场的兴华工区，占用材林总量的88.83%，主要为20世纪80年代末、90年代初利用世界银行贷款营造的杉木林和马尾松林。保护区还有少量的经济林和薪炭林。

2.2.2　按龄组划分

通过对保护区乔木林资源按龄组调查，面积及分布情况见表5.2.3。

表 5.2.3　月亮山保护区乔木林资源按龄组分布统计　　　　　　　单位：hm²

县	乡(镇)	资源合计 面积	龄组									
			幼龄林		中龄林		近熟林		成熟林		过熟林	
			面积	比例(%)	面积	比例(%)	面积	比例(%)	面积	比例(%)	面积	比例(%)
保护区合计		29407.3	2747.4	9.34	19767.7	67.22	2740.7	9.32	1519.1	5.17	2632.4	8.95
从江	小计	8181.9	1394.3	17.04	1807.6	22.09	1472.1	17.99	942.4	11.52	2565.5	31.36
	光辉乡	7780.6	1360.7	17.49	1681.9	21.62	1350.3	17.35	896.5	11.52	2491.2	32.02
	加勉乡	401.3	33.5	8.36	125.7	31.33	121.9	30.37	45.9	11.43	74.3	18.51
榕江	小计	21225.4	1353.1	6.38	17960.1	84.62	1268.6	5.98	576.7	2.72	66.9	0.32
	水尾乡	8463.4	508.9	6.01	6486.9	76.65	852.7	10.07	555.9	6.57	59.1	0.70
	计划乡	8628.9	786.6	9.12	7435.7	86.17	378.7	4.39	20.0	0.23	7.9	0.09
	兴华乡	3472.1	57.7	1.66	3385.4	97.50	28.3	0.82	0.7	0.02	0.0	
	国有林场	661.0	0.0		652.1	98.66	8.9	1.34	0.0		0.0	

保护区乔木林以中龄林为主，占 67.22%，主要是因为，月亮山地区 20 世纪八九十年代有大面积的荒坡，通过多年的保护与管理，逐步形成了良好的天然次生林，以阔叶树种为主，并且生长状态较好，多为中龄林。保护区中的幼龄林近一半分布于从江县光辉乡境内，中龄林主要分布于榕江县，成、过熟林主要分布于从江县光辉乡的月亮山、太阳山山顶区域。

2.2.3　按优势树种组划分

保护区乔木林有多种树种组成，为便于分析，按优势树种(组)归并进行调查统计，详见表 5.2.4。

表 5.2.4　月亮山保护区乔木林资源按优势树种(组)分布统计　　　　单位：hm²、m³

县	乡(镇)	资源合计		优势树种					
				马尾松		杉木		阔叶类	
		面积	蓄积量	面积	蓄积量	面积	蓄积量	面积	蓄积量
保护区合计		29407.3	3004520	2293.9	234967	6638.4	704474	20474.9	2065079
从江	小计	8181.9	847434	1029.1	91329	1198.5	146639	5954.3	609466
	光辉乡	7780.6	808272	983.5	88527	1077.7	129837	5719.4	589908
	加勉乡	401.3	39162	45.6	2802	120.8	16802	234.9	19558
榕江	小计	21225.4	2157086	1264.8	143638	5439.9	557835	14520.7	1455613
	水尾乡	8463.4	821392	493.7	68631	2101.2	197196	5868.5	555565
	计划乡	8628.9	1102943	597.7	60436	2545.7	259978	5485.4	782529
	兴华乡	3472.1	150710	86.2	5587	306.1	33710	3079.9	111413
	国有林场	661.0	82041	87.2	8984	486.9	66951	86.9	6106

保护区乔木林以阔叶类为主，面积达 20474.9 hm²，蓄积 206.5 万 m³，分别占乔木林总面积和总蓄积量的 69.3%、68.7%。其他树种主要为马尾松和杉木。杉木林主要分布在榕江县的水尾乡和计划乡，面积达 4646.9 hm²，占保护区杉木林分总面积的 70.0%，该部分杉木林主要起源于国家重点工程造林，造林质量较高，生长情况良好。马尾松在从江县的光辉乡有较大面积分布，大都为天然飞籽成林，得益于当地良好的立地条件，马尾松林生长总体上表现良好。据调查，杉木、马尾松近成过熟林平均单位面积蓄积分别达 10.63 m³/亩和 7.66 m³/亩，大大高于全省平均水平。保护区主要树种阔叶林近成过熟林单位面积蓄积更是高达 8.87 m³/亩，反映出月亮山保护区是以良好的阔叶林为主体的区域，同时也从一个侧面表现出其生态价值。保护区还有少量面积的毛竹、杂竹、板栗、茶叶等林分。

2.2.4　按起源分

保护区乔木林起源于天然和人工，分布情况见表 5.2.5。

表 5.2.5　月亮山保护区乔木林资源按起源分布统计　　　　　单位：hm^2、m^3

| 县 | 乡(镇) | 资源合计 | | 起源 | | | |
| | | | | 人工 | | 天然 | |
		面积	蓄积量	面积	蓄积量	面积	蓄积量
保护区合计		29407.3	3004520	8669.0	910014	20738.3	2094506
从江	小计	8181.9	847434	2247.9	238017	5934.0	609417
	光辉乡	7780.6	808271	2081.5	218412	5699.1	589859
	加勉乡	401.3	39163	166.4	19605	234.9	19558
榕江	小计	21225.4	2157086	6421.1	671997	14804.3	1485089
	水尾乡	8463.4	821392	2493.7	253132	5969.7	568260
	计划乡	8628.9	1102943	3034.7	308493	5594.2	794450
	兴华乡	3472.1	150710	320.1	34572	3152.1	116138
	国有林场	661.0	82041	572.7	75800	88.3	6241

保护区乔木林主要为天然林，面积占乔木林总面积的 70.5%，高于全省天然林占乔木林的比重，反映出月亮山保护区作为生物多样性保护所具有的良好的自然本底。从分布上来看，保护区天然林分布主要围绕 4 个中心区域，即太阳山、月亮山、计划大山和沙坪沟一带。从树种结构来看，人工林绝大部分为杉木林和马尾松林，而天然林除很少面积的天然马尾松林外，几乎全部为阔叶林。

2.2.5　按郁闭度等级分

乔木林郁闭程度按郁闭度等级调查，保护区乔木林按郁闭度等级调查情况见表5.2.6。

表 5.2.6　月亮山保护区乔木林资源按郁闭度分布统计　　　　　单位：hm^2、m^3

县	乡(镇)	资源合计		郁闭度等级					
				≥0.70		0.40~0.69		0.20~0.39	
				高郁闭度		中郁闭度		中郁闭度	
		面积	蓄积量	面积	蓄积量	面积	蓄积量	面积	蓄积量
保护区合计		29407.3	3004520	17595.3	2005333	9846.4	820865	1965.5	178322
从江	小计	8181.9	847434	2233.3	334762	4528.6	445070	1420.0	67602
	光辉乡	7780.6	808271	2179.2	328407	4263.3	416169	1338.1	63695
	加勉乡	401.3	39163	54.1	6355	265.3	28901	81.9	3907
榕江	小计	21225.4	2157086	15362.1	1670571	5317.8	375795	545.5	110720
	水尾乡	8463.4	821392	6211.1	725559	1970.3	94619	282.0	1214
	计划乡	8628.9	1102943	5813.8	739937	2618.9	254220	196.2	108786
	兴华乡	3472.1	150710	2721.9	127640	682.9	22350	67.3	720
	国有林场	661.0	82041	615.3	77435	45.7	4606	0.0	

乔木林郁闭程度调查显示，保护区乔木林中，密郁闭度(≥0.70)乔木林 17595.3 hm^2，中郁闭度(0.40~0.69) 9846.4 hm^2，低郁闭度(0.20~0.39) 1965.5 hm^2，分别占乔木林总面积的 59.8%、33.5% 和 6.7%。可以看出，月亮山保护区乔木林以密林为主，森林植被覆盖度较高，生物量较大，可以为生物多样性保护和野生动植物繁衍提供良好的庇护环境。总体上看，保护区密林主要分布在以太阳山顶、月亮山顶、计划大山、沙坪沟河谷为中心的区域，也是保护区核心区所在。

2.3　森林生态系统功能分析

2.3.1　自然度

自然度是反映森林类型演替过程或阶段的指标。按照现实森林类型与地带性顶极群落(或原生乡土植物群落)的差异程度，或次生群落位于演替中的阶段，按人为干扰强度、林分类型、树种组成、层次结构、年龄结构等把自然度划分为五级，从 I 级到 V 级反映森林原始群落向人工森林群落、灌丛草坡的逆向演替过程。

在保护区林业用地中，自然度分为5个级别（Ⅰ、Ⅱ、Ⅲ、Ⅳ、Ⅴ）。其中，Ⅰ级的面积为6774.8 hm^2，占保护区林地总面积的21.6%；Ⅱ级的面积为11120.7 hm^2，占林地总面积的35.5%；Ⅲ级的面积为4704.6 hm^2，占总面积的15.0%；Ⅳ级的面积为6871.8 hm^2，占总面积的21.9%；Ⅴ级面积为1883.4 hm^2，占总面积的6.0%。保护区森林群落中具有较强原生性的Ⅰ、Ⅱ级较多，占57.1%。受到比较强烈人为干扰的自然度Ⅴ级林地所占比例较少，Ⅲ、Ⅳ级亦有一定比例。可以看出，月亮山保护区森林群落原生性总体上比较强，现在整个群落体现出一个良好的正向演替格局。保护区各片区林业用地自然度分布见表5.2.7。

表5.2.7　月亮山保护区林业用地自然度按等级面积、比例统计　　　　单位：hm^2、%

统计单位	乡	计	Ⅰ		Ⅱ		Ⅲ		Ⅳ		Ⅴ	
			面积	比例	面积	比例	面积	比例	面积	比例	面积	比例
	保护区	31355.2	6774.8	21.6	11120.7	35.5	4704.6	15.0	6871.8	21.9	1883.4	6.0
榕江	兴华乡	3664.3	0.0	0.0	2693.1	73.5	154.9	4.2	701.6	19.1	114.7	3.1
	计划乡	9413.1	2597.7	27.6	2002.2	21.3	1385.9	14.7	2582.7	27.4	844.7	9.0
	水尾乡	8800.9	1960.7	22.3	3087.3	35.1	1426.0	16.2	2003.9	22.8	323.0	3.7
	兴华工区	666.4	0.0	0.0	0.0	0.0	46.2	6.9	619.3	92.9	0.9	0.1
从江	加勉乡	543.2	87.9	16.2	137.4	25.3	208.8	38.4	66.3	12.2	42.7	7.9
	光辉乡	8267.4	2128.5	25.7	3200.6	38.7	1482.8	17.9	898.2	10.9	557.3	6.7

从表5.2.7中还准确反映出，原生性最强（自然度Ⅰ级）的森林主要分布在光辉乡、水尾乡、计划乡，分别对应太阳山、月亮山和计划大山区域。保护区中兴华乡的森林大都处于接近自然度Ⅰ级的水平，保护较好。在计划乡和水尾乡海拔较低的山体中下部，分布着较大面积的自然度Ⅲ、Ⅳ级林分，这些森林对分布于上部的较好森林资源起到了一个保护和缓冲作用。兴华工区的森林大都为人工林，自然度Ⅳ级林分占90%以上。

2.3.2　森林健康度

森林健康度是指森林的健康状况。其通过森林（林地）受虫害、病害、火灾、自然灾害和空气污染五因子危害的程度的调查，分析林分受害立木株数百分率和影响生长程度，分别打分，综合评定。评价等级从好到差依次为Ⅰ、Ⅱ、Ⅲ、Ⅳ级。

经调查，在保护区有林地中，健康度为Ⅰ级的林地面积为29434.3 hm^2，占保护区林地的93.9%；健康度为Ⅱ级的林地面积为1226.0 hm^2，占保护区有林地的3.9%；健康度为Ⅲ级的林地面积只有368.3 hm^2，占保护区有林地的1.2%；健康度为Ⅳ级的林地仅为326.7 hm^2，占保护区有林地的1.0%。保护区各片区森林健康度分布详见表5.2.8。

表5.2.8　月亮山保护区森林健康度等级面积、比例统计　　　　单位：hm^2、%

统计单位	乡	等级小计	Ⅰ		Ⅱ		Ⅲ		Ⅳ	
			面积	比例	面积	比例	面积	比例	面积	比例
	保护区	31355.2	29434.3	93.9	1226.0	3.9	368.3	1.2	326.7	1.0
榕江	兴华乡	3664.3	3183.2	86.9	430.0	11.7	51.1	1.4	0.0	0.0
	计划乡	9413.1	9191.0	97.6	173.5	1.8	48.7	0.5	0.0	0.0
	水尾乡	8800.9	7914.0	89.9	618.3	7.0	268.5	3.1	0.0	0.0
	兴华工区	666.4	666.4	100.0	0.0	0.0	0.0	0.0	0.0	0.0
从江	加勉乡	543.2	543.2	100.0	0.0	0.0	0.0	0.0	0.0	0.0
	光辉乡	8267.4	7936.4	96.0	4.2	0.1	0.0	0.0	326.7	4.0

　　由表5.2.8可以看出，根据评价指标，保护区森林绝大部分是健康的。森林危害因子中病虫害、空气污染等因子影响较少，出现的一些诸如较健康、亚健康以致不健康的林分，其主要起源于森林火灾。因为长期以来，当地林农有放火烧山的传统，尽管已经得到了很大程度的改善，但在一些村寨周围，不时还有发生。森林火灾自然也成了保护区威胁森林资源的最重要因子。

2.3.3　森林生态功能等级

　　本次调查通过对森林物种多样性的丰富程度、郁闭度、林层结构的完整性、植被盖度和枯枝落叶层厚度进行评价分析，确定其森林生态功能等级。评价等级从好到差依次为Ⅰ、Ⅱ、Ⅲ、Ⅳ级。

　　据调查，保护区森林中生态功能等级为Ⅰ级的面积为13263.8 hm²，占林地总面积的42.3%；生态功能等级为Ⅱ级的面积为9564.7 hm²，占林地总面积的30.5%；生态功能等级为Ⅲ级的面积为7503.9 hm²，占林地总面积的23.9%；生态功能等级为Ⅳ级的面积为1022.9 hm²，占林地总面积的3.3%。保护区各片区森林生态功能等级分布详见表5.2.9。

表5.2.9　月亮山保护区森林生态功能等级面积、比例统计　　　　单位：hm²、%

统计单位	乡	等级小计	Ⅰ		Ⅱ		Ⅲ		Ⅳ	
			面积	比例	面积	比例	面积	比例	面积	比例
	保护区	31355.2	13263.8	42.3	9564.7	30.5	7503.9	23.9	1022.9	3.3
榕江	兴华乡	3664.3	1897.7	51.8	1276.4	34.8	389.6	10.6	100.5	2.7
	计划乡	9413.1	5134.1	54.5	996.3	10.6	3233.6	34.4	49.1	0.5
	水尾乡	8800.9	355.3	4.0	6013.6	68.3	2168.2	24.6	263.7	3.0
	兴华工区	666.4	0.0	0.0	174.1	26.1	491.4	73.7	0.9	0.1
从江	加勉乡	543.2	235.1	43.3	48.1	8.8	120.8	22.2	139.2	25.6
	光辉乡	8267.4	5641.6	68.2	1056.2	12.8	1100.2	13.3	469.4	5.7

　　由表5.2.9可见，森林生态功能等级为Ⅰ、Ⅱ级的林地占72.8%，反映出保护区具有良好的生态功能，表现在保护区森林物种多样性丰富，林层结构完整，郁闭度高，植被盖度高以及枯枝落叶层厚度也较大。在保护区光辉乡，Ⅰ级森林生态功能等级林地比例高达68.2%，更加反映出，在月亮山和太阳山之间形成的封闭流域系统具有十分重要的研究价值。

2.3.4　森林景观等级

　　本次调查根据森林群落结构特征、层次、古树分布、林相及色彩等森林景观构成要素，评价森林景观等级。评价等级从好到差依次为Ⅰ、Ⅱ、Ⅲ、Ⅳ级。

　　经调查，在保护区林地中，森林景观等级为Ⅰ级的林地面积为15185.1 hm²，占林地总面积的48.4%；森林景观等级为Ⅱ级的林地面积为6278.3 hm²，占林地总面积的20.0%；森林景观等级为Ⅲ级的林地面积为4255.0 hm²，占林地总面积的13.6%；森林景观等级为Ⅳ级的林地面积为5636.8 hm²，占林地总面积的18.0%。各片区森林景观资源质量等级分布详见表5.2.10。

表5.2.10　月亮山保护区森林景观资源质量等级面积、比例统计　　　　单位：hm²、%

统计单位	乡	等级小计	Ⅰ		Ⅱ		Ⅲ		Ⅳ	
			面积	比例	面积	比例	面积	比例	面积	比例
	保护区	31355.2	15185.1	48.4	6278.3	20.0	4255.0	13.6	5636.8	18.0
榕江	兴华乡	3664.3	2667.9	72.8	467.1	12.7	460.9	12.6	68.4	1.9
	计划乡	9413.1	4473.4	47.5	1721.1	18.3	1652.4	17.6	1566.3	16.6
	水尾乡	8800.9	4889.5	55.6	1058.1	12.0	1579.4	17.9	1273.9	14.5
	兴华工区	666.4	86.9	13.0	0.9	0.1	61.1	9.2	517.4	77.6
从江	加勉乡	543.2	130.9	24.1	81.4	15.0	23.0	4.2	307.9	56.7
	光辉乡	8267.4	2936.5	35.5	2949.7	35.7	478.2	5.8	1903.0	23.0

结合森林景观调查可知，保护区内植物资源十分丰富，境内有壳斗科、樟科、山茶科等常绿阔叶林分布，也有常绿落叶阔叶混交林分布，还有相当面积的杉木林和马尾松林。森林层次分明，林相和季相色彩丰富，其中有大量古大珍稀树种分布，总体上景观较好，景观等级为Ⅰ、Ⅱ的森林比例达68.4%。

2.4　重点保护及特色森林资源

经过多次考察及采集的标本资料统计，月亮山保护区内有天然分布的野生珍稀濒危植物26科64属116种（包括变种，下同）。其中国家Ⅰ级保护植物2科2属3种，国家Ⅱ级保护植物19科21属24种，贵州省重点保护树种9科14属17种，《濒危野生动植物种国际贸易公约》附录Ⅱ（简称CITES Ⅱ）兰科30属72种，特有植物10科11属12种（包括变种）。

保护区森林主要以壳斗科、木兰科、樟科、杜鹃花科植物占优势，这些植物构成的植被类型主要为落叶阔叶林、常绿阔叶林和常绿落叶阔叶林。保护区内有大量的珍贵树种如红豆杉、鹅掌楸、篦子三尖杉、红花木莲、十齿花、马尾树、钟萼木、桫椤、金毛狗等，说明月亮山生境组成复杂、类型多样，维持了较高的物种多样性。

水青冈为保护区森林的旗舰种，与其他树种一起，以各种森林类型广泛分布于保护区中。水青冈、栲树林主要分布于月亮山、太阳山上部或顶部。在该群落中，乔木层主要有水青冈、栲树、杜鹃、木莲、木荷、硬斗石栎、冬青等，灌木层主要物种有高山杜鹃、栲、中华槭、方竹、光皮桦、灯台树、水青冈幼苗、檫木、野茉莉等。水青冈、杜鹃林主要分布在月亮山山顶丘陵坡面区域，主要乔木有水青冈、杜鹃、川桂、木莲、枫香、丝栗栲、野樱、中桦槭等。水青冈、山柳林主要分布在保护区的计划大山山顶区域，乔木树种主要有水青冈、山柳、杜鹃、青榨槭、化香、丝栗栲、中华槭、小果南烛等，灌木层主要物种有山柳幼苗、川桂、方竹、苍背木莲、悬钩子等。

杉木林在保护区中有大面积存在，为当地的林木用材提供保障，均为人工起源，是该保护区的主要用材树种。

3　森林资源主要特点

3.1　森林资源丰富，覆盖率高，分布相对集中

月亮山保护区总面积34555.67 hm²，有林地面积达29471.9 hm²，占总面积的85.3%。在有林地中，大部分为乔木林。森林覆盖率高达85.91%，活立木总蓄积量300.45万m³。森林覆盖率如此高，主要得益于其独特地理位置优势。保护区位于黔东南州和黔南州的4个县交界处，地处偏僻，地形复杂，交通不便，人烟稀少，多年未遭受过大规模人工采伐，原始森林保存完好。森林资源主要以太阳山、月亮山、计划大山和沙坪沟为中心分布，相对集中，又在地域上很好地相连，构成了一个比较良好的生物廊道系统。

3.2　天然林为主，原生性较强，生物多样性丰富

保护区29407.3 hm²乔木中，天然林面积20738.3 hm²，占70%以上。天然林环境适应力强，森林结构分布较稳定，其生物链条完整独立，物种的分布立体而丰富，有较强的自我恢复的能力，物种的多样化程度极高，对环境及气候起到了巨大的作用。月亮山保护区的天然林主要有两部分，一是原来保存较为完好的太阳山、月亮山、计划大山上部地带，这些区域森林基本未受到破坏，原生性很强，二是以前述区域为基础或中心，通过多年有效的保护，形成了较好的原生性较强的天然次生林，这一部分面积比较大，也比较脆弱，也更重要。保护区自然度为Ⅰ级的森林占20%以上，在月亮山和太阳山顶发现的大量山蚂蝗也是森林原生性强的一个例证。保护区具有丰富的生物多样性，据考察，现有维管束植物1529种，有天然分布的野生珍稀濒危植物26科64属116种。

3.3　以阔叶树为主，结构复杂，系统稳定

保护区森林资源树种结构分析表明，乔木林以阔叶类为主，面积达20474.9 hm²，占乔木林总面积

的 69.3%。主要阔叶类树种包括樟科、壳斗科、杜英科、木兰科等地带性群落主要构建树种，如鹦蒻栲、丝栗栲等占优势的森林群落等。依据保护区生态系统功能、健康等指标分析，月亮山保护区森林资源总体上林层结构完整、复杂，有较厚的枯枝落叶层，良好的养分循环，可以说森林生态系统比较稳定。

3.4　总蓄积量及单位面积蓄积量较高

保护区森林蓄积量达 300 万 m^3，且单位面积蓄积量达 6.38 m^3/亩，近成过熟林单位面积蓄积量达 8.87 m^3/亩。这反映出保护区森林资源不但在数量上，而且在质量上具有较为良好的本底，可以成为保护区发挥巨大生态、社会、经济效益的重要保障和基础。

4　结论与讨论

4.1　加强森林资源保护

月亮山保护区拥有现在这样良好的本底条件，与当地各级政府和村民多年努力保护是分不开的。在 20 世纪 80 年代末期，月亮山保护区开展的第一次科学考察发现，保护区范围内，在月亮山、太阳山上部区域保存着完好的原始森林，这个范围面积并不大，并且这两个点在地理上是断开的。其他地域上由于不合理的生产生活方式，如大量砍柴、放火烧山放牧等，造成大面积的荒草坡，只有少许林木分布其间。经过近 30 年的保护，保护区森林资源无论在数量上、还是在质量上，都有了很好的发展，尽管在保护机构和组织上并不健全。因此，为了保护和发展月亮山保护区，必须进一步加强森林资源保护。

随着经济社会的发展，特别是交通条件的改善，保护区内不时发生偷砍珍稀林木、无序采摘山珍，在保护区内非法盗（采）挖珍稀树木、树桩、根兜及商业性经营林木现象较为严重，应切实加强保护区森林资源保护管理。杜绝乱挖滥采、乱砍滥伐、乱捕滥猎；私收乱购和非法运输、经营加工木材以及非法征用或占用林地等破坏森林资源现象，应加大林业行政执法力度，完善保护区林业行政执法机制，加强森林管护队伍建设，依法保护森林资源。

4.2　切实做好宣传教育工作，提高周边群众的生态意识和保护意识

由于月亮山保护区地处榕江、从江、荔波和三都 4 县交界处的边远山区，周边地区经济还比较落后，农村燃料和经济来源都不同程度地依赖于自然保护区。为更好地保护森林资源，应加大林业政策法规的宣传力度，增强森林防火和病虫害防治意识，引导区内百姓改变一些诸如捕食野鸟等不良习俗，切实处理好保护与发展的关系，提高周边群众的生态意识和保护意识。

4.3　积极开展科学研究，提升保护区的科研价值

月亮山保护区森林群落类型多样，植物物种丰富，为野生动植物提供了理想的庇护和繁衍栖息环境，同时，由于其处于多条河流的源头这个特殊的地理位置，对保障都柳江、樟江等河流的生态安全具有重要的意义。月亮山保护区由于成立时的级别较低，知名度不高，相关研究也不多，但保护区自身的发展也明确地提示，还有很多未知需要进一步的研究和探索。因此，要以本次科学考察为基础，联合科研院（所），以保护区主要保护对象和特色资源为对象，有计划、有组织地开展野生动植物和森林生态学的科学研究工作，进行重点攻关，进一步探究中亚热带常绿阔叶林森林生态系统及天然次生林演替的内在机理和发展规律。积极拯救濒危物种，保护生物多样性，促进野生动物资源的增加，扩大珍稀动植物种群数量，更好地发挥月亮山保护区的生态价值和提升科研价值。

4.4　合理利用，发展森林生态旅游

月亮山保护区分布有近 9000 hm^2 的杉木林和马尾松林，目前蓄积量接近 100 万 m^3，这些林分大都分布在实验区，而且大部分为中龄以上林分。应根据林木生长规律，在维护保护区主体功能不变的前提下，依法合理采伐利用，采伐后的林地可更新为阔叶林或针阔混交林，不但为保护区的建设与发展提供一定的经济支持，同时可改善森林资源，提高生态服务功能。

月亮山保护区内重峦叠嶂，森林茂密，溪流潺潺，奇花异木，景色迷人，旅游资源较为丰富。随着贵广高铁和高速公路的陆续开通，发展森林旅游的优势将更为明显。因此，应在"保护第一"的前提下，适度开展生态旅游活动。一方面，自然保护区的建立，使濒危、珍稀物种得到了有效的保护，但不应因"保护"而剥夺了人们欣赏独特自然景观的权利。人们欣赏到大自然的机会越多、体验越深入，才能越自觉地提高环境保护意识。在保护区适当地开展旅游活动更可以通过自然界本身的魅力产生直观的宣传、教育作用，使人们更加热爱我们生存的这个环境。另一方面，开展旅游活动可以带动保护区周边地区经济的发展，从而更好地保护森林资源。世界上自然保护区的发展经验告诉我们，保护区作用的发挥很大程度上要依赖于当地居民的拥护和支持，否则，自然保护往往只能是句空话。月亮山保护区地域偏僻、"靠山吃山"是当地居民的主要生活方式。设立保护区使当地居民的生活发展进一步受到限制，无形中加大了这些地区同其他地区之间的经济差距。经济差距的压力和外界资源需求的激增，使地方居民在利益的驱使下，自觉或不自觉地使用合法或不合法手段利用和消耗现有资源，不能考虑生态保护的长远利益。因此，帮助当地居民脱贫才是解决这一问题的关键因素。而发展旅游业可以充分发挥保护区的资源优势，为保护区自身的发展开辟出一条康庄大道。旅游开发不但可以给保护区带来可观的经济效益，也为保护区所在的当地提供了可观的就业机会，从而可以为保护区创造良好的发展环境。

（罗　扬　顾卿先　赵　佳）

第三节　主要遗传资源及特点

遗传资源是指来自植物、动物、微生物或其他来源的任何含有遗传功能单位的、有实际或潜在利用价值的生物遗传材料。遗传资源所包含的丰富生命遗传信息，是生物多样性保护的核心内容，也是自然保护区的保护内容之一。因此，在本次进行的月亮山保护区科学考察中，将遗传资源作为一个重要专题进行了调查。按照《自然保护区综合科学考察规程(试行)》的要求，遗传资源调查范围包括畜禽特色乡土品种资源、果树、农作物野生近缘种等，调查指标主要包括品种组成、品系特征、资源存量等。为了更全面的了解月亮山的遗传资源，本次调查不只局限于保护区内，而是传统所指月亮山的榕江县计划乡、水尾乡、定威乡、兴华乡和从江县的光辉乡及荔波县的佳荣乡(此次考察未包括荔波县的佳荣乡)。本节根据此次综合考察的调查材料，结合之前已有的文献记载和专家咨询情况，对月亮山区的遗传资源进行分析和归纳。

1　调查结果

1.1　遗传资源特点

(1)"小而香"是月亮山区乡土畜禽品种的鲜明地方特色，并列入国家和贵州地方优良畜禽品种

自古以来，月亮山区独特的人文地理环境及得天独厚的生态条件，在相对封闭、传统的畜牧业生产环境中，畜禽养殖十分粗放，基本以放牧方式进行饲养，甚至将畜禽(如牛、羊、猪等)放牧于深山中，让其处于半野生的自然环境自生自灭，仅仅需要的时候从山中找回。畜禽繁殖多以自然选择为主，没有刻意人工干预。这样的养殖方式和自然环境，加上长期的近亲繁殖，造就了许多如小香猪、小香鸡、小香羊等具有鲜明地方特色的类群，其中列入国家和贵州省优良地方畜禽品种的有从江小香猪、从江小香鸡、榕江(塔石)小香羊、黔东小个子黄牛(黎平黄牛)等。

(2)因当地少数民族对禾的偏爱和尊重，禾以顽强的生命力得以保留和传承，使月亮山区成为我国唯一的禾的集中生产区和天然基因库

禾是当地苗侗等少数民族为适应本地区光照不足，冷、阴、烂、锈田多的环境条件，经长期培育

而成的地方特有水稻品种群，栽培历史有 2000 余年。在相当长的时间里，禾一直是黔东南苗侗同胞的主粮。清水江流域天柱、锦屏、剑河等县和都柳江流域的黎平、从江、榕江等县侗族地区，直至清朝末年仍都是主栽"禾"的地区，各类品种有上千种之多。民国以后虽然经历数次大的"禾改粘"，但由于禾的米质优、黏性强、营养高、味道好、耐饥饿，特别是香禾糯，素有"一亩稻花十里香，一家烹食十户香"之誉，因此禾深得苗侗同胞的喜爱，并以顽强的生命力得以保留和延续。据 1979～1980 年调查，品种仍有 437 个（其中糯禾 419 个，粘禾 18 个）。但后来由于人口的压力以及外来品种特别是高产杂交水稻的推广，更由于该品系所依赖的自然农法在化工型农业发展的大背景下难以为继，香禾糯种植区域逐步萎缩，品种日益剧减，而时至今日禾的生产主要集中在月亮山区的黎平、从江、榕江三县交界的狭窄地带，幸存的品种总共也不过数十种了。尽管如此，作为"禾糯区"的月亮山区依然是我国禾的品种保留最丰富的地区，是我国弥足珍贵的"禾天然基因库"。

（3）野生果树资源非常丰富，但大都"待字闺中"未被开发利用

月亮山区野生果树物种资源非常丰富，据调查有 100 余种，主要集中在蔷薇科的枸子属、悬钩子属、花楸属和李属，壳斗科的栗属、栲属和栎属，桑科榕属，越橘科越橘属，芸香科柑橘属和葡萄科。特色代表种有杨梅、猕猴桃、野核桃、毛栗、椎栗、八月瓜、黑老虎、五味子、野山楂、山莓、插秧泡、野柿、野橘等。这些野生珍果营养丰富，味道迥异，具有较高的开发前景，但目前大都还待字闺中，未被开发利用。野生果树在长期自然选择下保留着强大的适应性和抗逆性基因，并且有丰富的遗传多样性，是果树育种的原始材料，也是果树品种改良的重要基础资源，具有许多潜在利用价值。特别是在太阳山中部海拔 1200 m 处发现了连片宜昌橙野生群落分布，而宜昌橙是世界重要的古老野生柑橘种质资源，为柑橘的起源、进化等研究提供了新的材料，也是柑橘育种的良好亲本材料，具有重要的科研价值。

1.2 主要特色遗传资源概述

1.2.1 特色乡土畜禽品种

（1）从江香猪

从江香猪是中国最原始的地方猪品种之一，原产于贵州省从江县九万大山地区，为小型猪，因其沉脂力强，早熟易肥，肉质优良，双月断奶仔猪的鲜肉无乳腥味，故被誉为"香猪"，1980 年被列为中国八大猪种之一，1993 年被国家农业部列为国家二级保护畜种，2000 年农业部 130 号公告将其列入《国家级畜禽品种资源保护名录》。香猪外观特点是短、圆、肥；年龄在 12～18 个月的香猪，体高为 45～55 cm，体长 70～100 cm，体宽 20～28 cm，体重 35～60 kg；头长额平，生长期额部有明显的"川"字形皱纹，成年后呈"菱"形皱纹；耳朵较小、薄且向前下垂；嘴筒长、直，呈圆锥形，吻端粉红色或黑色；背腰微凹，腹大下垂，四肢细短，尾巴细长似鼠尾，毛黑色，多数香猪的皮肤为黑色，少部分个体的皮肤为灰白色。

当地香猪一般在 3～4 月龄达到性成熟，四季发情。公猪 3 月龄开始交配，母猪 4～5 月龄时用于配种。母猪的发情周期为 15～20 d，妊娠期 114 d 左右。产崽量一般在 1～12 头。

分布及养殖情况：月亮山保护区内及周边村寨普遍养殖，并形成了一定规模的产业化养殖，其中从江县光辉乡 9698 头（其中母猪 2055 头，肉猪 7643 头），榕江县计划乡母猪 431 头，榕江县水尾乡 2029 头（其中母猪 210 头，肉猪 1819 头）。

（2）黔东小个子黄牛

月亮山区的本土黄牛，当地俗称小本牛，属役肉兼用型，1983 年被贵州省列为地方优良品种，命名为"黔东小个子黄牛"。体形似长方形，体质结实，结构匀称，头大小适中，公牛头粗短，母牛头略长；额平、脸略窄、鼻镜直、口齐、鄂凹适中。鼻镜、眼睑粉色和褐色为多，部分牛鼻镜有色斑，眼明有神、中等大小。两耳薄尖、向上，活动灵敏。角型以短角、小圆环、萝卜形等较为多见。头颈、颈肩结合良好，公牛颈短厚实，母牛颈稍单薄，垂皮发达。公牛体色较深，常为黑色，部分为黑黄色，母牛体色常为黄色。母牛 4 年龄开始产崽，一般 9 月开始受孕。公牛高约 1.1 m，长 1.8 m，母牛高约

0.9 m，长 1.1 m。母牛利用年限为 7～8 年。白天放牧，夜间补以农作物秸秆和青、干草，在母牛产犊期、役牛耕作期和阉牛育肥期再适当加喂混合精料。

分布及养殖情况：月亮山保护区及周边有少量养殖。

（3）黔东南小香羊

小香羊体形呈圆桶状，体质结实，结构匀称，体格中等。在贵州地方畜禽品种资源调查时，定名为"黔东南小香羊"，又名"榕江（塔石）香羊"、"雷山香羊"等。头形上宽下窄呈倒三角形，公羊稍短，母羊较清秀，额部微前突，鼻梁平直，面部微凹，下颌有髯，公羊角粗大，母羊角细小，呈三角形，向上后方伸展呈镰刀状，呈琥珀色；眼大有神，眼球呈黄色，瞳孔为黑色；耳小微翘，颈部细，中等长，无褶皱。四肢强壮，较细。尾短小而上翘，呈三角形。12 月龄公羊宰前体重为 20.16 kg，12 月龄母羊宰前体重为 16.73 kg。公羊性成熟年龄为 3 月龄；母羊性成熟年龄为 4 月龄。公羊初配年龄一般为 6～7 月龄，一般利用年限为 4～5 年；母羊初配年龄一般为 4～5 月龄，一般利用年限为 6～7 年。

分布及养殖情况：月亮山保护区从江县光辉乡加牙村和榕江县兴华乡古腊有一定规模养殖。

（4）从江小香鸡

月亮山区土鸡具有体型小，早熟，耐粗饲，外貌清秀，能飞善跑，其肉味香、肉质细嫩、营养丰富，在贵州地方畜禽品种资源调查时，定名为"从江小香鸡"。公鸡羽色以红色为主，少部分羽色为黑色和白色，颈羽金红或金黄色，尾羽黑色。母鸡羽色为黄麻、褐麻及灰麻色，间有少量纯黑色和白色。喙、胫主要为黑色，部分为黑褐色和白色。头大小适中，单冠直立，冠为红色。体型纤细，背平直，腿高中等，羽毛丰满。商品鸡一般 4～9 个月出栏，成年鸡体重 750～1250 g，年产蛋 40～50 枚，蛋壳为白色，蛋平均重 35 g，种公鸡满 6 月龄即可配种，公鸡利用年限为 1 年，母鸡为 1～2 年。

分布及养殖情况：月亮山保护区内及周边村寨均有养殖。

（5）土鸭

月亮山区的土鸭属于麻鸭种，体型小，体躯狭长，蛇头饱眼，嘴长颈细，背平直腹大，臀部丰满下垂，站立或行走时躯体向前昂展。羽毛大部呈麻栗色。公鸭体躯稍长，胸部羽毛主要为红褐色，颈中下部有白色颈圈；背部羽毛灰褐色，腹部羽毛浅褐色。母鸭颈细长，体躯近似船形，羽毛以深褐色麻雀羽居多，翅上有镜羽。胫、蹼黄色，爪黄色。商品鸭 6～7 个月出栏，成年鸭体重为 1200～1725 g。开产日龄 100～110 d，年产蛋 150～200 枚，平均蛋重为 60.22 g，壳以白色居多。

分布及养殖情况：月亮山保护区内及周边村寨均有养殖。

1.2.2　特色果树品种

（1）从江椪柑

从江椪柑是外来品种与当地气候土壤条件相适应而形成的一种优良表现型，是全国柑橘类知名品牌，具有果大、色艳、皮薄、肉厚、甘甜微酸、无渣等特点，先后荣获农业部"部优"产品奖、中国优质农产品博览会金奖，入编《中国名特优椪柑》一书。从江椪柑以枳为砧，早结、丰产、稳产、耐旱、耐高温，抗病虫。平均单果重 135.9 g，果实纵径约 5.9 cm，横径约 7.1 cm；蒂周常有 6～10 个瘤状凸起；可食率 63.9%，果汁率 49.5%，每 100 ml 果汁含糖 12.26 g，酸 0.73 g，酸甜适度，鲜食可清心、提神，常食用不上火，对人体有益。

（2）榕江脐橙

榕江县脐橙品质甚优，是外来品种与当地气候土壤条件相适应而形成的一种优良表现型，特别是纽荷尔脐橙品种，不仅个大色鲜、蛋白质含量高、富含多种维生素，而且具有降低胆固醇、分解脂肪等功效，相继荣获"贵州省优质农产品"和"首届贵州名特优农产品展销会名牌农产品"称号，并通过贵州省无公害农产品认证，2007 年获中国国际林业博览会银奖，2008 年获贵州省农产品加工特色产品金奖，有"中国第一橙"之称。

1.2.3　特色农作物品种

(1)水稻

水稻的地方品种非常丰富，且种质优异。可分为禾、谷两大类。

禾是当地苗侗等少数民族为适应本地区光照不足，冷、阴、烂、锈田多的环境条件，经长期培育而成的地方特有水稻品种群。由于外来品种特别是高产杂交水稻的推广，更由于该品系所依赖的自然农法在化工型农业发展的大背景下难以为继，香禾糯种植区域逐步萎缩，品种日益剧减，时至今日禾的生产主要集中在月亮山区的黎平、从江、榕江三县交界的狭窄地带，幸存的品种总共也不过数十种。

近年来，中国香禾糯的重要生态农业价值和严重濒危的状态已经引起了有关地方政府和科研院所的高度重视，对香禾糯的保护开发采取了一系列积极措施，使中国多民族国家里这一古老的少数民族农业智慧结晶正在重获新生。黎平县科技局杨正熙等同志通过辛勤调查挖掘，收集了47个禾品种并进行栽培研究，掌握了各品种性状(见表5.3.1)。

表5.3.1　月亮山保护区禾品种调查统计表

编号	品种汉名	品种侗名	生育天数(d)	株高(cm)	穗粒(粒)	芒长	米色	亩产(0.5kg)	综合评估(分)
01	万老禾	Bagx Weenh laox	172	185	400	长	白	950	93
02	雷老禾	Oux Lieis Laox	175	180	420	短	白	1100	95
03	老水牛毛	Biunl Guei Laox	174	175	380	中	灰	900	85
04	三太须禾	Oux Samp Taip	174	170	320	中	灰	750	80
05	得我禾	Oux Dees Ngoc	174	165	350	短	白	750	80
06	杉树皮	Oux Bic Pagt	174	160	360	中	红	800	88
07	龙图禾	Oux Liongc Duc	174	165	360	短	白	800	80
08	六十天	Liogx Xibx Maenl	132	130	280	短	白	700	65
09	贯洞禾	Oux Guanl Dongl	188	160	300	短	白	800	76
10	黄须禾	Oux Dial Mant	183	170	350	长	白	850	85
11	雷珠禾	Oux Lieis Jul	171	165	350	中	白	800	80
12	高千禾	Oux Gaos Qiinp	172	165	400	短	白	950	90
13	红禾	Oux Yak	173	165	350	短	白	850	85
14	勾禾	Oux Kgoul	169	160	350	长	白	800	80
15	养弄禾	Oux Yangc Longl	171	170	350	中	白	850	85
16	养献禾	Oux Yangc Xianp	170	170	380	短	白	900	90
17	鹅血禾	Oux Padt Nganh	170	165	380	长	灰	850	83
18	糯谷	糯谷							
19	无名禾	无名禾	170	170	400	短	白	900	90
20	边禾1	Oux Bieengh	171	165	350	长	白	800	80
21	当香禾	Oux Dangl Dangx	170	160	400	短	白	900	90
22	早熟牛毛	Bienl Gueic Saemp							
23	共根禾	Oux Ongl Gaenx	171	170	380	短	白	880	85
24	平天禾	Oux Bingc Tiinp	171	170	400	中	白	880	88
25	锈水禾	Oux Naemx Yagx	171	180	380	长	红	850	85
26	白香禾	Oux Bagx Dangl	168	175	380	中	白	850	85
27	黄禾	Oux Mant	187	170	380	中	白	850	83
28	边禾2	Oux Bieengh	171	180	350	长	白	800	80
29	容弄禾	Oux Yongc Longl	171	170	380	短	白	850	85
30	董岁禾	Oux Dongh Siip	187	170	410	短	白	900	90
31	荣安吓禾	Yongc Nganh Yak	182	165	380	短	白	900	90

（续）

编号	品种汉名	品种侗名	生育天数(d)	株高(cm)	穗粒(粒)	芒长	米色	亩产(0.5kg)	综合评估(分)
32	苟渡禾	Oux Duh	182	165	350	中	白	850	85
33	苟渡大难	Duh Dav Nanx	190	170	350	中	红	850	85
34	由更带禾	Yux Gaeml Daiv	158	160	350	短	白	880	90
35	而荣过禾	Rex Yongc Gol	171	165	350	长	白	800	80
36	利而荣禾	Liis Rex Yongc	190	165	300	长	白	750	70
37	苟埂禾	Oux Kgenx	182	160	380	短	白	850	85
38	苟荣崩禾	Oux Yongc Baegl	182	160	400	短	红	950	93
39	苟荣八禾	Oux Yongc Bagx	170	165	400	短	白	950	90
40	荣外邦禾	Yongc Waih Bangl	182	165	380	短	白	850	85
41	苟能当禾	Oux Nengx Dangl	181	165	350	中	白	850	85
42	白香禾	Oux Bagx Dangl	181	165	320	长	白	830	85
43	冷水禾	Oux Naemx Liagp	176	165	350	长	红	830	85
44	三穗禾	Oux Samp Miangc							
45	弯须禾	Oux Dial Jongv							
46	秃禾	Oux Kgenx	182	160	400	短	白	950	93
47	黑禾	Oux Naeml	185				黑		85

谷的地方品种也较多，有麻粘、盖草、六月谷、七月谷、冷水粘、瑶人谷等。

（2）旱稻（陆稻）

地方品种主要有白壳旱禾、红壳旱禾、黄壳旱禾、乌壳白旱禾、乌壳乌米旱壳、三棵寸等。

2　结论与讨论

（1）月亮山区遗传资源具有鲜明的地方特色，有久负盛名的从江香猪、从江香鸡、榕江香羊、黔东小个子黄牛等以"小而香"为特色的国家和贵州省优良地方畜禽品种；是中国香禾的故乡，是目前我国香禾的唯一集中生产区和天然基因库；有百余种目前仍然"待字闺中"野生果树资源。因此该保护区是进行地方畜禽品种、禾品种、野生果树种质资源研究、保护与发展研究、开发利用研究的理想之地。这也是本保护区的一大特色之一。

（2）野生果树资源中有许多优良药用植物，如红豆杉、冷饭团、猕猴桃、八月瓜、四照花、山楂等，又是优良的观赏树种，应开展这些树种的种质资源调查和繁殖技术研究，尤其是开展优质高效的培育技术研究，这对保护生物的多样性、丰富果树和园林树种以及药用植物、调整树种与林种结构、发展林业产业有积极意义。

（3）正如禾是稻中珍品一样，禾文化也是黔东南原生态农耕文化的瑰宝。这是一种集生态、生产和生活于一体的积淀厚重的生存文化，是黔东南原生态文化的核心之一。禾有很强的区域性，它的唯一性、科学性、观赏性和它狭小的生存区域使之成为当今世界最具特色、最受尊敬的品种。禾区成为最令人向往的地方，特别是在金秋十月，禾区稻田一片金黄，当地苗侗同胞按照传统的方式进行收割，整个禾区的田野、乡间小路上、村落里到处是摘禾、挑禾、上禾架、下禾架、舂米、烹饪、品尝等各项农事活动繁忙景象。因此在当前大健康产业发展大好形势下，月亮山区完全可以依托禾及禾文化，大力打造特色生态旅游业，吸引众多游客去参与禾的各项农事活动，感受自然、体会生活、感悟禾文化的魅力，去体验劳动的艰辛和收获的喜悦，去享受山间的浪漫和无奈，去体会人与自然的和谐，去品味原生态的农耕文化。并通过特色生态旅游业拉动当地香猪、香鸡、香羊、香禾、稻田鱼、稻田鸭等特色生态食品经济的发展，从而推动山区经济的大发展，实现山区脱贫致富奔小康的目标。

（杨汉远　黄胜先　王定江　杨加文　胡岑龙）

参考文献

黔东南州志·农业志. 贵阳：贵州人民出版社. 1993.

从江县综合农业区划. 贵阳：贵州人民出版社. 1989.12.

榕江县综合农业区划. 贵阳：贵州人民出版社. 1990.3.

陈启得，周鹏，文正常. 黔东南地方畜禽品种保护与利用浅析. 中国畜禽种业，2014(8).

杨黎，周定生，郑桂云，等. 黔东南原生态农耕文化——禾. 贵州农业科学，2008(4).

杨正熙，邓敏文，等. 禾糯品种性状优劣对比表(资料).

第四节　药用植物资源

贵州月亮山保护区，位于黔东南从江县、榕江县、黔南州荔波县的交界处。境内气候温和，冬无严寒，夏无酷暑，属我国中亚热带湿润季风气候，地貌特征多变。由于水热条件好，地貌特征复杂，适宜各种生物种类的生长和繁衍，加上地处边缘，人迹罕至，是贵州目前自然环境保留得较为完好的地区之一。同时部分区域林相保存完好，原生性强，拥有十分丰富的生物资源，蕴藏着钟萼木、香果树、穗花杉、篦子三尖杉、红豆杉等众多的中国特有的珍稀植物资源。2014年9至10月随贵州省林科院组织的综合科学考察团，在该区域开展了针对药用植物资源的专项调查，采集及拍摄记录药用资源植物标本2000余号，结合现有资料，初步整理确定该区域有药用植物1174种(含变种)，是目前已知贵州野生药用植物资源种类十分丰富的地区之一。

1　结果与分析

1.1　药用植物的种类

目前初步统计，已知月亮山保护区有药用资源植物1174种(含变种)(见表5.4.1)，由菌类植物、苔藓植物、蕨类植物、裸子植物、单子叶植物、双子叶植物六大类群组成，隶属于197科621属。主要集中在蕨类植物、单子叶植物、双子叶植物三大类，其次是真菌类。在1174种药用植物中属于木本类的植物有589种，占总数的50.2%，比草本类药用植物略占优势。草本类植物主要集中在蕨类71种、菊科52种、兰科46种、禾本科32种、蓼科24种、百合科23种、玄参科22种、唇形科21种、莎草科18种、天南星科15种、伞形花科14种、堇菜科7种、荨麻科1种。木本类药用植物主要集中在蔷薇科40种、樟科31种、豆科27种、忍冬科23种、云香科17种、杜鹃花科15种、紫金牛科13种、桑科13种、葡萄科13种、山茶科12种、五加科12种、山茱萸科11种、木犀科11种、鼠李科9种、菝葜科8种、胡颓子科7种等。

表5.4.1　月亮山保护区药用植物组成统计

类别	科	属	种
真菌类植物	12	15	23
苔藓植物	14	14	17
蕨类植物	24	71	137
裸子植物	7	8	11
单子叶植物	19	101	189
双子叶植物	121	412	797
合计	197	621	1174

1.2　药用植物科、属、种的组成结构分析

1.2.1　药用植物科的统计分析

月亮山保护区药用植物涉及 197 个科，其中真菌 12 科、苔藓 14 科、蕨类植物 24 科、裸子植物 7 科、单子叶植物 19 科、双子叶植物 121 科。

含 20 种以上植物种类的特大型科 14 个科，含有药用资源植物 418 种，占保护区药用资源植物总科数的 7%，占药用资源植物总数的 35.6%。含有 10 至 19 种的大型科有 25 个科，含有药用资源植物 302 种，占保护区药用资源植物总科数的 12.7%，占药用资源植物总数的 25.7%。含 4 至 9 种的中型科 46 个科，药用植物 269 种，占保护区药用植物总科数的 23.4%，占保护区药用资源植物总种数的 22.9%。含有 2 至 3 种的少型科有 56 个科，含有药用资源植物 130 种，占保护区药用植物资源总科数的 28.4%，占保护区药用资源植物总种数的 11.1%。含 1 种药用植物的单型科 56 个，占保护区药用资源植物总科数的 28.4%，占保护区药用资源植物总种数的 4.8%（图 5.4.1）。

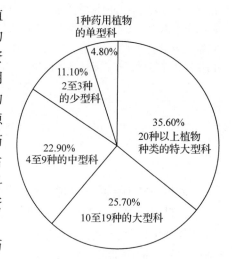

图 5.4.1　月亮山保护区药用植物科的组成统计

保护区药用资源植物含 10 种以上的大科有 39 个，共计有药用资源植物种类 720 种（变种），占保护区药用资源植物总科数的 19.8%，占保护区药用资源植物种的总数的 61.3%。含 10 种药用植物以下的科有 158 个，占保护区药用植物总科数的 80.2%，158 个科中有药用植物 454 种，占药用资源植物总种数的 38.7%。含 3 种以下的单型科、少型科有 112 个，含有药用资源植物 186 种，分别占总科数的 56.9%，占总种数的 15.8%。

1.2.2　药用植物属组成统计分析

月亮山保护区有药用资源植物 621 属。其中真菌类 15 属，苔藓类 14 属，蕨类植物 71 属，裸子植物 8 属，单子叶植物 101 属，双子叶植物 412 属。

含有 1 种的单型属共计 362 属，占总属数的 58.8%。其中真菌类植物 12 属，蕨类植物 40 属，裸子类植物 5 属，单子叶植物 56 属，双子植物 239 属。

含 2~3 种的少型属，共计 193 属，占总属数的 31.1%。其中菌类植物 4 属，苔藓类植物仅泥炭鲜属 1 属，蕨类植物 24 属，裸子类植物 3 属，单子叶植物 26 属，双子植物 135 属。

含 4~5 种的小型属共计 39 属，占总属数的 6%。其中蕨类植物 3 属，单子叶植物 4 属，双子植物 32 属。

含 6~10 种的多型属共计 27 属，含有药用植物 214 种，占药用植物属总的 4%，占药用植物种总数的 18.2%。其中蕨类植物 4 属，双子叶植物 23 属（图 5.4.2）。

月亮山保护区药用植物中单型属、少型属占了共计 555 个，占总属数的 89.3%；小型属与多型属共计 66 个，仅占总属数的 11%，含 10 种以上的多型属仅有凤尾蕨属（10 种）、蓼属（15 种）、薯蓣属（11 种）共 3 个属，表明月亮山保护区药用植物在属的构成上非常丰富。

中型以下的科与含有 10 种以上的大科比较，19.8% 的科包含了该区域 61.3% 的药用资源植物种类，80.2% 的科只占该区域 37% 的药用植物种类；表现出单型、少型科占的比例大，两者占总科数的 56.9%，仅占药用资源植物种类总种数的 15.8%。同时单型属、小型属占的比例更大，含 6 种以上的大

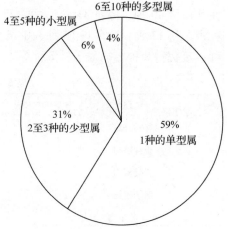

图 5.4.2　月亮山保护区药用植物属的组成统计

型属仅为 27 个，占总属数的 4.3%，所包含的种数为 214，占药用植物总数的 18.2%，与科比较属的构成更加分散，属包含的种类数量更少。

1.3　药用植物种类的丰富性

药用植物资源的丰富度主要受人为活动和自然环境两个方面因素的影响。月亮山保护区于 20 世纪 90 年代成立，至今 20 多年，虽然保护区成立的初期相当多的地带人为活动频繁，但经过近 20 多年有效的保护和保护区管理单位广泛宣传教育，保护区周边各级政府和广大群众生态环境保护意识大为提高，社区广大群众积极地参与，特别是退耕还林、天保工程的实施，保护区周边的森林植被及森林环境得到有效恢复和保护，各类药用植物种类表现得十分丰富（表 5.4.2），是贵州目前已知药用资源植物种类最为丰富的地区，占全省已知药用植物 4419 种类的 26.6%。

其中真菌类药用植物 12 科 15 属 23 种，占全省已知药用真菌 146 种的 15.8%；苔藓类植物有 14 科 17 属 18 种，占全省已知苔藓药用植物 35 种的 51.4%；蕨类植物 24 科 71 属 137 种，占全省已知药用蕨类植物 433 种的 31.6%；裸子植物 7 科 8 属 11 种，占贵州 46 种裸子药用植物的 24%；双子叶植物 121 科 412 属 797 种，占贵州已知双子叶药用植物 3189 种的 25%；单子叶植物 19 科 101 属 189 种，占贵州 680 种单子叶药用植物的 27.8%。月亮山地区除药用植物种类丰富外，值得一提的是许多珍贵的药用植物种类还表现出种群数量大的特点，如竹节人参、雪里见、蛇莲、八角莲、白芨等在林中随处可见。

表 5.4.2　月亮山保护区药用资源植物种类与其他区域药用植物丰富性比较

保护区名称	真菌植物			苔藓植物			蕨类植物			裸子植物			被子植物		
	科	属	种	科	属	种	科	属	种	科	属	种	科	属	种
月亮山保护区	12	15	23	14	17	17	24	71	137	7	8	11	141	513	986
麻阳河保护区	9	13	19	8	8	9	27	46	91	7	11	13	116	433	947
八大山保护区	11	18	24	8	10	13	29	51	91	7	13	16	130	561	1084
纳雍保护区	9	11	17				29		73	6		11	120		724
望谟保护区							26		74	8	10	15	153		955
习水保护区	6		19	5		5	38		120	5		9	126		530
宽阔水保护区				12	16	21	9	12	20	5	6	7	95	361	535
梵净山保护区	42	78	172	15	18	22	41	95	251	8	16	24	149	698	1624
贵州全省	32		144	18		35	47		359	10		46	170		3819

1.4　珍稀濒危、特有药用植物资源

月亮山保护区药用资源植物中属国家 I 级保护的珍稀濒危植物有：南方红豆杉 *Taxus chinensis* var. *mairei*、红豆杉 *T. chinensis*、银杏 *Ginkgo biloba*、钟萼木 *Bretschneidera sinensis* 等 4 种，国家 II 级保护的珍稀濒危植物有：金毛狗 *Cibotium barometz*、厚朴 *Magnolis officinalis*、凹叶厚朴、毛红椿 *Toona ciliata* var. *pubescens*、篦子三尖杉 *Cephalotaxus oliueri*、闽楠 *Phoebe bourner*、桢楠 *P. zhennan*、十齿花 *Dipentodon sinicus*、喜树 *Camptotheca acuminate*、香果树 *Emmenopterys henryi*、花榈木 *Ormosia henryi*、鹅掌楸 *Liriodendron chinense*、紫茎 *Stewartia sinensis*、黄连 *Coptis chinensis* 等 14 种。属于国家二级重点保护野生药材物种的有：厚朴 *Magnolia officinalis*、凹叶厚朴、黄连 *Coptis chinensis* 等 3 种，国家三级重点保护野生药材物种的有：天门冬 *Asparagus cochinchinensis*、华中五味子 *Schisandra sphenanthera*、卵叶远志 *Polygala sibirica*、美花石斛 *Dendrobium loddigesii*、流苏石斛 *D. fimbriatum* 等 5 种。

有中国种子药用植物资源特有属 13 个：银杏属、青钱柳属、血水草属、钟萼木属、枳属、喜树属、匙叶草属、大血藤属、香果树属、通脱木属、双盾木属、八角连属、半蒴苣苔属，占中国种子植物特有属已知药用植物 67 属的 19.4%，分别隶属于 13 个科，其中银杏科 Ginkgoaceae、珙桐科 Davidiaceae、伯乐树科 Bretschneideraceae 三个为中国特有科。

2 结论与讨论

2.1 保护与开发利用

月亮山保护区初步调查统计有药用植物种类 1174 种（含变种），约占全省已知药用植物种数的四分之一，隶属于 197 科 621 属，其中属国家珍稀植物 18 种，国家重点保护野生药材物种 8 种，中国特有属 13 个，是贵州省乃至我国药用植物种类十分丰富的地区之一。

月亮山保护区药用植物中有相当多的是我国历史悠久的传统著名的中药材种类，如灵芝、银杏、白芨 *Bletilla striata*、忍冬 *Lonicera japonica*、海金沙 *Lygodium japonicum*、天南星 *Arisaema erubescens*、鱼腥草 *Houttuynia cordata*、黄精 *Polygonatum cyrtonema*、何首乌 *Polygonum multiflorum*、川续断 *Dipsacus asperoides*、菟丝子等，以及贵州著名的地道药材，如石斛 *Dendrobium nobile*、吴茱萸 *Evodia rutaecarpa*、半夏 *Pinellia ternate*、毛慈姑 *Pleione bulbocodioides*、黄檗 *Phellodendron chinense*、淫羊藿 *Epimedium brevicornu* 等和南方红豆杉 *Taxus chinensis* var. *mairei*、穗花杉 *Amentotaxus argotaenia*、篦子三尖杉 *Cephalotaxus oliueri*、闽楠 *Phoebe bourner*、桢楠 *P. zhennan*、香果树 *Emmenopterys henryi*、黄连 *Coptis chinensis* 等国家珍稀植物资源，有的种类已经被人们充分地认识和应用，如喜树树皮所含生物碱的抗癌作用，银杏叶中黄酮类化合物抗心血管病，南方红豆杉树皮提取紫杉醇抗癌，青钱柳的叶中的主要成分三萜苷具有降压、降血脂、降血糖的作用等等，但是众多的还是民间草药资源，开发利用的空间大，当地各级政府要吸取以往掠夺式采挖导致资源被破坏和某些药材品种濒于灭绝的教训，切实做到保护资源、用抚结合、合理开发，确保月亮山保护区野生中草药资源永续利用。

2.2 建议

当地政府及保护区管理单位应在围绕如何解决好保护区与周边社区群众保护与利用资源的矛盾、如何促进周边社区社会经济的持续稳步快速发展上，结合保护区的环境优势、资源优势，开展林下中药材种植技术探索。首先针对在本地适宜、市场前景广阔的青钱柳、石斛、何首乌、金银花、白芨、七叶一枝花、川续断、淫羊藿等，在保护区的科学试验区考虑开展中药材规范化基地建设，同时积极传授现代中药材种植技术，引导当地群众开展中药材的种植，逐步形成当地农民的增收支柱产业和传统优势产业，从而减少社区群众对野生资源的依赖，促进农民的增收，实现资源的有效保护。同时，开展珍稀濒危中草药野生抚育研究。野生抚育是在生物的原生环境中，实行围栏保护封育和采收控制，以增加生物个体数量和生长量为目标，促进中草药的自然更新或人工辅助更新。是保护、扩大、再生利用中草药植物资源的最直接、有效的手段，野生抚育尤其适合于目前对其生长发育特性和生态条件认识尚不深入、生长条件比较苛刻、种植成本相对比较高或者种植药材与野生类型质量差别较大的中药材，具有较少投入、药材质量较少改变、病虫害较少等优点。通过深入研究，繁育良种，规范的种植、采收与加工，可以达到质量稳定可控的目的，因而是值得提倡的实现资源可持续利用的中草药生产措施。可首先在实验区选择青钱柳、竹节人参、七叶一枝花、石斛、白芨、淫羊藿等中草药开展野生抚育研究方面的试探，从而推进保护区管理单位在寻求解决资源利用与保护矛盾上的途径，进一步展现保护区的科学管理。

（杨传东）

第五节　野生观赏种子植物资源

1　主要观赏种子植物资源

月亮山保护区主要观赏种子植物有 122 科 304 属 495 种，其中木本观赏植物共计 83 科 189 属 331 种，草本观赏植物共计 53 科 115 属 164 种（表 5.5.1）。

表 5.5.1　月亮山自然保护区主要观赏种子植物统计表

序号	科名	属数	种数	序号	科名	属数	种数
1	松科 Pinaceae	2	3	63	蓝果树科 Nyssaceae	2	2
2	杉科 Taxodiaceae	1	1	64	山茱萸科 Cornaceae	4	6
3	柏科 Cupressaceae	2	2	65	十齿花科 Dipentodontaceae	1	1
4	三尖杉科 Cephalotaxaceae	1	2	66	桃叶珊瑚科 Aucubaceae	1	1
5	红豆杉科 Taxaceae	2	3	67	檀香科 Santalaceae	1	1
6	买麻藤科 Gnetaceae	1	2	68	桑寄生科 Loranthaceae	2	2
7	木兰科 Magnoliaceae	7	20	69	卫矛科 Celastraceae	2	5
8	番荔枝科 Annonaceae	1	1	70	冬青科 Aquifoliaceae	1	7
9	樟科 Lauraceae	8	21	71	茶茱萸科 Icacinaceae	1	1
10	金粟兰科 Chloranthaceae	2	2	72	大戟科 Euphorbiaceae	5	6
11	三白草科 Saururaceae	2	2	73	鼠李科 Rhamnaceae	1	1
12	马兜铃科 Aristolochiaceae	1	2	74	葡萄科 Vitaceae	2	5
13	八角科 Illiciaceae	1	1	75	古柯科 Erythroxylaceae	1	1
14	五味子科 Schisandraceae	2	2	76	省沽油科 Staphyleaceae	2	2
15	金鱼藻科 Ceratophyllaceae	1	1	77	伯乐树科 Bretschneideraceae	1	1
16	毛茛科 Ranunculaceae	3	3	78	无患子科 Sapindaceae	1	2
17	小檗科 Berberidaceae	4	7	79	槭树科 Aceraceae	1	10
18	大血藤科 Sargentodoxaceae	1	1	80	漆树科 Anacardiaceae	3	4
19	木通科 Lardizabalaceae	2	2	81	苦木科 Simaroubaceae	1	1
20	防己科 Menispermaceae	2	2	82	楝科 Meliaceae	2	2
21	清风藤科 Sabiaceae	1	1	83	芸香科 Rutaceae	5	6
22	罂粟科 Papaveraceae	1	1	84	酢浆草科 Oxalidaceae	1	2
23	金缕梅科 Hamamelidaceae	6	6	85	牻牛儿苗科 Geraniaceae	1	1
24	交让木科 Daphniphyllaceae	1	1	86	凤仙花科 Balsaminaceae	1	1
25	榆科 Ulmaceae	4	5	87	五加科 Araliaceae	6	6
26	桑科 Moraceae	3	5	88	伞形科 Umbelliferae	2	2
27	荨麻科 Urticaceae	4	7	89	马钱科 Loganiaceae	2	2
28	胡桃科 Juglandaceae	2	2	90	龙胆科 Gentianaceae	2	2
29	杨梅科 Myricaceae	1	1	91	夹竹桃科 Apocynaceae	1	1
30	壳斗科 Fagaceae	4	4	92	茄科 Solanaceae	2	2
31	苋科 Amaranthaceae	1	1	93	旋花科 Convolvulaceae	2	2
32	蓼科 Polygonaceae	1	4	94	紫草科 Boraginaceae	1	1
33	山茶科 Theaceae	7	11	95	马鞭草科 Verbenaceae	3	3
34	猕猴桃科 Actinidiaceae	1	4	96	唇形科 Lamiaceae（Labiatae）	7	7
35	藤黄科 Guttiferae	2	2	97	木犀科 Oleaceae	4	7

（续）

序号	科名	属数	种数	序号	科名	属数	种数
36	杜英科 Elaeocarpaceae	2	3	98	玄参科 Scrophulariaceae	4	5
37	梧桐科 Sterculiaceae	1	2	99	苦苣苔科 Gesneriaceae	1	2
38	锦葵科 Malvaceae	1	2	100	爵床科 Acanthaceae	2	2
39	大风子科 Flacourtiaceae	1	1	101	狸藻科 Lentibulariaceae	1	2
40	旌节花科 Stachyuraceae	1	4	102	桔梗科 Campanulaceae	3	3
41	堇菜科 Violaceae	1	3	103	茜草科 Rubiaceae	8	10
42	葫芦科 Cucurbitaceae	2	4	104	忍冬科 Caprifoliaceae	2	14
43	秋海棠科 Begoniaceae	1	4	105	败酱草科 Valerianaceae	1	1
44	杨柳科 Salicaceae	1	2	106	川续断科 Dipsacaceae	1	1
45	桤叶树科 Clethraceae	1	1	107	菊科 Compositae	8	8
46	杜鹃花科 Ericaceae	4	18	108	泽泻科 Alismataceae	1	1
47	柿树科 Ebenaceae	1	2	109	棕榈科 Palmae	1	1
48	安息香科 Styracaceae	4	5	110	天南星科 Araceae	6	9
49	山矾科 Symplocaceae	1	5	111	鸭趾草科 Commelinaceae	3	4
50	紫金牛科 Myrsinaceae	2	8	112	灯心草科 Juncaceae	1	1
51	报春花科 Primulaceae	2	3	113	莎草科 Cyperaceae	1	1
52	海桐花科 Pittosporaceae	1	3	114	禾本科 Gramineae	9	12
53	景天科 Crassulaceae	1	1	115	姜科 Zingiberaceae	1	3
54	虎耳草科 Saxifragaceae	4	7	116	菝葜科 Smilacaceae	1	1
55	蔷薇科 Rosaceae	14	27	117	百合科 Liliaceae	10	12
56	豆科 Leguminosae	9	11	118	石蒜科 Amaryllidaceae	1	1
57	胡颓子科 Elaeagnaceae	1	2	119	鸢尾科 Iridaceae	1	1
58	山龙眼科 Proteaceae	1	1	120	薯蓣科 Dioscoreaceae	1	4
59	千屈菜科 Lythraceae	2	2	121	水玉簪科 Burmanniaceae	1	1
60	瑞香科 Thymelaeaceae	1	2	122	兰科 Orchidaceae	12	25
61	桃金娘科 Myrtaceae	1	1				
62	野牡丹科 Melastomataceae	3	5	合计		304	495

2 木本观赏植物资源

2.1 观赏特性分类

月亮山保护区的木本观赏植物共计331种，其中常绿种类有193种、落叶种类有138种，分别占该区木本观赏植物种类的58.3%、41.7%；乔木种类有141种、灌木种类有190种，分别占该区木本观赏植物种类的42.6%、57.4%；从观赏类型分析，林木类55种、花木类63种、叶木类42种、果木类57种、荫木类62种、蔓木类52种，分别占该区木本观赏植物种类的16.6%、19.0%、12.7%、17.2%、18.7%、15.7%（表5.5.2）。

表 5.5.2　月亮山保护区主要木本观赏植物观赏类型及性状特征统计表

观赏类型	科数	属数	种数	常绿种类（种）		落叶种类（种）	
				乔木类	灌木类	乔木类	灌木类
林木类	25	41	55	16	18	16	5
花木类	20	31	63	8	22	4	29
叶木类	25	33	42	6	15	13	8
果木类	22	30	57	12	27	4	14
荫木类	23	38	62	42		20	
蔓木类	26	34	52		27		25

2.2 观赏类型分类

2.2.1 林木类

为树形姿态具有风姿野趣、种植后构成观赏林相的种类。林木类树种 55 种，占木本观赏植物种类的 16.6%，隶属于 41 属 55 种，其中常绿乔木树种 16 种，落叶乔木树种 16 种，常绿灌木树种 18 种，落叶灌木树种 5 种；乔木与灌木树种分别占林木类种类的 58.2%、41.8%，常绿与落叶树种分别占林木类种类的 61.8%、38.2%，总体表现为常绿的种类占优势，乔木树种较多。

常绿乔木优势科依次为：松科(2 属 3 种)、禾本科(2 属 3 种)、樟科(1 属 1 种)、柏科(1 属 1 种)、杉科(1 属 1 种)、金缕梅科(1 属 1 种)、壳斗科(1 属 1 种)、山矾科(1 属 1 种)、山茱萸科(1 属 1 种)，主要种类有：马尾松 *Pinus massoniana*、海南五针松 *P. fenzeliana*、柔毛油杉 *Keteleeria pubescens*、慈竹 *Neosinocalamus affinis*、毛金竹 *Phyllostachys nigra* var. *henonis*、毛竹(楠竹) *Ph. Heterocycla* cv. *Pubescens*、黄丹木姜子 *Litsea elongata*、基脉润楠 *Machilus decursinervis*、柏木 *Cupressus funebris*、翠柏 *Calocedrus macrolepis*、杉木 *Cunninghamia lanceolata*、薹树 *Altingia chinensis*、包果柯 *Lithocarpus cleistocarpus*、山矾 *Symplocos sumuntia*、大型四照花 *Dendrobenthamia gigantea* 等。

常绿灌木优势科依次为：山茶科(2 属 3 种)、禾本科(2 属 3 种)、山矾科(1 属 4 种)、三尖杉科(1 属 2 种)、红豆杉科(1 属 1 种)、樟科(1 属 1 种)、防己科(1 属 1 种)、大戟科(1 属 1 种)、五加科(1 属 1 种)、木犀科(1 属 1 种)，主要种类有：贵州毛枸 *Eurya kueichowensis*、细齿叶枸 *E. nitida*、粗毛石笔木 *Tutcheria hirta*、方竹 *Chimonobambusa quadrangularis*、狭叶方竹 *C. angustifolia*、阔叶箬竹 *Indocalamus latifolius*、薄叶山矾 *Symplocos anomala*、黄牛奶树 *S. laurina*、老鼠矢 *S. stellaris*、腺柄山矾 *S. adenopus*、篦子三尖杉 *Cephalotaxus oliveri*、三尖杉 *C. fortunei*、穗花杉 *Amentotaxus argotaenia*、香叶树 *Lindera communis*、樟叶木防己 *Cocculus laurifolius*、山地五月茶 *Antidesma montanum*、树参 *Dendropanax dentiger*、小叶女贞 *Ligustrum quihoui* 等。

落叶乔木优势科依次为：胡桃科(2 属 2 种)、壳斗科(2 属 2 种)、安息香科(2 属 2 种)、大戟科(2 属 2 种)、樟科(1 属 1 种)、金缕梅科(1 属 1 种)、桑科(1 属 1 种)、杨柳科(1 属 1 种)、豆科(1 属 1 种)、蓝果树科(1 属 1 种)、冬青科(1 属 1 种)、伯乐树科(1 属 1 种)，主要种类有：枫杨 *Pterocarya stenoptera*、青钱柳 *Cyclocarya paliurus*、白栎 *Quercus fabri*、栗 *Castanea mollissima*、白辛树 *Pterostyrax psilophyllus*、木瓜红 *Rehderodendron macrocarpum*、粗糠柴 *Mallotus philippinensis*、油桐 *Vernicia fordii*、红叶木姜子 *Litsea rubescens*、枫香树 *Liquidambar formosana*、构树 *Broussonetia papyrifera*、紫柳 *Salix wilsonii*、小叶红豆 *Ormosia microphylla*、喜树 *Camptotheca acuminata*、小果冬青 *Ilex micrococca*、伯乐树 *Bretschneidera sinensis* 等。

落叶灌木优势科依次为：樟科(1 属 1 种)、杨柳科(1 属 1 种)、杜鹃花科(1 属 1 种)、大戟科(1 属 1 种)、五加科(1 属 1 种)，主要种类有：山胡椒 *Lindera glauca*、皂柳 *Salix wallichiana*、珍珠花 *Lyonia ovalifolia*、毛桐 *Mallotus barbatus*、楤木 *Aralia elata* 等。

2.2.2 花木类

为花的各部分具有鲜艳夺目的色彩或赏心悦目的形态的种类。花木类树种 63 种，占木本观赏植物种类的 19.0%，隶属于 20 科 31 属，其中常绿乔木树种 8 种，落叶乔木树种 4 种，常绿灌木树种 22 种，落叶灌木树种 29 种；乔木与灌木树种分别占花木类种类的 19.0%、81.0%，常绿与落叶树种分别占花木类种类的 47.6%、52.4%，总体表现为落叶的种类占优势，以灌木树种较多。

常绿乔木优势科依次为：木兰科(1 属 2 种)、山茱萸科(1 属 2 种)、木犀科(1 属 2 种)、藤黄科(1 属 1 种)、芸香科(1 属 1 种)，主要种类有：阔瓣含笑 *Michelia platypetala*、平伐含笑 *M. cavaleriei*、尖叶四照花 *Cornus elliptica*、香港四照花 *C. hongkongensis*、蒙自桂花 *Osmanthus henryi*、木犀 *O. fragrans*、木竹子 *Garcinia multiflora*、千里香 *Murraya paniculata* 等。

落叶乔木优势科依次为：安息香科(2 属 2 种)、山茱萸科(1 属 1 种)、茜草科(1 属 1 种)，主要树种有：银钟花 *Halesia macgregorii*、野茉莉 *Styrax japonicus*、四照花 *Cornus kousa* subsp. *chinensis*、香果树 *Emmenopterys henryi* 等。

　　常绿灌木优势科依次为：杜鹃花科(1属13种)、山茶科(1属2种)、旌节花科(1属2种)、木兰科(1属1种)、蔷薇科(1属1种)、瑞香科(1属1种)、茜草科(1属1种)、桑寄生科(1属1种)，主要种类有：百合花杜鹃 *Rhododendron liliiflorum*、倒矛杜鹃 *Rh. oblancifolium*、杜鹃 *Rh. simsii*、多花杜鹃 *Rh. cavaleriei*、广西杜鹃 *Rh. kwangsiens*、猴头杜鹃 *Rh. simiarum*、亮毛杜鹃 *Rh. microphyton*、鹿角杜鹃 *Rh. latoucheae*、毛棉杜鹃 *Rh. moulmainense*、美被杜鹃 *Rh. calostrotum*、迷人杜鹃 *Rh. agastum*、腺萼马银花 *Rh. bachii*、长蕊杜鹃 *Rh. stamineum*、川鄂连蕊茶 *Camellia rosthorniana*、贵州连蕊茶 *C. costei*、倒卵叶旌节花 *Stachyurus obovatus*、云南旌节花 *S. yunnanensis*、紫花含笑 *Michelia crassipes*、尖叶桂樱 *Laurocerasus undulata*、瑞香 *Daphne odora*、大苞寄生 *Tolypanthus maclurei*、栀子 *Gardenia jasminoides* 等。

　　落叶灌木优势科依次为：蔷薇科(6属9种)、虎耳草科(2属4种)、野牡丹科(2属3种)、金缕梅科(2属2种)、锦葵科(1属2种)、旌节花科(1属2种)、杜鹃花科(1属2种)、安息香科(1属1种)、豆科(1属1种)、桑寄生科(1属1种)、马钱科(1属1种)、马鞭草科(1属1种)，主要种类有：腺叶桂樱 *Laurocerasus phaeosticta*、李 *Prunus salicina*、软条七蔷薇 *Rosa henryi*、梅 *Armeniaca mume*、中华绣线菊 *Spiraea chinensis*、多毛樱桃 *Cerasus polytricha*、华中樱 *C. conradinae*、微毛樱桃 *C. clarofolia*、尾叶樱桃 *C. dielsiana*、常山 *Dichroa febrifuga*、蜡莲绣球 *Hydrangea strigosa*、西南绣球 *H. davidii*、圆锥绣球 *H. paniculata*、尖子木 *Oxyspora paniculata*、展毛野牡丹 *Melastoma normale*、地菍 *M. dodecandrum*、檵木 *Loropetalum chinense*、蜡瓣花 *Corylopsis sinensis*、贵州芙蓉 *Hibiscus labordei*、木槿 *H. syriacus*、西域旌节花 *Stachyurus himalaicus*、中国旌节花 *S. chinensis*、金萼杜鹃 *Rhododendron chrysocalyx*、满山红 *Rh. mariesii*、垂珠花 *Styrax dasyanthus*、大叶胡枝子 *Lespedeza davidii*、红花寄生 *Scurrula parasitica*、大叶醉鱼草 *Buddleja davidii*、牡荆 *Vitex negundo* var. *cannabifolia* 等。

2.2.3　叶木类

　　为叶的色泽鲜艳或形态秀美的种类。叶木类树种42种，占木本观赏植物种类的12.7%，隶属于25科33属，其中常绿乔木树种6种，落叶乔木树种13种，常绿灌木树种15种，落叶灌木树种8种；乔木与灌木树种分别占叶木类种类的45.2%、54.8%，常绿与落叶树种各占花木类种类的50.0%。

　　常绿乔木优势科依次为：木兰科(1属1种)、樟科(2属2种)、山茶科(1属1种)、蔷薇科(1属1种)、冬青科(1属1种)，主要种类有：亮叶含笑 *Michelia fulgens*、粉叶新木姜子 *Neolitsea aurata* var. glauca、黔桂黄肉楠 *Actinodaphne kweichowensi*、厚皮香 *Ternstroemia gymnanthera*、大花枇杷 *Eriobotrya cavaleriei*、大叶冬青 *Ilex latifolia* 等。

　　落叶乔木优势科依次为：槭树科(1属5种)、木兰科(2属2种)、蔷薇科(1属2种)、蓝果树科(1属1种)、大戟科(1属1种)、漆树科(1属1种)、五加科(1属1种)，主要种类有：阔叶槭 *Acer amplum*、粗柄槭 *A. tonkinense*、毛花槭 *A. erianthum*、青榨槭 *A. davidii*、五裂槭 *A. oliverianum*、厚朴 *Magnolia officinalis*、凹叶厚朴 *M. officinalis* subsp. biloba、美脉花楸 *Sorbus caloneura*、石灰花楸 *S. folgneri*、蓝果树 *Nyssa sinensis*、山乌桕 *Sapium discolor*、野漆 *Toxicodendron succedaneum*、刺楸 *Kalopanax septemlobus* 等。

　　常绿灌木优势科依次为：海桐花科(1属3种)、小檗科(1属2种)、金粟兰科(1属1种)、八角科(1属1种)、山茶科(1属1种)、杜鹃花科(1属1种)、紫金牛科(1属1种)、瑞香科(1属1种)、桃金娘科(1属1种)、桃叶珊瑚科(1属1种)、五加科(1属1种)、茜草科(1属1种)，主要种类有：光叶海桐 *Pittosporum glabratum*、狭叶海桐 *P. glabratum* var. *neriifolium*、海金子 *P. illicioides*、阔叶十大功劳 *Mahonia bealei*、小果十大功劳 *M. bodinieri*、草珊瑚 *Sarcandra glabra*、红茴香 *Illicium henryi*、红淡比 *Cleyera japonica*、南烛 *Vaccinium bracteatum*、虎舌红 *Ardisia mamillerata*、白瑞香 *Daphne papyracea*、赤楠 *Syzygium buxifoliu*、桃叶珊瑚 *Aucuba chinensis*、穗序鹅掌柴 *Schefflera delavayi*、六月雪 *Serissa japonica* 等。

　　落叶灌木优势科依次为：荨麻科(1属2种)、十萼花科(1属1种)、卫矛科(1属1种)、大戟科

(1属1种)、鼠李科(1属1种)、古柯科(1属1种)、漆树科(1属1种)，主要种类有：水麻 *Debregea-sia orientalis*、长叶水麻 *D. longifolia*、十齿花 *Dipentodon sinicus*、卫矛 *Euonymus alatus*、湖北算盘子 *Glochidion wilsonii*、长叶冻绿 *Rhamnus crenata*、东方古柯 *Erythroxylum sinense*、盐肤木 *Rhus chinensis* 等。

2.2.4 果木类

为果(含附属物)的色泽美丽或形态奇特的种类。果木类树种 57 种，占木本观赏植物种类的 17.2%，隶属于 22 科 30 属，其中常绿乔木树种 12 种，落叶乔木树种 4 种，常绿灌木树种 27 种，落叶灌木树种 14 种；乔木与灌木树种分别占果木类种类的 28.1%、71.9%，常绿与落叶树种分别占花木类种类的 68.4%、31.6%，总体表现为常绿的种类占优势，以灌木树种较多。

常绿乔木优势科依次为：冬青科(1属4种)、槭树科(1属3种)、梧桐科(1属2种)、金缕梅科(1属1种)、芸香科(1属1种)，主要种类有：香冬青 *Ilex suaveolens*、海南冬青 *I. hainanensis*、四川冬青 *I. szechwanensis*、铁冬青 *I. rotunda*、罗浮槭 *Acer fabri*、红果罗浮槭 *A. fabri* var. *rubrocarpum*、光叶槭 *A. laevigatum*、苹婆 *Sterculia monosperma*、假苹婆 *S. lanceolata*、水丝梨 *Sycopsis sinensis*、乔木茵芋 *Skimmia arborescens* 等。

常绿灌木优势科依次为：忍冬科(1属7种)、紫金牛科(1属5种)、芸香科(3属3种)、茜草科(2属1种)、胡颓子科(1属2种)、小檗科(1属1种)、榆科(1属1种)、杜鹃花科(1属1种)、蔷薇科(1属1种)、冬青科(1属1种)、茶茱萸科(1属1种)、省姑油科(1属1种)，主要种类有：蕊帽忍冬 *Lonicera pileata*、巴东荚蒾 *Viburnum henryi* Hemsl、短序荚蒾 *V. brachybotryum*、金佛山荚蒾 *V. chinshanense*、南方荚蒾 *V. fordiae*、珊瑚树 *V. odoratissimum*、水红木 *V. cylindricum*、朱砂根 *Ardisia crenata*、百两金 *A. crispa*、九管血 *A. brevicaulis*、纽子果 *A. virens*、少年红 *A. alyxiaefolia*、齿叶黄皮 *Clausena dunniana*、茵芋 *Skimmia reevesiana*、宜昌橙 *Citrus ichangensis*、粗叶木 *Lasianthus chinensis*、云广粗叶木 *Lasianthus japonicus* subsp. *longicaudus*、柳叶虎刺 *Damnacanthus labordei*、胡颓子 *Elaeagnus pungens*、长叶胡颓子 *E. bockii*、南天竹 *Nandina domestica*、光叶山黄麻 *Trema cannabina*、滇白珠 *Gaultheria leucocarpa* var. *yunnanensis*、火棘 *Pyracantha fortuneana*、河滩冬青 *Ilex metabaptista*、马比木 *Nothapodytes pittosporoides*、锐尖山香圆 *Turpinia arguta* 等。

落叶乔木优势科依次为：柿树科(1属2种)、大风子科(1属1种)、省沽油科(1属1种)、槭树科(1属1种)，主要种类有：君迁子 *Diospyros lotus*、柿 *D. kaki*、山桐子 *Idesia polycarpa*、野鸦椿 *Euscaphis japonica*、中华槭 *Acer sinense* 等。

落叶灌木优势科依次为：忍冬科(1属5种)、蔷薇科(2属3种)、马鞭草科(2属2种)、木通科(1属1种)、豆科(1属1种)、山茱萸科(1属1种)、檀香科(1属1种)，主要种类有：蝶花荚蒾 *Viburnum hanceanum*、合轴荚蒾 *V. sympodiale*、桦叶荚蒾 *V. betulifolium*、荚蒾 *V. dilatatum*、宜昌荚蒾 *V. erosum*、三叶海棠 *Malus sieboldii*、白叶莓 *Rubus innominatus*、长序莓 *R. chiliadenus*、灰毛大青 *Clerodendrum canescens*、红紫珠 *Callicarpa rubella*、猫儿屎 *Decaisnea insigni*、老虎刺 *Pterolobium punctatum*、中华青荚叶 *Helwingia chinensis*、檀梨 *Pyrularia edulis* 等。

2.2.5 荫木类

为冠幅强大、枝叶浓密、树干整洁美观的树木，适于遮阴使用的种类。荫木类树种 62 种，占木本观赏植物种类的 18.7%，隶属于 23 科 38 属，其中常绿乔木树种 42 种，落叶乔木树种 20 种，常绿与落叶树种分别占荫木类种类的 67.7%、32.3%，总体表现为常绿的种类占优势，全部为乔木树种。

常绿乔木优势科依次为：木兰科(4属13种)、樟科(4属12种)、山茶科(2属3种)、杜英科(2属3种)、蔷薇科(2属2种)、红豆杉科(1属2种)、金缕梅科(1属1种)、交让木科(1属1种)、杨梅科(1属1种)、壳斗科(1属1种)、豆科(1属1种)、山龙眼科(1属1种)、棕榈科(1属1种)，主要种类有：从江含笑 *Michelia chongjiangensis*、黄心夜合 *M. martini*、乐昌含笑 *M. chapensis*、深山含笑 *M. maudiae*、桂南木莲 *Manglietia conifera*、红花木莲 *M. insignis*、木莲 *M. fordiana*、滇桂木莲 *M. forrestii*、倒卵叶木莲 *M. obovalifolia*、峨眉拟单性木兰 *Parakmeria omeiensis*、乐东拟单性木兰 *P. lotungen-*

sis、观光木 *Michelia odora*、樟 *Cinnamomum camphora*、猴樟 *C. bodinieri*、黄樟 *C. porrectum*、少花桂 *C. pauciflorum*、尾叶樟 *C. caudiferum*、云南樟 *C. glanduliferum*、闽楠 *Phoebe bournei*、楠木 *Ph. Zhennan*、紫楠 *Ph. Sheareri*、黑壳楠 *Lindera megaphylla*、川钓樟 *L. pulcherima* var. *hemsleyana*、大叶新木姜子 *Neolitsea levinei*、四川大头茶 *Polyspora speciosa*、木荷 *Schima superba*、中华木荷 *S. sinensis*、山杜英 *Elaeocarpus sylvestris*、秃瓣杜英 *E. glabripetalus*、猴欢喜 *Sloanea sinensis*、大叶桂樱 *Laurocerasus zippeliana*、石楠 *Photinia serratifolia*、红豆杉 *Taxus wallichiana* var. *chinensis*、南方红豆杉 *Taxus wallichiana* var. *mairei*、长瓣马蹄荷 *Exbucklandia longipetala*、交让木 *Daphniphyllum macropodum*、杨梅 *Myrica rubra*、钩锥 *Castanopsis tibetana*、花榈木 *Ormosia henryi*、网脉山龙眼 *Helicia reticulata*、棕榈 *Trachycarpus fortunei* 等。

落叶乔木优势科依次为：榆科(3 属 4 种)、楝科(2 属 2 种)、无患子科(1 属 2 种)、漆树科(1 属 2 种)、木犀科(1 属 2 种)、木兰科(1 属 1 种)、樟科(1 属 1 种)、桤叶树科(1 属 1 种)、豆科(1 属 1 种)、千屈菜科(1 属 1 种)、山茱萸科(1 属 1 种)、槭树科(1 属 1 种)、苦木科(1 属 1 种)，主要种类有：朴树 *Celtis sinensis*、珊瑚朴 *C. julianae*、多脉榆 *Ulmus castaneifolia*、糙叶树 *Aphananthe aspera*、贵州桤叶树 *Clethra kaipoensis*、香椿 *Toona sinensis*、楝 *Melia azedarach*、栾树 *Koelreuteria paniculata*、复羽叶栾树 *K. bipinnata*、南酸枣 *Choerospondias axillaris*、毛脉南酸枣 *C. axillaris* var. *pubinervis*、白蜡树 *Fraxinus chinensis*、苦枥木 *F. insularis*、鹅掌楸 *Liriodendron chinense*、檫木 *Sassafras tzumu*、翅荚木 *Zenia insignis*、川黔紫薇 *Lagerstroemia excelsa*、灯台树 *Cornus controversa*、纳雍槭 *Acer nayongense*、臭椿 *Ailanthus altissima* 等。

2.2.6　蔓木类

为干部不能直立生长的种类。林木类树种 52 种，占木本观赏植物种类的 15.7%，隶属于 26 科 34 属，其中常绿蔓木类植物 27 种、落叶蔓木植物 25 种，分别占蔓木类种类的 51.9%、48.1%。

常绿蔓木类优势科依次为：卫矛科(1 属 3 种)、蔷薇科(2 属 2 种)、买麻藤科(1 属 2 种)、桑科(1 属 2 种)、紫金牛科(1 属 2 种)、木犀科(1 属 2 种)、忍冬科(1 属 2 种)、毛茛科(1 属 1 种)、清风藤科(1 属 1 种)、豆科(1 属 1 种)、芸香科(1 属 1 种)、五加科(1 属 1 种)、马钱科(1 属 1 种)、夹竹桃科(1 属 1 种)、天南星科(1 属 1 种)、菝葜科(1 属 1 种)，主要种类有：刺果卫矛 *Euonymus acanthocarpus*、扶芳藤 *E. fortunei*、游藤卫矛 *E. vagans*、金樱子 *Rosa laevigata*、大叶鸡爪茶 *Rubus henryi* var. *sozostylus*、短柄垂子买麻藤 *Gnetum pendulum*、小叶买麻藤 *G. parvifolium*、地果 *Ficus tikoua*、爬藤榕 *F. sarmentosa* var. *impressa*、当归藤 *Embelia parviflora*、网脉酸藤子 *E. rudis*、亮叶素馨 *Jasminum seguinii*、清香藤 *J. lanceolarium*、黄褐毛忍冬 *Lonicera fulvotomentosa*、细毡毛忍冬 *L. similis*、小木通 *Clematis armandii*、小花清风藤 *Sabia parviflora*、厚果崖豆藤 *Millerettia pachycarpa*、飞龙掌血 *Toddalia asiatica*、常春藤 *Hedera sinensis*、钩吻 *Gelsemium elegans*、络石 *Trachelospermum jasminoides*、石柑子 *Pothos chinensis*、菝葜 *Smilax china* 等。

常绿蔓木类优势科依次为：葡萄科(2 属 5 种)、豆科(3 属 4 种)、猕猴桃科(1 属 4 种)、蔷薇科(2 属 3 种)、五味子科(1 属 1 种)、大血藤科(1 属 1 种)、木通科(1 属 1 种)、防己科(1 属 1 种)、桑科(1 属 1 种)、山茶科(1 属 1 种)、虎耳草科(1 属 1 种)、卫矛科(1 属 1 种)、茜草科(1 属 1 种)，主要种类有：地锦 *Parthenocissus tricuspidata*、花叶地锦 *P. henryana*、异叶地锦 *P. dalzielii*、蓝果蛇葡萄 *Ampelopsis bodinieri*、羽叶蛇葡萄 *A. chaffanjoni*、藤黄檀 *Dalbergia hancei*、鞍叶羊蹄甲 *Bauhinia brachycarpa*、粉背羊蹄甲 *B. glauca*、云实 *Caesalpinia decapetala*、悬钩子蔷薇 *Rosa rubus*、盾叶莓 *Rubus peltatus*、灰白毛莓 *R. tephrodes*、华中五味子 *Schisandra sphenanthera*、大血藤 *Sargentodoxa cuneata*、三叶木通 *Akebia trifoliata*、风龙 *Sinomenium acutum*、构棘 *Maclura cochinchinensis*、大果厚皮香 *Ternstroemia insignis*、冠盖绣球 *Hydrangea anomala*、短梗南蛇藤 *Celastrus rosthornianus*、玉叶金花 *Mussaenda pubescens* 等。

3 草本观赏植物资源

3.1 观赏特性分类

保护区的主要草本观赏种子植物共计 53 科 115 属 164 种，按照观赏特性分为观叶、观花、观果、观形、其他 5 大类，观叶植物有 33 科 56 属 81 种，观花植物有 44 科 85 属 123 科，观果植物有 13 科 19 属 28 种，观形植物有 9 科 11 属 14 种，其他类的有 7 科 10 属 16 种。从科、属、种的数量特征分析，观花类植物最多，分别占草本观赏植物总科、属、种的 83.0%、73.9%、75.0%；其次是观叶类植物，分别占草本观赏植物总科、属、种的 62.3%、48.7%、49.4%（表 5.5.3）。按照性状特征分类，一年生草本观赏植物有 12 科 14 属 16 种，二年生草本观赏植物有 2 科 2 属 2 种，三年生以上草本观赏植物有 46 科 102 属 146 种；三年生以上草本观赏植物种类最多，分别占草本观赏植物总科、属、种的 86.8%、88.7%、89.0%（表 5.5.4）。按各观赏类型的性状特征分类，三年生以上观花的草本植物最多，有 38 科 74 属 109 种，分别占草本观赏植物总科、属、种的 71.7%、64.3%、66.5%；其次是三年生以上观叶植物，有 31 科、52 属、76 种，分别占草本观赏植物总科、属、种的 58.8%、45.2%、46.3%（表 5.5.5）。

表 5.5.3 月亮山保护区主要草本观赏植物按观赏类型的分类统计表

观赏类型	科		属		种	
	科数	占总科数的比例(%)	科数	占总属数的比例(%)	科数	占总种数的比例(%)
观叶	33	62.3	56	48.7	81	49.4
观花	44	83.0	85	73.9	123	75.0
观果	13	24.5	19	16.5	28	17.1
观形	9	17.0	11	9.6	14	8.5
其他	7	13.2	10	8.7	16	9.8

表 5.5.4 月亮山保护区主要草本观赏植物按性状特征的分类统计表

性状特征	科		属		种	
	科数	占总科数的比例(%)	科数	占总属数的比例(%)	科数	占总种数的比例(%)
一年生草本	12	22.6	14	12.2	16	9.8
二年生草本	2	3.8	2	1.7	2	1.2
三年生以上草本	46	86.8	102	88.7	146	89.0

表 5.5.5 月亮山保护区主要草本观赏植物各观赏类型按性状特征的分类统计表

观赏类型	性状特征	科		属		种	
		科数	占总科数的比例(%)	科数	占总属数的比例(%)	科数	占总种数的比例(%)
观叶	一年生草本	5	9.4	5	4.3	5	3.0
	三年生以上草本	31	58.5	52	45.2	76	46.3
观花	一年生草本	9	17.0	10	8.7	12	7.3
	二年生草本	2	3.8	2	1.7	2	1.2
	三年生以上草本	38	71.7	74	64.3	109	66.5
观果	一年生草本	2	3.8	2	1.7	2	1.2
	三年生以上草本	11	20.8	17	14.8	26	15.9

（续）

观赏类型	性状特征	科		属		种	
		科数	占总科数的比例(%)	科数	占总属数的比例(%)	科数	占总种数的比例(%)
观形	一年生草本	2	3.8	2	1.7	2	1.2
	三年生以上草本	9	17.0	11	9.6	12	7.3
其他	二年生草本	1	1.9	1	0.9	1	0.6
	三年生以上草本	6	11.3	9	7.8	15	9.1

3.2 观赏类型分类

3.2.1 观叶类

保护区草本观叶植物有 33 科 56 属 81 种，其中：

一年生草本观叶植物主要有 5 科 5 属 5 种，即粗齿冷水花 Pilea sinofasiata、青葙 Celosia argentea、鸡眼草 Kummerowia striata、野生紫苏 Perilla frutescens var. purpurascens、水竹叶 Murdannia triquetra。

三年生以上草本观叶植物主要有 31 科 52 属 76 种，优势科依次为：百合科（6 属 8 种）、天南星科（5 属 8 种）、兰科（4 属 10 种）、荨麻科（3 属 4 种）、禾本科（3 属 3 种）、小檗科（2 属 3 种）、蔷薇科（2 属 3 种）、唇形科（2 属 2 种）、菊科（2 属 2 种）、虎儿草科（2 属 2 种）、秋海棠科（1 属 4 种）、姜科（1 属 3 种）；马兜铃科、蓼科、野牡丹科、茜草科、薯蓣科各 1 属 2 种；金粟兰科、三百草科、报春花科、景天科、酢浆草科、五加科、伞形科、玄参科、苦苣苔科、泽泻科、鸭趾草科、莎草科、石蒜科、鸢尾科各 1 属 1 种。

有开发前景的主要观叶种类有：宽叶金粟兰 Chloranthus henryi、冷水花 Pilea notate、秋海棠 Begonia grandis、凹叶景天 Sedum emarginatum、虎耳草 Saxifraga stolonifera、落新妇 Astilbe chinensis、三叶委陵菜 Potentilla freyniana、蛇含委陵菜 P. kleiniana、锦香草 Phyllagathis cavaleriei、半蒴苣苔 Hemiboea subcapitata、珠光香青 Anaphalis margaritacea、野慈姑 Sagittaria trifolia、大野芋 Colocasia gigantea、滇南芋 C. antiquorum、海芋 Alocasia macrorrhiza、金钱蒲 Acorus gramineus、雷公连 Amydrium sinense、一把伞南星 Arisaema erubescens、吉祥草 Reineckea carnea、沿阶草 Ophiopogon bodinieri、蜘蛛抱蛋 Aspidistra elatior、紫萼 Hosta ventricosa、大叶仙茅 Curculigo capitulata、鸢尾 Iris tectorum、春剑 Cymbidium tortisepalum var. longibracteatum、春兰 C. goeringii、多花兰 C. floribundum、建兰 C. ensifolium、兔耳兰 C. lancifolium、寒兰 C. kanran 等。

3.2.2 观花类

保护区草本观花植物有 44 科 85 属 123 种，其中：

一年生草本观花植物主要有 9 科 10 属 12 种，即紫堇 Corydalis edulis、青葙 Celosia argentea、圆叶节节菜 Rotala rotundifolia、黄金凤 Impatiens siculifer、曼陀罗 Datura stramonium、华鼠尾草 Salvia chinensis、单色蝴蝶草 Torenia concolor、光叶蝴蝶草 T. asiatica、紫萼蝴蝶草 T. violacea、水竹叶 Murdannia triquetra、鸭跖草 Commelina communis、水玉簪 Burmannia disticha。

二年生草本观花植物主要有 2 科 2 属 2 种，即野胡萝卜 Daucus carota、琉璃草 Cynoglossum furcatum。

三年生以上草本观花植物主要有 38 科 74 属 109 种，优势科依次为兰科（12 属 23 种）、百合科（7 属 8 种）、菊科（7 属 7 种）、唇形科（5 属 5 种）、桔梗科（3 属 3 种）；小檗科、葫芦科、玄参科各 2 属 4 种；蓼科、秋海棠科各 1 属 4 种；禾本科、报春花科、蔷薇科各 2 属 3 种；三百草科、毛茛科、虎儿草科、龙胆科、爵床科各 2 属 2 种；堇菜科、姜科各 1 属 3 种；酢浆草科、苦苣苔科、茜草科、天南星科各 1 属 2 种；金粟兰科、藤黄科、景天科、野牡丹科、牻牛儿苗科、凤仙花科、败酱草科、川续断科、泽泻科、石蒜科、鸢尾科各 1 属 1 科。

有开发前景的主要观花种类有：宽叶金粟兰 *Chloranthus henryi*、打破碗花花 *Anemone hupehensis*、八角莲 *Dysosma versipellis*、头花蓼 *Polygonum capitatum*、小连翘 *Hypericum erectum*、紫花地丁 *Viola philippica*、裂叶秋海棠 *Begonia palmata*、秋海棠 *B. grandis*、掌裂秋海棠 *B. pedatifida*、周裂秋海棠 *B. circumlobata*、报春花 *Primula malacoides*、过路黄 *Lysimachia christiniae*、凹叶景天 *Sedum emarginatum*、虎耳草 *Saxifraga stolonifera*、落新妇 *Astilbe chinensis*、黄金凤 *Impatiens siculifer*、头花龙胆 *Gentiana cephalantha*、拉氏马先蒿 *Pedicularis labordei*、半蒴苣苔 *Hemiboea subcapitata*、铜锤玉带草 *Lobelia nummularia*、一把伞南星 *Arisaema erubescens*、大百合 *Cardiocrinum giganteum*、七叶一枝花 *Paris polyphylla*、野百合 *Crotalaria sessiliflora*、紫萼 *Hosta ventricosa*、鸢尾 *Iris tectorum*、春剑 *Cymbidium tortisepalum* var. *longibracteatum*、春兰 *C. goeringii* 等。

3.2.3　观果类

保护区草本观花植物有 13 科 19 属 28 种，其中：

一年生草本观果植物主要有 2 科 2 属 2 种，即青葙 *Celosia argentea*、黄金凤 *Impatiens siculifer*。

三年生草本观果植物主要有 11 科 17 属 26 种，优势科依次为：百合科（5 属 8 种）、葫芦科（2 属 4 种）、天南星科（2 属 2 种）、秋海棠科（1 属 4 种）、薯蓣科（1 属 3 种）；蔷薇科、茄科、桔梗科、鸭跖草科、姜科各 1 属 1 种。

有开发前景的主要观果种类有：铜锤玉带草 *Lobelia nummularia*、鄂赤瓟 *Thladiantha oliveri*、南赤瓟 *T. nudiflora*、云南赤瓟 *T. pustulata*、中华栝楼 *Trichosanthes rosthornii*、高山薯蓣 *Dioscorea delavayi*、黑珠芽薯蓣 *D. melanophyma*、薯蓣 *D. polystachya*、蜘蛛抱蛋 *Aspidistra elatior* 等。

3.2.4　观形类

保护区草本观形植物有 9 科 11 属 14 种，其中：

一年生草本观形植物主要有 2 科 2 属 2 种，即粗齿冷水花 *Pilea sinofasciata*、挖耳草 *Utricularia bifida*。

三年生草本观果植物主要有 9 科 11 属 12 种，优势科依次为：荨麻科（2 属 3 种）百合科（2 属 2 种）；金鱼藻科、玄参科、狸藻科、茜草科、天南星科、灯心草科、薯蓣科各 1 属 1 种。

有开发前景的主要观形种类有：野灯心草 *Juncus setchuensis*、宝铎草 *Disporum sessile*、七叶一枝花 *Paris polyphylla*、海芋 *Alocasia odora* 等。

（邓伦秀　陈锐）

第六节　森林蔬菜

根据《中国森林蔬菜》定义，森林蔬菜是指生长于森林环境中或木质植物（包括活树、死树、腐烂木、木质藤本）上，可以作为蔬菜食用或作菜肴佐料的植物器官（叶、花、果实、种子、茎干、根皮等）、真菌的子实体和藻体等，包括那些既能在森林中生长，也能在森林以外的地方生长的野菜种类。随着社会的发展和生活水平的提高，人们越来越关注食品的风味特色、营养价值和食疗价值。森林蔬菜作为一类重要的可食性野生植物，因其优良的生长环境和独特的品质，无污染，无公害，营养价值高，具医疗保健作用，食用安全，已越来越受到人们的青睐。为此，对月亮山保护区的森林蔬菜进行了调查和分类研究。

1　调查研究方法

1.1　资源调查

2014 年 9 月 20 至 30 日在月亮山采取路线调查与重点调查相结合的方法，开展森林蔬菜资源调查，采集标本，室内鉴定。

1.2　森林蔬菜分类

依据中国林业出版社出版的田关森、王嫩仙等编著的《中国森林蔬菜》对森林蔬菜的分类方法，本次研究采用食用器官分类法对月亮山保护区森林蔬菜资源进行分类汇总。即按叶菜类、茎菜类、果菜类、根菜类和花菜类五大类进行统计分析。

（1）叶菜类森林蔬菜，即指以植物的幼苗、嫩叶、带叶的嫩枝梢（简称嫩茎叶）等为主要食用部位的植物种类的总称。

（2）茎菜类森林蔬菜，即指以植物的幼芽、嫩茎、叶柄、茎干髓心等为主要食用部位的植物种类的总称。

（3）花菜类森林蔬菜，即指以植物的花蕾、花瓣、花粉等为主要食用部位的植物种类的总称。

（4）果菜类森林蔬菜，即指以植物的果实、种子、嫩果荚等为主要食用部位的植物种类的总称。

（5）根菜类森林蔬菜，即指以植物的根、根状茎、鳞茎、球茎、块根（茎）等为主要食用部位的植物种类的总称。

2　结果与分析

2.1　种类组成

通过调查、资料整理，月亮山自然保护区森林蔬菜资源丰富，共计176种，隶属65科133属，其中孢子植物5科7属11种，种子植物60科126属165种。以菊科种类最为丰富，达17属17种，其次是百合科，9属11种，再次是蔷薇科8属10种。详见表5.6.1。

表5.6.1　月亮山保护区森林蔬菜植物资源汇总表

科	属	种	科	属	种	科	属	种
菊科	17	17	葫芦科	2	2	防己科	1	1
百合科	9	11	姜科	2	2	胡椒科	1	1
蔷薇科	8	10	锦葵科	2	2	胡桃科	1	1
禾本科	6	8	马齿苋科	2	2	金缕梅科	1	1
樟科	2	9	漆树科	2	2	藜科	1	1
壳斗科	4	5	茜草科	2	2	楝科	1	1
蓼科	4	5	忍冬科	2	2	木犀科	1	1
兰科	1	5	蹄盖蕨科	2	2	葡萄科	1	1
凤尾蕨科	1	5	碗蕨科	2	2	三白草科	1	1
伞形科	4	4	马鞭草科	2	2	伞形科	1	1
唇形科	3	4	败酱科	1	2	省沽油科	1	1
桔梗科	3	4	景天科	1	2	石竹科	1	1
伞形科	3	3	买麻藤科	1	2	鼠李科	1	1
苋科	3	3	杨梅科	1	2	梧桐科	1	1
十字花科	2	3	芭蕉科	1	1	旋花科	1	1
荨麻科	2	3	报春花科	1	1	鸭跖草科	1	1
芸香科	2	3	伯乐树科	1	1	杨柳科	1	1
堇菜科	1	3	唇形科	1	1	野牡丹科	1	1
猕猴桃科	1	3	大风子科	1	1	紫葳科	1	1
秋海棠科	1	3	豆科	1	1	金毛狗蕨科	1	1
薯蓣科	1	3	豆科	1	1	碗蕨科	1	1
松科	1	3	杜鹃花科	1	1	合计	133	176

2.2 森林蔬菜不同类型资源组成特点

通过对月亮山保护区森林蔬菜种类资源进行分类统计、汇总，在五大类森林蔬菜中，叶菜类森林蔬菜资源最为丰富，达38科65属80种，分别占整个保护区森林蔬菜科、属种总数的58.46%、48.87%、45.45%。其次是果菜类植物资源，茎果类资源最少。详见表5.6.2。

表5.6.2 月亮山保护区森林蔬菜分类汇总表

序号	类别	科数	占保护区森林蔬菜总科数的%	属数	保护区森林蔬菜总属数的%	种数	保护区森林蔬菜总种数的%
1	叶菜类	38	58.46	65	48.87	80	45.45
2	果菜类	17	26.15	28	21.05	42	23.86
3	根菜类	13	20	20	15.04	26	14.77
4	花菜类	10	15.38	11	8.27	20	11.36
5	茎菜类	5	7.69	10	7.52	12	6.82

2.3 月亮山森林蔬菜类型分述

（1）叶菜类植物资源

月亮山保护区叶菜类森林蔬菜资源共80种，隶属38科65属，其中，孢子植物2科3属4种，种子植物36科62属76种，详见表5.6.3。

表5.6.3 月亮山保护区叶菜类森林蔬菜汇总表

科	属数	种数	科	属数	种数	科	属数	种数
菊科	14	14	蔷薇科	1	2	报春花科	1	1
伞形科	4	4	桔梗科	1	2	豆科	1	1
唇形科	3	4	败酱科	1	2	野牡丹科	1	1
百合科	3	4	蹄盖蕨科	2	2	鼠李科	1	1
苋科	3	3	碗蕨科	1	2	省沽油科	1	1
荨麻科	2	3	胡椒科	1	1	楝科	1	1
蓼科	2	3	防己科	1	1	紫葳科	1	1
十字花科	2	3	金缕梅科	1	1	茜草科	1	1
堇菜科	1	3	藜科	1	1	鸭跖草科	1	1
秋海棠科	1	3	石竹科	1	1	葡萄科	1	1
马齿苋科	2	2	锦葵科	1	1	伯乐树科	1	1
樟科	1	2	葫芦科	1	1	马鞭草科	1	1
景天科	1	2	杜鹃花科	1	1	合计	65	80

（2）果菜类植物资源

月亮山保护区果菜类森林蔬菜资源共42种，隶属17科28属，详见表5.6.4。

表5.6.4 月亮山保护区果菜类森林蔬菜汇总表

科	属	种	科	属	种	科	属	种
樟科	1	7	漆树科	2	2	梧桐科	1	1
蔷薇科	4	5	杨梅科	1	2	菊科	1	1
壳斗科	4	5	买麻藤科	1	2	禾本科	1	1
蔷薇科	4	5	大风子科	1	1	芭蕉科	1	1
猕猴桃科	1	3	豆科	1	1	葫芦科	1	1
芸香科	2	3	胡桃科	1	1	合计	28	42

（3）根菜类植物资源

月亮山自然保护区根菜类森林蔬菜资源共26种，隶属13科20属，其中孢子植物2科2属6种，种子植物11科18属20种，详见表5.6.5。

表5.6.5　月亮山保护区根菜类森林蔬菜汇总表

科	属数	种数	科	属数	种数
百合科	5	5	姜科	1	1
凤尾蕨科	1	5	马鞭草科	1	1
薯蓣科	1	3	伞形科	1	1
蓼科	2	2	葫芦科	1	1
桔梗科	2	2	金毛狗蕨科	1	1
菊科	2	2	碗蕨科	1	1
禾本科	1	1	合计	20	26

（4）花菜类植物资源

月亮山保护区花菜类森林蔬菜资源共20种，隶属10科11属，详见表5.6.6。

表5.6.6　月亮山保护区花菜类森林蔬菜汇总表

科	属	种
兰科	1	5
松科	1	3
蔷薇科	2	3
百合科	1	2
忍冬科	1	2
木犀科	1	1
茜草科	1	1
姜科	1	1
锦葵科	1	1
杨柳科	1	1
合计	11	20

（5）茎菜类植物资源

月亮山保护区茎菜类森林蔬菜资源共12种，隶属5科10属，详见表5.6.7。

表5.6.7　月亮山保护区茎菜类森林蔬菜汇总表

科	属	种
禾本科	4	6
伞形科	3	3
旋花科	1	1
唇形科	1	1
三白草科	1	1
合计	10	12

3　结论与讨论

（1）保护区森林蔬菜资源丰富，共计65科133属176种，其中孢子子植物5科7属11种，种子植物60科126属165种。

（2）保护区所在地是少数民族聚居的省区，对森林蔬菜的利用有着悠久的历史，自古以来皆有采摘森林野菜食用的习惯，其利用方式亦多种多样，可生食、炒食、炸食、做馅或做汤、当佐料等，很多著名的特色菜肴都与当地植物密切相关，形成了丰富的民族植物文化。但森林蔬菜的开发利用仍以民间零星利用为主，且仍以野生直接利用为主，在森林蔬菜的科学研究尤其深加工方面较为滞后。

（3）存在问题与开发利用建议

对森林蔬菜资源本底不清，基础研究不足，尽管对森林蔬菜的关注与日俱增，但对森林蔬菜种类分布、生境、资源丰富度及消长动态、营养成分、保健价值、食用方式、人工培育技术及综合利用等的认识不足，制约了森林蔬菜产业的发展，目前森林蔬菜的开发利用单一，开发利用程度低，产业化和综合利用不足，特别是精细加工方面十分薄弱。资源保护意识淡薄，需强调森林蔬菜的可持续利用的重要性，森林蔬菜是重要的生物资源，森林蔬菜资源的多样性不仅可以促进生态保护，对社会经济的可持续发展也有重要意义。因此，应加强野生资源的保护管理，加强野生资源保护与可持续利用的宣传，并制定合理的规划，加大执法力度，一方面确保野生资源得到有效保护，另一方面也让这些自然资源更好地得到开发利用，造福人类。

（姜运力）

第六章　社区发展

第一节　社会经济调查情况

自然保护区是国家为了保护自然环境和自然资源、拯救濒临灭绝的生物物种和进行科学研究、长期保护和恢复自然综合体及自然资源整体而划定的特定区域。在国际上，建立自然保护区被认为是保护生物多样性最有效的途径之一。但如何辩证地处理资源保护与社区和谐发展之间的关系，是当今生物多样性保护的一个新热点，同时也是一个难点。保护区与当地社区密不可分，它们共同组成一个具有多种功能的自然—社会—经济的复合体，保护区社区的社会经济发展对自然资源保护工作具有重要影响。根据《中华人民共和国自然保护区管理条例》规定，保护区的核心区域不允许有任何人为活动，缓冲区也不允许开展生产性活动，实验区可以在不影响保护对象的前提下开展一定的生产活动。然而这一法律规定与南方集体林区的自然保护区实际情况存在冲突。因为当地居民在保护区建立前就已经在那里生产生活了，拥有自然资源的传统使用权利，不能因为保护区的建立而剥夺了当地人的合法权利，也无法完全消除人类活动的干扰。贵州月亮山保护区属于在集体林区建立的保护区，92.7%是集体林，因此，保护区在建立规划时不可避免地将有一些村寨人口及生产生活的区域纳入了保护区范围。如何处理保护区与社区居民之间的关系，在有效保护生物资源多样性的前提下，带动社区居民发展经济，是保护区管理必须面对的现实问题。为了探索和完善保护区的管理模式，本学科以区内居民为主要调查对象，展开对社区的社会经济状况、社区产业结构以及居民对保护区认知情况、保护区社区发展中存在的问题等的调查，并对所得资料进行统计、分析、归纳、总结，希望调查分析结果能为月亮山保护区管理模式选择及其与社区关系的良性发展提供依据和指导。

1　调查方法

调查过程中除了采用访谈法、问卷法、观察法和二手资料收集等方法收集资料外，还采用 PRA 调查方法。PRA(Participatory Rural Appraisal)是指参与式乡村评估，它是一种快速收集农村信息资料、资源状况与优势、农民愿望和发展途径的新方法，是一个可促使当地人民不断加强对自身和社区以及环境条件的理解，与发展工作者共同参与、提高和分析他们生活状况并一同制定计划的步骤和方法，这是个不断发展的方法体系。通过采用参与式农村评估(PRA)收集信息的方法，可了解当地群众在活动过程中参与的真实性，以及对待调查结果的相应态度。该调查方式也可用来确定分析、计划和随后引发的活动。

2　调查结果

2.1　人口数量及组成

月亮山保护区共涉及2个县6个乡(林场)23个村(工区)，包括58个自然村寨58个村民组，共有1884户7121人，其中男性3705人，女性3416人，男女比例约1.08:1。户均3.78人，基本上都是农业人口，全部为苗族和水族。受经济条件、贫困等影响，初中以下文化水平的人群较多，文盲人群主要分布在50岁以上的年龄段(详见表6.1.1)。

表6.1.1 月亮山保护区内人口统计表

县	乡镇	村名称	村民组（个）	自然寨（个）	户籍人口				劳动力人数	外出就业人数
					人数	户数	男	女		
从江县	光辉乡	加牙村	5	5	796	229	425	371	486	324
		长牛村	2	2	395	105	216	179	168	112
		党郎村	5	3	423	127	225	198	298	184
		光辉村	2	1	252	120	138	114	132	84
		加近村	0	0						
	加勉乡	加坡村	0	0						
榕江县	水尾乡	水尾村	2	3	209	42	101	108	117	14
		拉术村	6	10	603	128	296	307	370	112
		水盆村	0	0	0	0	0	0	0	0
		高望村	3	6	563	126	288	275	326	122
	计划乡	上下午村	6	7	904	183	455	449	540	229
		摆拉村	4	1	342	107	181	161	210	112
		摆王村	7	11	443	125	223	220	251	138
		加早村	3	2	406	91	208	198	200	100
		九秋村	3	3	512	130	262	250	211	112
	兴华乡	计划村	5	1	423	141	221	202	225	108
		计怀村	0							
	国有林场	加两村	0							
		加宜村	0							
		摆乔村	3	1	520	130	283	237	252	183
		星月村	1	1	180	60	98	77	82	70
		星光村	1	1	150	40	80	70	80	50
		兴华工区	0							
合计			58	58	7121	1884	3705	3416	3948	2054

2.2 保护区各功能分区涉及社区分布情况

保护区核心区涉及14个行政村，分布有6个自然村寨5个村民组268户969人；缓冲区涉及20个行政村，分布有6个自然村寨6个村民组248户895人；实验区涉及23个行政村，分布有46个自然村寨47个村民组1368户，5257人。

保护区内村民大多择地而居，只要地势相对平缓，有可耕种的土地，便就近建房而居。村庄分布呈分散状况，有些高居山梁，有些居于群山中央，有些驻于台地中央，有些则傍水而居。

2.3 保护区各功能分区的林地所有权及使用权

保护区总面积34555.67 hm²，其中林业用地31355.81 hm²，占总面积的90.74%；非林地3199.86 hm²，占总面积的9.26%，森林覆盖率85.91%，活立木总蓄积300.45万 m³。保护区内核心区面积为11420.46 hm²，林业用地为10745.27 hm²，森林覆盖率91.69%；缓冲区面积为7206.31 hm²，林业用地为6608.04 hm²，森林覆盖率84.03%；实验区为15928.90 hm²，林业用地为14001.93 hm²，森林覆盖率82.62%（表6.1.2）。

表 6.1.2   月亮山保护区土地所有权、使用权统计表

单位：hm^2

	核心区	缓冲区	实验区	保护区
总面积	11420.46	7206.31	15928.90	34555.67
按土地所有权分				
国有		14.25	658.27	672.52
集体	11420.46	7192.06	15270.63	33883.15

2.4 保护区社会经济状况

2.4.1 基础设施建设情况

月亮山保护区社区的交通基础设施落后，从江县光辉乡是全省最后通公路的乡镇。目前，区内通乡油路改造完成，除个别行政村外，已实现了村村通，但只有少部分村组水泥路硬化到家门口，村组道路有待进一步完善，路面质量有待进一步提高，社区较为封闭，难以与外界形成发展上的互动。

各村寨都有集中供水点，但各供水点呈零星分布且水量不大，饮水设施严重不足，尚有部分村寨未解决人畜饮水困难。污水处理率低，无集中处理设施，对环境有一定污染。

医疗条件一般，各乡在政府所在地都有乡卫生院 1 所，各村均有村级医疗站，已实行了农村新型合作医疗保险，但村卫生所环境差，条件简陋，无固定医疗人员。

保护区所处各乡教育条件较好，各有初级中学 1 所，中心小学 1 所，实现了 9 年制义务教育，能满足各年龄段学生的就学，但村小基本取消，村小师资力量相对不足，师资也以民办教师为主。

每个乡都有文化站，各村建有地面卫星接收站或有闭路电视线，电视已经普及到每户，村民能及时知晓国家的政策方针，但通信设施和网络有待进一步完善，宽带网仅辐射到小部分行政村(表 6.1.3)。

多数村民参加了新农保，生活有了最低保障。

保护区内村民居住条件一般，大部分村寨是木制房屋。部分村寨内卫生较差，污水横流。部分家庭有电视，摩托车、脱粒机、电磁炉、电饭锅等。能源结构呈多元化，部分家庭使用了沼气池，大部分社区群众生活能源仍以秸秆、薪柴等低效燃料为主，薪柴主要种类为栎类等阔叶树种，室内外环境污染相当严重，能源利用效率低。

因地质结构复杂，不可预见因素多，难度系数大，基础工程投入大，概算投资难以满足项目建设的实际需要，存在不同程度的资金缺口。区内村组基础设施除电力外，其余的存在配套不完善和不能满足发展需求等问题，尤其是交通设施、排水设施和环保设施较落后。在固定资产方面，农民个体户已取代集体，成为固定资产投资的主体。固定资产虽然增长较快，但是层次低，功能差。从调查结果发现，生产性固定资产比重小于生活性固定资产，而住房成为生活性固定资产增长的主要方面。

表 6.1.3   月亮山保护区内社区基础设施统计表

县	乡镇	村名	教育设施	交通设施	电力设施	通讯设施	饮水设施	医疗设施
从江县	光辉乡	加牙村	无	已通路、路况差	已通电	移动通讯覆盖	自来水已接通	有医务室，无固定医疗人员
		长牛村	无	已通路、路况差	已通电	移动通讯覆盖	自来水已接通	有医务室，无固定医疗人员
		党郎村	无	已通路、路况差	已通电	移动通讯覆盖	自来水已接通	有医务室，无固定医疗人员
	加勉乡	污内村	无	已通路、路况差	已通电	移动通讯覆盖	自来水已接通	有医务室，无固定医疗人员
		加近村	无	已通路、路况差	已通电	移动通讯覆盖	自来水已接通	有医务室，无固定医疗人员
		加坡村	无	已通路、路况差	已通电	移动通讯覆盖	自来水已接通	有医务室，无固定医疗人员
榕江县	水尾乡	水尾村	无	已通路、路况差	已通电	移动通讯覆盖	自来水已接通	有医务室，无固定医疗人员
		拉术村	无	已通路、路况差	已通电	移动通讯覆盖	自来水已接通	有医务室，无固定医疗人员
		水盆村	无	已通路、路况差	已通电	移动通讯覆盖	自来水已接通	有医务室，无固定医疗人员
		高望村	无	已通路、路况差	已通电	移动通讯未完全覆盖	自来水已接通	有医务室，无固定医疗人员
		上下午村	无	已通路、路况差	已通电	移动通讯覆盖	自来水已接通	有医务室，无固定医疗人员
		摆拉村	无	已通路、路况差	已通电	移动通讯覆盖	自来水已接通	有医务室，无固定医疗人员

（续）

县	乡镇	村名	教育设施	交通设施	电力设施	通讯设施	饮水设施	医疗设施
榕江县	水尾乡	摆王村	无	已通路、路况差	已通电	移动通讯覆盖	自来水已接通	有医务室，无固定医疗人员
		加早村	无	已通路、路况差	已通电	移动通讯覆盖	自来水已接通	有医务室，无固定医疗人员
		九秋村	完小1所	已通路、路况差	已通电	移动通讯覆盖	自来水已接通	有医务室，无固定医疗人员
	计划乡	计划村	无	已通路、路况差	已通电	移动通讯覆盖	自来水已接通	有医务室，无固定医疗人员
		计怀村	无	已通路、路况差	已通电	移动通讯覆盖	自来水已接通	有医务室，无固定医疗人员
		加两村	无	已通路、路况差	已通电	移动通讯覆盖	自来水已接通	有医务室，无固定医疗人员
		加宜村	完小1所	已通路、路况差	已通电	移动通讯覆盖	自来水已接通	有医务室，无固定医疗人员
	兴华乡	摆桥村	无	已通路、路况差	已通电	移动通讯覆盖	自来水已接通	有医务室，无固定医疗人员
		羊桃村	无	已通路、路况差	已通电	移动通讯覆盖	自来水已接通	有医务室，无固定医疗人员
		八蒙村	无	已通路、路况差	已通电	移动通讯覆盖	自来水已接通	有医务室，无固定医疗人员

2.4.2　土地

月亮山保护区面积34555.67 hm²，其中水域面积226.52 hm²，耕地面积2793.9 hm²。在保护区内，耕地面积仅占保护区总面积的8.09%，主要利用方式为水稻种植。保护区内存在土地利用结构、布局不合理，土地流转不畅，资源浪费严重，耕地季节性抛荒，耕地资源隐性流失，土地经营规模效益不能发挥，农业生产效益不高等现象（表6.1.4）。

表6.1.4　月亮山保护区土地情况统计表　　　单位：hm²

县	乡	村	耕地	牧草地	水域	居民地及交通用地	其他土地
		合计	2793.95	8.16	226.52	104.94	66.86
从江县		计	1038.61	5.52	90.66	46.29	16.17
	光辉乡	小计	981.50	5.52	90.66	45.63	16.06
		加牙村	460.09	2.82	35.80	19.39	9.45
		长牛村	281.81	2.70	12.03	11.30	6.61
		党郎村	154.26	0.00	42.83	5.79	0.00
		污内村	69.35	0.00	0.00	7.35	0.00
		加近村	15.99	0.00	0.00	1.80	0.00
	加勉乡	加坡村	57.11	0.00	0.00	0.66	0.11
榕江县		计	1755.34	2.64	135.86	58.65	50.69
	水尾乡	小计	528.62	0.00	69.16	26.00	3.73
		水尾村	23.12	0.00	1.22	1.28	0.02
		拉术村	233.12	0.00	23.86	15.14	0.54
		水盆村	2.19	0.00	5.40	0.00	0.00
		高望村	114.89	0.00	8.78	1.85	0.04
		上下午村	155.30	0.00	29.90	7.73	3.13
	计划乡	小计	1018.68	0.00	36.82	27.44	40.60
		摆拉村	198.22	0.00	4.16	6.75	0.00
		摆王村	310.00	0.00	6.38	9.85	19.53
		加早村	123.28	0.00	7.18	1.80	0.17
		九秋村	125.61	0.00	10.31	2.04	0.67
		计划村	155.62	0.00	2.37	4.90	17.98
		计怀村	20.05	0.00	6.42	1.15	0.00
		加两村	16.33	0.00	0.00	0.00	0.19
		加宜村	69.57	0.00	0.00	0.95	2.06

（续）

县	乡	村	耕地	牧草地	水域	居民地及交通用地	其他土地
榕江县	兴华乡	小计	208.04	2.64	29.58	5.21	
		摆桥村	45.74	0.00	18.07	0.00	
		羊桃村	149.27	2.64	7.20	5.21	
		八蒙村	13.03	0.00	4.31	0.00	
国有林场	兴华工区		0.00	0.00	0.30	0.00	5.83

2.4.3 社区产业结构状况

保护区各村寨产业结构以第一产业为主导，主要种植水稻、玉米和养殖香猪、香羊等特色产品（见表6.1.5），与保护区相关的产业主要包括木材生产。

表6.1.5 月亮山保护区内社区产业结构及与保护区相关产业统计表

县	乡镇	村名	第一产业总产值	第二产业总产值	第三产业总产值	与保护区相关的产业
从江县	光辉乡	加牙村	135	0	0	种养殖业
		长牛村	123	0	0	种养殖业
	加勉乡	党郎村	155	0	0	种养殖业
		污内村	160	0	0	种养殖业
		加近村	120	0	0	种养殖业
		加坡村	104	0	0	种养殖业
榕江县	水尾乡	水尾村	177	0	0	种养殖业
		拉术村	376	0	0	种养殖业
		水盆村	231	0	0	种养殖业
		高望村	112	0	0	种养殖业
	计划乡	上下午村	520	0	0	种养殖业
		摆拉村	133	0	0	种养殖业
		摆王村	89	0	0	种养殖业
		加早村	143	0	0	种养殖业
		九秋村	156	0	0	种养殖业
		计划村	165	0	0	种养殖业
		计怀村	122	0	0	种养殖业
	兴华乡	加两村	162	0	0	种养殖业
		加宜村	142	0	0	种养殖业
		摆桥村	83	0	0	种养殖业
		羊桃村	17	0	0	种养殖业
		八蒙村	12	0	0	种养殖业

2.4.4 社区家庭经济收益状况

保护区社区家庭经济来源主要有农业和外出务工两方面。传统种植业包括种植稻谷、马铃薯、红薯、玉米等，养殖以猪、牛、羊、禽为主，基本以家庭为单位自产自销，特色养殖发展不成熟。居民大部分在当地拥有一套及以上房产，今后打算进城发展的占50%左右。人均口粮210~390 kg，年人均纯收入4835~5800元（表6.1.6）。

表 6.1.6　月亮山保护区内社区粮食与经济收入情况统计表

县	乡镇	村名称	年均粮食产量（kg）	人均口粮（kg）	年人均纯收入（元）	外出打工人数	外出打工纯收入（万元）
从江县	光辉乡	加牙村	469640	390	5800	324	324
		长牛村	233050	390	5800	112	112
		党郎村	249570	390	5800	184	184
		污内村	148680	390	5800	84	84
	加勉乡	加近村	保护区内无人口				
		加坡村	保护区内无人口				
	水尾乡	水尾村	44935	210	4650	14	7
		拉术村	129645	205	4700	112	50
		水盆村	129645	205	4700	0	
		高望村	121045	220	4790	122	50
		上下午村	194360	210	4740	229	106
榕江县	计划乡	摆拉村	123120	360	4529	112	112
		摆王村	159480	360	4529	138	138
		加早村	146160	360	4529	100	100
		九秋村	184320	360	4529	112	112
		计划村	152280	360	4529	108	108
		计怀村	保护区内无人口				
		加两村	保护区内无人口				
		加宜村	保护区内无人口				
	兴华乡	摆桥村	197600	380	4835	183	183
		羊桃村	68400	380	4835	70	70
	国有林场	八蒙村	57000	380	4835	50	50
		兴华工区					

近年来，外出务工是当地另一大经济来源，外出务工人数占总人数的 28.84%。在调查的村寨中，90% 的年轻人都已经外出务工，因为没有专门的技能，主要从事的都是建筑行业的泥水工等苦力活，或生产技能要求不高的手工加工业。有部分初中以上毕业生能在工厂工作，工资待遇能达到当地工作人员的平均工资水平。

2.5　政府和民意对保护区建设的预期

总体而言，无论是政府还是居民对保护区建设都采取支持态度，并且大都愿意为维护自身权益而主动参与到保护与发展的协调管理中来。就乡政府而言，对保护区的建设更关注于其对当地经济建设的促进作用而非自然保护事业。居民调查显示，从保护区建立意愿来看，区内大多数居民对保护区的建立和自然保护工作持积极态度，但这样的态度来源于对国家投入增加和带来巨大商机的憧憬。不过，部分村民由于对保护区政策的不理解，对建立保护区有抵触。

3　保护区社区发展中存在的主要问题

（1）社区基础设施落后

虽然近几年当地政府花了不少资金用于区内农村基础设施建设，但国家投资毕竟有限，农村的基础设施总体上还很差，目前还有部分村庄的道路、排灌设施、防洪设施、水土保护设施等还未得到根本改善。农业生产在很大程度上还依赖于自然条件，抗御干旱、洪涝等各种自然灾害的能力比较脆弱，这些问题都严重制约着农村产业的发展。

（2）产业结构单一，居民收入低

保护区内产业结构单一，商品发育程度低，除种养殖外没有其他经济收入。农业生产条件差，科技含量低，生产方式原始，导致商品发展速度慢，农产品商品率低，群众广种薄收现象普遍。人均耕地少，而且山高坡陡，傍坡腰带田比例大，土地贫瘠，耕作层浅，保水保肥和抗御自然灾害能力差，靠天吃饭问题突出，耕地后备资源少。

（3）社区劳动力素质低

近几年，农村外出流动人口剧增，具有初、高中文化和有一技之长的农村青壮年劳动力大量外出务工，造成农村留守人口年龄结构畸形，留守在家的绝大多数是老人、妇女、儿童，这些人文化素质低，思想观念落后，小农经济意识浓，科学文化知识欠缺，接受科技能力不强，劳动技能低下，直接影响社区发展和农业科技的推广应用。同时，外出务工人员缺乏专业劳动技能的培训，特别是缺乏高技术含量技能的获取，从而限制了外出打工就业机会的获取和工资的提高。

而且群众长期封闭在大山中，与外界接触和交流少，对外界的发展变化了解少，难以适应形势的发展。因此，有部分移民到县城、乡镇的居民又返回原村。

（4）农业科技信息落后

保护区内部分农民处于"无组织"状态，缺乏专业的农业经营组织和农业服务组织。再加上文化素质低、山区地理位置偏僻、科技投入少等诸多因素，导致社区缺乏科技信息，农业科技的推广应用率不高，还有部分农民至今没有掌握已经推广多年的常规农业生产技术。落后的农业生产方式和技术，造成农业生产效率低下，抗风险能力弱，农业规模化、集约化程度不高，规模效益低，农民增收渠道和手段太少，缺乏长效机制，应对市场能力偏弱，市场体系建设不健全。

（5）社会经济对生态系统的利用不合理

社区内以现有的农业生产和外出务工创汇为主，基本能维持一个相对稳定的社区生活环境。居民生存发展对生态资源的依赖程度不大，区内生态系统较为稳定。但作为一个健康的社区经济，合理地利用自然资源，不仅对促进经济发展有利，也对生态保护的可持续性有利。实践证明，在保护区开展生态旅游，就是合理利用生态资源，将保护区建设与当地群众的经济发展紧密结合起来，实现共赢共生的有效途径，也是实现保护区宣教功能、社区发展功能的最佳途径。

（6）用材林产业给森林资源带来了破坏隐患

目前保护区内部分村民的经济收入来源靠林地上种植的杉木。据统计，月亮山保护区还分布有近 9000 hm^2 的杉木林和马尾松林，目前蓄积接近 100 万 m^3。这些用材林能否砍伐、如不能砍伐如何补偿都是村民非常关心的，并因此造成部分村民反对建立保护区。如果这个问题不处理好，将给保护区今后的管理保护带来隐患。

（7）居民保护意识淡薄

保护区内居民以苗族和水族为主。这些少数民族有狩猎的传统习俗。保护区内还可见大捕鸟鸟网，不时会有偷猎的枪声。同时，非法捕猎等因素导致大型有蹄类动物和食肉动物减少甚至本地灭绝，多数群众不了解当地野生动物的种类、保护级别和保护价值，大肆的捕猎使得重点保护物种数量锐减、濒临灭绝，亟须加强保护。

4. 结论与讨论

（1）采用社区共管模式进行保护区管理，缓解资源保护与社区发展间的冲突

由于月亮山保护区绝大多数为集体林，如若把社区排斥在保护区管理之外，就等于将其所属的自然资源从一个完整的生态环境系统中割裂出去，必然造成生态系统完整性的破坏。因此，要实现自然资源有效管理，实行社区共管是必要的。建议保护区成立后采取小机构大社区的格局，建立新型的保护管理体系。可设立一个编制人数较少的保护区管理机构处理日常事务，组建由榕江县、从江县政府、县林业局、县农业局等相关单位共同组成的保护区共管委员会，形成"共管委员会—乡（镇）共管领导

组—村级领导小组"三级管理网络体系，建立开放的保护区管理体制，依靠政府与社区的力量开展保护区管护工作。只有让社区成为保护区的管理者和主人，才能缓解资源保护与利用的冲突，使自然资源和环境得到有效保护。

（2）健全保护区制度，建设和谐保护区

保护区在强调资源保护的同时，也应该重视当地社区生存和发展的客观需要，把两者放在同等重要位置，制定出相关政策或制度对其进行行之有效的管理。尽量将发展与保护统一起来，把社区自然资源作为保护资源的有机组成部分纳入保护区管理的同时，也要帮助社区合理和持续地利用好这些资源，切实加强社区发展工作的领导，把社区发展纳入自然保护区的重要议事日程，帮助社区发展经济和提高生活水平，减小由于生物多样性保护给社区发展带来的限制和约束，使社区能将经济发展与生物多样性保护相协调，并积极参与保护区的保护和管理工作。

（3）积极发展非资源消耗性项目，改善社区基础设施建设

建立保护区后，要进一步扩大对外交流与合作，加强与科研机构、高等院校和国际保护组织的沟通与联系，争取项目基金援助，调整产业结构，转变发展方式，积极帮助社区制定符合实际的示范项目，涉及特色养殖、改建节能柴灶、援助荒山造林和竹林改造等非资源消耗性项目，减少对森林资源的依赖和利用，逐步建立和推行一种与社区和谐发展共同促进的新模式，拉近保护区与社区的和睦关系，最终实现推动社区经济良性循环的目标。同时，应多方筹集资金，加快拟建保护区社区基础设施建设，扫除社区发展的障碍。

（4）加大对农村教育的投资力度，加强外出务工人员技能培训

保护区内农、林、牧业要向结构合理化、产业效率化方向发展离不开科学技术，因此必须帮助青年劳动力掌握更多的文化知识。要对村民进行农业、林业、畜牧业技术服务指导，组织科技人员送科技下乡，为其提供科技培训、咨询，解决生产中出现的实际问题，及时为村民更新信息资源，为农村培养懂科学的新型农民。同时，针对当前打工热持续高涨的情况，组织开展务工技能培训，如进行电工、财务知识等培训，帮助其提高生存能力和个人素质。

（5）协助政府做好移民搬迁，减少保护区内人口压力

根据规划，保护区核心区、缓冲区内的居民都要结合《贵州省月亮山区扶贫决战三年行动计划（2015—2017年）》，全部移民搬迁。保护区应与当地政府合作，加强对移民搬迁的居民的帮扶，使他们能适应新的环境，确保搬迁群众"搬得出、留得住、能就业、有保障"。

（6）适度开展生态旅游，让当地社区受益，增进社区保护自然的主动性

生态旅游是保护区资源合理利用的最佳方式之一。拟建保护区具有气候条件优越、自然资源丰富、自然历史遗迹和人文风俗独特等条件，生态旅游发展潜力巨大。在开展生态旅游的同时必须保证生态系统不受破坏，要精心设计旅游产品，保证当地群众是最大的利益获得者，让群众充分参与到生态旅游服务的各个环节，让当地人有自豪感和责任感。如鼓励和支持村民开展农家乐，为游客提供食宿和娱乐、体验农事和简朴农家生活、品尝新鲜瓜果蔬菜等服务，展示保护区人与自然互惠互利、和谐共处的自然生态和极富特色的乡土文化，促进农村的生态效益转化为经济效益，使村民体会到生态效益与经济效益的联系，从而增强其对生态建设和生态保护的自觉性和积极性。

（李　茂　杨　泉　潘金文）

参考文献

Dudley N. 2008. Guidelines for Applying Protected Area Management Categories [M]. Gland, Switzerland：IUCN

王智，蒋明康，朱广庆，等. 2004. IUCN保护区分类系统与中国自然保护区分类标准的比较[J]. 农村生态环境，20（2）：72~76.

喻泓，肖曙光，杨晓晖，等. 2006. 我国部分自然保护区建设管理现状分析[J]. 生态学杂志，5（9）：1061~1067.

解焱，汪松. 2004. 中国的保护地[M]. 北京：清华大学出版社，220~222.

冉景丞. 2010. 茂兰保护区生态旅游发展与自然资源保护[J].《世界林业研究》, 23(特): 216 – 220

国家林业局世界银行贷款项目管理中心. 自然保护区管理手册. 北京: 中国环境科学出版社

国家林业局野生动植物保护司. 自然保护区现代管理概论. 北京: 中国林业出版社

李建友, 何丕坤. 中国林业转型期的社会林业. 昆明: 云南民族出版社.

陈家宽, 雷光春, 王学雷. 长江中下游湿地自然保护区有效管理十佳案例分析. 上海: 复旦大学出版社.

国家林业局世界银行贷款项目管理中心. 自然保护区参与式社区管理手册. 北京: 中国环境科学出版社.

第二节　保护区社区共管模式研究

1　管理现状

月亮山保护区虽然级别较低, 但是其拥有的茂密的森林植被和多样的生态系统, 在涵养水源、调控水量、净化空气、调节局部气候等方面发挥着巨大的作用, 并且是珠江流域重要的生态屏障。

保护区目前分别隶属于从江县林业局和榕江县林业局管辖, 虽然保护取得一定成效, 但没有专门的管理机构, 没有固定的资金来源和人员编制, 保护区管护主要依靠乡林业站和少量护林员, 缺乏必要的监测体系和科研体系, 管理水平滞后。

目前保护区的完善与升级工作正在逐步开展, 生态系统的保护与社区居民生产、生活方式、民风民俗以及经济发展之间的矛盾日益显现, 迫切需要对保护区社区共管的开展深入研究, 以更好地保护月亮山区森林生态系统和生物多样性, 提高自然保护区的建设和管理水平, 推动保护区和社区协同发展。

2　社区特征分析

2.1　抽样方法与调查内容

选择三个样本社区, 分别为从江县长牛村、从江县加牙村、榕江县摆王村(表 6.2.1)。样本户数选取各社区当年常住总户数的 20% 以上进行随机抽样调查。从江县长牛村、加牙村大部分处于核心区, 摆王村是移民搬迁村, 分期搬迁至县城安置区, 但仍有部分居民住在保护区中, 调查该村搬迁情况, 可完善保护区生态移民工程的实施。

表 6.2.1　月亮山保护区社区在功能区的面积情况　　　　　　　　　　单位: 亩

社区	合计	核心区	缓冲区	实验区
长牛村	33821	20389	2931	10501
加牙村	57738	40971	4285	12482
摆王村	32092	283	10804	21005

半结构访谈与发放调查问卷是对保护区样本社区进行 PRA 方法调查的最重要的环节。了解作为共管模式中主要利益相关者的态度和需求, 为模式构建提供重要依据。调查问卷分为三个方面的内容: 第一部分为社区居民个人情况, 包括性别、年龄、民族、文化程度; 第二部分为家庭基本特征, 包括能源结构、经济来源、家庭总人数、家庭务工人数、人均收入情况、拥有林地面积; 第三部分为社区居民对保护区认知与态度。

2.2　调查社区基本特征

2.2.1　社区居民的个体特征

2014 年 9 月到 2016 年 3 月累计五次共 30 余天, 调查人员与林业部门工作人员在月亮山保护区进行 PRA 方法调查, 总共发放有效问卷 140 份。

　　调查所知，社区居民整体文化程度偏低（如图 6.2.1 所示），只有中心乡镇有学校，学校数量少，严重影响当地的教育水平。由图 6.2.2 可以看出女性受教育水平明显低于男性，在农村女性的地位较低，受教育的情况没有得到充分的重视。

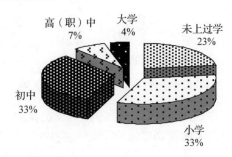

图 6.2.1　月亮山保护区社区居民文化程度分布情况

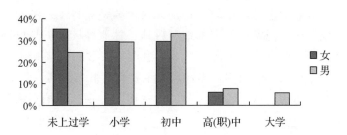

图 6.2.2　月亮山保护区社区居民不同性别文化程度情况

2.2.2　社区居民家庭能源结构特征

　　薪柴是社区居民最主要的燃料来源，而保护区限制了居民砍伐薪柴，必然会导致矛盾冲突。因此，调查社区居民的家庭能源结构以及社区对保护区资源的依赖程度是研究社区共管模式的重要组成部分。

　　据调查所得，保护区内社区家庭能源单一，长牛村与加牙村社区居民日常生活主要使用薪柴和电能，摆王村主要使用电能和液化气，部分生活在村寨的居民也用薪柴。村民平均每日用柴 35～50 kg，村民做饭用少量薪柴，主要用电，薪柴大部分用于取暖、烧猪食。另外，当地苗族吊脚楼以及家具用品都是木质结构，说明当地对森林资源依赖很大，这给保护区管护带来巨大压力，同时木质房屋用电不当易引起连片火灾，威胁森林资源的安全。

2.2.3　社区居民家庭经济特征

　　保护区所在的榕江县与从江县都是是国家级贫困县，贫困程度深，贫困面积大。居民的收入渠道狭窄，基本靠打工、种养殖业为主要经济来源。长牛村外出打工人数偏少，只有 25% 的家庭选择外出打工（表 6.2.2），一年中家庭人均纯收入为 1281.79 元；加牙村务工比例为 67%，人均纯收入是 3208.04 元；摆王村家庭外出务工比例最高占 88%，人均纯收入也最高，为 4502.27 元。总体而言，保护区社区家庭人均收入水平普遍较低，均低于 2015 年黔东南州 6863 元的人均收入水平（图 6.2.3）。本地区自然条件恶劣，交通闭塞，长牛村在 2008 年刚修通土路，尚未硬化，严重制约社区居民的经济发展。搬迁后的摆王村务工比例相对较高，收入比其他社区高，孩子上学方便，但是搬迁时间较短，搬迁获得的综合效益还未完全显现，尤其是中老年人在城中难以找到合适工作，仍然回家务农。

表 6.2.2　月亮山保护区社区家庭务工情况

社区	样本户数/户	务工户数/户	务工比例/%
长牛村	28	7	25
加牙村	45	30	67
摆王村	66	58	88
合计	140	95	68

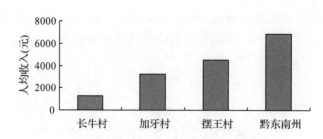

图 6.2.3　月亮山保护区社区家庭人均收入对比图

国家统计局将生计策略类型一共划分为四种，为纯农户、农业为主的兼业户、非农为主的兼业户和非农户。其中，纯农户是指农业收入比重高于家庭总收入的 90%，非农户是指农业收入低于家庭总收入的 10%，其余为兼业户，兼业户中农业收入超过非农收入，则划为农业为主的兼业户，反之则为非农为主的兼业户。如图 6.2.4 所示，长牛村因交通最差，所以与外界联系较少，思想观念保守，以纯农业为主，打工人数少，故兼业生计类型较少；加牙村主要是靠打工、务农为主，兼业户多；摆王村纯农户最少，虽搬迁至安置区，但家乡的宅基地、耕地、林地等权属仍归村民所有，兼业户仍占较大比例。月亮山区域的居民农业收入主要来源于林业，总调查人数的 98% 以上都有林地，面积从几亩至上百亩不等，主要种植杉木以及部分松树。当地蔬菜主要有萝卜、白菜、韭菜等，粮食主要为水稻、玉米，由于山高林密，多为腰带田，水温较低（俗称"冷水田"），亩产水稻不到 250 kg，产量低。

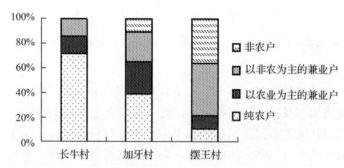

图 6.2.4　月亮山保护区社区家庭生计策略类型分布情况

2.2.4　社区居民获得生态补偿情况

（1）野生动物侵害补偿情况

保护区由于管理滞后，尚未建立关于野生动物侵害庄稼的补偿机制。鼠害、虫害比较严重，粮食补贴较少；最近几年没有发生大型野生动物侵害庄稼的情况，表明大型野生动物有逐渐变少的趋势，迫切需要采取必要措施保护野生动物，加强保护区管理已经刻不容缓。

（2）封山育林补偿情况

保护区大部分林地被划为公益林进行管理，包括国家级公益林和地方公益林，国家级公益林的补偿标准每年每亩 15 元，地方公益林每年每亩 8 元。当地将国家级公益林中每亩 0.25 元作为管护费用，雇佣护林员，护林员月均工资 150 元，承担管护责任，对保护区的管护起到了一定作用。但是管护费用短缺，管护人员少，保护区面积又大，保护区建设与管理面临着巨大困难，迫切需要充足资金与人员配置。

据调查，占总数 44% 的居民有林地被纳入公益林，少数居民不知道是否有补偿，大部分表示得到了补偿但不知道具体数额。由此可以看出，社区居民对公益林生态补偿标准认知程度较低，保护区及村委会应定期公开补偿金额的具体标准及发放情况，让居民了解国家的惠民政策，以获得社区对保护区更大的支持。

（3）生态移民补偿情况

贵州省从 2012 年开始启动扶贫生态移民工程，计划到 2020 年对约 200 万居住在不具备基本生产生活条件地区的贫困群众实施扶贫生态移民搬迁，集中安置在城镇、产业园区、中心村寨，逐步解决他们的贫困问题。榕江县实行扶贫生态移民房和廉租房叠加政策，用城镇廉租房安置扶贫生态移民，榕江县摆王村从 2013 年开始分批次生态移民搬迁至榕江县城的安置区。按照扶贫生态移民工程人均补助 1.2 万元的标准，户均（4 口之家）4.8 万元的补助购买一套廉租房，搬迁户基本不花钱就可直接入住 50 m² 廉租房并保留移民在农村的所有产权（住房、宅基地、山、林、田、土等）。为了帮助搬迁居民能够直接入住新房，相关爱心企业为摆王村第一批入住的村民捐赠了家电、家具和多种生活用品，政府也联系了木材加工厂等多个企业组织就业培训，同时建设了移民区农贸市场，提供摊位给移民。

通过实地调研，社区居民的人均收入水平比未搬迁的社区较高，孩子上学方便，但仍存在许多问题：房屋数量有限，难以满足全家居住；在安置区就业困难，到广东、浙江打工居多；老年人没有经济来源难以在城市生活。生态移民搬迁后如何在安置区扎稳脚跟依然是一项严峻的社会难题。

2.2.5 社区对自然保护区建设的影响

（1）社区对自然保护区建设的有利影响

少数民族一直以来有保护古树、保护水源的传统文化，月亮山地区许多村头寨尾都有古老珍贵的"风水树"、"神树"，以红豆杉、枫香树为主。月亮山的苗族一直沿袭着"民间立法"的形式，即"议榔"（栽岩），就是将附近村寨的寨老聚集在一起，召开议榔大会，通过杀牛祭神、栽岩盟约的形式，口头宣布法规，立法时会树立一块巨大的岩石，表明规矩定下后稳如磐石（徐晓光，2013）。榔规的内容涉及婚姻、嫁娶、丧葬、贺礼、鼓藏节、文化传承、子女教育、环境卫生等许多方面，其中包括很多保护自然的条款，如"爱护寨头、寨脚、寨边和道路两旁的古树、大树"，"对破坏村寨风水古树的处罚 120 斤肉，并责令毁 1 栽 5 保证存活"，"保护月亮山等国有森林资源，违者处罚 1000 元"，"禁止毒鱼、炸鱼、电鱼，违者罚款 1000 元"。

每个村寨会在榔规基础上根据实际情况制定本村的村规民约，村规民约对村民的日常生活规范有很大的影响，对生态保护发挥着积极作用。在保护区没有完备的管理部门和人员配备的情况下，有关护林、防火、护河方面的村规民约对生态保护起着重大作用。在今后保护区管理中要充分尊重当地的传统文化与风俗习惯，保存有益的文化元素，融入到社区共管。

（2）社区对自然保护区建设的不利影响

经过 PRA 调查，当地社区存在以下几方面对保护区生态系统保护的不利影响：①保护区涉及社区、居民较多，核心区有部分居民，对保护区的管护带来巨大压力。②放养牛群，放火烧山。③打鸟吃鸟，捕杀野生动物行为时有发生。④不法分子在保护区内偷砍盗伐楠木等珍贵树木。⑤核心区长牛村种植林下经济作物灵香草和铁皮石斛对生态环境存在一定威胁。

2.3 社区居民薪柴消费比重与家庭经济情况相关性分析

通过对家庭的薪柴消费比重、家庭务工人数、家庭人均收入以及家庭生计策略类型进行 spearman 相关性分析，探究社区居民家庭薪柴消费比重与家庭经济情况之间的关系。其中社区家庭生计类型共分为四种，设置纯农户 =1，以农业为主的兼业户 =2，以非农为主的兼业户 =3，非农户 =4。

由表 6.2.3 可知，家庭薪柴消费比重与家庭务工人数呈现极显著负相关，为 -0.484，表明随着家庭外出务工人数的增多，家庭对薪柴的消费逐渐降低；与家庭人均收入呈现极显著负相关，为 -0.579，说明随着家庭人均收入的提高，家庭对薪柴的依赖程度会降低，更倾向于其他能源；与家庭生计类型呈现较强的负相关，为 -0.725，且极其显著，说明家庭非农业收入比重越大，对薪柴的消费越少。

综上所述，家庭务工人数的增加、农业收入所占比例减少或人均收入的提高都会在一定程度上减少家庭对薪柴的消费比重，更倾向于选择其他能源。

表 6.2.3　月亮山保护区社区薪柴消费比重与家庭经济情况相关性分析表

	薪柴消费比重	家庭务工人数	家庭人均收入	生计类型
家庭务工人数	−0.586**	1		
家庭人均收入	−0.579**	0.832**	1	
生计类型	−0.725**	0.824**	0.827**	1

注：＊＊表示极显著相关，＊表示显著相关

2.4　社区居民对保护区支持意愿及其主要的影响因素分析

2.4.1　社区居民对保护区的认知和支持情况

（1）社区居民对自然保护区的认知情况

69%的社区居民表示知道保护区的存在，但对具体范围、保护对象等并不了解。56%居民表示学校、居委会宣传过森林防火。今后应加强生态保护的宣传教育，丰富宣传形式，提高居民的对保护区的认知与保护意识。

（2）社区居民对自然保护区的支持情况

54%的社区居民对保护区的建设有抵触情绪。居民同意国家公益林纳入自然保护区，但不希望以杉木为主的经济林被纳入，其原因包括：①调查社区98%以上的家庭都拥有经济林，经济林的收益是家庭主要经济来源。②薪柴是主要的能源来源。③以木制房屋为主，自家林木建房实惠。④担心森林面积增加、野生动物增多，导致农作物产量降低。

因此，保护区在共管过程中，应将保护资源与居民需求相结合，帮助社区解决问题，发展经济，使保护区的建设获得社区支持。

2.4.2　影响社区居民对保护区支持意愿的主要因素

社区居民对保护区支持意愿调查是了解社区与保护区关系的有效手段。社区居民对保护区的态度，包括支持与不支持两种，设定 $Y=1$ 表示支持保护区的建设，$Y=0$ 表示不支持保护区的建设，运用 Logistic 回归模型分析探讨影响社区居民对保护区支持意愿的相关因素。二项 Logistic 模型中回归系数 (β_i) 表示某一个因素改变一个单位时，对保护区支持与不支持的概率之比的对数变化值。P 为支持的概率，$1-P$ 为不支持的概率，该过程在 SPSS18.0 中完成。

社区居民基本特征为解释变量 $x_i(i=1,2,3\ldots m)$，社区居民基本特征有社区居民个体特征和家庭基本特征，其中社区居民个体特征包括性别(x_1)、年龄(x_2)、文化程度(x_3)，家庭基本特征包括生计策略类型(x_4)、薪柴消费比重(x_5)、拥有林地面积(x_6)、家庭总人数(x_7)、家庭务工人数(x_8)、家庭人均收入(x_9)（表6.2.4、表6.2.5）。

Logistic 回归的方程为：$p=\dfrac{1}{1+e^{-(\alpha+\beta x)}}$

变形为 $\mathrm{Ln}\left(\dfrac{p}{1-p}\right)=\alpha+\beta x$

一般的，总体 Logistic 回归方程的形式如下（王济川，2001）：

$$\mathrm{Ln}\left(\frac{p}{1-p}\right)=\alpha+\beta_1 x_1+\beta_2 x_2+\cdots+\beta_n x_n$$

表 6.2.4　月亮山保护区社区居民对保护区支持意愿影响因素特征变量赋值

变量	变量描述
性别(x_1)	男＝1
	女＝0
年龄(x_2)	实际数据输入

（续）

变量	变量描述
文化程度(x_3)	未受教育 = 1
	小学 = 2
	初中 = 3
	高（职）中 = 4
	大专及其以上 = 5
生计策略类型(x_4)	纯农户 = 1
	以农业为主的兼业户 = 2
	以非农为主的兼业户 = 3
	非农户 = 4
薪柴消费比重(x_5)	实际数据输入
拥有林地面积(x_6)	实际数据输入
家庭务工人数(x_7)	实际数据输入
家庭务工人数(x_8)	实际数据输入
家庭人均收入(x_9)	1000 元以下 = 1
	1000～5000 元 = 2
	5001～10000 元 = 3
	10000 元以上 = 4

表 6.2.5　月亮山保护区社区居民对保护区支持意愿模型估计结果

变量	B	$S.E.$	$Wald$	df	$Sig.$	$Exp(B)$
性别(x_1)	0.437	0.594	0.543	1	0.461	1.549
年龄(x_2)	−0.827***	0.215	14.754	1	0	0.438
文化程度(x_3)	0.871***	0.27	10.373	1	0.001	2.389
生计策略类型(x_4)	0.056	0.44	0.016	1	0.899	1.057
薪柴消费比重(x_5)	−0.001	0.012	0.009	1	0.926	0.999
拥有林地面积(x_6)	−0.007	0.01	0.593	1	0.441	0.993
家庭总人数(x_7)	0.184	0.184	1.006	1	0.316	1.202
家庭务工人数(x_8)	0.612	0.411	2.216	1	0.137	1.844
家庭人均收入(x_9)	0.156	0.455	0.117	1	0.732	1.168
Constant	−2.138	2.082	1.054	1	0.305	0.118

注：Chi – square = 8.751；−2Log Likelihood = 119.447；Nagelkerke R Square = 0.539；Accuracy = 83.5%；*** ，** ，* 分别表示在 1%，5%，10% 的水平上检验显著。

通过对数似然比检验、Hosmer and Lemeshow 检验对二项 Logistic 回归模型的拟合度进行验证，得出 Nagelkerke R Square 值为 0.539，Chi-square 卡方检验值为 8.751，显著性水平 *sig.* = 0.364 > 0.05，说明模型能较好拟合整体。模型的整体正确率为 83.5%，说明模型具有一定的解释能力，能够反映社区居民对保护区支持意愿的主要因素。

通过回归模型的估计结果，分析得出以下结论：

社区居民的年龄对保护区支持程度具有负向影响且在 1.0% 的置信水平下显著，表明社区居民随着年纪增大，对保护区支持意愿逐渐降低。因为年纪大的人教育程度普遍较低，环境保护意识也相对较低。另一方面，老年人更依赖传统生活方式，打工较少，经济林为主要收入来源。关注老年人的生活需求是保护区管理的一个重要方面。

社区居民文化程度对保护区的支持程度具有正向影响，并且在 1% 的置信水平下显著，说明随着受教育水平的提高，对保护区支持意愿逐渐提高。通过大力扶持当地的教育事业，增强社区居民的环保意识，有助于提高社区居民对保护区的支持程度。

家庭薪柴消费比重、拥有林地面积这两个指标对保护区支持程度具有一定的负向作用，但没有显著性影响。家庭薪柴消费比重虽有所不同，但都占有一定比例，说明薪柴对社区居民是刚性需求，属于生活必需品，所以社区居民会对保护区的建设有一定的抵触情绪。林木的收入是当地社区居民家庭中的一项重要经济来源，社区居民普遍担心经济林被纳入保护区，所以该指标呈现一定负向影响。

其他变量包括生计策略类型、家庭务工人数、家庭总人数、家庭人均收入对保护区的支持意愿没有显著性影响。分析得出，当地社区在一定程度上依赖森林资源，农业收入在家庭收入中仍占一定比例，社区居民家庭人均收入水平普遍处于较低水平，从而这几个指标对保护区支持意愿没有显著性影响。

3 月亮山保护区社区共管模式的提出

3.1 模式的提出

刘霞在自然保护区社区共管案例分析中总结了我国的五种共管模式：①非共享经济收益的基本型；②有非政府组织参与的基本型；③有公司参与的基本型；④共享经济收益的紧密型；⑤生态旅游的内在动力型。

四川九寨沟国家级自然保护区就是生态旅游动力型模式的典型代表，其社区人均年收入达到全国平均水平的 3.2 倍，是旅游带动区域经济发展的成功范例。通过实地考察和评估，月亮山保护区适合发展生态旅游动力型共管模式。

保护区古树参天、溪水清澈，不仅有着绝佳的生态环境与珍稀的物种资源，而且聚集着苗族、水族、侗族等少数民族，原生态民族文化浓厚，山中百岁寿星众多，是生态旅游养生度假的理想之地，是目前尚未开发的集珍稀自然资源与原始古老文化为一体的瑰宝之地。

月亮山生态旅游动力型共管模式发展中，要以有效维护保护区的物种多样性、生态系统完整性为开发前提，开发生态旅游产品和服务，相关利益主体参与各项决策、管理、监督、维护等工作，带动保护区及周边社区的经济发展，促进社区和自然保护区可持续发展。

3.2 构建生态旅游动力型模式的可行性分析

通过野外考察，走访调查保护区周边社区，并与保护区所属的林业部门及相关专家讨论的基础上，综合考虑保护区发展的内部、外部影响因素，运用 SWOT 分析法对月亮山保护区发展生态旅游动力型共管模式进行可行性分析，以期验证该模式的合理性和可操作性。

3.2.1 优势(strength)分析

(1)丰富的珍稀动植物资源，是科学考察、科普教育的理想基地。

(2)气势磅礴的壮美梯田，被誉为"农耕文化博物馆"、"国家梯田公园"。

(3)浓郁的原生态民族风情，"苗族文化的历史博物馆"，苗、水、侗族聚居地。

(4)区域交通的改善，贵广高铁与厦榕高速为旅游提供契机。

在保护区，有深厚的历史文化底蕴，红七军在此留下了贵州省最早的红色足迹，月亮山一支脉的"孔明山"传说是诸葛亮擒获孟获的地方，目前仍保留着孟获石、孔明塘、孔明寨、石碑、哨营及关防遗址等三国遗迹。

总之，月亮山是集原始风光、红色文化、民族文化、历史典故为一体的名山，具有极高的旅游开发价值。

3.2.2 劣势(weakness)分析

(1)生态系统脆弱，威胁和影响珠江水系的水质、径流及整个流域的生态安全。

(2)经济水平低，基础设施薄弱。

(3)缺乏保护区管理机构及专业人才。

3.2.3 机遇(opportunity)分析

(1)休闲时代的到来和生态旅游的兴盛

月亮山地区山高、林密、水清、谷幽，云海梯田更是美不胜收，非常适合开展养生度假、户外运动、科学考察等生态旅游活动。

（2）国家对贵州省生态旅游的重视

《关于进一步促进贵州经济社会又好又快发展的若干意见》、《贵州生态旅游发展战略规划与案例研究项目》都提出了进一步促进贵州的生态旅游发展，当地也正在打造月亮山梯田观光度假游。

（3）月亮山扶贫攻坚的发展机遇

2015年《贵州省月亮山区扶贫决战三年行动计划（2015—2017年）》提出，要重点投资，帮助月亮山地区的人民走出贫困并积极发展乡村旅游。

（4）保护区整合升级的发展机遇

保护区正在进行省级自然保护区的申报工作，并将长远目标设定为国家级自然保护区。

3.2.4　挑战（threat）分析

（1）周边旅游资源竞争激烈

贵州附近的云南、广西是旅游强省，月亮山附近的茂兰、雷公山国家级自然保护区，都有丰富的自然资源及少数民族文化，同质产品竞争激烈，如何在区域竞争中打造特色品牌吸引客源对保护区生态旅游开发具有极大挑战。

（2）保护区与社区存在矛盾

村民放火烧山、打猎的生活习惯与保护区资源保护存在冲突矛盾。如何将村民变为生态环境的保护者与生态旅游的参与者是保护区可持续发展需要解决的重要问题。

3.3　生态旅游开发对策

综上所述，月亮山保护区建立生态旅游动力型共管模式具有较强的可行性和可操作性，总体优势大于劣势，具有光明的前景和发展机遇，在发展中应发挥优势弥补劣势，抓住机遇，迎接挑战。模式构建过程中关于生态旅游的发展需注意以下几个方面：

（1）坚持"生态第一"。

（2）引进专业人才。

（3）依靠大数据，打造智慧旅游景区。

（4）强调社区参与。

尊重少数民族文化，有助于居民对本民族文化的认同与传承。社区参与旅游的重点在于获得参与社区旅游发展决策的权力与公平获得旅游收益的机会，通过社区参与生态旅游，以期达到资源保护与经济发展的双重目的。

（5）彰显特色，创立品牌，开发特色生态旅游精品

充分挖掘月亮山保护区丰富的自然资源、人文资源、红色历史资源，赋予其文化内涵，避免旅游资源开发的同质化与雷同建设，彰显特色，创立品牌，打造月亮山精品旅游景区：依托月亮山原生态民族文化，因地制宜发展特色的村寨旅游，吸引游客参与互动型民俗活动；以高山、峡谷、密林、河流等资源为依托，开发山地户外运动类旅游产品；依托红军在月亮山的革命遗迹，发展红色爱国主义教育基地；结合气势宏伟的梯田与古老的农耕技术，开发梯田观光与农耕文化体验之旅；依托月亮山是养育众多百岁老人的长寿山，可打造为国际康体养生休闲胜地。

在设计不同精品旅游产品的同时，应整合资源，与周边荔波小七孔、广西桂林等知名景区"强强联合"，发挥各自的比较优势，打造跨区域的精品旅游路线，开拓更广泛的客源市场。

4　月亮山保护区社区共管模式的构建

4.1　共管模式的目标

构建共管模式首先需要确定自然保护区的管理目标，因为它决定着模式的运行方向。月亮山保护区的共管模式的目标是实现生态可持续、社会可持续、经济可持续的综合目标。

4.2 共管模式的原则

4.2.1 系统性原则

社区共管属于自然科学和社会科学综合而成的自然资源管理，它将资源管理与社会改革相结合，对"人类社会–森林生物群落–自然环境"组成的复合生态系统进行科学管理，达到人与自然和谐发展的目的。

4.2.2 民主性原则

社区广泛参与共管的各项决策，培养社区居民自我管理、自我教育、自我发展和自我监督的民主意识。

4.2.3 渐进创新性原则

模式的运行过程中会出现各种新的影响因素，政府政策、资金来源、社区居民的环保意识与生活需求以及各利益主体会出现变动，要保证共管的长期性，构建特色管理模式。

4.3 共管模式的管理机制

4.3.1 共管模式的组织建设

（1）相关利益主体分析

识别月亮山保护区参与共管的利益主体及其需求分析是组织建设的前提。

保护区管理部门：保护区目前分别隶属于榕江县、从江县林业局，升级后设立专门的统一管理机构，保护生物多样性是其主要目标。追求保护效益的最大化，在保护的前提下，可适度开展参观、旅游等活动，以补充管理经费提高自养能力。综合而言，生态环境的保护是其最主要目标。

各级政府：主要是中央政府以及地方各级政府，实施《贵州省月亮山区扶贫决战三年行动计划》拟投资 34.99 亿元，以期带动月亮山地区的人民逐步脱贫。所以政府最主要追求的是经济目标，同时兼顾社会、生态目标。

当地社区：国家极贫区，一直以来交通闭塞，基础设施薄弱，长期以来属于被动接受者。社区的基本需求以及民意需要表达的途径，各项权利需要制度保障，社区主要以追求经济水平的提高为目标。

保护区管理部门、各级政府、当地社区是最直接利益主体，间接利益主体包括非政府组织（国际、国内非政府组织）、学术组织（高等院校、研究所、相关专家学者）、少数民族相关协会、相关企业和公司、媒体、旅游观光者以及其他关注月亮山保护区的公众、组织等。

（2）基于相关利益主体的组织建设

建立专门的保护区管理局，完善保护区各级管理部门是建立共管委员会的首要步骤。保护区管理局作为组织单位，应成立开放式、多方参与的共管委员会，将保护区管理部门、黔东南州榕江县与从江县政府的相关部门、保护区涉及的乡镇各级代表、当地社区代表、相关研究所和学术组织专家纳入到共管委员会中，将共管项目纳入到政府的决策之中。

组织建设共管委员会时应注意两点：第一，积极与拥有丰富共管经验的国外非政府组织合作，比如全球自然基金会、世界银行、富群环境研究院（原美国新一代基金会）等，这些国际组织在我国其他保护区已经成功实施了共管项目并取得了良好的成果。第二，保护区以及周边地区是少数民族聚居地，建议加入民族宗教相关部门和协会，如制定苗族"民间法规"的榔规组委会。

4.3.2 共管模式的制度建设

（1）完善社区共管制度

没有法律保障的共管是脆弱的，将社区共管的各项内容纳入规章制度之中，明确当地社区在共管中的的管理权、决策权、收益权等基本权利，保证社区居民的主人翁地位。

（2）完善村规民约，强化社区自治功能

鼓励社区自下而上制定村规民约，引导居民依法自治，把分散的社区居民集合起来建立村民自治组织，完善基层微型社区管理制度，是获得增权的有效途径，全面提高社区在共管中的经济增权、社会增权、政治增权和心理增权。村规民约是在国家法律规定范畴内的村民自我约束、自我管理的合约

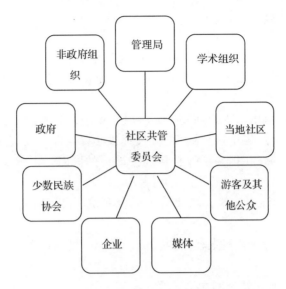

图 6.2.5　月亮山保护区社区共管委员会组织结构图

式补充，是政府法律与政策的延伸，是一脉相承的。民间制度与政府政策的互补耦合在少数民族地区能够发挥有效的作用，继续把护林、防火等对生态保护有利的制度纳入村规民约，并把保护野生动物的相关条约加入其中，建立保护区管理与社区自治的联防联护的共管体制。

4.4　共管模式的利益协调机制

4.4.1　建立社区共管基金

保护区主要的资金来源是国家和地方政府的财政拨款，我国用于自然保护区建设的资金严重短缺，难以维持自然保护区的发展以及社区共管的建设，需要拓展融资渠道。通过旅游带动当地经济发展，为保护区提供资金支撑，同时积极寻求国内外非政府组织以及社会团体、公众的捐助。建立公开透明的社区共管基金，受各利益主体的监督，投资基础设施、特色短平快项目及帮助社区解决困难等，如当地受虫害、鼠害较为严重，社区共管基金可以给予居民适当补助。

4.4.2　完善生态补偿机制

生态补偿是维护自然保护区生态系统服务功能或特定物种持续存在和发展而建立起来协调各利益相关者之间关系的具有激励效应的长效制度安排。如果为环境保护做出牺牲的当地社区没有得到合理的补偿，其后续生活和发展就难以保障，会造成新的贫困，引发社会问题。对少数民族同胞进行合理的生态补偿，有助于社会稳定和民族团结。探索多元化补偿方式，让居民在保护生态环境的同时享受到生态保护带来的实惠。补偿机制包括以下方面：①对林地、耕地等土地划入自然保护区范围的社区给予不低于国家级公益林补偿标准的生态补偿，并对生活困难的老人适当增加粮食、资金补贴。②建立野生动物危害补偿机制。③对生态移民搬迁的社区进行合理安置的同时，给予适当生活补贴，将搬迁安置区设置在发展旅游的区域中规划。④完善跨省江河流域生态共建共享保护机制和生态环境赏罚机制。月亮山保护区属于珠江流域上游区域，应建立珠江流域跨省生态共管机制和跨区域生态补偿机制，通过财政转移支付、地方政府协调等补偿方式对保护区的受损社区进行适度补偿。⑤资金扶助、项目带动、特色产业、技术支持、提供就业等多元化补偿形式相结合。

4.5　共管模式的冲突协调机制

冲突来源于各利益主体追求的目标不同。自然保护区以生态保护为主要目标，社区居民、相关投资企业以经济利益为主要目标，政府部门追求经济利益为主并兼顾生态、社会利益的目标，为了协调各方利益需建立一个有效的冲突协调和解决机制，减少和解决不同利益主体之间的冲突矛盾，这就需要非政府组织以及公众的加入，形成多元化参与主体的良性协调机制。

4.6　共管模式的激励机制

4.6.1　建设社区公益性工程

（1）能源结构：改变以薪柴为主的能源结构，改建节柴灶、液化气灶和沼气池，推广"猪—沼—稻"、"猪—沼—菜"生态农业发展模式，在月亮山香猪产业发展的同时集中兴建沼气池，减少社区对森林资源的利用。

（2）基础设施：帮助社区饮用水入户问题，完善电力设施，覆盖通讯网络。完善当地与外界的交通，不仅能方便社区居民生活，也为生态旅游的开展提供必要条件。如贵州省茂兰自然保护区，通过建设45 km环保护区柏油公路，在提高了保护区巡护能力的同时，也解决了当地社区居民出行难的问题。

（3）房屋建设：提倡减少纯木建筑，增加砖木混合建筑。砖木混合房屋比纯木房屋能减少火灾隐患。

（4）教育与宣传：大力发展教育和生态保护宣传，提高居民环保意识，重视女性的受教育情况和权利。

4.6.2　发展替代生计项目，结合地方扶贫项目联合共管

保护区首先要考虑的是在生态保护的前提下，如何满足居民基本生计需求。共管项目需结合贵州省关于月亮山地区扶贫开发政策，增强社区自力更生的能力，扶植支柱产业，发展种植业和养殖业。需要注意：一是项目的开展要坚持"生态第一"；二是在各项目开展前需要经过充分的科学论证，保证项目具有可行性和持续性，避免出现因盲目发展而造成资金浪费与项目短期破产。例如，月亮山香猪是国家二级珍稀保护畜种，营养价值高，具有可观的发展前景，对香猪、香羊、黄牛等可进行"农户＋公司"产业化发展，提高抵御市场不稳定风险的能力，对各类土特产品深加工，将香猪肉制作成真空包装的腊肉销往国内外。也可以积极扶持当地木耳、九月笋等经济作物和灵芝、铁皮石斛等中草药的种植，通过生态旅游的发展带动区域产业化进程，促进产供销一体化，打造月亮山地区名优产品。

4.6.3　加强技能培训项目

在项目前期、后期经营管理以及产后销售等各个环节，结合当地市场需求开展技能培训，比如组织社区居民进行厨艺、开车、旅游服务等培训；根据社区居民反映香猪养殖存在的诸多问题，聘请专家针对性的培训；开展针对妇女的相关项目，提高妇女的地位和参与性；引导村民向外输出劳务，减少保护区的人口压力；围绕苗族、水族、侗族等当地少数民族风情进行具有纪念性的手工艺品制作和销售，在生态旅游的住、行、游、购、娱一体化的推动下，带动当地的刺绣、蜡染、银饰等加工业的发展。

4.6.4　小额信贷制度

保护区社区居民子女上学和发展种植业、养殖业都需要资金，针对社区居民不同的需求提供贷款，调整贷款额度，普及小额贷款，如助学贷款、住房贷款、项目贷款等。贫困农户的小额贷款项目，一方面，没有担保和抵押，能保证贫困农户得到贷款；另一方面，贷款额度小并实行分期还款，能减轻贷款居民一次性还款的压力并提高还款率。

4.6.5　生态移民搬迁工程

实施生态移民搬迁工程是脱贫并实现生态保护的重要手段，是一项系统的复杂工程。结合贵州省生态移民政策有计划地实施生态移民，减少保护区内人口压力，重点针对生态环境敏感区、自然条件恶劣、基础设施薄弱、生活贫困的社区。在实施生态移民项目时需注意以下方面：

首先，充分了解当地社区居民需求，广泛征求社区居民的意见，优先安排自愿搬迁的社区居民。走访中，长牛村搬迁意愿较大，可优先安排搬迁至较近区域。

其次，对搬迁后的社区居民应妥善安置，从村寨"搬得出"，到安置区"留得住"：①政府、企业和其他组织共同合作对移民进行多种形式的职业教育与非农技能培训，以市场需求为导向，突出培训的实用性，积极开展"基地＋公司"一体化的订单培训，创建生态移民完备的就业体系。②对家庭困难的

老人应给予更多照顾,适当增加粮食或经济补贴以满足基本生活需求。③公平分配房屋,对搬迁资金使用明细化、透明化,保证搬迁款项全部用于移民身上,保证安置区房屋的质量和基础设施的完善。

4.7 共管模式的效果评估机制

量化管理是提高管理水平的重要方面,通过具体而细化的指标以完成对管理效果的评估。建立完善的共管效果评估机制,实行细致入微的量化管理。保护区的评估体系包括四方面,自然生态保护指标体系、社区经济发展评估指标体系、社会和谐稳定评估指标体系、生态旅游发展指标体系。

其中,自然生态保护指标体系包括森林覆盖率、单位面积蓄积量、水土流失防治率、森林病虫与火灾发生率、珍稀动植物保护率、环境质量指标(水、空气、土壤)、生物多样性指数;社区经济发展评估指标体系包括社区共管基金总金额、人均年收入、恩格尔系数、基尼系数、生态补偿总金额及落实率、基础设施建设率(水、电、通讯、公路里程、学校数量、卫生所数量)、替代生计项目总金额及数量、替代能源项目总金额及数量(如节柴灶数量);社会和谐稳定评估指标体系包括盗伐树木发生率、偷猎野生动物发生率、社区居民受教育水平、保护意识、对保护区管理满意度、对村务公开满意度;生态旅游发展指标体系的构建包括旅游收入、旅游人数、旅游资源价值评价、游客满意度、旅游区域环境容量、旅游区域环境质量指标(水、空气、土壤)。共管过程中进行的各具体项目可结合实际构建具体指标,以监督项目的实施过程及评估项目实施效果。

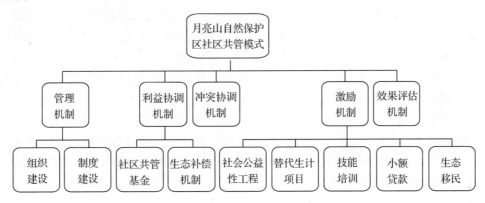

图 6.2.6 月亮山保护区社区共管模式图

综上所述,共管的各项机制需共同协调多管齐下,才能缓解保护区与社区之间的矛盾,促进保护区生物多样性的维护与社区经济的持续发展,促进人与自然的和谐相处。月亮山保护区生态旅游动力型共管模式的构建能够将当地的经济建设、居民需求与自然保护区发展紧密结合,促使社区从自然资源的破坏者转变成保护者,实现生态可持续、社会可持续、经济可持续的综合目标。

(赵 佳 罗 扬)

参考文献

Rivera R, Newkirk G F. Power from the people: a documentation of non governmental organizations´ experience in community – based coastal resource management in the Philippines [J]. Ocean and Coastal Management, 1997, 36(1): 73 – 395.

花晓波. 论农牧户生计与土地利用的关系——基于青藏高原 3 个农业生态区的实证[D]. 重庆:西南大学, 2014.

徐晓光. 黔东南榕江、从江月亮山区苗族风俗改革"埋岩议榔"实录[J]. 厦门大学法律评论, 2013, (2): 100 – 121.

王济川, 郭志刚. Logistic 回归模型:方法与应用[M]. 北京:高等教育出版社, 2001.

刘霞, 张岩. 中国自然保护区社区共管研究初探[J]. 经济研究导刊, 2011, 13: 151 – 155.

张希武. 社区发展是自然保护区发展的动力[J]. 人与生物圈, 2011, 03: 20 – 23.

侯国林. 基于社区参与的湿地生态旅游可持续开发模式研究[D]. 南京:南京师范大学, 2006.

官加杰, 江波. 雷公山国家级自然保护区生态旅游发展 SWOT 分析[J]. 四川林勘设计, 2015, (2): 66 – 69.

令狐克鸿, 冉景丞. 茂兰自然保护区生态旅游 SWOT 分析及发展对策[J]. 西北林学院学报, 2009, 24(5): 224 – 228.

刘纬华. 关于社区参与旅游发展的若干理论思考[J]. 旅游学刊, 2000, (1): 47 – 52.

宋章海，马顺卫．社区参与乡村旅游发展的理论思考[J]．山地农业生物学报，2004，23(5)：426－430.

赵佳，罗扬．月亮山保护区生态旅游SWOT分析及发展策略[J]．安徽农业科学，2016，44(9)：200－202.

张守攻，江泽平等．森林生态系统研究概述[J]．世界林业研究，2007，20(2)：1－9.

孙九霞．赋权理论与旅游发展中的社区能力建设[J]．旅游学刊，2008，23(9)：22－27.

蔡燕燕．我国自然保护区管理模式研究[D]．杭州：浙江农林大学，2012.

汲荣荣．民族地区自然保护区生态补偿标准研究——以雷公山自然保护区为例[D]．北京：中央民族大学，2012.

王承云．三峡库区移民就业及相关影响因素研究[D]．武汉：武汉大学，2012.

郭玉荣，宫茜茜．黑龙江省和谐自然保护区理论体系的构建[J]．野生动物，2013，34(5)：307－310.

徐正春．广东省林业系统自然保护区建设管理研究[M]．北京：中国林业出版社，2009.14－15.

谭丹犁．宝兴蜂桶寨自然保护区社区共管成效评价研究[D]．雅安：四川农业大学，2010.

第三节　保护区景观格局分析

　　景观格局是指具体生态系统存在"元素"的空间关系——主要指生态系统的形状、大小、数量、类型及相关的能量、物质和物种的分布，是在自然条件和人类活动综合作用下，景观异质性在空间上的具体体现。景观指数是景观格局分析的有力工具。景观格局分析是景观生态学研究的重要组成部分，研究景观格局是人类认识自然、了解自然、合理处理人与自然的关系、达到人与自然和谐相处的重要方法，对国土资源开发与土地利用有着重大的指导意义。景观格局分析广泛运用于土地利用、城市景观研究、自然保护区景观格局分析、湿地景观研究等，通过景观格局现状和动态变化趋势分析可为今后的规划和保护发展提供依据。森林景观是指人们在某一时空点上视野所及的以森林植被为主体的一种自然景色，由森林生态系统构成的自然保护区即为一种森林景观，其格局决定着保护区内森林资源的配置与分布，制约着景观内的各种生态过程，影响着森林生态系统的稳定性、抗干扰能力和生物多样性，对森林生态系统的保护具有重要意义。

　　因此，本研究运用景观生态学的原理和方法，从森林景观的要素特征和空间异质性两方面，对贵州月亮山保护区的景观格局进行分析，了解月亮山保护区景观分布的现状，对于研究和保护月亮山保护区的生物多样性具有重要意义，以期为今后该保护区的建设和森林资源管理提供参考。

1　资料与方法

1.1　资料来源

　　研究资料主要包括月亮山保护区功能区划图、月亮山保护区2015年林地变更数据库(.mbd)、月亮山保护区1:28000林相图(.jpg)、月亮山保护区中巴资源3号卫星2013年遥感影像图(.tif)。

1.2　研究方法

1.2.1　景观的类型划分和信息提取

　　利用ArcGis软件，首先将月亮山保护区2015年林地变更数据库、1:28000林相图和遥感影像图与月亮山保护区区划图配准，数字化得到月亮山保护区的景观格局分布图(.grid)如图6.3.1。按照景观分类原则、森林群落生态学原则和林地地类分类原则，将月亮山保护区划分11种景观类型，各景观类型如表6.3.1。

图 6.3.1　月亮山保护区景观格局分布图

表 6.3.1　月亮山保护区景观类型划分

景观类型	界定标准
硬阔林地	优势树种为硬阔树种的乔木林地；
软阔林地	优势树种为软阔树种的乔木林地；
针叶林地	优势树种为针叶林的乔木林地，包括杉木、马尾松等；
针阔混交林地	优势树种为针叶树种和阔叶树种混交的林地；
灌木林地	覆盖度大于30%，以灌木树种为主的具有防护作用的林地；
未成林造林地	人工造林后不到成林年限或者达到成林年限后造林成效符合一定条件，分布均匀、尚未郁闭但有成林希望的林地；
宜林地	包括造林失败地、规划造林地和其他宜林地；
其他林地	包括竹林地、疏林地和迹地；
耕地	指种植农作物的土地；
建设用地	指建造建筑物、构造物的土地，包括工矿建设用地、交通用地、城乡居民建设用地；
水域	指陆地水域和水利设施用地，包括河流、湖泊、水库、坑塘、苇地、滩涂、沟渠、水利设施等。

1.2.2　景观格局指标的选择

景观格局指标(Landscape Pattern Index)是景观生态学界广泛使用的一种定量研究方法，能揭示各景观类型斑块的变化特征和变化机制以及对生态系统造成的影响，它是景观几何特征在数理统计上的表达。本书根据保护区的实际情况，在景观要素特征方面选取斑块面积、个数、周长和平均斑块面积，在景观异质性方面选取分维数、破碎度、蔓延度、多样性指数、均匀度指数等指标，用定量和定性的方法，分析月亮山保护区景观格局特征。各景观指标含义如表 6.3.2。

1.2.3　统计分析

将月亮山保护区的景观格局分布图(.grid)导入景观格局分析软件 Fragstats，分析得到研究区景观格局指数，用 excell 统计分析。

表6.3.2　月亮山保护区主要景观格局指标及含义

指标名称	内涵
分维数（PAFRAC）	反应一定尺度上斑块和景观格局的复杂程度，理论值范围为 $1 \leqslant PAFRAC \leqslant 2$，对于非常简单的周长，如正方形，PAFRAC接近1，而对于高度旋绕的周长，则趋近于2。
聚集指数（AI）	理论值范围为 $0 \leqslant AI \leqslant 100$，当焦点斑块最大程度分散时，$AI = 0$。AI随着焦点类型聚集而增大，当只有一种斑块类型时AI达到100。
蔓延度指数（CONTAG）	景观里不同斑块类型的团聚程度或延展趋势。理论值范围为 $0 < CONTAG \leqslant 100$，当斑块类型最大程度分散是CONTAG接近0，当所有斑块类型最大程度上聚集CONTAG $= 100$。
Shannon多样性指数（SHDI）	是反应景观异质性和景观类型多样大小的指标，$SHDI > 0$，$SHDI = 0$ 表明整个景观仅由一个斑块组成；SHDI增大，说明斑块类型增加或各斑块类型在景观中呈均衡化趋势分布。
Shannon均匀度指数（SHEI）	理论值范围为 $0 < = SHEI < = 1$。当景观中只包含一个斑块（没有多样性）时 $SHDI = 0$，而当不同类型斑块间是完全均匀（各类型所占比率相等）时，$SHDI = 1$。
破碎度（I）	$I = Ni/Ai$　I表示破碎度，Ni不是第i类景观斑块数，Ai表示第i类景观的面积。I值越大，破碎程度越高。

2　结果与分析

2.1　景观要素特征分析

基于ArcGis技术和Fragstats软件，分析得到研究区景观斑块面积、个数和周长等信息，利用Excel软件，统计获得月亮山保护区植被景观要素指数（见表6.3.3）。

2.1.1　斑块面积特征

由表6.3.3可知，月亮山保护区总面积为34555.67 hm^2，各景观类型的面积分布很不均匀。其中面积最大的是硬阔林地19961.35 hm^2，占总面积的57.70%；其次是针叶林地8074.36 hm^2，占总面积的23.34%；面积最小的是针阔混交林地3.67 hm^2，仅占0.01%。表明硬阔林地和针叶林地是月亮山保护区的主要景观类型，是月亮山保护区的基质景观，对保护区的贡献相对较大。

表6.3.3　月亮山保护区景观要素特征指数

景观类型	面积（hm^2）	占比（%）	斑块数（个）	占比（%）	密度	周长（hm）	占比（%）	平均斑块面积（hm^2）
T1	19961.35	57.70	297	9.20	0.86	2066.27	31.48	67.21
T2	8074.36	23.34	485	15.02	1.40	1525.54	23.24	16.65
T3	2454.07	7.09	1627	50.40	4.70	1323.9	20.17	1.51
T4	1936.42	5.60	143	4.43	0.41	398.8	6.08	13.54
T5	977.87	2.83	190	5.89	0.55	278.19	4.24	5.15
T6	436.69	1.26	244	7.56	0.71	513.58	7.82	1.79
T7	286.41	0.83	75	2.32	0.22	295.43	4.50	3.82
T8	235.45	0.68	34	1.05	0.10	62.81	0.96	6.93
T9	141.43	0.41	98	3.04	0.28	64.03	0.98	1.44
T10	89.73	0.26	34	1.05	0.10	34.07	0.52	2.64
T11	3.67	0.01	1	0.03	0.00	1.16	0.02	3.67
总计	34555.67	100.00	3228	100.00	9.33	6563.78	100.00	124.34

注：T1：硬阔林地、T2：针叶林地、T3：耕地、T4：软阔林地、T5：未成林造林地、T6：建设用地、T7：水域、T8：灌木林地、T9：其他林地、T10：宜林地、T11：针阔混交林地。

斑块平均面积 $A = Ai/Ni$，式中 Ai 为景观类型 i 的总面积，Ni 为景观类型 i 的总斑块数，属于景观粒度的指标，揭示一定意义上景观的破碎化程度。斑块平均面积越大，破碎化程度越低，反之斑块平均面积越小破碎化程度越高。由表6.3.3可知，月亮山保护区各景观斑块平均面积由大到小依次为：硬阔林地($67.21\ hm^2$)、针叶林地($16.65\ hm^2$)、软阔林地($13.54\ hm^2$)、灌木林地($6.93\ hm^2$)、未成林造林地($5.15\ hm^2$)、水域($3.82\ hm^2$)、针阔混交林地($3.67\ hm^2$)、宜林地($2.64\ hm^2$)、建设用地($1.79\ hm^2$)、耕地($1.51\ hm^2$)、其他林地($1.44\ hm^2$)。则破碎化程度由小到大依次为：硬阔林地、针叶林地、软阔林地、灌木林地、未成林造林地、水域、针阔混交林地、宜林地、建设用地、耕地、其他林地。

2.1.2　斑块周长特征

斑块周长是景观要素的主要参数之一，反映了各种能量、物质和物种流的扩散过程的可能性。由表6.3.3可知，月亮山保护区景观斑块总周长为6563.78 km。各景观类型斑块周长由大到小的顺序为硬阔林地、针叶林地、耕地、建设用地、软阔林地、水域、未成林造林地、灌木林地、其他林地、宜林地、针阔混交林地。除建设用地和水域的周长与面积顺序不一样之外，其他大小顺序与面积大小顺序一样。硬阔林地的周长最长，为2066.27 km，占总长的31.48%；其次是针叶林地，周长为1525.54 km，占总周长的23.24%。这进一步说明月亮山保护区的主要景观类型是硬阔林地景观和针叶林地景观。

2.1.3　斑块数量特征

由表6.3.3可知，月亮山保护区共有景观斑块个数3228个，各个景观之间的斑块数差异明显，各景观斑块数由大到小的顺序依次为：耕地、针叶林地、硬阔林地、建设用地、未成林造林地、软阔林地、其他林地、水域、灌木林地、宜林地、针阔混交林地。斑块数最多的是耕地景观，为1627个，占总个数的50.40%；其次是针叶林地景观，为485个，占总个数的15.02%；最少的是针阔混交林景观，只有1个，仅占总个数的0.03%。

从月亮山保护区景观要素分布特征可以看出，斑块数与斑块面积和斑块周长之间存在以下情况：①斑块面积和周长较大，斑块数量也较多，如硬阔林地景观和针叶林地景观；②斑块数量较多，斑块面积和斑块周长较小，如耕地景观；③斑块面积和周长较小，斑块数量也较小，如建设用地、未成林造林地、软阔林地、其他林地、水域、灌木林地、宜林地、针阔混交林地。

2.2　景观异质性分析

2.2.1　景观类型异质性

景观异质性是由环境要素的时空差异及责任和人为干扰作用产生的景观内部资源与性状的时空变异程度，本研究选取分维数、破碎度两个指标分析月亮山保护区的景观异质性(见表6.3.4)。

表6.3.4　月亮山保护区景观类型异质性特征指数

景观类型	破碎度	分维数
T1	0.0149	1.3261
T2	0.0601	1.3736
T3	0.6630	1.4297
T4	0.0738	1.309
T5	0.1943	1.3145
T6	0.5587	1.6516
T7	0.2619	1.6838
T8	0.1444	1.3582
T9	0.6929	1.2502
T10	0.3789	1.2407
T11	0.2725	N/A

由表6.3.4可知，月亮山保护区景观类型分维数由大到小的顺序为：水域、建设用地、耕地、针叶林地、灌木林地、硬阔林地、未成林造林地、软阔林地、其他林地、宜林地。由于针阔混交林地的斑块个数只有1个，分维数没有意义，故其不做计算。分维数值最大的是水域，表明水域受人为干扰较小，其次是建设用地，则说明建设用地形状较复杂，这与月亮山保护区地形地貌复杂，经济水平相对落后，人类修建道路和房屋只能依靠当地的地形地貌依山而建、绕山而修有关。耕地分维数相对也较大，说明人类活动改变了它的复杂性。其他林地和宜林地分维数较小，说明受到人类活动影响较大。

破碎度指数是描述景观要素被分隔的破碎程度，也用于描述景观总体的破碎化程度。它反映景观空间结构的复杂性和人类活动对景观结构的影响程度。其理论取值范围0～1.0，破碎度等于0时，表明景观未受破坏，破碎度等于1.0时，表明景观完全被破坏。由表6.3.4可知，月亮山保护区景观类型破碎度由大到小的顺序为：其他林地、耕地、建设用地、宜林地、针阔混交林地、水域、未成林造林地、灌木林地、软阔林地、针叶林地、硬阔林地。其他林地、耕地、建设用地和宜林地破碎度相对较大，说明人类活动干扰较多；软阔林地、针叶林地和硬阔林地破碎度值均小于0.1，说明软阔林地、针叶林地和硬阔林地作为月亮山保护区的主要景观类型，几乎没有受到破坏，得到了当地政府和农民较好的保护。

2.2.2　景观水平异质性

选取分维数、蔓延度指数、聚集度指数、多样性指数和均匀度指数等5个指标分析月亮山保护区的景观水平异质性(见表6.3.5)。

表6.3.5　月亮山保护区景观水平异质性特征指数

景观水平异质性指数	分维数	蔓延度指数	聚集度(%)	多样性指数	均匀度指数
月亮山保护区	1.3817	68.2321	95.1991	1.2745	0.5315

由表6.3.5可知：月亮山保护区景观分维数为1.3817，接近于理论最小值1，说明研究区景观整体形状较为简单，这主要是因为保护区边界是由人为划定的。月亮山保护区景观蔓延度值和聚集度值分为68.2321、95.1991%，聚集度指数接近于理论最大值100%，说明保护区聚集度相对较高，较高的聚集度体系了保护区景观关联性较好。随着景观中不同斑块类型面积比重越来越不平衡，均匀度指数值不断向0接近，当景观中各斑块类型面积比重相同时，均匀度指数值=1。月亮山保护区多样性指数值和均匀度指数值分别为1.2745、0.5315，说明月亮山保护区景观的均匀度较低，景观类型空间分布不均匀，进一步说明基质景观硬阔林地、针叶林地、软阔林地占据了主导地位。

3　结论与讨论

月亮山保护区有11种景观类型，总斑块个数3228个，总周长6563.78 km，总面积为34555.67 hm^2，从整体来看，面积和周长之间相对正相关，但是面积和周长与斑块个数之间没有规律性。

景观类型异质性分析表明，月亮山保护区各景观类型面积、周长、斑块个数分布极不均匀。硬阔林地、软阔林地和针叶林地为保护区主要的景观类型，得到了很好的保护，破碎化较低，受人为干扰小。但耕地、建设用地、宜林地和其他林地破碎度相对较大，受人为干扰较大。

景观水平异质性分析表明，月亮山保护区聚集度相对较好，但多样性较低，景观类型空间分布不均匀。

由以上研究表明，月亮山保护区景观的空间分布和结构构成还存在一定的问题，在今后的保护和管理中，需要通过更为严格的保护措施，促进保护区生物多样性的保护和实现保护区经济可持续发展。

（李　芳　罗　扬）

参考文献

Roy H Y, Mark C. Quantifying landscapy structure: a review of landscape indices and their application to forested landscape[J]. Progress on Physical Geography. 1996, 20(4): 418 – 445.

邬建国. 景观生态学——概念与理论[J]. 生态学杂志, 2000, 01: 42 – 52.

梁发超, 刘黎明. 景观格局的人类干扰强度定量分析与生态功能区优化初探——以福建省闽清县为例[J]. 资源科学, 2011, 06: 1138 – 1144.

刘宇, 吕一河, 傅伯杰. 景观格局 – 土壤侵蚀研究中景观指数的意义解释及局限性[J]. 生态学报, 2011, 01: 267 – 275.

肖笃宁. 景观生态学理论方法及应用[M]. 北京: 中国林业出版社, 1999: 13 – 25, 124 – 137.

华斌. 数字城市剪影的理论与策略[M]. 北京: 科学出版社, 2004: 49 – 52.

徐化成. 景观生态学[M]. 北京: 中国林业出版社, 1996: 2 – 3.

冯石. 昆明市区周边近三十年土地利用/覆盖变化及其驱动力研究[D]. 中国科学院研究生院(西双版纳热带植物园), 2009.

许吉仁, 董霁红. 1987～2010 年南四湖湿地景观格局变化及其驱动力研究[J]. 湿地科学, 2013, 04: 438 – 445.

王艳芳, 沈永明. 盐城国家级自然保护区景观格局变化及其驱动力[J]. 生态学报, 2012, 15: 4844 – 4851.

刘艳芬, 张杰, 马毅, 单凯, 靳晓华, 王进河. 1995—1999 年黄河三角洲东部自然保护区湿地景观格局变化[J]. 应用生态学报, 2010, 11: 2904 – 2911.

邱扬, 张金屯. 自然保护区学研究与景观生态学基本理论[J]. 农村生态环境, 1997, 01: 47 – 50 + 53.

Naveh Z, Lieberman A. Landscape Ecology: Theory and Application[M]. New York Springer Verlag, 1984: 36 – 69.

肖笃宁, 钟林生. 景观分类与评价的生态原则[J]. 应用生态学报, 1998, 02: 217 – 221.

李秀珍, 布仁仓, 常禹, 胡远满, 问青春, 王绪高, 徐崇刚, 李月辉, 贺红仕. 景观格局指标对不同景观格局的反应[J]. 生态学报, 2004, 01: 123 – 134.

占车生, 乔晨, 徐宗学, 尹剑. 基于遥感的渭河关中地区生态景观格局变化研究[J]. 资源科学, 2011, 12: 2349 – 2355. [16]O Neill R V, Krumme J R, Gardner R H, et al. Indices of landscape pattern. *Landscape Ecology*, 1988, 1(3): 153 – 162.

何东进. 景观生态学[M]. 北京: 中国林业出版社, 2011: 168 – 173.

林巧香, 何东进, 洪伟, 覃德华, 刘进山, 蔡昌棠, 黎录松, 李霖. 天宝岩国家级自然保护区森林景观格局特征变化[J]. 四川农业大学学报, 2010, 03: 291 – 295 + 301.

Li H B, Reynolds J F. A simulation experiment to quality spatial heterogeneity in categorical maps[J]. Eclo, 1994, 75(8): 1446 – 2455.

Mladnoff D J, White M A, Pastor J, et al. Comparing spatial pattern in unaltered old – growth and disturbed forest landscape[J]. Ecol Appl, 1993, 3: 294 – 306.

孙菲菲. 基于 GIS 和 RS 的太白山国家自然保护区森林景观格局动态分析[D]. 西北农林科技大学, 2009.

第四节 保护区生物多样性受威胁因素

1 研究地概况

月亮山保护区地处贵州省榕江、从江、荔波、三都 4 县交界处, 本次调查范围仅涉及黔东南州从江、榕江两县的地域, 地理位置东经 108°13′～108°19′, 北纬 25°34′～25°39′, 主峰月亮山海拔 1490.3 m, 包括月亮山、太阳山和计划大山。月亮山、太阳山山脊相连, 分布有原生性较强的常绿落叶混交林, 由于林区交通不便, 环境相对封闭, 森林植被丰富, 生态系统复杂多样。

2 调查时间与路线

2014 年 9 月底, 按不同的方向选择具有代表性的六条线路, 调查了从江、榕江 2 县 5 乡 22 村 1 国有林场的生物多样性受威胁的情况。

路线一：计划大山

路线二：月亮山(上拉力—月亮山—茅坪)

路线三：加早(污恰—河边—加早)

线路四：沙坪沟(溪口—亚公—返回)

路线五：八蒙河(八蒙—摆桥—八蒙)

路线六：牛长河

3 调查方法

在查阅过去综合考察等资料的基础上，以植物、野生动物及人类活动为主要对象，对照地形图和植被类型图，选取典型地带，采用样线法和样方法、资料收集和现地走访调查相结合的方法，全面调查月亮山保护区的周边社会经济、工程建设、能源需求、旅游和火灾等因素对保护区生物多样性的影响，并对调查、收集的资料进行统计分析和研究。

3.1 PRA 调查方法

运用参与式乡村评估方法(Participatory Rural Appraisal，简称 PRA)向保护区所在地的林业、农业、水利、国土等相关业务部门的有关人员了解情况，收集相关资料。与乡镇村干部进行交流，对该保护区的生物多样性受威胁状况进行重点了解，并选择村中典型的代表农户进行一对一的半结构式访谈。为取得好的效果，在调查中尽量动员更多的村民参与，充分听取他们的意见和建议。本次 PRA 调查共访问 43 人/次，开小会 4 次。

3.2 问题分析

采用问题树分析法，找出保护区生物多样性受威胁的主要原因。

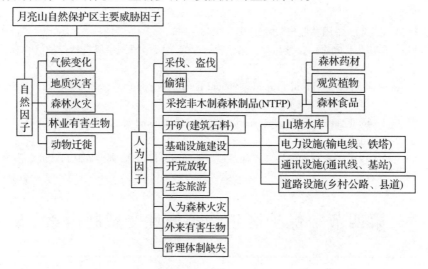

4 结果

通过实地调查和查阅相关文献资料，结果表明，威胁月亮山保护区生物多样性的因素有自然灾害、人为干扰两大类、三十多项近百种，每一种因素包含多个影响因子，其中人为干扰是威胁月亮山保护区生物多样性的主要因素。

4.1 自然因子

4.1.1 气候变化

全球气候变化加剧，极端气候频发(高温、干旱、洪涝、极寒)，生境条件变化，直接威胁到动植物的生存，导致生物多样性下降，如孑遗植物桫椤 *Alsophila spinulosa* 等由于更新困难，在其生境内未发现或少有幼苗，种群变得稀少，面临灭绝威胁。气候变化也影响了野生动物的生存、繁殖、行为和分布，如雪凝冻害造成野生动物受伤或死亡，甚至因环境改变导致种群衰退甚至灭绝。

4.1.2　地质灾害

地质运动引发的山体崩塌、滑坡、泥石流等地质灾害不仅直接威胁到野生动植物的生存，还可能造成生境毁灭性的破坏，导致生物多样性下降。月亮山保护区的地质情况复杂，稳定性较差，易发生山体滑坡，地质灾害是月亮山保护区生物多样性的潜在威胁因子。

4.1.3　自然森林火灾

主要指由自然力量（如雷击）引发的火灾，对月亮山保护区生物多样性的潜在影响极大，具有不可预见、影响范围广、后果严重等特性。月亮山保护区由自然引发的森林火灾发生频率较低，对该保护区生物多样性的威胁程度较低。

4.1.4　林业有害生物

从江、榕江两县已发现林业有害生物110种，其中：昆虫79种，病害25种，动物2种，植物4种。林业有害生物是自然保护区重要的威胁因子，区内虽然发生概率较低，但对保护区威胁不容小觑。

4.1.5　动物迁徙

月亮山保护区是很多候鸟迁徙的重要路径，候鸟带来的病源（病毒、细菌、霉菌、寄生虫等），如禽流感病毒对本地留鸟的影响是潜在的威胁因子。

4.2　人为因子

4.2.1　采伐盗伐

20世纪80年代初，因建设需要，木材贸易十分活跃，月亮山保护区各县林业局、林场对月亮山原始森林进行掠夺式采伐，"木头林业"对当地财政贡献率一度达到了80%以上。月亮山保护区的原生植被遭到大规模破坏，面积减少了1/4以上，生物多样性急剧下降，森林生态系统的生态服务功能被严重削弱，部分地区至今仍在恢复之中。另外，区内有南方红豆杉、楠木、榉木等珍稀名贵木材，由于相关法律法规不健全，执法力度薄弱，加之市场监管不力和利益驱使，偷砍盗伐等违法犯罪活动屡禁不止，给区内生物多样性带来严重威胁。

4.2.2　偷猎

偷猎的主要目标包括鸟类（候鸟、留鸟）、两栖爬行类（蛙、蛇等）、哺乳类（穿山甲、林麝、野猪、斑羚羊等）。进入保护区偷猎野生动物的违法犯罪分子使用火枪、套、夹、网、毒饵等捕杀野生动物，给野生动物造成毁灭性的打击。自2003年成立州级保护区以来，尽管两县林业部门加大了宣传和执法力度，但森林公安每年仍会处理偷猎野生动物的案件几十起，林政部门没收的捕鸟网、诱鸟器（主要是录放设备）、聚光灯（用于夜间捕捉有趋光性的鸟类）等捕鸟器具若干。偷猎是保护区生物多样性较为严重的威胁因子。

4.2.3　森林火灾

绝大多数森林火灾都是人为用火不慎引起的，月亮山的人为火源可分为生产性火源（如刀耕火种、烧垦、烧田、烧木炭、开山崩石、放牧、狩猎等）和非生产性火源（如野外做饭、取暖、扫墓、吸烟、小孩玩火和人为放火等）。

月亮山保护区至今仍保留着原始的农耕方式，加之农村多为留守儿童、妇女和老人，一旦发生火灾，不能有效控制，人为用火应引起足够重视。近年随着生态旅游的兴起，游客野外用火也是潜在的威胁因子。

4.2.4　非木质林产品（NTFP）采撷

月亮山保护区是黔东南乃至贵州生物多样性最丰富的地区之一，区内生物资源十分丰富，非木质林产品采撷主要是在森林药材（竹节参、灵芝、天麻等名贵中药材）、森林食品（猕猴桃、竹荪、木耳等）、观赏植物（兰花、金弹子等）和藤竹等，这类采撷活动对生物多样性亦是较大威胁。

4.2.5　工程建设

4.2.5.1　水库建设

保护区内光辉乡污耶村龙塘河段正在修建街堆水库，为小（Ⅰ）型水库，坝高 42 m，总容量 136 万 m³。水库所在地属都柳江流域孙览河二级支流，全域面积 65.2 km²，主河道长 28.3 km。水库建设必将对当地地质和水文产生影响，如蓄水可能造成山体崩塌，滑坡等次生地质灾害，威胁保护区内野生动植物的生存。蓄水也可能改变原本的水文状况，对动植物繁衍造成影响。

4.2.5.2　输电线、输电铁塔、通讯塔和公路建设

保护区核心区内加两村—加牙村、加牙村—长牛村、加牙村—污内村乡村公路全长约 52.5 km，加两—加牙段近两年才修通，现在各村路基又硬化为 7.1 m 宽的水泥路面，对沿途植被破坏巨大。穿越保护区的输电线，输电铁塔和通讯塔对保护区内的生物多样性也会产生影响。

此外，保护区还计划建设大型风电场。上述工程建设不仅会导致沿线植被大面积破坏，直接威胁到野生动物的生存和繁衍，也是引发地质灾害的潜在隐患。更为严重的是，工程建设导致生境破碎和片段化，影响动物迁徙和植物繁殖体扩散，动植物种群间的物种流、基因流受到极大限制。长时间地理隔离必然导致生殖隔离，种群彼此孤立，逐步衰退甚至灭绝，生物多样性下降。

4.2.6　开矿

涉及月亮山保护区内开矿因子主要是基础建设方面用石料场，威胁影响较小。

4.2.7　垦荒和放牧

月亮山保护区不少原住民还保留着烧荒的方式种植作物。一方面烧荒容易引发森林火灾，另一方面，烧荒会导致垦荒区生物多样性下降，研究发现开垦烧荒后生物群落物种丰富度与生物多样性要明显低于未火烧区。烧荒后的土地容易板结，地力下降较快，不能持续耕作。此外，放牧也是威胁月亮山保护区生物多样性的重要因子，大型牲畜挤占了野生动物的生存空间，使得原有栖息地减少，加之啃食、践踏导致植被覆盖度下降，土壤紧实，不利于植物生长，在过度放牧的情况下问题尤为突出。垦荒和放牧是造成月亮山保护区生态退化，生物多样性下降的又一重要威胁。

4.2.8　生态旅游

月亮山保护区山高谷深，植被繁茂，溪流星罗密布，生态环境极佳，非常适合驴友、背包客探险、穿越、宿营。近年来，随着保护区内交通基础设施不断改善，加之沿线旅游景点的开发（如加榜梯田），涌入月亮山保护区的游客、驴友、背包客等逐年增加。游人在区内露宿、随意用火、大声喧哗、破坏植被、乱扔垃圾等已危及生态系统健康和区域生态安全，月亮山保护区的环境承载力正面临巨大挑战。

4.2.9　污染

月亮山保护区的污染源主要来自于当地居民、游客和基础设施建设等，主要有生活污水、农药化肥、固体废弃物、噪音等污染。目前月亮山保护区对污染物的处理方式比较落后，生活废水大多直排，容易对水体造成污染，威胁鱼类和两栖爬行类的生存。保护区内村民产生的生活垃圾和游客留下的固体垃圾大部分是不可降解的，如塑料、橡胶等，由于缺乏环保意识，大都被随意丢弃，污染土壤、水体和景观。另外，车辆、基础设施（发电机）产生的噪音也可能会对野生动物的活动产生负面影响。

4.2.10　外来有害生物

随着社会的进步，交通逐渐便利，给外来有害生物的入侵传播提供了便利。外来物种入侵对生境质量、生态系统结构功能造成极大改变，对生物多样性构成严重威胁，这类潜在威胁因子要加以防范。

本次调查中，在从江县发现柑橘黄龙病 *Citrus huanglongbing*，从江县、榕江县的柑橘溃疡病 *Xanthomonas axonopodis* 也很普遍，这给月亮山宜昌橙群落带来很大威胁。另外，在从江县城周边发现光荚含羞草 *Mimosa sepiaria*，光辉乡和计划乡河流和村寨发现凤眼蓝 *Eichhornia crassipes*、大藻 *Pistia stratiotes* 和紫茎泽兰 *Eupatorium adenophora* 等外来有害生物，对保护区内生物多样性的结构也是潜在威胁。

4.2.11　管理体制缺失

月亮山保护区分为从江和榕江两个州级自然保护区，是两个"无编制、无人员、无经费"的"三无"保护区。因此，管理体制的缺失才是最大的威胁因子。

5　讨论

月亮山保护区保存了较为完整的生物气候垂直带谱的自然景观、多种多样的森林植被类型以及珍稀濒危动植物种类。上述研究结果表明月亮山保护区正受到各方各面的威胁，在今后的保护和管理工作中，应做好以下几个方面的工作：

(1)急需成立月亮山保护区管理机构，做到有编制、有经费、有人员。

(2)广泛利用电视、网络、通讯、宣传册等多种形式向当地居民、周边群众宣传保护物种、保护生态环境的重要意义，增强公众对月亮山保护区多样性的保护意识和对其保护的重要性的认识，积极支持和参与月亮山森林生物多样性保护工作。

(3)严格执行《森林法》、《野生动物保护法》等法律法规，加强执法队伍建设，加大巡护力度，坚决打击乱砍滥伐、乱捕滥猎和乱采乱挖等违法活动。

(4)正确处理生物多样性保护与当地发展的关系，积极扶持当地群众发展经济，以减轻对森林资源的压力。

(5)加强对外来物种危害的宣传力度和管控，积极有效应对现有外来物种威胁。

(6)加强旅游管理，规范游客行为，引导驴友、背包客文明生态旅行。

（胡岑龙　王定江　郝　磊　杨汉远　陶光林）

参考文献

贵州省林业厅，梵净山自然保护区管理处．月亮山林业科学考察集[C]贵阳：贵州民族出版社，1994.08.

黄小龙，冉景丞，杨洋，蒙文萍．贵州月亮山保护区兽类资源调查[J]．贵州农业科学，2016，44(2)：103 – 106.

谈洪英，熊源新，曹威，钟世梅，罗先真．月亮山保护区苔藓植物区系研究[J]．山地农业生物学报，2015，34(5)：28 – 32.

徐芳玲，杨茂发，石安鸿，宋琼章等．贵州月亮山保护区昆虫初步名录[J]．山地农业生物学报，2007，26(4)：369 – 376.

吴开岑，王定江，冯邦闲．榕江月亮山植物群落的特征及多样性[J]．贵州农业科学，2013，41(8)：23 – 27.

王云，张峰，孔亚平．我国交通建设对野生动物的影响及保护对策[J]．交通建设与管理，2010(5)：162 – 164.

马瑞俊，蒋志刚．全球气候变化对野生动物的影响[J]．生态学报，2005，25(11)：44 – 47.

何莉萍，马存世，金秋艳．甘肃裕河自然保护区野生动物受威胁因素分析[J]．甘肃科技，2015(8)，31(15)：6 – 8.

第五节　保护区功能区区划

1　保护区性质、主要保护对象和保护区类型

1.1　保护区性质

根据月亮山保护区自然环境与动植物资源特点，确定其性质为：以保护中亚热带阔叶林森林生态系统和珍稀濒危特有野生动植物及其栖息地为宗旨，集生态系统保护、生物多样性保护、水源地保护、科学研究、科普宣教、教学实习、生态旅游等功能于一体，探讨贫困山区资源保护、利用与生态扶贫的省级自然保护区。

1.2　主要保护对象

(1)中亚热带阔叶林森林生态系统；

(2)以红豆杉、南方红豆杉、伯乐树等为代表的国家重点保护珍稀濒危植物，以从江含笑为代表

的特有野生植物及其原生地；

（3）以熊猴、云豹、林麝、白颈长尾雉、大鲵等为代表的国家重点保护珍稀濒危野生动物及其栖息地。

（4）都柳江重要的水源涵养地。

1.3　保护区类型

根据月亮山保护区的主要保护对象、保护面积，依据中华人民共和国国家标准《自然保护区类型与级别划分原则》（GB/T14529-93），确定月亮山保护区的类型为"自然生态系统类别"中的"森林生态系统类型"自然保护区，规模等级为中型。

2　保护区功能区划

2.1　区划原则

（1）在有利于保护自然资源和自然环境的前提下，根据自然保护区的地貌、交通条件、保护对象、社区群众生产、生活需求等自然属性、社会属性及其空间分布特点进行保护区功能区划。

（2）有利于保护区多功能作用的充分发挥。

（3）遵循国家自然保护区条例在功能区划方面的原则要求。

（4）尽可能考虑区内群众生产生活的需要，并有利于社区经济协调，可持续发展，维护人与自然的和谐。

（5）有利于促进自然保护区管护工作的开展。

2.2　功能区划

贵州月亮山自然保护区涉及从江县光辉乡的加牙村、长牛村、党郎村、污内村、加近村和加勉乡的加坡村；榕江县的水尾乡的水尾村、拉术村、水盆村、高望村和上下午村，计划乡的摆拉村、摆王村、加早村、九秋村、计划村、计怀村、加两村和加宜村，兴华乡的摆桥村、羊桃村和八蒙村，国有林场的兴华工区，共计 2 个县 6 个乡（林场）23 个村（工区）。总面积 34555.67 hm^2，其中：从江县 10007.82 hm^2，榕江县 24547.85 hm^2。保护区共区划为核心区、缓冲区和实验区三个功能区，其中：核心区为 11420.46 hm^2，缓冲区为 7193.73 hm^2，实验区为 15941.48 hm^2。各区面积所占比例，核心区为 33.05%，缓冲区为 20.82%，实验区为 46.13%。地理位置为 E108°04′34″~108°23′21″，N25°32′32″~25°49′31″；东至榕江县加宜村污秋河，西至榕江县羊桃村与三都县交界，南至从江县加坡村（县界）高程为 1285.5 m 的"梁坡"山顶，北至榕江县羊桃村与三都县交界海拔 902.1 m 的"姑让坡"。

2.2.1　核心区

根据保护区划定范围、地理条件、植被现状、生态系统以及主要保护对象、其生境的分布状况、空间位置等条件，保护区核心区划分为 3 个核心片区，即月亮山-太阳山片区、计划大山片区和沙坪沟片区。

（1）月亮山-太阳山核心片区。

月亮山-太阳山核心片区位于保护区南部，东抵光辉乡党郎村的龙塘河，西抵水尾乡拉术村自然寨"小寨"和"大寨"西面溪流，南抵加勉乡加坡村，北抵水尾乡高望村自然寨"滚塘上寨"。该片区总体为中中山地貌，有保护区内最高峰太阳山及月亮山，污牛河发源于此，有大面积原生性地带性植被和连片的次生性植被分布，偶有居民点分布（规划后建议实施核心区生态移民），人为干扰较小，野生动植物资源和植被类型丰富，自然环境良好，具有很好的生物多样性保护基础，也是生态高脆弱区和生物多样性保护关键区，是整个月亮山自然保护区最重要的区域。区内主要有水青冈+栲树林群落、十齿花+映山红林、丝栗栲+方竹林、鹅掌栲林、水青冈+杜鹃林、鹅耳枥+中华槭林等原生群落，分布有熊猴、云豹、林麝、白颈长尾雉、猕猴、藏酋猴、中国穿山甲、南方红豆杉、伯乐树、闽楠、白辛树、桂南木莲、香果树、翠柏等重点保护野生动植物，以及苍背木莲、从江含笑等特有植物。

（2）计划大山核心片区。

计划大山核心片区位于保护区东北部，东抵计划乡加宜村的污良河，西抵计划乡的计划村，南抵计划乡加早村海拔1331 m的"污洋坡"，北抵计划乡的计划村。该片区总体为中中山地貌，计划大山高1237 m，牛场河发源于此，有较大面积的原生性地带性植被和连片的次生性植被分布，偶有居民点分布（规划后建议实施核心区生态移民），人为干扰较小，野生动植物资源和植被类型丰富，自然环境良好，具有很好的生物多样性保护基础，也是生态高脆弱区和生物多样性保护关键区。区内主要有水青冈＋山柳林、水青冈＋栲树林等原生群落以及成片的木兰科植物，分布有熊猴、云豹、林麝、白颈长尾雉、猕猴、藏酋猴、中国穿山甲、南方红豆杉、伯乐树、闽楠、白辛树、桂南木莲、香果树、柔毛油杉、篦子三尖杉、花榈木、半枫荷等重点保护野生动植物，苍背木莲、从江含笑等特有植物。

（3）沙坪沟核心片区。

沙坪沟核心片区位于保护区的西北部，东抵八蒙河，西抵县界向东100 m，南抵兴华工区边界北面高程值为900 m的等高线，北抵新华乡羊桃村自然寨"亚公"。该区域大部分在海拔1000 m以下，主要为构造—侵蚀地貌、河谷地貌，八蒙河发源于此，山高岭长，有残存的原生性地带性植被和连片的次生性植被分布，偶有居民点分布，人为干扰较小，野生动植物资源和植被类型丰富，河谷深切，植被繁茂，自然环境良好，具有较好的恢复潜力和良好的保护基础。区内分布有大灵猫、斑灵狸、黄喉貂、小灵猫、中华斑羚、金猫、中国大鲵、黑鸢、黑冠鹃隼、桫椤、金毛狗、伞花木、翅荚木、喙核桃、观光木等重点保护对象。

2.2.2　缓冲区

缓冲区是核心区向实验区的过渡区域，用以隔离核心区与实验区，减少核心区的外部干扰或影响。缓冲区共区划为两块，即月亮山－太阳山－计划大山片区和沙坪沟片区。缓冲区以自然界线为主，以植被分布界线为辅，缓冲区位于核心区外围，以保护和恢复植被为主，可以适当开展非破坏性的科学研究，教学实习及标本采集，不允许从事采矿、森林采伐等其他生产经营性活动。

2.2.3　实验区

缓冲区之外至保护区边界之间的范围为实验区，其边界除缓冲区部分边界外，其余部分与保护区边界一致。实验区的主要任务是积极恢复和扩大森林植被，使整个森林生态系统得到恢复和发展；在自然环境与自然资源有效保护的前提下，对自然资源进行适度合理利用，开展科研、生产、教学、实习、生态旅游等活动，探索保护区可持续发展的途径，提高保护区科研及自养能力。

（罗　扬　杨学义　顾正卿　李　茂）

附　录

附录一：植物名录

淡水藻类名录

蓝藻门 CYANOPHYTA

蓝藻纲 CYANOPHYCEAE

色球藻目 CHROOCOCCALES

一、聚球藻科 Synechococcaceae

聚球藻亚科 Synechococcoideae

（一）蓝纤维藻属 *Dactylococcopsis*

二、色球藻科 Chroococcaceae

（一）色球藻属 *Chroococcus*

三、平裂藻科 Merismopediaceae

（一）平裂藻属 *Merismopedia*

颤藻目 OSILLATORIALES

四、颤藻科 Oscillatoriaceae

（一）颤藻属 *Oscillatoria*

（二）鞘丝藻属 *Lyngbya*

（三）席藻属 *Phormidium*

五、聚球藻科 Synechococcaceae

聚球藻亚科 Synechococcoideae

（一）蓝纤维藻属 *Dactylococcopsis*

六、席藻科 Phormidiaceae

（一）浮丝藻属 *Planktothrix*

七、伪鱼腥藻科 Pseudanabaenaceae

（一）假鱼腥藻属 *Pseudanabaena*

（二）湖丝藻属 *Limnothrix*

念珠藻目 NOSTOCALES

八、念珠藻科 Nostocaceae

（一）念珠藻属 *Nostoc*

（二）鱼腥藻属 *Anabaena*

（三）束丝藻属 *Aphanizomenon*

（四）柱孢藻属 *Cylindrospermum*

（五）拟柱胞藻属 *Cylindrospermopsis*

甲藻门 PYRROPHYTA

甲藻纲 DINOPHYCEAE
多甲藻目 PERIDINALES

九、多甲藻科 Peridineaceae
（一）多甲藻属 *Peridinium*

裸藻门 EUGLENOPHYTA

裸藻纲 EUGLENOPHYCEAE
裸藻目 EUGLENALES

十、裸藻科 Euglenaceae
（一）扁裸藻属 *Phacus*

隐藻门 CRYPTOPHYTA

隐藻纲 CRYPTOPHYCEAE

十一、隐鞭藻科 Cryptomonadaceae
（一）隐藻属 *Cryptomonas*
1. 卵形隐藻 *Cryptomonsovata*

硅藻门 BACILLARIOPHYTA

中心纲 CENTRICAE
圆筛藻目 COSCINODISCALES

十二、圆筛藻科 Coscinodiscaceae
（一）小环藻属 *Cyclotella*
（二）直链藻属 *Melosira*
1. 变异直链藻 *Melosira varians*
2. 颗粒直链藻 *Melosira granulata*

羽纹纲 PENNATAE
无壳缝目 ARAPHIDIALES

十三、脆杆藻科 Fragilariaceae
（一）脆杆藻属 *Fragilaria*
（二）针杆藻属 *Synedra*
1. 尖针杆藻 *Synedra acusvar*
2. 肘状针杆藻 *Synedra ulna*

管壳缝目 AULONORAPHIDINALES

十四、菱形藻科 Nitzschiaceae
（一）菱形藻属 *Nitzschia*

十五、双菱藻科 Surirellaceae
（一）双菱藻属 *Surirella*

双壳缝目 BIRAPHIDINALES

十六、桥弯藻科 Cymbellaceae

（一）桥弯藻属 *Cymbella*

（二）双眉藻属 *Amphora*

十七、短缝壳科 Eunotiacaae

（一）短缝藻属 *Eunotia*

十八、异极藻科 Gomphonemaceae

（一）异极藻属 *Gomphonema*

十九、舟形藻科 Naviculaceae

（一）舟形藻属 *Navicula*

（二）羽纹藻属 *Pinnularia*

（三）布纹藻属 *Gyrosigma*

（四）肋缝藻属 *Frustulia*

（五）辐节藻属 *Stauroneis*

（六）双壁藻属 *Diploneis*

单壳缝目 MONORAPHIDINALES

二十、曲壳藻科 Achnanthaceae

（一）卵形藻属 *Cocconeis*

（二）曲壳藻属 *Achnanthes*

绿藻门 CHLOROPHYTA

绿藻纲 CHLOROPHYCEAE

绿球藻目 CHLOROCOCCALE

二十一、小球藻科 Chlorellaceae

（一）纤维藻属 *Ankistrodesmus*

1. 针形纤维藻 *Ankistrodesmus acicularis*

（二）四角藻属 *Tetraedron*

1. 微小四角藻 *Tetraedron minimum*

2. 三叶四角藻 *Tetraedron trilobulatum*

（三）蹄形藻属 *Kirchneriella*

二十二、卵囊藻科 Oocystaceae

（一）胶囊藻属 *Gloeocystis*

二十三、盘星藻科 Pediastraceae

（一）盘星藻属 *Pediastrum*

1. 单角盘星藻具孔变种 *Pediastrum simplex* var. *duodenarium*

2. 四角盘星藻四齿变种 *Pediastrum duplex* var. *gracillimum*

二十四、栅藻科 Scenedesmaceae

（一）十字藻属 *Crucigenia*

1. 四足十字藻 *Crucigenia tetrapedia*

（二）空星藻属 *Coelastrum*

1. 空星藻 *Coelastrum*

2. 网状空星藻 *Coelastrum reticulatum*

（三）栅藻属 *Scenedesmus*

1. 弯曲栅藻 *Scenedesmus arcuatus*
2. 四尾栅藻 *Scenedesmus quadricauda*
3. 二形栅藻 *Scenedesmus dimorphus*
4. 多棘栅藻 *Scenedesmus spinosus*
5. 双对栅藻 *Scenedesmus bijuba*

二十五、网球藻科 Dictyosphaeraceae

（一）网球藻属 *Dictyosphaeria*

二十六、绿球藻科 Chlorococcaceae

（一）多芒藻属 *Gelenkinia*

二十七、小桩藻科 Characiaceae

（一）小桩藻属 *Characium*

团藻目 VOLVOCALES

二十八、衣藻科 Chlamydomonadaceae

（一）衣藻属 *Chlamydomonas*

丝藻目 ULOTRICHALES

二十九、丝藻科 Ulotrichaceae

（一）丝藻属 *Ulothrix*

双星藻纲 *ZYGNEMATOPHYCEAE*

鼓藻目 DESMIDIALES

三十、鼓藻科 Desmidiaceae

（一）新月藻属 *Closterium*

（二）鼓藻属 *Cosmarium*

双星藻目 ZYGNEMATALES

三十一、双星藻科 Zygnemataceae

（一）转板藻属 *Mougeotia*

（二）双星藻属 *Zygnema*

（三）水绵属 *Spirogyra*

轮藻纲 CHAROPHYCEAE

轮藻目 CHARALES

三十二、轮藻科 Characeae

（一）轮藻属 *Chara*

（李秋华　李磊）

大型真菌名录

子囊菌门 ASCOMYCOTA
锤舌菌纲 LEOTIMYCETES
锤舌菌目 LEOTIALES

一、锤舌菌科 Leotiaceae
1. 黄小孢盘菌 *Bisporella citrina*（Batsch）Korf et S. E. Carp.，生于腐木上

粪壳菌纲 SORDARIOMYCETIDAE

肉座菌目 HYPOCREALES

二、麦角菌科 Claviciptaceae
1. 蛹虫草 *Cordyceps militaris*（L. Fr.）Fr.，生于蚕蛹上

【药用功能】具有抗肿瘤，消炎，抗氧化，降血糖，抗凝作用；临床上用于心血管疾病治疗和增强免疫作用。

2. 粉被虫草 *Cordyceps pruinosa* Petch，生于昆虫幼虫上
3. 淡黄鳞蛹虫草 *Cordyceps takaomontana* Yakush. et Kumaz.，生于昆虫幼虫上
4. 尖头线虫草 *Ophiocordyceps oxycephala*（Penz. et Sacc.）G. H. Sung

盘菌纲 PEZIZOMYCETIDAE

盘菌目 PEZIZALES

三、盘菌科 Ascobolaceae
1. 红白毛杯 *Microstoma floccosum*（Schwein.）Raitv.，生于阔叶林、混交林中腐木上
2. 白毛杯 *Microstoma insititium*（Berk. et M. A. Curtis）Boedijn，生于阔叶林、混交林中腐木上

四、火丝盘菌科 Pyronemataceae
1. 橙黄网孢盘菌 *Aleuria aurantia*（Pers.）Fuckel，生于林中腐木上
2. 巨藻盘菌 *Anthracobia macrocystis*（Cooke）Boud.，生于活立木或腐木上
3. 红毛盾盘菌 *Scutellinia scutellata*（L.）Lambotte，生于阔叶林、混交林中腐木上

五、肉杯菌科 Sarcoscyphaceae
1. 歪肉盘菌 *Phillipsia domingensis* Berk.，生于阔叶林、混交林中腐木上
2. 红毛杯 *Sarcoscypha coccinea*（Gray）Boud.，生于阔叶林、混交林中腐木上
3. 小红毛杯 *Sarcoscypha occidentalis*（Schwein.）Sacc.，生于阔叶林、混交林中腐木上

炭团菌目 XYLARIALES

六、炭团菌科 Xylariaceae
1. 黑轮层炭壳 *Daldinia concentrica*（Bolton）Ces. et De Not.，生于阔叶林中腐木上
2. 亮陀螺层炭壳 *Daldinia vernicosa* Ces. et De Not.，生于阔叶林中腐木上
3. 鹿角炭角菌 *Xylaria hypoxylon*（L.）Grev.，生于阔叶林、混交林中腐木上
4. 长柄炭角菌 *Xylaria longipes* Nitschke，生于阔叶林、混交林中腐木上
5. 黑柄炭角菌 *Xylaria nigripes*（Klotzsch）Sacc.，生于阔叶林、混交林中腐木上
6. 多形炭角菌 *Xylaria polymorpha*（Pers.）Grev.，生于阔叶林、混交林中腐木上
7. 黄色炭角菌 *Xylaria tabacina*（J. Kickx f.）Berk.，生于阔叶林、混交林中腐木上

担子菌门 BASIDIOMYCOTA

担子菌纲 BASIDIOMYCETES

伞菌亚纲 AGARICOMYCETIDAE

伞菌目 AGARICALES

七、伞菌科 Agaricaceae

1. 林地蘑菇 *Agaricus silvaticus* Schaeff.，生于林中空地上

2. 盾形环柄菇 *Lepiota clypeolaria*（Bull.：Fr.）Quel.，生于阔叶林、混交林中地上

3. 冠状环柄菇 *Lepiota cristata*（Bolton）P. Kumm.，生于阔叶林、混交林中地上

4. 红顶环柄菇 *Lepiota gracilenta*（Krombh.：Fr.）Quel.，生于阔叶林、混交林中地上

5. 高大环柄菇 *Macrolepiota procera*（Scop.）Singer，生于阔叶林、混交林中腐殖质上

6. 脆黄白鬼伞 *Leucocoprinus fragilissimus*（Berk. et M. A. Curtis）Pat.，生于阔叶林、混交林中腐殖质上

7. 麸鳞小腹覃 *Micropsalliota furfuracea* R. L. Zhao, Desjardin, Soytong et K. D. Hyde，生于阔叶林、混交林中腐殖质上

八、鹅膏科 Amanitaceae

1. 灰褐鹅膏 *Amanita griseofolia* Zhu L. Yang，生于林中地上

2. 卵孢鹅膏 *Amanita ovalispora* Boedijn，生于阔叶林中地上

3. 黄盖鹅膏白色变种 *Amanita subjunquillea* var. *alba* Zhu L. Yang，生于阔叶林中地上

4. 残托鹅膏有环变型 *Amanita sychnopyramis* f. *subannulata* Hongo，生于阔叶林中地上

5. 灰鹅膏 *Amanita vaginata*（Bull.）Fr.，生于阔叶林中地上

6. 锥鳞白鹅膏 *Amanita virgineoides* Bas，生于阔叶林中地上

九、粪锈伞科 Bolbitiaceae

1. 深色田头菇 *Agrocybe erebia*（Fr.）Singer，生于林中腐木上

2. 粪锈伞 *Bolbitius titubans*（Bull.）Fr.，生于开阔的林中腐殖质上或动物粪便上

3. 粪生花褶菇 *Panaeolus fimicola*（Pers.）Gillet，生于阔叶林、混交林中地上

十、鬼伞科 Psathyrellaceae

1. 假小鬼伞 *Coprinellus disseminatus*（Pers.）J. E. Lange，生于腐木上

2. 晶粒小鬼伞 *Coprinellus micaceus*（Bull.）Vilgalys, Hopple et Jacq. Johnson，生于腐木上

3. 墨汁拟鬼伞 *Coprinopsis atramentaria*（Bull.）Redhead, Vilgalys et Moncalvo，生于腐木上

4. 灰盖拟鬼伞 *Coprinopsis cinerea*（Schaeff.）Redhead，生于腐木上

5. 白绒拟鬼伞 *Coprinopsis lagopus*（Fr.）Redhead, Vilgalys et Moncalvo，生于腐木上

十一、丝膜菌科 Cortinariaceae

1. 紫丝膜菌 *Cortinarius purpurascens* Fr.，生于阔叶林中地上

2. 黄丝膜菌 *Cortinarius turmalis* Fr.，生于阔叶林中地上

3. 肉桂色丝膜菌 *Cortinarius cinnamomeus*（L.）Gray，生于阔叶林中地上

十二、粉褶覃科 Entolomataceae

1. 猫儿斜盖伞 *Clitopilus passeckerianus*（Pilát）Singer，生于阔叶林腐殖质上

十三、蜡伞科 Hygrophoraceae

1. 蜡伞 *Hygrophorus ceraceus*（Wulf.）Fr.，生于阔叶林、混交林中地上

2. 变黑蜡伞 *Hygrophorus conicus*（Scop.）Fr.，生于阔叶林、混交林中地上

3. 绯红湿伞 *Hygrocybe coccinea*（Schaeff.）P. Kumm.，生于阔叶林、混交林中地上

十四、丝盖伞科 Inocybaceae

1. 平盖靴耳 *Crepidotus applanatus*（Pers.）P. Kumm.，生于阔叶林中腐木上

2. 软靴耳 *Crepidotus mollis*（Schaeff.）Staude，生于阔叶林中腐木上

3. 裂丝盖伞 *Inocybe rimosa*（Bull.）P. Kumm.，生于阔叶林、混交林中地上

十五、角齿菌科 Hydnagiaceae

1. 紫晶蜡蘑 *Laccaria amethystea*（Bull.：Gray）Murr.，生于针叶林中地上

2. 蜡蘑 *Laccaria laccata*（Scop.）Cooke，生于针叶林中地上

十六、小皮伞科 Marasmiaceae

1. 褐红炭褶菌 *Anthracophyllum nigritum*（Lév.）Kalchbr，生于活立木或腐木上

2. 脉网菌 *Campanella junghuhnii*（Mont.）Singer，生于阔叶林中腐木上

3. 柄毛皮伞 *Crinipellis scabella*（Alb. et Schwein.）Murrill

4. 毛柄小火焰菇 *Flammulina velutipes*（Curtis）Singer，生于阔叶林中腐木上

5. 安络裸柄伞 *Gymnopus androsaceus*（L.）J. L. Mata et R. H. Petersen，生于阔叶林、混交林中腐木上

【药用功能】具有抗肿瘤、降压、抗氧化、抗脂过氧化等活性。

6. 栎裸柄伞 *Gymnopus dryophilus*（Bull.）Murrill，生于阔叶林、混交林中腐殖质上

7. 臭裸柄伞 *Gymnopus perforans*（Hoffm.）Antonín et Noordel.，生于阔叶林、混交林中腐殖质上

8. 盾状裸柄伞 *Gymnopus peronatus*（Bolton）Gray，生于阔叶林、混交林中腐殖质上

9. 纯白微皮伞 *Marasmiellus candidus*（Bolton）Singer，生于阔叶林、混交林中腐木上

10. 树生微皮伞 *Marasmiellus dendroegrus* Singer，生于阔叶林、混交林中腐木上

11. 红盖小皮伞 *Marasmius haematocephalus*（Mont.）Fr.，生于阔叶林、混交林中腐殖质上

12. 大盖小皮伞 *Marasmius maximus* Hongo，生于阔叶林、混交林中腐殖质上

13. 苍白小皮伞 *Marasmius pellucidus* Berk. et Broome，生于阔叶林、混交林中腐殖质上

14. 紫红小皮伞 *Marasmius pulcherripes* Peck，生于阔叶林、混交林中腐殖质上

15. 硬柄小皮伞 *Marasmius oreades*（Bolt.：Fr.）Fr.，生于阔叶林、混交林中腐殖质上

16. 干小皮伞 *Marasmius siccus*（Schwein.）Fr.，生于阔叶林、混交林中腐殖质上

17. 杯盖大金钱菌 *Megacollybia clitocyboidea* R. H. Petersen，Takehashi et Nagas.，生于阔叶林、混交林中地上

18. 鳞皮扇菇 *Panellus stipticus*（Bull.）P. Karst.，生于阔叶林、混交林中地上

19. 毛伏褶菌 *Resupinatus trichotis*（Pers.）Singer，Persoonia，生于阔叶林、混交林中腐木上

十七、小菇科 Mycenaceae

1. 盔盖小菇 *Mycena galericulata*（Scop.）Gray，生于阔叶林、混交林中地上

2. 红汁小菇 *Mycena haematopus*（Pers.）P. Kumm.，生于阔叶林、混交林中地上

3. 洁小菇 *Mycena pura*（Pers.）P. Kumm.，生于阔叶林、混交林中地上

十八、鸟巢菌科 Nidulariaceae

1. 白蛋巢菌 *Crucibulum laeve*（Huds.）Kambly，生于阔叶林中腐木上

2. 白被黑蛋巢菌 *Cyathus pallidus* Berk. et M. A. Curtis，生于阔叶林中腐木上

3. 隆纹黑蛋巢菌 *Cyathus striatus*（Huds.）Willd.，生于阔叶林中腐木上

【药用功能】治疗胃病。

十九、膨瑚菌科 Physalacriaceae

1. 鳞柄长根菇 *Hymenopellis furfuracea*（Peck）R. H. Petersen，生于阔叶林、混交林中地上

二十、侧耳科 Pleurotaceae

1. 金顶侧耳 *Pleurotus citrinopileatus* Singer，生于阔叶林、混交林中地上

2. 糙皮侧耳 *Pleurotus ostreatus*（Jacq.）P. Kumm.，生于阔叶林、混交林中地上

二十一、光柄菇科 Pluteaeceae

1. 褐绒盖光柄菇 *Pluteus atromarginatus*（Singer）Kühner，生于阔叶林、混交林中腐木上

2. 鼠灰光柄菇 *Pluteus ephebeus*（Fr.）Gillet，生于阔叶林、混交林中腐木上

3. 银丝草菇 *Volvariella bombycina*（Schaeff.）Singer，生于阔叶林、混交林中腐木上

二十二、小脆柄菇科 Psathyrellaceae

1. 褶纹近地伞 *Parasola plicatilis*（Curtis）Redhead，生于阔叶林、混交林中地上

2. 黄白小脆柄菇 *Psathyrella candolleana*（Fr.）G. Bertrand，生于阔叶林、混交林中腐木上

二十三、裂褶菌科 Schizophyllaceae

1. 裂褶菌 *Schizophyllum commune* Fr.，生于阔叶林、混交林中腐木上

二十四、球盖菇科 Strophariaceae

1. 簇生沿丝伞 *Hypholoma fasciculare*（Huds.）P. Kumm.，生于阔叶林、混交林中地上

2. 绿褐裸伞 *Gymnopilus aeruginosus*（Peck）Singer，生于阔叶林、混交林中腐木上

【药用功能】抑肿瘤等。

3. 橘黄裸伞 *Gymnopilus spectabilis*（Fr.）Singer，生于阔叶林、混交林中腐木上

4. 多脂鳞伞 *Pholiota adiposa*（Batsch）P. Kumm.，生于阔叶林、混交林中地上

二十五、白蘑科 Tricholomataceae

1. 盾形蚁巢伞 *Termitomyces clypeatus* R. Heim，生于林中地上

2. 小果蚁巢伞 *Termitomyces microcarpus*（Berk. et Broome）R. Heim，生于林中地上

3. 铃形干脐菇 *Xeromphalina campanella*（Batsch）Kühner et Maire，生于阔叶林、混交林中腐木上

牛肝菌目 BOLETALES

二十六、牛肝菌科 Boletaceae

1. 松林小牛肝菌 *Boletinus punctatipes* Snell，生于针叶林中地上

2. 褶孔菌 *Phylloporus rhodoxanthus*（Schw.）Bres.，生于混交林中地上

二十七、桩菇科 Paxillaceae

1. 卷边网褶菌 *Paxillus involutus*（Batsch）Fr.，生于阔叶林、混交林中地上

2. 黑毛小塔氏菌 *Tapinella atrotomentosa*（Batsch）Šutara，生于林中地上

二十八、松塔牛肝菌科 strobilomyceaceae

1. 半裸松塔牛肝菌 *Strobilomyces seminudus* Hongo，生于针叶林、混交林中地上

2. 绒柄松塔牛肝菌 *Strobilomyces strobilaceus*（Scop.）Berk.，生于针叶林、混交林中地上

二十九、乳牛肝菌科 Suillaceae

1. 乳牛肝菌 *Suillus bovinus*（L.）Roussel，生于针叶林、混交林中地上

2. 点柄乳牛肝菌 *Suillus granulatus*（L.）Roussel，生于针叶林、混交林中地上

3. 黄乳牛肝菌 *Suillus luteus*（L.）Roussel，生于针叶林、混交林中地上

4. 琥珀乳牛肝菌 *Suillus placidus*（Bonord.）Singer，生于针叶林中地上

鸡油菌目 CANTHARELLALES

三十、锁瑚菌科 Clavulinaceae

1. 冠锁瑚菌 *Clavulina cristata*（Fr.）Schroet，生于阔叶林腐殖质上

2. 地衣珊瑚菌 *Multiclavula clara*（Berk. et M. A. Curtis）R. H. Petersen，生于阔叶林、混交林中地上

刺革菌目 HYMENOCHAETALES

三十一、刺革菌科 Hymenochaetaceae

1. 肉桂色集毛菌 *Coltricia cinnamomea*（Jacq.）Murrill，生于阔叶林腐殖质上

2. 钹孔菌 *Coltricia perennis*（L.）Murrill，生于阔叶林腐殖质上

多孔菌目 POLYPORALES

三十二、喇叭菌科 Catharellaceae

1. 革菌状假扇菇 *Trogia steroids* Pat，生于阔叶林、混交林中腐木上

三十三、皱皮孔菌科 Meruliaceae

1. 赭色齿耳菌 *Steccherinum ochraceum*（Pers.）Gray，生于阔叶林、混交林中腐木上

三十四、韧革菌科 Stereaceae

1. 盘革菌 *Aleurodiscus mirabilis*（Berk. et M. A. Curtis）Höhn.，生于林中腐木上

2. 烟色血韧革菌 *Stereum gausapatum*（Fr.）Fr.，生于阔叶林、混交林中腐木上

3. 毛韧革菌 *Stereum hirsutum*（Willid.）Pers.，生于阔叶林、混交林中腐木上

4. 扁韧革菌 *Stereum ostrea*（Blume et T. Nees）Fr.，生于阔叶林、混交林中腐木上

5. 金丝趋木菌 *Xylobolus spectabilis*（Klotzsch）Boidin，生于阔叶林、混交林中腐木上

三十五、灵芝科 Ganodermataceae

1. 假芝 *Amauroderma rugosum*（Blume et T. Nees）Torrend，生于林中腐木上

【药用功能】具有消炎，利尿，益胃，抗肿瘤等作用。

2. 白边灵芝 *Ganoderma albomarginatum* S. C. He，生于阔叶林中腐木上

3. 树舌灵芝 *Ganoderma applanatum*（Pers.）Pat.，生于阔叶林中腐木上

【药用功能】具有抗氧化、杀菌、免疫抑制和抗肿瘤等活性；治带状疱疹等。

4. 南方灵芝 *Ganoderma australe*（Fr.）Pat.，Bull.，生于阔叶林、混交林中腐木上

【药用功能】具有抑制肿瘤作用；治疗慢性肝病。

5. 黑灵芝 *Ganoderma atrum* J. D. Zhao, L. W. Hsu et X. Q. Zhang，生于阔叶林、混交林中腐木上

6. 布朗灵芝 *Ganoderma brownii*（Murrill）Gilb，生于阔叶林、混交林中腐木上

7. 灵芝 *Ganoderma sichuanense* J. D. Zhao et X. Q. Zhang，生于阔叶林、混交林中腐木上

【药用功能】具有抗肿瘤、免疫抑制、抗氧化、抗病毒性、抗炎性和抗溶血性等活性。

8. 紫芝 *Ganoderma sinense* J. D. Zhao, L. W. Hsu et X. Q. Zhang，生于阔叶林、混交林中腐木上

【药用功能】具有免疫调节、抗炎、杀菌、抗肿瘤等活性。

9. 粗皮灵芝 *Ganoderma tsunodae*（Yasuda ex Lloyd）Trott.，生于阔叶林、混交林中腐木上

三十六、粘褶菌科 Gloeophyllaceae

1. 褐褶孔菌 *Gloeophyllum sepiarium*（Wulfen）P. Karst.，生于阔叶林、混交林中腐木上

2. 密褐褶菌 *Gloeophyllum trabeum*（Pers.）Murrill，生于阔叶林、混交林中腐木上

【药用功能】具有抗肿瘤作用。

三十七、彩孔菌科 Hapalopilaceae

1. 黑管孔菌 *Bjerkandera adusta*（Willd.）P. Karst.，Meddn Soc.，生于活立木或腐木上

【药用功能】有抗肿瘤作用。

2. 亚黑管菌 *Bjerkandera fumosa*（Pers.）P. Karst.，生于活立木或腐木上

【药用功能】可治疗子宫癌。

三十八、多孔菌科 Polyporaceae

1. 白薄孔菌 *Antrodia albida*（Fr.）Donk，生于活立木或腐木上

2. 一色齿毛菌 *Cerrena unicolor*（Bull.）Murrill，生于活立木或腐木上

【药用功能】对小白鼠肉瘤和艾氏癌有抑制作用。

3. 网状蜡孔菌 *Ceriporia reticulata*（Hoffm.）Domański，生于活立木或腐木上

4. 白鳞伞 *Cotylidia diaphana*（Schwein.）Lentz，生于竹林下

5. 茶色拟迷孔菌 *Daedaleopsis confragosa*（Bolt.：Fr.）Schroet.，生于阔叶林中腐木上

6. 褶拟迷孔菌 *Daedaleopsis tricolor*（Bull.）Bondartsev et Singer，生于阔叶林中腐木上

7. 木蹄层孔菌 *Fomes fomentarius*（L.）Fr.，生于阔叶林中腐木上

【药用功能】具有抗肿瘤活性、增强免疫功能、抗氧化和抑菌作用。

8. 蜂窝菌 *Hexagonia tenuis*（Hook）Fr.，生于阔叶林、混交林中腐木上

9. 朱红硫磺菌 *Laetiporus miniatus*（Jungh.）Overeem，生于阔叶林、混交林中腐木上

10. 硫磺菌 *Laetiporus sulphureus*（Bull.）Murrill，生于阔叶林、混交林中腐木上

11. 香菇 *Lentinula edodes*（Berk.）Pegler，生于阔叶林、混交林中腐木上

【药用功能】对小白鼠肉瘤-180、艾氏癌有良好的抑制作用。有降压、降低胆固醇的作用。

12. 翘鳞韧伞 *Lentinus squarrosulus* Mont.，生于阔叶林、混交林中腐木上

13. 粗毛韧伞 *Lentinus strigosus*（Schw.）Fr.，生于阔叶林、混交林中腐木上

14. 虎皮韧伞 *Lentinus tigrinus*（Bull.）Fr.，生于阔叶林、混交林中腐木上

15. 桦革裥菌 *Lenzites betulina*（L.）Fr.，生于阔叶林、混交林中腐木上

16. 雅致革裥菌 *Lenzites elegans*（Spreng.）Pat.，生于阔叶林、混交林中腐木上

17. 灰色齿脉菌 *Lopharia cinerascens*（Schwein.）G. Cunn.，生于阔叶林、混交林中腐木上

18. 胶质干朽菌 *Merulius tremellosus* Schrad.，生于阔叶林、混交林中腐木上

19. 相邻小孔菌 *Microporus affinis*（Blume et T. Nees）Kuntze，生于阔叶林、混交林中腐木上

20. 褐扇小孔菌 *Microporus vernicipes*（Berk.）Kuntze，生于阔叶林、混交林中腐木上

21. 黄柄小孔菌 *Microporus xanthopus*（Fr.）Kuntze，生于阔叶林、混交林中腐木上

22. 淡黄木层孔菌 *Phellinus gilvus*（Schwein.）Pat.，生于阔叶林、混交林中腐木上

23. 漏斗多孔菌 *Polyporus arcularius*（Batsch）Fr.，生于阔叶林、混交林中腐木上

24. 雅致多孔菌 *Polyporus leptocephalus*（Jacq.）Fr.，生于阔叶林、混交林中腐木上

25. 黑柄多孔菌 *Polyporus melanopus*（Pers.）Fr.，生于阔叶林、混交林中腐木上

26. 桑多孔菌 *Polyporus mori*（Pollini）Fr.，生于阔叶林、混交林中腐木上

27. 宽鳞多孔菌 *Polyporus squamosus*（Huds.）Fr.，生于阔叶林、混交林中腐木上

28. 多孔菌 *Polyporus varius*（Pers.）Fr.，生于阔叶林、混交林中腐木上

29. 鲜红密孔菌 *Pycnoporus cinnabarinus*（Jacq.）P. Karst.，生于阔叶林、混交林中腐木上

30. 血红密孔菌 *Pycnoporus sanguineus*（L.）Murrill，生于阔叶林、混交林中腐木上

31. 疣革菌 *Thelephora terrestris* Ehrh.，生于阔叶林、混交林中腐木上

32. 浅囊状栓菌 *Trametes gibbosa*（Pers.）Fr.，生于阔叶林、混交林中腐木上

33. 毛栓菌 *Trametes hirsuta*（Wulfen）Lloyd，生于阔叶林、混交林中腐木上

34. 大白栓菌 *Trametes lactinea*（Berk.）Sacc.，生于阔叶林、混交林中腐木上

35. 东方栓菌 *Trametes orientalis*（Yasuda）Imazeki，生于阔叶林、混交林中腐木上

36. 绒毛栓菌 *Trametes pubescens*（Schumach.）Pilát，生于阔叶林、混交林中腐木上

37. 云芝 *Trametes versicolor*（L.）Pilát，生于阔叶林、混交林中腐木上

38. 冷杉附毛菌 *Trichaptum abietinum*（Dicks.）Ryvarden，生于阔叶林、混交林中腐木上

39. 薄皮干酪菌 *Tyromyces chioneus*（Fr.）P. Karst.，生于阔叶林、混交林中腐木上

三十九、齿耳科 Steccherinaceae

1. 鲑贝耙齿菌 *Irpex consors* Berk.，生于阔叶林、混交林中腐木上

2. 白囊耙齿菌 *Irpex lacteus*（Fr.）Fr.，生于阔叶林、混交林中腐木上

腹菌纲（GASTEROMYCETES）

马勃菌目（LYCOPERDALES）

四十、马勃科 Lycoperdaceae

1. 褐皮灰包 *Lycoperdon fuscum* Bon. ，生于阔叶林、混交林中腐殖质上
2. 网纹马勃 *Lycoperdon perlatum* Pers. Observ. 生于阔叶林、混交林中腐殖质上
3. 豆包马勃 *Pisolithus arhizus*（Scop.）Rauschert，生于阔叶林、混交林中地上

硬皮马勃菌目 SCLERODERMATALES

四十一、硬皮马勃科 Sclerodermaceae

1. 硬皮地星 *Astraeus hygrometricus*（Pers.）Morgan，生于开阔的林区边缘山坡上
2. 红皮美口菌 *Calostoma cinnabarinum* Desv. ，生于阔叶林腐殖质上
3. 头状马勃 *Calvatia craniiformis*（Schwein.）Fr. ，生于开阔的林中腐殖质上或路边草丛间
【药用功能】具有清热解毒，止血生肌，消肿止痛的功效
4. 袋形地星 *Geastrum saccatum* Fr. ，生于阔叶林、混交林中腐殖质上
5. 马勃状硬皮马勃 *Scleroderma areolatum* Ehrenb. ，生于阔叶林、混交林中地上
6. 大孢硬皮马勃 *Scleroderma bovista* Fr. ，生于阔叶林、混交林中地上
7. 光硬皮马勃 *Scleroderma cepa* Pers. ，生于阔叶林、混交林中地上
8. 橙黄硬皮马勃 *Scleroderma citrinum* Pers. ，生于阔叶林、混交林中地上
9. 黄硬皮马勃 *Scleroderma flavidum* Ellis et Everh. ，生于阔叶林、混交林中地上
10. 多根硬皮马勃 *Scleroderma polyrhizum*（J. F. Gmel.）Pers. ，生于阔叶林、混交林中地上

红菇目 RUSSULALES

四十二、耳瑚菌科 Lachnocladiaceae

1. 奶色皮垫革菌 *Scytinostroma galactinum*（Fr.）Donk，生于阔叶林、混交林中腐木上

四十三、耳匙菌科 Auriscalpiaceae

1. 小冠瑚菌 *Artomyces colensoi*（Berk.）Jülich，生于混交林中腐木上
2. 杯冠瑚菌 *Artomyces pyxidatus*（Pers.）Jülich，生于混交林中腐木上

四十四、红菇科 Russulaceae

1. 细质乳菇 *Lactarius aurantiacus*（Pers.）Gray，生于阔叶林、混交林中地上
2. 香乳菇 *Lactarius camphoratus*（Bull.）Fr. ，生于阔叶林、混交林中地上
3. 松乳菇 *Lactarius deliciosus*（L.）Gray，生于阔叶林、混交林中地上
4. 詹氏乳菇 *Lactarius gerardii* Peck，生于阔叶林、混交林中地上
5. 稀褶乳菇 *Lactarius hygrophoroides* Berk. et Curt. ，生于针叶林中地上
6. 白乳菇 *Lactarius piperatus*（L.）Pers. ，生于针叶林中地上
7. 亚香环纹乳菇 *Lactarius subzonarius* Hongo，生于阔叶林、混交林中地上
8. 亚绒白乳菇 *Lactarius subvellereus* Peck，生于阔叶林、混交林中地上
9. 毛头乳菇 *Lactarius torninosus*（Fr.）Gray，生于阔叶林、混交林中地上
10. 绒白乳菇 *Lactarius vellereus*（Fr.）Fr. ，生于针叶林中地上
11. 多汁乳菇 *Lactarius volemus*（Fr.）Fr. ，生于针叶林中地上
12. 轮纹乳菇 *Lactarius zonarius*（Bull.）Fr. ，生于阔叶林、混交林中地上
13. 烟色红菇 *Russula adusta*（Pers.）Fr. ，生于阔叶林、混交林中地上
14. 铜绿红菇 *Russula aeruginea* Fr. ，生于针叶林中地上
15. 白红菇 *Russula albida* Peck，生于阔叶林、混交林中地上

16. 黑紫红菇 *Russula atropurpurea*（Krombh）Britz. ，生于阔叶林、混交林中地上

17. 葡紫红菇 *Russula azurea* Bres. ，生于阔叶林、混交林中地上

18. 密集红菇 *Russula compacta* Frost et Peck，生于阔叶林、混交林中地上

19. 壳状红菇 *Russula crustosa* Peck，生于阔叶林、混交林中地上

20. 蓝黄红菇 *Russula cyanoxantha*（Schaeff.）Fr. ，生于阔叶林、混交林中地上

21. 美味红菇 *Russula delica* Fr. ，生于阔叶林、混交林中地上

22. 密褶红菇 *Russula densifolia* Secr. ex Gillet，生于阔叶林、混交林中地上

23. 毒红菇 *Russula emetica*（Schaeff.）Pers. ，生于阔叶林、混交林中地上

24. 臭红菇 *Russula foetens*（Pers.）Pers. ，生于阔叶林、混交林中地上

25. 拟臭红菇 *Russula grata* Britzelm. ，生于阔叶林、混交林中地上

26. 灰肉红菇 *Russula griseocarnosa* X. H. Wang，Zhu L. Yang et Knudsen，生于阔叶林、混交林中地上

27. 叶绿红菇 *Russula heterophylla*（Fr.）Fr. ，生于阔叶林、混交林中地上

28. 红黄红菇 *Russula luteotacta* Rea，生于针叶林中地上

29. 厚皮红菇 *Russula mustelina* Fr. ，生于阔叶林、混交林中地上

30. 白粉红菇 *Russula metachroa* Hongo. ，生于阔叶林、混交林中地上

31. 稀褶黑菇 *Russula nigricans*（Bull.）Fr. ，生于阔叶林、混交林中地上

32. 赤紫红菇 *Russula omiensis* Hongo. ，生于阔叶林、混交林中地上

33. 玫瑰红菇 *Russula rosacea*（Bull.）S. F. Gray：Fr. ，生于阔叶林、混交林中地上

34. 红菇 *Russula rosea* Pers. ，生于阔叶林、混交林中地上

35. 茶褐黄红菇 *Russula sororia* Fr. ，生于阔叶林、混交林中地上

36. 血红菇 *Russula sanguinea*（Bull. ex St. Amans）Fr. ，生于阔叶林、混交林中地上

37. 点柄臭红菇 *Russula senecis* Imai J. Coll. Agric. ，生于阔叶林、混交林中地上

38. 菱红菇 *Russula vesca*Fr. ，生于阔叶林、混交林中地上

39. 绿红菇 *Russula virescens*（Schaeff.）Fr. ，生于针叶林中地上

银耳纲 TREMELLOMYCETES

木耳目 AURICULARIALES

四十五、木耳科 Auriculariaceae

1. 木耳 *Auricularia auricula–judae*（Bull.）Wettst. ，生于活立木或腐木上

【药用功能】具有抗肿瘤、抗溃疡、抗氧化、抗疲劳、降血糖和免疫抑制等活性。

2. 皱木耳 *Auricularia delicata*（Fr.）Henn. ，生于活立木或腐木上

【药用功能】具有提高机体免疫机能的作用；对冠心病和动脉粥样硬化有良好的防治作用。

3. 毛木耳 *Auricularia polytricha*（Mont.）Sacc. ，生于活立木或腐木上

【药用功能】具有抗肿瘤、降血脂、抗炎症、抗凝血、抗肝炎、降血糖、抗白细胞降低、抗辐射、抗氧化等作用。

银耳目 TREMELLALES

四十六、叉担子科 Dacryomycetaceae

1. 角状胶角菌 *Calocera cornea*（Batsch）Fr. Stirp. ，生于腐木上

四十七、银耳科 Tremellaceae

1. 橙黄银耳 *Tremella aurantia* Schwein. ，生于阔叶林、混交林中腐木上

2. 银耳 *Tremella fuciformis* Berk. ，生于阔叶林、混交林中腐木上

【药用功能】具有镇咳，祛痰，平喘等作用；治热咳嗽，肺燥干咳，咯痰带血，久咳络伤，胁部

痛，产后虚弱，月经不调，大便秘结，大便下血，新久痢疾等。

3. 黄银耳 *Tremella mesenterica* Retz. ，K. Vetensk. 生于阔叶林、混交林中腐木上

花耳纲 DACRYMYCETES

花耳目 DACRYMYCETALES

四十八、花耳科 Dacrymycetaceae

1. 掌状花耳 *Dacrymyces chrysospermus* Berk. et M. A. Curtis，生于阔叶林中腐木上

2. 花耳 *Dacrymyces stillatus* Nees，生于阔叶林中腐木上

3. 匙盖假花耳 *Dacryopinax spathularia*（Schwein.）G. W. Martin，生于阔叶林中腐木上

（邓春英　吴兴亮）

苔藓名录

一、金发藓科 Polytrichaceae

（一）仙鹤藓属 *Atrichum* P. Beauv.

1. 狭叶仙鹤藓 *Atrichum angustatum*（Brid.）Bruch et Schimp.　CJ20140926109；CJ20140928042

2. 小胞仙鹤藓 *Atrichum rhystophyllum*（Müll. Hal.）Paris　CJ20140928103；RJ20140923054；CJ20140927023；YLS065

3. 东亚仙鹤藓 *Atrichum yakushimense*（Horik.）Mizut.　CJ20140928035

（二）小金发藓属 *Pogonatum* P. Beauv.

1. 刺边小金发藓原亚种 *Pogonatum cirratum* subsp. *cirratum* Broth.　RJ20140922029；CJ20140928043

2. 扭叶小金发藓 *Pogonatum contortum*（Brid.）Lesq.　RJ20140921057；RJ20140924009；RJ20140922044；CJ20140927103；CJ20140927071；YLS049；RJ20140924057

3. 暖地小金发藓（多枝小金发藓）*Pogonatum fastigiatum* Mitt.　RJ20140922081

4. 东亚小金发藓（小金发藓）*Pogonatum inflexum*（Lindb.）Sande Lac.　RJ20140922031；YLS051；YLS008

5. 硬叶小金发藓（爪哇小金发藓、小叶小金发藓）*Pogonatum neesii*（Müll. Hal.）Dozy RJ20140923047

6. 南亚小金发藓 *Pogonatum proliferum*（Griff.）Mitt　YLS029

（三）金发藓属 *Polytrichum* Hedw.

1. 金发藓 *Polytrichum commune* Hedw.　YLS107

二、短颈藓科 Diphysciaceae

（一）短颈藓属 *Diphyscium* D. Mohr

1. 东亚短颈藓 *Diphyscium fulvifolium* Mitt.　RJ20140921084；CJ20140928117；CJ20140928100；CJ20140926086；CJ20140927031；CJ20140927072；CJ20140927033；YLS011；YLS006；CJ20140927062；CJ20140928079；CJ20140928127；CJ20140926084；CJ20140926052；CJ20140927044；CJ20140928061

三、葫芦藓科 Funariaceae

（一）葫芦藓属 *Funaria* Hedw.

1. 刺边葫芦藓 *Funaria muhlenbergii* Turner　RJ20140922011

（二）立碗藓属 *Physcomitrium*（Brid.）Brid.

1. 狭叶立碗藓 *Physcomitrium coorgense* Broth.　RJ20140922080a

四、缩叶藓科 Ptychomitriaceae

（一）缩叶藓属 *Ptychomitrium* Fürnr.

1. 狭叶缩叶藓 *Ptychomitrium linearifolium* Reimers CJ20140928002

五、紫萼藓科 Grimmiaceae

（一）无尖藓属 *Codriophorus* P. Beauv.

1. 黄无尖藓（黄砂藓）*Codriophorus anomodontoides*（Cardot）Bednarek – Ochyra et Ochyra ［*Racomitrium anomodontoides*］CJ20140928052；CJ20140927109

六、牛毛藓科 Ditrichaceae

（一）牛毛藓属 *Ditricium* Hampe

1. 短齿牛毛藓 *Ditrichum brevidens* Nog.　CJ20140926085；CN73 – 77
2. 黄牛毛藓 *Ditrichum pallidum*（Hedw.）Hampe　YLS023
3. 细叶牛毛藓 *Ditrichum pusillum*（Hedw.）Hampe　RJ20140922080b

七、小烛藓科 Bruchiaceae

（一）长蒴藓属 *Trematodon* Michx.

1. 长蒴藓 *Trematodon longicollis* Michx.　YLS100

八、小曲尾藓科 Dicranellaceae

（一）小曲尾藓属 *Dicranella*（Müll. Hal.）Schimp.

1. 小曲尾藓 *Dicranella amplexans*（Mitt.）A. Jaeger
2. 变形小曲尾藓 *Dicranella varia*（Hedw.）Schimp.　RJ20140921128b

九、曲尾藓科 Dicranaceae

（一）曲尾藓属 *Dicranum* Hedw.

1. 阿萨姆曲尾藓 *Dicranum assamicum* Dixon　YLS063
2. 曲尾藓 *Dicranum scoparium* Hedw.　CJ20140927066

十、白发藓科 Leucobryaceae

（一）曲柄藓属 *Campylopus* Brid.

1. 脆枝曲柄藓（纤枝曲柄藓）*Campylopus fragilis*（Brid.）Bruch et Schimp.　CJ20140926083；CJ20140927086；RJ20140922022
2. 黄曲柄藓 *Campylopus schmidii*（Müll. Hal.）A. Jaeger　YLS018b
3. 节茎曲柄藓（东亚曲柄藓）*Campylopus umbellatus*（Arnott）Paris　［*Campylopus coreensis*］CJ20140926002；CJ20140927105；CJ20140928017；RJ20140922051

（二）青毛藓属 *Dicranodontium* Bruch et Schimp.

1. 粗叶青毛藓 *Dicranodontium asperulum*（Mitt.）Broth.　YLS092；YLS034
2. 丛叶青毛藓 *Dicranodontium caespitosum*（Mitt.）Paris　RJ20140923046a　CN64 – 68
3. 青毛藓 *Dicranodontium denudatum*（Brid.）E. Britton ex Williams　YLS068d
4. 毛叶青毛藓 *Dicranodonitium filifolium* Broth. in Handel-Mazzetti　CJ20140927041；CJ20140928011

（三）白发藓属 *Leucobryum* Hampe

1. 粗叶白发藓（糙叶白发藓）*Leucobryum boninense* Sull. et Lesq. ［*Leucobryum scaberulum*］CJ20140926044；RJ20140922004
2. 狭叶白发藓 *Leucobryum bowringii* Mitt.　YLS009；CJ20140927106a；CJ20140928036
3. 绿色白发藓 *Leucobryum chlorophyllosum* Müll. Hal.　YLS106；RJ20140921015；RJ20140923010；CJ20140927025；CJ20140926069G16—765 – 767；RJ20140924033a
4. 白发藓 *Leucobryum glaucum*（Hedw.）Aöngstr.　RJ20140923044G16—623 – 626；
5. 爪哇白发藓 *Leucobryum javense*（Brid.）Mitt.　CJ20140928121；YLS019a

6. 桧叶白发藓 *Leucobryum juniperoideum* (Brid.) Müll. Hal. [*Leucobryum neilgherrense*] RJ20140923038e

7. 疣叶白发藓 *Leucobryum scabrum* Sande Lac.　CJ20140926060a；CJ20140927117；YLS104

十一、凤尾藓科 Fissidentaceae

（一）凤尾藓属 *Fissidens* Hedw.

1. 黄叶凤尾藓原变种（黄色凤尾藓）*Fissidens crispulus* var. *crispulus* [*Fissidens zippelianus* Dozy et Molk.] RJ20140921023；RJ20140921141；RJ20140922033；RJ20140924040b；RJ20140921118b；RJ20140921106；RJ20140922019；RJ20140922053；RJ20140922054；RJ20140924002

2. 卷叶凤尾藓 *Fissidens dubius* P. Beauv. CJ20140927090；CJ20140927104；CJ20140927069；CJ20140928067；RJ20140921056

3. 二形凤尾藓 *Fissidens geminiflorus* Dozy et Molk.　CJ20140926088

4. 大叶凤尾藓（云南凤尾藓）*Fissidens grandifrons* Brid.　RJ20140921040b；RJ20140921042

5. 糙柄凤尾藓 *Fissidens hollianus* Dozy et Molk.　CJ20140928104

6. 线叶凤尾藓暗色变种 *Fissidens linearis* Brid. var. *obscurirete* (Broth. et Paris) I. G. Stone [*Fissidens obscurirete* Broth. et Paris]　RJ20140914031

7. 大凤尾藓（日本凤尾藓）*Fissidens nobilis* Griff.　RJ20140922075；CJ20140928053；RJ20140922084；RJ20140924052；CJ20140927054；CJ20140927019；RJ20140924016；RJ20140924026

8. 曲肋凤尾藓 *Fissidens oblongifolius* Hook. f. et Wilson　CJ20140926019

9. 延叶凤尾藓 *Fissidens perdecurrens* Besch.　CJ20140926051；RJ20140922071；CJ20140926097；CJ20140926011b

10. 网孔凤尾藓 *Fissidens polypodioides* Hedw.　CJ20140927060；CJ20140928013

11. 鳞叶凤尾藓（尖叶凤尾藓）*Fissidens taxifolius* Hedw.　CJ20140926079；CJ20140926065b；CJ20140927106b；CJ20140926053；CJ20140928028；RJ20140923029

12. 南京凤尾藓 *Fissidens teysmannianus* Dozy et Molk.　CJ20140927045

13. 拟小凤尾藓 *Fissidens tosaensis* Broth.　YLS020

十二、丛藓科 Pottiaceae

（一）丛本藓属 *Anoectangium* Schwägr

1. 卷叶丛本藓 *Anoectangium thomsonii* Mitt　YLS039；YLS068c

（二）湿地藓属 *Hyophila* Brid.

1. 卷叶湿地藓（欧洲湿地藓）*Hyophila involuta* (Hook.) A. Jaeger　CJ20140926078；RJ20140921022；RJ20140921087

2. 花状湿地藓 *Hyophila nymaniana* (M. Fleisch.) Menzel　RJ20140921143；RJ20140924048

（三）拟合睫藓属 *Pseudosymblepharis* Broth.

1. 狭叶拟合睫藓 *Pseudosymblepharis angustata* (Mitt.) Hilp　CJ20140928072

（四）舌叶藓属 *Scopelophila* (Mitt.) Lindb.

1. 剑叶舌叶藓（剑叶藓）*Scopelophila cataractae* (Mitt.) Broth. [*Merceyopsis sikkimensis*] RJ20140922059

（五）纽藓属 *Tortella* (Lindb.) Limpr.

1. 折叶纽藓 *Tortella fragilis* (Hook. et Wilson) Limpr.　CJ20140928044；CJ20140926058

2. 长叶纽藓（纽藓）*Tortella tortuosa* (Hedw.) Limpr.　CJ20140927049；CJ20140926108

（六）毛口藓属 *Trichostomum* Bruch

1. 卷叶毛口藓 *Trichostomum hattorianum* B. C. Tan et Z. Iwats.　RJ20140921093；RJ20140921072

2. 平叶毛口藓（阔叶小石藓）*Trichostomum planifolium* (Dixon) R. H. Zander [*Weissia planifolium* Dix-

on；*Weissia planifolia* Dixon］RJ20140921041

3. 阔叶毛口藓 *Trichostomum platyphyllum*（Iisiba）P. C. Chen　RJ20140921046；RJ20140924021

十三、珠藓科 **Bartramiaceae**
（一）泽藓属 *Philonotis* **Brid.**

1. 垂蒴泽藓 *Philonotis cernua*（Wilson）Griffin et W. R. Buck　CJ20140927079；CJ20140928077

2. 密叶泽藓 *Philonotis hastate*（Duby）Wijk et Marg.　CJ20140928055

3. 斜叶泽藓 *Philonotis secunda*（Dozy et Molk.）Bosch. et Sande Lac.　RJ20140921121

十四、真藓科 **Bryaceae**
（一）银藓属 *Anomobryum* **Schimp**.

1. 金黄银藓 *Anomobryum auratum*（Mitt.）A. Jaeger　CJ20140928098；CJ20140928054

（二）真藓属 *Bryum* **Hedw**.

1. 高山真藓 *Bryum alpinum* Huds ex With　CJ20140928004b

2. 毛状真藓（矮枝真藓，紫肋真藓）*Bryum apiculatum* Schwägr.　RJ20140922070

3. 卵叶真藓 *Bryum calophyllum* R. Br.　YLS120

4. 比拉真藓（球形真藓、截叶真藓）*Bryum billarderi* Schwägr.　RJ20140923005a；CJ20140926080；RJ20140923008；YLS044

5. 细叶真藓 *Bryum capillare* Hedw.　RJ20140921034

6. 柔叶真藓 *Bryum cellulare* Hook. in Schwägr.　RJ20140921081；CJ20140928004a

7. 近高山真藓 *Bryum paradoxum* Schwägr.　CJ20140927045

8. 拟三列真藓（大叶真藓）*Bryum pseudotriquetrum*（Hedw.）Gaertn.　CJ20140927036；CJ20140927035

9. 球根真藓 *Bryum radiculosum* Brid.　CJ20140928023

（三）大叶藓属 *Rhodobryum*（**Schimp**.）**Limpr**.

1. 暖地大叶藓 *Rhodobryum giganteum*（Schwägr.）Paris　CJ20140926047

十五、提灯藓科 **Mniaceae**
（一）匐灯藓属 *Plagiomnium* **T. J. Kop**.

1. 匐灯藓 *Plagiomnium cuspidatum*（Hedw.）T. J. Kop.　RJ20140922013；RJ20140921037；CJ20140928124

2. 阔边匐灯藓（阔边提灯藓）*Plagiomnium ellipticum*（Brid.）T. J. Kop.　RJ20140921126

3. 侧枝匐灯藓（侧枝提灯藓，侧枝走灯藓）*Plagiomnium maximoviczii*（Lindb.）T. J. Kop.　RJ20140922037；RJ20140921100；CJ20140927005；CJ20140928089a；CJ20140927101

4. 多蒴匐灯藓（多蒴提灯藓、长尖走灯藓）*Plagiomnium medium*（Bruch et Schimp.）T. J. Kop.　RJ20140924018；RJ20140923004

5. 具喙匐灯藓（具喙走灯藓、钝叶提灯藓草叶变种）*Plagiomnium rhynchophorum*（Hook.）T. J. Kop.　CJ20140926091

6. 大叶匐灯藓（大叶提灯藓、大叶走灯藓）*Plagiomnium succulentum*（Mitt.）T. J. Kop.　RJ20140924054；CJ20140926034；RJ20140921021

7. 圆叶匐灯藓（圆叶提灯藓、圆叶走灯藓）*Plagiomnium vesicatum*（Besch.）T. J. Kop.　RJ20140922077；CJ20140926074；CJ20140926030；CJ20140927077；CJ20140927020

（二）毛灯藓属 *Rhizomnium*（**Broth**.）**T. J. Kop**.

1. 具丝毛灯藓 *Rhizomnium tuomikoskii* T. J. Kop.　RJ20140922035

（三）疣灯藓属 *Trachycystis* **Lindb**.

1. 疣灯藓（疣胞提灯藓）*Trachycystis microphylla*（Dozy et Molk.）Lindb.　CJ20140926031a；

CJ20140928019

十六、木灵藓科 Orthotrichaceae

（一）蓑藓属 *Macromitrium* Brid.

1. 钝叶蓑藓 *Macromitrium japonicum* Dozy et Molk.　YLS046b；RJ20140922078；CJ20140927074

2. 长柄蓑藓 *Macromitrium microstomum*（Hook. et Grev.）Schwägr.　CJ20140928078

3. 长帽蓑藓 *Macromitrium tosae* Besch.　YLS058；RJ20140921114　NK2344-2349；RJ20140921074；CJ20140928082；YLS005b

（二）火藓属 *Schlotheimia* Lewinsky-Haapasaari et Hedenäs

1. 南亚火藓 *Schlotheimia grevilleana* Mitt.　YLS081

十七、桧藓科 Rhizogoniaceae

（一）桧藓属 *Pyrrhobryum* Mitt.

1. 大桧藓 *Pyrrhobryum dozyanum*（Sande Lac.）Manuel　CJ20140927095；CJ20140927055；CJ20140927056a；CJ20140928094

2. 刺叶桧藓 *Pyrrhobryum spiniforme*（Hedw.）Mitt.　CJ20140928107b；YLS019b

十八、卷柏藓科 Racopilaceae

（一）卷柏藓属 *Racopilum* P. Beauv.

1. 薄壁卷柏藓（毛尖卷柏藓）*Racopilum cuspidigerum*（Schwägr.）Angström　RJ20140922072；CJ20140926106；RJ20140921110b；RJ20140922055

2. 直蒴卷柏藓 *Racopilum orthocarpum* Wilson ex Mitt.　RJ20140921017　G16—483－484

3. 粗齿卷柏藓 *Racopilum spectabile* Reinw. et Hornsch.　CJ20140928101

十九、孔雀藓科 Hypopterygiaceae

（一）雉尾藓属 *Cyathophorum* P. Beauv.

1. 短肋雉尾藓（黄雉尾藓）*Cyathophorum hookerianum*（Griff.）Mitt. *Cyathophorum burkilii* CJ20140926004

（二）树雉尾藓属 *Dendrocyathophorum* Dixon

1. 树雉尾藓 *Dendrocyathophorum decolyi*（Broth. ex M. Fleisch.）Kruijer　CJ20140926010

（三）孔雀藓属 *Hypopterygium* Brid.

1. 黄边孔雀藓（东亚孔雀藓）*Hypopterygium flavolimbatum* Müll. Hal.［*Hypopterygium japonicum*］CJ20140926117；CJ20140926099；CJ20140926052；CJ20140926028

二十、小黄藓科 Daltoniaceae

（一）毛柄藓属 *Calyptrochaeta* Desv.

1. 日本毛柄藓 *Calyptrochaeta japonica*（Cardot et Thér.）Z. Iwats. et Nog.　YLS025b；RJ20140923025；YLS073b；CJ20140927112；YLS028b；YLS069a；YLS085

2. 多枝毛柄藓刺齿亚种 *Calyptrochaeta ramosa*（M. Fleisch.）B. C. Tan et H. Rob. subsp. *spinosa*（Nog.）B. C. Tan et P. J. Lin　RJ20140923034

（二）黄藓属 *Distichophyllum* Dozy et Molk.

1. 东亚黄藓 *Distichophyllum maibarae* Besch.　CJ20140928076b；RJ20140923033　G16-631-633；YLS093m；YLS075a

2. 匙叶黄藓贵州变种 *Distichophyllum oblongum* var. *fanjingensis* P. J. Lin et B. C. Tan　YLS066a

二十一、油藓科 Hookeriaceae

（一）油藓属 *Hookeria* Sm.

1. 尖叶油藓 *Hookeria acutifolia* Hook. et Grev.　CJ20140927039；CJ20140928076a；CJ20140928109；CJ20140927004；CJ20140926065a；CJ20140927100b；CJ20140928087

（二）拟油藓属 *Hookeriopsis*（Besch.）A. Jaeger

1. 并齿拟油藓 *Hookeriopsis utacamundiana*（Mont.）Broth.　　CJ20140927070

二十二、棉藓科 Plagiotheciaceae

（一）长灰藓属 **Herzogiella Broth.**

1. 残齿长灰藓 *Herzogiella renitensi*（Mitt.）Z. Iwats.　　RJ20140921126

2. 明角长灰藓 *Herzogiella striatella*（Brid.）Z. Iwats.　　RJ20140922015

（二）棉藓属 *Plagiothecium* **Bruch et Schimp.**

1. 圆条棉藓阔叶变种 *Plagiothecium cavifolium* var. *fallax*（Cardot et Thér.）Z. Iwats.　　RJ20140923032

2. 直叶棉藓原变种 *Plagiothecium euryphyllum* var. *euryphyllum*　　CJ20120928041；CJ20140928065；RJ20140923014　；RJ20140923048a；RJ20140923026；RJ20140924025；CJ20140927096；YLS041；YLS086；CJ20140928056；RJ20140923021；YLS012

3. 直叶棉藓短尖变种 *Plagiothecium euryphyllum* var. *brevirameum*（Cardot）Z. Iwats.　　CJ20140927007

4. 台湾棉藓原变种 *Plagiothecium formosicum* var. *formosicum*　　RJ20140923035；RJ20140923015a

5. 光泽棉藓 *Plagiothecium laetum* Bruch et Schimp. in B. S. G.　　CJ20140928051

二十三、柳叶藓科 Amblystegiaceae

（一）水灰藓属 *Hygrohypnum* **Lindb.**

1. 圆叶水灰藓 *Hygrohypnum molle*（Hedw.）Loeske　　CJ20140927008

二十四、薄罗藓科 Leskeaceae

（一）麻羽藓属 *Claopodium*（Lesq. et James）Renauld et Cardot

1. 狭叶麻羽藓 *Claopodium aciculum*（Broth.）Broth.　　RJ20140921133；RJ20140921047

2. 大麻羽藓（斜叶麻羽藓）*Claopodium assurgens*（Sull. et Lesq.）Cardot　　RJ20140922061；RJ20140922073b；RJ20140924047　；CJ20140927018；RJ20140921076

3. 细麻羽藓 *Claopodium gracillimum*（Cardot et Thér.）Nog.　　RJ20140921055；RJ20140922079；CJ20140926050b；CJ20140926015a

4. 短枝羽藓 *Thuidium submicropteris* Cardot　　RJ20140921036

（二）附干藓属 *Schwetschkea* **Müll. Hal.**

1. 中华附干藓 *Schwetschkea sinica* Broth. et Paris　　RJ20140921103

二十五、羽藓科 Thuidiaceae

（一）小羽藓属 *Haplocladium*（Müll. Hal.）Müll. Hal.

1. 狭叶小羽藓 *Haplocladium angustifolium*（Hampe et Müll. Hal.）Broth.　　CJ20140928016

（二）鹤嘴藓属 *Pelekium* **Mitt.**

1. 尖毛鹤嘴藓（尖毛细羽藓）*Pelekium fuscatum*（Besch.）A. Touw［*Cyrto-hypnum fuscatum*］RJ20140923001a

2. 密毛鹤嘴藓（密毛细羽藓）*Pelekium gratum*（P. Beauv.）A. Touw　　RJ20140923019a；RJ20140922087；RJ20140924051；RJ20140924033b

3. 多疣鹤嘴藓（多疣细羽藓）*Pelekium pygmaeum*（Schimp.）A. Touw［*Cyrto-hypnum pygmaeum*（Schimp.）Buck et Crum.］　　RJ20140921101

（三）羽藓属 *Thuidium* **Bruch et Schimp.**

1. 大羽藓 *Thuidium cymbifolium*（Dozy et Molk.）Dozy et Molk.　　RJ20140923037；RJ20140921126；RJ20140921010；CJ20140927030；CJ20140926033；CJ20140927100a；RJ20140923017；YLS075b；RJ20140924019

2. 细枝羽藓 *Thuidium delicatulum*（Hedw.）Schimp.　　RJ20140922025；CJ20140928092；

RJ20140924036；RJ20140923036b

3. 拟灰羽藓 *Thuidium glaucinoides* Broth. RJ20140923048b

4. 短肋羽藓 *Thuidium kanedae* Sakurai CJ20140928033；CJ20140926113

5. 灰羽藓 *Thuidium pristocalyx* （Müll. Hal.） A. Jaeger RJ20140921012；RJ20140924006a；CJ20140926070；RJ20140923024b；CJ20140928090a；YLS105

6. 亚灰羽藓 *Thuidium subglaucinum* Cardot RJ20140924066

二十六、异枝藓科 Heterocladiaceae

（一）粗疣藓属 *Fauriella* Besch.

1. 小粗疣藓 *Fauriella tenerrima* Broth. RJ20140923049；RJ20140923018b；RJ20140923009

2. 粗疣藓 *Fauriella tenuis* （Mitt.） Cardot in Broth. YLS071；RJ20140923041

二十七、异齿藓科 Regmatodontaceae

（一）异齿藓属 *Regmatodon* Brid.

1. 异齿藓 *Regmatodon declinatus* （Hook.） Brid. YLS111；CJ20140928088

二十八、青藓科 Brachytheciaceae

（一）青藓属 *Brachythecium* Bruch et Schimp.

1. 灰白青藓(青藓)*Brachythecium albicans* （Hedw.） Bruch et Schimp. CJ20140927099

2. 毛尖青藓 *Brachythecium piligerum* Cardot RJ20140923003b

（二）美喙藓属 *Eurhynchium* Bruch et Schimp.

1. 短尖美喙藓 *Eurhynchium angustirete* （Broth.） T. J. Kop. CJ20140928060a

2. 宽叶美喙藓 *Eurhynchium hians* （Hedw.） Sande Lac. RJ20140921019

3. 疏网美喙藓 *Eurhynchium laxirete* Broth. in Cardot RJ20140921130

（三）褶叶藓属 *Palamocladium* Müll. Hal.

1. 褶叶藓 *Palamocladium leskeoides* （Hook.） E. Britton RJ20140923001b

（四）细喙藓属 *Rhynchostegiella* （Schimp.） Limpr.

1. 日本细喙藓 *Rhynchostegiella japonica* Dixon et Thér. CJ20140926073；CJ20140926035

2. 光柄细喙藓 *Rhynchostegiella laeviseta* Broth. RJ20140921006；RJ20140921135；RJ20140921142

（五）长喙藓属 *Rhynchostegium* Bruch et Schimp.

1. 狭叶长喙藓 *Rhynchostegium fauriei* Cardot RJ20140923003a

2. 斜枝长喙藓 *Rhynchostegium inclinatum* （Mitt.） A. Jaeger RJ20140922073a；CJ20140928018b

3. 卵叶长喙藓 *Rhynchostegium ovalifolium* S. Okamura RJ20140922043；CJ20140928001；RJ20140921104；RJ20140922048

4. 淡枝长喙藓 *Rhynchostegium pallenticaule* Müll. Hal. RJ20140924044；CJ20140927001

5. 淡叶长喙藓 *Rhynchostegium pallidifolium* （Mitt.） A. Jaeger CJ20140927029；CJ20140927111

6. 水生长喙藓(圆叶美缘藓)*Rhynchostegium riparioides* （Hedw.） Cardot RJ20140921007；CJ20140927027；CJ20140926103；CJ20140928080；CJ20140928128

7. 匍枝长喙藓 *Rhynchostegium serpenticaule* （Müll. Hal.） Broth. RJ20140921066a；RJ20140924029

二十九、蔓藓科 Meteoriaceae

（一）毛扭藓属 *Aerobryidium* M. Fleisch.

1. 毛扭藓 *Aerobryidium filamentosum* （Hook.） M. Fleisch. YLS013；CJ20140926037；CJ20140928006；CJ20140927022

（二）灰气藓属 *Aerobryopsis* M. Fleisch.

1. 纤细灰气藓 *Aerobryopsis subleptostigmata* Broth. et Paris RJ20140923055

（三）悬藓属 *Barbella* **M. Fleisch.**

1. 悬藓 *Barbella compressiramea*（Renauld et Cardot）M. Fleisch. RJ20140923017b

2. 刺叶悬藓（细尖悬藓）*Barbella spiculata*（Mitt.）Broth. CJ20140927092

（四）垂藓属 *Chrysocladium* **M. Fleisch.**

1. 垂藓 *Chrysocladium retrorsum*（Mitt.）M. Fleisch. CJ20140928027

（五）隐松萝藓属 *Cryptopapillaria* **M. Menzel**

1. 扭尖隐松萝藓（扭尖松萝藓）*Cryptopapillaria feae*（M. Fleisch.）Menzel RJ20140923006

（六）丝带藓属 *Floribundaria* **M. Fleisch.**

1. 四川丝带藓 *Floribundaria setschwanica* Broth. RJ20140923018a；YLS031

（七）新丝藓属 *Neodicladiella* **W. R. Buck**

1. 新丝藓（多疣悬藓）*Neodicladiella pendula*（Sull.）W. R. Buck YLS047；CJ20140928034；RJ20140922012；CJ20140927065

（八）耳蔓藓属 *Neonoguchia* **S. H. Lin**

1. 耳蔓藓（耳叶新野口藓）*Neonoguchia auriculata*（Copp. ex Thér.）S. H. Lin CJ20140927061

（九）假悬藓属 *Pseudobarbella* **Nog.**

1. 假悬藓（莱氏假悬藓、南亚假悬藓）*Pseudobarbella levieri*（Renauld et Cardot）Nog. RJ20140923050

（十）多疣藓属 *Sinskea* **W. R. Buck**

1. 小多疣藓（多疣垂藓）*Sinskea flammea*（Mitt.）W. R. Buck YLS028c

（十一）扭叶藓属 *Trachypus* **Reinw. et Hornsch.**

1. 扭叶藓 *Trachypus bicolor* Reinw. et Hornsch. RJ20140923005b；CJ20140927083c；CJ20140928110

2. 小扭叶藓原变种 *Trachypus humilis* var. *humilis* RJ20140921016

3. 小扭叶藓细叶变种 *Trachypus humilis* var. *tenerrimus*（Herzog）Zanten CJ20140926063；CJ20140927006a

三十、灰藓科 Hypnaceae

（一）偏蒴藓属 *Ectropothecium* **Mitt.**

1. 偏蒴藓 *Ectropothecium buitenzorgii*（Bél.）Mitt. RJ20140921039

2. 淡叶偏蒴藓 *Ectropothecium dealbatum*（Reinw. et Hornsch.）A. Jaeger CJ20140928066

（二）厚角藓属 *Gammiella* **Broth.**

1. 厚角藓 *Gammiella pterogonioides*（Griff.）Broth YLS037；RJ20140923038a

（三）灰藓属 *Hypnum* **Hedw.**

1. 拳叶灰藓 *Hypnum circinale* Hook. RJ20140921240 G16-452-456；RJ20140923003c

2. 密枝灰藓 *Hypnum densirameum* Ando RJ20140921026；RJ20140921109；RJ20140922049；RJ20140922060；CJ20140926101；RJ20140921009；RJ20140921053

3. 多蒴灰藓（果灰藓）*Hypnum fertile* Sendtn. RJ20140921128

4. 南亚灰藓 *Hypnum oldhamii*（Mitt.）A. Jaeger CJ20140928084b

5. 黄灰藓 *Hypnum pallescens*（Hedw.）P. Beauv. CJ20140928023

6. 直叶灰藓 *Hypnum vaucheri* Lesq. CJ20140926104

（四）叶齿藓属（新拟）*Phyllodon* **Bruch et Schimp.**

1. 舌形叶齿藓（新拟）（舌叶扁锦藓）*Phyllodon lingulatus*（Cardot）W. R. Buck ［*Glossadelphus lingulatus*］ RJ20140921018

（五）拟鳞叶藓属 *Pseudotaxiphyllum* Z. Iwats.

1. 密叶拟鳞叶藓 *Pseudotaxiphyllum densum*（Cardot）Z. Iwats.　CJ20140926049

2. 东亚拟鳞叶藓（东亚同叶藓）*Pseudotaxiphyllum pohliaecarpum*（Sull. et Lesq.）Z. Iwats.　RJ20140922017c；RJ20140922063；RJ20140923002；CJ20140927050

（六）鳞叶藓属 *Taxiphyllum* M. Fleisch.

1. 互生鳞叶藓（互生叶鳞叶藓）*Taxiphyllum alternans*（Cardot）Z. Iwats.　RJ20140921125b；YLS090

2. 细尖鳞叶藓 *Taxiphyllum aomoriense*（Besch.）Z. Iwats.　RJ20140921066b

3. 凸尖鳞叶藓 *Taxiphyllum cuspidifolium*（Cardot）Z. Iwats.　RJ20140921044

4. 陕西鳞叶藓 *Taxiphyllum giraldii*（Müll. Hal.）M. Fleisch.　CJ20140926116c；CJ20140926072b

5. 鳞叶藓 *Taxiphyllum taxirameum*（Mitt.）M. Fleisch.　RJ20140924031；CJ20140926008；CJ20140926015；RJ20140924046

（七）明叶藓属 *Vesicularia*（Müll. Hal.）Müll. Hal.

1. 暖地明叶藓 *Vesicularia ferriei*（Cardot et Thér.）Broth.　CJ20140928030；RJ20140924070；CJ20140927053

2. 海南明叶藓 *Vesicularia hainanensis* P. C. Chen　RJ20140922042a；RJ20140921069；RJ20140921113；RJ20140921097；RJ20140924055；CJ20140926076a；RJ20140924041；RJ20140921085

3. 长尖明叶藓 *Vesicularia reticulata*（Dozy et Molk.）Broth.　RJ20140921013；RJ20140921012

三十一、金灰藓科 Pylaisiaceae

（一）金灰藓属 *Pylaisia* Schimp.

1. 弯叶金灰藓 *Pylaisia falcata* Schimp.　RJ20140922091

三十二、毛锦藓科 Pylaisiadelphaceae

（一）小锦藓属 *Brotherella* M. Fleisch.

1. 曲叶小锦藓 *Brotherella curvirostris*（Schwägr.）M. Fleisch.　RJ20140921003　G16—467 – 468；CJ20140928038

2. 赤茎小锦藓 *Brotherella erythrocaulis*（Mitt.）M. Fleisch.　CJ20140926056；YLS091b

3. 南方小锦藓原变种 *Brotherella henonii*（Duby）M. Fleisch. var. *Henonii*　CJ20140928003；CJ20140926100；CJ20140926114　G16—768 – 770；YLS027；YLS038

4. 垂蒴小锦藓原变种 *Brotherella nictans*（Mitt.）Broth. var. *Nictans*　CJ20140927107

（二）拟疣胞藓属 *Clastobryopsis* M. Fleisch.

1. 拟疣胞藓原变种 *Clastobryopsis planula*（Mitt.）M. Fleisch. var. *Planula*　YLS094a

（三）疣胞藓属 *Clastobryum* Dozy et Molk.

1. 三列疣胞藓 *Clastobryum glabrescens*（Z. Iwats.）B. C. Tan　YLS056；YLS073a；RJ20140923012　G16—240 – 242；RJ20140923042；YLS033；YLS060

（四）同叶藓属 *Isopterygium* Mitt.

1. 华东同叶藓 *Isopterygium courtoisii* Broth. et Paris　RJ20140921006

2. 纤枝同叶藓 *Isopterygium minutirameum*（Müll. Hal.）A. Jaeger　RJ20140922028；RJ20140921105；CJ20140926115b

3. 芽胞同叶藓 *Isopterygium propaguliferum* Toyama　CJ20140926054b　CN82 – 87；CJ20140926118；RJ20140923028b；RJ20140924007

4. 柔叶同叶藓 *Isopterygium tenerum*（Sw.）Mitt.　RJ20140924023

（五）毛锦藓属 *Pylaisiadelpha* Cardot

1. 暗绿毛锦藓 *Pylaisiadelpha tristoviridis*（Broth.）O. M. Afonina　RJ20120922024

2. 短叶毛锦藓 *Pylaisiadelpha yokohamae*（Broth.）W. R. Buck　RJ20140921062

（六）刺枝藓属 *Wijkia* H. A. Crum

1. 弯叶刺枝藓 *Wijkia deflexifolia*（Renauld et Cardot）H. A. Crum　YLS083b

2. 角状刺枝藓 *Wijkia hornschuchii*（Dozy et Molk.）H. A. Crum　CJ20140927037；CJ20140927012；CJ20140928090b；CJ20140927026

三十三、锦藓科 Sematophyllaceae

（一）锦藓属 *Sematophyllum* Mitt.

1. 矮锦藓 *Sematophyllum subhumile*（Müll. Hal.）M. Fleisch.　RJ20140921094

（一）刺疣藓属 *Trichosteleum* Mitt.

1. 全缘刺疣藓 *Trichosteleum lutschianum*（Broth. et Paris）Broth.　RJ20140921079；CJ20140927073；RJ20140923043；YLS074

三十四、塔藓科 Hylocomiaceae

（一）梳藓属 *Ctenidium*（Schimp.）Mitt.

1. 柔枝梳藓 *Ctenidium andoi* N. Nishim.　RJ20140923007

2. 毛叶梳藓 *Ctenidium capillifolium*（Mitt.）Broth.　CJ20140928123

3. 梳藓 *Ctenidium molluscum*（Hedw.）Mitt.　CJ20140926029b；CJ20140926112；RJ20140921064；CJ20140927047

4. 羽枝梳藓 *Ctenidium pinnatum*（Broth. et Paris）Broth.　RJ20140923020

（二）南木藓属 *Macrothamnium* M. Fleisch.

1. 南木藓 *Macrothamnium macrocarpum*（Reinw. et Hornsch.）M. Fleisch.　CJ20140927088；CJ20140927040

（三）新船叶藓属 *Neodolichomitra* Nog.

1. 新船叶（兜叶南木藓）*Neodolichomitra yunnanensis*（Besch.）T. J. Kop.　CJ20140926072a

三十五、绢藓科 Entodontaceae

（一）绢藓属 *Entodon* Müll. Hal.

1. 厚角绢藓 *Entodon concinnus*（De Not.）Paris　CJ20140926011a

2. 长帽绢藓 *Entodon dolichocucullatus* S. Okamura　RJ20140921119；RJ20140921063；CJ20140928092；RJ20140921080；RJ20140924043

3. 广叶绢藓 *Entodon flavescens*（Hook.）A. Jaeger　CJ20140928032

4. 长柄绢藓 *Entodon macropodus*（Hedw.）Müll. Hal.　CJ20140928005；CJ20140926094　G16-771-774；CJ20140928057；RJ20140921092；CJ20140927028；CJ20140928112a；CJ20140927080；RJ20140921110a；RJ20140924013；CJ20140928009；CJ20140927014

5. 亚美绢藓 *Entodon sullivantii*（Müll. Hal.）Lindb.　CJ20140927076

6. 宝岛绢藓 *Entodon taiwanensis* C. K. Wang et S. H. Lin　RJ20140921144；RJ20140921049

（二）螺叶藓属 *Sakuraia* Broth.

1. 螺叶藓 *Sakuraia conchophylla*（Cardot）Nog.　CJ20140928093

三十六、白齿藓科 Leucodontaceae

（一）单齿藓属 *Dozya* Sande Lac.

1. 单齿藓 *Dozya japonica* Sande Lac.　YLS114

三十七、平藓科 Neckeraceae

（一）波叶藓属 *Himantocladium*（Mitt.）M. Fleisch.

1. 小波叶藓 *Himantocladium plumula*（Nees in Brid.）M. Fleisch.　RJ20140924015

（二）扁枝藓属 *Homalia*（Brid.）Bruch et Schimp.

1. 扁枝藓 *Homalia trichomanoides*（Hedw.）Brid.　RJ20140921139a

（三）树平藓属 *Homaliodendron* M. Fleisch.

1. 小树平藓 *Homaliodendron exiguum*（Bosch et Sande Lac.）M. Fleisch.　RJ20140921078

2. 钝叶树平藓 *Homaliodendron microdendron*（Mont.）M. Fleisch.　RJ20140921141

3. 疣叶树平藓 *Homaliodendron papillosum* Broth.　CJ20140926062；CJ20140927059

4. 刀叶树平藓 *Homaliodendron scalpellifolium*（Mitt.）M. Fleisch.　CJ20140926092；RJ20140923030；CJ20140927083b；CJ20140928049；CJ20140927082；CJ20140926032　；YLS007a；RJ20140923017a 大山；YLS005d；YLS014

（四）平藓属 *Neckera* Hedw.

1. 延叶平藓 *Neckera decurrens* Broth.　CJ20140927083a

2. 短肋平藓 *Neckera goughiana* Mitt.　CJ20140926001

（五）拟平藓属 *Neckeropsis* Reichardt

1. 光叶拟平藓 *Neckeropsis nitidula*（Mitt.）M. Fleisch.　YLS115a

（六）羽枝藓属 *Pinnatella* M. Fleisch.

1. 小羽枝藓 *Pinnatella ambigua*（Bosch et Sande Lac.）M. Fleisch　RJ20140921115

（七）台湾藓属 *Taiwanobryum* Nog.

1. 台湾藓 *Taiwanobryum speciosum* Nog.　YLS005e

（八）木藓属 *Thamnobryum* Nieuwl.

1. 木藓 * *Thamnobryum alopecurum*（Hedw.）Nieuwl. ex Gangulee　RJ20140923051

2. 匙叶木藓 *Thamnobryum subseriatum*（Mitt. ex Sande Lac.）B. C. Tan　CJ20140927116

（九）拟扁枝藓属 *Homaliadelphus* Dixon et P. de la Varde

1. 拟扁枝藓 *Homaliadelphus targionianus*（Mitt.）Dixon et P. de la Varde　RJ20140921054；CJ20140926064；CJ20140926089b；RJ20140922005

三十八、牛舌藓科 Anomodontaceae

（一）牛舌藓属 *Anomodon* Hook. et Taylor

1. 尖叶牛舌藓 *Anomodon giraldii* Müll. Hal.　RJ20140921038

（二）羊角藓属 *Herpetineuron*（Müll. Hal.）Cardot

1. 羊角藓 *Herpetineuron toccoae*（Sull. et Lesq.）Cardot　YLS001

（三）多枝藓属 *Haplohymenium* Dozy et Molk.

1. 暗绿多枝藓（台湾多枝藓）*Haplohymenium triste*（Ces.）Kindb. [*Haplohymenium formosanum*] YLS046a；CJ20140928074；RJ20140923040a　CN69 – 72；RJ20140924037；RJ20140924042

三十九、裸蒴苔科 Haplomitriaceae

（一）裸蒴苔属 *Haplomitrium* Nees

1. 圆叶裸蒴苔 *Haplomitrium mnioides*（Lindb.）R. M. Schust.　CJ20140928114

四十、疣冠苔科 Aytoniaceae

（一）石地钱属 *Reboulia* Raddi

1. 石地钱 *Reboulia hemisphaerica*（L.）Raddi　RJ20140922045；RJ20140921107；RJ20140921043；RJ20140922040

四十一、蛇苔科 Conocephalaceae

（一）蛇苔属 *Conocephalum* F. H. Wigg

1. 蛇苔 *Conocephalum conicum*（L.）Dumort.　CJ20140928046b；RJ20140921095；CJ20140927032；RJ20140921040a

2. 小蛇苔 *Conocephalum japonicum*（Thunb.）Grolle　RJ20140922032；CJ20140927038；CJ20120927115；RJ20140922021；RJ20140922020；CJ20140928086；YLS109；RJ20140924063；CJ20140927051

四十二、地钱科 Marchantiaceae

（一）地钱属 *Marchantia* L.

1. 楔瓣地钱原亚种 *Marchantia emarginata* subsp. *emarginata*　RJ20140921082；RJ20140921025 G469－472

2. 楔瓣地钱东亚亚种 *Marchantia emarginata* subsp. *tosata*（Steph.）Bischl.　RJ20140921122

3. 疣鳞地钱粗鳞亚种 *Marchantia papillata* subsp. *grossibarba*（Steph.）Bischl.　RJ20140924034

四十三、毛地钱科 Dumortieraceae

（一）毛地钱属 *Dumortiera* Nees

1. 毛地钱 *Dumortiera hirsuta*（Sw.）Nees　RJ20140922041；CJ20140928046a；RJ20140921125a；CJ20140927089；RJ20140921099

四十四、钱苔科 Ricciaceae

（一）钱苔属 *Riccia* L.

1. 稀枝钱苔 *Riccia huebeneriana* Lindenb.　RJ20140922042；YLS050；RJ20140922030

四十五、南溪苔科 Makinoaceae

（一）南溪苔属 *Makinoa* Miyake

1. 南溪苔 *Makinoa crispata*（Steph.）Miyake　YLS026；RJ20140923019b

四十六、带叶苔科 Pallaviciniaceae

（一）带叶苔属 *Pallavicinia* Gray

1. 多形带叶苔 *Pallavicinia ambigua*（Mitt.）Steph.　RJ20140924067；CJ20140927102；CJ20140927087；RJ20140924050

2. 暖地带叶苔 *Pallavicinia levieri* Schiffn.　CJ20140927081

3. 带叶苔 *Pallavicinia lyellii*（Hook.）Gray　CJ20140927034

4. 长刺带叶苔 *Pallavicinia subciliata*（Austin）Steph.　RJ20120922057；CJ20140927108；YLS103c；CJ20140927057；CJ20140927093；RJ20140923011

四十七、溪苔科 Pelliaceae

（一）溪苔属 *Pellia* Raddi

1. 花叶溪苔 *Pellia endiviifolia*（Dicks.）Dumort　CJ20140927119；CJ20140926102；YLS077

2. 溪苔 *Pellia epiphylla*（L.）Corda　CJ20140928058b；RJ20140922006；CJ20140927075

四十八、叶苔科 Jungermanniaceae

（一）疣叶苔属 *Horikawaella* S. Hatt. et Amakawa

1. 圆叶疣叶苔 * *Horikawaella rotundifolia* C. Gao et Y. J. Yi　RJ20140921058；CJ20140927097a；RJ20140921070

（二）叶苔属 *Jungermannia* L.

1. 疏叶叶苔 *Jungermannia sparsofolia* C. Gao et J. Sun　RJ20140922017b；RJ20140922074；CJ20140926115a

（三）被蒴苔属 *Nardia* Gray

1. 南亚被蒴苔 *Nardia assamica*（Mitt.）Amakawa　YLS021；CJ20140928126；YLS099；CJ20140927064；CJ20140928070；YLS110；RJ20140922036

（四）假苞苔属 *Notoscyphus* Mitt.

1. 假苞苔（新拟）（黄色假苞苔、黄色杯囊苔、小杯囊苔、厚角杯囊苔）*Notoscyphus lutescens*（Lehm. et Lindenb.）Mitt.　RJ20140922083；CJ20140928069；CJ20140928068；RJ20140922007；CN51－59；CJ20140928050；RJ20140922050；CJ20140926081；RJ20140922090；CJ20140926045；CJ20140926021 788m

（五）管口苔属 *Solenostoma* Mitt.

1. 偏叶管口苔（偏叶叶苔）*Solenostoma comatatum*（Nees）C. Gao　RJ20140924017

2. 褐绿管口苔（褐绿叶苔）*Solenostoma infuscum*（Mitt.）Hentsche*infusca*　RJ20140924024

3. 南亚管口苔（南亚叶苔）*Solenostoma sikkimensis*（Steph.）Váňa et D. G. Long　RJ20140922038

4. 截叶管口苔（截叶叶苔）*Solenostoma truncatum*（Nees）Váňa et D. G. Long　RJ20140922027 CN34 – 41

5. 长褶管口苔（长褶叶苔）*Solenostoma virgatum*（Mitt.）Váňa et D. G. Long　RJ20140922034

四十九、护蒴苔科 Calypogeiaceae

（一）护蒴苔属 *Calypogeia* Raddi

1. 刺叶护蒴苔 *Calypogeia arguta* Nees et Mont. ex Nees　RJ20140924045b；YLS048；CJ20140928116；YLS101b；YLS123

2. 三角护蒴苔 *Calypogeia azurea* Stotler et Crotz　YLS103b

3. 护蒴苔 *Calypogeia fissa*（L.）Raddi　CJ20140927063b；CJ20140926043；RJ20140924020

4. 钝叶护蒴苔 *Calypogeia neesiana*（C. Massal. et Carest.）K. Müller ex Loeske　CJ20140927118

5. 沼生护蒴苔 *Calypogeia sphagnicola*（Arnell et Perss.）Wharnst et Loeske　RJ20140922056a；CJ20140927011；CJ20140926022

6. 双齿护蒴苔 *Calypogeia tosana*（Steph.）Steph.　RJ20140921106；CJ20140927085

五十、圆叶苔科 Jamesoniellaceae

（一）对耳苔属 *Syzygiella* Spruce

1. 筒萼对耳苔（新拟）（圆叶苔）*Syzygiella autumnalis*（DC.）K. Feldberg［*amensoniella autunmalis*］（DC.）Steph.　CJ20140928045

五十一、大萼苔科 Cephaloziaceae

（一）大萼苔属 *Cephalozia*（Dumort.）Dumort.

1. 曲枝大萼苔 *Cephalozia catenulata*（Huebener）Lindb.　CJ20140928125

2. 毛口大萼苔 *Cephalozia lacinulata*（J. B. Jack）Spruce　RJ20140922056b；CJ20140928118b；CJ20140928106；YLS101a

3. 短瓣大萼苔 *Cephalozia macounii*（Austin）Austin　YLS123a

4. 细瓣大萼苔 *Cephalozia pleniceps*（Austin）Lindb.　CJ20140928059b；YLS045

（二）拳叶苔属 *Nowellia* Mitt.

1. 拳叶苔 *Nowellia curvifolia*（Dicks.）Mitt.　YLS084；CJ20140926066；YLS052b；YLS062

（三）侧枝苔属 *Pleuroclada* Spruce

1. 侧枝苔 *Pleuroclada albescens*（Hook.）Spruce　RJ20140922008　G16 – 595 – 596

五十二、拟大萼苔科 Cephaloziellaceae

（一）拟大萼苔属 *Cephaloziella*（Spruce）Schiffn.

1. 小叶拟大萼苔 *Cephaloziella microphylla*（Steph.）Douin　RJ20140921077；RJ20140921090

五十三、合叶苔科 Scapaniaceae

（一）合叶苔属 *Scapania*（Dumort.）Dumort.

1. 刺边合叶苔 *Scapania ciliata* Sande Lac. inMiguel　CJ20140928105

2. 短合叶苔 *Scapania curta*（Mart.）Dumort.　CJ20140927110；CJ20140927067；CJ20140927058；CJ20140926116a

3. 褐色合叶苔 *Scapania ferruginea*（Lehm. et Lindenb.）Lehm. et Lindenb.　CJ20140928111

4. 高氏合叶苔 *Scapania gaochii* X. Fu ex T. Cao　CJ20140928095

5. 舌叶合叶苔多齿边种（新拟）（斯氏合叶苔）*Scapania ligulata* subsp. *stephanii*（K. Müller）Po-

temkin CJ20140927084

五十四、挺叶苔科 Anastrophyllaceae

（一）褶萼苔属（新拟）*Plicanthus*（Steph.）Schust.

1. 全缘褶萼苔（全缘广萼苔）*Plicanthus birmensis*（Steph.）R. M. Schust. Nova Hedwigia［*Chandonanthus birmensis*］ CJ20140928081；RJ20140923039

2. 齿边褶萼苔（齿边广萼苔）*Plicanthus hirtellus*（F. Weber）R. M. Schust［*Chandonanthus hirtellus*（F. Weber）Mitt.］ RJ20140923046b

五十五、绒苔科 Trichocoleaceae

（一）绒苔属 *Trichocolea* Dumort.

1. 绒苔 *Trichocolea tomentella*（Ehrh.）Dumort. YLS053；CJ20140927009；CJ20140927091；CJ20140927056b；CJ20140927009；YLS053；YLS079

五十六、指叶苔科 Lepidoziaceae

（一）鞭苔属 *Bazzania* Gray

1. 白叶鞭苔 *Bazzania albifolia* Horik. RJ20120922017a；CJ20140928040；CJ20140927063a；CJ20140927097b；RJ20140922085；YLS116；CJ20140926031b；CJ20140926060b；RJ20140922014

2. 阿萨密鞭苔 *Bazzania assamica*（Steph.）S. Hatt. CJ20140928064

3. 喜马拉雅鞭苔 *Bazzania himlayana*（Mitt.）Schiffn. RJ20140924060；RJ20140923015b；CJ20140928107a

4. 日本鞭苔 *Bazzania japonica*（Sande Lac.）Lindb. YLS068b；YLS072；YLS066b；RJ20140923013

5. 白边鞭苔 *Bazzania oshimensis*（Steph.）Horik. YLS043；YLS016a；RJ20140922009 G16-597-599；RJ20140922001；CJ20140927094；CJ20140927098；CJ20140928021；CJ20140927046；CJ20140927048；CJ20140927068；CJ20140926018；YLS067a；CJ20140926018；YLS083a

6. 小叶鞭苔 *Bazzania ovistipula*（Steph.）Abeyw. YLS091a；YLS052a

7. 三裂鞭苔 *Bazzania tridens*（Reinw.，Blume. et Nees）Trevis. CJ20140926014

（二）细指苔属 *Kurzia* G. Martins

1. 牧野细指苔 *Kurzia makinoana*（Steph.）Grolle YLS103a；CJ20140928059a；RJ20140924059；CJ20140926016

2. 中华细指苔 *Kurzia sinensis* G. C. Zhang RJ20140922058；RJ20120922026；RJ20140922062；CJ20140926020

五十七、剪叶苔科 Herbertaceae

（一）剪叶苔属 *Herbertus* Gray

1. 剪叶苔 *Herbertus aduncus*（Dicks.）S. Gray YLS076c

2. 狭叶剪叶苔 *Herbertus angustissima*（Herzog）H. A. Miller CJ20140927042

3. 纤细剪叶苔 *Herbertus fragilis*（Steph.）Herzog CJ20140928108

4. 鞭枝剪叶苔 *Herbertus mastigophoroides* H. A. Mill. YLS025a；CJ20140927003

5. 多枝剪叶苔 *Herbertus ramosus*（Steph.）H. A. Mill. YLS061

五十八、羽苔科 Plagiochilaceae

（一）羽苔属 *Plagiochila*（Dumort.）Dumort.

1. 树形羽苔 *Plagiochila arbuscula*（Brid. ex Lehm. et Lindenb.）Lindenb. YLS088；YLS094；CJ20140926117；CJ20140926042b；RJ20140923031

2. 秦岭羽苔 *Plagiochila biondiana* C. Massal. YLS082；RJ20140923046c；RJ20140923038b

3. 密鳞羽苔 *Plagiochila durelii* Schiffn. YLS018a

4. 大叶羽苔 *Plagiochila elegans* Mitt. YLS089

5. 纤幼羽苔 *Plagiochila exigua*（Taylor）Taylor　YLS076b

6. 福氏羽苔 *Plagiochila fordiana* Steph.　RJ20140923036a

7. 加萨羽苔 *Plagiochila khasiana* Mitt.　YLS028e

8. 明叶羽苔 *Plagiochila nitens* Inoue　RJ20140921117

9. 圆头羽苔 *Plagiochila parvifolia* Lindenb.　CJ20140928007a

10. 尖齿羽苔 *Plagiochila pseudorenitens* Schiffn.　YLS016b

11. 美姿羽苔 *Plagiochila pulcherrima* Horik.　YLS016c；YLS080；YLS028a

12. 刺叶羽苔 *Plagiochila sciophila* Nees ex Lindenb.　RJ20120921102；RJ20140921139b；RJ20140921033　G16-457-459；CJ20140927002；RJ20140922076；RJ20140921098；RJ20140921134；CJ20140926029a；CJ20140927021；YLS028f；YLS069b

13. 延叶羽苔 *Plagiochila semidecurrens*（Lehm. et Lindenb.）Lindenb.　YLS028d

14. 司氏羽苔 *Plagiochila stevensiana* Steph.　CJ20140927013

15. 狭叶羽苔 *Plagiochila trabeculata* Steph.　YLS007b

16. 玉龙羽苔 *Plagiochila yulongensis* Piippo　CJ20140927078

17. 朱氏羽苔 *Plagiochila zhuensis* Grolle et M. L. So　RJ20140921108a；RJ20140921014；RJ20140921138

五十九、齿萼苔科 Lophocoleaceae
（一）裂萼苔属 *Chiloscyphus* Corda

1. 尖叶裂萼苔 *Chiloscyphus cuspidatus*（Nees）J. J. Engel et R. M. Schust.　RJ20140921031　G16—473-475

2. 圆叶裂萼苔 *Chiloscyphus horikawanus*（S. Hatt.）J. J. Engel et R. M. Schust.　CJ20140928018a

3. 疏叶裂萼苔 *Chiloscyphus itoanus*（Inoue）J. J. Engel et R. M. Schust.　RJ20140922067　CN60-63；RJ20140922046；CJ20140926048；RJ20140924056

4. 芽胞裂萼苔 *Chiloscyphus minor*（Nees）J. J. Engel et R. M. Schust.　RJ20140921132；RJ20140922018；RJ20140924058

（二）异萼苔属 *Heteroscyphus* Schiffn.

1. 四齿异萼苔 *Heteroscyphus argutus*（Reinw., Blume et Nees）Schiffn.　RJ20140922042b；RJ20140921123；RJ20140921061；RJ20140921029；CJ20140928102；RJ20140922086；CJ20140928022；CJ20140928020a；RJ20140923022；CJ20140928097；CJ20140926054a　CN82-87；CJ20140926076b；RJ20140924027；RJ20140923028a；RJ20140923024a；CJ20140926107；CJ20140926017

2. 双齿异萼苔 *Heteroscyphus coalitus*（Hook.）Schiffn.　CJ20140928012；RJ20140923027；RJ20140923052

3. 平叶异萼苔 *Heteroscyphus planus*（Mitt.）Schiffn.　YLS122

4. 全缘异萼苔 *Heteroscyphus saccogynoids* Herzog　CJ20140928015

5. 圆叶异萼苔 *Heteroscyphus tener*（Steph.）Schiffn.　YLS068a；YLS076d

6. 南亚异萼苔 *Heteroscyphus zollingeri*（Gottsche）Schiffn.　YLS002；CJ20120928058a；CJ20140928099；RJ20140924003；RJ20140924040a；CJ20140926116b；RJ20140923023

六十、光萼苔科 Porellaceae Cavers
（一）光萼苔属 *Porella* L.

1. 尖瓣光萼苔原亚种 *Porella acutifolia* subsp. *acutifolia*　CJ20140926039

2. 丛生光萼苔原变种 *Porella caespitans* var. *caespitans*　CJ20140927052

3. 丛生光萼苔日本变种 *Porella caespitans* var. *nipponica* S. Hatt.　RJ20120921083 CN0015-0017

4. 密叶光萼苔 *Porella densifolia*（Steph.）S. Hatt.　YLS098；CJ20140926024

5. 钝叶光萼苔(钝叶光萼苔鳞叶变种)*Porella obtusata* (Taylor) Trevis. ［*Porella obtusata* var. *macroloba* (Steph.) S. Hatt. et M. X. Zhang］   CJ20120928120a；CJ20140928007b；CJ20140928025；CJ20140928112b

6. 毛边光萼苔原变种 *Porella perrottetiana* var. *perrottetiana*   YLS040；CJ20140926089a；CJ20140926105c

六十一、扁萼苔科 Radulaceae (Dumort.) K. Müller
(一)扁萼苔属 *Radula* Dumort.
1. 尖瓣扁萼苔 *Radula apiculata* Sande Lac. ex Steph.   RJ20140921024b

2. 钝瓣扁萼苔 *Radula aquilegia* (Hook. f. et Taylor) Gottsche   RJ20140921068；RJ20140921108b；RJ20140921032；RJ20140921052b；RJ20140924067

3. 大瓣扁萼苔 *Radula cavifolia* Hampe   YLS036a；YLS064a；YLS015 ；CJ20140926026

4. 扁萼苔 *Radula complanata* (L.) Dumort.   RJ20140921008

5. 爪哇扁萼苔 *Radula javanica* Gottsche   YLS115b；RJ20140922032；RJ20140924006b

6. 尖叶扁萼苔 *Radula kojana* Steph.   RJ20140921118a

7. 芽胞扁萼苔(林氏扁萼苔)*Radula lindenbergiana* Gottsche ex Hartm. f.   RJ20140921075a；RJ20120921067；RJ20140921020；RJ20140921011；CJ20140927024；CJ20140928020b

六十二、耳叶苔科 Frullaniaceae Lorch
(一)耳叶苔属 *Frullania* Raddi
1. 细茎耳叶苔 *Frullania bolanderi* Austin   RJ20140922003

2. 皱叶耳叶苔 *Frullania ericoides* (Nees ex Mart.) Mont.   RJ20140922076

3. 钩瓣耳叶苔 *Frullania hamatiloba* Steph.   RJ20140922066

4. 石生耳叶苔 *Frullania inflata* Gottsche   YLS042；RJ20140922064；RJ20140922068

5. 圆叶耳叶苔 *Frullania inouei* S. Hatt.   CJ20140928073

6. 弯瓣耳叶苔 *Frullania linii* S. Hatt.   CJ20140927015b；CJ20140928024；YLS121a

7. 列胞耳叶苔 *Frullania moniliata* (Reinw. , Blume et Nees) Mont.   CJ20140928120b；CJ20140928083；CJ20140927016a；RJ20140923040b   CN69 – 72；RJ20140923003d；CJ20140928029；YLS005c

8. 盔瓣耳叶苔 *Frullania muscicola* Steph.   RJ20140922002；YLS119

9. 钟瓣耳叶苔 *Frullania parvistipula* Steph.   YLS078b

10. 刺苞叶耳叶苔 *Frullania ramuligera* (Nees) Mont.   YLS064b；YLS121b；YLS004

11. 中华耳叶苔 *Frullania sinensis* Steph.   CJ20140927015a；CJ20140927016b；YLS108；CJ20140928091；CJ20140926041

六十三、毛耳苔科 Jubulaceae
(一)毛耳苔属 *Jubula* Dumort.
1. 爪哇毛耳苔(毛耳苔爪哇亚种)*Jubula hutchinsiae* (Hook.) Dumort. subsp. *javanica* (Steph.) Verd.   RJ20140923053

2. 日本毛耳苔 *Jubula japonica* Steph.   CJ20140927100c

六十四、细鳞苔科 Lejeuneaceae
(一)唇鳞苔属 *Cheilolejeunea* (Spruce) Schiffn.
1. 亚洲唇鳞苔(卡西唇鳞苔)*Cheilolejeunea krakakammae* (Lindenb.)R. M. Schust. ［*Cheilolejeunea khasiuna* (Mitt.)Kitag］   YLS035

2. 粗茎唇鳞苔(瓦叶唇鳞苔)*Cheilolejeunea trapezia* (Nees) Kachroo et R. M. Schust. ［*Cheilolejeunea imbricata* (Nee.)Hatt. ］   YLS064d；RJ20140928075；CJ20140928037；CJ20140928084a；CJ20140928014

3. 卷边唇鳞苔 *Cheilolejeunea xanthocarpa* (Lehm. et Lindenb.) Malombe YLS064e

（二）疣鳞苔属 ***Cololejeunea*** （**Spruce**）**Schiffn**.

1. 刺边疣鳞苔 *Cololejeunea albodentata* P. C. Chen et P. C. Wu CJ20140926059a

2. 细齿疣鳞苔 *Cololejeunea denticulata* (Horik.) S. Hatt. CJ20140926046

3. 粗疣鳞苔（疣萼疣鳞苔）*Cololejeunea peraffinis* (Schiffn.) Schiffn. YLS112

4. 假肋疣鳞苔 *Cololejeunea platyneura* (Spruce) A. Evans RJ20140921142

5. 刺疣鳞苔 *Cololejeunea spinosa* (Horik.) S. Hatt. YLS022

6. 南亚疣鳞苔 *Cololejeunea tenella* Benedix RJ20140921125c；RJ20140921028；RJ20140921035；RJ20140921052c；RJ20140924039；RJ20140924030；RJ20140924057；RJ20140924035

7. 单体疣鳞苔 *Cololejeunea trichomanis* (Gottsche) Steph. RJ20140924004b；RJ20140921116；RJ20140921002

（三）角鳞苔属 ***Drepanolejeunea*** （**Spruce**）**Schiffn**.

1. 线角鳞苔 *Drepanolejeunea angustifolia* (Mitt.) Grolle RJ20140923038c；YLSb

2. 叶生角鳞苔 *Drepanolejeunea foliicola* Horik. CJ20140928118c

（四）细鳞苔属 ***Lejeunea*** **Lib**.

1. 狭瓣细鳞苔 *Lejeunea anisophylla* Mont. RJ20140921024a；RJ20140921073；RJ20140921052a；RJ20140924045a

2. 瓣叶细鳞苔（芽条细鳞苔）*Lejeunea cocoes* Mitt. RJ20140922047

3. 弯叶细鳞苔 *Lejeunea curviloba* Steph. RJ20140923038d

4. 长叶细鳞苔（疏叶细鳞苔）*Lejeunea discreta* Lindenb. CJ20140926059b

5. 暗绿细鳞苔 *Lejeunea obscura* Mitt. RJ20120921075b；CJ20140928122；RJ20140921065；RJ20140921045；CJ20140926023；CJ20140926040；CJ20140926027 ；CJ20140928089b；CJ20140926110；YLS087a

6. 斑叶细鳞苔 *Lejeunea punctiformis* Taylor YLS036b；YLS064c；YLS076a

7. 疣萼细鳞苔 *Lejeunea tuberculosa* Steph. CJ20140926105b

8. 魏氏细鳞苔 *Lejeunea wightii* Lindenb. CJ20140927006b

（五）薄鳞苔属 ***Leptolejeunea*** （**Spruce**）**Schiffn**.

1. 尖叶薄鳞苔 *Leptolejeunea elliptica* (Lehm. et Lindenb.) Schiffn. RJ20140921086b；RJ20140924004a；RJ20140921050；RJ20140924039a；RJ20140924012；CJ20140926013

（六）皱萼苔属 ***Ptychanthus*** **Nees**

1. 皱萼苔 *Ptychanthus striatus* (Lehm. et Lindenb.) Nees RJ20140921146；CJ20140926042a

（七）多褶苔属 ***Spruceanthus*** **Verd**.

1. 变异多褶苔（变异原鳞苔）*Spruceanthus polymorphus* (Sande Lac.) Verd. [*Archilejeunea polymorpha*] CJ20140926050a

2. 多褶苔 *Spruceanthus semirepandus* (Nees) Verd. CJ20140926051b

（八）瓦鳞苔属 ***Trocholejeunea*** **Schiffner**

1. 浅棕瓦鳞苔 *Trocholejeunea infuscata* (Mitt.) Verd. YLS005a

2. 南亚瓦鳞苔 *Trocholejeunea sandvicensis* (Gottsche) Mizt. YLS078a；RJ20140921129；YLS113；YLS117

（九）异鳞苔属 ***Tuzibeanthus*** **S**. **Hatt**.

1. 异鳞苔 *Tuzibeanthus chinensis* (Steph.) Mizut. RJ20120921127

六十五、绿片苔科 Aneuraceae

（一）绿片苔属 *Aneura* Dumort.

1. 绿片苔 *Aneura pinguis*（L.）Dumort.　　RJ20140922089；CJ20140928060b

（二）片叶苔属 *Riccardia* Gray

1. 中华片叶苔 *Riccardia chinensis* C. Gao　　CJ20140927114；RJ20140921030　CN24 － 26；CJ20140926119；CJ20140926038；RJ20140923016

2. 宽片叶苔 *Riccardia latifrons*（Lindb.）Lindb.　　RJ20140921086a；RJ20120921137；RJ20140921048；RJ20140922060　CN42 － 45；RJ20140922065；CJ20140928071；RJ20140921027 NK2366—2372；RJ20140923045

3. 波叶片叶苔 *Riccardia sinuata*（Hook.）Trevis.　　RJ20140924032

4. 羽枝片叶苔（新拟）*Riccardia submultifida* Horik.　　CJ20140928026；RJ20140921091

六十六、叉苔科 Metzgeriaceae

（一）叉苔属 *Metzgeria* Raddi

1. 平叉苔 *Metzgeria conjugata* Lindb.　　CJ20140928118a

六十七、角苔科 Anthocerotaceae

（一）角苔属 *Anthoceros* L.

1. 台湾角苔 *Anthoceros angustus* Steph.　　RJ20140924001　G16 － 752 － 755

2. 角苔（卷叶角苔）*Anthoceros punctatus* L.　　RJ20140924069；RJ20140921059；CJ20140928113

六十八、褐角苔科 Foliocerotaceae

（一）褐角苔属 *Folioceros* D. C. Bharadw.

1. 褐角苔 *Folioceros fuciformis*（Mont.）Bhardwaj　　RJ20140922059；RJ20140922069　G16 － 540 － 556

（熊源新　谈洪英　曹　威　钟世梅　罗先真）

石松类和蕨类植物名录

石松类 Lycophytes

一、石松科 Lycopodiaceae

（一）石杉属 *Huperzia* Bernhardi

1. 蛇足石杉 *Huperzia serrata*（Thunb. ex Murray）Trev.

【药用功能】全草入药。散瘀消肿，止血生肌，镇痛，消肿，杀虱；主治瘀血肿痛，跌打损伤，坐骨神经痛，神经性头痛，烧、烫伤。民间用以灭虱，灭臭虫，治疗蛇咬伤等。

（二）马尾杉属 *Phlegmariurus*（Herter）Holub

1. 华南马尾杉 *Phlegmariurus austrosinicus*（Ching）L. B. Zhang

【药用功能】祛风通络，消肿止痛，清热解毒；主治关节肿痛，四肢麻木，跌打损伤，咳喘，热淋，毒蛇咬伤。

（三）石松属 *Lycopodium* Linnaeus

1. 石松 *Lycopodium japonicum* Thunb. ex Murray

（四）垂穗石松属 *Palhinhaea* Franco

1. 垂穗石松 *Palhinhaea cernua*（L.）Vasc. et Franco

（五）藤石松属 *Lycopodiastrum* Holub ex. R. D. Dixit

1. 藤石松 *Lycopodiastrum casuarinoides*（Spring）Holub ex Dixit

【药用功能】全草、孢子入药。祛风活血，消肿镇痛；主治风湿关节痛，腰腿痛，跌打损伤，疮疡肿毒，烧、烫伤。

二、卷柏科 Selaginellaceae

（一）卷柏属 *Selaginella* P. Beauvois

1. 薄叶卷柏 *Selaginella delicatula*（Desv.）Alston

【药用功能】全草入药。清热解毒，驱风退热，活血调经；主治小儿惊风，麻疹，跌打损伤，月经不调，烧、烫伤。

2. 江南卷柏 *Selaginella moellendorffii* Hieron.

【药用功能】全草入药。消炎解毒，驱风消肿，止血生肌；主治风湿疼痛，风热咳喘，肝炎，乳蛾，痈肿溃疡，烧、烫伤。

3. 细叶卷柏 *Selaginella labordei* Heron. ex Christ

【药用功能】全草入药。清热解毒，抗癌，止血；治癌症，肺炎，急性扁桃体炎，眼结膜炎。

4. 剑叶卷柏 *Selaginella xipholepis* Baker

【药用功能】全草入药。清热抻湿，通经活络；主治肝炎，胆囊炎，痢疾，肠炎，肺痈，风湿关节痛，烫火伤。

5. 疏松卷柏 *Selaginella effusa* Alston

6. 地卷柏 *Selaginella prostrata* H. S. Kung

7. 深绿卷柏 *Selaginella doederleinii* Hieron.

8. 翠云草 *Selaginella uncinata*（Desv.）Spring

【药用功能】全草入药。清热解毒，利湿通络，化痰止咳，止血；主治黄疸，痢疾，高热惊厥，胆囊炎，水肿，泄泻，吐血，便血，风湿关节痛，乳痈，烧、烫伤。

蕨类 Ferns

一、木贼科 Equisetaceae

（一）木贼属 *Equisetum* Linnaeus

1. 笔管草 *Equisetum ramosissimum* Desf. subsp. *debile*（Roxb. ex Vauch.）Hauke

【药用功能】地上部分入药。清热明目，利尿通淋，退翳；主治感冒，目翳，尿血，便血，石淋，痢疾，水肿。

2. 节节草 *Commelina diffusa* Burm. f.

【药用功能】全草入药。清热解毒，利湿，疏肝散结。

二、合囊蕨科 Marattiaceae

（一）莲座蕨属 *Angiopteris* Hoffmann

1. 福建观音座莲 *Angiopteris fokiensis* Hieron.

【药用功能】根状茎入药。清热解毒，疏风散瘀，凉血止血，安神；主治跌打损伤，风湿痹痛，风热咳嗽，崩漏，蛇咬伤，外伤出血。

三、紫萁科 Osmundaceae

（一）紫萁属 *Osmunda* Linnaeus

1. 紫萁 *Osmunda japonica* Thunb.

【药用功能】根茎、叶柄残基入药。清热解毒，利湿散瘀，止血，杀虫；主治痄腮，痘疹，风湿痛，跌打损伤，衄血，便血，血崩，肠道寄生虫。

2. 宽叶紫萁 *Osmunda javanica* Bl.

【药用功能】根状茎或嫩苗入药。清热解毒，祛风，杀虫；主治痈疮疔疖，疟腮，风湿骨痛，肠道寄生虫病，漆疮。

3. 华南紫萁 *Osmunda vachellii* Hook.

【药用功能】根茎、叶柄的髓部入药。消炎解毒，舒筋活络，止血，杀虫；主治感冒，尿血，淋证，外伤出血，痈疖，烧、烫伤，肠道寄生虫。

四、膜蕨科 Hymenophyllaceae

（一）假脉蕨属 *Crepidomanes* C. Presl

1. 峨眉假脉蕨 *Crepidomanes omeiense* Ching et Chiu

2. 长柄假脉蕨 *Crepidomanes racemulosum*（v. d. B.）Ching

（二）膜蕨属 *Hymenophyllum* J. Smith

1. 顶果膜蕨 *Hymenophyllum khasyanum* Hk. et Bak

【药用功能】全草入药。止血生肌；主治外伤出血。

2. 小叶膜蕨 *Hymenophyllum oxyodon* Bak

（三）蕗蕨属 *Mecodium* Presl

1. 蕗蕨 *Mecodium badium*（Hook. et Grev.）Cop.

【药用功能】根茎、全草入药。清热解毒，生肌止血；主治水火烫伤，痈疖肿毒，外伤出血。

（四）瓶蕨属 *Vandenboschia* Copeland

1. 漏斗瓶蕨 *Vandenboschia naseana*（Christ）Ching

【药用功能】根茎、全草入药。健脾和胃，止血生肌；主治消化不良，外伤出血。

2. 瓶蕨 *Vandenboschia auriculata*（Bl.）Cop.

【药用功能】根茎、全草入药。止血生肌；主治外伤出血。

五、里白科 Gleicheniaceae

（一）芒萁属 *Dicranopteris* Bernhardi

1. 芒萁 *Dicranopteris dichotoma*（Thunb.）Berhn.

2. 铁芒萁 *Dicranopteris linearis*（Burm.）Underw.

【药用功能】止血，接骨，清热利湿，解毒消肿；主治血崩，鼻衄，咳血，外伤出血，跌打骨折，热淋涩痛，白带，风疹瘙痒，疮肿，烫伤，痔疮，蛇虫咬伤，咳嗽。

（二）里白属 *Diplopterygium*（Diels）Nakai

1. 里白 *Diplopterygiumglaucum*（Thunb. ex Houtt.）Nakai

【药用功能】根茎入药。行气止血；主治胃痛，衄血，接骨。发利用。

2. 中华里白 *Diplopterygium chinense*（Rosenst.）De Vol

【药用功能】止血，接骨；主治鼻衄，骨折。

六、海金沙科 Lygodiaceae

（一）海金沙属 *Lygodium* Swartz

1. 海金沙 *Lygodium japonicum*（Thunb.）Sw.

【药用功能】孢子、地上部分入药。清热利湿，通淋止痛；主治热淋，砂淋，石淋，血淋，膏淋，尿道涩痛。

2. 小叶海金沙 *Lygodium microphyllum*（Cav.）R. Br

【药用功能】清热，利湿，舒筋活络，止血；主治尿路感染，尿路结石，肾炎水肿，肝炎，痢疾，目赤肿痛，风湿痹痛，筋骨麻木，跌打骨折，外伤出血。

七、苹科 Marsileaceae

(一)苹属 *Marsilea* Linnaeus

1. 田字苹 *Marsilea quadrifolia* L.

【药用功能】全草入药。清热解毒,消肿利湿,止血,安神;主治风热目赤,肾虚,湿热水肿,淋巴结炎,水肿,疟疾,吐血,热淋,热疖疮毒,毒蛇咬伤。

八、槐叶苹科 Salvinaceae

(一)槐叶苹属 *Salvinia* Seguier

1. 槐叶苹 *Salvinia natans*(L.)All.

(二)满江红属 *Azolla* Lamarck

1. 满江红 *Azolla imbricata*(Roxb.)Nakai

【药用功能】全草入药。祛风除湿,发汗透疹;主治风湿疼痛,麻疹不透,胸腹痞块,带下病,烧、烫伤。

九、瘤足蕨科 Plagiogyriaceae

(一)瘤足蕨属 *Plagiogyria*(Kunze)Mettenius

1. 华中瘤足蕨 *Plagiogyria euphlebia*(Kunze)Mett.

【药用功能】根茎、全草入药。清热解毒,消肿止痛;主治流行感冒,扭伤。

2. 华东瘤足蕨 *Plagiogyria japonica* Nakai

【药用功能】根茎入药。清热解毒,消肿止痛;主治流行感冒,扭伤。

3. 倒叶瘤足蕨 *Plagiogyria falcata* Copel.

【药用功能】全草入药。散寒解表;主治风寒感冒。

4. 耳形瘤足蕨 *Plagiogyria stenoptera*(Hance)Diels

【药用功能】根茎、全草入药。清热解毒,发表止咳;主治感冒头痛,咳嗽。

5. 镰叶瘤足蕨 *Plagiogyria adnata*(Blume)Bedd.

【药用功能】根茎、全草入药。清热发表,透疹,止痒;主治流行性感冒,麻疹,皮肤痛痒,血崩,扭伤。

十、金毛狗蕨科 Cibotiaceae

(一)金毛狗蕨属 *Cibotium* Kaulfuss

1. 金毛狗 *Cibotium barometz*(L.)J. Sm.

【药用功能】根状茎或茸毛入药。祛风湿,补肝肾,利关节,强腰膝,止血,利尿;主治风湿痹痛,腰痛脊强,遗尿,遗精,白带过多,疮痈肿毒。

十一、桫椤科 Cyatheaceae

(一)桫椤属 *Alsophila* A. R. Brown

1. 桫椤 *Alsophila spinulosa*(Wall. ex Hook.)R. M. Tryon

【药用功能】茎入药。祛风除湿,活血通络,止咳平喘,清热解毒,驱虫;主治风湿痹痛,肾虚腰痛,跌打损伤,腹中胀痛,风火牙痛,肺热咳嗽,哮喘,疥癣,蛔虫病,蛲虫病,预防流行性感冒,流脑。

十二、鳞始蕨科 Lindsaeaceae

(一)乌蕨属 *Odontosoria* Fee

1. 乌蕨 *Odontosoria chinensis*(L.)Maxon

【药用功能】全草入药。清热解毒,平肝润肺;治风热咳嗽,肝炎,湿疹,黄疸,腮腺炎,中耳炎,扁桃体炎,痢疾;外用治无名肿毒,烫伤。

(二)鳞始蕨属 *Lindsaea* Dryander ex. Smith

1. 爪哇鳞始蕨 *Lindsaea javaensis* Bl.

2. 鳞始蕨 *Lindsaea odorata* Roxb.

【药用功能】根状茎入药。利尿，止血；主治小便不利，尿血，吐血。

十三、碗蕨科 Dennstaedtiaceae

（一）稀子蕨属 *Monachosorum* Kunze

1. 尾叶稀子蕨 *Monachosorum flagellare*（Maxim.）Hay.

【药用功能】根茎、全草入药。祛风除湿，止痛；主治风湿痹痛，痛风。

2. 稀子蕨 *Monachosorum subdigitatum*（Blume）Kuhn

【药用功能】根茎、全草入药。祛风除湿，止痛；主治风湿骨痛，跌打损伤，疝气痛。

（二）蕨属 *Pteridium* Gleditsch ex. Scopoli

1. 蕨 Pteridium *aquilinum*（L.）Kuhn var. *latiusculum*（Desv.）Underw. ex Heller

【药用功能】嫩苗、根状茎入药。清热解毒，驱风除湿，降气化痰，利水安神；主治感冒发热，痢疾，黄疸，高血压症，风湿腰痛，带下病，脱肛。

2. 毛轴蕨 *Pteridium revolutum*（Bl.）Nakai

【药用功能】根状茎入药。祛风除湿，解热利尿，驱虫；主治风湿关节痛，淋症，脱肛，疮毒，蛔虫病。

（三）栗蕨属 *Histiopteris*（J. Agardh）J. Smith

1. 栗蕨 *Histiopteris incisa*（Thunb.）J. Sm.

（四）姬蕨属 *Hypolepis* Bernhardi

1. 姬蕨 *Hypolepis punctata*（Thunb.）Mett.

【药用功能】全草入药。清热解毒，收敛止血；主治烧烫伤，外伤出血。

（五）碗蕨属 *Dennstaedtia* Bernhardi

1. 细毛碗蕨 *Dennstaedtia hirsuta*（Sw.）Mett. ex Miq.

【药用功能】全草入药。祛风除湿，通经活血；主治风湿痹痛，筋骨劳伤疼痛。

2. 碗蕨 *Dennstaedtia scabra*（Wall.）Moore

【药用功能】根状茎入药。祛风除湿，通经活血；治风湿关节疼痛，劳伤疼痛。

3. 光叶碗蕨 *Dennstaedtia scabra*（Wall.）Moore var. *glabrescens*（Ching）C. Chr.

（六）鳞盖蕨属 *Microlepia* C. Presl

1. 边缘鳞盖蕨 *Microlepia marginata*（Houtt.）C. Chr.

【药用功能】地上部分入药。清热解毒；主治痈疮疖肿。

2. 虎克鳞盖蕨 *Microlepia hookeriana*（Wall.）Presl

十四、凤尾蕨科 Pteridaceae

十四 a、珠蕨亚科 Subfam. Cryptogrammoideae

（一）凤了蕨属 *Coniogramme* Fee

1. 凤了蕨 *Coniogramme japonica*（Thunb.）Diels
2. 南岳凤了蕨 *Coniogramme centro – chinensis* Ching
3. 峨眉凤了蕨 *Coniogramme emeiensis* Ching et Shing
4. 光叶凤了蕨 *Coniogramme intermedia* var. *glabra* Ching
5. 镰羽凤了蕨 *Coniogramme falcipinna* Ching et Shing
6. 疏网凤了蕨 *Coniogramme wilsonii* Ching et Shing

十四 b、凤尾蕨亚科 Subfam. Pteridoideae

（二）凤尾蕨属 *Pteris* Linnaeus

1. 溪边凤尾蕨 *Pteris excelsa* Gaud.

【药用功能】全草入药。清热解毒；主治淋症，烧、烫伤，狂犬咬伤。

2. 傅氏凤尾蕨 *Pteris fauriei* Hieron.

【药用功能】叶入药。清热利湿，祛风定惊，敛疮止血；主治痢疾，泄泻，黄疸，小儿惊风，外伤出血，烫火伤。

3. 鸡爪凤尾蕨 *Pteris gallinopes* Ching ex Ching et S. H. Wu

4. 井栏边草 *Pteris multifida* Poir.

【药用功能】全草、根茎入药。清热解毒，消炎止血；主治痢疾，黄疸，泄泻，乳痈，带下病，崩漏，烧、烫伤，外伤出血。

5. 剑叶凤尾蕨 *Pteris ensiformis* Burm.

【药用功能】全草、根入药。清热利湿，凉血止血，解毒消肿；主治痢疾，泄泻，黄疸，小儿惊风，淋证，白带，咽喉肿痛，痄腮，痈疽，瘰疬，疟疾，崩漏，痔疮下血，外伤出血，跌打肿痛，疥疮，湿疹。

6. 半边旗 *Pteris semipinnata* L.

【药用功能】全草入药。清热利湿，凉血止血，解毒消肿；主治泄泻，痢疾，黄疸，目赤肿痛，牙痛，吐血，痔疮出血，外伤出血，跌打损伤，皮肤瘙痒，毒蛇咬伤。

7. 刺齿半边旗 *Pteris dispar* Kunze

【药用功能】全草入药。清热解毒，止血，散瘀生肌；主治泄泻，痢疾，风湿痛，疮毒，跌打损伤，蛇咬伤。

8. 指叶凤尾蕨 *Pteris dactylina* Hook.

【药用功能】全草入药。清热解毒，利水化湿，定惊；主治痢疾，腹泻，痄腮，淋巴结炎，白带，水肿，小儿惊风，狂吠咬伤。

9. 西南凤尾蕨 *Pteris wallichiana* J. Agardh

【药用功能】全草入药。清热止痢，定惊，止血；主治痢疾，小儿惊风，外伤出血。

10. 凤尾蕨 *Pteris cretica* L. var. *nervosa*（Thunb.）Ching et S. H. Wu

【药用功能】全草入药。清热利湿，活血止痛；主治跌打损伤，瘀血腹痛，黄疸，乳蛾，痢疾，淋症，水肿，烧、烫伤，犬、蛇咬伤。

11. 全缘凤尾蕨 *Pteris insignis* Mett. ex Kuhn

【药用功能】全草入药。清热利湿，活血消肿；主治黄疸，痢疾，血淋，热淋，风湿骨痛，咽喉肿痛，跌打损伤。

（三）金粉蕨属 *Onychium* Kaulfuss

1. 栗柄金粉蕨 *Onychium japonicum*（Thunb.）Kunze var. *lucidum*（D. Don）Christ

【药用功能】叶入药。清热解毒，止血，利湿；主治跌打损伤，烧、烫伤，泄泻，黄疸，痢疾，咳血，狂犬咬伤，食物、农药、药物中毒；根状茎入药。清热，凉血，止血；主治外感风热，咽喉痛，吐血，便血，尿血。

2. 野鸡尾金粉蕨 *Onychium japonicum*（Thunb.）Kunze

【药用功能】叶入药。清热解毒，止血，利湿；主治跌打损伤，烧、烫伤，泄泻，黄疸，痢疾，咳血，狂犬咬伤，食物、农药、药物中毒；根状茎入药。清热，凉血，止血；主治外感风热，咽喉痛，吐血，便血，尿血。

十四 c、碎米蕨亚科 Subfam. Cheilanthoideae
（四）粉背蕨属 *Aleuritopteris* Fée

1. 白边粉背蕨 *Aleuritopteris albo－marginata*（Clarke）Ching

十四 d、书带蕨亚科 Subfam. Vittarioideae
（五）车前蕨属 *Antrophyum* Kaulfuss

1. 书带车前蕨 *Antrophyum vittarioides* Bak.

（六）书带蕨属 *Haplopteris* **C. Presl**

1. 细柄书带蕨 *Vitaria filipes* Christ

【药用功能】全草入药。活血祛风，理气止痛；主治跌打损伤，筋骨疼痛麻木，胃气痛，小儿惊风。

2. 书带蕨 *Haplopteris flexuosa*（Fée）E. H. Crane.

【药用功能】全草入药。清热熄风，舒筋止痛，健脾消疳，止血；主治小儿惊风，目翳，跌打损伤，风湿痹痛，小儿疳积，妇女干血痨，咯血，吐血。

十五、铁角蕨科 **Aspleniaceae**

（一）铁角蕨属 *Asplenium* **Linnaeus**

1. 长叶铁角蕨 *Asplenium prolongatum* Hook.

【药用功能】全草、叶入药。清热解毒，除湿止血，止咳化痰；主治咳嗽，多痰，肺痨吐血，痢疾，淋症，肝炎，小便涩痛，乳痈，咽喉痛，崩漏，跌打骨折，烧、烫伤，外伤出血。

2. 铁角蕨 *Asplenium trichomanes* L.

【药用功能】全草入药。清热利湿，解毒消肿，调经止血；主治小儿高热惊风，肾炎水肿，食积腹泻，痢疾，咳嗽，咯血，月经不调，白带，疮疖肿毒，毒蛇咬伤，水火烫伤，外伤出血。

3. 假剑叶铁角蕨 *Asplenium loxogrammoides* Christ

4. 疏齿铁角蕨 *Asplenium wrightioides* Christ

5. 倒挂铁角蕨 *Asplenium normale* D. Don

【药用功能】全草入药。清热解毒，活血散瘀，镇痛止血；主治肝炎，痢疾，外伤出血，蜈蚣咬伤。

6. 三翅铁角蕨 *Asplenium tripteropus* Nakai

【药用功能】全草入药。舒筋活络；主治腰痛，跌打损伤。

7. 石生铁角蕨 *Asplenium saxicola* Rosent.

【药用功能】全草入药。清热润肺，利湿消肿；主治肺痨，小便涩痛，跌打损伤，疮疖痈肿。

8. 扁柄铁角蕨 *Asplenium yoshinagae* Makino

【药用功能】舒筋通络，活血止痛；主治腰痛。

9. 厚叶铁角蕨 *Asplenium griffithianum* Hook.

（二）膜叶铁角蕨属 *Hymenasplenium* **Hayata**

1. 齿果铁角蕨 *Hymenasplenium cheilosorum*（Kunze ex Mett）Tagawa

2. 半边铁角蕨 *Hymenasplenium unilaterale*（Lam.）Hayata

十六、金星蕨科 **Thelypteridaceae**

（一）金星蕨属 *Parathelypteris*（**H. Ito**）**Ching**

1. 长根金星蕨 *Parathelypteris beddomei*（Bak.）Ching

【药用功能】全草入药。消炎止血；主治外伤出血。

2. 金星蕨 *Parathelypteris glanduligera*（Kze.）Ching

【药用功能】叶入药。清热，止血，止痢；主治烧、烫伤，吐血，痢疾。

3. 长毛金星蕨 *Parathelypteris petelotii*（Ching）Ching

（二）针毛蕨属 *Macrothelypteris*（**H. Ito**）**Ching**

1. 普通针毛蕨 *Macrothelypteris torresiana*（Gaud.）Ching

【药用功能】主治水肿，痈毒。

（三）卵果蕨属 *Phegopteris*（**C. Presl**）**Fee**

1. 延羽卵果蕨 *Phegopteris decursive-pinnata*（van Hall）Fée

【药用功能】利湿消肿，收敛解毒；主治水湿胀满，痈毒溃烂久不收口。

（四）紫柄蕨属 *Pseudophegopteris* **Ching**

1. 耳状紫柄蕨 *Pseudophegopteris aurita*（Hook.）Ching

2. 紫柄蕨 *Pseudophegopteris pyrrhorachis*（Kunze）Ching

【药用功能】祛风利湿，清热消肿主，止血；主治风湿，疮痈肿毒，吐血便血。

（五）钩毛蕨属 *Cyclogramma* Tagawa

1. 小叶钩毛蕨 *Cyclogramma flexilis*（Christ）Tagawa

【药用功能】全草入药。清热利尿；主治膀胱炎，尿路不畅。

（六）茯蕨属 *Leptogramma* J. Smith

1. 小叶茯蕨 *Leptogramma tottoides* H. Ito

【药用功能】清热解毒，利尿；主治流行性感冒，肺炎，小便不利。

2. 毛叶茯蕨 *Leptogramma pozoi*（Lag.）Ching

（七）方秆蕨属 *Glaphyropteridopsis* Ching

1. 方秆蕨 *Glaphyropteridopsis erubescens*（Hook.）Ching

【药用功能】根状茎入药。祛风除湿，杀虫；主治风湿性关节炎，蛔虫病，蛲虫病。

（八）假毛蕨属 *Pseudocyclosorus* Ching

1. 西南假毛蕨 *Pseudocyclosorus esquirolii*（Christ.）Ching

【药用功能】全草入药。清热解毒。

2. 溪边假毛蕨 *Pseudocyclosorus ciliatus*（Benth.）Ching

（九）毛蕨属 *Cyclosorus* Link

1. 干旱毛蕨 *Cyclosorus aridus*（Don）Tagawa

【药用功能】止痢，清热解毒；主治细菌性痢疾，乳蛾，狂吠咬伤，扁桃体炎，枪弹伤。

2. 渐尖毛蕨 *Cyclosorus acuminatus*（Houtt.）Nakai

【药用功能】全草、根茎入药。泻火解毒，健脾，镇惊；主治消化不良，烧、烫伤，狂犬咬伤。

（十）新月蕨属 *Pronephrium* C. Presl

1. 披针新月蕨 *Pronephrium penangianum*（Hook.）Holtt.

【药用功能】活血调经，散瘀止痛，除湿；主治月经不调，崩漏，跌打损伤，风湿痹痛，痢疾，水肿。

2. 红色新月蕨 *Pronephrium lakhimpurense*（Rosenst.）Holtt.

【药用功能】根状茎入药。清热解毒，祛瘀止血，去腐生肌；主治疔疮疖肿，跌打损伤，外伤出血。

（十一）圣蕨属 *Dictyocline* T. Moore

1. 羽裂圣蕨 *Dictyocline wilfordii*（HK.）J. Sm.

【药用功能】主治水肿，痈毒。

2. 戟叶圣蕨 *Dictyocline sagittifolia* Ching

【药用功能】主治小儿惊风。

十七、蹄盖蕨科 Athyriaceae

（十二）对囊蕨属 *Deparia* Hook et Greville

1. 假蹄盖蕨 *Athyriopsis japonica*（Thunb.）Ching

【药用功能】全草、根入药。清热解毒，消肿；主治疮疡肿毒，乳痈，目赤肿痛。

2. 斜羽假蹄盖蕨 *Athyriopsis japonica*（Thunb.）Ching var. *oshimensis*（Christ）Ching

3. 峨眉介蕨 *Dryoathyrium unifurcatum*（Bak.）Ching

【药用功能】根状茎、全草入药。清热解毒，利湿消肿；主治小便不利，痢疾，流行性感冒，疮痈肿毒。

4. 绿叶介蕨 *Dryoathyrium viridifrons*（Makino）Ching

（十三）安蕨属 *Anisocampium* C. Presl

1. 华东安蕨 *Anisocampium sheareri*（Bak.）Ching

（十四）蹄盖蕨属 *Athyrium* **Roth**

1. 尖头蹄盖蕨 *Athyrium vidalii*（Franch. et Sav.）Nakai

【药用功能】全草入药。清热解毒，凉血解毒；主治疮痈肿毒，内出血，外伤出血，烧烫伤。

2. 华中蹄盖蕨 *Athyrium wardii*（Hook.）Makino

【药用功能】清热解毒，止血，驱虫；主治疮毒疔疖，衄血，痢疾，虫积腹痛。

3. 华东蹄盖蕨 *Anisocampium niponicum*（Mett.）Y. C. Liu，W. L. Chiou et M. Kato

4. 红苞蹄盖蕨 *Athyrium nakanoi* Makino

5. 多变蹄盖蕨 *Athyrium drepanopterum*（Kunze）A. Braun ex Milde

（十五）双盖蕨属 *Diplazium* **Swartz**

1. 单叶双盖蕨 *Diplazium subsinuatum*（Wall. ex Hook. et Grev.）Tagawa

【药用功能】全草入药。清热凉血，利尿通淋。

2. 薄叶双盖蕨 *Diplazium pinfaense* Ching

【药用功能】全草入药。清热解毒，利尿通淋；主治小便不利，淋漓涩痛，痢疾，腹泻。

3. 厚叶双盖蕨 *Diplazium crassiusculum* Ching

4. 褐柄短肠蕨 *Allantodia petelotii*（Tard. – Blot）Ching

5. 卵果短肠蕨 *Allantodia ovata*（Christ）W. M.

6. 中华短肠蕨 *Allantodia chinensis*（Bak.）Ching

【药用功能】根状茎入药。清热，祛湿；主治黄疸型肝炎，流行性感冒。

7. 双生短肠蕨 *Allantodia prolixa*（Rosenst）Ching

【药用功能】根状茎、全草入药。清热祛瘀，消肿止痛；主治风热感冒，风湿痹痛，跌打损伤。

8. 淡绿短肠蕨 *Allantodia virescens*（Kze.）Ching

9. 草绿短肠蕨 *Allantodia viridescens*（Ching）Ching

10. 假耳羽短肠蕨 *Allantodia okudairai*（Makino）Ching

11. 薄盖短肠蕨 *Allantodia hachijoensis*（Nakai）Ching

12. 江南短肠蕨 *Allantodia metteniana*（Miq.）Ching

【药用功能】根状茎、全草入药。清热解毒，活血散瘀；主治毒蛇伤，疮痈肿毒，跌打损伤。

十八、乌毛蕨科 Blechnaceae

（一）狗脊属 *Woodwardia* **J. E. Smith**

1. 狗脊 *Woodwardia japonica*（L. f.）Sm.

【药用功能】根状茎入药。清热解毒，散瘀，杀虫；主治虫积腹痛，湿热便血，血崩，痢疾，疔疮痈肿。

（二）乌毛蕨属 *Blechnum* **Linnaeus**

1. 乌毛蕨 *Blechnum orientale* L.

【药用功能】根状茎、嫩叶入药。清热解毒，活血止血，驱虫；主治流行性感冒，头痛，腮腺炎，流行性乙脑炎，斑疹伤寒，痈肿，跌打损伤，鼻衄，吐血，崩漏，带下，肠道寄生虫病。

十九、鳞毛蕨科 Dryopteridaceae

十九 a、鳞毛蕨亚科 Subfam. Dryopteridoideae

（一）复叶耳蕨属 *Arachniodes* **Blume**

1. 斜方复叶耳蕨 *Arachniodes rhomboidea*（Wall. ex Mett.）Ching

【药用功能】根状茎入药。祛风止痛，益肺咳嗽；主治关节痛，肺痨咳嗽。

2. 中华复叶耳蕨 *Arachniodes chinensis*（Rosenst.）Ching

【药用功能】全草入药。清热解毒，消肿散瘀，止血止痢；主治疮痈肿毒，崩漏，外伤出血，痢疾。

3. 华西复叶耳蕨 *Arachniodes simulans*（Ching）Ching

4. 刺头复叶耳蕨 *Arachniodes exilis*（Hance）Ching

（二）肋毛蕨属 *Ctenitis*（C. Christensen）C. Christensen in Verdoorn

1. 虹鳞肋毛蕨 *Ctenitis subglandulosa*（Hance）Ching

【药用功能】根状药入药。清热解毒，祛风除湿，杀虫；主治疮痈肿毒，乳痈，风湿骨痛，痔疮，蛔虫、蛲虫等肠道寄生虫病。

（三）贯众属 *Cyrtomiun* C. Presl

1. 刺齿贯众 *Cyrtomium caryotideum*（Wall. ex HK. et Grev.）Presl

【药用功能】根状茎入药。清热解毒，活血散瘀，利水；主治瘰疬，疔毒疖痛，感冒，崩漏，跌打损伤，水肿。

2. 贯众 *Cyrtomium fortunei* J. Sm.

【药用功能】根状茎入药。清热平肝，止血，消炎，解毒，杀虫；主治感冒，温病斑疹，痧秽中毒，疟疾，痢疾，肝炎，血崩，带下病，乳痈，瘰疬，跌打损伤。

3. 镰羽贯众 *Cyrtomium balansae*（Christ）C. Chr.

【药用功能】根状茎入药。清热解毒，杀虫；主治流行性感冒，肠道寄生虫。

（四）鳞毛蕨属 *Dryopteris* Adanso

1. 阔鳞鳞毛蕨 *Dryopteris championii*（Benth.）C. Chr.

【药用功能】根状茎入药。清热解毒，止咳平喘；主治感冒，气喘，便血，痛经，钩虫病，烧、烫伤。

2. 倒鳞鳞毛蕨 *Dryopteris reflexosquamata* Hayata

3. 稀羽鳞毛蕨 *Dryopteris sparsa*（Buch. – Ham. ex D. Don）Kuntze

【药用功能】根状茎入药。驱虫，解毒；主治感冒，疮痈肿毒，蛔虫病。

4. 变异鳞毛蕨 *Dryopteris varia*（L.）Kuntze

【药用功能】根状茎入药。清热，止痛；主治内热腹痛。

5. 黑鳞鳞毛蕨 *Dryopteris lepidopoda* Hayata

6. 桫椤鳞毛蕨 *Dryopteris cycadina*（Franch. et Sav.）C. Chr.

【药用功能】根状茎入药。清热凉血，止血敛疮，平喘，驱虫；主治子宫出血，吐血，便血，目赤肿痛，咳嗽气喘，疮痈溃烂，烧烫伤，蛔虫病，钩虫。

7. 狭基鳞毛蕨 *Dryopteris dickinsii*（Franch. et Sav.）C. Chr.

【药用功能】根状茎入药。清热止痛，止血敛疮，止咳平喘；主治目赤肿痛，咳嗽气喘，吐血，便血，疮痈溃烂，烧烫伤，钩虫病。

8. 细鳞鳞毛蕨 *Dryopteris microlepis*（Bak.）C. Chr.

9. 奇数鳞毛蕨 *Dryopteris sieboldii*（van Houtte ex Mett.）O. Kuntze.

【药用功能】根状茎入药。清热解毒，祛风除湿，杀虫；主治流行性感冒，流行性乙脑炎，疮痈肿毒，烧烫伤，毒蛇咬伤，风湿性关节炎，蛔虫、蛲虫病。

10. 迷人鳞毛蕨 *Dryopteris decipiens*（Hook.）O. Ktze.

11. 赫章鳞毛蕨 *Dryopteris hezhangensis* P. S. Wang

12. 密鳞鳞毛蕨 *Dryopteris pycnopteroides*（Christ）C. Chr.

（五）耳蕨属 *Polystichum* Roth

1. 假黑鳞耳蕨 *Polystichum pseudomakinoi* Tagawa

2. 黑鳞耳蕨 *Polystichum makinoi*（Tagawa）Tagawa

【药用功能】嫩叶或根状茎入药。清热解毒；主治下肢疖肿，痈肿疮疖，乳痈，泄泻，痢疾，刀伤出血。

3. 鞭叶耳蕨 *Polystichum craspedosorum*（Maxim.）Diels

【药用功能】全草入药。清热解毒，生肌止血；主治乳痈，肠炎，外伤出血，伤口久不愈合，下肢疖肿。

4. 尖齿耳蕨 *Polystichum acutidens* Christ

【药用功能】全草或根状茎入药。止痛；主治头昏，感冒头痛，骨身子疼痛。

5. 对马耳蕨 *Polystichum tsus – simense*（Hook.）J. Sm.

【药用功能】嫩叶或根状茎入药。清热解毒；主治赤肿痛，痢疾，痈疮肿毒。

（六）黔蕨属 *Phanerophlebiopsis* Ching

1. 黔蕨 *Phanerophlebiopsis tsiangiana* Ching

（七）鱼鳞蕨属 *Acrophorus* Presl

1. 鱼鳞蕨 *Acrophorus paleolatus* Pic. Serm.

十九 b、舌蕨亚科 Subfam. Elaphoglossoideae

（八）实蕨属 *Bolbitis* Schott

1. 长叶实蕨 *Bolbitis heteroclita*（Presl）Ching

【药用功能】全草入药。清热，止咳，凉血止血；主治肺热咳嗽，咯血，吐血，衄血，痢疾，烧烫伤，跌打损伤，毒蛇咬伤。

（九）舌蕨属 *Elaphoglossum* Schott ex. J. Smith

1. 华南舌蕨 *Elaphoglossum yoshinagae*（Yatabe）Makino

【药用功能】根入药。清热利湿；主治小便淋涩疼痛。

二十、肾蕨科 Nephrolepidaceae

（一）肾蕨属 *Nephrolepis* Schott

1. 肾蕨 *Nephrolepiscordifolia*（L.）C. Presl

【药用功能】全草入药。清热凉血，利水通淋；主治高烧不退，血崩，淋症，痢疾，黄疸，烫伤，刀伤，妇女不育。

二十一、三叉蕨科 Tectariaceae

（一）叉蕨属 *Tectaria* Cavanilles

1. 五裂三叉蕨 *Tectaria quiquefida*（Bak.）Ching

2. 毛叶轴脉蕨 *Ctenitopsis devexa*（Kunze）Ching et C. H. Wang

二十二、骨碎补科 Davalliaceae

（一）阴石蕨属 *Humata* Cavanilles

1. 阴石蕨 *Humata repens*（L. f.）Diels

【药用功能】根状茎入药。活血止痛，清热利水火不相容，接骨续筋；主治风湿痹痛，腰肌劳伤，跌打损伤，牙痛，吐血，便血，肺脓疡，尿道感染，白带，痈疮肿毒。

二十三、水龙骨科 Polypodiaceae

（一）剑蕨属 *Loxogramme*（Blume）C. Presl

1. 匙叶剑蕨 *Loxogramme grammitoides*（Baker）C. Chr.

【药用功能】全草入药。清热解毒，利尿止血；主治痈肿毒，小便不利，尿血，外伤出血。

（二）槲蕨属 *Drynaria*（Bory）J. Smith

1. 槲蕨 *Drynaria roosii* Nakaike

【药用功能】根状茎入药。补肾壮骨，活血止痛；主治肾虚腰痛，足膝痿弱，耳鸣耳聋，牙痛，久泄，遗尿，跌打骨折及斑秃。

（三）节肢蕨属 *Arthromeris*（T. Moore）J. Smith

1. 单行节肢蕨 *Arthromeris wallichiana*（Spreng.）Ching

2. 龙头节肢蕨 *Arthromeris lungtauensis* Ching

【药用功能】全草入药。清热，利尿，止痛；主治尿路感染，骨折，小便不利。

（四）石韦属 *Pyrrosia* **Mirbel**

1. 庐山石韦 *Pyrrosia sheareri*（Baker）Ching

【药用功能】叶入药。利尿通淋，清热止血；主治热淋，血淋，石淋，小便涩痛，吐血，衄血，尿血，崩漏，肺热咳嗽。

2. 长圆石韦 *Pyrrosia martini*（Christ）Ching

3. 相异石韦 *Pyrrosia assimilis*（Baker）Ching

4. 石韦 *Pyrrosia lingua*（Thunb.）Farwell

【药用功能】全草入药。利尿通淋，清热止血；主治热淋，血淋，石淋，小便淋痛，吐血，衄血，尿血，崩漏，肺热咳嗽。

5. 石蕨 *Saxiglossum angustissimum*（Gies.）Ching

【药用功能】全草入药。活血调经，镇惊；主治月经不调，小儿惊风，疝气，跌打损伤。

（五）水龙骨属 *Polypodiodes* **Ching**

1. 友水龙骨 *Polypodiodes amoena*（Wall. ex Mett.）Ching

【药用功能】根状茎入药。舒筋活络，消肿止痛；主治风湿关节痛，齿痛，跌打损伤。

（六）锡金假瘤蕨属 *Himalayopteris* **W. Shao et S. G. Lu**

1. 金鸡脚假瘤蕨 *Phymatopteris hastata*（Thunb.）Pic. Serm.

2. 喙叶假瘤蕨 *Phymatopteris rhynchophylla*（Hook.）Pic. Serm.

（七）盾蕨属 *Neolepisorus* **Ching**

1. 盾蕨 *Neolepisorus ovatus*（Bedd.）Ching

【药用功能】全草入药。清热利湿，散瘀活血；主治劳伤吐血，血淋，跌打损伤，烧、烫伤。

（八）瓦韦属 *Lepisorus*（**J. Smith**）**Ching**

1. 鳞瓦韦 *Lepisorus oligolepidus*（Bak.）Ching

【药用功能】全草入药。清肺咳嗽，健脾消疳，止痛，止血；主治肺热咳嗽，头痛，腹痛，风湿痛，小儿疳积，外伤出血。

2. 瓦韦 *Lepisorus thunbergianus*（Kaulf.）Ching

【药用功能】全草入药。清热解毒，利尿，止血；主治淋浊，痢疾，咳嗽吐血，牙疳，小儿惊风，跌打损伤，蛇咬伤。

3. 粤瓦韦 *Lepisorus obscurevenulosus*（Hayata）Ching.

4. 大瓦韦 *Lepisorus macrosphaerus*（Bak.）Ching

【药用功能】全草入药。清热除湿，利尿解毒；主治小便短赤，疔疮痈毒，硫磺中毒，外伤出血。

（九）伏石蕨属 *Lemmaphyllum* **C. Presl**

1. 抱石莲 *Lepidogrammitis drymoglossoides*（Baker）Ching

【药用功能】全草入药。清热解毒，除湿化瘀；主治咽喉痛，肺热咳血，风湿关节痛，淋巴结炎，胆囊炎，湿淋，跌打损伤，疔毒痈肿。

2. 骨牌蕨 *Lepidogrammitis rostrata*（Bedd.）Ching

【药用功能】全草入药。清热利尿，止咳，除烦，解毒消肿；主治小便癃闭，淋漓涩痛，热咳，心烦，疮疡肿毒，跌打损伤。

3. 披针骨牌蕨 *Lepidogrammitis diversa*（Rosenst.）Ching

【药用功能】全草入药。清热止咳，祛风除湿，止血止痛；主治肺热咳嗽，小儿调热，风湿痹痛，跌打损伤，外伤出血。

（十）星蕨属 *Microsorum* **Link**

1. 江南星蕨 *Microsorum fortunei*（T. Moore）Ching

【药用功能】全草入药。清热解毒，祛风利湿，活血，止血，主治热淋，小便不利，带下，痢疾，黄疸，咳血，吐血，衄血，痔疮出血，瘰疬痰核，疔毒痈肿，毒蛇咬伤，风湿痹痛，跌打损伤。

2. 显脉星蕨 *Microsorum zippelii*（Blume）Ching

3. 鳞果星蕨 *Lepidomicrosorum buergerianum*（Miq.）Ching et Shing

4. 攀援星蕨 *Microsorium brachylepis*（Bak.）Nakaike

【药用功能】全草入药。清热利湿；主治淋症，黄疸，筋骨疼痛。

（十一）薄唇蕨属 *Leptochilus* Kaulfus

1. 断线蕨 *Colysis hemionitidea*（Wall. ex Mett.）C. Presl

【药用功能】叶入药。清热利尿，凉血止血，解毒；主治小便短赤淋痛，毒蛇咬伤。

2. 曲边线蕨 *Colysis elliptica*（Thunb.）Ching var. *flexiloba*（Christ）L. Shi et X. C. Zhang

【药用功能】全草入药。清热利尿，活血散瘀；主治淋证，跌打损伤，肺结核。

3. 线蕨 *Colysis elliptica*（Thunb.）Ching

【药用功能】全草入药。清热利尿，活血散瘀；主治淋症，跌打损伤，肺结核。

4. 宽羽线蕨 *Colysis elliptica*（Thunb.）Ching var. *pothifolia* Ching

（苟光前　孙巧玲　杨　泉　罗承秀　韦兴桥　欧金文）

裸子植物名录

一、松科 Pinaceae

（一）油杉属 *Keteleeria* Carr.

1. 柔毛油杉 *K. pubescens* W. C. Cheng et L. K. Fu . 榕江牛长河（马鞍山），海拔300m；从江县，CJ－B－174。

（二）松属 *Pinus* L.

1. 海南五针松 *P. fenzeliana* Hand.－Mazz. 从江光辉乡加牙村月亮山白及组，海拔693m，CJ－465。

【药用功能】根皮入药。祛风通络，活血消肿；主治风寒湿痹，风湿麻木，跌打损伤等。

【森林蔬菜】食用部位：花粉；食用方法：做糕团、汤料、酿酒。但多食发上焦热病。

2. 马尾松 *P. massoniana* Lamb. 榕江兴华乡星月村，海拔419m，RJ－5；榕江水尾乡上下午村下午组，海拔403m；榕江牛长河（马鞍山），海拔531m；从江光辉乡加牙村月亮山白及组，海拔693m；从江光辉乡加牙村太阳山昂亮，海拔1120m；从江光辉乡党郎洋堡，海拔929m。

【药用功能】松节、针叶、皮、松脂入药。松节、针叶：舒筋通络，祛风燥湿；治关节疼痛，跌打损伤。松脂、松皮：祛风燥湿，生肌止痛；治烧伤，痈疖疮疡。

【森林蔬菜】食用部位：花粉；食用方法：做糕团、汤料、酿酒。但多食发上焦热病。

3. 黑松 *P. thunbergii* Parl. 从江光辉乡党郎洋堡，海拔1313m。

【药用功能】祛风，益气，收湿，止血；主治头痛眩晕，泄泻下痢，湿疹湿疮，创伤出血。

【森林蔬菜】食用部位：花粉；食用方法：做糕团、汤料、酿酒。但多食发上焦热病。

二、杉科 Taxodiaceae

（一）杉木属 *Cunninghamia* R. Brown

1. 杉木 *C. lanceolata*（Lamb.）Hook. 榕江水尾乡上下午村下午组，海拔403m；榕江兴华乡星月村，海拔419m，RJ－8；从江光辉乡加牙村太阳山昂亮，海拔1120m；从江光辉乡党郎洋堡，海拔929m；从江光辉乡加牙村月亮山白及组，海拔693m

【药用功能】叶、树皮、根入药。叶：祛风，化痰活血，解毒；主治风疹，咳嗽，牙痛，脓疱疮，毒虫咬伤。树皮：利湿，消肿解毒；主治水肿，脚气，烫伤等。根：祛风利湿，行气止痛；治风湿痹痛，胃痛，白带，痔疮，骨折等。

三、柏科 Cupressaceae

（一）翠柏属 *Calocedrus* Kurz

1. 翠柏 *C. macrolepis* Kurz.　榕江县计划乡摆王村，海拔 1042m，RJ－B－167。

（二）柏木属 *Cupressus* L.

1. 柏木 *C. funebris* Endl.　榕江水尾乡上下午村下午组，海拔 403m，RJ－238。

【药用功能】枝叶入药。清热利湿，消食除积，祛痰止咳。治痔疮、烫伤、治血痢、吐血、感冒发热。

四、三尖杉科 Cephalotaxaceae

（一）三尖杉属 *Cephalotaxus* Sieb. et Zucc. ex Endl.

1. 三尖杉 *C. fortunei* Hook.　从江光辉乡党郎洋堡，海拔 1309m，CJ－632；从江光辉乡加牙村太阳山阿枯；从江光辉乡党郎洋堡，海拔 1313m。

【药用功能】枝叶、根皮、种子入药。枝叶：抗癌；治恶性淋巴癌，白血病，肺癌，胃癌，食道癌，直肠癌等，根皮：抗癌，活血，止痛；治直肠癌，跌打损伤；种子：消积驱虫，润肺止咳；治食积腹胀，肺燥咳嗽等。

2. 篦子三尖杉 *C. oliveri* Mast.　榕江县水尾乡必翁村下必翁，海拔 555m，RJ－B－23。

五、红豆杉科 Taxaceae

（一）穗花杉属 *Amentotaxus* Pilger

1. 穗花杉 *A. argotaenia*（Hance）Pilg.　来源：《月亮山林区科学考察集》。

六、红豆杉科 Taxaceae

（一）红豆杉属 *Taxus* L.

1. 红豆杉 *T. wallichiana* Zucc. var. *chinensis*（Pilg.）Florin　榕江县水尾乡必翁村下必翁，海拔 555m，RJ－B－24。

【药用功能】种子、根皮入药。种子：滋阴润燥，消积杀虫；治久咳、肠道寄生虫。根皮、嫩叶提取紫杉醇：化瘀止痛；窒碍症。

2. 南方红豆杉 *T. wallichiana* Zucc. var. *mairei*（Lemée et H. Lévl..）L. K. Fu et Nan Li　来源：《月亮山林区科学考察集》。

【药用功能】种子、根皮入药。种子：滋阴润燥，消积杀虫；治久咳、肠道寄生虫。根皮、嫩叶提取紫杉醇：化瘀止痛；窒碍症。

七、买麻藤科 Gnetaceae

（一）买麻藤属 *Gnetum* L.

1. 小叶买麻藤 *G. parvifolium*（Warb.）Chun　榕江兴华乡沙坪沟，海拔 457m，RJ－170；榕江水尾乡上下午村下午组，海拔 403m，RJ－249；榕江牛长河(马鞍山)，海拔 314m。

【森林蔬菜】食用部位：种子；食用方法：炒食，榨油。

2. 垂子买麻藤 *G. pendulum* C. Y. Chen　榕江兴华乡沙坪沟，海拔 511m，RJ－232；榕江计划大山。

【森林蔬菜】食用部位：种子；食用方法：炒食，榨油，酿酒。

被子植物名录

一、木兰科 Magnoliaceae

（一）厚朴属 *Houpoëa* N. H. Xia et C. Y. Wu

1. 厚朴 *H. officinalis*（Rehder et E. H. Wilson）N. H. Xia et C. Y. Wu　榕江县水尾乡毕贡，海拔 682m，RJ－B－65。

2. 凹叶厚朴 *H. officinalis* Rehd. et Wils. subsp. *biloba*（Rehd. et Wils.）Law　从江光辉乡党郎洋堡，海拔 1309m。

【药用功能】树皮、根皮、枝皮入药。行气消积，燥湿除满，降逆平喘；主治食积气滞，食欲不振，便秘，脘痞吐泻，胸满喘咳等。

（二）鹅掌楸属 *Liriodendron* L.

1. 鹅掌楸 *L. chinense*（Hemsl.）Sarg. 来源：《月亮山林区科学考察集》。

【药用功能】根、树皮入药。根：驱风除湿，强筋壮骨；治肌肉萎蓿。树皮：驱风除寒；治咳嗽、气急口渴、四肢麻木。

（三）木莲属 *Manglietia* Bl.

1. 桂南木莲 *M. conifera* Dandy 榕江计划大山，海拔 1453m，RJ－349；从江光辉乡加牙村月亮山白及组，海拔 693m；从江光辉乡加牙村太阳山阿枯；从江光辉乡党郎洋堡，海拔 929m；榕江县计划乡，海拔 1227m，RJ－B－141、RJ－B－147；榕江 9833。

【药用功能】树皮、根皮入药。除风湿，止腹痛。

2. 木莲 *M. fordiana* Oliver 从江光辉乡加牙村太阳山昂亮，海拔 1120m；榕江县水尾乡滚筒村茅坪，海拔 1402m，RJ－B－102。

【药用功能】果实入药。通便，止咳；主治实热便秘，老人咳嗽。

3. 滇桂木莲 *M. forrestii* W. W. Smith ex Dandy 榕江县水尾乡滚筒村茅坪，海拔 1284m，RJ－B－90；榕江计划大山，海拔 1417m，RJ－296；RJ－B－135。

4. 苍背木莲 *M. glaucifolia* Y. W. Law et Y. F. Wu 从江光辉乡加牙村月亮山，海拔 1223m，CJ－511；榕江 9824；从江光辉乡党郎洋堡，海拔 1313m；从江光辉乡加牙村太阳山昂亮，海拔 1120m；从江光辉乡加牙村月亮山白及组，海拔 693m；榕江计划大山，海拔 1270m；榕江计划大山，海拔 1417m，RJ－294；从江县，CJ－B－173。

5. 红花木莲 *M. insignis*（Wall.）Blume 榕江计划大山，海拔 1453m，RJ－344；从江光辉乡加牙村太阳山昂亮，海拔 1120m。

【药用功能】树皮，树枝入药。燥湿健脾；治脘腹痞满胀痛，宿食不化，呕吐，泻痢等。

6. 倒卵叶木莲 *M. obovalifolia* C. Y. Wu et Y. W. Law 榕江计划大山，海拔 1453m，RJ－348；榕江计划大山，海拔 1417m，RJ－302；榕江计划大山，海拔 1270m，RJ－453；榕江 9827；榕江 9830；从江光辉乡加牙村月亮山野加木，海拔 1480m，CJ－529；从江光辉乡加牙村太阳山昂亮，海拔 1295m，CJ－578。

（四）含笑属 *Michelia* L.

1. 平伐含笑 *M. cavaleriei* Finet et Gagnep. 榕江县计划乡，海拔 1352m，RJ－B－137。

2. 阔瓣含笑 *M. cavaleriei* Finet et Gagn. var. *platypetala*（Hand.－Mazz.）N. H. Xia 榕江计划大山，海拔 1453m，RJ－338；从江光辉乡加牙村月亮山八九米，海拔 1178m，CJ－514；从江光辉乡加牙村太阳山昂亮，海拔 1120m，CJ－541；从江光辉乡党郎洋堡，海拔 929m。

3. 乐昌含笑 *M. chapensis* Dandy 榕江水尾乡上下午村下午组，海拔 1417m，RJ－293；榕江计划大山，RJ－415。

4. 从江含笑 *M. chongjiangensis* Y. K. Li et X. M. Wang 榕江县计划乡，海拔 1352m，RJ－B－136；RJ－B－133；榕江计划大山，海拔 1436m，RJ－312；榕江县计划乡三角顶，海拔 1491m，RJ－B－131；榕江县水尾乡滚筒村茅坪，海拔 1374m，RJ－B－107；榕江县水尾乡滚筒村茅坪，海拔 1402m，RJ－B－104；从江光辉乡党郎洋堡，海拔 1313m，CJ－620、CJ－617；从江光辉乡加牙村太阳山昂亮，海拔 1120m；从江光辉乡加牙村月亮山野加木，海拔 1391m；从江光辉乡加牙村月亮山野加木，海拔 1357m，CJ－517、CJ－521。

5. 紫花含笑 *M. crassipes* Y. W. Law 榕江兴华乡星月村，海拔 457m，RJ－147；榕江水尾乡上下午村下午组，海拔 430m，RJ－281；榕江牛长河（马鞍山），海拔 314m；榕江县水尾乡毕贡，海拔 682m，RJ－B－58。

6. 含笑花 *M. figo*（Lour.）Spreng　来源：《月亮山林区科学考察集》。

7. 亮叶含笑 *M. fulgens* Dandy　从江光辉乡加牙村月亮山白及组，海拔693m，CJ－491。

8. 黄心夜合 *M. martinii*（H. Lévl..）H.　Lévl.　榕江县计划乡，海拔1227m，RJ－B－146；榕江县水尾乡毕贡，海拔682m，RJ－B－70。

9. 深山含笑 *M. maudiae* Dunn　从江光辉乡加牙村月亮山白及组，海拔693m；从江光辉党郎村污星组，海拔1309m。

【药用功能】清热解毒，驱风除湿；主治咽喉肿痛，黄疸，风湿关节疼痛。

10. 观光木 *M. odora*（Chun）Noot. et B. L. Chen　榕江牛长河(马鞍山)，海拔314m，RJ－405。

（五）拟单性木兰属 *Parakmeria* **Hu et Cheng**

1. 乐东拟单性木兰 *P. lotungensis*（Chun et C. H. Tsoong）Y. W. Law　榕江计划大山，海拔1453m，RJ－346；榕江县计划乡三角顶，海拔1491m，RJ－B－133；从江光辉乡加牙村月亮山八九米，海拔1178m；榕江县计划乡，海拔1227m，RJ－B－142；从江光辉乡加牙村太阳山昂亮，海拔1120m；从江光辉乡党郎洋堡，海拔929m；CJ－641；榕江9831。

2. 峨眉拟单性木兰 *P. omeiensis* W. C. Cheng　榕江县计划乡，海拔1227m，RJ－B－145。

二、番荔枝科 Annonaceae
（一）瓜馥木属 *Fissistigma* **Griff.**

1. 瓜馥木 *F. oldhamii*（Hemsl.）Merr.　榕江水尾乡上下午村下午组，海拔430m，RJ－271。

【药用功能】根入药。祛风除湿，活血止痛；主治风湿痹痛，腰痛，胃痛，跌打损伤。

2. 小萼瓜馥木 *F. minuticalyx*（McGr. et W. W. Sm.）Chatterjee　榕江水尾乡上下午村下午组，海拔430m，RJ－259。

3. 黑风藤 *F. polyanthum*（Hook. f. et Thomson）Merr.　榕江兴华乡星月村，海拔455m，RJ－75。

【药用功能】根、藤茎入药。祛风湿，强筋骨，活血止痛，调经；治小儿麻痹后遗症，风湿关节炎，类风湿性关节炎，跌打肿痛，月经不调。

三、樟科 Lauraceae
（一）琼楠属 *Beilschmiedia* **Nees**

1. 美脉琼楠 *B. delicata* S. K. Lee et Y. T. Wei　从江光辉乡加牙村太阳山昂亮，海拔1295m，CJ－581。

（二）樟属 *Cinnamomum* **Trew**

1. 毛桂 *C. appelianum* Schewe　榕江兴华乡沙坪沟，海拔457m，RJ－206；从江光辉乡党郎洋堡，海拔1236m；从江光辉乡加牙村月亮山野加木，海拔1357m，CJ－518。

【药用功能】温中理气，以汗解肌；主治虚寒胃痛，泄泻，腰膝冷痛，风寒感冒，月经不调。

2. 滇南桂 *C. austroyunnanense* H. W. L.　来源：《月亮山林区科学考察集》。

3. 猴樟 *C. bodinieri* H. Lévl.　从江光辉乡加牙村月亮山白及组，海拔693m。

【药用功能】根、树皮、叶、果实入药。祛风除湿，温中散寒，行气止痛；主治风寒感冒，风湿痹痛，吐泻腹痛，腹中痞块，疝气疼痛。

4. 阴香 *C. burmannii*（Nees et T. Nees）Blume　榕江计划大山，海拔1436m，RJ－306。

【药用功能】树皮入药。温中止痛，祛风散寒，解毒消肿，止血；主治寒性胃痛，腹痛泄泻，食欲不振，风寒湿痹，腰腿疼痛，跌打损伤，创伤出血，疮疖肿毒。

5. 樟 *C. camphora*（L.）Presl　榕江县水尾乡政府前，海拔467m，RJ－B－34。

6. 尾叶樟 *C. foveolatum*（Merrill）H. W. Li et J. Li　榕江兴华乡沙坪沟，海拔457m，RJ－180。

7. 云南樟 *C. glanduliferum*（Wall.）Meisner　榕江兴华乡星月村，海拔455m，RJ－133。

【药用功能】果实、木材入药。祛风散寒，行气止痛；主治风寒感冒，咳嗽，风湿痹痛，脘腹胀痛，腹泻。

8. 米槁 *C. migao* H. W. Li　　榕江县水尾乡政府前，海拔467m，RJ－B－33。

【药用功能】果实入药。温中散寒，理气止痛；主治胃痛，腹痛，胸痛，风湿关节疼痛，呕吐，胸闷等。

9. 黄樟 *C. parthenoxylon*（Jack.）Meissn　　榕江水尾乡上下午村下午组，海拔430m，RJ－265；从江县党郎村，海拔740m。

10. 少花桂 *C. pauciflorum* Nees　　榕江县水尾乡滚筒村茅坪，海拔1402m，RJ－B－106。

【药用功能】树皮、根入药。开胃健脾，散寒；主治胃肠疼痛，食欲不振，胃寒等。

11. 香桂 *C. subavenium* Miq.　　来源：《月亮山林区科学考察集》。

【药用功能】树皮、根、根皮入药。温中散寒，理气止痛，活血通脉；主治胃寒疼痛，胸满腹痛，呕吐泄泻，疝气疼痛，跌打损伤，风湿痹痛等。

（三）厚壳桂属 *Cryptocarya* **R. Br.**

1. 短序厚壳桂 *C. brachythyrsa* H. W. Li　　榕江兴华乡沙坪沟，海拔457m，RJ－208；榕江牛长河（马鞍山），海拔314m，RJ－401。

2. 黄果厚壳桂 *C. concinna* Hance　　榕江水尾乡上下午村下午组，海拔430m，RJ－268；榕江水尾乡上下午村下午组，海拔430m。

（四）山胡椒属 *Lindera* **Thunb.**

1 香叶树 *L. communis* Hemsl.　　榕江县计划乡三角顶，海拔1491m，RJ－B－129；从江光辉乡加牙村月亮山白及组，海拔693m。

【药用功能】叶、树皮入药。祛风，散寒，杀虫止血；治跌打损伤、骨折、疥疮。

【森林蔬菜】食用部位：叶、果皮；食用方法：做调味料。

2. 香叶子 *L. fragrans* Oliv.　　榕江计划大山，海拔1270m，RJ－458；榕江县计划乡，海拔1387m，RJ－B－135；从江光辉乡加牙村太阳山昂亮，海拔1120m，CJ－565。

【药用功能】枝叶、树皮入药。舒经通脉，行气散结；治胃痛、胃溃疡、消化不良。

3. 山胡椒 *L. glauca*（Sieb. et Zucc.）Blume　　榕江牛长河（马鞍山），海拔531m；从江光辉乡加牙村月亮山白及组，海拔693m；从江光辉乡党郎洋堡，海拔929m；从江光辉乡党郎洋堡，海拔1309m。

【药用功能】叶、根、果实入药。叶：祛风解毒，散寒，止血；治感冒、筋骨疼痛、跌打损伤。根：祛风湿，散瘀血，通经脉；治风湿麻木、脘腹冷痛、跌打损伤。果实：治心腹痛、气喘。

4. 黑壳楠 *L. megaphylla* Hemsl.　　榕江兴华乡沙坪沟，海拔457m，RJ－189。

【药用功能】根、树皮、枝入药。祛风除湿，温中行气消肿止痛；治风湿痹痛，肢体麻木，脘腹冷痛，咽喉肿痛等。

【森林蔬菜】食用部位：叶、果；食用方法：做肉食、腌菜调味料。

5. 绿叶甘檀 *L. neesiana*（Wall. ex Nees）Kurz　　从江光辉乡党郎洋堡，海拔1236m，CJ－615。

【药用功能】温中行气，食积；主治腹胀疼痛，消化不良。

6. 香粉叶 *L. pulcherrima*（Nees）Hook. f. var. *attenuata* C. K. Allen　　榕江计划大山，海拔1436m，RJ－314、RJ－333；榕江县水尾乡滚筒村茅坪，海拔1402m，RJ－B－105。

7. 川钓樟 *L. pulcherrima*（Nees）Hook. f. var. *hemsleyana*（Diels）H. P. Tsui　　榕江计划大山，海拔1270m，RJ－424；榕江兴华乡星月村，海拔455m，RJ－86；榕江牛长河（马鞍山），海拔404m，RJ－381。

【药用功能】枝皮、叶入药。止血生肌，理气止痛；主治胃痛，腹痛，生肌，外伤出血。

8. 红脉钓樟 *L. rubronervia* Gamble　　来源：《月亮山林区科学考察集》。

（五）木姜子属 *Litsea* **Lam.**

1. 山鸡椒 *L. cubeba*（Lour.）Per.　　榕江兴华乡星月村，海拔455m，RJ－142；从江县光辉乡党郎村，海拔740m；从江光辉乡加牙村月亮山白及组，海拔693m；从江光辉乡党郎洋堡，海拔929m。

【药用功能】果实入药。温暖脾肾，健胃消食；治食积气胀、脘腹冷痛、反胃呕吐、肠鸣泄泻、痢疾、痰壁。

2. 黄丹木姜子 *L. elongata* (Wall. ex Ness) Benth. et Hook. f.　榕江计划大山，海拔 1439m，RJ - 322；榕江计划大山，海拔 1270m，RJ - 448；从江光辉乡加牙村太阳山昂亮，海拔 1120m。

【药用功能】根入药。祛风除湿；治风湿关节痛。

3. 石木姜子 *L. elongata* (Wall. ex Ness) Benth. et Hook. f. var. *faberi* (Hemsl.) Yen C. Yang et P. H. Huang　榕江县水尾乡滚筒村茅坪，海拔 977m，RJ - B - 91、RJ - B - 101；榕江牛长河(马鞍山)，海拔 404m，RJ - 387；从江光辉乡加牙村月亮山野加木，海拔 1357m。

【森林蔬菜】食用部位：嫩果；食用方法：佐料。

4. 毛叶木姜子 *L. mollis* Hemsl.　榕江县水尾乡毕贡，海拔 682m，RJ - B - 72；榕江计划大山，海拔 1417m，RJ - 298；榕江计划大山，海拔 1270m，RJ - 457；从江光辉乡加牙村月亮山白及组，海拔 693m。

【药用功能】果实入药。理气健脾，解表燥湿；主治消化不良，胸腹胀满，水泻，发痧气痛。

【森林蔬菜】食用部位：嫩果；食用方法：佐料。

5. 木姜子 *L. pungens* Hemsl.　榕江兴华乡星月村，海拔 419m，RJ - 17；榕江计划大山，海拔 1270m。

【药用功能】果实入药。温中行气，燥湿健脾消食，解毒消肿；主治胃寒腹痛，暑湿吐泻，食滞饱胀，痛经，疝痛，疟疾，疮疡肿痛。

【森林蔬菜】食用部位：嫩果；食用方法：佐料。

6. 红叶木姜子 *L. rubescens* Lecomte　来源：《月亮山林区科学考察集》。

【药用功能】果实入药。祛风散寒，消食化滞；治肠胃炎、胃寒腹痛、食滞、腹胀。根：治跌打损伤、感冒头痛。

7. 桂北木姜子 *L. subcoriacea* Yen C. Yang et P. H. Huang　从江光辉乡加牙村太阳山昂亮，海拔 1120m，CJ - 551。

【森林蔬菜】食用部位：嫩果；食用方法：佐料。

8. 绒叶木姜子 *L. wilsonii* Gamble　榕江计划大山，海拔 1436m，RJ - 307；榕江牛长河(马鞍山)，海拔 300m，RJ - 364。

【森林蔬菜】食用部位：嫩果；食用方法：佐料。

（六）润楠属 *Machilus* Nees

1. 黔桂润楠 *M. chienkweiensis* S. K. Lee　从江光辉乡加牙村月亮山白及组，海拔 693m，CJ - 475；榕江水尾乡上下午村下午组，海拔 430m，RJ - 262；RJ - B - 60。

2. 基脉润楠 *M. decursinervis* Chun　来源：《月亮山林区科学考察集》。

3. 宜昌润楠 *M. ichangensis* Rehder et Wilson　榕江牛长河(马鞍山)，海拔 300m，RJ - 366。

【药用功能】根、枝入药。健脾胃；治风湿麻木，咽喉炎，风寒咳嗽。

4. 滑叶润楠 *M. ichangensis* Rehd. et Wils. var. *leiophylla* Hand. - Mazz.　来源：《月亮山林区科学考察集》

5. 薄叶润楠 *M. leptophylla* Hand. - Mazz.　榕江兴华乡星月村，海拔 455m，RJ - 90。

【药用功能】枝皮入药。活血，散瘀止痢；主治跌打损伤，细菌性痢疾。

6. 木姜润楠 *M. litseifolia* S. K. Lee　从江光辉乡加牙村月亮山白及组，海拔 693m，CJ - 492；从江光辉乡加牙村太阳山昂亮，海拔 1120m，CJ - 558。

7. 小果润楠 *M. microcarpa* Hemsl　榕江兴华乡沙坪沟，海拔 457m，RJ - 165。

【药用功能】果实入药；治止咳，消肿。

8. 润楠 *M. nanmu* (Oliv.) Hemsl.　从江光辉乡加牙村月亮山白及组，海拔 693m；榕江县计划乡摆拉村上拉力组，海拔 885m，RJ－B－160。

9. 凤凰润楠 *M. phoenicis* Dunn　　来源：《月亮山林区科学考察集》。

10. 狭叶润楠 *M. rehderi* C. K. Allen　　从江光辉乡党郎洋堡，海拔 1309m，CJ－631。

【药用功能】根入药。止痛，健脾，化湿。

11. 柳叶润楠 *M. salicina* Hance　　榕江牛长河(马鞍山)，海拔 300m。

(七)新木姜子属 *Neolitsea* Merr.

1. 新木姜子 *N. aurata* (Hay) Koidz.　　来源：《月亮山林区科学考察集》。

【药用功能】根、树皮入药。行气止痛，利水消肿；主治脘腹胀痛，水肿。

2. 粉叶新木姜子 *N. aurata* (Hayata) Koidz. var. *glauca* Y. C. Yang CJ－642。

3. 短梗新木姜子 *N. brevipes* H. W. Li　　来源：《月亮山林区科学考察集》。

4. 鸭公树 *N. chuii* Merr. 来源：《月亮山林区科学考察集》

【药用功能】种子入药。行气止痛，利水消肿；主治胃脘胀痛，水肿。

5. 大叶新木姜子 *N. levinei* Merr.　　榕江计划大山，海拔 1453m；从江光辉乡党郎洋堡，海拔 1236m，CJ－610。

6. 波叶新木姜子 *N. undulatifolia* (H. Lévl. .) C. K. Allen　　榕江牛长河(马鞍山)，海拔 300m，RJ－365。

【药用功能】根用于治腹胀气痛。

(八)楠属 *Phoebe* Nees

1. 闽楠 *P. bournei* (Hemsl.) Yang　　榕江县水尾乡毕贡，海拔 906m，RJ－B－73；榕江牛长河(马鞍山)，海拔 404m，RJ－385；从江县光辉乡党郎村，海拔 740m。CJ－648。

【药用功能】木材、枝叶入药。和中降逆，止吐止泻，利水消肿；主治暑湿霍乱，腹痛，吐泻转筋，水肿，聤耳出脓。

2. 白楠 *P. neurantha* (Hemsl.) Gamble　　来源：《月亮山林区科学考察集》。

3. 光枝楠 *P. neuranthoides* S. K. Lee et F. N. Wei　　从江光辉乡加牙村太阳山昂亮，海拔 1120m，CJ－544。

4. 紫楠 *P. sheareri* (Hemsl.) Gamble　　榕江牛长河(马鞍山)，海拔 300m，RJ－363；从江光辉乡加牙村月亮山白及组，海拔 693m。

【药用功能】树皮、枝叶入药。暖胃顺气；治水湿脚气浮肿，气逆腹胀。

5. 楠木 *P. zhennan* S. K. Lee et F. N. Wei　　榕江计划大山，海拔 1436m。

【药用功能】木材、枝叶入药。和中降逆，止吐止泻，利水消肿；主治暑湿霍乱，腹痛，吐泻转筋，水肿，聤耳出脓。

(九)檫木属 *Sassafras* Trew

1. 檫木 *S. tzumu* (Hemsl.) Hemsl.　　榕江兴华乡沙坪沟，海拔 511m，RJ－233；从江光辉乡党郎洋堡，海拔 929m；从江光辉乡加牙村太阳山阿枯；从江光辉乡加牙村月亮山白及组，海拔 693m；榕江计划大山；榕江县计划乡毕拱，海拔 1227m，RJ－B－148；榕江计划大山，海拔 1453m，RJ－329。

【药用功能】根、茎叶入药。祛风除湿，活血散瘀，止血；治风湿痹痛，跌打损伤，腰肌劳伤，半身不遂，外伤出血。

四、金粟兰科 Chloranthaceae

(一)金粟兰属 *Chloranthus* Swartz

1. 宽叶金粟兰 *C. henryi* Hemsl.　　从江县光辉乡党郎村洋堡，海拔 929m，CJ－581；榕江县水尾乡月亮山(2011 年调查)，海拔 1050m。

【药用功能】全草入药。祛风理气，活血散瘀；治风湿疼痛，痢疾，胃痛，腹泻，跌打损伤。

2. 及已 *C. serratus* (Thunb.) Roem. et Schult.

【药用功能】根状茎、茎叶。活血散瘀，祛风止痛，解毒杀虫；主治跌打损伤，骨折，经闭，风湿痹痛，疔疮疖肿，疥癣，皮肤瘙痒，毒蛇咬伤。

（二）草珊瑚属 *Sarcandra* Gardn.

1. 草珊瑚 *S. glabra*（Thunb.）Nakai　榕江县水尾乡毕贡，海拔 643m，RJ－B－46；榕江牛长河（马鞍山），海拔 300m。

【药用功能】枝叶入药。抗菌消炎，祛风除湿，活血止痛；治肺炎、阑尾炎、痢疾、风湿疼痛、跌打损伤、骨折。

五、三白草科 Saururaceae

（一）蕺菜属 *Houttuynia* Thunb.

1. 蕺菜 *H. cordata* Thunb.　榕江县兴华乡兴光村，海拔 555m，RJ－069；水尾乡月亮山（2011 年调查），海拔 1110m。区内广布种。

【药用功能】全草入药。清热解毒，利水消肿；治扁桃体炎、肺脓疡、肺炎、气管炎、肾炎水肿、毒蛇咬伤。

【森林蔬菜】食用部位：嫩茎；食用方法：虚寒症及阴性外疡者忌食。小儿食之会脚疼。

（二）三白草属 *Saururus* L.

1. 三白草 *S. chinensis*（Lour.）Baill.　月亮山、太阳山有分布。海拔 500～1200m。

【药用功能】清热利水，解毒消中；主治热淋，血淋，水肿，脚气，黄疸，痢疾，带下，痈肿疮毒，湿疹，蛇咬伤。

六、胡椒科 Piperaceae

（一）胡椒属 *Piper* L.

1. 蒌叶 *P. betle* L.　榕江牛长河（马鞍山），海拔 300m，RJ－352。

【药用功能】茎叶、全株入药。叶：疏风散寒，行气化痰，解毒消肿，燥湿止痒；主治风寒咳嗽，哮喘，百日咳，风湿骨痛，胃痛，脘腹胀痛，湿疹瘙痒等。果穗：温中下气，消痰散结，止痛；主治脘腹冷痛，呕吐泄泻，虫积腹痛，咳逆上气，牙痛。

2. 山蒟 *P. hancei* Maxim.　榕江兴华乡星月村，海拔 457m，RJ－152。

【药用功能】枝叶入药。祛风除湿，活血消肿，行气止痛，化痰止咳；主治风湿痹痛，胃痛，痛经，跌打损伤，风寒咳喘，疝气痛。

3. 假蒟 *P. sarmentosum* Roxb.　榕江县兴华乡星光村沙沉河，海拔 480m，RJ－133。

【药用功能】根、叶、果穗入药。祛风散寒，行气止痛，活络，消肿；主治风寒咳喘，风湿痹痛，脘腹胀满，泄泻痢疾，产后脚肿，跌打损伤。

【森林蔬菜】食用部位：嫩茎叶。

七、马兜铃科 Aristolochiaceae

（一）细辛属 *Asarum* L.

1. 尾花细辛 *A. caudigerum* Hance　榕江县月亮山，海拔 1290m，RJ－372。

【药用功能】带根全草入药。祛风，散寒，行水，开窍；治风冷头痛，鼻渊，齿痛，痰饮咳逆，风湿痹痛。

2. 单叶细辛 *A. himalaicum* Hook. f. et Thomson ex Klotzsch　从江县光辉乡太阳山，海拔 1110m，CJ－559。

【药用功能】全株入药。发汗，祛痰，止痛，消肿；治感冒头痛，咳喘痰多，牙痛，口舌疮，跌打，蛇伤。

八、八角科 Illiciaceae

（一）八角属 *Illicium* L.

1. 红茴香 *I. henryi* Diels　从江光辉乡党郎洋堡，海拔 929m，CJ－597。

【药用功能】根、树皮入药。祛风止痛，散瘀消肿；治风湿骨痛，跌打损伤，骨折。

2. 红毒茴 *I. lanceolatum* A. C. Sm. 榕江县计划乡三角顶，海拔 1491m，RJ－B－125。

3. 野八角 *I. simonsii* Maxim. 榕江县水尾乡毕贡，海拔 682m，RJ－B－61。

【药用功能】果实、叶、皮。祛风除湿。生肌杀虫；主治疮疡久溃，风湿痹痛。

九、五味子科 Schisandraceae

（一）南五味子属 *Kadsura* Kaempf. ex Juss.

1. 异形南五味子 *K. heteroclita*（Roxb.）Craib 从江光辉乡党郎洋堡，海拔 1236m，CJ－611。

2. 南五味子 *K. longipedunculata* Finet et Gagnep. 从江光辉乡加牙村太阳山阿枯，CJ－539。

【药用功能】根、根皮。理气止痛，祛风通络，活血消肿；主治胃痛，腹痛，风湿痹痛，月经不调，咽喉肿痛。

3. 冷饭藤 *K. oblongifolia* Merr. 榕江计划大山，海拔 1270m；从江光辉乡加牙村太阳山阿枯。

（二）五味子属 *Schisandra* Michx.

1. 五味子 *S. chinensis*（Turcz.）Baill. 榕江县水尾乡毕贡，海拔 906m，RJ－B－78。

2. 铁箍散 *S. propinqua*（Wall.）Baill. subsp. *sinensis*（Oliv.）R. M. K. Saunders 榕江计划大山，海拔 1270m，RJ－450；从江光辉乡党郎洋堡，海拔 1309m，CJ－634。

【药用功能】根、藤。祛风活血，解毒消肿；主治风湿麻木，筋骨疼痛，跌打损伤，月经不调，胃痛，腹胀，痈肿疮毒，劳伤吐血。

3. 华中五味子 *S. sphenanthera* Rehd. et E. H. Wilson 榕江计划大山，海拔 1270m，RJ－440；榕江兴华乡沙坪沟，海拔 457m，RJ－163；从江光辉乡加牙村月亮山白及组，海拔 693m。

【药用功能】果实入药。敛肺气，定喘嗽，治哮喘，遗精，小便频数。叶：用于治冠状动脉硬化性心脏病。根皮：用于治白带，遗精。

十、金鱼藻科 Ceratophyllaceae

（一）金鱼藻属 *Ceratophyllum* L.

1. 金鱼藻 *C. demersum* L. 榕江水尾等地浅水中偶见。

【药用功能】全草。凉血止血，清热利尿；主治吐血，咳血，热淋涩痛。

十一、毛茛科 Ranunculaceae

（一）乌头属 *Aconitum* L.

1. 乌头 *A. carmichaeli* Debx. 榕江县水尾乡月亮山（2011 年调查），海拔 840m。

【药用功能】母根入药；祛风除湿，温经，散寒止痛；主治风寒湿痹，关节疼痛，半身不遂，肢体麻木，心腹冷痛，跌打瘀痛等。子根入药；回阳救逆，补火助阳，散寒除湿；主治亡阳欲脱，肢冷脉微，阳痿宫冷，阳虚外感，风寒湿痹等。

（二）银莲花属 *Anemone* L.

1. 打破碗花花 *A. hupehensis* Lem. 榕江县兴华乡星光村，海拔 460m，RJ－093；水尾乡上拉力，海拔 1221m，RJ－397。

【药用功能】根入药。杀虫，化积，消肿，散瘀；治秃疮，疟疾，小儿疳积，跌打损伤。

（三）铁线莲属 *Clematis* L.

1. 小木通 *C. armandii* Franch. 从江光辉乡加牙村月亮山白及组，海拔 693m，CJ－486。

【药用功能】藤茎入药。利尿消肿，通经下乳；主治小便不利，水肿，闭经，乳汁不下等。

（四）黄连属 *Coptis* Salisb.

1. 黄连 *C. chinensis* Franch. 榕江县计划乡加去村（计划大山），海拔 825m，RJ－477。

【药用功能】根茎入药。清热泻火，燥湿，解毒；主治热病邪入心经之高热，泄泻，痢疾，肝火目赤肿痛，热毒疮疡，湿疹等。

（五）毛茛属 *Ranunculus* L.

1. 扬子毛茛 *R. sieboldii* Miq. 榕江县计划乡计划大山（2010年调查），海拔825m。

【药用功能】全草入药。有毒。利尿，消肿，止痛，抗疟；治毒疮，疟疾，跌打损伤。

十二、小檗科 Berberidaceae

（一）八角莲属 *Dysosma* Woodson

1. 川八角莲 *D. veitchii*（Hemsl. et E. H. Wilson）Fu et Ying

【药用功能】根、根茎入药。滋阴补肾，清肺润燥，解毒消肿；主治劳伤筋骨痛，阳痿，胃痛，无名肿毒，刀枪外伤。

2. 八角莲 *D. versipellis*（Hance）M. Cheng 从江县光辉乡太阳山，海拔1115m，CJ－568；榕江县计划乡计划大山，海拔1000m，RJ－636。区内林下，零星分布。

【药用功能】根、根茎入药。化痰散结，祛瘀止痛，清热解毒；主治咳嗽，咽喉肿痛，瘰疬，瘿瘤，毒蛇咬伤，跌打损伤等。

（二）淫羊藿属 *Epimedium* L.

1. 黔岭淫羊藿 *E. leptorrhizum* Stearn. 从江县光辉乡太阳山，海拔1036m，CJ－527。

2. 巫山淫羊藿 *E. wushanense* T. S. Ying 月亮山、太阳山都有分布。

（三）十大功劳属 *Mahonia* Nuttall

1. 阔叶十大功劳 *M. bealei*（Fortune）Carrière 来源:《月亮山林区科学考察集》。

【药用功能】茎、茎皮入药。清热，燥湿，解毒；主治肺热咳嗽，黄疸，泄泻痢疾，目赤，肿痛，疮疡，湿疹，烫伤。

2. 小果十大功劳 *M. bodinieri* Gagnep. 从江光辉乡加牙村太阳山昂亮，海拔1295m，CJ－580。

【药用功能】根入药。清热解毒，活血消肿，治肠炎，痢疾，跌打损伤。

3. 十大功劳 *M. fortunei*（Lindl.）Fedde 从江光辉乡加牙村太阳山阿枯；榕江县水尾乡滚筒村茅坪，海拔1374m，RJ－B－110。

【药用功能】茎、茎皮、根、叶、果实入药。清热，燥湿，解毒；主治肺热咳嗽，黄疸，泻痢，湿疹，疮疡等。

4. 沈氏十大功劳 *M. shenii* Chun 从江光辉乡加牙村月亮山八九米，海拔1178m，CJ－516；从江光辉乡加牙村太阳山阿枯，CJ－540。

【药用功能】根、茎入药。清热，燥湿，解毒；主治湿热痢疾，黄疸，目赤肿痛，烧烫伤等。

（四）南天竹属 *Nandina* Thunb.

1. 南天竹 *N. domestica* Thunb. 榕江县水尾乡必翁村下必翁，海拔555m，RJ－B－21。

【药用功能】根、茎、果实入药。根、茎：清热除湿，通经活络；治感冒发热，眼结膜炎，肺热咳嗽，湿热黄疸，急性胃肠炎，尿路感染跌打损伤；果实：治咳嗽，哮喘，百日咳。

十三、木通科 Lardizabalaceae

（一）木通属 *Akebia* Decne.

1. 三叶木通 *A. trifoliata*（Thunb.）Koidz. 榕江兴华乡沙坪沟，海拔457m，RJ－199；榕江水尾乡上下午村下午组，海拔430m。

【药用功能】根、藤入药。除湿镇痛，消肿利尿；治关节炎，骨髓炎。

2. 白木通 *A. trifoliata*（Thunb.）Koidz. subsp. *australis*（Diels）T. Shimizu 榕江水尾乡上下午村下午组，海拔430m，RJ－272。

【药用功能】根、藤入药。益气补肾，行气活血；治缩阴症、阴寒腹痛、劳伤咳嗽、腹内气痞。

（二）猫儿屎属 *Decaisnea* Hook. f. et Thoms.

1. 猫儿屎 *D. insignis*（Griff.）Hook. f. et Thomson 从江光辉乡加牙村月亮山野加木，海拔1480m，CJ－526。

【药用功能】根、果实入药。祛风除湿,润肺止咳;治肺痨咳嗽、关节疼痛。

(三)牛姆瓜属 *Holboellia* Wall.

1. 牛姆瓜 *H. grandiflora* Réaub.　榕江兴华乡星月村,海拔 455m,RJ－144。

【药用功能】根。润肺止咳,理气止痛;主治劳伤咳喘,疝气痛,肾虚腰痛。

(四)大血藤属 *Sargentodoxa* Rehd. et Wils.

1. 大血藤 *S. cuneata*(Oliv.)Rehd. et E. H. Wilson　从江光辉乡党郎洋堡,海拔 929m,CJ－592。

【药用功能】藤茎入药。活血通经,祛风除湿,驱虫;治阑尾炎、经闭腹痛、风湿筋骨酸痛、四肢麻木拘挛、钩虫病、蛔虫病。

(五)野木瓜属 *Stauntonia* DC.

1. 钝药野木瓜 *S. obovata* Hemsl.　榕江水尾乡上下午村下午组,海拔 403m,RJ－253;从江光辉乡加牙村太阳山阿枯,CJ－535。

十四、防己科 Menispermaceae

(一)木防己属 *Cocculus* DC.

1. 樟叶木防己 *C. laurifolius* DC.　榕江水尾乡上下午村下午组,海拔 430m,RJ－267。

【药用功能】根入药。顺气宽胸,祛风止痛;主治胸膈痞胀,脘腹疼痛,疝气,膀胱冷气,小便频数,风湿腰腿痛,跌打损伤。

2. 木防己 *C. orbiculatus*(L.)DC.　CJ－603。

【药用功能】根、茎、花入药。祛风除湿,通经活络,解毒消肿;主治风湿痹痛,跌打损伤,水肿,咽喉肿痛,疮疡肿毒等。

(二)轮环藤属 *Cyclea* Arnott ex Wight

1. 西南轮环藤 *C. wattii* Diels　榕江县兴华乡星光村,海拔 470m,RJ－110。

(三)防己属 *Sinomenium* Diels

1. 风龙 *S. acutum*(Thunb.)Rehder et E. H. Wilson　从江县光辉乡党郎村,海拔 740m。

(四)千金藤属 *Stephania* Lour.

1. 金线吊乌龟 *S. cephalantha* Hayata　榕江县计划乡计划大山(2010 年调查)和水尾乡拉儿(2011年调查)有分布,海拔 700～850m。

【药用功能】块根入药。清热解毒,祛风止痛,凉血止血;主治咽喉肿痛,热毒痈肿,风湿痹痛,腹泻,衄血,外伤出血。

2. 桐叶千金藤 *S. hernandifolia*(Willd.)Walp.　榕江县兴华乡星光村沙沉河,海拔 475m,RJ－126。

【药用功能】根入药。清热解毒,祛风湿,止痛;主治痈疖疮毒,咽喉肿痛,疟肋,风湿痹痛,痢疾,头痛,胃痛等。

3. 千金藤 *S. japonica*(Thunb.)Miers　榕江县水尾乡必翁村下必翁,海拔 555m,RJ－B－25。

(五)青牛胆属 *Tinospora* Miers

1. 青牛胆 *T. sagittata*(Oliv.)Gagnep.　榕江县水尾乡华贡村和上拉力后山有分布,海拔 600～950m,RJ－321,RJ－404。

【药用功能】块根入药。清热解毒,消肿止痛;主治咽喉肿痛,口舌糜烂,白喉,脘腹疼痛,泻痢,痈疽疔毒,毒蛇咬伤等。

十五、马桑科 Coriariaceae

(一)马桑属 *Coriaria* L.

1. 马桑 *C. nepalensis* Wall.　榕江计划大山,海拔 1270m,RJ－452。

【药用功能】根、叶入药。祛风除湿,清热解毒;主治风湿麻木,痈疮肿毒,风火牙痛,痞块,痔疮。叶：清热解毒，消肿止痛，杀虫；主治疥癣，黄水疮，烫火伤，跌打损伤。

十六、清风藤科 Sabiaceae

（一）泡花树属 *Meliosma* Bl.

1. 珂楠树 *M. alba*（Schltdl.）Walp.　来源：《月亮山林区科学考察集》。

2. 垂枝泡花树 *M. flexuosa* Pamp.　榕江牛长河（马鞍山），海拔 300m；从江县光辉乡党郎村，海拔 740m。

【药用功能】枝叶入药。止血，活血，止痛，清热，解毒；主治热毒肿痛，瘀血疼痛，出血。

3. 香皮树 *M. fordii* Hemsl.　榕江兴华乡星月村，海拔 455m，RJ – 89。

【药用功能】树皮、叶入药。滑肠通便；主治肠燥便秘。

4. 异色泡花树 *Meliosma myriantha* Sieb. et Zucc. var. *discolor* Dunn　来源：《月亮山林区科学考察集》。

5. 笔罗子 *M. rigida* Siebold et Zucc.　榕江兴华乡星月村，海拔 455m，RJ – 141。

【药用功能】根皮入药、果实。利水，解毒，消肿；主治感冒咳嗽，水肿，臌胀，无名肿毒，毒蛇咬伤。

6. 毡毛泡花树 *M. rigida* Sieb. et Zucc. var. *pannosa*（Hand. – Mazz.）Law　来源：《月亮山林区科学考察集》

7. 樟叶泡花树 *M. squamulata* Hance　榕江水尾乡上下午村下午组，海拔 403m，RJ – 252。

8. 暖木 *M. veitchiorum* Hemsl.　榕江计划大山，海拔 1270m，RJ – 434；从江光辉乡党郎洋堡，海拔 929m。

（二）清风藤属 *Sabia* Colebr.

1. 鄂西清风藤 *S. campanulata* Wall. subsp. *ritchieae*（Rehder et E. H. Wilson）Y. F. Wu　榕江牛长河（马鞍山），海拔 314m，RJ – 403。

【药用功能】茎藤、根、叶入药。活血解毒，祛风利湿；主治风湿痹痛，鹤膝风，水肿，脚气，跌打肿痛，骨折，深部脓肿，骨髓炎，化脓性关节炎，疮痈肿毒，皮肤瘙痒。

2. 平伐清风藤 *S. dielsii* H. Lévl.　榕江计划大山，海拔 1270m，RJ – 454。

【药用功能】茎藤入药。祛风除湿，活血化瘀；主治风湿骨痛。

3. 小花清风藤 *S. parviflora* Wall. ex Roxb　榕江兴华乡星月村，海拔 455m，RJ – 146。

【药用功能】茎、叶、根入药。茎叶：清热利湿，止血；主治湿热黄疸，外伤出血。根：祛风除湿，解毒散瘀；主治风湿痹痛，跌打损伤，肝炎。

4. 四川清风藤 *S. schumanniana* Diels　从江光辉乡加牙村月亮山白及组，海拔 693m，CJ – 503。

【药用功能】根入药。祛风活血，化痰止咳；主治风湿痹痛，跌打损伤，腰痛，慢性咳嗽。

5. 阔叶清风藤 *S. yunnanensis* Franch. subsp. *latifolia*（Rehder et E. H. Wilson）Y. F. Wu　榕江牛长河（马鞍山），海拔 404m，RJ – 374。

十七、罂粟科 Papaveraceae

（一）紫堇属 *Corydalis* DC.

1. 紫堇 *C. edulis* Maxim.　从江县光辉乡太阳山，海拔 1110m，CJ – 556。

【药用功能】全草入药。清热解毒，杀虫止痒；主治疮疡肿毒，耳流脓水，咽喉疼痛，顽癣，秃疮，毒蛇咬伤。

2. 尖距紫堇 *C. sheareri* S. Moore　榕江县计划大山，海拔 830m，RJ – 631。

【药用功能】全草、块茎入药。活血止痛，清热解毒；主治胃痛，腹痛，泄泻，跌打损伤，痈疮肿毒，目赤肿痛。

十八、金缕梅科 Hamamelidaceae

（一）蕈树属 *Altingia* Noronha

1. 蕈树 *A. chinensis*（Champ. ex Benth.）Oliv. ex Hance　榕江兴华乡星月村，海拔 455m，

RJ – 136。

【药用功能】根入药。祛风除湿，通经络；主治风湿痹痛，四肢麻木，跌打损伤。

【森林蔬菜】食用部位：嫩茎叶；食用方法：云南人作蔬菜。

（二）蜡瓣花属 *Corylopsis* Sieb. et Zucc.

1. 瑞木 *C. multiflora* Hance   榕江县水尾乡毕贡，海拔 643m，RJ – B – 45；榕江兴华乡星月村，海拔 419m，RJ – 53；榕江兴华乡星月村，海拔 455m，RJ – 118。

2. 蜡瓣花 *C. sinensis* Hemsl.   榕江水尾乡上下午村下午组，海拔 403m；榕江县计划乡三角顶，海拔 1491m，RJ – B – 132。

3. 星毛蜡瓣花 *C. stelligera* Guillaumin   从江光辉乡党郎洋堡，海拔 1309m，CJ – 638。

（三）马蹄荷属 *Exbucklandia* R. W. Brown

1. 长瓣马蹄荷 *E. longipetala* H. T. Chang CJ – 649。

（四）枫香树属 *Liquidambar* L.

1. 枫香树 *L. formosana* Hance   榕江兴华乡星月村，海拔 419m，RJ – 2；榕江水尾乡上下午村下午组，海拔 403m；榕江水尾乡上下午村下午组，海拔 1417m；榕江牛长河(马鞍山)，海拔 300m；从江光辉乡加牙村月亮山白及组，海拔 693m；从江光辉乡加牙村太阳山阿枯。

（五）继木属 *Loropetalum* R. Brown

1. 檵木 *L. chinense*（R. Br.）Oliv.   榕江县水尾乡必翁村下必翁，海拔 555m，RJ – B – 32；榕江牛长河(马鞍山)，海拔 531m；从江县光辉乡党郎村，海拔 740m。

【药用功能】根、叶、花入药。清热凉血，化瘀生新；治各种内出血，骨折。烫伤。

（六）水丝梨属 *Sycopsis* Oliver.

1. 水丝梨 *S. sinensis* Oliv.   榕江计划大山，海拔 1453m，RJ – 343。

【药用功能】树脂入药。用于祛风通窍。

十九、交让木科 Daphniphyllaceae

（一）虎皮楠属 Daphniphyllum Bl.

1. 交让木 *D. macropodum* Miq.   榕江县计划乡，海拔 1352m，RJ – B – 138；从江光辉乡加牙村月亮山白及组，海拔 693m，CJ – 476、CJ – 481。

【药用功能】叶、种子入药。清热解毒；主治疮疖肿毒。

2. 脉叶虎皮楠 *D. paxianum* K. Rosenthal   从江光辉乡加牙村太阳山阿枯，CJ – 533。

二十、榆科 Ulmaceae

（一）糙叶树属 *Aphananthe* Planch.

1. 糙叶树 *A. aspera*（Thunb.）Planch.   榕江兴华乡沙坪沟，海拔 457m，RJ – 201。

【药用功能】根皮、树皮入药；治腰部损伤、酸痛。

（二）朴属 *Celtis* L.

1. 珊瑚朴 *C. julianae* C. K. Schneid.   从江光辉乡加牙村月亮山白及组，海拔 693m。

【药用功能】茎叶入药。用于咳喘。

2. 朴树 *C. sinensis* Pers.   榕江水尾乡上下午村下午组，海拔 430m。

【药用功能】树皮、叶、果实入药。树皮：祛风透疹，消食化滞；治麻疹透发不畅，消化不良。叶：清热，凉血，解毒；治漆疮，荨麻疹。果实：清热利咽；治感冒咳嗽音哑。

3. 西川朴 *C. vandervoetiana* C. K. Schneid.   来源：《月亮山林区科学考察集》。

（三）山黄麻属 *Trema* Lour.

1. 光叶山黄麻 *T. cannabina* Lour.   榕江兴华乡星月村，海拔 419m，RJ – 22；榕江水尾乡上下午村下午组，海拔 403m；榕江牛长河(马鞍山)，海拔 300m。

【药用功能】根皮入药。利水，解毒，活血祛瘀，治水泻，流感，毒蛇咬伤，筋骨折伤。

（四）榆属 *Ulmus* L.

1. 多脉榆 *U. castaneifolia* Hemsl. 榕江水尾乡上下午村下午组，海拔 403m；榕江兴华乡星月村，海拔 455m，RJ-95；从江光辉乡加牙村月亮山白及组，海拔 693m。

【药用功能】树皮、叶入药。清热解毒，消肿，利尿祛痰。水肿，咳喘，疮疖肿毒。

（五）榉树属 *Zelkova* Spach

1. 榉树 *Z. serrata*（Thunb.）Makino 来源：《月亮山林区科学考察集》。

【药用功能】树皮、叶入药。树皮：清热，利水；治头痛，血痢，水肿。叶：治肿烂恶疮。

二十一、大麻科 Cannabaceae

（一）葎草属 *Humulus* L.

1. 葎草 *H. scandens*（Lour.）Merr. 区内路旁、荒地习见。

【药用功能】全草入药。清热解毒，利尿通淋；主治肺热咳嗽，肺痈，虚热烦渴，热淋，水肿，小便不利，湿热泻痢，热毒疮疡，皮肤瘙痒。

二十二、桑科 Moraceae

（一）构树属 *Broussonetia* L'Herit. ex Vent

1. 藤构 *B. kaempferi* Sieb. var. *australis* Suzuki 榕江兴华乡星月村，海拔 419m，RJ-46、RJ-21。

【药用功能】全株、叶。全祛风除湿，散瘀消肿；主治风湿痹痛，泄泻，痢疾，黄疸，浮肿。全叶：清热解毒，祛风止痒，敛疮止血；主治神经性皮炎，疖肿，刀伤出血。

2. 构树 *B. papyrifera*（Linn）L'Her. ex Vent. 榕江牛长河（马鞍山），海拔 300m。

【药用功能】根、果实入药。镇咳平喘，补肾强筋骨，利尿消肿；治急、慢性支气管炎，水肿，筋骨酸痛，阳痿，跌打损伤。

（二）无花果属 *Ficus* L.

1. 垂叶榕 *F. benjamina* L. 榕江县计划乡摆拉村上拉力组，海拔 885m，RJ-B-163。

2. 冠毛榕 *F. gasparriniana* Miq. 榕江计划大山，RJ-408；从江光辉乡加牙村太阳山昂亮，海拔 1295m，CJ-582。

3. 长叶冠毛榕 *F. gasparriniana* Miq. var. *esquirolii*（H. Lévl.. et Vant.）Corner 榕江水尾乡上下午村下午组，海拔 430m，RJ-258。

4. 粗叶榕 *F. hirta* Vahl 从江县光辉乡党郎村，海拔 740m；榕江兴华乡星月村，海拔 419m，RJ-38。

【药用功能】根入药。祛风除湿，祛瘀消肿；主治风湿痿痹，腰腿痛，痢疾，水肿，带下，瘰疬，经闭，乳少，跌打损伤。

5. 壶托榕 *F. ischnopoda* Miq. 榕江兴华乡星月村，海拔 455m，RJ-77；榕江水尾乡上下午村下午组，海拔 403m，RJ-237。

6. 琴叶榕 *F. pandurata* Hance 榕江县计划乡三角顶，海拔 1491m，RJ-B-127；从江县光辉乡党郎村，海拔 740m。

7. 葡茎榕 *F. sarmentosa* Buch.-Ham. ex Sm. 榕江兴华乡沙坪沟，海拔 457m，RJ-167；榕江计划大山，海拔 1436m；榕江县水尾乡毕贡，海拔 643m，RJ-B-43；榕江牛长河（马鞍山），海拔 300m；从江光辉乡党郎洋堡，海拔 1309m，CJ-637。

8. 爬藤榕 *F. sarmentosa* Buch.-Ham. ex J. E. Sm. var. *impressa*（Champ.）Corner 从江县光辉乡党郎村，海拔 740m。

【药用功能】根、茎入药。祛风除湿，行气活血，消肿止痛；治风湿痹痛，神经头痛，小儿惊风，胃痛，跌打损伤。

9. 竹叶榕 *F. stenophylla* Hemsl. 榕江兴华乡沙坪沟，海拔 457m，RJ-175；榕江牛长河（马鞍

山），海拔 314m。

10. 地果 *F. tikoua* Bureau 榕江县水尾乡毕贡，海拔 682m，RJ－B－68；榕江兴华乡星月村，海拔 455m，RJ－80；从江光辉乡加牙村月亮山白及组，海拔 693m。

11. 楔叶榕 *F. trivia* Corner 榕江计划大山，海拔 1436m，RJ－310。

12. 光叶楔叶榕 *F. trivia* Corner var. *laevigata* S. S. Chang 榕江兴华乡星月村，海拔 455m，RJ－132。

（三）柘属 *Maclura* Nutt.

1. 构棘 *M. cochinchinensis* （Lour.）Corner 来源：《月亮山林区科学考察集》。

【药用功能】根入药。祛风通络，清热除湿，解毒消肿；治风湿痹痛，跌打损伤，黄疸，腮腺炎，肺结核，胃、十二指肠溃疡，劳伤咳血，疔疮痈肿。

2. 柘 *M. tricuspidata* Carrière 榕江兴华乡沙坪沟，海拔 457m，RJ－198。

（四）桑属 *Morus* L.

1. 桑 *M. alba* L. 榕江牛长河（马鞍山），海拔 300m。

【药用功能】叶、根皮入药。叶：疏散风寒，清肺润燥，清肝明目；治风热感冒、肺热燥咳、头晕头痛、目赤昏花。根皮：泻肺平喘，利水消肿；治肺喘咳、水肿胀满尿少、面目肌肤浮肿。果穗：补血滋阴，生津润燥；治眩晕耳鸣、心悸失眠、须发早白、内热消渴、血虚便秘。

2. 鸡桑 *M. australis* Poir. 来源：《月亮山林区科学考察集》。

【药用功能】根皮入药。泻肺平喘，利水消肿；治肺热咳嗽，水肿，面目浮肿。

3. 华桑 *M. cathayana* Hemsl. 榕江兴华乡星月村，海拔 455m，RJ－83；榕江水尾乡上下午村下午组，海拔 430m。

4. 长穗桑 *M. wittiorum* Hand.－Mazz. 榕江兴华乡星月村，海拔 419m，RJ－32。

二十三、荨麻科 Urticaceae

（一）苎麻属 *Boehmeria* Jacq.

1. 序叶苎麻 *B. clidemioides* var. *diffusa* （Wedd.）Hand.－Mazz 榕江县水尾乡拉儿（2011 年调查），海拔 860m。

【药用功能】全草入药。祛风除湿；主治风湿痹痛。

2. 大叶苎麻 *B. longispica* Steud. 榕江县兴华乡星光村，海拔 510m，RJ－021，RJ－114。

【药用功能】根、全草入药。清热祛风，解毒杀虫，化瘀消肿；主治风热感冒，麻疹，痈肿，毒蛇咬伤，皮肤瘙痒，疥疮，风湿痹痛，跌打伤肿，骨折。

3. 水苎麻 *B. macrophylla* Hornem. 榕江县兴华乡星光村沙沉河，海拔 480m，RJ－026。

4. 苎麻 *B. nivea* （L.）Gaudich. 榕江县兴华乡星光村、水尾乡上下午村以及从江县光辉乡党郎村，RJ－086、RJ－129、RJ－241、CJ－590。海拔 480～1100m，区内的林缘路边习见，广布种。

【药用功能】根入药。凉血止血，清热安胎，利尿，解毒；治咯血、吐血、衄血、尿血、崩漏、紫癜；热毒疮痈，蛇虫咬伤。

5. 细野麻 *B. spicata* （Thunb.）Thunb. 榕江县水尾乡上下午村下午组，海拔 425m，RJ－616。

【药用功能】根入药。解毒利湿，祛风止痒；主治皮肤瘙痒，湿毒疮疹。

（二）微柱麻属 *Chamabainia* Wight

1. 虫蚁菜 *C. cuspidata* Wight 榕江县月亮山，海拔 1290m，RJ－394。

（三）水麻属 *Debregeasia* Gaudich.

1. 长叶水麻 *D. longifolia* （Burm. f.）Wedd. 榕江兴华乡沙坪沟，海拔 457m，RJ－169；从江县光辉乡党郎村，海拔 740m。

【药用功能】根入药。祛风止咳，清热利湿；主治伤风感冒，咳嗽热痹，膀胱炎，无名肿毒，牙痛。

2. 水麻 *Debregeasia orientalis* C. J. Chen 榕江兴华乡星月村，海拔 455m，RJ－76；从江光辉乡加

牙村月亮山白及组，海拔693m。

【药用功能】枝叶、根入药。枝叶：疏风止咳，清热透疹，化瘀止血；主治外感咳嗽咳血，小儿急惊风，麻疹，跌打伤肿，妇女腹中包块，外伤出血。根：祛风除湿，活血止痛，解毒消肿；主治风湿痹痛，跌打伤肿，骨折，外伤出血，疮痈肿痛。

（四）楼梯草属 *Elatostema* J. R. et G. Forst.

1. 华南楼梯草 *E. balansae* Gagnep.　榕江县计划乡加去村（计划大山），海拔960m，RJ－435；从江县光辉乡党郎村洋堡，海拔1100m，CJ－588。

2. 骤尖楼梯草 *E. cuspidatum* Wight　榕江县兴华乡、计划乡和水尾乡（2011年调查）有分布，海拔450~1000m，RJ－147、RJ－418。

【药用功能】全草入药。祛风除湿，散瘀消肿；治风湿痹痛，目赤肿痛，跌打损伤。

3. 宜昌楼梯草 *E. ichangense* H. Schroet.　榕江县兴华乡星光村沙沉河，海拔470m，RJ－120。

【药用功能】根、叶入药。清热解毒，调经止痛；主治痈疽疮毒，月经不调，痛经。

4. 楼梯草 *E. involucratum* Franch. et Sav.　榕江县兴华乡星光村沙沉河，海拔475m，RJ－121。

【药用功能】全株入药。清热解毒，祛风除湿，利水消肿，活血止痛；主治赤白痢疾，高热惊风，黄疸，风湿痹痛，水肿，淋症，经闭，痄腮，带状疱疹，毒蛇咬伤，跌打损伤，骨折。

5. 托叶楼梯草 *E. nasutum* Hook. f.　榕江县水尾乡月亮山（2011年调查），海拔1310m；从江县光辉乡加牙（太阳山），海拔1105m，RJ－620。

【药用功能】全株入药。清热解毒，接骨；主治骨髓炎。

6. 小叶楼梯草 *E. parvum* (Blume) Miq.　榕江县水尾乡必拱和计划乡加去村，RJ－381，RJ－419；从江县光辉乡太阳山，CJ－565。分布为海拔950~1110m。

【药用功能】全株入药。清热利湿，活血消肿；主治赤白痢疾，无名肿毒，风湿红肿。

7. 密齿楼梯草 *E. pycnodontum* W. T. Wang　榕江县兴华乡星光村沙沉河河边，海拔540m，RJ－161。

8. 庐山楼梯草 *E. stewardii* Merr.　榕江县兴华乡星月村水沟边，海拔430m，RJ－038。

【药用功能】根茎、全株入药。活血祛瘀，消肿解毒，止咳；主治跌打扭伤，骨折，闭经，风湿痹痛，痄腮，带状疱疹，疮肿，毒蛇咬伤，咳嗽。

9. 疣果楼梯草 *E. trichocarpum* Hand. - Mazz.　榕江县水尾乡上下午村下午组，海拔430m，RJ－224。

（五）糯米团属 *Gonostegia* Turcz.

1. 糯米团 *G. hirta* (Blume ex Hassk.) Miq.　榕江县兴华乡星光村，海拔500m，RJ－053；榕江县水尾乡上下午村下午组，海拔425m，RJ－193。区内林缘、路边习见。

【药用功能】全株入药。祛风除湿，活血止痛；治风湿痹痛，四肢麻木，跌打损伤，骨折疼痛，肾炎水肿。

（六）艾麻属 *Laportea* Gaudich.

1. 珠芽艾麻 *L. bulbifera* (Siebold et Zucc.) Wedd.　榕江县水尾乡月亮山（2011年调查），海拔1050m。

【药用功能】根。祛风除湿，活血止痛；主治风湿痹痛，肢体麻木，跌打损伤，骨折疼痛，月经不调，劳伤乏力，肾炎水肿。

【森林蔬菜】食用部位：嫩茎叶。

（七）紫麻属 *Oreocnide* Miq.

1. 紫麻 *O. frutescens* (Thunb.) Miq.　榕江县水尾乡必翁村下必翁，海拔555m，RJ－B－19；榕江兴华乡星月村，海拔419m，RJ－51；从江光辉乡加牙村月亮山白及组，海拔693m；从江县光辉乡党郎村，海拔740m。

2. 凹尖紫麻 *O. obovata*（C. H. Wright）Merr. var. *paradaxa*（Gagnep.）C. J. Chen　光辉乡加牙村，杨成华9615。

（八）赤车属 *Pellionia* Gaudich.

1. 短叶赤车 *P. brevifolia* Benth.　榕江县兴华乡星光村沙沉河，海拔475m，RJ－125；榕江县水尾乡月亮山（2011年调查），海拔1100m；从江县光辉乡党郎村洋堡，海拔935m，CJ－583。

【药用功能】全株入药。活血散瘀，消肿止痛；主治跌打损伤，骨折。

2. 赤车 *P. radicans*（Siebold et Zucc.）Wedd.　从江县光辉乡太阳山，海拔1105m，CJ－547；榕江县水尾乡拉儿（2011年调查），海拔860m；榕江县水尾乡华贡村，海拔640m，RJ－316。生长在阴暗潮湿等地，区内习见。

【药用功能】全草、根。祛风除湿，活血行瘀，解毒止痛；主治风湿骨痛，跌打肿痛，骨折，疮疖，牙痛，肝炎，支气管炎，毒蛇咬伤，烧烫伤。

（九）冷水花属 *Pilea* Lindl.

1. 心托冷水花 *P. cordistipulata* C. J. Chen　榕江县水尾乡上下午村下午组，海拔430m，RJ－235。

2. 念珠冷水花 *P. monilifera* Hand.－Mazz.

【药用功能】全株入药。清热解毒，利湿；主治小便淋痛，尿血。

3. 冷水花 *P. notata* C. H. Wright　榕江县兴华乡星月村姑基坡水沟边，海拔435m，RJ－036；榕江县计划乡加去村（计划大山），海拔825m，RJ－484。

【药用功能】全草入药。清热利湿，退黄，消肿散结，健脾和胃；主治湿热黄疸，赤白带下，淋浊，尿血，跌打损伤等。

【森林蔬菜】食用部位：嫩茎叶；食用方法：焯过后做汤。

4. 透茎冷水花 *P. pumila*（L.）A. Gray　榕江县兴华乡星光村，海拔520m，RJ－062。

5. 粗齿冷水花 *P. sinofasciata* C. J. Chen　榕江县计划乡计划大山（2010年调查），海拔955m；榕江县水尾乡月亮山（2011年调查），海拔1200m；从江县光辉乡加牙（太阳山），海拔1105m，RJ－561。

【药用功能】全株入药。清热解毒，活血祛风，理气止痛；主治高热，喉蛾肿痛，鹅口疮，跌打损伤。骨折，风湿痹痛。

6. 疣果冷水花 *P. verrucosa* Hand.－Mazz.　榕江县兴华乡星光村，海拔560m，RJ－073。

【药用功能】全株入药。清热解毒，消肿；主治疔疮痈肿，水肿。

二十四、马尾树科 Rhoipteleaceae

（一）马尾树属 *Rhoiptelea* Diels et Hand.－Mazz.

1. 马尾树 *R. chiliantha* Diels et Hand.－Mazz.　榕江计划大山，海拔1439m；从江光辉乡党郎洋堡，海拔1309m；榕江县计划乡毕拱，海拔885m，RJ－B－157。

二十五、胡桃科 Juglandaceae

（一）喙核桃属 *Annamocarya* A. Chev.

1. 喙核桃 *A. sinensis*（Dode）J.－F. Leroy　榕江水尾乡上下午村下午组，海拔430m，RJ－278。

【森林蔬菜】食用部位：种仁；食用方法：做菜、糕点，煮粥。痰火积热或阴虚火旺者忌。忌同食鸭肉。

（二）青钱柳属 *Cyclocarya* Iljinsk.

1. 青钱柳 *C. paliurus*（Batalin）Iljinsk.　榕江兴华乡沙坪沟，海拔457m，RJ－220；从江光辉乡加牙村月亮山白及组，海拔988m。

【药用功能】树皮、叶、根入药。杀虫止痒，消炎，止痛，祛风；治湿疹、过敏性皮炎、膝关节痛、脚癣。

（三）黄杞属 *Engelhardtia* Lesch. ex Bl.

1. 黄杞 *E. roxburghiana* Wall.　榕江兴华乡星月村，海拔419m，RJ－52；榕江县水尾乡毕贡，海拔 643m，RJ - B - 57；榕江县水尾乡毕贡，海拔 906m，RJ - B - 76；榕江水尾乡上下午村下午组，海拔 403m；从江光辉乡加牙村月亮山白及组，海拔 693m；从江光辉乡加牙村太阳山阿枯；从江光辉乡党郎洋堡，海拔 929m，CJ - 603。

【药用功能】树皮、叶入药。树皮：行气化湿，导滞；主治脾胃湿滞，脘腹胀闷，泄泻。叶：清热止痛。感冒发热，疝气腹痛。

（四）化香树属 *Platycarya* Sieb. et Zucc.

1. 化香树 *P. strobilacea* Siebold et Zucc.　　榕江兴华乡星月村，海拔 419m，RJ - 37；从江光辉乡加牙村月亮山白及组，海拔 988m。

【药用功能】叶、果入药。外用治疮疖肿毒、阴囊湿疹疮、顽癣；内治伤胸。

（五）枫杨属 *Pterocarya* Kunth.

1. 枫杨 *P. stenoptera* C. DC.　　榕江县计划乡摆拉村上拉力组，海拔 885m，RJ - B - 161。

【药用功能】叶、果，树皮实入药。叶、果实：湿肺止咳，解毒敛疮；治风寒咳嗽，疮疡肿毒，血吸虫病；外用治脚癣。树皮：祛风止痛，杀虫，敛疮；主治风湿麻木，头颅伤痛，疥癣。

二十六、杨梅科 Myricaceae

（一）杨梅属 *Myrica* L.

1. 毛杨梅 *M. esculenta* Buch. - Ham. ex D. Don　　榕江计划大山，海拔 1436m。

【药用功能】根入药。消炎，收敛、止泻；主治崩漏，痢疾，肠炎，胃痛。

【森林蔬菜】食用部位：果；食用方法：制果酱、罐头、蜜饯、果汁、酒。忌与生葱同食。

2. 杨梅 *M. rubra*（Lour.）Siebold et Zucc.　　榕江县水尾乡必翁村下必翁，海拔 555m，RJ - B - 27；榕江兴华乡星月村，海拔 455m，RJ - 56；榕江计划大山；从江光辉乡加牙村月亮山白及组，海拔 693m；从江光辉乡加牙村太阳山阿枯；从江光辉乡党郎洋堡，海拔 929m；从江县光辉乡党郎村，海拔 740m。

【森林蔬菜】食用部位：果；食用方法：制果酱、罐头、蜜饯、果汁、酒。忌与生葱同食。

二十七、壳斗科 Fagaceae

（一）栗属 *Castanea* Mill.

1. 栗 *C. mollissima* Blume　　榕江水尾乡上下午村下午组，海拔 403m；榕江兴华乡星月村，海拔 457m，RJ - 154；从江县光辉乡党郎村，海拔 740m。

【森林蔬菜】食用部位：果；食用方法：生、熟食，做菜肴，制干粉、糕点。忌与牛肉同食。

2. 茅栗 *C. seguinii* Dode　　榕江计划大山，海拔 1453m；海拔 1270m。

【药用功能】树皮、根、种仁入药。树皮、根：治肺炎、肺结核、丹毒、疮毒；种仁：治失眠。

【森林蔬菜】食用部位：果；食用方法：去涩后做豆腐，酿酒。

（二）锥栗属 *Castanopsis* Spach

1. 短刺米槠 *C. carlesii*（Hemsl.）Hay. var. *spinulosa* Cheng et Chao　　榕江兴华乡沙坪沟，海拔 457m，RJ - 194。

2. 瓦山锥 *C. ceratacantha* Rehder et E. H. Wilson　　榕江牛长河（马鞍山），海拔 404m，RJ - 382。

3. 厚皮锥 *C. chunii* W. C. Cheng　　榕江计划乡三角顶，海拔 1491m，RJ - B - 124；榕江计划大山，海拔 1270m，RJ - 433；榕江计划大山，海拔 1436m，RJ - 318；从江光辉乡加牙村太阳山昂亮，海拔 1120m，CJ - 556。

4. 甜槠 *C. eyrei*（Champ. ex Benth.）Tutcher　　从江光辉乡加牙村月亮山白及组，海拔 693m；从江县光辉乡党郎村，海拔 740m。

【森林蔬菜】食用部位：果；食用方法：制粉丝、果酱，酿酒。

5. 罗浮锥 *C. fabri* Hance　　榕江县水尾乡毕贡，海拔 643m，RJ - B - 42。

6. 栲 *C. fargesii* Franch　　榕江水尾乡上下午村下午组，海拔 403m；榕江计划大山，RJ - 411、

RJ－270；榕江牛长河(马鞍山)，海拔404m，RJ－380。

7. 黧蒴锥 *C. fissa* (Champ. ex Benth.) Rehder et E. H. Wilson　榕江兴华乡星月村，海拔419m，RJ－23。

8. 毛锥 *C. fordii* Hance　榕江兴华乡沙坪沟，海拔457m，RJ－179。

9. 湖北锥 *C. hupehensis* C. S. Chao　从江光辉乡加牙村月亮山白及组，海拔693m，CJ－478。

10. 贵州锥 *C. kweichowensis* Hu　榕江兴华乡星月村，海拔455m，RJ－111；榕江水尾乡上下午村下午组，海拔430m；榕江牛长河(马鞍山)，海拔300m，RJ－369。

11. 扁刺锥 *C. platyacantha* Rehder et E. H. Wilson　榕江计划大山，海拔1270m，RJ－451；榕江牛长河(马鞍山)，海拔300m。

12. 钩锥 *C. tibetana* Hance　榕江水尾乡上下午村下午组，海拔430m；从江光辉乡加牙村月亮山白及组，海拔693m；从江光辉乡党郎洋堡，海拔929m；从江县光辉乡党郎村，海拔740m。

(三)青冈属 *Cyclobalanopsis* Oerst.

1. 贵州青冈 *C. argyrotricha* (A. Camus) Chun et Y. T. Chang ex Y. C. Hsu et H. W. Jen　榕江计划大山，海拔1270m，RJ－427。

2. 栎子青冈 *C. blakei* (Skan) Schottky　从江光辉乡党郎洋堡，海拔929m，CJ－591、CJ－601、CJ－602。

3. 多脉青冈 *C. multinervis* W. C. Cheng et T. Hong　榕江计划大山，海拔1417m，RJ－299；榕江计划大山，海拔1270m，RJ－439。

4. 毛果青冈 *C. pachyloma* (Seemen) Schottky　来源:《月亮山林区科学考察集》

5. 云山青冈 *C. sessilifolia* (Blume) Schottky　榕江兴华乡沙坪沟，海拔457m，RJ－209；榕江水尾乡上下午村下午组，海拔403m，RJ－250、RJ－266。

【森林蔬菜】食用部位:果;食用方法:制粉丝、糕点，酿酒。

(四)水青冈属 *Fagus* A. L. Juss.

1. 水青冈 *F. longipetiolata* Seemen　榕江县水尾乡毕贡，海拔643m，RJ－B－52；从江光辉乡加牙村月亮山白及组，海拔693m，CJ－473；从江光辉乡加牙村月亮山白及组，海拔988m，CJ－509；从江光辉乡加牙村太阳山阿枯；从江光辉乡加牙村太阳山昂亮，海拔1120m；从江光辉乡党郎洋堡，海拔929m。

【药用功能】壳斗入药。健胃，消炎，理气;主治食欲不振，消化不良。

2. 光叶水青冈 *F. lucida* Rehder et E. H. Wilson　榕江计划大山，海拔1436m，RJ－315；从江光辉乡加牙村太阳山昂亮，海拔1120m；从江光辉乡党郎洋堡，海拔929m。

(五)柯属 *Lithocarpus* Blume

1. 岭南柯 *L. brevicaudatus* (Skan) Hayata　榕江计划大山，海拔1453m，RJ－337。

【药用功能】果实入药。清热利湿;主治湿热痢疾。

2. 包果柯 *L. cleistocarpus* (Seemen) Rehder et E. H. Wilson　榕江计划大山，海拔1453m，RJ－351。

3. 烟斗柯 *L. corneus* (Lour.) Rehder　从江光辉乡加牙村月亮山白及组，海拔693m；RJ－B－92。

4. 厚斗柯 *L. elizabethae* (Tutcher) Rehder　从江光辉乡党郎洋堡，海拔929m，CJ－604；从江光辉乡党郎洋堡，海拔1327m，CJ－622。

5. 密脉柯 *L. fordianus* (Hemsl.) Chun　从江光辉乡党郎洋堡，海拔929m，CJ－595。

5. 柯 *L. glaber* (Thunb.) Nakai　榕江兴华乡星月村，海拔455m，RJ－97。

7. 硬壳柯 *L. hancei* (Benth.) Rehder　榕江计划大山，海拔1439m，RJ－327。

8. 绵柯(灰柯、棉槠石栎) *L. henryi* (Seemen) Rehder et E. H. Wilson　榕江兴华乡沙坪沟，海拔457m，RJ－230；榕江计划大山，海拔1270m，RJ－449。

9. 大叶柯 *L. megalophyllus* Rehder et E. H. Wilson　从江光辉乡加牙村太阳山昂亮，海拔1120m，

CJ-569；从江光辉乡党郎洋堡，海拔929m。

　　10. 圆锥柯 *L. paniculatus* Hand. – Mazz.　　榕江计划大山，海拔1270m，RJ-436。

　　（六）栎属 *Quercus* L.

　　1. 麻栎 *Q. acutissima* Carruth　　榕江兴华乡星月村，海拔419m，RJ-7；榕江水尾乡上下午村下午组，海拔403m；从江光辉乡党郎洋堡，海拔929m；从江县光辉乡党郎村，海拔740m。

　　【药用功能】果实入药。收敛固涩，止血，解毒；主治泄泻，痢疾，便血，痔血，脱肛，小儿疝气，疮痈久溃不敛等。

　　【森林蔬菜】食用部位：果；食用方法：做豆腐，酿酒。痢疾初见，有湿热积滞者忌。

　　2. 槲栎 *Q. aliena* Blume　　从江光辉乡加牙村月亮山白及组，海拔693m；从江县光辉乡党郎村，海拔740m。

　　【药用功能】全株入药。收敛，止痢，恶疮；主治痢疾。

　　3. 巴东栎 *Q. engleriana* Seemen　　榕江计划大山，海拔1436m。

　　4. 白栎 *Q. fabri* Hance　　榕江县水尾乡毕贡，海拔682m，RJ-B-64；榕江兴华乡星月村，海拔457m，RJ-155；从江光辉乡加牙村月亮山白及组，海拔693m。

　　【药用功能】带虫瘿总苞入药。健脾、消积、理气、清火明目；治疝气、疳积、火眠赤痛。

　　5. 乌冈栎 *Q. phillyreoides* A. Gray 榕江县水尾乡滚筒村茅坪，海拔977m，RJ-B-88；从江县，CJ-B-169。

二十八、桦木科 Betulaceae

　　（一）桤木属 *Alnus* Mill.

　　1. 桤木 *A. cremastogyne* Burkill　　来源：《月亮山林区科学考察集》

　　【药用功能】树皮入药。凉血止血，清热解毒；主治吐血，崩漏，肠炎，痢疾，风火赤眼，黄水疮；嫩枝入药。清热凉血，解毒；主治腹泻，痢疾，吐血，黄水疮，毒蛇咬伤。

　　（二）桦木属 *Betula* L.

　　1. 华南桦 *B. austrosinensis* Chun ex P. C. Li　　从江光辉乡加牙村月亮山野加木，海拔1480m，CJ-527。

　　【药用功能】树皮入药。利水通淋，清热解毒；主治淋症，水肿，疮毒。

　　2. 亮叶桦 *B. luminifera* H. J. P. Winkl.　　榕江水尾乡上下午村下午组，海拔1417m；从江光辉乡加牙村月亮山白及组，海拔693m；从江光辉乡党郎洋堡，海拔929m；从江县光辉乡党郎村，海拔740m。

　　【药用功能】根入药。清热利尿；主治小便不利，水肿；树皮入药。祛湿散寒，消滞和中，解毒；主治感冒，风湿痹痛，食积饱胀，小便短赤，乳痈，疮毒，风疹；叶入药。清热利尿，解毒；主治水肿，疖毒。

　　（三）鹅耳枥属 *Carpinus* L.

　　1. 云贵鹅耳枥 *C. pubescens* Burkill　　榕江计划大山，海拔1270m，RJ-456。

　　【药用功能】根皮入药。清热解毒；主治痢疾。

　　2. 雷公鹅耳枥 *C. viminea* Lindl.　　榕江牛长河(马鞍山)，海拔300m，RJ-354。

二十九、藜科 Chenopodiaceae

　　（一）藜属 *Chenopodium* L.

　　1. 藜 *C. album* L.　　区内路旁、荒地习见。

　　【药用功能】幼嫩全草，果实入药。清热祛风湿，解毒消肿，杀虫止痒；主治发热，咳嗽，痢疾，腹痛，疝气，小便不利，水肿，皮肤湿疹，头疮，耳聋，疮疡肿痛，毒虫咬伤。

　　2. 小藜 *C. serotinum* L.

　　【药用功能】全草、种子入药。全草：疏风清热，解毒去湿，杀虫；主治风热感冒，腹泻，痢疾，荨麻疹，疮疡肿毒，疥癣，白癜风，虫咬伤。种子：主治蛔虫病，绦虫，蛲虫。

【森林蔬菜】食用部位：嫩茎叶。

（二）刺藜属 _Dysphania_ Moq.

1. 土荆芥 _D. ambrosioides_（L.）Mosyakin et Clemants　区内路旁、荒地习见。

【药用功能】带果穗全草入药。祛风除湿，杀虫止痒，活血消肿；主治钩虫病，蛔虫病，蛲虫病，头虱，皮肤湿疹，疥，风湿痹痛，经闭，痛经，口舌生疮等。

三十、苋科 Amaranthaceae

（一）牛膝属 _Achyranthes_ L.

1. 牛膝 _A. bidentata_ Blume　榕江县兴华乡星光村沙沉河，海拔 470m，RJ‒116；榕江县水尾乡上下午村下午组，海拔 425m，RJ‒196。

【药用功能】根入药。补肝肾，强筋骨，活血通经，利尿通淋；主治腰膝酸痛，高血压，闭经，胞衣不下，痈肿，跌打损伤，咽喉肿痛，热淋。

（二）苋属 _Amaranthus_ L.

1. 刺苋 _A. spinosus_ L.

【森林蔬菜】食用部位：幼苗。

2. 苋 _A. tricolor_ L.　榕江县水尾乡华贡村，海拔 645m，RJ‒345。

【药用功能】茎叶、种子入药。清热解毒，通利二便；主治痢疾，二便不通，小便赤涩，疮肿，痢疾，蛇虫咬伤。

（三）青葙属 _Celosia_ L.

1. 青葙 _C. argentea_ L.　榕江水尾等地沟谷地带。

【药用功能】茎叶、根入药。燥湿清热，杀虫，止血；治风瘙身痒，疮疗，痔疮，金疮出血。

【森林蔬菜】食用部位：幼苗；食用方法：煮去苦味做菜、作馅。种子代芝麻做糕点。

三十一、马齿苋科 Portulacaceae

（一）马齿苋属 _Portulaca_ L.

1. 马齿苋 _P. oleracea_ L.　从江县光辉乡太阳山，海拔 815m，CJ‒465。

【药用功能】全草入药。清热利湿，凉血解毒；治细菌性痢疾，急性阑尾炎、乳腺炎、痔疮出血、白带；外用治疗疮肿毒、湿疹、带状疱疹。

【森林蔬菜】食用部位：嫩茎叶。

（二）土人参属 _Talinum_ Adans.

1. 土人参 _T. paniculatum_（Jacq.）Gaertn.

【药用功能】根入药。健脾润肺，止咳，调经；治脾虚劳倦，泄泻，肺劳咳痰带血，眩晕潮热，盗汗自汗，月经不调，带下。

【森林蔬菜】食用部位：嫩茎叶。

三十二、粟米草科 Molluginaceae

（一）粟米草属 _Mollugo_ L.

1. 粟米草 _M. stricta_ L.　榕江县水尾乡上下午村下午组，海拔 425m，RJ‒614。

【药用功能】全草入药。清热化，解毒消肿；主治腹痛泄泻，痢疾，感冒咳嗽，中暑，皮肤热疹，目赤肿痛，疮疖肿毒，毒蛇咬伤，烧烫伤。

三十三、石竹科 Caryophyllaceae

（一）蚤缀属 _Arenaria_ L.

1. 无心菜（蚤缀）_A. serpyllifolia_ L.　从江月亮山等地林缘草地。

（二）荷莲豆草属 _Drymaria_ Willd. ex Roem. et Schult.

1. 荷莲豆草 _D. cordata_（L.）Willd. ex Schult.　榕江县水尾乡（月亮山 2010 年调查），海拔 675m；

榕江县兴华乡星月村姑基坡脚，海拔550m，RJ－074。

【药用功能】全草入药。清热解毒，活血消肿；主治黄疸，水肿，疟疾，惊风，风湿脚气，目翳。

（三）漆姑草属 *Sagina* L.

1. 漆姑草 *S. japonica*（Sw.）Ohwi　从江月亮山等地林缘草地。

【药用功能】全草入药；治漆疮、秃疮、痈肿、

（四）繁缕属 *Stellaria* L.

1. 繁缕 *S. media*（L.）Vill.　榕江计划大山林缘草地。

【药用功能】全草入药。清热解毒，化瘀止痛，催乳；治肠炎、痢疾、肝炎、产后瘀滞腹痛、乳汁不下、乳腺炎、恶疮肿毒、跌打损伤。

【森林蔬菜】食用部位：嫩茎叶；食用方法：传统野菜。

三十四、蓼科 Polygonaceae

（一）金线草属 *Antenoron* Rafin.

1. 金线草 *A. filiforme*（Thunb.）Roberty et Vautier　榕江县兴华乡星光村沙沉河，海拔475m，RJ－124；榕江县水尾乡月亮山（2011年调查），海拔1200m。

【药用功能】全草入药。祛风除湿，理气止痛，止血，散瘀；治风湿骨痛，胃痛，咳血，吐血，便血，血崩，经期腹痛，产后血瘀腹痛。

2. 短毛金线草 *A. filiforme* var. *neofiliforme*（Nakai）A. J. Li

【药用功能】全草入药。活血散瘀，理气止痛；主治月经不调，跌打肿痛，骨折，外伤出血等。

（二）荞麦属 *Fagopyrum* Mill.

1. 金荞麦 *F. dibotrys*（D. Don）H. Hara　榕江县水尾乡下必翁河边，海拔555m，RJ－275。

【药用功能】根入药。清热解毒，活血化瘀，祛风除湿；主治肺痈，肺热咳嗽，咽喉肿痛，痢疾，风湿痹症，跌打损伤。

【森林蔬菜】食用部位：鲜根；食用方法：洗净，切片，煮熟作菜。

2. 荞麦 *F. esculentum* Moench

（三）首乌属 *Fallopia* Adans.

1. 何首乌 *F. multiflora*（Thunb.）Haraldson　从江月亮山等地林缘灌草地。

【药用功能】块茎入药。补肝，益肾，养血，祛风；治发须早白，血虚头晕，腰膝软弱，筋骨酸痛，遗精，崩带，久疟，久痢，慢性肝炎，痈肿。

（四）蓼属 *Polygonum* L.

1. 萹蓄 *P. aviculare* L.

2. 头花蓼 *P. capitatum* Buch.－Ham. ex D. Don　榕江县兴华乡星光村，海拔515m，RJ－060。

【药用功能】全草入药。清热利尿，解毒，通淋；治泌尿系统感染，痢疾，腹泻；外用治烂疮，黄水疮。

3. 火炭母 *P. chinense* L.　榕江县兴华乡星月村姑基坡脚，海拔410m，RJ－001；从江县光辉乡加牙（太阳山），海拔1050m，RJ－538。

【药用功能】茎叶、根。茎叶：清热利湿，凉血解毒，平肝明目，补益脾肾，活血舒筋；主治痢疾，泄泻，肺热咳嗽，百日咳，肝炎，耳鸣耳聋，中耳炎，体虚乏力，跌打损伤等。根：清热解毒，平降肝阳，补益脾肾，活血消肿；主治体虚乏力，耳鸣耳聋，白带，肺痈，乳痈，跌打损伤等。

4. 稀花蓼 *P. dissitiflorum* Hemsl.　榕江县水尾乡上下午村下午组，海拔450m，RJ－242。

5. 水蓼 *P. hydropiper* L.　榕江县水尾乡上下午村下午组，海拔425m，RJ－195。

【药用功能】茎叶、根入药。行滞化湿，散瘀止血，祛风止痒，解毒；治痢疾小儿疳积，痛经，跌打损伤，皮肤瘙痒，风湿痹痛，。

6. 蚕茧草 *P. japonicum* Meissn.　榕江县兴华乡星月村姑基坡公路边，海拔425m，RJ－019。

7. 酸模叶蓼 *P. lapathifolium* L.

8. 长鬃蓼 *P. longisetum* Bruijn

9. 尼泊尔蓼 *P. nepalense* Meissn. 榕江县水尾乡上下午村下午组，海拔430m，RJ－227。

【药用功能】全草入药。清热解毒，涩肠止痢；主治咽喉肿痛，目赤，牙龈肿痛，赤白痢疾，风湿痹痛，关节疼痛。

10. 草血竭 *P. paleaceum* Wall. ex Hook. f.

【药用功能】根茎入药。散瘀止血，下气消积，解毒，利湿；主治跌打损伤，外伤出血，吐血，咯血，衄血，经闭，崩漏，慢性胃炎，胃十二指肠溃疡，食积，痢疾，疮毒等。

11. 杠板归 *P. perfoliatum* L. 榕江县水尾乡下必翁河边，海拔560m，RJ－278。

【药用功能】全草入药。利水消肿，清热，活血，解毒；治水肿，黄疸，泄泻，疟疾，痢疾，百日咳，淋浊，丹毒，湿疹，疥癣。

12. 习见蓼 *P. plebeium* R. Br.

【药用功能】全草入药。利尿通淋，清热解毒，化湿驱虫；主治热淋，石淋，黄疸，痢疾，恶疮疥癣，外阴湿痒，蛔虫病。

13. 伞房花赤胫散 *P. runcinatum* var. *sinense* Hemsl. 榕江县水尾乡上下午村下午组，海拔425m，RJ－194。

14. 赤胫散 *P. runcinatum* var. *sinense* Hemsl.

【药用功能】全草入药。清热解毒，活血舒筋；治痢疾，泄泻，乳痈，疮疖，无名肿毒，毒蛇咬伤，跌打损伤。

15. 刺蓼 *P. senticosum*（Meisn.）Franch. et Sav. 榕江县水尾乡上下午村下午组，海拔410m，RJ－181；榕江县计划乡计划大山（2010年调查），海拔800m；从江县光辉乡太阳山，海拔1110m，CJ－552。

【药用功能】全草入药。清热解毒，利湿止痒，散瘀消肿；治痈疮疔疖，毒蛇咬伤，湿疹，黄水疮，带状疱疹，跌打损伤，内外痔。

16. 戟叶蓼 *P. thunbergii* Siebold et Zucc.

【药用功能】全草入药。祛风清热，活血止痛；治风热头痛，咳嗽，瘰疬，痢疾，跌打伤痛。

【森林蔬菜】食用部位：嫩茎叶；食用方法：炒食或晒干菜。

17. 蓼蓝 *P. tinctorium* Aiton

【药用功能】果实、茎叶入药。果实：清热，凉血，解毒；主治温病高热，吐衄，咽喉肿痛，疖肿，无名肿毒，疳蚀疮。茎叶：清热解毒，凉血消斑；主治温病高热，咽喉肿痛，喉痹，热痢，黄疸，吐衄，发斑发疹，痈肿疮毒，无名肿毒。

（五）虎杖属 *Reynoutria* Houtt.

1. 虎杖 *R. japonica* Houtt. 榕江县水尾乡华贡村，海拔640m，RJ－308；从江县光辉乡加牙村，海拔705m，CJ－455；榕江县水尾乡拉儿（2011年调查），海拔860m。

【药用功能】根茎入药。活血止痛，清热利湿，止咳化痰；治关节疼痛，经闭，湿热黄疸，慢性支气管炎，高血脂症，烫火伤，跌打损伤。

（六）酸模属 *Rumex* L.

1. 酸模 *R. acetosa* L. 榕江县水尾乡下必翁河边，海拔555m，RJ－271。

【药用功能】根、根茎入药。清热解毒，止血，通便，杀虫；治便血、尿血、便秘、月经不调、肝炎、痢疾、跌打损伤、乳腺炎、烫火伤。

【森林蔬菜】食用部位：嫩叶；食用方法：含草酸钾、酒石酸，少食。

2. 齿果酸模 *R. dentatus* L.

3. 羊蹄 *R. japonicus* Houtt. 从江月亮山等地林缘草地。

【森林蔬菜】食用部位：嫩叶；食用方法：有小毒，少食。

4. 尼泊尔酸模 *R. nepalensis* Spreng.

【药用功能】根、根茎入药。清热解毒，凉血止血，通便，杀虫；治肺结核出血、急性肝炎、痢疾、便秘、功能性子宫出血、痔疮出血、烧伤。

三十五、山茶科 Theaceae

（一）杨桐属 *Adinandra* Jack

1. 川杨桐 *A. bockiana* E. Pritz. ex Diels　榕江计划大山，海拔 1439m；从江光辉乡党郎洋堡，海拔 929m。

2. 粗毛杨桐 *A. hirta* Gagnep.　榕江兴华乡星月村，海拔 455m，RJ – 130；从江光辉乡加牙村太阳山阿枯；榕江牛长河（马鞍山），海拔 300m。

（二）山茶属 *Camellia* L.

1. 突肋茶 *C. costata* Hu et S. Ye Liang ex H. T. Chang　从江光辉乡加牙村月亮山白及组，海拔 988m，CJ – 506。

2. 贵州连蕊茶 *C. costei* H. Lévl.　榕江兴华乡沙坪沟，海拔 457m，RJ – 228、RJ – 185；榕江水尾乡上下午村下午组，海拔 430m。

【药用功能】全株入药。健脾消食，补虚；主治脾虚食少，虚弱消瘦。

3. 秃房茶 *C. gymnogyna* H. T. Chang　从江光辉乡党郎洋堡，海拔 929m，CJ – 593。

【药用功能】种子入药。用于治疗疟腮。

4. 油茶 *C. oleifera* Abel　榕江水尾乡上下午村下午组，海拔 403m；从江光辉乡党郎洋堡，海拔 929m。

【药用功能】种子、根入药。种子：行气疏滞；治气滞腹痛泄泻。根：治心脏病，高血压性及肺原性心脏病，口疮，牛皮癣。

5. 小瘤果茶 *C. parvimuricata* H. T. Chang　榕江计划大山，海拔 1417m，RJ – 304；榕江县水尾乡毕贡，海拔 643m，RJ – B – 44。

6. 多齿山茶 *C. polyodonta* How ex Hu　榕江县水尾乡毕贡，海拔 643m，RJ – B – 49；榕江兴华乡沙坪沟，海拔 457m，RJ – 226；榕江牛长河（马鞍山），海拔 474m，RJ – 395；从江光辉乡加牙村月亮山白及组，海拔 693m；从江光辉乡党郎洋堡，海拔 1236m；CJ – B – 170。

7. 川鄂连蕊茶 *C. rosthorniana* Hand. – Mazz.　榕江计划大山，海拔 1417m，RJ – 300。

8. 茶 *C. sinensis*（L.）O. Kuntze　从江光辉乡党郎洋堡，海拔 1313m。

【药用功能】芽叶入药。清头目，除烦渴，化痰，消食，利尿，解毒；治头痛、目昏、多睡善寐、心烦口渴、食积痰滞、痢疾。

（三）红淡比属 *Cleyera* Thunb.

1. 红溪比 *C. japonica* Thunb.　从江光辉乡加牙村月亮山野加木，海拔 1357m；从江光辉乡加牙村太阳山昂亮，海拔 1120m。

2. 齿叶红淡比 *C. lipingensis*（Hand. – Mazz.）Ming　榕江计划大山，海拔 1453m，RJ – 336。

（四）柃属 *Eurya* Thunb.

1. 尖萼毛柃 *E. acutisepala* Hu et L. K. Ling　从江光辉乡党郎洋堡，海拔 929m，CJ – 605；从江光辉乡党郎洋堡，海拔 1309m，CJ – 629。

2. 短柱柃 *E. brevistyla* Kobuski　榕江计划大山，海拔 1453m，RJ – 342。

【药用功能】叶入药；主治烧、烫伤。

3. 凹脉柃 *E. impressinervis* Kobuski　从江光辉乡加牙村太阳山昂亮，海拔 1120m，CJ – 542、CJ – 511；从江光辉乡加牙村月亮山八九米，海拔 1178m，CJ – 512。

4. 贵州毛柃 *E. kueichowensis* Hu et L. K. Ling ex P. T. Li, J. S. China　榕江兴华乡星月村，海拔

419m，RJ－1；从江光辉乡加牙村月亮山白及组，海拔693m，CJ－493；从江县光辉乡党郎村，海拔740m。

【药用功能】枝、叶入药。清热解毒，消肿止血，祛风除湿。

5. 格药柃 *E. muricata* Dunn　榕江县计划乡，海拔1227m，RJ－B－143。

6. 细齿叶柃 *E. nitida* Korth.　榕江计划大山，海拔1270m，RJ－438；榕江兴华乡星月村，海拔455m，RJ－120、海拔457m，RJ－160；从江光辉乡加牙村月亮山白及组，海拔693m，CJ－469。

（五）大头茶属 *Polyspora* Ellis.

1. 四川大头茶 *P. speciosa*（Kochs）Bartholo et T. L. Ming　从江光辉乡加牙村太阳山昂亮，海拔1120m，CJ－559。

（六）木荷属 *Schima* Reinw.

1. 银木荷 *S. argentea* E. Pritz.　榕江兴华乡星月村，海拔419m，RJ－10；榕江牛长河（马鞍山），海拔300m，RJ－367；从江光辉乡加牙村太阳山昂亮，海拔1120m，CJ－567。

【药用功能】根皮、根皮。驱虫；主治蛔虫病，绦虫病。

2. 中华木荷 *S. sinensis*（Hemsl. et E. H. Wilson）Airy－Shaw　榕江牛长河（马鞍山），海拔300m，RJ－353。

3. 木荷 *S. superba* Gardner et Champ.　从江光辉乡加牙村月亮山白及组，海拔988m；从江光辉乡党郎洋堡，海拔929m；从江光辉乡加牙村太阳山阿枯；从江光辉乡加牙村太阳山昂亮，海拔1120m；从江县光辉乡党郎村，海拔740m；榕江县计划乡摆拉村上拉力组，海拔885m，RJ－B－159。

（七）旃檀属 *Stewartia* L.

1. 翅柄紫茎 *S. pteropetiolata* W. C. Cheng　从江光辉乡党郎洋堡，海拔929m，CJ－600。

2. 紫茎 *S. sinensis* Rehd. et E. H. Wilson　来源：《月亮山林区科学考察集》

【药用功能】树皮、根皮入药。舒筋活血；治跌打损伤、风湿麻木。

（八）厚皮香属 *Ternstroemia* Mutis ex L. f.

1. 厚皮香 *T. gymnanthera*（Wight et Arn.）Bedd.　榕江计划大山，海拔1439m，RJ－320；榕江计划大山，海拔1270m，RJ－421；从江光辉乡加牙村太阳山昂亮，海拔1120m，CJ－554。

【药用功能】叶、花、果入药。果有小毒，外敷治大疮、乳腺炎；花：揉烂搽癣止痒。

2. 大果厚皮香 *T. insignis* Y. C. Wu　从江光辉乡加牙村太阳山昂亮，海拔1120m。

（九）石笔木属 *Tutcheria* Dunn

1. 粗毛石笔木 *T. hirta*（Hand. －Mazz.）Li　榕江计划大山，RJ－412；榕江县计划乡计划大山，海拔413m，RJ－B－165；榕江兴华乡星月村，海拔455m，RJ－137；榕江兴华乡沙坪沟，海拔457m，RJ－210。

三十六、猕猴桃科 Actinidiaceae

（一）猕猴桃属 *Actinidia* Lindl.

1. 软枣猕猴桃 *A. arguta*（Siebold et Zucc.）Planch. ex Miq.　从江光辉乡党郎洋堡，海拔1309m，CJ－633。

2. 京梨猕猴桃 *A. callosa* Lindl. var. *henryi* Maxim.　从江光辉乡加牙村月亮山白及组，海拔693m，CJ－496。

3. 中华猕猴桃 *A. chinensis* Planch.　榕江计划大山，RJ－414；从江光辉乡加牙村月亮山白及组，海拔693m。

【森林蔬菜】食用部位：果；食用方法：鲜食，做菜、羹，制果酱、果酒、罐头。脾胃虚寒者慎食。

4. 毛花猕猴桃 *A. eriantha* Benth.　榕江县水尾乡必翁村下必翁，海拔555m，RJ－B－16；从江光辉乡加牙村太阳山阿枯，CJ－538；榕江兴华乡星月村，海拔455m，RJ－94；榕江兴华乡沙坪沟，海拔457m，RJ－164；从江县光辉乡党郎村，海拔740m。

【药用功能】根、根皮、叶入药。根、根皮：解毒消肿，清热利湿；主治热毒痈肿，乳痈，湿热痢疾，胃癌等。

【森林蔬菜】食用部位：果；食用方法：鲜食，做菜、羹，制果酱、果酒、罐头。脾胃虚寒者慎食。

5. 条叶猕猴桃 *A. fortunatii* Finet et Gagnep. 从江光辉乡党郎洋堡，海拔 1309m，CJ – 630。

6. 糙毛猕猴桃 *A. fulvicoma* Hance var. *lanata* (Hemsl.) C. F. Liang f. hirsuta (Fin. et Gagn.) C. F. Liang. 从江光辉乡加牙村月亮山白及组，海拔 693m，CJ – 467。

7. 黑蕊猕猴桃 *A. melanandra* Franch. 从江光辉乡党郎洋堡，海拔 929m，CJ – 584。

【药用功能】根、果实入药。清热生津，消肿解毒；主治久病体弱。

【森林蔬菜】食用部位：果；食用方法：鲜食，做菜、羹，制果酱、果酒、罐头。脾胃虚寒者慎食。

8. 倒卵叶猕猴桃 *A. obovata* Chun ex C. F. Liang 榕江计划大山，海拔 1270m，RJ – 435。

9. 革叶猕猴桃 *A. rubricaulis* Dunn var. *coriacea* (Fin. et Gagn.) C. F. Liang 榕江水尾乡上下午村下午组，海拔 430m。

【药用功能】根、茎、果实入药。清热化瘀，消肿；主治跌打损伤，腰痛，内伤出血。果实主治肿瘤。

（二）水东哥属 *Saurauia* Willd.

1. 聚锥水东哥 *S. thyrsiflora* C. F. Liang et Y. S. Wang 榕江兴华乡星月村，海拔 419m，RJ – 45。

【药用功能】根、茎皮、叶入药。根：用于治疗小儿麻疹。茎皮：用于治疗痢疾。叶：用于治疗外伤出血，烧烫伤。

三十七、五列木科 Pentaphylacaceae
（一）五列木属 *Pentaphylax* Gardn. et Champ.

1. 五列木 *P. euryoides* Gardner et Champ. 从江光辉乡加牙村太阳山昂亮，海拔 1120m，CJ – 548；CJ – 649；CJ – 650。

三十八、藤黄科 Clusiaceae
（一）藤黄属 *Garcinia* L.

1. 木竹子 *G. multiflora* Champion ex Bentham 榕江牛长河（马鞍山），海拔 474m，RJ – 394。

（二）金丝桃属 *Hypericum* L.

1. 小连翘 *H. erectum* Thunb. 榕江县水尾乡下必翁河边，海拔 560m，RJ – 283；榕江县水尾乡月亮山（2011 年调查），海拔 1000m。

【药用功能】全草入药。止血，调经，散瘀止痛，解毒消肿；主治吐血，崩漏，月经不调，跌打损伤，风湿关节痛，疮疖肿毒。

2. 扬子小连翘 *H. faberi* R. Keller 榕江县兴华乡星光村，海拔 470m，RJ – 105。

【药用功能】全草入药。凉血止血，消肿止痛；治风热感冒，风湿疼痛，跌打损伤，内出血等。

3. 地耳草 *H. japonicum* Thunb. 榕江县水尾乡上下午村下午组，海拔 425m，RJ – 209。

【药用功能】全草入药。清热解毒，利湿，散瘀消肿，止痛，治风热黄疸，泄泻，痈疖肿毒，目赤肿痛。

三十九、杜英科 Elaeocarpaceae
（一）杜英属 *Elaeocarpus* L.

1. 褐毛杜英 *E. duclouxii* Gagnep. 从江县光辉乡党郎村，海拔 740m。

2. 秃瓣杜英 *E. glabripetalus* Merr. 榕江牛长河（马鞍山），海拔 404m，RJ – 376。

3. 日本杜英 *E. japonicus* Siebold et Zucc. 榕江兴华乡星月村，海拔 455m，RJ – 121。

4. 山杜英 *E. sylvestris* (Lour.) Poir. 榕江县计划乡三角顶，海拔 1491m，RJ – B – 130；从江光辉乡加牙村太阳山昂亮，海拔 1120m。

（二）猴欢喜属 *Sloanea* L.

1. 薄果猴欢喜 *S. leptocarpa* Diels 从江光辉乡加牙村月亮山白及组，海拔 693m；从江光辉乡党郎洋堡，海拔 1309m；榕江县计划乡毕拱，海拔 1227m，RJ – B – 152。

2. 猴欢喜 *S. sinensis*（Hance）Hemsl.　来源：《月亮山林区科学考察集》

四十、椴树科 Tiliaceae

（一）刺蒴麻属 *Triumfetta* L.

1. 刺蒴麻 *T. rhomboidea* Jacquem.　榕江水尾乡上下午村下午组，海拔 403m，RJ – 241。

【药用功能】根或 全草入药。清热利湿，通淋化石；主治风热感冒，痢疾，泌尿系统结石，疮疖，毒蛇咬伤。

四十一、梧桐科 Sterculiaceae

（一）苹婆属 *Sterculia* L.

1. 假苹婆 *S. lanceolata* Cav.　来源：《月亮山林区科学考察集》

【药用功能】叶入药。散瘀止痛；主治跌打损伤肿痛。

2. 苹婆 *S. monosperma* Vent.　榕江牛长河（马鞍山），海拔 474m，RJ – 396。

【药用功能】种子入药。和胃消食，解毒杀虫；主治翻胃吐食，虫积腹痛，疝痛，小儿烂头疡。

【森林蔬菜】食用部位：种子；食用方法：煮熟食，味如栗。叶包粽子。

四十二、锦葵科 Malvaceae

（一）木槿属 *Hibiscus* L.

1. 贵州芙蓉 *H. labordei* H. Lévl..　榕江兴华乡沙坪沟，海拔 457m，RJ – 183。

【药用功能】叶入药。止痢；主治痢疾。

2. 木槿 *H. syriacus* L.　从江县光辉乡党郎村，海拔 740m。

【药用功能】根皮、花入药。根皮：清热，利湿，解毒，止痒；治肠风泻血、痢疾、脱肛、白带、疥癣、痔疮。花：清热，利湿，凉血；治肠风泻血，细菌性痢疾、白带、吐血、反胃、疔疮疖肿。

（二）梵天花属 *Urena* L.

1. 地桃花 *U. lobata* L.　从江县光辉乡党郎村，海拔 740m。

【药用功能】根、全草入药。祛风利湿，活血消肿，清热解毒；主治感冒，风湿痹痛，痢疾，泄泻，淋症，带下，月经不调，跌打肿痛，喉痹，乳痈，疮疖，毒蛇咬伤。

2. 波叶梵天花 *U. repanda* Roxb. ex Sm.　榕江兴华乡星月村，海拔 419m，RJ – 9；榕江水尾乡上下午村下午组，海拔 403m。

四十三、大风子科 Flacourtiaceae

（一）刺篱木属 *Flacourtia* Comm. ex L′Herit.

1. 刺篱木 *F. indica*（Burm. f.）Merr.　榕江水尾乡上下午村下午组，海拔 430m。

【森林蔬菜】食用部位：果；食用方法：鲜食，制蜜饯，酿酒。

（二）山桐子属 *Idesia* Maxim.

1. 山桐子 *I. polycarpa* Maxim.　榕江水尾乡上下午村下午组，海拔 403m；榕江县水尾乡毕贡，海拔 643m，RJ – B – 38；榕江兴华乡星月村，海拔 457m，RJ – 148；榕江兴华乡沙坪沟，海拔 457m，RJ – 217；从江光辉乡加牙村月亮山白及组，海拔 693m；从江光辉党郎村污星组，海拔 1309m；从江县光辉乡党郎村，海拔 740m。

【药用功能】叶、种子入药。叶：清热凉血，散瘀消肿；主治骨折，烧烫伤，吐血，外伤出血。种子油：杀虫；主治疥癣。

（三）栀子皮属 *Itoa* Hemsl.

1. 栀子皮 *I. orientalis* Hemsl.　榕江兴华乡星月村，海拔 455m，RJ – 110。

【药用功能】根、树皮入药。祛风除湿，活血通络；主治风湿骨痛，跌打损伤，肝炎，贫血。

四十四、旌节花科 Stachyuraceae

（一）旌节花属 *Stachyurus* Sieb. et Zucc.

1. 中国旌节花 *S. chinensis* Franch.　　榕江兴华乡沙坪沟，海拔 457m，RJ－172。

【药用功能】茎髓入药。清热利水，活血；治乳汁不下、泌尿系统感染、尿结石、小便不利、关节痛。

2. 西域旌节花 *S. himalaicus* Hook. f. et Thomson ex Benth.　　来源：《月亮山林区科学考察集》

【药用功能】茎髓入药。清热利水，活血；治乳汁不下、泌尿系统感染、尿结石、小便不利、关节痛。

3. 倒卵叶旌节花 *S. obovatus* (Rehder) Hand.－Mazz.　　从江光辉乡加牙村太阳山阿枯，CJ－537。

【药用功能】茎髓入药。利尿渗湿，通窍，催乳；主治乳汁不下、泌尿系统感染、尿结石、小便不利、关节痛。

4. 云南旌节花 *S. yunnanensis* Franch.　　榕江计划大山，海拔 1417m，RJ－303。

【药用功能】茎髓、根入药。茎髓：清热，利水，通乳；主治热病烦渴，小便不利，乳汁不通。根：祛风通络，利湿退黄；主治风湿痹痛，黄疸肝炎，跌打损伤等。

四十五、堇菜科 Violaceae

（一）堇菜属 *Viola* L.

1. 鸡腿堇菜 *V. acuminata* Ledeb.　　榕江县计划大山，海拔 835m，RJ－629。

【药用功能】叶入药。清热解毒，消肿止痛；治肺热咳嗽、跌打肿痛、疮疖肿毒。

【森林蔬菜】食用部位：幼苗。

2. 戟叶堇菜 *V. betonicifolia* Sm.　　榕江县兴华乡星光村沙沉河河边，海拔 540m，RJ－164。

【药用功能】全草入药。清热解毒，散瘀消肿；治肠痈、疔疮、红肿疮毒、黄疸、淋浊、目赤生翳。

3. 球果堇菜 *V. collina* Bess.　　榕江县水尾乡月亮山（2011 年调查），海拔 1100m。

【药用功能】全草入药。清热解毒，散瘀消肿；主治疮疡肿毒，肺痈，跌打损伤，刀伤出血，外感咳嗽。

【森林蔬菜】食用部位：幼苗。

4. 七星莲 *V. diffusa* Ging.　　榕江县水尾乡上下午村下午组，海拔 430m，RJ－220。

5. 柔毛堇菜 *V. fargesii* H. Boissieu　　榕江县计划乡计划大山，海拔 1000m，RJ－641。

【药用功能】全草入药。清热解毒，祛瘀生新，止咳；主治骨折，跌打损伤，无名肿毒。

6. 光叶堇菜 *V. hossei* W. Becker　　榕江县计划乡加去村（计划大山），海拔 970m，RJ－443。

7. 萱 *V. moupinensis* Franch.　　榕江县计划乡加去村（计划大山），海拔 960m，RJ－432；从江县光辉乡太阳山，海拔 1110m，CJ－551；榕江县水尾乡月亮山（2011 年调查），海拔 1100m。

8. 紫花地丁 *V. philippica* Sasaki　　榕江县水尾乡上下午村下午组，海拔 430m，RJ－217。

【药用功能】全草入药。清热解毒，凉血消肿；主治疔疮痈疽，丹毒，肠痈，湿热泻痢，黄疸，目赤肿痛等。

9. 匍匐堇菜 *V. pilosa* Blume　　榕江县计划乡加去村（计划大山），海拔 970m，RJ－438。

10. 浅圆齿堇菜 *V. schnelderi* W. Beck.　　从江县光辉乡太阳山，海拔 825m，CJ－476。

11. 堇菜 *V. verecunda* A. Gray　　榕江县水尾乡月亮山（2011 年调查），海拔 1110m；榕江县兴华乡星光村沙沉河河边，海拔 540m，RJ－168；从江县光辉乡太阳山，海拔 1110m，CJ－564。

【药用功能】全草入药。清热解毒，止咳，止血；主治肺热咯血，扁桃体炎，结膜炎，腹泻，疮疖肿毒，外伤出血等。

12. 心叶堇菜 *V. yunnanfuensis* W. Becker　　榕江县兴华乡星光村沙沉河，海拔 490m，RJ－148。

【药用功能】全草入药。清热解毒，化瘀排脓，凉血清肝；主治乳痈，化脓性骨髓炎，黄疸，目赤肿痛，瘰疬，蛇咬伤。

【森林蔬菜】食用部位：幼苗。

四十六、葫芦科 Cucurbitaceae

（一）盒子草属 *Actinostemma* Griff.

1. 盒子草 *A. tenerum* Griff. 榕江县水尾乡上下午村下午组，海拔430m，RJ－220。

【药用功能】全草、种子入药。利水消肿，清热解毒；主治水肿，臌胀，疳积，湿疹，疮疡肿毒，毒蛇咬伤。

（二）绞股蓝属 *Gynostemma* Bl.

1. 绞股蓝 *G. pentaphyllum*（Thunb.）Makino 榕江县水尾乡华贡村，海拔640m，RJ－317；榕江县水尾乡上拉力后山，海拔904m，RJ－402。

【药用功能】全草入药。清热，补虚，解毒；主治体虚乏力，虚劳失精，白细胞减少症，高脂血症，慢性肠胃炎等。

【森林蔬菜】食用部位：嫩叶；食用方法：炒猪肝，肉丝等。

（三）雪胆属 *Hemsleya* Cogn.

1. 蛇莲 *H. sphaerocarpa* Kuang et A. M. Lu 从江县光辉乡太阳山，海拔1115m，CJ－573；榕江县水尾乡月亮山（2011年调查），海拔1200m。

【药用功能】块根入药。清热解毒，消肿止痛，利湿；主治痢疾，泄泻，咽喉肿痛，牙痛，黄疸，小便淋痛等。

（四）赤瓟属 *Thladiantha* Bunge

1. 南赤瓟 *T. nudiflora* Hemsl. ex Forbes et Hemsl. 从江县光辉乡太阳山，海拔1105m，CJ－546。

2. 鄂赤瓟 *T. oliveri* Cogn. ex Mottet 榕江县兴华乡星光村沙沉河河边，海拔540m，RJ－162；榕江县水尾乡拉几（2011年调查）和上下午村下午组（RJ－244），海拔430～860m。

【药用功能】根、果实入药。清热，利胆，通乳，消肿；主治痢疾，黄疸，胆囊炎，乳汁不下，烧、烫伤，跌打损伤等。

3. 云南赤瓟 *T. pustulata*（Levl.）C. 榕江县兴华乡星光村沙沉河河边，海拔545m，RJ－169。

（五）栝楼属 *Trichosanthes* L.

1. 裂苞栝楼 *T. fissibracteata* C. Y. Wu ex C. Y. Cheng et C. H. Yueh 榕江县兴华乡星光村沙沉河，海拔475m，RJ－131。

2. 栝楼 *T. kirilowii* Maxim. 榕江县计划乡计划大山（2010年调查），海拔805m。

【药用功能】果实、种子、根、果皮入药。果实、种子：清热化痰，润肠通便，宽胸散结；主治肺热咳嗽，肺虚燥咳，肠燥便秘，胸痹。根：清热生津，润肺化痰，消肿排脓；主治热病口渴，消渴多饮，痰热咳嗽，疮疡肿毒等。

【森林蔬菜】食用部位：块根；食用方法：含淀粉性藕粉。代粮，酿酒，制酱。

3. 中华栝楼 *T. rosthornii* Harms 榕江县兴华乡星光村沙沉河，海拔530m，RJ－157。

【药用功能】果实、种子、根、果皮入药。果实、种子：清热化痰，润肠通便，宽胸散结；主治肺热咳嗽，肺虚燥咳，肠燥便秘，胸痹。根：清热生津，润肺化痰，消肿排脓；主治热病口渴，消渴多饮，痰热咳嗽，疮疡肿毒等。

（六）马㼎儿属（老鼠拉冬瓜属）*Zehneria* Endl.

1. 马㼎儿 *Z. indica*（Lour.）Keraudren 榕江县兴华乡星光村沙沉河，海拔545m，RJ－171。

【森林蔬菜】食用部位：嫩果；食用方法：炒菜。熟果鲜食。

2. 钮子瓜 *Z. maysorensis*（Wight et Arn.）Arn. 榕江县水尾乡华贡村，海拔640m，RJ－296。

【药用功能】全草、根入药。清热，镇痉，解毒，通淋；主治发热，惊厥，头痛，咽喉肿痛，疮疡肿毒，淋症。

四十七、秋海棠科 Begoniaceae

（一）秋海棠属 *Begonia* L.

1. 周裂秋海棠 *B. circumlobata* Hance　　榕江县计划乡加去村（计划大山），海拔 960m，RJ－426；从江县光辉乡太阳山，海拔 1036m，CJ－526。

【药用功能】根状茎入药。活血止血，接骨，镇痛；主治月经不调，痛经，跌打损伤，痈疮，烧、烫伤。

【森林蔬菜】食用部位：嫩茎叶；食用方法：做酸菜。

2. 秋海棠 *B. grandis* Dryand.　　榕江县水尾乡上下午村下午组，海拔 455m，RJ－249；榕江县计划乡加去村（计划大山），海拔 820m，RJ－494。

【药用功能】全株入药。活血化瘀，止血，清热；治跌打损伤、吐血、咯血、痢疾、喉痛。

3. 裂叶秋海棠 *B. palmata* D. Don　　榕江县兴华乡星光村沙沉河河边，海拔 540m，RJ－163；榕江县水尾乡上下午村下午组，海拔 430m，RJ－232；榕江县兴华镇沙坪沟，海拔 700m，RJ－648。

【药用功能】全草入药。清热解毒，化瘀消肿；主治跌打损伤，吐血，感冒，咳嗽，蛇咬伤，瘰疬

4. 掌裂秋海棠 *B. pedatifida* H. Lévl.　　从江县光辉乡太阳山，海拔 855m，CJ－496。

【药用功能】根状茎入药。清热凉血，止痛止血；主治风湿关节痛，跌打损伤，水肿，尿血，蛇咬伤，痢疾。

四十八、杨柳科 Salicaceae

（一）杨属 *Populus* L.

1. 毛白杨 *P. tomentosa* Carr.　　榕江兴华乡星月村，海拔 455m，RJ－138 榕江水尾乡上下午村下午组，海拔 403m；从江光辉乡加牙村月亮山白及组，海拔 693m；从江光辉乡党郎洋堡，海拔 929m。

【森林蔬菜】食用部位：花芽；食用方法：煮熟，浸去涩味后拌豆腐、包饺子、做菜团子。

（二）柳属 *Salix* L.

1. 皂柳 *S. wallichiana* Anderss.　　榕江县水尾乡毕贡，海拔 643m，RJ－B－40；从江光辉乡加牙村月亮山白及组，海拔 693m，CJ－483。

【药用功能】根入药。驱风，解热，除湿；治风湿关节炎，头风头痛。

2. 紫柳 *S. wilsonii* Seemen ex Diels

【药用功能】根皮入药。祛风除湿，活血化瘀；主治风湿性关节炎。

四十九、十字花科 Brassicaceae

（一）荠属 *Capsella* Medic.

1. 荠 *C. bursa-pastoris*（L.）Medik.　　区内路旁、荒地习见。

【药用功能】全草入药。凉肝止血，平肝明目，清热利湿；主治吐血衄血，尿血，崩漏，目赤肿痛，高血压，赤白痢疾。

（二）碎米荠属 *Cardamine* L.

1. 碎米荠 *C. hirsuta* L.　　榕江县水尾乡华贡村，海拔 640m，RJ－306。

【药用功能】全草入药。清热利湿，安神，止血；主治湿热泻痢，热淋，白带，心悸，失眠，虚火牙痛，小儿疳积，吐血，便血，疔疮。

【森林蔬菜】食用部位：嫩茎叶。

（三）独行菜属 *Lepidium* L.

1. 独行菜 *L. apetalum* Willd.　　区内路旁、荒地习见。

【药用功能】种子入药。泻肺降气，祛痰平喘，利水消肿，泄热逐邪；主治痰涎壅肺，喘咳痰多，肺痈，水肿，胸腹积水，小便不利，肺源性心脏病，心力衰竭之喘肿，痈疽恶疮，瘰疬结核等。

【森林蔬菜】食用部位：嫩茎叶、嫩荚。

2. 北美独行菜 *L. virginicum* L.　　区内路旁、荒地习见。

【药用功能】全草入药。泻肺降气，祛痰平喘，利水消肿，泄热逐邪；主治痰涎壅肺之喘咳痰多，肺痈，水肿，胸腹积水，小便不利，慢性肺源性心脏病，心力衰竭之喘肿。

【森林蔬菜】食用部位：嫩叶。

（四）蔊菜属 *Rorippa* Scop.

1. 蔊菜 *R. indica*（L.）Hiern　从江太阳山山脚林缘湿地。

五十、桤叶树科 Clethraceae

（一）桤叶树属 *Clethra*（Gronov.）L.

1. 单毛桤叶树 *C. bodinieri* H. Lévl.　从江光辉乡加牙村月亮山白及组，海拔693m，CJ－470；榕江兴华乡星月村，海拔455m，RJ－127；榕江计划大山，海拔1270m，RJ－461。

2. 城口桤叶树 *C. fargesii* Franch.　榕江计划大山，海拔1453m，RJ－347；从江光辉乡党郎洋堡，海拔1313m，CJ－618；CJ－645。

3. 贵州桤叶树 *C. kaipoensis* H. Lévl.　榕江计划大山，海拔1453m；榕江计划大山，海拔1417m；从江光辉乡加牙村月亮山野加木，海拔1357m。

五十一、杜鹃花科 Ericaceae

（一）吊钟花属 *Enkianthus* Lour.

1. 齿缘吊钟花 *E. serrulatus*（E. H. Wilson）C. K. Schneid.　从江光辉乡党郎洋堡，海拔1327m，CJ－625；榕江计划大山，海拔1453m，RJ－330。

（二）白珠树属 *Gaultheria* Klam ex L.

1. 滇白珠 *G. leucocarpa* Bl. var. *crenulata*（Kurz）T. Z. Hsu　榕江县水尾乡滚筒村茅坪，海拔977m，RJ－B－84；从江光辉乡加牙村月亮山白及组，海拔693m，CJ－485。

（三）珍珠花属 *Lyonia* Nutt.

1. 珍珠花 *L. ovalifolia*（Wall.）Drude　榕江兴华乡星月村，海拔419m，RJ－13。

2. 小果珍珠花 *L. ovalifolia*（Wall.）Drude var. *elliptica*（Siebold et Zucc.）Hand.－Mazz.　榕江牛长河（马鞍山），海拔531m；从江光辉乡加牙村月亮山白及组，海拔693m；从江光辉乡加牙村太阳山阿枯。

3. 毛叶珍珠花 *L. villosa*（Wall. ex C. B. Clarke）Hand.－Mazz.　从江光辉乡加牙村太阳山昂亮，海拔1120m，CJ－561。

（四）水晶兰属 *Monotropa* L.

1. 水晶兰 *M. uniflora* L.　从江县光辉乡太阳山，海拔855m，CJ－494；榕江县计划乡计划大山，海拔1010m，RJ－643。

【药用功能】全草入药。补虚止咳；主治肺虚咳嗽。

（五）杜鹃花属 *Rhododendron* L.

1. 迷人杜鹃 *Rh. agastum* I. B. Balfour et W. W. Sm.　从江光辉乡党郎洋堡，海拔1327m，CJ－621；榕江计划大山，海拔1453m。

2. 腺萼马银花 *Rh. bachii* H. Lévl.　从江光辉乡加牙村月亮山白及组，海拔693m。

【药用功能】根、叶入药。根：主治咳嗽，遗精，白带，痢疾。叶：理气，止咳；主治咳嗽。

3. 美波杜鹃 *Rh. calostrotum* Balf. f. et Kingdon－Ward　榕江兴华乡星月村，海拔419m，RJ－30；榕江水尾乡上下午村下午组，海拔403m；榕江牛长河（马鞍山），海拔531m；从江光辉乡加牙村月亮山白及组，海拔693m；海拔988m；从江县光辉乡党郎村，海拔740m；从江光辉乡加牙村太阳山阿枯；从江光辉乡党郎洋堡，海拔929m。

4. 多花杜鹃 *Rh. cavaleriei* H. Lévl.　榕江计划大山，海拔1436m；从江光辉乡加牙村太阳山昂亮，海拔1120m，CJ－549；从江光辉乡党郎洋堡，海拔929m。

【药用功能】根、枝、叶入药。清热解毒，止血通络。

5. 金萼杜鹃 *Rh. chrysocalyx* H. Lévl. et Vaniot　榕江牛长河（马鞍山），海拔474m，RJ－397。

6. 广西杜鹃 *Rh. kwangsiense* Hu ex Tam　从江光辉乡加牙村月亮山白及组，海拔 693m，CJ - 487。

7. 鹿角杜鹃 *Rh. latoucheae* Franch.　从江县光辉乡党郎村，海拔 740m。

【药用功能】花、叶入药。疏风行气，止咳祛痰，活敌国化瘀，除湿止痛。

8. 百合花杜鹃 *Rh. liliiflorum* H. Lévl.　从江光辉乡加牙村太阳山昂亮，海拔 1120m。

【药用功能】全株入药。清热利湿，活血，止血。

9. 满山红 *Rh. mariesii* Hemsl. et E. H. Wilson　榕江县水尾乡滚筒村茅坪，海拔 977m，RJ - B - 86。

【药用功能】叶入药。止咳，祛痰；主治咳嗽痰多，急、慢性支气管炎。

10. 亮毛杜鹃 *Rh. microphyton* Franch.　从江光辉乡加牙村太阳山昂亮，海拔 1120m，CJ - 566。

【药用功能】根花入药。清热，熄风，利尿；主治感冒，小儿惊风，肾炎，消肿。

11. 毛棉杜鹃 *Rh. moulmainense* Hook.　榕江计划大山，海拔 1270m，RJ - 426；榕江县水尾乡滚筒村茅坪，海拔 977m，RJ - B - 87。

12. 倒矛杜鹃 *Rh. oblancifolium* M. Y. Fang　榕江计划大山，海拔 1453m，RJ - 335；从江光辉乡加牙村月亮山野加木，海拔 1357m；从江光辉乡加牙村太阳山昂亮，海拔 1120m，CJ - 557；从江光辉乡党郎洋堡，海拔 929m。

13. 猴头杜鹃 *Rh. simiarum* Hance　榕江县计划乡三角顶，海拔 1491m，RJ - B - 121。

14. 杜鹃 *Rh. simsii* Planch.　榕江计划大山，海拔 1436m，RJ - 311；从江光辉乡加牙村太阳山阿枯；榕江县计划乡三角顶，海拔 1491m，RJ - B - 123。

【药用功能】花、果实、叶、根入药。花、果实：和血，调经，祛风湿；治月经不调、闭经、崩漏、跌打损伤、风湿痛、吐血、衄血。叶：清热解毒，止血；治肿疔疮、外伤出血、荨麻疹。根：和血，止血，祛风，止痛；治吐血、衄血、月经不调、崩漏、肠风下血、痢疾、风湿疼痛、跌打损伤。

15. 杜鹃 *Rh.* sp.　从江光辉乡加牙村月亮山白及组，海拔 693m；从江光辉乡加牙村太阳山昂亮，海拔 1120m，CJ - 552。

【药用功能】花、果实、叶、根入药。花果实：和血，调经，祛风湿；治月经不调、闭经、崩漏、跌打损伤、风湿痛、吐血、衄血。叶：清热解毒，止血；治肿疔疮、外伤出血、荨麻疹。根：和血，止血，祛风，止痛；治吐血、衄血、月经不调、崩漏、肠风下血、痢疾、风湿疼痛、跌打损伤。

16. 长蕊杜鹃 *Rh. stamineum* Franch.　榕江计划大山，海拔 1453m，RJ - 332；从江光辉乡加牙村月亮山白及组，海拔 988m，CJ - 507。

【药用功能】枝、叶、花入药；主治狂犬病。

（五）越橘属 *Vaccinium* L.

1. 南烛 *V. bracteatum* Thunb.　榕江水尾乡上下午村下午组，海拔 403m。

【药用功能】全株入药。活血祛瘀，止痛。外治跌打损伤、闭合性骨折。

【森林蔬菜】食用部位：嫩叶；食用方法：寒食节，民间榨叶汁浸米，煮黑米饭食。果可食。

2. 江南越橘 *V. mandarinorum* Diels　榕江水尾乡上下午村下午组，海拔 403m，RJ - 245；从江县光辉乡党郎村，海拔 740m。

3. 毛萼越橘 *V. pubicalyx* Franch.　榕江水尾乡上下午村下午组，海拔 403m，RJ - 246。

五十二、山榄科 Sapotaceae
（一）山榄属 *Planchonella* Pierre

1. 山榄 *P. obovata* (R. Br.) Pierre　榕江兴华乡沙坪沟，海拔 457m，RJ - 190。

五十三、柿树科 Ebenaceae
（一）柿树属 *Diospyros* L.

1. 山柿 *D. japonica* Siebold et Zucc.　从江光辉乡党郎洋堡，海拔 1309m，CJ - 628；从江县，CJ - B - 171；榕江兴华乡沙坪沟，海拔 457m，RJ - 188。

2. 柿 *D. kaki* Thunb.　从江光辉乡党郎洋堡，海拔 1313m；从江县光辉乡党郎村，海拔 740m；从江光辉乡加牙村月亮山白及组，海拔 693m，CJ－497；榕江计划大山，海拔 1270m，RJ－463。

3. 君迁子 *D. lotus* L.　从江光辉乡加牙村太阳山昂亮，海拔 1120m。

【药用功能】果实入药。清热，止渴；主治烦热，消渴。

4. 罗浮柿 *D. morrisiana* Hance　来源：《月亮山林区科学考察集》

【药用功能】树皮、叶、果实入药。解毒，收敛，健胃；主治食物中毒，泄泻，痢疾，烧烫伤。

5. 油柿 *D. oleifera* Cheng　从江光辉乡加牙村月亮山白及组，海拔 693m，CJ－479。

五十三、野茉莉科 Styracaceae

(一)赤杨叶属 *Alniphyllum* Matsum

1. 赤杨叶 *A. fortunei*（Hemsl.）Makino　榕江兴华乡星月村，海拔 419m，RJ－4；从江县光辉乡党郎村，海拔 740m；从江光辉乡党郎洋堡，海拔 929m；从江光辉乡加牙村月亮山白及组，海拔 693m；榕江水尾乡上下午村下午组，海拔 403m；榕江兴华乡星月村，海拔 457m，RJ－149。

【药用功能】根、心材入药。根：祛风除湿，利水消肿。风湿关节痛，水肿。心材：理气和胃。

(二)银钟花属 *Halesia* Ellia ex L.

1. 银钟花 *H. macgregorii* Chun CJ－646。

(三)山茉莉属 *Huodendron* Rehd.

1. 西藏山茉莉 *H. tibeticum*（J. Anthony）Rehder　榕江兴华乡沙坪沟，海拔 457m，RJ－197。

(四)白辛树属 *Pterostyrax* Sieb. et Zucc.

1. 白辛树 *P. psilophyllus* Diels ex Perkins　榕江计划大山，海拔 1417m。

【药用功能】根皮入药。散瘀消肿；主治跌打肿痛。

(五)木瓜红属 *Rehderodendron* Hu

1. 广东木瓜红 *R. kwangtungense* Chun　从江光辉乡加牙村太阳山昂亮，海拔 1120m，CJ－564。

2. 贵州木瓜红 *R. kweichowense* Hu　榕江计划大山，海拔 1439m，RJ－326。

3. 木瓜红 *R. macrocarpum* Hu　从江光辉乡加牙村太阳山昂亮，海拔 1120m。

【药用功能】花序入药。清热，杀虫。

(六)安息香属 *Styrax* L.

1. 垂珠花 *S. dasyanthus* Perkins　来源：《月亮山林区科学考察集》

【药用功能】叶入药。止咳润肺；主治肺热咳嗽。

2. 大花安息香 *S. grandiflorus* Griff.　榕江计划大山，海拔 1453m，RJ－339。

3. 野茉莉 *S. japonicus* Siebold et Zucc.　榕江县水尾乡滚筒村茅坪，海拔 977m，RJ－B－95；榕江计划大山，海拔 1417m；从江光辉乡党郎洋堡，海拔 1313m。

【药用功能】花、叶、果实入药。清热，止痛；治胃气痛，风湿关节痛。

4. 毛萼野茉莉 *S. japonicus* Siebold et Zucc. var. *calycothrix* Gilg　从江光辉乡加牙村月亮山野加木，海拔 1480m，CJ－528。

5. 栓叶安息香 *S. suberifolius* Hook. et Arn.　榕江水尾乡上下午村下午组，海拔 403m；榕江兴华乡星月村，海拔 455m，RJ－64；榕江牛长河(马鞍山)，海拔 531m。

五十四、山矾科 Symplocaceae

(一)山矾属 *Symplocos* Jacq.

1. 腺柄山矾 *S. adenopus* Hance　从江光辉乡加牙村月亮山野加木，海拔 1480m；从江光辉乡党郎洋堡，海拔 929m。

2. 薄叶山矾 *S. anomala* Brand　榕江计划大山，海拔 1270m，RJ－443。

【药用功能】果实入药。清热解毒，平肝泻火。

3. 南国山矾 *S. austrosinensis* Hand.－Mazz.　榕江计划大山，海拔 1270m，RJ－442。

4. 黄牛奶树 *S. cochinchinensis*（Lour.）S. Moore var. *laurina*（Retz.）Noot. 榕江兴华乡沙坪沟，海拔 457m，RJ－204；榕江牛长河（马鞍山），海拔 300m，RJ－370；从江光辉乡党郎洋堡，海拔 1236m。

【药用功能】树皮入药。清热，解表；主治感冒发热，口燥头昏等。

5. 海桐山矾 *S. heishanensis* Hayata 来源：《月亮山林区科学考察集》

6. 光叶山矾 *S. lancifolia* Siebold et Zucc. 从江光辉乡加牙村太阳山昂亮，海拔 1120m，CJ－560。

【药用功能】根、叶入药。和肝健脾，止血生肌；主治疳积，外伤出血，吐血，咯血，眼结膜炎等。

7. 白檀 *S. paniculata*（Thunb.）Miq. 榕江计划大山，海拔 1453m，RJ－340。

【药用功能】根、叶、花、种子入药。清热鲜红，祛风止痒，调气散结；主治乳腺炎，肠痈，胃癌，疝气，皮肤瘙痒，疮疖等。

8. 叶萼山矾 *S. phyllocalyx* Clarke 榕江计划大山，海拔 1436m，RJ－309。

【药用功能】叶入药。清热解毒；主治火眼，疮毒，皮癣，烧烫伤。

9. 铁山矾 *S. pseudobarberina* Gontsch. 来源：《月亮山林区科学考察集》

10. 多花山矾 *S. ramosissima* Wall. ex G. Don 榕江县水尾乡滚筒村茅坪，海拔 977m，RJ－B－99；从江光辉乡党郎洋堡，海拔 1313m，CJ－619。

【药用功能】根入药。收敛，生肌；治跌打肿痛。

11. 老鼠矢 *S. stellaris* Brand 从江光辉乡加牙村太阳山昂亮，海拔 1120m，CJ－563；榕江兴华乡沙坪沟，海拔 457m，RJ－192。

【药用功能】叶、根入药。活血，止血；主治跌打损伤，内出血等。

12. 山矾 *S. sumuntia* Buch.－Ham. ex D. Don 榕江计划大山，海拔 1270m，RJ－423；榕江县水尾乡滚筒村茅坪，海拔 1374m，RJ－B－115；榕江计划大山，海拔 1453m，RJ－331。

【药用功能】花、叶、果入药。清热解毒；治跌打损伤。

13. 微毛山矾 *S. wikstroemiifolia* Hayata 来源：《月亮山林区科学考察集》

【药用功能】根、叶入药。解表，解毒。止血，除烦。

五十五、紫金牛科 Myrsinaceae
（一）紫金牛属 *Ardisia* Sw.

1. 少年红 *A. alyxiifolia* Tsiang ex C. Chen 从江光辉乡党郎洋堡，海拔 929m，CJ－594。

2. 九管血 *A. brevicaulis* Diels 从江光辉乡加牙村月亮山白及组，海拔 693m，CJ－495。

【药用功能】全株及根入药。祛风清热，散瘀消肿；治咽喉肿痛、风火牙痛、风湿筋骨疼痛、腰痛、跌打损伤、无名肿毒。

3. 朱砂根 *A. crenata* Sims 从江光辉乡加牙村月亮山白及组，海拔 693m。

【药用功能】根入药。清热解毒，活血止痛；主治咽喉肿痛，风湿骨痛，跌打损伤，黄疸，痢疾等。

4. 百两金 *A. crispa*（Thunb.）A. DC. 榕江计划大山，海拔 1270m，RJ－441。

【药用功能】根及根茎入药。清热，祛痰，利湿；治咽喉肿痛、肺病咳嗽、咯痰不畅、湿热黄疸、肾炎水肿、痢疾、白浊、风湿骨痛、牙痛、睾丸肿痛。

5. 小乔木紫金牛 *A. garrettii* H. R. Fletcher 榕江牛长河（马鞍山），海拔 404m，RJ－377。

6. 紫金牛 *A. japonica*（Thunb.）Blume 榕江牛长河（马鞍山），海拔 300m，RJ－359；榕江牛长河（马鞍山），海拔 314m。

【药用功能】全株入药。化痰止咳，清热利湿，活血止血；主治咳嗽，肿痛，跌打损伤，淋病，白带等。

7. 虎舌红 *A. mamillerata* Hance 榕江县水尾乡毕贡，海拔 643m，RJ－B－47；榕江水尾乡上下午村下午组，海拔 430m，RJ－286；榕江牛长河（马鞍山），海拔 300m。

【药用功能】全株入药。祛风利湿，清热解毒，活血止血；主治风湿痹痛，黄疸，痢疾，咳血，吐血，跌打损伤。

8. 纽子果 *A. palysticta* Migo　从江光辉乡加牙村月亮山白及组，海拔 693m，CJ - 499。

【药用功能】根入药。消肿，解毒，行血，祛痰；主治咽喉肿痛，口腔溃疡，风湿疼痛，月经不调，小儿疳积，胃痛，跌打损伤。

（二）酸藤子属 *Embelia* Burm. f.

1. 当归藤 *E. parviflora* Wall. ex A. DC.　榕江兴华乡星月村，海拔 455m，RJ - 88；从江县光辉乡党郎村，海拔 740m。

【药用功能】根、茎入药。强壮腰膝，补血，活血；主治腰腿酸痛，血虚，月经不调，跌打损伤。

2. 网脉酸藤子 *E. rudis* Hand. - Mazz.　榕江兴华乡沙坪沟，海拔 457m，RJ - 214；榕江县水尾乡毕贡，海拔 682m，RJ - B - 63；从江县光辉乡党郎村，海拔 740m。

【药用功能】根、根茎入药。清凉解毒，滋阴补肾，行血，消肿；主治闭经，月经不调，风湿痛。

（三）杜茎山属 *Maesa* Forsk.

1. 杜茎山 *M. japonica*（Thunb.）Moritzi et Zoll.　来源：《月亮山林区科学考察集》

【药用功能】根、叶入药。祛风，解疫毒，消肿胀；治感冒头痛眩晕、寒热燥渴、水肿、腰痛。

2. 金珠柳 *M. montana* A. DC.　榕江牛长河（马鞍山），海拔 404m，RJ - 386；榕江兴华乡星月村，海拔 419m，RJ - 26。

（四）铁仔属 *Myrsine* L.

1. 铁仔 *M. africana* L.　来源：《月亮山林区科学考察集》

【药用功能】根、枝叶入药。清热利湿，收敛止血，祛风止痛；主治痢疾，肠炎，咯血，血崩，便血，风湿痹。

2. 密花树 *M. seguinii* H. Lévl.　来源：《月亮山林区科学考察集》

3. 光叶铁仔 *M. stolonifera*（Koidz.）E. Walker　来源：《月亮山林区科学考察集》

【药用功能】根、全株入药。清热利湿，收敛止血；主治风湿痹痛，牙痛，胃痛。

五十六、报春花科 Primulaceae

（一）珍珠菜属 *Lysimachia* L. F

1. 过路黄 *L. christiniae* Hance　榕江县兴华乡星光村，海拔 495m，RJ - 081；榕江县水尾乡上下午村下午组，海拔 450m，RJ - 247。

【药用功能】全草入药。清热解毒，利尿排石，活血化瘀；治肝、胆结石，胆囊炎，黄疸型肝炎，泌尿系统结石，水肿，跌打损伤，毒蛇咬伤。

2. 珍珠菜 *L. clethroides* Duby　榕江县计划乡加去村（计划大山），海拔 975m，RJ - 447；榕江县水尾乡月亮山（2011 年调查），海拔 1110m。

【药用功能】全草、根入药。活血调经，利水消肿；治妇女月经不调，白带，小儿疳积，水肿，痢疾，跌打损伤，喉痛，乳痈。

【森林蔬菜】食用部位：嫩茎叶。

3. 星宿菜 *L. fortunei* Maxim.　榕江县水尾乡（月亮山 2010 年调查），海拔 680m。

【药用功能】全草入药。散瘀，活血，利水，化湿，调经；主治跌打损伤，目赤肿痛，关节痛，痛经，闭经，乳痈，肠炎，痢疾，疟疾，水肿，黄疸。

（二）报春花属 *Primula* L.

1. 报春花 *P. malacoides* Franch.　榕江县水尾乡上下午村下午组，海拔 430m，RJ - 251。

【药用功能】全草入药。清热解毒；主治咽喉红肿，肺热咳嗽，痈疮。

五十七、海桐花科 Pittosporaceae

（一）海桐花属 *Pittosporum* Banks

1. 光叶海桐 *P. glabratum* Lindl.　榕江水尾乡上下午村下午组，海拔 403m，RJ - 247；榕江兴华乡星月村，海拔 455m，RJ - 131；榕江水尾乡上下午村下午组，海拔 1417m，RJ - 290。

【药用功能】果实、全株入药。热心烦、口渴咽痛、泻痢后重、倦怠乏力。根：补肺肾，祛风湿，活血通络；治虚劳喘咳、遗精早泄、失眠、头晕、高血压病、风湿性关节疼痛、小儿瘫痪。

2. 狭叶海桐 *P. glabratum* Lindl. var. *neriifolium* Rehder et E. H. Wilson　榕江计划大山，海拔 1436m，RJ - 316。

【药用功能】果实、全株入药。清热利湿；主治湿热黄疸。

3. 海金子 *P. illicioides* Makino　榕江牛长河（马鞍山），海拔 300m；从江光辉乡党郎洋堡，海拔 929m，CJ - 590。

【药用功能】根、根皮入药。活络止痛，宁心益肾，解毒；主治风湿痹痛，骨折，胃痛，失眠，遗精，毒蛇咬伤。

4. 缝线海桐 *P. perryanum* Gowda　榕江牛长河（马鞍山），海拔 300m，RJ - 368。

【药用功能】果实、种子入药。利湿退黄；主治黄疸。

5. 狭叶缝线海桐 *P. perryanum* Gowda var. *linearifolium* H. T. Chang et S. Z. Yan　榕江县水尾乡毕贡，海拔 643m，RJ - B - 41。

6. 木果海桐 *P. xylocarpum* Hu et F. T. Wang　从江光辉乡加牙村月亮山野加木，海拔 1357m。

【药用功能】根皮、种子入药。清热除湿，补虚安神；主治心悸，风湿，遗精，失眠。

7. 海桐一种 *P.* sp. 榕江县水尾乡毕贡，海拔 682m，RJ - B - 62。

五十八、景天科 Crassulaceae
（一）景天属 Sedum L.
1. 凹叶景天 *S. emarginatum* Migo　从江县光辉乡太阳山，海拔 1115m，CJ - 567；榕江县水尾乡月亮山（2011 年调查），海拔 980m。

【药用功能】全草入药。清热解毒，止血，利湿；治痈肿，疔疮，吐血，衄血，血崩，带下，黄疸，跌扑损伤。

【森林蔬菜】食用部位：嫩茎叶。

2. 垂盆草 *S. sarmentosum* Bunge　榕江水尾。

【药用功能】全草入药。清热解毒，消肿排毒；治咽喉肿痛、痢疾、肝炎；外用治烧烫伤。

【森林蔬菜】食用部位：嫩茎叶；食用方法：鲜炒或蒸后晒干菜。

五十九、虎耳草科 Saxifragaceae
（一）落新妇属 Astilbe Buch. - Ham. ex D. Don
1. 落新妇 *A. chinensis* (Maxim.) Franch. et Sav.　榕江县水尾乡必拱，海拔 1290m，RJ - 364；榕江县计划乡计划大山（2010 年调查），海拔 805m；榕江县水尾乡月亮山（2011 年调查），海拔 900m。

【药用功能】根、茎、叶入药。散瘀止痛，祛风除湿；治跌打损伤，术后疼痛，蛇咬伤，风湿性关节炎。

（二）金腰属 Chrysosplenium Tourn. ex L.
1. 大叶金腰 *C. macrophyllum* Oliv.　榕江县计划乡加去村（计划大山），海拔 950m，RJ - 422。

【药用功能】全草入药。清热解毒，止咳，止带，收敛生肌；主治小儿惊风，无名肿毒，咳嗽，带下，臁疮，烫火伤。

（三）黄常山属 Dichroa Lour.
1. 常山 *D. febrifuga* Lour.　榕江兴华乡星月村，海拔 455m，RJ - 119；从江光辉乡加牙村月亮山白及组，海拔 693m，CJ - 474。

（四）绣球属 Hydrangea L.
1. 冠盖绣球 *H. anomala* D. Don　从江光辉乡加牙村太阳山昂亮，海拔 1295m，CJ - 573。

【药用功能】根入药。祛痰，截疟，解毒，散瘀；主治久疟痞块，消渴，痢疾，泄泻。

2. 西南绣球 *H. davidii* Franch.　来源：《月亮山林区科学考察集》

【药用功能】叶及茎的髓心入药。根、叶：治疟疾；茎的髓心治麻疹、小便不通。

3. 绣球 *H. macrophylla*（Thunb.）Ser.　榕江县水尾乡滚筒村茅坪，海拔1479m，RJ－B－120。

4. 圆锥绣球 *H. paniculata* Siebold　榕江县水尾乡滚筒村茅坪，海拔977m，RJ－B－96；榕江计划大山，海拔1417m；从江光辉乡加牙村月亮山白及组，海拔693m；从江光辉乡加牙村太阳山阿枯；从江光辉乡党郎洋堡，海拔929m，CJ－585。

【药用功能】叶、根入药。截疟，解毒，散瘀止血；主治疟疾，咽喉疼痛，皮肤溃烂，跌打损伤，外伤出血。

5. 粗枝绣球 *H. robusta* Hook. f. et Thomson　榕江县水尾乡毕贡，海拔643m，RJ－B－35。

6. 蜡莲绣球 *H. strigosa* Rehder　榕江计划大山，海拔1270m，RJ－460；榕江县水尾乡滚筒村茅坪，海拔977m，RJ－B－80。

（五）鼠刺属 *Itea* L.

1. 厚叶鼠刺 *I. coriacea* Y. C. Wu　榕江水尾乡上下午村下午组，海拔403m。

【药用功能】叶入药。止血；主治外伤出血。

2. 毛脉鼠刺 *I. indochinensis* Merr. var. *pubinervia*（H. T. Chang）C. Y. Wu　来源：《月亮山林区科学考察集》

3. 滇鼠刺 *I. yunnanensis* Franch.　榕江兴华乡沙坪沟，海拔457m，RJ－205。

（六）山梅花属 *Philadelphus* L.

1. 绢毛山梅花 *P. sericanthus* Koehne　来源：《月亮山林区科学考察集》

【药用功能】根皮入药；治疟疾，头痛，挫伤，腰胁痛，胃气痛。

（七）冠盖藤属 *Pileostegia* Hook. f. et Thoms.

1. 冠盖藤 *P. viburnoides* Hook. f. et Thomson　榕江县水尾乡滚筒村茅坪，海拔1374m，RJ－B－108；从江光辉乡加牙村月亮山白及组，海拔693m，CJ－498。

【药用功能】根入药；治腰腿酸痛，风气、两腿抽痛、产后潮热。

（八）茶藨子属 *Ribes* L.

1. 湖南茶藨子 *R. hunanense* C. Y. Yang et C. J. Qi　从江光辉乡加牙村太阳山昂亮，海拔1295m，CJ－575。

（九）虎耳草属 *Saxifraga* Tourn. ex L.

1. 虎耳草 *S. stolonifera* Curtis　榕江县水尾乡上下午村下午组，海拔430m，RJ－240。

【药用功能】全草入药。清热解毒；治小儿发热，咳嗽气喘；外用治中耳炎，疔疮，疖肿，湿疹。

（十）钻地风属 *Schizophragma* Sieb. et Zucc.

1. 钻地风 *S. integrifolium* Oliv.　榕江计划大山，海拔1436m。

【药用功能】根、茎藤入药。舒筋活络，祛风活血；主治风湿痹痛，四肢关节酸痛。

2. 柔毛钻地风 *S. molle*（Rehder）Chun　榕江兴华乡星月村，海拔455m，RJ－66。

（十一）黄水枝属 *Tiarella* L.

1. 黄水枝 *T. polyphylla* D. Don　榕江县水尾乡月亮山（2011年调查），海拔980m；榕江县计划乡计划大山，海拔1000m，RJ－639。

【药用功能】全株入药。润肺止咳，补虚；治肺虚咳嗽，肝炎，无名肿毒。

六十、蔷薇科 Rosaceae

（一）龙芽草属 *Agrimonia* L.

1. 龙芽草 *A. pilosa* Ledeb.　榕江县兴华乡星月村公路边，海拔420m，RJ－014；榕江县兴华乡星光村沙沉河河边，海拔540m，RJ－166；榕江县水尾乡上下午村下午组，海拔415m，RJ－185。

【药用功能】全草入药。收敛止血，消炎止痢，驱虫；治呕血、咯血、衄血、尿血、胃肠炎、肠道滴虫。

2. 黄龙尾 *A. pilosa* var. *nepalensis* Ledeb.

【森林蔬菜】食用部位：嫩叶。

（二）桃属 *Amygdalus* L.

1. 桃 *A. persica* L.　　榕江水尾乡上下午村下午组，海拔 403m，RJ－237；榕江县水尾乡毕贡，海拔 682m，RJ－B－67。

【森林蔬菜】食用部位：果、花瓣、桃脂；食用方法：鲜食，制罐头、果酱。桃脂是从树干、树枝上流出的树汁凝结物。

（三）杏属 *Armeniaca* Mill.

1. 梅 *A. mume* Siebold　　从江光辉乡加牙村月亮山白及组，海拔 693m；从江县光辉乡党郎村，海拔 740m。

【药用功能】果实入药。敛肺涩肠，生津止泻，驱虫，止痢；主治肺虚久咳，口干烦渴，胆道蛔虫，胆囊炎，菌痢，慢性腹泻。

【森林蔬菜】食用部位：花瓣。

（四）樱属 *Cerasus* Mill.

1. 微毛樱桃 *C. clarofolia*（C. K. Schneid.）T. T. Yu et C. L. Li　　榕江兴华乡星月村，海拔 455m，RJ－107。

2. 华中樱桃 *C. conradinae*（Koehne）T. T. Yu et C. L. Li　　榕江牛长河（马鞍山），海拔 531m，RJ－389；榕江县水尾乡滚筒村茅坪，海拔 977m，RJ－B－83。

3. 尾叶樱桃 *C. dielsiana*（C. K. Schneid.）T. T. Yu et C. L. Li　　榕江计划大山，海拔 1270m，RJ－459。

4. 多毛樱桃 *C. polytricha*（Koehne）T. T. Yu et C. L. Li　　来源：《月亮山林区科学考察集》

5. 细齿樱桃 *C. serrula*（Franch.）T. T. Yu et C. L. Li　　来源：《月亮山林区科学考察集》

【药用功能】根、果核入药。根：调气活血，杀虫；主治月经不调，绦虫病。果实：清肺透疹；主治麻疹初期，疹出不畅。

（五）蛇莓属 *Duchesnea* J. E. Smith.

1. 蛇莓 *D. indica*（Andrews）Focke　　榕江县兴华乡星光村，海拔 460m，RJ－103；榕江县水尾乡上下午村下午组，海拔 430m，RJ－233。

【药用功能】全草入药。清热解毒，散瘀消肿；治感冒发热、咳嗽、小儿高烧惊风、黄疸型肝炎。

（六）枇杷属 *Eriobotrya* Lindl.

1. 大花枇杷 *Eriobotrya cavaleriei*（H. Lévl.）Rehder　　从江光辉乡加牙村月亮山八九米，海拔 1178m；从江光辉乡加牙村太阳山昂亮，海拔 1120m。

【药用功能】花、叶入药。润肺，止咳，下气；治肺痿、咳嗽吐血、衄血、燥渴、呕逆。

2. 枇杷 *Eriobotrya japonica*（Thunb.）Lindl.　　榕江县水尾乡必翁村下必翁，海拔 555m，RJ－B－31；榕江水尾乡上下午村下午组，海拔 403m；从江县光辉乡党郎村，海拔 740m。

【药用功能】花、叶入药。润肺，止咳，下气；治肺痿、咳嗽吐血、衄血、燥渴、呕逆。

【森林蔬菜】食用部位：果；食用方法：制罐头、酒、果露、果膏。多食助湿生痰，脾虚滑泄者忌。

（七）草莓属 *Fragaria* L.

1. 黄毛草莓 *F. nilgerrensis* Schltdl. ex Gay　　从江县光辉乡党郎村洋堡，海拔 929m，CJ－576。

【药用功能】全草入药。清肺止咳，解毒消肿；主治肺热咳喘，百日咳，口舌生疮，痢疾，小便淋痛，疮疡肿痛，毒蛇咬伤等。

（八）路边青属 *Geum* L.

1. 路边青 *G. aleppicum* Jacquem.　　榕江县计划乡计划大山（2010 年调查），海拔 955m。

2. 柔毛路边青 *G. japonicum* var. *chinense* F. Bolle　从江县光辉乡太阳山，海拔 1040m，CJ-532；榕江县水尾乡月亮山(2011 年调查)，海拔 900m。

【药用功能】全草。补肾补肝，活血消肿；主治头晕目眩，小儿惊风，阳痿，遗精，虚劳咳嗽，风湿痹痛，月经不调，疮疡肿痛，跌打损伤。

（九）桂樱属 *Laurocerasus* **Torn. ex Duh.**

1. 毛背桂樱 *L. hypotricha* (Rehder) T. T. Yu et L. T. Lu　榕江兴华乡星月村，海拔 455m，RJ-128；榕江水尾乡上下午村下午组，海拔 430m，RJ-263。

2. 腺叶桂樱 *L. phaeosticta* (Hance) C. K. Schneid.　榕江兴华乡星月村，海拔 455m，RJ-104；榕江计划大山，海拔 1453m，RJ-334；从江光辉乡加牙村月亮山野加木，海拔 1357m，CJ-524。

【药用功能】种子入药。化痰，润肠；主治经闭，疮疡肿毒，大便燥结。

3. 尖叶桂樱 *L. undulata* (Buch. -Ham. ex D. Don) M. Roem.　来源：《月亮山林区科学考察集》。

4. 大叶桂樱 *L. zippeliana* (Miq.) T. T. Yu et L. T. Lu　榕江水尾乡上下午村下午组，海拔 430m；从江光辉乡加牙村月亮山白及组，海拔 693m；从江县光辉乡党郎村，海拔 740m。

【药用功能】叶入药。祛风止痒，通络止痛；主治全身瘙痒，鹤膝风，跌打损伤。

（十）苹果属 *Malus* **Mill.**

1. 三叶海棠 *M. sieboldii* (Regel) Rehder　来源：《月亮山林区科学考察集》。

【药用功能】果实入药。消食健胃；主治饮食积滞。

（十一）绣线梅属 *Neillia* **D. Don**

1. 毛叶绣线梅 *N. ribesioides* Rehder　来源：《月亮山林区科学考察集》。

【药用功能】根入药。利水消肿，清热止血；主治水肿，咳血。

（十二）稠李属 *Padus* **Mill.**

1. 橉木 *P. buergeriana* (Miq.) T. T. Yu et T. C. Ku　榕江计划大山，海拔 1453m，RJ-341。

2. 灰叶稠李 *P. grayana* (Maxim.) C. K. Schneid.　从江光辉乡加牙村月亮山白及组，海拔 988m。

（十三）石楠属 *Photinia* **Lindl.**

1. 中华石楠 *P. beauverdiana* C. K. Schneid.　榕江水尾乡上下午村下午组，海拔 403m，RJ-239；从江县光辉乡党郎村，海拔 740m。

【药用功能】根、叶入药。行气活血，祛风止痛；主治风湿痹痛，肾虚脚膝酸软，头风头痛，跌打损伤。

2. 光叶石楠 *P. glabra* (Thunb.) Maxim.　从江光辉乡加牙村月亮山白及组，海拔 693m，CJ-490。

【药用功能】叶入药。补肾，强腰膝，除风湿；治肾虚腰软、风湿痹痛。

3. 小叶石楠 *P. parvifolia* (E. Pritz.) C. K. Schneid.　来源：《月亮山林区科学考察集》。

【药用功能】根入药。活血，行血；治牙痛、黄疸、乳痈。

4. 桃叶石楠 *P. prunifolia* (Hook. et Arn.) Lindl.　从江光辉乡加牙村月亮山八九米，海拔 1178m。

5. 饶平石楠 *P. raupingensis* Kuan　榕江牛长河(马鞍山)，海拔 314m，RJ-404。

6. 绒毛石楠 *P. schneideriana* Rehder et E. H. Wilson　榕江水尾乡上下午村下午组，海拔 430m，RJ-276；榕江牛长河(马鞍山)，海拔 531m，RJ-388。

【药用功能】根入药。祛风止痛；主治风湿痹痛。

7. 石楠 *P. serratifolia* (Desf.) Kalkman　从江光辉乡党郎洋堡，海拔 929m。

【药用功能】叶、嫩枝入药。祛风湿，止痒，强筋骨，益肝肾；主治风湿痹痛，头风头痛，风疹，脚膝痿弱，肾虚腰痛，阳痿，遗精。

8. 毛叶石楠 *P. villosa* (Thunb.) DC.　来源：《月亮山林区科学考察集》。

（十四）委陵菜属 *Potentilla* **L.**

1. 蛇含委陵菜 *P. kleiniana* Wight et Arn.　榕江县水尾乡上下午村下午组，海拔 450m，RJ-244。

【药用功能】全草入药。祛风止咳，清热解毒，收敛镇静，止血；主治狂犬咬伤，小儿惊风，肺热咳嗽，乳腺炎，百日咳，流感，肺痨，风湿关节炎。

2. 三叶委陵菜 *P. freyniana* Bornm. 榕江县兴华乡星光村沙沉河，海拔 540m，RJ-160。

【药用功能】全草入药。清热解毒，止血止痛；治肠炎、痢疾、牙痛、胃痛、跌打损伤。

（十五）李属 *Prunus* L.

1. 李 *P. salicina* Lindl. 从江县光辉乡党郎村，海拔 740m。

【药用功能】果、根、皮、叶、树胶入药。清肝祛热，生津利水，镇痛解毒；治跌打损伤、瘀血、痰饮、咳嗽、水气肿满、大便秘结、虫蝎螫伤。

【森林蔬菜】食用部位：花瓣、果。

（十六）火棘属 *Pyracantha* Roem.

1. 火棘 *P. fortuneana*（Maxim.）H. L. Li 从江县光辉乡加牙村月亮山白及组，海拔 988m。

【药用功能】果实入药。健脾消积，活血，止血；治痞块、食积、泄泻、痢疾、崩漏、产后瘀血、劳伤腰痛、疔疮、火眼。

（十七）梨属 *Pyrus* L.

1. 豆梨 *P. calleryana* Decne. 榕江县水尾乡必翁村下必翁，海拔 555m，RJ-B-15。

【药用功能】果实入药。健胃消食，涩肠止泻；主治饮食积滞，泄泻。

【森林蔬菜】食用部位：果；食用方法：酿酒。忌与鹅肉同食。

（十八）石斑木属 *Rhaphiolepis* Lindl.

1. 石斑木 *R. indica*（L.）Lindl. 榕江牛长河（马鞍山），海拔 314m；从江光辉乡加牙村太阳山昂亮，海拔 1120m；榕江牛长河（马鞍山），海拔 314m，RJ-398。

【药用功能】根、叶入药。根：活血消肿，凉血解毒；主治跌打损伤，骨骼炎，关节炎。叶：活血消肿，凉血解毒；主治跌打瘀肿，创伤出血，无名肿毒，骨髓炎，烫伤，毒蛇咬伤。

（十九）蔷薇属 *Rosa* L.

1. 软条七蔷薇 *R. henryi* Boulenger 从江光辉乡加牙村太阳山阿枯。

【药用功能】根入药。活血调经，化瘀止血；主治月经不调，妇女不孕，外伤出血。

2. 金樱子 *R. laevigata* Michx. 榕江兴华乡星月村，海拔 455m，RJ-70；榕江水尾乡上下午村下午组，海拔 403m；榕江牛长河（马鞍山），海拔 314m。

【药用功能】果实、根入药。果实：补肾固精，解毒消肿；治遗精、肾盂肾炎。根：活血散瘀，祛风除湿。解毒收敛。

3. 亮叶月季 *R. lucidissima* H. Lévl. 从江光辉乡党郎洋堡，海拔 1236m，CJ-614；从江光辉乡加牙村月亮山白及组，海拔 693m，CJ-482；从江光辉乡党郎洋堡，海拔 929m，CJ-589；榕江兴华乡星月村，海拔 419m，RJ-49。

4. 悬钩子蔷薇 *R. rubus* H. Lévl. et Vaniot 榕江水尾乡上下午村下午组，海拔 430m，RJ-285。

【药用功能】叶入药。清热解毒；主治痔疮。

（二十）悬钩子属 *Rubus* L.

1. 腺毛莓 *R. adenophorus* Rolfe 榕江兴华乡星月村，海拔 455m，RJ-115；RJ-122。

【药用功能】根、叶入药。理气，利湿，止痛，止血；主治肺痨疼痛，吐血，痢疾，疝气。

2. 粗叶悬钩子 *R. alceifolius* Poir. 榕江县水尾乡必翁村下必翁，海拔 555m，RJ-B-30；榕江兴华乡星月村，海拔 457m，RJ-159；从江光辉乡加牙村月亮山白及组，海拔 693m，CJ-471。

3. 寒莓 *R. buergeri* Miq. 榕江计划大山，海拔 1270m，RJ-445。

【药用功能】茎叶、根入药。茎叶：补阴益精，治肺病咳血、黄水疮。根：清热解毒，活血止痛；治胃痛吐酸、黄疸肝炎、吐泻、白带、痔疮。

4. 长序莓 *R. chiliadenus* Focke 榕江兴华乡星月村，海拔 455m，RJ-143。

5. 小柱悬钩子 *R. columellaris* Tutcher　榕江县水尾乡滚筒村茅坪, 海拔 977m, RJ－B－98; 榕江水尾乡上下午村下午组, 海拔 430m, RJ－255。

6. 大叶鸡爪茶 *R. henryi* Hemsl. et Kuntze var. *sozostylus* (Focke) T. T. Yu et L. T. Lu　榕江牛长河 (马鞍山), 海拔 531m, RJ－392。

7. 宜昌悬钩子 *R. ichangensis* Hemsl. et Kuntze　榕江兴华乡星月村, 海拔 419m, RJ－14; 榕江计划大山, 海拔 1270m, RJ－429; 从江县光辉乡党郎村, 海拔 740m。

【药用功能】根、叶入药。收敛止血, 通经利尿, 解毒敛疮; 主治吐血, 衄血, 痔血, 尿血, 便血, 血崩, 血滞痛经, 黄水疮, 湿热疮毒。

8. 白叶莓 *R. innominatus* S. Moore　榕江计划大山, 海拔 1417m, RJ－301。

【药用功能】根入药; 治小儿风寒、气喘。

9. 腺毛高粱泡 *R. lambertianus* Ser. var. *glandulosus* Cardot　榕江兴华乡星月村, 海拔 455m, RJ－99; 榕江兴华乡星月村, 海拔 455m, RJ－139。

10. 琴叶悬钩子 *R. panduratus* Hand.－Mazz.　榕江计划大山, 海拔 1436m。

11. 盾叶莓 *R. peltatus* Maxim.　榕江计划大山, 海拔 1436m。

【药用功能】果实入药; 治腰脊四肢酸痛。

12. 梨叶悬钩子 *R. pirifolius* Sm.　从江光辉乡加牙村月亮山白及组, 海拔 988m。

【药用功能】根入药。清肺止咳, 行气解郁; 主治肺热咳嗽, 气滞胁痛, 脘腹胀痛。

13. 空心泡 *R. rosifolius* Sm.　榕江县水尾乡毕贡, 海拔 682m, RJ－B－66。

【药用功能】根、嫩枝叶入药。清肺, 止咳, 收敛止血, 解毒; 主治肺热咳嗽, 小儿百日咳, 咯血, 小儿惊风, 月经不调, 跌打损伤, 跌伤出血, 烧烫伤。

14. 川莓 *R. setchuenensis* Bureau et Franch.　从江光辉乡党郎洋堡, 海拔 1309m。

【药用功能】根、叶入药。凉血, 活血。劳伤吐血、咳血、月经不调、痢疾、瘰疬、骨折。

【森林蔬菜】食用部位: 果; 食用方法: 鲜食, 制果酱。

15. 红腺悬钩子 *R. sumatranus* Miq.　榕江计划大山, RJ－410。

【药用功能】根入药。清热解毒, 开胃, 利水; 主治产后寒热腹痛, 食欲不振, 水肿, 中耳炎。

16. 木莓 *R. swinhoei* Hance　来源:《月亮山林区科学考察集》。

【药用功能】根入药。收敛; 主治腹泻。

【森林蔬菜】食用部位: 果; 食用方法: 鲜食, 制果酱, 酿酒。

17. 灰白毛莓 *R. tephrodes* Hance　来源:《月亮山林区科学考察集》。

【药用功能】根、叶入药。根: 治经闭、腰腹、筋骨疼痛、四肢麻木。叶: 治跌打损伤、瘰疬。

18. 红毛悬钩子 *R. wallichianus* Wight et Arn.　榕江兴华乡星月村, 海拔 455m, RJ－98。

【药用功能】根、叶入药。凉血止血, 祛风除湿, 解毒疗疮; 主治血热吐血, 尿血, 便血, 崩漏, 风湿关节痛, 瘰疬, 湿疹, 带下。

(十五) 花楸属 *Sorbus* L.

1. 毛背花楸 *S. aronioides* Rehder　来源:《月亮山林区科学考察集》。

2. 美脉花楸 *S. caloneura* (Stapf) Rehder　从江光辉乡加牙村月亮山白及组, 海拔 988m, CJ－510; 榕江县水尾乡毕贡, 海拔 643m, RJ－B－36; 从江光辉乡加牙村月亮山野加木, 海拔 1480m。

【药用功能】枝叶入药。清热解表, 化瘀消肿; 主治无名肿毒, 刀伤出血, 乳腺炎。

3. 棕脉花楸 *S. dunnii* Rehder　从江光辉乡加牙村太阳山阿枯, CJ－532; 从江光辉乡加牙村太阳山昂亮, 海拔 1120m, CJ－555; 从江光辉乡党郎洋堡, 海拔 1327m, CJ－623。

4. 石灰花楸 *S. folgneri* (C. K. Schneid.) Rehder　榕江牛长河 (马鞍山), 海拔 314m; 榕江计划大山, 海拔 1453m, RJ－350; 榕江县水尾乡滚筒村茅坪, 海拔 977m, RJ－B－97; 榕江牛长河 (马鞍山), 海拔 531m。

【药用功能】茎枝入药。祛风除湿，舒筋活络；主治风湿痹痛，全身麻木。

5. 西南花楸 *S. rehderiana* Koehne 从江光辉乡加牙村月亮山野加木，海拔 1357m。

6. 鼠李叶花楸 *S. rhamnoides*（Decne.）Rehder 榕江计划大山，海拔 1439m，RJ－323。

（十六）绣线菊属 *Spiraea* L.

1. 中华绣线菊 *S. chinensis* Maxim. 榕江兴华乡沙坪沟，海拔 457m，RJ－178。

【药用功能】根入药。清热解毒；主治咽喉肿痛。

（十七）红果树属 *Stranvaesia* Lindl.

1. 毛萼红果 *S. amphidoxa* C. K. Schneid. 来源：《月亮山林区科学考察集》。

六十一、豆科 Fabaceae

（一）猴耳环属 *Abarema* Pitter

1. 亮叶猴耳环 *A. lucida*（Benth.）Kosterm. 榕江水尾乡上下午村下午组，海拔 403m，RJ－235；榕江水尾乡上下午村下午组，海拔 403m，RJ－248。

（二）合欢属 *Albizia* Durazz.

1. 山槐 *A. kalkora*（Roxb.）Prain 榕江县计划乡毕拱，海拔 884m，RJ－B－154；从江光辉乡加牙村月亮山白及组，海拔 693m。

（三）羊蹄甲属 *Bauhinia* L.

1. 鞍叶羊蹄甲 *B. brachycarpa* Wall. ex Benth. 来源：《月亮山林区科学考察集》。

2. 龙须藤 *B. championii*（Benth.）Benth. 榕江县水尾乡毕贡，海拔 906m，RJ－B－77。

【药用功能】根、茎入药。祛风除湿，行气活血；主治风湿痹痛，跌打损伤，偏瘫，胃脘痛，疳积，痢疾。

3. 粉叶羊蹄甲 *B. glauca*（Wall. ex Benth.）Benth. 榕江兴华乡沙坪沟，海拔 457m，RJ－187；从江光辉乡加牙村月亮山白及组，海拔 693m，CJ－502。

（四）云实属 *Caesalpinia* L.

1. 云实 *C. decapetala*（Roth）Alston 榕江兴华乡沙坪沟，海拔 457m，RJ－193。

【药用功能】种子入药。解毒除湿，止咳化痰，杀虫；主治痢疾，疟疾，慢性气管炎，小儿疳积，虫积等；根入药。祛风除湿，解毒消肿；主治感冒发热，咳嗽，咽喉肿痛，风湿痹痛，肝炎等。

（五）昆明鸡血藤属 *Callerya* Endlicher

1. 灰毛崖豆藤 *C. cinerea*（Benth.）Schot 榕江牛长河（马鞍山），海拔 531m，RJ－390；榕江兴华乡星月村，海拔 455m，RJ－81；榕江水尾乡上下午村下午组，海拔 403m，RJ－244。

2. 喙果崖豆藤 *C. cochinchinensis*（Gagnep.）Schot 来源：《月亮山林区科学考察集》。

3. 香花鸡血藤 *C. dielsiana* Harms 来源：《月亮山林区科学考察集》

4. 毛亮叶崖豆藤 *C. nitida*（Benth.）R. Geesink var. *minor*（Z. Wei）X. Y. Zhu 来源：《月亮山林区科学考察集》

（六）香槐属 *Cladrastis* Raf.

1. 翅荚香槐 *C. platycarpa*（Maxim.）Makino 来源：《月亮山林区科学考察集》。

【药用功能】根、果实入药。祛风止痛；主治关节疼痛。

（七）舞草属 *Codariocalyx* Hassk.

1. 舞草 *C. motorius*（Houtt.）H. Ohashi 榕江计划大山，RJ－409。

【药用功能】全株入药。祛风活血，安神镇静；主治跌打损伤，骨折，风湿骨痛，风癣瘙痒，神经衰弱。

（八）猪屎豆属 *Crotalaria* L.

1. 响铃豆 *C. albida* B. Heyne ex Roth 榕江县水尾乡下必翁河边，海拔 555m，RJ－263。

【药用功能】全草入药。泻肺清痰，清热利湿，解毒消肿；主治咳喘痰多，湿热泻痢，黄疸，小便淋痛，心烦不眠，乳痈，痈肿疮毒。

2. 光萼猪屎豆 *C. zanzibarica* Benth. 榕江县水尾乡上下午村下午组，海拔420m，RJ－613。

（九）黄檀属 *Dalbergia* L. f.

1. 南岭黄檀 *D. balansae* Prain 从江光辉乡党郎洋堡，海拔929m。

【药用功能】木材入药。行气止痛，解毒消肿；主治跌打瘀痛，外伤疼痛，痈疽肿毒。

2. 两粤黄檀 *D. benthamii* Prain 榕江兴华乡星月村，海拔455m，RJ－62。

3. 藤黄檀 *D. hancei* Benth. 榕江兴华乡星月村，海拔419m，RJ－40；榕江水尾乡上下午村下午组，海拔430m，RJ－283；从江光辉乡加牙村太阳山阿枯；从江县光辉乡党郎村，海拔740m。

【药用功能】根、茎入药。舒筋活络，强筋骨，消积止痛；治风湿关节痛、跌打损伤、胸痹刺痛、外伤出血。

4. 黄檀 *D. hupeana* Hance 榕江兴华乡沙坪沟，海拔457m，RJ－202；榕江水尾乡上下午村下午组，海拔403m；榕江县计划乡，海拔1227m，RJ－B－144。

【药用功能】根、根皮入药。清热解毒，止血消肿；主治疮疖疔毒，毒蛇咬伤，细菌性痢疾，跌打损伤。

（十）鱼藤属 *Derris* Lour.

1. 中南鱼藤 *D. fordii* Oliv. 榕江牛长河（马鞍山），海拔314m，RJ－400。

【药用功能】茎叶入药。解毒杀虫，治疮毒，皮炎，皮肤湿疹，跌打肿痛，关节痛。

2. 鱼藤 *D. trifoliata* Lour. 榕江兴华乡星月村，海拔419m，RJ－31。

（十一）山蚂蝗属 *Desmodium* Desv.

1. 长波叶山蚂蝗 *D. sequax* Wall. 榕江水尾乡上下午村下午组，海拔403m；榕江兴华乡星月村，海拔455m，RJ－60；榕江兴华乡沙坪沟，海拔457m，RJ－229。

（十二）水姑里属 *Hylodesmum* H. Ohashi et R. R. Mill.

1. 尖叶长柄山蚂蝗 *H. podocarpum*（DC.）H. Ohashi et R. R. Mill. subsp. *oxyphyllum*（DC.）H. Ohashi et R. R. Mill. 从江光辉乡加牙村太阳山昂亮，海拔1120m，CJ－543。

（十三）木蓝属 *Indigofera* L.

1. 马棘 *I. pseudotinctoria* Matsum. 来源：《月亮山林区科学考察集》。

【药用功能】全草入药。清热解毒，活血化瘀；治扁桃体炎、疔疮、毒蛇咬伤、跌打损伤、小儿食积饱胀、虚寒咳嗽。

【森林蔬菜】食用部位：种子。

（十四）鸡眼草属 *Kummerowia* Schindl.

1. 鸡眼草 *K. striata*（Thunb.）Schindl. 榕江县兴华乡星月村公路边，海拔420～800m，RJ－013；榕江县水尾乡上拉力后山，海拔890m，RJ－405；榕江县水尾乡月亮山（2011年调查），海拔850m。林缘、路边习见。

【药用功能】全草入药。清热解毒，健脾利湿，活血止血；主治感冒，发热，暑湿吐泻，黄疸，痈疖疔疮，痢疾，血淋，咯血，跌打损伤，赤白带下等。

【森林蔬菜】食用部位：嫩茎叶、种子；食用方法：叶煮过浸泡后做菜、作馅、和面蒸食。种子煮粥、磨粉做糕饼。

（十五）胡枝子属 *Lespedeza* Michx.

1. 截叶铁扫帚 *L. cuneata*（Dum. Cours.）G. Don 榕江水尾乡上下午村下午组，海拔403m，RJ－242。

【药用功能】全株入药。清热消积，健脾益肾；主治小儿疳积，阳痿，脱肛，遗精，小儿夜尿，遗尿等。

2. 大叶胡枝子 *L. davidii* Franch. 榕江水尾乡上下午村下午组，海拔430m，RJ－273。

【药用功能】全株入药。清热解毒，止咳止血，通经活络；主治外感头痛，发热，痧疹不透，痢疾，咳嗽咯血，尿血，便血，腰痛，崩漏。

（十六）鸡血藤属 *Millerettia* Wight et Arn.

1. 厚果崖豆藤 *M. pachycarpa* Benth.　榕江兴华乡沙坪沟，海拔 457m，RJ - 182。

【药用功能】种子或果实入药。杀虫，攻毒，止痛；治疥疮、癣、癞、腹痛，小儿疳积。

（十七）小槐花属 *Ohwia* (Benth.) Baker

1. 小槐花 *O. caudata* (Thunb.) Ohashi　榕江兴华乡星月村，海拔 419m，RJ - 41。

（十八）红豆树属 *Ormosia* Jacks.

1. 花榈木 *O. henryi* Prain　榕江计划大山，海拔 476m，RJ - 406；榕江县计划乡计划大山，海拔 476m，RJ - B - 166。

【药用功能】根入药。活血破瘀；治赤白带下、产后瘀血腹痛、跌打损伤、白喉。

2. 小叶红豆 *O. microphylla* Merr. et L. Chen　榕江兴华乡沙坪沟，海拔 457m，RJ - 184。

（十九）老虎刺属 *Pterolobium* R. Br. ex Wight et Arn.

1. 老虎刺 *P. punctatum* Hemsl.　榕江兴华乡沙坪沟，海拔 457m，RJ - 218；榕江牛长河（马鞍山），海拔 314m，RJ - 402。

【药用功能】根、叶入药。清热解毒，祛风除湿，消肿止痛。

（二十）葛属 *Pueraria* DC.

1. 葛 *P. montana* (Lour.) Merr. var. *lobata* (Willd.) Maesen et S. M. Almeida ex Sanjappa et Predeep　从江县光辉乡党郎村，海拔 740m。

2. 苦葛 *P. peduncularis* (Graham ex Benth.) Benth.　榕江兴华乡沙坪沟，海拔 457m，RJ - 162。

【药用功能】根入药。解肌止痛，生津止渴；主治温病口渴，疹出不透，止痛。

（二十一）翅荚木属 *Zenia* Chun

1. 翅荚木 *Z. insignis* Chun　榕江兴华乡沙坪沟，海拔 457m，RJ - 186；榕江水尾乡上下午村下午组，海拔 403m。

六十二、胡颓子科 Elaeagnaceae

（一）胡颓子属 *Elaeagnus* L.

1. 长叶胡颓子 *E. bockii* Diels　从江光辉乡加牙村太阳山阿枯，CJ - 534。

【药用功能】根、枝叶、果实入药。止咳平喘，活血止痛。

2. 蔓胡颓子 *E. glabra* Thunb.　榕江县水尾乡滚筒村茅坪，海拔 977m，RJ - B - 100。

【药用功能】根、果实入药。止泻，平喘，健脾开胃；治支气管炎、肝炎、风湿关节痛、各种出血、跌打损伤。

3. 宜昌胡颓子 *E. henryi* Warb. ex Diels　榕江计划大山，海拔 1270m，RJ - 447；从江光辉乡加牙村月亮山白及组，海拔 693m，CJ - 500。

【药用功能】全株入药。止痛止咳；治风湿腰痛、哮喘、损伤损伤、吐血；外用洗恶疮。

4. 胡颓子 *E. pungens* Thunb.　从江光辉乡加牙村太阳山阿枯。

【药用功能】果实、根、叶入药。收敛止泻，健脾消食，止咳平喘，止血；主治泄泻，痢疾，食欲不振，咳嗽气喘，痔疮下血。

5. 卷柱胡颓子 *E. retrostyla* C. Y. Chang　来源：《月亮山林区科学考察集》。

六十三、山龙眼科 Proteaceae

（一）山龙眼属 *Helicia* Lour.

1. 网脉山龙眼 *H. reticulata* W. T. Wang　榕江兴华乡沙坪沟，海拔 457m，RJ - 181；榕江县水尾乡必翁村下必翁，海拔 555m，RJ - B - 7；榕江水尾乡上下午村下午组，海拔 403m；从江光辉乡加牙村太阳山阿枯；从江光辉乡党郎洋堡，海拔 929m；从江县光辉乡党郎村，海拔 740m。

【药用功能】枝、叶入药。止血；主治跌打、刀伤出血。

六十四、小二仙草科 Haloragaceae

（一）小二仙草属 *Gonocarpus* J. R. et G. Forst.

1. 小二仙草 *G. micrantha* Thunb. 榕江县水尾乡月亮山（2011 年调查），海拔 850m。

【药用功能】全草入药。止咳平喘，清热利湿，调经活血；主治咳嗽，哮喘，热淋，便秘，痢疾，月经不调，跌损骨折等。

六十五、千屈菜科 Lythraceae

（一）紫薇属 *Lagerstroemia* L.

1. 川黔紫薇 *L. excelsa*（Dode）Chun ex S. Lee et L. F. Lau 榕江兴华乡沙坪沟，海拔 457m，RJ – 196。

（二）节节菜属 *Rotala* L.

1. 圆叶节节菜 *R. rotundifolia*（Buch. – Ham. ex Roxb.）Koehne 榕江县水尾乡上下午村下午组，海拔 420m，RJ – 187。

【药用功能】全草入药。清热利湿，消肿解毒；主治痢疾，淋症，急性肝炎，痈肿疮毒。

六十六、瑞香科 Thymelaeaceae

（一）瑞香属 *Daphne* L.

1. 长柱瑞香 *D. championii* Benth. 榕江牛长河（马鞍山），海拔 300m，RJ – 357。

2. 瑞香 *D. odora* Thunb. 榕江县水尾乡必翁村下必翁，海拔 555m，RJ – B – 28。

【药用功能】花、叶、根入药。花：活血止痛，解毒散结；主治咽喉肿痛，风湿痹痛。根：解毒，活血止痛；主治胃脘痛，跌打损伤。

3. 白瑞香 *D. papyracea* Wall. ex Steud. 来源：《月亮山林区科学考察集》

【药用功能】根皮、茎皮入药。祛风止痛，活血调经；主治风湿痹痛，跌打损伤，月经不调等。

六十七、桃金娘科 Myrtaceae

（一）蒲桃属 *Syzygium* Gaertn.

1. 华南蒲桃 *S. austrosinense*（Merr. et L. M. Perry）Chang et Miau 来源：《月亮山林区科学考察集》。

【药用功能】全株入药。收敛；主治泻痢。

2. 赤楠 *S. buxifolium* Hook. et Arn. 榕江兴华乡星月村，海拔 419m，RJ – 47；从江光辉乡加牙村太阳山阿枯；榕江牛长河（马鞍山），海拔 531m。

【药用功能】根、根皮、叶入药。益肾定喘，健脾利湿，祛风活血，解毒；主治喘咳，尿路结石，痢疾，肝炎，风湿痛，浮肿，跌打肿痛。

3. 簇花蒲桃 *S. fruticosum*（Roxb.）DC. 榕江牛长河（马鞍山），海拔 404m，RJ – 372。

【药用功能】树皮入药。用于驱蛔虫。

4. 轮叶蒲桃 *S. grijsii*（Hance）Merr. et L. M. Perry 榕江牛长河（马鞍山），海拔 314m，RJ – 399。

【药用功能】根、叶入药。祛风散寒，活血去瘀；主治跌打损伤，风寒感冒，风湿头痛。

六十八、柳叶菜科 Onagraceae

（一）露珠草属 *Circaea* L.

1. 南方露珠草 *C. mollis* Sieb. et Zucc. 榕江县兴华乡星光村沙沉河，海拔 470m，RJ – 118；从江县光辉乡太阳山，海拔 1105m，CJ – 548；榕江县水尾乡月亮山（2011 年调查），海拔 980m。

【药用功能】全草、根入药。祛风除湿，活血消肿，清热解毒；主治风湿痹痛，跌打瘀肿，乳痈，瘰疬，疮肿等。

（二）丁香蓼属 *Ludwigia* L.

1. 假柳叶菜 *L. epilobiloides* Maxim. 从江县光辉乡党郎村，海拔 700m，CJ – 606。

【药用功能】全草入药。清热解毒，利尿通淋，化瘀止血；主治肺热咳嗽，咽喉肿痛，目赤肿痛，湿热泻痢，黄疸，淋痛，水肿，带下，吐血，尿血，疔疮，跌打伤肿，外伤出血，毒蛇、狂吠咬伤。

六十九、野牡丹科 Melastomataceae

（一）野海棠属 *Bredia* Blume

1. 叶底红 *B. fordii*（Hance）Diels

【药用功能】全株入药。养血，调经；主治血虚萎黄，月经不调，闭经，痛经，带下。

（二）异药花属 *Fordiophyton* Stapf

1. 异药花 *F. faberi* Stapf　榕江县水尾乡华贡村，海拔 650m，RJ－311；从江县光辉乡太阳山，海拔 870m，CJ－510；榕江县水尾乡月亮山（2011 年调查），海拔 1310m。

2. 肥肉草 *F. fordii*（Oliv.）Krasser

【药用功能】全草入药。清热利湿，凉血消肿；主治痢疾，腹泻，吐血，痔疮。

（三）野牡丹属 *Melastoma* L.

1. 地菍 *M. dodecandrum* Lour.　榕江兴华乡沙坪沟，海拔 457m，RJ－221。

2. 野牡丹 *M. malabathricum* L.　榕江县水尾乡毕贡，海拔 643m，RJ－B－56。

3. 展毛野牡丹 *M. normale* D. Don　榕江兴华乡星月村，海拔 419m，RJ－12。

【药用功能】根、叶入药。行气利湿，化瘀止血，解毒；主治脘腹胀痛，肠炎，痢疾，肝炎，淋浊，多种出血，血栓性脉管炎，疮疡溃烂，跌打肿痛。

（四）尖子木属 *Oxyspora* DC.

1. 尖子木 *O. paniculata*（D. Don）DC.　从江光辉乡加牙村月亮山白及组，海拔 693m，CJ－494。

【药用功能】根、全株入药。清热利湿，凉血止血，消肿解毒；主治湿热泻痢，吐血，尿血，久咳，痨嗽，外伤出血，月经不调。

（五）锦香草属 *Phyllagathis* Blume

1. 锦香草 *P. cavaleriei*（Lévl. et Vaniot）Guillaumin　榕江县水尾乡必拱，海拔 1280m，RJ－375。

【药用功能】全草，根入药。清热凉血，利湿解毒；主治热毒血痢，湿热带下，月经不调，血热崩漏，肠热痔血，小儿阴囊肿大。

2. 短毛熊巴掌 *P. cavaleriei* var. *tankahkeei*（Merr.）C. Y. Wu ex C. Chen 榕江县水尾乡必拱，海拔 900m，RJ－350；

【森林蔬菜】食用部位：嫩叶；食用方法：炖肉、滋补。

3. 大叶熊巴掌 *P. longiradiosa*（C. Chen）C. Chen

（六）肉穗草属 *Sarcopyramis* Wall.

1. 楮头红 *S. nepalensis* Wall.　榕江县水尾乡必拱，海拔 1280m，RJ－370；从江县光辉乡太阳山，海拔 1036m，CJ－523；榕江县水尾乡月亮山（2011 年调查），海拔 1110m。

七十、八角枫科 Alangiaceae

（一）八角枫属 *Alangium* Lam.

1. 八角枫 *A. chinense*（Lour.）Harms　来源：《月亮山林区科学考察集》。

【药用功能】根、茎叶入药。祛风除湿，散瘀止血；治风湿瘫痪、风湿性关节炎、跌打损伤。

2. 厚叶八角枫 *A. kurzii* Craib var. *pachyphyllum* Fang et Su　榕江兴华乡星月村，海拔 419m，RJ－24；从江光辉乡加牙村太阳山阿枯。

3. 瓜木 *A. platanifolium*（Siebold et Zucc.）Harms 榕江兴华乡星月村，海拔 419m，RJ－34。

【药用功能】根、茎入药。功用同八角枫。

七十一、蓝果树科 Nyssaceae

（一）喜树属 *Camptotheca* Decne.

1. 喜树 *C. acuminata* Decne.　榕江县计划乡摆拉村上拉力组，海拔 885m，RJ－B－164。

【药用功能】果实、根、根皮入药。清热解毒，散结消肿；主治食道癌，贲门癌，肝癌，白血病，疮肿。

（二）蓝果树属 *Nyssa* Gronov. ex L.

1. 蓝果树 *N. sinensis* Oliver　榕江兴华乡星月村，海拔455m，RJ－145；从江光辉乡加牙村太阳山阿枯。

【药用功能】根入药。抗癌。

七十二、山茱萸科 Cornaceae
（一）山茱萸属 *Cornus* L.

1. 灯台树 *C. controversa* Hemsl.　榕江兴华乡星月村，海拔455m，RJ－123；榕江水尾乡上下午村下午组，海拔403m；榕江县水尾乡毕贡，海拔682m，RJ－B－60；从江光辉乡党郎洋堡，海拔929m。

【药用功能】叶入药。消肿止痛；治跌打损伤。

2. 尖叶四照花 *C. elliptica* (Pojarkova) Q. Y. Xiang et Bofford　来源：《月亮山林区科学考察集》。

【药用功能】花、叶入药。收敛止血；治外伤出血、痢疾、骨折。

3. 香港四照花 *C. hongkongensis* Hemsl.　榕江县计划乡毕拱，海拔884m，RJ－B－155；榕江计划大山，海拔1436m，RJ－317；从江光辉乡加牙村月亮山野加木，海拔1357m；从江光辉乡加牙村太阳山昂亮，海拔1295m，CJ－574；从江光辉乡党郎洋堡，海拔1309m。

【药用功能】花、叶、全株入药。叶、花：清热解毒，止血。全株：主治风湿骨痛。果实：驱蛔虫。

4. 大型四照花 *C. hongkongensis* Hemsl. subsp. *gigantea* (Hand. – Mazz.) Q. Y. Xiang　从江光辉乡加牙村太阳山阿枯；从江光辉乡加牙村月亮山白及组，海拔693m。

【药用功能】叶、花、果实入药。清热解毒，消积杀虫；主治食积气胀，小儿疳积，肝炎，蛔虫病。

5. 四照花 *C. kousa* F. Buerger ex Hance subsp. *chinensis* (Osborn) Q. Y. Xiang　从江光辉乡加牙村太阳山昂亮，海拔1120m；从江光辉乡党郎洋堡，海拔1236m；榕江县水尾乡滚筒村茅坪，海拔1374m，RJ－B－109。

七十三、青荚叶科 Helwingiaceae
（一）青荚叶属 *Helwingia* Willd.

1. 中华青荚叶 *H. chinensis* Batalin　榕江县水尾乡滚筒村茅坪，海拔1374m，RJ－B－118。

【药用功能】叶、果实入药。治痢疾，便血，痈疖疮肿，烫伤、蛇咬伤、胃痛。

2. 西域青荚叶 *H. himalaica* Hook. f. et Thomson ex C. B. Clarke　从江光辉乡党郎洋堡，海拔1309m，CJ－639。

3. 青荚叶 *H. japonica* (Thunb. ex Murray) F. Dietr.　来源：《月亮山林区科学考察集》。

【药用功能】叶、果实入药。治痢疾，便血，痈疖疮肿，烫伤、蛇咬伤、胃痛。

七十四、桃叶珊瑚科 Aucubaceae
（一）桃叶珊瑚属 *Aucuba* Thunb.

1. 斑叶珊瑚 *A. albopunctifolia* F. T. Wang　来源：《月亮山林区科学考察集》。

2. 桃叶珊瑚 *A. chinensis* Benth.　榕江计划大山，海拔1270m，RJ－425。

【药用功能】根、叶、果实入药。叶、果实：清热解毒，消肿止痛；主治痈疽肿毒，痔疮，水火烫伤，冻伤，跌打损伤。根：祛风除湿，活血化瘀；主治风湿痹痛，跌打瘀肿。

3. 狭叶桃叶珊瑚 *A. chinensis* Benth. var. *angusta* F. T. Wang 榕江县水尾乡滚筒村茅坪，海拔1402m，RJ－B－103。

【药用功能】根、叶入药。活血调经，解毒消肿；主治痛经，月经不调，跌打损伤，水火烫伤。

4. 喜马拉雅珊瑚 *A. himalaica* Hook. f. et Thomson　榕江县计划乡三角顶，海拔1491m，RJ－B－126。

【药用功能】根、叶、果实入药。根：祛风湿，通经络；主治风湿骨痛，腰痛，跌打损伤。果实：

祛湿止带；主治赤白带下。

七十五、十齿花科 Dipentodontaceae

（一）十齿花属 *Dipentodon* Dunn

1. 十齿花 *D. sinicus* Dunn　榕江计划大山，海拔 1439m；从江光辉乡加牙村太阳山阿枯。

【药用功能】全株入药。止痛，消炎；主治跌打肿痛，风湿痹痛。

七十六、铁青树科 Olacaceae

（一）青皮木属 *Schoepfia* Schreb.

1. 青皮木 *Schoepfia jasminodora* Siebold et Zucc.　从江光辉乡加牙村太阳山阿枯。

【药用功能】全株入药。祛风除湿，散瘀止痛；主治风湿痹痛，腰痛，产后腹痛，跌打损伤 。

七十七、檀香科 Santalaceae

（一）檀梨属 *Pyrularia* Michx.

1. 檀梨 *P. edulis*（Wall.）A. DC.　从江光辉乡党郎洋堡，海拔 1327m，CJ - 624。

七十八、桑寄生科 Loranthaceae

（一）　梨果寄生属 *Scurrula* L.

1. 红花寄生 *S. parasitica* L. CJ - 644。

（二）钝果寄生属 *Taxillus* Van Tiegh.

1. 木兰寄生 *T. limprichtii*（Grüning）H. S. Kiu　来源：《月亮山林区科学考察集》。

【药用功能】枝叶入药。补肝肾，除风湿，安胎；主治腰膝酸痛，筋骨痿弱，肢体偏枯，风湿痹痛，头晕目眩，胎动不安，崩漏下血。

2. 桑寄生 *T. sutchuenensis*（Lecomte）Danser CJ - 645。

【药用功能】枝叶入药。补肝肾，祛风湿，降血压，养血安胎；主治腰膝酸痛，风湿性关节炎，坐骨神经痛，高血压，四肢麻木，胎动不安，先兆流产。

（三）大苞寄生属 *Tolypanthus*（Bl.）Reichb.

1. 大苞寄生 *T. maclurei*（Merr.）Danser　榕江水尾乡上下午村下午组，海拔 430m，RJ - 287。

【药用功能】茎叶入药。祛风除湿，补肝肾，强筋骨；主治头目眩晕，腰膝酸痛，风湿麻木。

七十九、蛇菰科 Balanophoraceae

（一）蛇菰属 *Balanophora* Forst. et Forst. f.

1. 疏花蛇菰 *B. laxiflora* Hemsl.

【药用功能】全株入药。清热止血，益肾养阴；主治肾虚腰痛，虚劳出血，痔疮出血。

2. 穗花蛇菰 *B. spicata* Hayata.　榕江县计划乡加去村（计划大山），海拔 960m，RJ - 434。

【药用功能】全株入药。清热解毒，凉血止血；主治肺热咳嗽，吐血，肠风下血，血崩，风热斑疹，腰痛，小儿阴茎肿，痔疮，疔疮肿毒。

八十、卫矛科 Celastraceae

（一）南蛇藤属 *Celastrus* L.

1. 大芽南蛇藤 *C. gemmatus* Loes.　榕江计划大山，海拔 1270m，RJ - 455。

【药用功能】根、茎、叶入药。祛风除湿，活血止痛，解毒消肿；主治风湿痹痛，跌打损伤，月经不调，经闭，产后腹痛，胃痛，疝气痛，疮痈肿痛，湿疹，毒蛇咬伤。

2. 小果南蛇藤 *C. homaliifolius* Hsu　从江光辉乡加牙村月亮山白及组，海拔 693m，CJ - 480。

3. 独子藤 *C. monospermus* Roxb.　榕江兴华乡沙坪沟，海拔 457m，RJ - 174。

4. 短梗南蛇藤 *C. rosthornianus* Loes.　从江县光辉乡党郎村，海拔 740m。

【药用功能】根、茎叶、果实入药。祛风除湿，活血止痛，解毒消肿；主治风湿痹痛，跌打损伤，疝气痛，疮疡肿痛，带状疱疹，湿疹，毒蛇咬伤。

5. 宽叶短梗南蛇藤 *C. rosthornianus* Loes. var. *loeseneri*（Rehder et E. H. Wilson）C. Y. Wu　榕江

牛长河(马鞍山),海拔404m,RJ-379。

【药用功能】根、茎叶入药。祛风除湿,活血止痛,解毒消肿;主治风湿痹痛,跌打损伤,疝气痛,疮疡肿痛,带状疱疹,湿疹,毒蛇咬伤。

6. 显柱南蛇藤 *C. stylosus* Wall.　榕江县水尾乡必翁村下必翁,海拔555m,RJ-B-5。

【药用功能】茎入药。祛风除湿,利尿通淋,活血止痛;主治风湿痹痛,脉管炎,淋症,跌打肿痛。

7. 长序南蛇藤 *C. vaniotii* (H. Lévl.) Rehder　从江光辉乡加牙村月亮山白及组,海拔693m,CJ-501。

(二)卫矛属 *Euonymus* L.

1. 刺果卫矛 *E. acanthocarpus* Franch.　榕江兴华乡沙坪沟,海拔457m,RJ-203。

【药用功能】根入药。祛风除湿;治风湿关节炎、月经不调、跌打损伤。

2. 卫矛 *E. alatus* (Thunb.) Sieber　榕江县水尾乡滚筒村茅坪,海拔1374m,RJ-B-112。

【药用功能】具翅状枝条入药。破血通经,解毒消肿,杀虫;主治癥瘕结块,闭经,痛经,崩中漏下,产后瘀滞腹痛,恶露不净,疝气,跌打伤痛,虫积腹痛,蛇虫咬伤等。

3. 扶芳藤 *E. fortunei* (Turcz.) Hand.-Mazz.　从江光辉乡加牙村太阳山昂亮,海拔1120m。

【药用功能】枝、叶入药。益肾壮腰,舒筋活络,止血,消瘀;主治肾虚腰膝酸痛,半身不遂,风湿痹痛,小儿惊风,咯血,吐血,血崩,月经不调,跌打骨折,创伤出血。

4. 贵州卫矛 *E. kweichowensis* Chung H. Wang　从江光辉乡加牙村月亮山野加木,海拔1357m,CJ-519。

5. 疏花卫矛 *E. laxiflorus* Champion et Bentham　榕江牛长河(马鞍山),海拔531m,RJ-391;榕江计划大山,海拔1270m,RJ-437。

【药用功能】根、树皮入药。祛风湿,强筋骨,活血解毒,利水;主治风湿痹痛,腰膝酸软,跌打骨折,疮疡肿毒,慢性肝炎,慢性肾炎,水肿。

6. 染用卫矛 *E. tingens* Wall.　从江光辉乡加牙村太阳山昂亮,海拔1120m,CJ-568。

7. 游藤卫矛 *E. vagans* Wall. ex Roxb.　榕江牛长河(马鞍山),海拔404m,RJ-384。

【药用功能】茎皮入药。祛风湿,强筋骨;主治风湿痹痛,筋骨痿软。

(三)假卫矛属 *Microtropis* Wall. ex Meisn.

1. 斜脉假卫矛 *M. obliquinervia* Merr. et Freem.　从江光辉乡加牙村太阳山昂亮,海拔1120m,CJ-546。

2. 云南假卫矛 *M. yunnanensis* (Hu) C. Y. Cheng et T. C. Kao　榕江县计划乡三角顶,海拔1491m,RJ-B-128。

八十一、冬青科 Aquifoliaceae

(一)冬青属 *Ilex* L.

1. 厚叶冬青 *I. elmerrilliana* S. Y. Hu　榕江计划大山,海拔1270m,RJ-428。

2. 榕叶冬青 *I. ficoidea* Hemsl.　榕江计划大山,海拔1439m,RJ-325。

【药用功能】根入药。清热解毒,活血止痛;主治肝炎,跌打损伤。

3. 海南冬青 *I. hainanensis* Merr.　榕江兴华乡星月村,海拔455m,RJ-84。

【药用功能】叶入药。清热平肝,利咽解毒;主治高血压,口疮,咽痛等。

4. 大叶冬青 *I. latifolia* Thunb.　从江光辉乡加牙村月亮山八九米,海拔1178m,CJ-515。

5. 木姜冬青 *I. litseifolia* Hu et T. Tang　从江县,CJ-B-172。

6. 河滩冬青 *I. metabaptista* Loes.　来源:《月亮山林区科学考察集》

7. 小果冬青 *I. micrococca* Maxim.　榕江县计划乡毕拱,海拔1227m,RJ-B-149;榕江兴华乡星月村,海拔455m,RJ-126;从江光辉乡加牙村月亮山白及组,海拔693m,CJ-488;从江光辉乡党郎洋堡,海拔929m;从江县光辉乡党郎村,海拔740m。

【药用功能】叶、根入药。清热解毒，消肿止痛；主治感冒发热，咽喉肿痛。

8. 铁冬青 *I. rotunda* Thunb. RJ－432。

【药用功能】树皮、根皮入药。清热解毒，利湿，止痛；治感冒发热、扁桃体炎、咽喉肿痛、急慢性肝炎、急性肠胃炎、风湿关节炎、跌打损伤、烫火伤。

9. 冬青一种 *I.* sp.　榕江兴华乡星月村，海拔 455m，RJ－78。

10. 香冬青 *I. suaveolens*（H. Lévl.）Loes.　从江光辉乡加牙村月亮山白及组，海拔 988m，CJ－508；从江光辉乡加牙村太阳山昂亮，海拔 1120m，CJ－562。

11. 四川冬青 *I. szechwanensis* Loes.　从江光辉乡加牙村月亮山白及组，海拔 693m；从江县光辉乡党郎村，海拔 740m。

【药用功能】根、茎叶入药。开胸顺气，清热解毒，活血止痛；主治吐泻，胃痛，中暑腹痛，痢疾，无名肿毒，跌打损伤等。

八十二、茶茱萸科 Icacinaceae
（一）假柴龙树属 *Nothapodytes* Bl.
1. 马比木 *N. pittosporoides*（Oliv.）Sleum.　从江光辉乡加牙村太阳山昂亮，海拔 1120m。

【药用功能】根皮入药。祛风除湿，理气散寒；治浮肿、小儿疝气、关节疼痛。

八十三、黄杨科 Buxaceae
（一）黄杨属 *Buxus* L.
1. 狭叶黄杨 *B. stenophylla* Hance　榕江县计划乡摆拉村上拉力组，海拔 885m，RJ－B－158；从江县光辉乡党郎村，海拔 740m。

【药用功能】根、叶入药。活血祛瘀，消肿解毒；主治风火牙痛。

八十四、大戟科 Euphorbiaceae
（一）五月茶属 *Antidesma* L.
1. 日本五月茶 *A. japonicum* Siebold et Zucc.　榕江兴华乡星月村，海拔 455m，RJ－72。

【药用功能】全株入药。祛风除湿，消肿解毒。主治胃脘疼痛，痈疮肿毒，吐血，风湿痹痛。

2. 山地五月茶 *A. montanum* Blume　榕江牛长河（马鞍山），海拔 300m，RJ－358。

（二）重阳木属 *Bischofia* Bl.
1. 秋枫 *B. javanica* Blume　榕江牛长河（马鞍山），海拔 314m。

【药用功能】根、树皮、叶入药。祛风除湿，化瘀消积；主治风湿骨痛，反胃，痢疾。

（三）大戟属 *Euphorbia* L.
1. 续随子 *E. lathyris* L.　榕江县兴华镇沙坪沟，海拔 700m，RJ－651。

【药用功能】种子、叶、乳汁入药。逐水退肿，破血消癥，解毒杀虫；治水肿，腹水，二便不利，疥癣癞疮，痈肿，毒蛇咬伤。

（四）算盘子属 *Glochidion* J. R. et G. Forst.
1. 算盘子 *G. puberum*（L.）Hutch.　榕江兴华乡星月村，海拔 419m，RJ－16。

【药用功能】果实、根、叶入药。清热除湿，解毒利咽，行气活血；主治痢疾，泄泻，黄疸，咽喉肿痛，牙痛，淋浊，带下，风湿痹痛，湿疮。

2. 湖北算盘子 *G. wilsonii* Hutch.　榕江牛长河（马鞍山），海拔 300m；榕江兴华乡星月村，海拔 455m，RJ－59；从江光辉乡党郎洋堡，海拔 929m。

（五）野桐属 *Mallotus* Lour.
1. 毛桐 *M. barbatus*（Wall.）Müll.－Arg.　榕江兴华乡星月村，海拔 419m，RJ－6；榕江水尾乡上下午村下午组，海拔 403m；榕江牛长河（马鞍山），海拔 300m；从江光辉乡加牙村月亮山白及组，海拔 693m；从江县光辉乡党郎村，海拔 740m。

【药用功能】根入药；治肺热吐血，肺痨咳血。

2. 小果野桐 *M. microcarpus* Pax et Hoffm.　榕江兴华乡沙坪沟，海拔 457m，RJ－166；RJ－213。

3. 绒毛野桐 *M. oreophilus* Müll.－Arg.　从江光辉乡党郎洋堡，海拔 1309m，CJ－640。

【药用功能】树皮入药。调整消化功能，治胃溃疡，十二指肠溃疡。

4. 粗糠柴 *M. philippinensis*（Lam.）Müll.－Arg.　榕江兴华乡星月村，海拔 455m，RJ－106；榕江兴华乡沙坪沟，海拔 457m，RJ－211；榕江水尾乡上下午村下午组，海拔 403m；榕江县水尾乡毕贡，海拔 643m，RJ－B－53。

【药用功能】根、叶入药。

（六）叶下珠属 *Phyllanthus* L.

1. 青灰叶下珠 *P. glaucus* Wall. ex Müll.－Arg.　从江光辉乡党郎洋堡，海拔 1236m。

2. 叶下珠 *P. urinaria* L. 榕江县兴华乡星光村沙沉河，海拔 545m，RJ－173；榕江县水尾乡（月亮山 2010 年调查），海拔 678m。

【药用功能】带根全草入药。清热解毒，利水消肿，明目，消积；主治痢疾，泄泻，黄疸，水肿，热淋，石淋，目赤，夜盲，疳积，痈肿，毒蛇咬伤。

（七）乌桕属 *Sapium* P. Br.

1. 山乌桕 *S. discolor*（Champ. ex Benth.）Müll.－Arg.　榕江兴华乡星月村，海拔 455m，RJ－108；榕江水尾乡上下午村下午组，海拔 430m；从江光辉乡加牙村月亮山白及组，海拔 693m；从江县光辉乡党郎村，海拔 740m。

【药用功能】根入药。利水通便，去瘀消肿；治大便秘结，白浊，跌打损伤，蛇咬伤，痔疮，皮肤湿痒。

（八）油桐属 *Vernicia* Lour.

1. 油桐 *V. fordii*（Hemsl.）Airy－Shaw　榕江水尾乡上下午村下午组，海拔 403m；榕江兴华乡星月村，海拔 419m，RJ－27；从江光辉乡党郎洋堡，海拔 929m；从江光辉乡加牙村月亮山白及组，海拔 693m；从江光辉乡党郎洋堡，海拔 929m。

【药用功能】根、叶、花入药。根：消积杀虫，祛风利湿；治蛔虫病，食积腹胀，风湿筋骨疼痛。叶：解毒，杀虫；治疮疡，疥癣。花：清热解毒，生肌；治烧烫伤。

2. 木油桐 *V. montana* Lour. RJ－198。

八十五、鼠李科 Rhamnaceae

（一）勾儿茶属 *Berchemia* Neck.

1. 光枝勾儿茶 *B. polyphylla* Hand.－Mazz. var. *leioclada*（Hand.－Mazz.）Hand.－Mazz.　榕江县水尾乡必翁村下必翁，海拔 555m，RJ－B－18；从江光辉乡加牙村月亮山白及组，海拔 693m。

【药用功能】藤茎、根入药。消肿解毒，止血镇痛，祛风除湿；治痈疽疔毒，咳嗽咯血，消化道出血，跌打损伤，烫伤，风湿骨痛，风火牙痛。

（二）枳椇属 *Hovenia* Thunb.

1. 枳椇 *H. acerba* Lindl.　榕江县水尾乡必翁村下必翁，海拔 555m，RJ－B－13；从江光辉乡加牙村月亮山白及组，海拔 693m；从江光辉乡加牙村太阳山阿枯；从江县光辉乡党郎村，海拔 740m。

【药用功能】成熟种子入药。解酒毒，止渴除烦，止呕，利大小便；治醉酒，烦渴，呕吐，二便不利。

2. 毛果枳椇 *H. trichocarpa* Chun et Tsiang　从江光辉乡党郎洋堡，海拔 929m，CJ－587。

【药用功能】成熟种子入药。解酒毒，止渴除烦，止呕，利大小便；主治醉酒，烦渴，呕吐，二便不利。

（三）猫乳属 *Rhamnella* Miq.

1. 猫乳 *R. franguloides*（Maxim.）Weberb.　榕江水尾乡上下午村下午组，海拔 430m，RJ－288。

2. 多脉猫乳 *R. martinii*（H. Lévl..）C. K. Schneid.　从江县光辉乡党郎村，海拔 740m。

【药用功能】根入药。治劳伤。

（四）鼠李属 *Rhamnus* **L.**

1. 革叶鼠李 *R. coriophylla* Hand. – Mazz.　　榕江兴华乡星月村，海拔 455m，RJ－73。

2. 长叶冻绿 *R. crenata* Siebold et Zucc.　　从江光辉乡加牙村月亮山白及组，海拔 693m。

3. 大花鼠李 *R. grandiflora* C. Y. Wu ex Y. L. Chen　　来源：《月亮山林区科学考察集》。

4. 亮叶鼠李 *R. hemsleyana* C. K. Schneid.　　来源：《月亮山林区科学考察集》。

【药用功能】根入药。清热利湿，凉血止血；主治痢疾，吐血，咯血，崩漏。

5. 异叶鼠李 *R. heterophylla* Oliv.　　榕江兴华乡沙坪沟，海拔 457m，RJ－222。

【药用功能】根、茎入药。清热解毒，凉血止血；主治痢疾，疮痈，吐血，咯血，痔疮出血，崩漏，白带，暑热烦渴。

6. 冻绿 *R. utilis* Decne.　　从江县光辉乡党郎村，海拔 740m。

【药用功能】果实、根皮、树皮入药。果实：清热利湿，消积通便；主治水肿腹胀，瘰疬，疮疡，便秘。根皮、树皮：清热解毒，凉血，止血，杀虫。

（五）雀梅藤属 *Sageretia* **Brongn.**

1. 钩刺雀梅藤 *S. hamosa*（Wall.）Brongn.　　榕江兴华乡星月村，海拔 455m，RJ－67。

2. 刺藤子 *S. melliana* Hand. – Mazz.　　榕江水尾乡上下午村下午组，海拔 430m，RJ－269。

（六）翼核果属 *Ventilago* **Gaertn.**

1. 毛叶翼核果 *V. leiocarpa* Benth. var. *pubescens* Y. L. Chen et P. K. Chou　　榕江兴华乡星月村，海拔 419m，RJ－50；榕江兴华乡星月村，海拔 455m，RJ－92。

【药用功能】根、茎入药。补益气血，祛风活络；主治气血虚损，风湿疼痛，跌打损伤。

八十六、葡萄科 Vitaceae

（一）蛇葡萄属 *Ampelopsis* **Michaux**

1. 蓝果蛇葡萄 *A. bodinieri*（H. Lévl. et Vaniot）Rehder　　榕江兴华乡星月村，海拔 419m，RJ－29；从江光辉乡加牙村太阳山阿枯。

【药用功能】根皮入药。祛风除湿，散瘀止血；主治风湿痹痛，血瘀崩漏，跌打损伤。

2. 广东蛇葡萄 *A. cantoniensis*（Hook. et Arn.）K. Koch　　来源：《月亮山林区科学考察集》。

【药用功能】全株入药。祛风化湿，清热解毒；治感冒，风湿痹痛，痈疽肿毒，湿疮湿疹。

3. 羽叶蛇葡萄 *A. chaffanjonii*（H. Lévl.）Rehder　　榕江兴华乡星月村，海拔 419m，RJ－20；从江县光辉乡党郎村，海拔 740m。

【药用功能】藤茎入药。祛风除湿；治风湿疼痛，跌打损伤等。

4. 三裂蛇葡萄 *A. delavayana* Planch. ex Franch.　　从江光辉乡加牙村月亮山白及组，海拔 693m。

【药用功能】藤. 茎、根入药。清热利湿，活血通络，止血生肌，解毒消肿；主治淋症，白浊，疝气，风湿痹痛，跌打损伤，创伤出血，烫伤，疮痈。

5. 蛇葡萄 *A. glandulosa*（Wall.）Momiy.　　榕江县水尾乡必翁村下必翁，海拔 555m，RJ－B－4。

6. 光叶蛇葡萄 *A. glandulosa*（Wall.）Momiy. var. *hancei*（Planch.）Momiy.　　来源：《月亮山林区科学考察集》

【药用功能】茎叶、根或根皮入药。枝叶：清热利湿，散瘀止血，解毒；主治肾炎水肿，小便不利，风湿痹痛，跌打瘀肿，内伤出血，疮毒。根或根皮：清热解毒，祛风除湿，活血散结；主治肺痈吐脓，肺痨咯血，风湿痹痛，跌打损伤，痈肿疮毒。

7. 毛枝蛇葡萄 *A. rubifolia*（Wall.）Planch.　　榕江水尾乡上下午村下午组，海拔 430m，RJ－284。

【药用功能】枝叶入药。清热利湿，平肝降压，活血通络；主治痢疾，泄泻，小便淋痛，高血压，头昏目胀，跌打损伤。

（二）乌蔹莓属 *Cayratia* **Juss.**

1. 乌蔹莓 *C. japonica*（Thunb.）Gagnep.　　榕江县兴华乡星光村，海拔 495m，RJ－082。

2. 毛乌蔹莓 *C. japonica* var. *mollis*（Wall.）Momiy. 榕江县计划乡加去村（计划大山），海拔900m，RJ－410。

【药用功能】全草、根入药。清肝明目，凉血消肿，散瘀止痛；主治目赤肿痛，肺痈，尿血，跌打损伤，烫伤。

【森林蔬菜】食用部位：嫩茎叶。

（三）白粉藤属 *Cissus* **L.**

1. 苦郎藤 *C. assamica*（M. A. Lawson）Craib RJ－101。

【药用功能】全草入药。清热利湿，解毒消肿；主治热毒痈肿，疔疮，丹毒，咽喉肿痛，蛇虫咬伤，水火烫伤，风湿痹痛，黄疸，泻痢，白浊，尿血。

2. 白粉藤 *C. repens* Lam. 榕江县水尾乡月亮山（2011年调查），海拔990m。

【药用功能】块根、茎藤入药。块根：活血通络，化痰散结，解毒消痈；主治风湿痹痛，跌打损伤，痈肿疮毒，毒蛇咬伤，瘰疬痰核。茎藤：清热利湿，解毒消痈；主治湿热痢疾，痈肿疔疮，湿疹瘙痒，毒蛇咬伤。

（四）爬山虎属 *Parthenocissus* **Planch.**

1. 异叶地锦 *P. dalzielii* Gagnep. 来源：《月亮山林区科学考察集》。

【药用功能】根、茎、叶入药。祛风除湿，散瘀止痛，解毒消肿；主治风湿痹痛，胃脘痛，偏头痛，产后瘀滞腹痛，跌打损伤，痈疮肿毒。

2. 花叶地锦 *P. henryana*（Hemsl.）Graebn. ex Diels et Gilg 从江光辉乡党郎洋堡，海拔929m，CJ－598。

【药用功能】根入药。破血散瘀，消肿解毒；主治痛经，闭经，跌打损伤，风湿痹中，疮毒。

3. 五叶地锦 *P. quinquefolia*（L.）Planch. 榕江县水尾乡毕贡，海拔682m，RJ－B－69。

4. 地锦 *P. tricuspidata*（Siebold et Zucc.）Planch. 榕江县水尾乡滚筒村茅坪，海拔1374m，RJ－B－117。

【药用功能】藤茎、根入药。祛风止痛，活血通络；主治风湿痹痛，中风半身不遂，偏正头痛，产后血瘀，腹生结块，跌打损伤，痈肿疮毒，溃疡不敛。

（五）崖爬藤属 *Tetrastigma*（Miq.）**Planch.**

1. 无毛崖爬藤 *T. obtectum*（Wall. ex Lawson）Planch. ex Franch. var. *glabrum*（H. Lévl.）Gagnep. 榕江兴华乡沙坪沟，海拔457m，RJ－168；从江光辉乡加牙村月亮山白及组，海拔693m。

【药用功能】根、全株入药。祛风除湿，活血通络；主治风湿痹痛，跌打损伤，外伤出血。

（六）葡萄属 *Vitis* **L.**

1. 葛藟葡萄 *V. flexuosa* Thunb. 榕江县水尾乡必翁村下必翁，海拔555m，RJ－B－6；榕江县计划乡毕拱，海拔1227m，RJ－B－150。

八十七、古柯科 Erythroxylaceae

（一）古柯属 *Erythroxylum* **P. Br.**

1. 东方古柯 *E. sinense* C. Y. Wu 榕江计划大山，海拔1270m，RJ－462；从江光辉乡加牙村月亮山八九米，海拔1178m；从江光辉乡党郎洋堡，海拔1313m。

八十八、省沽油科 Staphyleaceae

（一）野鸦椿属 *Euscaphis* **Sieb. et Zucc.**

1. 野鸦椿 *E. japonica*（Thunb.）Dippel 榕江县水尾乡滚筒村茅坪，海拔977m，RJ－B－82；榕江计划大山，海拔1436m；从江光辉乡党郎洋堡，海拔929m。

【药用功能】根、果实入药。清热解毒，祛风散寒止血止痛；治感冒，肠炎，痢疾，睾丸炎，子宫脱垂。

【森林蔬菜】食用部位：叶芽。

（二）瘿椒树属 *Tapiscia* Oliv.

1. 瘿椒树 *T. sinensis* Oliv.　榕江兴华乡沙坪沟，海拔 457m，RJ－224；榕江水尾乡上下午村下午组，海拔 1417m；从江光辉乡加牙村月亮山白及组，海拔 693m；从江光辉乡加牙村太阳山阿枯。

（三）山香圆属 *Turpinia* Vent.

1. 锐尖山香圆 *T. arguta* Seem.　榕江兴华乡星月村，海拔 455m，RJ－116。

2. 大果山香圆 *T. pomifera*（Roxb.）DC.　榕江兴华乡星月村，海拔 455m，RJ－63；榕江水尾乡上下午村下午组，海拔 430m；榕江兴华乡沙坪沟，海拔 457m，RJ－173。

八十九、伯乐树科 Bretschneideraceae

（一）伯乐树属 *Bretschneidera* Hemsl.

1. 伯乐树 *B. sinensis* Hemsl.　榕江水尾乡上下午村下午组，海拔 1417m，RJ－292；榕江计划大山，海拔 1270m，RJ－419；从江光辉乡加牙村太阳山昂亮，海拔 1120m；从江光辉乡党郎洋堡，海拔 929m。

【药用功能】树皮入药。活血祛风；主治筋骨疼痛。

【森林蔬菜】食用部位：嫩茎叶。

九十、无患子科 Sapindaceae

（一）伞花木属 *Eurycorymbus* Hand.－Mazz.

1. 伞花木 *E. cavaleriei*（H. Lévl.）Rehder et Hand.－Mazz.　榕江兴华乡星月村，海拔 455m，RJ－55；榕江水尾乡上下午村下午组，海拔 430m，RJ－257。

（二）栾树属 *Koelreuteria* Laxm.

1. 复羽叶栾树 *K. bipinnata* Franch.　榕江兴华乡沙坪沟，海拔 457m，RJ－215。

【药用功能】根、根皮入药。祛风清热，止咳，散瘀，杀虫；主治风热咳嗽，风湿热痹，跌打肿痛，蛔虫病。

2. 栾树 *K. paniculata* Laxm.　榕江水尾乡上下午村下午组，海拔 403m。

九十一、槭树科 Aceraceae

（一）槭属 *Acer* L.

1. 阔叶槭 *A. amplum* Rehder　榕江计划大山，海拔 1270m，RJ－418；榕江计划大山，海拔 1439m，RJ－319；榕江水尾乡上下午村下午组，海拔 430m，RJ－254；从江光辉乡党郎洋堡，海拔 1313m。

2. 青榨槭 *A. davidii* Franch.　榕江县水尾乡必翁村下必翁，海拔 555m，RJ－B－9；榕江兴华乡星月村，海拔 455m，RJ－125；榕江水尾乡上下午村下午组，海拔 1417m，RJ－291；从江光辉乡加牙村月亮山白及组，海拔 693m；从江光辉乡加牙村太阳山阿枯；从江光辉乡党郎洋堡，海拔 929m。

【药用功能】根、树皮、花入药。根、树皮：祛风除湿，散瘀止痛，消食健脾；主治风湿痹痛，肢体麻木，关节不利，跌打瘀痛，泄泻，痢疾。花煎水洗结膜炎，内服治小儿消化不良。

3. 毛花槭 *A. erianthum* Schwer.　榕江计划大山，海拔 1436m，RJ－305。

【药用功能】根入药。清热解毒，祛风除湿；主治痈疽，丹毒，无名肿毒，湿疹，小儿头疮，风湿痹痛，跌打损伤。

4. 罗浮槭 *A. fabri* Hance　榕江县水尾乡毕贡，海拔 643m，RJ－B－50；榕江兴华乡沙坪沟，海拔 457m，RJ－207；榕江水尾乡上下午村下午组，海拔 430m；从江光辉乡加牙村太阳山昂亮，海拔 1120m；从江光辉乡党郎洋堡，海拔 1309m，CJ－636。

【药用功能】果实入药；清热解毒；治单、双喉鹅及因用嗓过度引起的声音嘶哑、肝炎、肺结核、胸膜炎、跌打损伤。

5. 红果罗浮槭 *A. fabri* Hance var. *rubrocarpum* Metc.　从江光辉乡加牙村月亮山白及组，海拔 693m。

6. 光叶槭 *A. laevigatum* Wall. 榕江兴华乡星月村，海拔 455m，RJ-93；从江光辉乡加牙村月亮山白及组，海拔 693m；从江光辉乡党郎洋堡，海拔 929m。

【药用功能】根、树皮、果实入药。根、树皮：祛风湿，活血；主治劳伤痛。果实：清热利咽；主治咽喉肿痛，声音嘶哑。

7. 纳雍槭 *A. nayongense* Fang 从江光辉乡加牙村月亮山白及组，海拔 693m，CJ-505。

8. 裂槭 *A. oliverianum* Pax 来源：《月亮山林区科学考察集》

9. 中华槭 *A. sinense* Pax 榕江兴华乡沙坪沟，海拔 511m；榕江兴华乡星月村，海拔 455m，RJ-134；榕江计划大山，海拔 1417m，RJ-297；榕江计划大山，海拔 1453m，RJ-328；从江光辉乡加牙村月亮山白及组，海拔 693m；从江光辉乡加牙村太阳山昂亮，海拔 1120m；从江县光辉乡党郎村，海拔 740m；榕江县计划乡，海拔 1387m，RJ-B-134。

【药用功能】根、根皮入药；治单、双喉鹅及因用嗓过度引起的声音嘶哑、肝炎、肺结核、胸膜炎、跌打损伤。

10. 粗柄槭 *A. tonkinense* Lecomte 从江光辉乡加牙村月亮山野加木，海拔 1357m。

九十二、漆树科 Anacardiaceae
（一）南酸枣属 *Choerospondias* Burtt et Hill

1. 南酸枣 *C. axillaris* (Roxb.) B. L. Burtt et A. W. Hill 榕江兴华乡星月村，海拔 419m，RJ-48；榕江水尾乡上下午村下午组，海拔 403m；榕江牛长河(马鞍山)，海拔 531m；从江光辉乡加牙村月亮山白及组，海拔 693m。

【药用功能】树皮入药；治疮疡，烫火伤，阴囊湿疹，细菌性痢疾。

2. 毛脉南酸枣 *C. axillaris* (Roxb.) B. L. Burtt et A. W. Hill var. *pubinervis* (Rehder et E. H. Wilson) B. L. Burtt et A. W. Hill 榕江兴华乡星月村，海拔 455m，RJ-112。

（二）盐肤木属 *Rhus* (Tourn.) L. emend. Moench

1. 盐肤木 *R. chinensis* Mill. 榕江兴华乡星月村，海拔 419m，RJ-3；榕江水尾乡上下午村下午组，海拔 403m；榕江计划大山，海拔 1436m；榕江牛长河(马鞍山)，海拔 300m；从江光辉乡加牙村月亮山白及组，海拔 693m；从江光辉乡党郎洋堡，海拔 929m；从江县光辉乡党郎村，海拔 740m。

【药用功能】根入药。消炎利尿；治肠炎、便血、疮毒，虫瘿入药；止泻止血。

（三）漆属 *Toxicodendron* (Tourn.) Mill.

1. 野漆 *T. succedaneum* (L.) Kuntze 榕江兴华乡星月村，海拔 419m，RJ-42；榕江水尾乡上下午村下午组，海拔 403m；榕江县水尾乡必翁村下必翁，海拔 555m，RJ-B-12；榕江牛长河(马鞍山)，海拔 531m；从江光辉乡加牙村月亮山白及组，海拔 693m；从江光辉乡党郎洋堡，海拔 929m；从江县光辉乡党郎村，海拔 740m。

2. 漆 *T. vernicifluum* (Stokes) F. A. Barkley 榕江水尾乡上下午村下午组，海拔 430m，RJ-261；榕江计划大山，海拔 1417m。

九十三、苦木科 Simaroubaceae
（一）臭椿属 *Ailanthus* Desf.

1. 臭椿 *A. altissima* (Mill.) Swingle 从江光辉乡党郎洋堡，海拔 1236m；从江光辉乡加牙村月亮山白及组，海拔 988m。

【药用功能】根皮入药。除热，燥湿，涩肠，止血，杀虫，治久痢、久泻、肠风便血、崩漏、带下、遗精、白浊、蛔虫。

2. 刺臭椿 *A. vilmoriniana* Dode 从江光辉乡加牙村太阳山阿枯。

（二）苦木属 *Picrasma* Bl.

1. 苦树 *P. quassioides* (D. Don) Benn. 从江光辉乡加牙村太阳山昂亮，海拔 1120m。

九十四．楝科 Meliaceae

（一）浆果楝属 *Cipadessa* Bl.

1. 浆果楝 *C. baccifera*（Roth）Miq.　榕江县水尾乡必翁村下必翁，海拔 555m，RJ－B－1。

【药用功能】根皮入药。疏风解表，祛湿止痢，祛风止痒。

（二）鹧鸪花属 *Heynea* Roxb.

1. 鹧鸪花 *H. trijuga* Roxb.　榕江兴华乡星月村，海拔 455m，RJ－109；榕江水尾乡上下午村下午组，海拔 403m。

（三）楝属 *Melia* L.

1. 楝 *M. azedarach* L.　榕江水尾乡上下午村下午组，海拔 403m；榕江兴华乡星月村，海拔 455m，RJ－82。

（四）香椿属 *Toona* Roem.

1. 红椿 *T. ciliata* M. Roem.　榕江水尾乡上下午村下午组，海拔 430m，RJ－260；从江光辉乡党郎洋堡，海拔 1236m；从江光辉乡加牙村太阳山昂亮，海拔 1120m，CJ－571。

2. 香椿 *T. sinensis*（Juss.）Roem.　榕江水尾乡上下午村下午组，海拔 403m；榕江兴华乡沙坪沟，海拔 457m，RJ－176；榕江县计划乡毕拱，海拔 1227m，RJ－B－151；从江县光辉乡党郎村，海拔 740m。

【森林蔬菜】食用部位：叶芽。炒、腌食。

九十五．芸香科 Rutaceae

（一）柑桔属 *Citrus* L.

1. 宜昌橙 *C. ichangensis* Swingle　从江光辉乡党郎洋堡，海拔 1236m，CJ－607。

【药用功能】根、果皮、叶入药。消食化痰，理气散结；治胸痛、痰饮、胃下垂、子宫下垂。

2. 香橙 *C. junos* Siebold ex Tanaka　榕江水尾乡上下午村下午组，海拔 403m，RJ－234。

【药用功能】果实、果皮入药。果实：降逆和胃，理气宽胸，消瘿，醒酒，解鱼蟹毒；主治恶心呕吐，胸闷腹胀，瘿瘤，醉酒。果皮：快气利膈，化痰降逆，消食和胃；主治胸膈气滞，咳嗽痰多，消化不良。

【森林蔬菜】食用部位：果；食用方法：鲜食，做菜，制罐头。

3. 柑橘 *C. reticulata* Blanco　从江县光辉乡党郎村，海拔 740m。

【药用功能】果皮、未成熟果皮、种子、筋络入药。果皮：理气降逆，和中开胃，燥湿化痰；主治脾胃气滞湿阻，肺气阻滞，咳嗽痰多。未成熟果皮：疏肝破气，消食化滞；主治肝郁气滞之胁肋胀痛，乳房胀痛，乳痈，食积，胃脘胀痛。

【森林蔬菜】食用部位：果；食用方法：鲜食，制罐头、果汁。忌与萝卜、牛奶同食。

（二）黄皮属 *Clausena* Burm. f.

1. 齿叶黄皮 *C. dunniana* H. Lévl.　榕江水尾乡上下午村下午组，海拔 430m，RJ－256。

【药用功能】叶、根入药。疏风解毒表，除湿消肿，行气散瘀；主治感冒，麻疹，哮喘，水肿，胃痛，风湿痹痛，湿疹，扭挫伤折等。

（三）九里香属 *Murraya* Koenig ex L.

1. 千里香 *M. paniculata*（L.）Jack　榕江水尾乡上下午村下午组，海拔 430m，RJ－274。

【药用功能】根、茎叶入药。根：祛风除湿，行气止痛，散瘀通络；主治风湿痹痛，腰膝冷痛，痛风，跌打损伤，睾丸肿痛，疥癣。茎叶：行气活血，散瘀止痛，解毒消肿；主治胃脘疼痛，风湿痹痛，跌仆肿痛，蛇虫咬伤。

（四）枳属 *Poncirus* Raf.

1. 枳 *P. trifoliata*（L.）Raf.　榕江兴华乡星月村，海拔 419m，RJ－15。

【药用功能】幼果、未成熟果实，根皮入药。果实：疏肝和胃，理气止痛，消积化滞；主治胸胁胀痛，脘腹胀痛，乳房结块，疝气疼痛，睾丸疼痛，跌打损伤，食积，子宫脱垂。根皮：敛血，止痛；主治痔疮，便血，齿痛。

（五）茵芋属 *Skimmia* Thunb.

1. 乔木茵芋 *S. arborescens* T. Anderson ex Gamble　榕江计划大山，海拔 1453m，RJ-345；榕江计划大山，海拔 1270m；从江光辉乡加牙村太阳山昂亮，海拔 1295m，CJ-572。

【药用功能】茎叶入药。祛风胜湿；主治风湿痹痛，四肢挛急，两足软弱。

2. 茵芋 *S. reevesiana*（Fortune）Fortune　榕江计划大山，海拔 1439m，RJ-321；榕江县水尾乡滚筒村茅坪，海拔 1374m，RJ-B-116。

【药用功能】叶、果实入药。祛风除湿、理气通便。

（六）四数花属 *Tetradium* Loureiro

1. 臭檀吴萸 *T. daniellii*（Benn.）Hemsl.　榕江县水尾乡滚筒村茅坪，海拔 977m，RJ-B-94。

【药用功能】果实入药。行气止痛；主治胃脘疼痛，头痛，腹痛。

2. 楝叶吴萸 *T. glabrifolium*（Champ. ex Benth.）Hartley　榕江计划大山，海拔 1439m，RJ-324。

（七）飞龙掌血属 *Toddalia* A. Juss.

1. 飞龙掌血 *T. asiatica*（L.）Lam.　榕江兴华乡星月村，海拔 455m，RJ-140。

【药用功能】根、茎、皮入药。止血，生肌，消肿解毒；治刀伤、跌打、筋骨痛、红痢、淋症。

（八）花椒属 *Zanthoxylum* L.

1. 竹叶花椒 *Z. armatum* DC.　榕江牛长河（马鞍山），海拔 300m，RJ-360；榕江兴华乡沙坪沟，海拔 457m，RJ-223。

2. 砚壳花椒 *Z. dissitum* Hemsl.　来源：《月亮山林区科学考察集》。

3. 刺壳花椒 *Z. echinocarpum* Hemsl.　来源：《月亮山林区科学考察集》。

【药用功能】根、根皮、茎皮入药。消食助运，行气止痛；主治脾运不健，厌食饱胀，脘腹气滞作痛。

4. 密果花椒 *Z. glomeratum* C. C. Huang　榕江计划大山，海拔 1436m，RJ-313。

5. 广西花椒 *Z. kwangsiense*（Hand.-Mazz.）Chun ex C. C. Huang　榕江兴华乡星月村，海拔 455m，RJ-114。

6. 菱叶花椒 *Z. rhombifoliolatum* C. C. Huang　从江光辉乡党郎洋堡，海拔 1309m，CJ-635。

【药用功能】根皮、树皮、果实入药叶。温中散寒，行气止痛；主治心腹冷痛，胀满，蛔虫腹痛。

7. 花椒簕 *Z. scandens* Blume　榕江县水尾乡毕贡，海拔 682m，RJ-B-71；从江光辉乡加牙村月亮山白及组，海拔 693m，CJ-489。

【药用功能】枝叶、根入药。活血，散瘀，止痛；主治胃脘滞疼痛，跌打损伤。

九十六、酢浆草科 Oxalidaceae

（一）酢浆草属 *Oxalis* L.

1. 酢浆草 *O. corniculata* L.　榕江县兴华乡星光村，海拔 460m，RJ-092；榕江县水尾乡上下午村下午组，海拔 425m，RJ-211。

【药用功能】全草入药。清热利湿，凉血散瘀，解毒消肿；主治湿热泄泻，痢疾，黄疸，淋症，带下，吐血，尿血，月经不调，跌打损伤，咽喉肿痛，痈肿疔疮，湿疹，蛇虫咬伤等。

2. 山酢浆草 *O. griffithii* Edgeworth et Hook. f.　榕江县计划乡加去村（计划大山），海拔 950m，RJ-425；从江县光辉乡太阳山，海拔 1110m，CJ-563；榕江县计划乡计划大山，海拔 1010m，RJ-642。

九十七、牻牛儿苗科 Geraniaceae

（一）老鹳草属 *Geranium* L.

1. 老鹳草 *G. wilfordii* Maxim.　榕江县计划乡计划大山（2010 年调查），海拔 825m。

【药用功能】全草入药。祛风通络，活血，清热利湿；主治风湿痹痛，肌肤麻木，筋骨酸痛，跌打损伤，泄泻，痢疾，疮毒。

九十八、凤仙花科 Balsaminaceae

（一）凤仙花属 *Impatiens* L.

1. 鸭跖草状凤仙花 *I. commellinoides* Hand. – Mazz.　榕江县水尾乡华贡村，海拔 640m，RJ – 295。

2. 齿萼凤仙花 *I. dicentra* Franch. ex Hook. f.　榕江县计划乡加去村（计划大山），海拔 950m，RJ – 416。

【药用功能】全草入药。祛瘀消肿，止痛渗湿；主治风湿筋骨疼痛，跌撞瘀肿，阴囊湿疹，疥癞疮癣。

3. 水金凤 *I. noli – tangere* L.　从江县光辉乡加牙（太阳山），海拔 1105m，RJ – 560。

4. 黄金凤 *I. siculifer* Hook. f　榕江县兴华乡星光村沙沉河，海拔 480m，RJ – 141；榕江县水尾乡华贡村，海拔 640~1280m，RJ – 319；榕江县水尾乡月亮山（2011 年调查），海拔 1100m；榕江县月亮山，海拔 1400m，RJ – 415。

【药用功能】全草入药。祛风除湿，活血消肿，清热解毒；主治风湿骨痛，风湿麻木，跌打损伤，烧烫伤。

5. 凤仙花的一种 *I.* sp.　榕江县水尾乡华贡村，海拔 640m，RJ – 323。

九十九、五加科 Araliaceae

（一）楤木属 *Aralia* L.

1. 黄毛楤木 *A. chinensis* L.　榕江县水尾乡必翁村下必翁，海拔 555m，RJ – B – 2；榕江计划大山，海拔 1417m；从江县光辉乡党郎村，海拔 740m。

2. 食用土当归 *A. cordata* Thunb.　榕江县水尾乡月亮山（2011 年调查），海拔 1200m。

【药用功能】根、根茎入药。驱风除湿，舒筋活络，活血止痛；主治风湿疼痛，腰膝酸痛，四肢痿痹，腰肌劳损，鹤膝风，手足扭伤肿痛，骨折，头风，头痛，牙痛。

3. 楤木 *A. elata*（Miq.）Seem.　榕江水尾乡上下午村下午组，海拔 430m；榕江计划大山，海拔 1436m；从江县光辉乡党郎村，海拔 740m。

【药用功能】根皮、茎皮入药。祛风除湿，利尿消肿，活血止痛；治肝炎、淋巴结肿大、肾炎水肿、糖尿病、白带、胃痛、风湿关节痛、腰腿痛、跌打损伤、骨折、无名肿毒。

4. 虎刺楤木 *A. finlaysoniana*（Wall. ex DC.）Seem.　榕江兴华乡星月村，海拔 455m，RJ – 105。

（二）罗伞属 *Brassaiopsis* Decne. Planch.

1. 锈毛罗伞 *B. ferruginea*（H. L. Li）C. Ho　从江光辉乡加牙村太阳山昂亮，海拔 1295m，CJ – 579；从江光辉乡党郎洋堡，海拔 1236m，CJ – 608、CJ – 609。

（三）树参属 *Dendropanax* Decne. et Planch.

1. 树参 *D. dentigerus*（Harms）Merr.　从江光辉乡加牙村月亮山野加木，海拔 1357m，CJ – 523；从江光辉乡加牙村太阳山昂亮，海拔 1120m，CJ – 550。

【药用功能】根皮入药。祛风除湿，消肿止痛，活血散瘀；治风湿，跌打损伤，疮毒。

2. 海南树参 *D. hainanensis*（Merr. et Chun）Merr. et Chun　榕江兴华乡星月村，海拔 455m，RJ – 84。

（四）马蹄参属 *Diplopanax* Hand. – Mazz.

1. 马蹄参 *D. stachyanthus* Hand. – Mazz.　榕江县计划乡，海拔 1227m，RJ – B – 140；榕江计划大山，海拔 1436m，RJ – 308。

（五）刺五加属 *Eleutherococcus* Maximowicz

1. 白簕 *E. trifoliatus*（Linnaeus）S. Y. Hu　来源：《月亮山林区科学考察集》。

（六）常春藤属 *Hedera* L.

1. 常春藤 *H. sinensis*（Tobler）Hand. – Mazz.　榕江县水尾乡必翁村下必翁，海拔 555m，RJ – B – 14；榕江计划大山，海拔 1270m，RJ – 446；从江光辉乡加牙村太阳山阿枯。

【药用功能】茎、叶入药。祛风活血，消肿；治关节酸痛、痈肿疮毒。

（七）刺楸属 *Kalopanax* Miq.

1. 刺楸 *K. septemlobus*（Thunb.）Koidz. 榕江县水尾乡必翁村下必翁，海拔 555m，RJ－B－11；从江县光辉乡党郎村，海拔 740m；从江光辉乡加牙村太阳山昂亮，海拔 1120m；榕江牛长河（马鞍山），海拔 300m；榕江水尾乡上下午村下午组，海拔 403m，RJ－243。

【药用功能】根、树皮入药。凉血，散瘀，祛风，除湿，杀虫；治肠风、痔血、跌打损伤、风湿骨痛、腰膝痛。

（八）文参属 *Metapanax* J. Wen et Frodin

1. 异叶梁王茶 *M. davidii*（Franch.）J. Wen ex Frodin 榕江县水尾乡滚筒村茅坪，海拔 1374m，RJ－B－113。

【药用功能】根、茎入药。治跌打损伤，风湿关节痛。

2. 梁王茶 *M. delavayi*（Franch.）J. Wen et Frodin 榕江县计划乡毕拱，海拔 884m，RJ－B－156。

（九）人参属 *Panax* L.

1. 竹节参 *P. japonicus*（T. Nees）C. A. Mey. 榕江县水尾乡月亮山（2011 年调查），海拔 1310m。

【药用功能】根茎、叶入药。根茎：补虚强壮，止咳祛痰，散瘀止血，消肿止痛；主治病后体弱，食欲不振，虚劳咳嗽，吐血，跌打损伤，风湿关节痛，痈肿。叶：清热解毒，生津利咽；主治口干舌燥，暑热伤津，咽痛音哑等。

（十）鹅掌柴属 *Schefflera* J. R. et G. Forst.

1. 穗序鹅掌柴 *S. delavayi*（Franch.）Harms 榕江兴华乡沙坪沟，海拔 457m，RJ－177；榕江水尾乡上下午村下午组，海拔 403m；从江光辉乡加牙村月亮山白及组，海拔 693m；从江光辉乡党郎洋堡，海拔 929m。

【药用功能】树皮、根皮入药。祛风湿，强筋骨，补肝肾；治跌打损伤、骨折、扭伤、肾虚腰痛。

2. 星毛鸭脚木 *S. minutistellata* Merr. ex H. L. Li 从江光辉乡党郎洋堡，海拔 1236m，CJ－606；CJ－613。

【药用功能】根皮、茎皮入药。发散风寒，活血止痛；主治风寒感冒，风湿痹痛，脘腹胀痛，跌打肿痛，骨折，劳伤疼痛等。

（十一）刺通草属 *Trevesia* Vis.

1. 刺通草 *T. palmata*（DC.）Vis. 榕江兴华乡星月村，海拔 457m，RJ－161。

一百、鞘柄木科 Toricelliaceae

（一）鞘柄木属 *Toricellia* DC.

1. 角叶鞘柄木 *T. angulata* Oliv. 从江光辉乡加牙村太阳山昂亮，海拔 1120m。

2. 鞘柄木 *T. tiliifolia* DC. 榕江县水尾乡毕贡，海拔 906m，RJ－B－75。

【药用功能】根、根皮、叶、花入药。活血舒筋，祛风利湿，接骨；主治跌打瘀肿，筋伤骨折，风湿痹痛，水肿等。

一百零一、伞形科 Apiaceae

（一）鸭儿芹属 *Cryptotaenia* DC.

1. 鸭儿芹 *C. japonica* Hassk. 榕江县兴华乡星光村，海拔 500m，RJ－159。

【药用功能】全草入药。活血祛瘀，祛风止咳；治感冒咳嗽，跌打损伤；外用治皮肤瘙痒。

【森林蔬菜】食用部位：嫩茎、叶柄；食用方法：优质野菜。

（二）胡萝卜属 *Daucus* L.

1. 野胡萝卜 *D. carota* L. 从江县光辉乡党郎村洋堡，海拔 1100m，CJ－598。

（三）天胡荽属 *Hydrocotyle* L.

1. 红马蹄草 *H. nepalensis* Hook. 榕江县水尾乡上下午村下午组，海拔 430m，RJ－239；榕江县水尾乡下必翁河边，海拔 555m，RJ－274；从江县光辉乡太阳山，海拔 845m，CJ－478。

【药用功能】全草入药。清热利湿，化瘀止血，解毒；主治感冒，痢疾，痛经，月经不调，跌打伤肿等。

2. 天胡荽 *H. sibthorpioides* Lam.　榕江县兴华乡星光村沙沉河，海拔490m，RJ-149；从江县光辉乡加叶村，海拔705m，CJ-453；榕江县水尾乡拉几(2011年调查)，海拔850m。

【药用功能】全草入药。清热利湿，解毒消肿；主治黄疸，痢疾，水肿，痈肿疮毒，带状疱疹，跌打损伤。

(四)藁本属 *Ligusticum* L.

1. 藁本 *L. sinense* Oliv.　榕江县水尾乡必拱，海拔1205m，RJ-362。

【药用功能】根茎、根入药。祛风除湿，散寒止痛；主治风寒头痛，风湿痹痛，寒湿泄泻。

(五)白苞芹属 *Nothosmyrnium* Miq.

1. 紫茎芹 *N. japonicum* Miq.　榕江县计划乡加去村(计划大山)，海拔960m，RJ-431。

【森林蔬菜】食用部位：嫩茎。

(六)水芹属 *Oenanthe* L.

1. 水芹 *O. javanica* (Blume) DC.　榕江县水尾乡必拱，海拔1290m，RJ-368。

【药用功能】全草入药。清热解毒，利尿，止血；主治感冒，小便不利，尿血，经多等。

2. 卵叶水芹 *O. rosthornii* Diels

【药用功能】全草入药。补气益血，止血，利尿；主治气虚血亏，头目眩晕，外伤出血。

(七)前胡属 *Peucedanum* L.

1. 白花前胡 *P. praeruptorum* Dunn　榕江县水尾乡华贡村，海拔640m，RJ-298。

【药用功能】根入药。疏散风热，降气化痰；主治外感风热，咳喘痰多，痰黄稠黏，胸膈满闷等。

【森林蔬菜】食用部位：嫩茎叶。

(八)茴芹属 *Pimpinella* L.

1. 异叶茴芹 *P. diversifolia* DC.　从江县光辉乡加牙(太阳山)，海拔1036m，RJ-523。

【药用功能】全草入药。散风宣肺，理气止痛，消积健脾，活血通经，除湿解毒；主治感冒，咳嗽，百日咳，胃气痛，消化不良，跌打损伤。

【森林蔬菜】食用部位：嫩茎叶。

(九)变豆菜属 *Sanicula* L.

1. 变豆菜 *S. chinensis* Bunge　榕江县水尾乡月亮山(2011年调查)，海拔900m；榕江县计划乡计划村，海拔830m，RJ-633。

【药用功能】全草入药。解毒，止血；主治咽痛，咳嗽，月经过多，外伤出血，疮痈肿毒等。

【森林蔬菜】食用部位：嫩茎叶。

2. 直刺变豆菜 *S. orchacantha* S. Moore

【药用功能】全株入药。清热解毒，益肺止咳，祛风除湿，活血通络；主治麻疹后热未尽，肺热咳嗽，痨伤咳嗽，风湿关节痛等。

(十)窃衣属 *Torilis* Adans.

1. 小窃衣 *T. japonica* (Houtt.) DC.　区内路旁、荒地习见。

【药用功能】果实入药。杀虫；治虫积腹痛，外用治恶疮，解蛇毒。

【森林蔬菜】食用部位：嫩茎叶。

2. 窃衣 *T. scabra* (Thunb.) DC.　榕江县月亮山，海拔1290m，RJ-365。

【药用功能】果实、全入药草。杀虫止泻，收湿止痒；主治虫积腹痛，泄痢，疮疡溃烂，阴痒带下，风湿疹。

一百零二、马钱科 Loganiaceae

（一）醉鱼草属 *Buddleja* L.

1. 大叶醉鱼草 *B. davidii* Franch. 榕江兴华乡星月村，海拔419m，RJ–11；榕江计划大山，海拔1436m。

【药用功能】全株入药。杀虫，止咳，祛风散寒，清积止痛；治疮疖、跌打损伤、脚癣、妇发阴痒。

（二）断肠草属 *Gelsemium* Juss.

1. 钩吻 *G. elegans*（Gardner et Champ.）Benth. 榕江牛长河（马鞍山），海拔314m；榕江兴华乡星月村，海拔419m，RJ–39。

一百零三、龙胆科 Gentianaceae

（一）龙胆属 *Gentiana* L.

1. 头花龙胆 *G. cephalantha* Franch. 榕江县水尾乡必拱，海拔1205m，RJ–361。

【药用功能】根入药。泻肝火，清下焦，除湿热；主治目赤肿痛，湿热黄疸，头痛，胆囊炎，疮疡肿毒，外阴瘙痒。

2. 红花龙胆 *G. rhodantha* Franch. ex Hemsl.

【药用功能】全草入药。清热利湿，凉血解毒；治肺热咳喘，痨病痰血，黄疸，痢疾，便血，疮疡肿毒，烧烫伤，毒蛇咬伤。

（二）匙叶草属 *Latouchea* Franch.

1. 匙叶草 *L. fokienensis* Franch. 榕江县水尾乡月亮山（2011年调查），海拔1110m；榕江县月亮山，海拔1400m，RJ–395；从江县光辉乡加牙（太阳山），海拔1095m，RJ–586。

【药用功能】全草入药。清热止咳，活血化瘀；主治痨伤咳嗽，腹内血瘀痞块等。

（三）獐牙菜属 *Swertia* L.

1. 獐牙菜 *S. bimaculata*（Siebold et Zucc.）Hook. f. et Thomson ex C. B. Clarke 从江县光辉乡党郎村洋堡，海拔1100m，CJ–594。

【药用功能】全草入药。清肝利胆，除湿降火；主治急、慢性肝炎，胆囊炎，尿路感染，肠炎。

一百零四、夹竹桃科 Apocynaceae

（一）络石属 *Trachelospermum* Lem.

1. 亚洲络石 *T. asiaticum*（Siebold et Zucc.）Nakai 榕江牛长河（马鞍山），海拔474m，RJ–393。

2. 绣毛络石 *T. dunnii*（H. Lévl.）H. Lévl. 榕江兴华乡星月村，海拔455m，RJ–79；榕江计划大山，RJ–407；RJ–87。

3. 络石 *T. jasminoides*（Lindl.）Lem. 榕江兴华乡沙坪沟，海拔457m，RJ–171；榕江兴华乡星月村，海拔455m，RJ–57。

【药用功能】茎叶入药。祛风，通络，止血，消瘀；治风湿痹痛、筋脉拘挛、痈肿、喉痹、吐血、跌打损伤、产后恶露不行。

一百零五、萝藦科 Asclepiadaceae

（一）吊灯花属 *Ceropegia* L.

1. 短序吊灯花 *C. christenseniana* Hand.–Mazz. 榕江县兴华乡星光村沙沉河河边，海拔540m，RJ–165；榕江县水尾乡下必翁，海拔600m，RJ–286。

（二）萝藦属 *Metaplexis* R. Br.

1. 华萝藦 *M. hemsleyana* Oliv. 榕江县水尾乡月亮山（2011年调查），海拔900m。

【药用功能】根茎、或全草入药。温肾益精；主治肾阳不足，畏寒肢冷，腰膝酸软，遗精阳痿，小乳，肢力劳伤。

一百零六、茄科 Solanaceae

（一）曼陀罗属 *Datura* L.

1. 曼陀罗 *D. stramonium* L.

【药用功能】花入药。定喘，祛风，麻醉止痛；治哮喘，风湿痹，脚气，疮疡疼痛；外科手术麻醉剂。

（二）红丝线属 *Lycianthes*（Dunal）Hassl.

1. 单花红丝线 *L. lysimachioides*（Wall.）Bitter　榕江县兴华乡星光村，海拔 470m，RJ－109；榕江县月亮山，海拔 1204m，RJ－352。

【药用功能】全草入药。解毒消肿；主治痈肿疮毒，鼻疮，耳疮等。

（三）枸杞属 *Lycium* L.

1. 枸杞 *L. chinense* Mill.　榕江兴华乡星月村，海拔 455m，RJ－85。

【药用功能】果实、根皮、叶入药。果实：滋养肝肾，虚劳咳嗽，明目；主治肝肾阴亏，腰膝酸软，头晕目眩，虚咳嗽，消渴引饮，目视不清，遗精等。根：清虚热，泻肺火，凉血；主治骨蒸盗汗，阴虚劳热，肺热咳喘，小儿疳积发热，衄血，尿血，消渴等。

（四）散血丹属 *Physaliastrum* Makino

1. 地海椒 *P. sinense*（Hemsl.）D'Arcy et Z. Y. Zhang

【药用功能】全草入药。清热解毒；主治感冒，痢疾，黄疸，疮疖等。

（五）茄属 *Solanum* L.

1. 少花龙葵 *S. americanum* Mill.　榕江县兴华乡星光村，海拔 495m，RJ－085。

【药用功能】全草入药。清热解毒，利湿消肿；主治痢疾，咽喉肿痛，高血压，热淋，目赤，疔疮疖肿等。

2. 癫茄（牛茄子）*S. surattense* Burm. f.　榕江县兴华乡星月村姑基坡公路边，海拔 420m，RJ－020。

3. 千年不烂心 *S. cathayamum* C. Y. Wu et S. C. Huang.　榕江县兴华乡星光村，海拔 510m，RJ－054。

【药用功能】全草入药。清热解毒，熄风定惊；治小儿发热惊风，黄疸，风火牙痛，肺热咳嗽。

4. 白英 *S. lyratum* Thunb.　榕江县兴华乡星月村姑基坡公路边，海拔 420m，RJ－025。

【药用功能】全草入药。清热，利湿，祛风，解毒；治疟疾，黄疸，水肿，淋病，风湿关节炎，丹毒，疔疮。

5. 珊瑚豆 *S. pseudocapsicum* L. var. *diflorum*（Vell.）Bitter　榕江县水尾乡必翁村下必翁，海拔 555m，RJ－B－17。

【药用功能】全草入药。祛风通络，消肿止痛；主治风湿痹痛，跌打损伤，腰背疼痛，无名肿毒。

一百零七、旋花科 Convolvulaceae

（一）打碗花属 *Calystegia* R. Br.

1. 旋花 *C. sepium*（L.）R. Br.　榕江县水尾乡上下午村下午组，海拔 450m，RJ－246。

（二）菟丝子属 *Cuscuta* L.

2. 菟丝子 *C. chinensis* Lam.　榕江县计划乡加去村（计划大山），海拔 970m，RJ－440。

【药用功能】种子入药。补肾益精，养肝明目，固胎止泄；主治腰膝酸软，阳痿，遗精，不育，早泄，遗尿，耳鸣目昏，胎动不安，泄泻等。

【森林蔬菜】食用部位：嫩茎。食用方法：作食疗菜，或置锅内加水煮至呈褐灰色稠状粥时，加酒、面粉作饼。

（三）飞蛾藤属 *Dinetus* Burm. f.

1. 飞蛾藤 *D. racemosus*（Roxb.）Buch. － Ham. ex Sweet　榕江县兴华乡星月村，海拔 435m，RJ－044；榕江县兴华乡星光村沙沉河，海拔 545m，RJ－170；榕江县水尾乡下必翁河边，海拔 560m，

RJ - 282。

【药用功能】全草、根入药。清热解毒，活血行气；主治风寒感冒，食滞腹胀，无名肿毒。

一百零八、紫草科 Boraginaceae

(一)琉璃草属 *Cynoglossum* L.

1. 琉璃草 *C. furcatum* Wall.　榕江县兴华乡星光村沙沉河，海拔 490m，RJ - 146；榕江县计划乡计划大山(2010 年调查)，海拔 805m。

【药用功能】根、叶入药；治疮。

一百零九、马鞭草科 Verbenaceae

(一)紫珠属 *Callicarpa* L.

1. 老鸦糊 *C. giraldii* Hesse ex Rehder　榕江兴华乡星月村，海拔 455m，RJ - 100；从江县光辉乡党郎村，海拔 740m。

【药用功能】叶入药。清热解毒，收敛止血；主治外伤出血，咯血，尿血，便血，崩漏，皮肤紫癜，痈疽肿毒，毒蛇咬伤。

2. 日本紫珠 *C. japonica* Thunb.　榕江县水尾乡滚筒村茅坪，海拔 977m，RJ - B - 81。

【药用功能】叶入药。清热消炎，凉血止血；主治感冒，咽喉肿痛，外伤出血，咯血，尿血等各种出血。

3. 窄叶紫珠 *C. membranacea* H. T. Chang　榕江兴华乡星月村，海拔 455m，RJ - 129；从江光辉乡加牙村太阳山昂亮，海拔 1120m，CJ - 570。

4. 红紫珠 *C. rubella* Lindl.　来源：《月亮山林区科学考察集》。

【药用功能】叶、嫩枝、根入药。叶、嫩枝：凉血止血，解毒消肿；主治外伤出血，咯血，尿血，痔血，跌打损伤，痈疮肿毒，毒蛇咬伤等。根：凉血止血，祛风止痛；主治吐血，尿血，偏头痛，风湿痹痛。

(二)大青属 *Clerodendrum* L.

1. 臭牡丹 *C. bungei* Steud.　榕江县水尾乡必翁村下必翁，海拔 555m，RJ - B - 29；榕江水尾乡上下午村下午组，海拔 430m，RJ - 289。

【药用功能】根、茎、叶入药。祛风解毒，消肿止痛，强筋壮骨，降压；治痈疖疔疮、肺痈、乳腺炎、跌打损伤、风湿性关节炎、子宫脱垂、脱肛、崩漏、白带、头晕虚咳、胃炎、高血压、毒蛇咬伤、疝气。

2. 灰毛大青 *C. canescens* Wall. ex Walp.　从江光辉乡加牙村太阳山阿枯，CJ - 531。

【药用功能】全草入药。清热解毒，凉血止血；主治感冒发热，赤白痢疾，肺痨咯血，疮疡。

3. 大青 *C. cyrtophyllum* Turcz.　榕江县水尾乡毕贡，海拔 643m，RJ - B - 54；榕江水尾乡上下午村下午组，海拔 1417m；榕江县水尾乡滚筒村茅坪，海拔 977m，RJ - B - 89。

4. 广东大青 *C. kwangtungense* Hand. - Mazz.　榕江县计划乡，RJ - B - 168；榕江兴华乡星月村，海拔 419m，RJ - 25；榕江县计划乡三角顶，海拔 1491m，RJ - B - 122。

【药用功能】根入药。清热利湿；主治咳嗽，风湿骨痛，腿脚乏力等。

5. 海通 *C. mandarinorum* Diels　来源：《月亮山林区科学考察集》。

【药用功能】枝叶入药；治小儿麻痹症。

6. 三对节 *C. serratum* (L.) Moon　榕江兴华乡星月村，海拔 455m，RJ - 87。

7. 海州常山 *C. trichotomum* Thunb.　榕江兴华乡沙坪沟，海拔 457m，RJ - 212；榕江县水尾乡滚筒村茅坪，海拔 977m，RJ - B - 79；榕江计划大山，海拔 1436m；榕江计划大山，海拔 1270m；从江光辉乡加牙村太阳山阿枯；从江光辉乡党郎洋堡，海拔 929m。

【药用功能】嫩枝、叶、花、果实、根入药。祛风除湿，平肝降压，解毒杀虫；主治风湿痹痛，半身不遂，高血压，偏头痛，疟疾，痢疾，痈疽疮毒，湿疹疥癣等。

（三）豆腐柴属 *Premna* L.

1. 豆腐柴 *P. microphylla* Turcz.　　榕江牛长河（马鞍山），海拔404m，RJ－383。

【药用功能】茎、叶入药。清热解毒；主治疟疾，泄泻，痢疾，痈肿，疔疮，丹毒，蛇虫咬伤等。

【森林蔬菜】食用部位：嫩叶；食用方法：凉粉。

（四）马鞭草属 *Verbena* L.

1. 马鞭草 *V. officinalis* L.

【药用功能】全草入药。清热解毒，截疟杀虫，利尿散瘀；主治疟疾、痢疾、胃肠炎、肝炎。

（五）牡荆属 *Vitex* L.

1. 牡荆 *V. negundo* L. var. *cannabifolia*（Siebold et Zucc.）Hand.－Mazz.　　榕江县水尾乡毕贡，海拔643m，RJ－B－48。

【药用功能】果实、叶、根入药。果实：化湿祛痰，止咳平喘，理气止痛；主治咳嗽气喘，胃痛，痢疾，疝气痛。叶：解表化湿，祛痰平喘，解毒；主治伤风感冒，咳嗽哮喘，乳痈肿痛，蛇虫咬伤等。根：祛风除湿，止痛；主治风湿痹痛，头痛，牙痛，疟疾等。

2. 微毛布惊 *V. quinata*（Lour.）F. N. Williams var. *puberula*（H. J. Lam）Moldenke　　榕江兴华乡星月村，海拔455m，RJ－91。

一百一十、唇形科 Lamiaceae

（一）风轮菜属 *Clinopodium* L.

1. 邻近风轮菜 *C. confine*（Hance）Kuntze　　榕江县水尾乡下必翁河边，海拔560m，RJ－279。

2. 细风轮菜 *C. gracile*（Benth.）Matsum.　　榕江县水尾乡（月亮山2010年调查），海拔680m。

（二）香薷属 *Elsholtzia* Willd.

1. 野草香 *E. cyprianii*（Pavol.）S. Chow ex P. S. Hsu　　榕江县兴华乡星月村姑基坡脚，海拔418m，RJ－006。

【药用功能】叶、茎叶入药。发表清热，解毒截疟；主治风热感冒，咽喉肿痛，风湿关节痛，疟疾，疔疮肿毒。

【森林蔬菜】食用部位：花。

（三）活血丹属 *Glechoma* L.

1. 活血丹 *G. longituba*（Nakai）Kuprian.　　榕江计划大山沟谷林缘。

（四）香茶菜属 *Isodon*（Schrad. ex Benth.）Kudo

1. 毛萼香茶菜 *I. eriocalyx*（Dunn）Kudo　　榕江兴华乡星月村，海拔419m，RJ－36。

【药用功能】叶、根入药。祛风除湿，解毒杀虫；主治风湿痹痛，风湿关节炎，脚气，痈疮肿毒。

2. 牛尾草 *I. ternifolius*（D. Don）Kudo　　榕江县计划乡计划大山（2010年调查），海拔825m。

【药用功能】全草入药。清热利湿，止血，解毒；主治感冒，流感，咳嗽痰多，咽喉肿痛，黄疸，热淋，水肿，痢疾，刀伤出血，毒蛇咬伤。

（五）龙头草属 *Meehania* Britt. ex Small et Vaill.

1. 龙头草 *M. henryi*（Hemsl.）Sun ex C. Y. Wu　　榕江县水尾乡月亮山（2011年调查），海拔1100m。

【药用功能】根、叶入药。补气血，祛风湿，消肿毒；主治痨伤气亏虚，脘腹疼痛，风湿痹痛，咽喉肿痛，痈肿疔毒，跌打损伤，蛇咬伤等。

（六）薄荷属 *Mentha* L.

1. 留兰香 *M. spicata* L.　　榕江县计划大山，海拔830m，RJ－632。

【药用功能】全草入药。疏风，理气，止痛；治感冒，咳嗽，头疼，脘腹胀痛，痛经。

【森林蔬菜】食用部位：嫩茎叶。

（七）石荠苧属 *Mosla* Buch. – Ham. ex Maxim.

1. 石荠苧 *M. scabra*（Thunb.）C. Y. Wu et H. W. Li　榕江县水尾乡上下午村下午组，海拔415m，RJ – 184。

（八）荆芥属 *Nepeta* L.

1. 荆芥 *N. cataria* L.　榕江县水尾乡华贡村，海拔640m，RJ – 294。

【药用功能】全草入药。疏风清热，活血止血；主治餐感风热，头痛，咽喉肿痛，麻疹透发不畅，吐血，衄血，跌打肿痛，疮痈肿痛，毒蛇咬伤等。

（九）假糙苏属 *Paraphlomis* Prain

1. 小叶假糙苏 *P. javanica* var. *coronata*（Vaniot）C. Y. Wu et H. W. Li　榕江县月亮山，海拔1204m，RJ – 355；从江县光辉乡加牙（太阳山），海拔1105m，RJ – 619。

【药用功能】全草、根入药。滋阴润燥，止咳，调经；主治感冒咳嗽，阴虚痨咳，痰中带血，月经不调等。

（十）紫苏属 *Perilla* L.

1. 紫苏 *P. frutescens*（L.）Britton　榕江县兴华乡星光村，海拔560m，RJ – 075；榕江县水尾乡上下午村下午组，海拔430m，RJ – 229。

【药用功能】果实、叶、茎入药。果实：润肠通便，祛痰降气；主治气滞便秘，咳逆痰喘等。叶：理气消食，宣肺疏风，解毒；主治脘腹胀闷，食积，咳嗽，感冒风寒，蛇虫咬伤等。茎：止痛，安胎，消食顺气；主治胎动不安，脘腹胀痛，食滞不化等。

2. 野生紫苏 *P. frutescens* var. *purpurascens*（Hayata）H. W. Li　榕江县计划乡计划大山（2010年调查），海拔805m。

【药用功能】叶、茎、果实入药。叶：散寒解表，宣肺化痰，行气和中，安胎，解毒；主治风湿感冒，咳嗽痰多，脘腹胀闷，食积，恶心呕吐，腹痛吐泻，胎气不和，食鱼蟹中毒等。茎：理气宽中，安胎，止血；主治脾胃气滞，胎动不安，咯血，吐血等。果实：降气，祛痰，平喘，润肠；主治咳嗽气喘，肠燥便秘等。

【森林蔬菜】食用部位：嫩叶、种子。食用方法：叶烧鱼，去腥解毒，或作调香料。种子作调香料。

（十一）夏枯草属 *Prunella* L.

1. 夏枯草 *P. vulgaris* L.　榕江县水尾乡上下午村下午组，海拔425m，RJ – 214。

【药用功能】果穗入药。清肝明目，散结解毒；主治目珠疼痛，目赤羞明，头痛眩晕，耳鸣，急、慢性肝炎，瘰疬，乳痈，痈疽肿毒等。

（十二）鼠尾草属 *Salvia* L.

1. 华鼠尾草 *S. chinensis* Benth.　榕江县计划乡计划大山（2010年调查），海拔960m。

【森林蔬菜】食用部位：幼苗。

（十三）黄芩属 *Scutellaria* L.

1. 耳挖草 *S. indica* L.　榕江县水尾乡月亮山（2011年调查），海拔980m。

（十四）筒冠花属 *Siphocranion* Kudo

1. 筒冠花 *S. macranthum*（Hook. f.）C. Y. Wu

【药用功能】全草。疏风清热，解毒消肿；主治风热感冒，头痛目赤，痈疮肿毒。

（十五）香科科属 *Teucrium* L.

1. 铁轴草 *T. quadrifarium* Buch. – Ham. ex D. Don　榕江县水尾乡必拱，海拔1204m，RJ – 353；从江县光辉乡太阳山，海拔1036m，CJ – 522；榕江县水尾乡月亮山（2011年调查），海拔900m。

【药用功能】全草入药。祛风解暑，利湿消肿，凉血解毒；主治风热感冒，中暑，肺热咳嗽，肺痈，泻痢，水肿，劳伤吐血，便血，无名肿毒，湿疹，跌打损伤。

一百一十一、透骨草科 Phrymaceae

（一）透骨草属 *Phryma* L.

1. 透骨草 *P. leptostachya* L. subsp. *asiatica*（Hara）Kitamura　　榕江县兴华乡星月村，海拔435m，RJ-045；榕江县计划乡计划大山（2010年调查），海拔825m。

【药用功能】全草入药。清热解毒杀虫；主治感冒，痢疾，黄疸，疥疮，脓疱疮，漆疮等。

一百一十二、水马齿科 Callitrichaceae

（一）水马齿属 *Callitriche* L.

1. 水马齿 *C. palustris* L.　　榕江水尾等地沼泽地、浅水中。

一百一十三、车前科 Plantaginaceae

（一）车前属 *Plantago* L.

1. 车前 *P. asiatica* L.　　榕江县兴华乡星光村，海拔460m，RJ-097。

【药用功能】全草入药。清热利尿，祛痰止咳，明目；治泌尿系统感染、结石，肾炎水肿，小便不利，肠炎，细菌性痢疾，急性黄疸型肝炎，支气管炎，急性眼结膜炎。

2. 大车前 *P. major* L.　　榕江县水尾乡华贡村，海拔645m，RJ-343。

【药用功能】全草、种子入药。全草：清热利尿，凉血解毒；主治小便不通，痈肿疮毒，淋浊，尿血，黄疸，肝热目赤，咽喉肿痛，暑湿泻痢。种子：清热利尿，祛痰，明目；主治水肿胀痛，带下，目赤障翳，痰热咳嗽。

一百一十四、木犀科 Oleaceae

（一）白蜡树属 *Fraxinus* L.

1. 白蜡树 *F. chinensis* Roxb.　　从江光辉乡党郎洋堡，海拔929m；从江光辉乡加牙村太阳山阿枯。

【药用功能】树皮入药；治疟疾，月经不调，小儿头疮。

2. 苦枥木 *F. insularis* Hemsl.　　榕江牛长河（马鞍山），海拔300m，RJ-356；从江县光辉乡党郎村，海拔740m。

【药用功能】树皮、叶入药。清热燥湿，治风湿痹痛。

（二）茉莉属 *Jasminum* L.

1. 扭肚藤 *J. elongatum*（Bergius）Willd.　　榕江兴华乡星月村，海拔455m，RJ-74。

【药用功能】茎入药。清热解毒，利湿消滞；主治肠炎，痢疾，湿热腹痛，消化不良，风湿痹痛，跌打损伤，疮疥，瘰疬。

2. 清香藤 *J. lanceolarium* Roxb.　　从江光辉乡加牙村太阳山昂亮，海拔1295m，CJ-577。

【药用功能】根、茎叶入药。驱风除湿，理气止痛，凉血解毒；治风湿麻木，无名肿毒，外伤出血，毒蛇咬伤。

3. 亮叶素馨 *J. seguinii* H. Lévl.　　从江光辉乡加牙村月亮山白及组，海拔693m，CJ-468。

【药用功能】根、叶入药。舒筋活络，瘀止血；主治跌打损伤，外伤出血，骨折，疮疖。

（三）女贞属 *Ligustrum* L.

1. 紫药女贞 *L. delavayanum* Har.　　榕江兴华乡星月村，海拔457m，RJ-150。

2. 小叶女贞 *L. quihoui* Carrière　　榕江水尾乡上下午村下午组，海拔430m，RJ-282；从江光辉乡加牙村太阳山阿枯；从江光辉乡党郎洋堡，海拔1327m，CJ-626。

【药用功能】叶入药。清热解毒；治烫伤、外伤。

3. 小蜡 *L. sinense* Lour.　　从江光辉乡党郎洋堡，海拔1309m，CJ-627。

【药用功能】树皮、叶入药。清热，降火；治吐血、牙痛、口疮、咽喉痛、湿热黄水疮痒。

（四）木犀属 *Osmanthus* Lour.

1. 木犀 *O. fragrans*（Thunb.）Lour.　　从江光辉乡党郎洋堡，海拔1236m，CJ-612。

2. 蒙自桂花 *O. henryi* P. S. Green　　从江光辉乡加牙村太阳山阿枯，CJ-531。

3. 厚边木犀 *O. marginatus*（Champ. ex Benth.）Hemsl. 从江光辉乡加牙村太阳山阿枯，CJ－530。

4. 总状桂花 *O. racemosus* X. H. Song 从江光辉乡加牙村太阳山昂亮，海拔 1295m，CJ－576。

一百一十五、玄参科 Scrophulariaceae

（一）毛麝香属 *Adenosma* R. Br.

1. 毛麝香 *A. glutinosum*（L.）Druce 从江太阳山。

【药用功能】全草入药。祛风湿，消肿毒，行气血，止痛痒；主治风湿骨痛，小儿麻痹，气滞腹胀，疮疖肿毒，湿疹，跌打伤痛，蛇虫咬伤。

（二）石龙尾属 *Limnophila* R. Br.

1. 石龙尾 *L. sessiliflora*（Vahl）Blume 从江太阳山。

【药用功能】全草入药；治疮疖肿毒。

（三）母草属 *Lindernia* All.

1. 长蒴母草 *L. anagallis*（Burm. f.）Pennell 榕江县水尾乡华贡村，海拔 645m，RJ－342。

【药用功能】全草入药。清热解毒，活血消肿；主治风热咳嗽，咽喉肿痛，肠炎，月经不调，跌打损伤，痈疽肿毒。

2. 母草 *L. crustacea*（L.）F. Muell. 榕江县水尾乡月亮山（2011 年调查），海拔 710m。

【药用功能】全草入药。清热利湿，活血止痛；主治风热感冒，湿热泻痢，肾炎水肿，月经不调，跌打损伤，痈疖肿毒。

3. 旱田草 *L. ruellioides*（Colsm.）Pennell 榕江县水尾乡上下午村下午组，海拔 425m，RJ－213。

【药用功能】全草入药。理气活血，解毒消肿；主治月经不调，痛经，乳痈，跌打损伤，蛇虫咬伤。

（四）通泉草属 *Mazus* Lour.

1. 通泉草 *M. japonicus*（Thunb.）O. Kuntze 榕江县水尾乡上下午村下午组，海拔 425m，RJ－204。

【药用功能】全草入药。清热解毒，利湿通淋，健脾消积；治热毒痈肿，脓泡疮，泌尿系统感染，腹水，黄疸，小儿疳积。

2. 贵州通泉草 *M. kweichowensis* P. C. Tsoong et H. P. Yang 榕江县兴华乡星光村沙沉河，海拔 545m，RJ－172。

【药用功能】全草入药。清热解毒，利湿通淋，健脾消积；主治热毒痈肿，脓泡疮，腹水，黄疸，消化不良，小儿疳积。

3. 匍茎通泉草 *M. miquelii* Makino 榕江县水尾乡上下午村下午组，海拔 425m，RJ－205。

【药用功能】全草入药。健胃，止痛，解毒；主治胃痛，消化不良，小儿疳积，痈肿疮毒等。

（五）泡桐属 *Paulownia* Sieb. et Zucc.

1. 白花泡桐 *P. fortunei*（Seem.）Hemsl. 榕江牛长河（马鞍山），海拔 300m。

【药用功能】根、果实入药。根：祛风，解毒，消肿，止痛；治筋骨疼痛，疮疡肿毒。果实：化痰止咳；治支气管炎。

2. 毛泡桐 *P. tomentosa*（Thunb.）Steud. 榕江兴华乡星月村，海拔 455m，RJ－113；榕江牛长河（马鞍山），海拔 300m。

【药用功能】树皮、果实，根入药。树皮：祛风除湿，消肿解毒；主治风湿热痹，丹毒，淋症，跌打肿痛，骨折等。果实：止咳，化痰，平喘；主治慢性支气管炎，咳嗽痰多等。根：祛风止痛，活血解毒；主治风湿疼痛，疮痈，跌打肿痛等。

（六）马先蒿属 *Pedicularis* L.

1. 西南马先蒿 *P. labordei* Vaniot ex Bonati 榕江县月亮山，海拔 1290m，RJ－364。

（七）松蒿属 *Phtheirospermum* Bunge

1. 松蒿 *P. japonicum*（Thunb.）Kanitz

【药用功能】全草入药。清热利湿，解毒；主治黄疸，水肿，风热感冒等。

（八）阴行草属 *Siphonostegia* **Benth.**

1. 阴行草 *S. chinensis* Benth. 榕江县水尾乡月亮山（2011年调查），海拔900m。

【药用功能】全草入药。清热利湿，凉血止血，散瘀止痛；主治湿热黄疸，痢疾，肠炎，小便淋浊，痈疽肿毒，尿血，便血，瘀血经闭，跌打肿痛，关节炎等。

（九）独脚金属 *Striga* **Lour.**

1. 独脚金 *S. asiatica*（L.）Kuntze

【药用功能】全草入药。健脾消积，清热杀虫；主治小儿伤食，疳积黄肿，夜盲，腹泻，肝炎。

（十）蝴蝶草属 *Torenia* **L.**

1. 光叶蝴蝶草 *T. asiatica* L. 榕江县兴华乡星光村，海拔515m，RJ－061；从江县光辉乡党郎村洋堡，海拔935m，CJ－587。

【药用功能】全株入药。清热利湿，解毒，化瘀；治热咳，黄疸，泻痢，疔毒，跌打损伤。

2. 单色蝴蝶草 *T. concolor* Lindl.

【药用功能】全草入药。清热利湿，止咳止呕，活血解毒；主治黄疸，血淋，呕吐，腹泻，风热咳嗽，跌打损伤，疔疮肿毒，蛇咬伤等。

3. 紫萼蝴蝶草 *T. violacea*（Azaola ex Blanco）Pennell 榕江县兴华乡星月村姑基坡脚，海拔419m，RJ－009。

【药用功能】全入药草。消食化积，解暑，清肝；主治小儿疳积，中暑呕吐，腹泻，目赤肿痛。

（十一）婆婆纳属 *Veronica* **L.**

1. 北水苦荬 *V. anagallis－aquatica* L. 榕江计划大山。

【药用功能】全草入药。清热解毒，活血止血；主治感冒，咽喉肿痛，劳伤咳血，痢疾，血淋，跌打肿痛，闭经等。

2. 多枝婆婆纳 *V. javanica* Blume

【药用功能】全草入药。清热解毒，消肿止痛；主治疮疖肿毒，乳痈，痢疾，跌打损伤等。

3. 阿拉伯婆婆纳 *V. persica* Poir. 从江太阳山。

【药用功能】全草入药。祛风除湿，壮腰，截疟；主治风湿痹痛，肾虚腰痛，久疟等。

4. 婆婆纳 *V. polita* Fries 区内荒地、路旁、林缘习见。

【药用功能】全草入药。补肾强腰，消肿解毒；主治肾虚腰痛，痈肿，白带，疝气等。

一百一十六、列当科 Orobanchaceae

（一）野菰属 *Aeginetia* **L.**

1. 野菰 *A. indica* L. 从江太阳山。

【药用功能】茎、花、全草入药。清热解毒；主治咽喉肿痛，咳嗽，小儿高热，尿路感染，疔疮，毒蛇咬伤等。

一百一十七、苦苣苔科 Gesneriaceae

（一）唇柱苣苔属 *Chirita* **Buch.－Ham. ex D. Don**

1. 蚂蟥七 *C. fimbrisepala* Hand.－Mazz. 榕江县水尾乡月亮山（2011年调查），海拔1100m；从江县光辉乡加牙（太阳山），海拔850m，RJ－623；榕江县兴华镇沙坪沟下午，海拔700m，RJ－649。

2. 荔波唇柱苣苔 *C. liboensis* W. T. Wang et D. Y. Chen 榕江县水尾乡华贡村，海拔640m，RJ－314。

3. 羽裂唇柱苣苔 *C. pinnatifida*（Hand.－Mazz.）B. L. Burtt 从江县光辉乡太阳山，海拔1115m，CJ－574；榕江县水尾乡月亮山（2011年调查），海拔1050m；榕江县计划乡加去村（计划大山），海拔825m，RJ－483。

【药用功能】全草入药。清热解毒，散瘀消肿；主治感冒，痢疾，黄疸，跌打损伤，疔疮肿毒等。

（二）长蒴苣苔属 *Didymocarpus* Wall.

1. 腺毛长蒴苣苔 *D. glandulosus*（W. W. Sm.）W. T. Wang　从江县光辉乡太阳山，海拔 855m，CJ－490；榕江县计划乡计划大山（2010 年调查），海拔 825m。

（三）半蒴苣苔属 *Hemiboea* Clarke

1. 柔毛半蒴苣苔 *H. mollifolia* W. T. Wang　榕江县计划乡加去村（计划大山），海拔 825m，RJ－480。

2. 半蒴苣苔 *H. subcapitata* C. B. Clarke　榕江县兴华乡星光村沙沉河，海拔 470m，RJ－117；榕江县水尾乡上拉力后山，海拔 904m，RJ－400；从江县光辉乡太阳山，海拔 845m，CJ－483。

【药用功能】全草入药。清热利湿，解毒消肿；主治湿热黄疸，咽喉肿痛，毒蛇咬伤，烧烫伤等。

3. 降龙草 *H. subcapitata* C. B. Clarke var. *subcapitata*

（四）吊石苣苔属 *Lysionotus* D. Don

1. 异叶吊石苣苔 *L. heterophyllus* Franch.　榕江计划大山，海拔 1417m，RJ－295。

2. 吊石苣苔 *L. pauciflorus* Maxim.　从江光辉乡加牙村月亮山白及组，海拔 693m，CJ－504；从江光辉乡党郎洋堡，海拔 929m，CJ－599。

【药用功能】全草入药。祛风除湿，化痰止咳，祛瘀通络；主治风湿痹痛，咳喘痰多，月经不调，痛经，腰腿酸痛，跌打肿痛等。

（五）线柱苣苔属 *Rhynchotechum* Bl.

1. 线柱苣苔 *R. ellipticum*（Wall. ex D. Dietr.）A. DC.　榕江水尾乡上下午村下午组，海拔 430m，RJ－275。

（六）异叶苣苔属 *Whytockia* W. W. Smith

1. 白花异叶苣苔 *W. tsiangiana*（Hand. － Mazz.）A. Weber　从江县光辉乡加牙（太阳山），海拔 850m，RJ－624。

【药用功能】全草入药。止咳，散瘀消肿；主治咳嗽，跌打损伤等。

一百一十八、爵床科 Acanthaceae

（一）白接骨属 *Asystasiella* Lindau

1. 白接骨 *A. neesiana*（Wall.）Lindau　榕江县兴华乡星光村沙沉河，海拔 480m，RJ－127；榕江县水尾乡上拉力后山，海拔 904m，RJ－401。

【药用功能】茎、全草入药。化瘀止血，续筋接骨，利尿消肿，清热解毒；主治吐血，便血，外伤出血，扭伤骨折，风湿肿痛，腹水，疮疡溃烂，咽喉肿痛。

（二）爵床属 *Justicia* Reichb.

1. 爵床 *J. procumbens* L.　榕江县兴华乡星光村，海拔 500m，RJ－076。

【药用功能】全草入药。清热解毒，活血止痛，利湿消积；主治感冒发热，咽喉肿痛，黄疸，疟疾，跌打肿痛，痔积，湿疹等。

2. 杜根藤 *J. quadrifaria*（Nees）T. Anderson

【药用功能】全草入药。清热解毒；主治时行热毒，丹毒，口舌生疮，黄疸等。

（三）九头狮子草属 *Peristrophe* Nees

1. 九头狮子草 *P. japonica*（Thunb.）Bremek.　榕江县水尾乡华贡村，海拔 640m，RJ－322。

【药用功能】全草入药。祛风清热，凉肝定惊，散瘀解毒；主治感冒发热，肺热咳喘，肝热目赤，小儿惊风，咽喉肿痛，乳痈，跌打损伤，痈肿疔毒等。

（四）马蓝属 *Strobilanthes* Bl.

1. 翅柄马蓝 *S. wallichii* Nees

2. 马蓝（板蓝）*S. cusia*（Nees）Kuntze　榕江县水尾乡拉几（2011 年调查），海拔 860m。

3. 球花马蓝 *S. dimorphotricha* Hance　从江县光辉乡加牙（太阳山），海拔 1036m，RJ－518；榕江

县兴华镇沙坪沟，海拔700m，RJ－650。

【药用功能】全草入药。清热解毒，凉血；主治风热感冒，咽喉肿痛，流脑，肺炎，疮疹，目赤肿痛等。

4. 薄叶马蓝 *S. labordei* H. Lévl.

5. 少花马蓝 *S. oligantha* Miq.　榕江县月亮山，海拔1400m，RJ－412。

6. 四子马蓝 *S. tetrasperma*（Champ. ex Benth.）Druce　从江太阳山沟谷林下。

一百一十九、紫葳科 Bignoniaceae

（一）梓属 *Catalpa* Scop.

1. 梓 *C. ovata* G. Don　从江县光辉乡党郎村，海拔740m。

【药用功能】根皮、果实、叶入药。根皮：清热利湿，降逆止吐，杀虫止痒；主治湿热黄疸，胃逆呕吐，湿疹，皮肤瘙痒等。果实：利尿消肿；主治浮肿，慢性肾炎，肝腹水等。叶：清热解毒，杀虫止痒；主治小儿发热，疥疮等。

【森林蔬菜】食用部位：叶芽。

一百二十、狸藻科 Lentibulariaceae

（一）狸藻属 *Utricularia* L.

1. 黄花狸藻 *U. aurea* Lour.　从江太阳山、榕江计划大山。

【药用功能】全草入药。清热明目；主治目赤红肿。

2. 挖耳草　*U. bifida* L.

一百二十一、桔梗科 Campanulaceae

（一）沙参属 *Adenophora* Fisch.

1. 湖北沙参 *A. longipedicellata* D. Y. Hong　榕江县水尾乡必拱，海拔1204m，RJ－359。

【药用功能】根茎入药。清热养阴，祛痰止咳；主治虚劳咳嗽，肺热咳嗽，咽喉肿痛。

（二）金钱豹属 *Campanumoea* Bl.

1. 金钱豹 *C. javanica* Blume　榕江县水尾乡上下午村下午组，海拔425m，RJ－203。

【药用功能】根入药。健脾胃，补肺气，祛痰止咳；治虚劳内伤，肺虚咳嗽，脾虚泄泻，乳汁不多，小儿疳积，遗尿。

（三）轮钟花属 *Cyclocodon* Griffith ex J. D. Hooker et Thomson

1. 长叶轮钟草 *C. lancifolius*（Roxb.）Kurz　榕江县水尾乡华贡村，海拔640m，RJ－326。

（四）半边莲属 *Lobelia* L.

1. 半边莲 *L. chinensis* Lour.　榕江县水尾乡下必翁河边，海拔555m，RJ－276；榕江县水尾乡上拉力后山，海拔893m，RJ－409。

【药用功能】带根全草入药。利水，消肿，解毒；治黄疸，水肿，臌胀，泄泻，痢疾，蛇伤，疔疮，肿毒，湿疹，癣疾，跌打扭伤肿痛。

2. 江南山梗菜 *L. davidii* Franch.　榕江县水尾乡华贡村，海拔640m，RJ－327。

【药用功能】根、全草入药。宣肺化痰，清热解毒，利尿消肿；主治咳嗽痰多，水肿，痈肿疮毒，下肢溃烂，蛇虫咬伤。

【森林蔬菜】食用部位：嫩茎叶；食用方法：焯过，浸去苦味后做菜、汤。

3. 西南山梗菜 *L. sequinii* H. Lévl. et Vaniot　榕江县兴华乡星光村，海拔495m，RJ－088。

【药用功能】根、茎叶入药。祛风活血，清热解毒；主治风湿疼痛，跌打损伤，痈肿疔疮，痄腮，虫蛇咬伤。

（五）桔梗属 Platycodon A. DC.

1. 桔梗 *P. grandiflorus*（Jacquin）A. DC.　榕江县水尾乡必拱，海拔1204m，RJ－360；榕江县水尾乡月亮山（2011年调查），海拔780m。

【药用功能】根入药。宣肺，利咽，祛痰，排脓；治咳嗽痰多，胸闷不畅，咽痛，音哑，肺痈吐脓，疮疡脓成不溃。

【森林蔬菜】食用部位：根、嫩茎叶；食用方法：根含皂甙。剥皮，浸去涩味后，做菜或腌菜。阴虚久咳，气逆及咳血者忌。忌同食煮肉。

（六）铜锤玉带属 *Pratia* Gaudich.

1. 铜锤玉带草 *P. nummularia* （Lam.） A. Br. et Aschers.　榕江县兴华乡星光村沙沉河，海拔480m，RJ-138；榕江县水尾乡月亮山（2011年调查），海拔900m。

【药用功能】全草入药。祛风利湿，活血，解毒；治风湿疼痛，跌打损伤，乳痈，无名肿毒。

【森林蔬菜】食用部位：幼苗；食用方法：孕妇忌食。

（七）兰花参属 *Wahlenbergia* Schrad. ex Roth

1. 蓝花参 *W. marginata* （Thunb.） A. DC.　榕江县水尾乡（月亮山2010年调查），海拔680m。

【药用功能】根、全草入药。健脾益气，祛痰止咳，止血；主治劳伤虚损，自汗，盗汗，小儿疳积，咳嗽，妇女白带，衄血，刀伤等。

【森林蔬菜】食用部位：块根；食用方法：作食疗菜，或炖肉、鸡、蛋。

一百二十二、茜草科 Rubiaceae

（一）水团花属 *Adina* Salisb.

1. 水团花 *A. pilulifera* （Lam.） Franch. ex Drake　榕江县水尾乡必翁村下必翁，海拔555m，RJ-B-3；榕江兴华乡星月村，海拔419m，RJ-44；榕江牛长河（马鞍山），海拔300m；从江光辉乡党郎洋堡，海拔929m，CJ-596；RJ-B-155。

【药用功能】枝叶入药。清热利湿，消瘀止痛，止血生肌；治痢疾、肠炎、湿热浮肿、痈肿疮毒、湿疹、烂脚、溃疡不敛、创伤出血。

2. 细叶水团花 *A. rubella* Hance　榕江水尾乡上下午村下午组，海拔403m，RJ-236；榕江牛长河（马鞍山），海拔314m。

【药用功能】地上部分、根入药。地上部分：清利湿热，解毒消肿；主治湿热泄泻，痢疾，湿疹，疮疖肿毒，跌打损伤，风火牙痛。根：清热解表，活血解毒；主治感冒发热，咳嗽，腮腺炎，咽喉肿痛，肝炎，风湿关节痛，创伤出血。清热利湿，润肺；主治黄疸，痢疾，肺热咳嗽等。

（二）虎刺属 *Damnacanthus* Gaertn. f.

1. 柳叶虎刺 *D. labordei* （H. Lévl.） H. S. Lo　榕江牛长河（马鞍山），海拔300m；从江光辉乡加牙村太阳山昂亮，海拔1120m，CJ-547。

（三）狗骨柴属 *Diplospora* DC.

1. 狗骨柴 *D. dubia* （Lindl.） Masam.　榕江计划大山，RJ-413；榕江水尾乡上下午村下午组，海拔403m，RJ-251。

【药用功能】根入药。清热解毒，消肿散结；主治瘰疬，背痈，头疖，跌打肿痛。

2. 毛狗骨柴 *D. fruticosa* Hemsl.　RJ-196。

【药用功能】根入药。益气养血，收敛止血；主治血崩，肠风下血，血虚，关节痛。

（四）香果树属 *Emmenopterys* Oliv.

1. 香果树 *E. henryi* Oliv.　榕江县计划乡毕拱，海拔884m，RJ-B-153；榕江计划大山，海拔1439m；榕江计划大山，海拔1270m，RJ-417；从江光辉乡加牙村月亮山白及组，海拔693m。

【药用功能】根皮入药；治反胃呕吐。

（五）拉拉藤属 *Galium* L.

1. 六叶葎 *G. asperuloides* Edgew. subsp. *hoffmeisteri* （Klotzsch） Hara　榕江县计划乡计划大山（2010年调查），海拔840m。

【药用功能】全草入药。清湿热，散瘀，消肿，解毒；治淋浊、尿血、跌打损伤、肠痈、疖肿、中耳炎。

（六）栀子属 *Gardenia* Ellis

1. 栀子 *G. jasminoides* J. Ellis　榕江县水尾乡必翁村下必翁，海拔555m，RJ－B－10；从江县光辉乡党郎村，海拔740m。

【药用功能】果、花、叶、根入药。泻火解毒、利尿，止血，清肝；治热病心烦、风热感冒、黄疸型肝炎、热毒疮疡、口舌糜烂、痔疮、小便涩热痛、烫火伤、扭伤肿痛、吐血、尿血、衄血、乳痈、头痛高热、痢疾、肾炎水肿。

【森林蔬菜】食用部位：花；食用方法：炖肉，烧鱼、蛇肉等。果制食品色素。

（七）耳草属 *Hedyotis* L.

1. 耳草 *H. auricularia* L.　榕江县水尾乡必拱，海拔1040m，RJ－357。

【药用功能】全草入药。清热解毒，凉血消肿；主治感冒发热，肺热咳嗽，咽喉肿痛，痢疾，痔疮出血，崩漏，跌打损伤，痈疖肿毒。

2. 剑叶耳草 *H. caudatifolia* Merr. et F. P. Metcalf　从江县光辉乡太阳山，海拔870m，CJ－511；榕江县水尾乡月亮山（2011年调查），海拔1100m。

【药用功能】全草入药。化痰止咳，健脾消积；主治支气管哮喘，支气管炎，肺痨咯血，小儿疳积，跌打损伤。

3. 金毛耳草 *H. chrysotricha* (Palib.) Merr.　榕江县水尾乡华贡村，海拔640m，RJ－307。

【药用功能】全草入药。清热利湿，消肿解毒；主治湿热黄疸，泄泻，痢疾，水肿，跌打肿痛，带状疱疹，疮疡肿毒。

4. 牛白藤 *H. hedyotidea* (DC.) Merr.　榕江兴华乡星月村，海拔455m，RJ－58。

【药用功能】茎叶、根入药。清热解毒，祛瘀消肿；主治风热感冒，肺热咳嗽，中暑，痈疮肿痛，皮肤湿疹，风湿性腰腿痛，跌打损伤。

5. 长节耳草 *H. uncinella* Hook. et Arn.　榕江县水尾乡月亮山（2011年调查），海拔780m。

【药用功能】全草入药。祛风除湿，健脾消积；主治风湿疼痛，小儿疳积，脘腹胀满，痢疾，泄泻等。

（八）粗叶木属 *Lasianthus* Jack

1. 粗叶木 *L. chinensis* (Champ.) Benth.　榕江县水尾乡毕贡，海拔682m，RJ－B－59；榕江兴华乡沙坪沟，海拔457m，RJ－227。

【药用功能】根、叶入药。根：祛风胜湿，活血止痛；主治风寒湿痹，筋骨疼痛。叶：清热除湿；主治湿热黄疸。

2. 西南粗叶木 *L. henryi* Hutch.　来源：《月亮山林区科学考察集》。

3. 宽叶日本粗叶木 *L. japonicus* Miq. var. *latifolius* H. Zhu　从江光辉乡加牙村太阳山昂亮，海拔1120m。

4. 云广粗叶木亚种 *L. japonicus* Miq. subsp. *longicaudus* (Hook. f.) C. Y. Wu et H. Zhu　榕江牛长河（马鞍山），海拔404m，RJ－378。

（九）黄棉树属 *Metadina* Bakh. f.

1. 黄棉木 *M. trichotoma* (Zoll. et Moritzi) Bakh. f.　来源：《月亮山林区科学考察集》。

（十）巴戟天属 *Morinda* L.

1. 南岭鸡眼藤 *M. nanlingensis* Y. Z. Ruan　榕江牛长河（马鞍山），海拔300m，RJ－355。

2. 印度羊角藤 *M. umbellata* L. subsp. *obovata* Y. Z. Ruan　榕江县水尾乡毕贡，海拔643m，RJ－B－39；从江光辉乡加牙村太阳山阿枯。

（十一）玉叶金花属 *Mussaenda* L.

1. 黐花（大叶白纸扇） *M. esquirolii* H. Lévl.　从江光辉乡加牙村月亮山白及组，海拔693m，

CJ－464。

2. 玉叶金花 *M. pubescens* W. T. Aiton　榕江兴华乡沙坪沟，海拔457m，RJ－231；榕江兴华乡星月村，海拔419m，RJ－18；从江县光辉乡党郎村，海拔740m。

【药用功能】茎叶入药。解表，清暑，利湿，解毒，活血；治感冒、中暑、发热、咳嗽、咽喉肿痛、暑湿泄泻、痢疾、疮疡脓肿、跌打、蛇伤。

（十二）密脉木属 *Myrioneuron* R．Br．ex Kurz

1. 密脉木 *M. faberi* Hemsl.　榕江兴华乡沙坪沟，海拔457m，RJ－216。

【药用功能】根入药。清热解毒，利尿，止呕；主治黄疸，肾炎水肿，蛇虫咬伤，痧症呕吐。

（十三）新耳草属 *Neanotis* Lewis

1. 西南新耳草 *N. wightiana*（Wall. ex Wight et Arn.）W. H. Lewis　榕江县计划乡加去村（计划大山），海拔960m，RJ－449。

（十四）蛇根草属 *Ophiorrhiza* L．

1. 广州蛇根草 *O. cantoniensis* Hance　从江县光辉乡太阳山，海拔825m，CJ－473；榕江县水尾乡月亮山（2011 年调查），海拔1100m。

【药用功能】根茎入药。清热止咳，消肿止痛，安神；主治劳伤咳嗽，跌打肿痛，神经衰弱等。

2. 日本蛇根草 *O. japonica* Blume　从江县光辉乡太阳山，海拔1105m，CJ－549；榕江县计划乡计划大山，海拔1000m，RJ－640。

【药用功能】全草入药。活血散淤；治咳嗽、劳伤吐血、跌打、月经不调

（十五）茜草属 *Rubia* L．

1. 茜草 *R. cordifolia* L.　榕江县兴华乡星光村沙沉河，海拔480m，RJ－134。

【药用功能】茎、根入药。茎：止血，行瘀；治吐血，血崩，跌打损伤，风痹，腰痛，痈毒，疔肿。

【森林蔬菜】食用部位：嫩茎叶；食用方法：炸熟，浸去苦味，煮食或凉拌。

（十六）六月雪属 *Serissa* Comm．ex A．L．Jussieu

1. 六月雪 *S. japonica*（Thunb.）Thunb.　来源：《月亮山林区科学考察集》。

【药用功能】茎叶、根入药。清热解毒，祛风除湿；主治感冒，肾炎水肿，黄疸，痢疾，咽喉肿痛，腰腿疼痛，跌打损伤，痈疽肿毒等。

（十七）乌口树属 *Tarenna* Gaertn．

1. 白皮乌口树 *T. depauperata* Hutch.　榕江牛长河（马鞍山），海拔404m，RJ－375。

【药用功能】叶入药。解毒，消肿；主治疮疖溃烂。

2. 广西乌口树 *T. lanceolata* Chun et How ex W. C. Chen　从江光辉乡加牙村月亮山八九米，海拔1178m，CJ－513。

【药用功能】全草入药。祛风消肿，止痛；主治风湿疼痛，跌打损伤，风湿性关节炎，坐骨神经痛。

（十八）钩藤属 *Uncaria* Schreber

1. 钩藤 *U. rhynchophylla*（Miq.）Miq. ex Havil.　榕江兴华乡星月村，海拔455m，RJ－68；从江县光辉乡党郎村，海拔740m。

【药用功能】带钩枝条、根入药。带钩枝条：清热平肝，熄风定惊；治小儿惊热、血压偏高、头晕、目眩、全身麻木、面神经麻痹。根：舒筋活络，清热消肿；治关节痛风、半身不遂、癫痫、水肿、跌扑损伤。

2. 华钩藤 *U. sinensis*（Oliv.）Havil.　来源：《月亮山林区科学考察集》。

【药用功能】带钩枝条、根入药。带钩枝条：清热平肝，熄风定惊；治小儿惊热、血压偏高、头晕、目眩、全身麻木、面神经麻痹。根：舒筋活络，清热消肿；治关节痛风、半身不遂、癫痫、水肿、跌扑损伤。

一百二十三、牛繁缕科 Theligonaceae

(一)假牛繁缕属 *Theligonum* L.

1. 假繁缕 *T. macranthum* Franch. 榕江县水尾乡上下午村下午组，海拔425m，RJ–615。

一百二十四、忍冬科 Caprifoliaceae

(一)忍冬属 *Lonicera* L.

1. 淡红忍冬 *L. acuminata* Wall. 从江光辉乡加牙村太阳山昂亮，海拔1295m，CJ–583。

【药用功能】花蕾入药。清热解毒，通络；主治暑热感冒，咽喉痛，风热咳喘，泄泻，疮疡肿毒等。

2. 锈毛忍冬 *L. ferruginea* Rehder 来源：《月亮山林区科学考察集》。

3. 黄褐毛忍冬 *L. fulvotomentosa* P. S. Hsu et S. C. Cheng 来源：《月亮山林区科学考察集》。

【药用功能】蓓蕾、果实、茎枝入药。清热解毒，截疟；主治温病发热，热毒血痢，痈肿疔疮，喉痹，多种感染性冷热病。

4. 忍冬 *L. japonica* Thunb. 榕江县水尾乡滚筒村茅坪，海拔1374m，RJ–B–111。

【药用功能】蓓蕾、茎叶入药。蓓蕾：清热解毒；治上呼吸道感染，急性乳腺炎，急性结膜炎，流行性感冒，扁桃体炎细菌性痢疾，肺脓疡，急性阑尾炎，疮疖脓肿，外伤感染。茎叶：清热，解毒，通络；治温病发热，热毒血痢，传染性肝炎，痈肿疮毒，筋骨疼痛。

5. 女贞叶忍冬 *L. ligustrina* Wall. 从江光辉乡加牙村月亮山八九米，海拔1178m。

6. 灰毡毛忍冬 *L. macranthoides* Hand. – Mazz. 榕江计划大山，海拔1270m，RJ–420。

【药用功能】蓓蕾入药。清热解毒，宣散风热；主治温病发热，感冒发热，咽喉肿痛，风热咳嗽，目赤肿痛，痢疾，疔疮肿毒。

【森林蔬菜】食用部位：花；食用方法：凉拌、炒菜、炖粥。脾胃虚寒及气虚疮疡脓清者忌食。

7. 蕊帽忍冬 *L. pileata* Oliv. 来源：《月亮山林区科学考察集》。

【药用功能】花蕾入药。清热解毒，止痢；主治痢疾，疟疾等。

8. 细毡毛忍冬 *L. similis* Hemsl. 榕江牛长河(马鞍山)，海拔531m。

【药用功能】蓓蕾、叶入药。蓓蕾：清热解毒，治感冒，咽喉痛，目赤红肿，疮毒等。叶：驱虫，治蛔虫。

(二)接骨木属 *Sambucus* L.

1. 接骨草 *S. chinensis* Lindl. 榕江县兴华乡星月村姑基坡水沟边，海拔430m，RJ–033；榕江县水尾乡华贡村，海拔640m，RJ–297。

【药用功能】茎、枝、根入药。祛风，利湿，活血，止痛；治风湿筋骨痛，腰痛，水肿，跌打损伤，骨折，创伤出血等。

2. 接骨木 *S. williamsii* Hance 榕江水尾乡上下午村下午组，海拔403m。

【药用功能】茎叶入药。祛风，利湿，活血，止痛；治风湿筋骨痛、腰痛、水肿、跌打肿痛、骨折、创伤出血。

(三)荚蒾属 *Viburnum* L.

1. 桦叶荚蒾 *V. betulifolium* Batalin 从江光辉乡加牙村月亮山白及组，海拔693m，CJ–472。

【药用功能】根入药。调经，涩精；治月经不调，梦遗滑精，肺热口臭，白浊带下。

2. 短序荚蒾 *V. brachybotryum* Hemsl. 榕江兴华乡沙坪沟，海拔457m，RJ–191。

【药用功能】茎叶入药。清热解毒，止痢；主治感冒发热，热痢等。

3. 金佛山荚蒾 *V. chinshanense* Graebn. 从江光辉乡加牙村月亮山白及组，海拔693m。

【药用功能】果实入药。破瘀，通经，清热解毒；主治闭经，泄泻，跌打损伤，疮疖肿毒。

4. 水红木 *V. cylindricum* Buch. – Ham. ex D. Don 榕江计划大山，海拔1436m；榕江牛长河(马鞍山)，海拔300m；从江县光辉乡党郎村，海拔740m。

【药用功能】叶、根、花入药。清热凉爽血，化湿通络；治燥咳，痢疾，风湿疼痛，跌打损伤。

5. 荚蒾 *V. dilatatum* Thunb. 从江光辉乡党郎洋堡，海拔 1236m，CJ－616。

【药用功能】茎叶、根入药。茎叶：疏风解表，清热解毒，活血；主治风热感冒，疔疮，产后伤风，跌打骨折。根：祛瘀消肿，解毒；主治跌打损伤，牙痛，淋巴结炎。

6. 宜昌荚蒾 *V. erosum* Thunb. 榕江兴华乡星月村，海拔 455m，RJ－124。

【药用功能】枝叶、根入药。祛风除湿；主治风湿痹痛。茎叶：解毒，祛湿，止痒；主治口腔炎，脚丫湿烂，湿疹。

7. 直角荚蒾 *V. foetidum* Wall. var. *rectangulatum*（Graebn.）Rehder 从江光辉乡党郎洋堡，海拔 1236m。

【药用功能】叶、果实、树皮入药。清热，解表，止咳，主治头痛，周身疼痛，热咳。

8. 南方荚蒾 *V. fordiae* Hance 榕江兴华乡星月村，海拔 455m，RJ－117；从江光辉乡党郎洋堡，海拔 929m，CJ－588。

【药用功能】根、茎叶。疏见解表，活血散瘀，清热解毒；主治感冒发热，月经不调，风湿痹痛，跌打损伤，疮疖，湿疹等。

9. 蝶花荚蒾 *V. hanceanum* Maxim. 榕江计划大山，海拔 1439m。

10. 巴东荚蒾 *V. henryi* Hemsl. 榕江县水尾乡必翁村下必翁，海拔 555m，RJ－B－22。

【药用功能】根、茎叶入药。清热解毒；主治痈疖肿毒，湿疹，儿鹅疮。

11. 珊瑚树 *V. odoratissimum* Ker Gawl. 榕江县水尾乡滚筒村茅坪，海拔 1374m，RJ－B－114；榕江计划大山，海拔 1270m，RJ－431。

【药用功能】根、叶入药。祛风除湿，通经活络；主治风湿痹痛，跌打损伤，骨折。

12. 合轴荚蒾 *V. sympodiale* Graebn. 来源：《月亮山林区科学考察集》

【药用功能】茎叶、根入药。清热解毒，健脾消积；治小儿疳积、淋巴结核。

一百二十五、败酱科 Valerianaceae

（一）败酱属 *Patrinia* Juss.

1. 少蕊败酱 *P. monandra* C. B. Clarke 榕江县水尾乡下必翁河边，海拔 560m，RJ－281；榕江县水尾乡月亮山（2011 年调查），海拔 900m。

【药用功能】全草入药。清热解毒，消肿排脓，止血止痛；主治痢疾，肝炎，肠痈，产后瘀血腹痛，痈肿疔疮等。

2. 斑花败酱 *P. punctiflora* P. S. Hsu et H. J. Wang

【药用功能】全草入药。消肿，化瘀，排脓，利尿；主治痈肿，肠痈，跌打损伤，水肿等。

【森林蔬菜】食用部位：嫩茎叶。

3. 败酱 *P. scabiosifolia* Fisch. ex Trevir. 榕江县水尾乡月亮山（2011 年调查），海拔 1110m；从江县光辉乡加牙（太阳山），海拔 1095m，RJ－595。

【药用功能】全草入药。清热解毒，活血排脓；主治痈肿，肠痈，痢疾，肺痈，产后瘀滞腹痛。

4. 白花败酱 *P. villosa*（Thunb.）Juss.

【药用功能】全草入药。清热解毒，活血排脓；主治痈肿，肠痈，肺痈，痢疾，产后瘀滞腹痛。

【森林蔬菜】食用部位：嫩茎叶；食用方法：根含咁类。患泄泻不食之症，及久病脾胃虚弱者，皆忌食。

（二）缬草属 *Valeriana* L.

1. 长序缬草 *V. hardwickii* Wall. 榕江计划大山。

【药用功能】根茎、全草入药。活血调经，祛风利湿，健脾消积；主治月经不调，痛经，风湿痹痛，小儿疳积，食积腹胀。

一百二十六、川续断科 Dipsacaceae

（一）川续断属 *Dipsacus* L.

1. 川续断 *D. asper* Wall.　榕江县水尾乡必拱，海拔1040m，RJ－358。

【药用功能】根入药。补肝肾，强筋骨，活血止痛；主治腰膝酸软，肢节痿痹，遗精，带下，崩漏，风湿痛，骨折，跌打损伤等。

一百二十七、菊科 Asteraceae

（一）下田菊属 *Adenostemma* J. R. et G. Forst.

1. 下田菊 *A. lavenia*（L.）Kuntze　榕江县兴华乡星光村，海拔460m，RJ－098。

【药用功能】全草入药。清热解毒，祛风除湿；主治感冒发热，黄疸型肝炎，肺热咳嗽，咽喉肿痛，风湿热痹，痈肿疮疖。

2. 宽叶下田菊 *A. lavenia* var. *latifolium*（D. Don）Hand. － Mazz.　榕江县兴华乡星月村，海拔430m，RJ－042；榕江县水尾乡上下午村下午组，海拔430m，RJ－215。

【药用功能】全草入药。清热解毒，祛风除湿；主治风寒感冒，风湿关节炎，牙痛，黄疸型肝炎，脚气病等。

（二）紫茎泽兰属 *Ageratina* Spach

1. 紫茎泽兰 *A. adenophora*（Spreng.）R. M. King et H. Rob.　榕江县水尾乡华贡村，海拔640m，RJ－318。

（三）藿香蓟属 *Ageratum* L.

1. 藿香蓟 *A. conyzoides* L.　榕江县兴华乡星月村，海拔430m，RJ－040；榕江县水尾乡上下午村下午组，海拔425m，RJ－192。

（四）兔儿风属 *Ainsliaea* DC.

1. 纤序兔儿风 *A. cavaleriei* Levl. Kouy－Tcheou　榕江县水尾乡（月亮山2010年调查），海拔680m。

2. 绒毛秀丽兔儿风 *A. elegans*. var. *tomentosa* Mattf.　榕江县水尾乡上下午村下午组，海拔430m，RJ－226。

3. 长穗兔儿风 *A. henryi* Diels　榕江县水尾乡月亮山（2011年调查），海拔1110m。

4. 三脉兔儿风 *A. trinervis* Y. C. Tseng　从江县光辉乡太阳山，海拔1110m，CJ－554。

（五）香青属 *Anaphalis* DC.

1. 珠光香青 *A. margaritacea*（L.）Benth. et Hook. f.　榕江县水尾乡华贡村，海拔645m，RJ－340；从江县光辉乡太阳山，海拔800～1110m，CJ－463；榕江县水尾乡月亮山（2011年调查），海拔780m。

【药用功能】全草入药。清热泻火，燥湿，驱虫；主治吐血，胃火牙痛，湿热泻痢，蛔虫病等。

（六）牛蒡属 *Arctium* L.

1. 牛蒡 *A. lappa* L.　榕江县水尾乡月亮山（2011年调查），海拔750m。

【药用功能】果实、根、茎叶入药。疏散风热，宣肺透疹，利咽散结，解毒消肿；主治风热咳嗽，咽喉肿痛，斑疹不透，风湿痹痛，痈疖恶疮等。

【森林蔬菜】食用部位：根、嫩叶；食用方法：根炒菜，炖肉、鸡，腌咸菜。叶焯过，浸泡后做菜。

（七）蒿属 *Artemisia* L.

1. 奇蒿 *A. anomala* S. Moore

【药用功能】带花全草入药。破瘀通经，止血消肿，消食化积；主治经闭，痛经，产后瘀滞腹痛，恶露不尽，跌打损伤，痈疮肿毒，尿血，便血，食积腹痛等。

2. 艾 *A. argyi* H. Lévl.. et Vaniot　榕江县兴华乡星光村沙沉河，海拔470m，RJ－113。

3. 牡蒿 *A. japonica* Thunb.　榕江县水尾乡月亮山（2011年调查），海拔1110m。

【药用功能】全草入药。解表，清热，杀虫；主治感冒身热，劳伤咳嗽，潮热，小儿疳热，疟疾，口疮，疥癣，湿疹。

【森林蔬菜】食用部位：嫩茎叶。

4. 白苞蒿 *A. lactiflora* Wall. ex DC.　从江县光辉乡太阳山，海拔 1110m，CJ－562。

【药用功能】全草入药。活血和瘀，理气化湿；主治血瘀痛经，经闭，产后瘀滞腹痛，慢性肝炎，食积腹胀，寒湿泄泻，跌打损伤等。

（八）紫菀属 *Aster* L.

1. 三脉紫菀 *A. ageratoides* Turcz.　榕江县水尾乡必拱，海拔 900m，RJ－351；榕江县水尾乡上拉力后山，海拔 904m，RJ－398；从江县光辉乡党郎村洋堡，海拔 1100m，CJ－601。

【药用功能】全草入药。疏风清热解毒，祛痰镇咳；治风热感冒，扁桃体炎，支气管炎，疔疮肿毒，蛇咬伤。

2. 三脉紫菀毛枝变种 *A. ageratoides* var. *lasiocladus*（Hayata）Hand.－Mazz.　榕江县水尾乡下必翁河边，海拔 560m，RJ－284。

3. 细舌短毛紫菀 *A. brachytrichus* var. *tenuiligulatus* Ling　从江县光辉乡（太阳山），海拔 750m，RJ－628。

4. 黔中紫菀 *A. menelii* H. Lévl.　榕江县兴华乡星月村姑基坡脚，海拔 418m，RJ－008；从江县光辉乡党郎村洋堡，海拔 1100m，CJ－600。

（九）鬼针属 *Bidens* LInn.

1. 金盏银盘 *B. biternata*（Lour.）Merr. et Sherff　从江县光辉乡太阳山，海拔 825m，CJ－474。

【药用功能】全草入药。清热解毒，凉血止血；主治感冒发热，黄疸，痢疾，血崩，痈肿疮毒等。

2. 鬼针草 *B. pilosa* L.　榕江县水尾乡下必翁河边，海拔 555m，RJ－266。

【药用功能】全草入药。清热解毒，利湿健脾；主治时行感冒，咽喉肿痛，黄疸肝炎，暑湿吐泻，痢疾，小儿疳积，肠痈，蛇虫咬伤等。

3. 白花鬼针草 *B. pilosa* var. *radiata* Sch. Bip.　榕江县兴华乡星月村姑基坡脚，海拔 420m，RJ－011。

【药用功能】全草入药。清热解毒，利湿退黄；主治感冒发热，风湿痹痛，湿热黄疸，痈肿疮疖。

4. 狼杷草 *B. tripartita* L.　榕江县水尾乡上下午村下午组，海拔 418m，RJ－177；榕江县计划乡计划大山（2010年调查），海拔 805m；榕江县兴华乡星光村沙沉河，海拔 530m，RJ－158。

（十）艾纳香属 *Blumea* DC.

1. 艾纳香 *B. balsamifera*（L.）DC.　榕江县兴华乡星光村沙沉河，海拔 530m，RJ－158。

【药用功能】全草入药。祛风除湿，活血解毒；主治风寒感冒，头风头痛，寒湿泻痢，痈肿疮疖，风湿痹痛，跌打损伤。

2. 毛毡草 *B. hieracifolia*（D. Don）DC.　榕江县兴华乡星月村姑基坡水沟边，海拔 430m，RJ－034。

3. 东风草 *B. megacephala*（Randeria）C. C. Chang et Y. Q. Tseng　榕江县兴华乡星光村，海拔 560m，RJ－072；榕江县水尾乡上下午村下午组，海拔 430m，RJ－219；榕江县兴华乡星月村姑基坡脚，海拔 450m，RJ－012。

【药用功能】全草入药。清热明目，祛风止痒，解毒消肿；主治目赤肿痛，痈肿疮疖，跌打红肿。

4. 艾纳香的一种 *B.* sp.　榕江县水尾乡下必翁，海拔 630m，RJ－291。

（十一）天名精属 *Carpesium* L.

1. 天名精 *C. abrotanoides* L.　榕江县兴华乡星光村，海拔 495m，RJ－084。

【药用功能】全草入药。清热，化痰，解毒，杀虫，破瘀，止血；主治乳蛾，喉痹，疔疮肿毒，虫积，皮肤痒疹，血淋，创伤出血。

2. 烟管头草 *C. cernuum* L.　榕江县兴华乡星光村，海拔 500m，RJ－052；榕江县兴华乡星光村沙沉河，海拔490m，RJ-152。

【药用功能】全草入药。清热解毒，消肿止痛；主治感冒发热，高热惊风，咽喉肿痛，乳蛾，疟腮、风火牙痛，淋巴结结核，乳腺炎。

3. 金挖耳 *C. divaricatum* Siebold et Zucc.　从江县光辉乡太阳山，海拔845m，CJ-482。

【药用功能】全草入药。清热解毒，消肿止痛；主治感冒发热，头风，风火赤眼，咽喉肿痛，乳痈，疮疖肿毒，泄泻等。

4. 贵州天名精 *C. faberi* Winkler　榕江县水尾乡华贡村，海拔640m，RJ-293；从江县光辉乡太阳山，海拔1040m，CJ-542。

（十二）蓟属 *Cirsium* Mill.

1. 蓟 *C. japonicum* Fisch. ex DC.　从江太阳山。

【药用功能】全草、根入药。凉血，止血，祛瘀，消痈肿；治吐血，衄血，尿血，血淋，血崩，带下，肠风，肠痈，疔疮。

【森林蔬菜】食用部位：幼苗；食用方法：脾胃虚寒而无淤滞者忌食。

2. 刺儿菜 *C. setosum*（Willd.）Bieb.　榕江县兴华乡星光村沙沉河，海拔480m，RJ-130；榕江县水尾乡华贡村，海拔640m，RJ-310。

（十三）白酒草属 *Conyza* Less.

1. 小蓬草 *C. canadensis*（L.）Cronq.　榕江县兴华乡星月村草坡边，海拔430m，RJ-037。

（十四）木耳菜属 *Crassocephalum* Moench.

1. 野茼蒿 *C. crepidioides*（Benth.）S. Moore　月亮山、太阳山等都有分布，海拔430~1000m，RJ-043；榕江县兴华乡星光村，海拔460m，RJ-096。

【药用功能】全草入药。清热解毒，调和脾胃；主治感冒，肠炎，痢疾，乳腺炎，消化不良等。

【森林蔬菜】食用部位：嫩茎叶、幼苗。

（十五）金鱼草属 *Dichrocephala* L'herit. ex DC.

1. 鱼眼草 *D. auriculata*（Thunb.）Druce　榕江县兴华乡星光村，海拔500m，RJ-048；榕江县兴华乡星光村沙沉河，海拔480m，RJ-146。

【药用功能】全草。活血调经，解毒消肿；主治月经不调，扭伤肿痛，疔毒，毒蛇咬伤。

【森林蔬菜】食用部位：幼苗；食用方法：煮去苦味后食用。

（十六）醴肠属 *Eclipta* L.

1. 鳢肠 *E. prostrata*（L.）L.　榕江县兴华乡星光村，海拔550m，RJ-065；榕江县水尾乡上下午村下午组，海拔425m，RJ-208；榕江县水尾乡（月亮山2010年调查），海拔680m。

【药用功能】全草入药。凉血，止血，补肾，益阴；治吐血，咳血，衄血，尿血，便血，血痢，须发早白，白喉，淋浊，带下，阴部湿疹。

（十七）地胆草属 *Elephantopus* L.

1. 地胆草 *E. scaber* L.　榕江县兴华乡星月村姑基坡脚，海拔415m，RJ-003；榕江县水尾乡上下午村下午组，海拔420m，RJ-191。

【药用功能】全草入药。清热，凉血，解毒，利湿；主治感冒，百日咳，咽喉炎，黄疸，月经不调，白带，疮疖，湿疹，蛇虫咬伤。

【森林蔬菜】食用部位：幼苗。

（十八）一点红属 *Emilia* Cass.

1. 一点红 *E. sonchifolia* DC.　从江县光辉乡加叶村，海拔705m，CJ-456。

【药用功能】全草入药。清热解毒，散瘀消肿；主治感冒，小儿疳积，肺炎，乳腺炎，尿路感染，痢疾，无名肿毒，跌打损伤。

【森林蔬菜】食用部位：嫩茎叶；孕妇慎食。

（十九）菊芹属 *Erechtites* **Raf.**

1. 梁子菜 *E. hieraciifolius*（L.）Raf. ex DC.

【药用功能】全草入药。清热解毒，杀虫；主治感冒，痢疾。

【森林蔬菜】食用部位：幼苗。

（二十）飞蓬属 *Erigeron* **L.**

1. 一年蓬 *E. annuus*（L.）Pers.　榕江县兴华乡星光村沙沉河，海拔 470m，RJ－112。

【药用功能】全草入药。消食止泻，清热解毒，截疟；主治消化不良，胃肠炎，疟疾，毒蛇咬伤等。

【森林蔬菜】食用部位：幼苗。

（二十一）泽兰属 *Eupatorium* **L.**

1. 多须公 *E. chinese* L.　榕江县计划乡加去村（计划大山），海拔 975m，RJ－450。

2. 白头婆 *E. japonicum* Thunb.　榕江县计划乡加去村（计划大山），海拔 820m，RJ－501。

【药用功能】全草。发表祛暑，化湿和中，理气活血，解毒；主治夏伤暑湿，发热头痛，消化不良，胃肠炎，月经不调，痈肿等。

（二十二）牛膝菊属 *Galinsoga* **Ruiz et Cav.**

1. 牛膝菊 *G. parviflora* Cav.　区内荒地、农地习见种。

（二十三）扶郎花属 *Gerbera*（**Gronov.**）**Cass.**

1. 毛大丁草 *G. piloselloides*（L.）Cass.

（二十四）鼠麴草属 *Gnaphalium* **L.**

1. 宽叶鼠麴草 *G. adnatum*（Wall. ex DC.）Kitam.　榕江县兴华乡星光村沙沉河，海拔 530m，RJ－156。

【药用功能】全草、叶入药。清热燥湿，解毒散结，止血；主治湿热痢疾，痈疽肿毒，外伤出血等。

2. 鼠麴草 *G. affine* D. Don　区内荒地习见种。

3. 秋鼠麴草 *G. hypoleucum* DC.　区内荒地习见种。

【森林蔬菜】食用部位：幼苗。

4. 白背鼠麴草 *G. japonicum* Thunb.　榕江县水尾乡华贡村，海拔 640m，RJ－328。

（二十五）向日葵属 *Helianthus* **L.**

1. 菊芋 *H. tuberosus* L.　榕江县水尾乡上下午村下午组，海拔 455m，RJ－262。

【森林蔬菜】食用部位：块茎；食用方法：制酱菜。

（二十六）泥胡菜属 *Hemisteptia* **Bge.**

1. 泥胡菜 *H. lyrata*（Bunge）Bunge　从江县光辉乡加牙（太阳山），海拔 1105m，RJ－618。

【药用功能】全草、根入药。清热解毒，散结消肿；主治痔漏，痈肿疔疮，乳痈，淋巴结炎。

【森林蔬菜】食用部位：幼苗；食用方法：嫩叶做糕团。

（二十七）旋覆花属 *Inula* **L.**

1. 羊耳菊 *I. cappa*（Buch.－Ham. ex D. Don）DC.　榕江县水尾乡，海拔 555～1000m，RJ－268；榕江县水尾乡月亮山（2011 年调查）；榕江县计划乡加去村（计划大山），海拔 970m，RJ－451。

【药用功能】全草入药。祛风散寒，行气利湿，解毒消肿；主治风湿感冒，咳嗽，风湿痹痛，泄泻，乳腺炎，痔疮等。

（二十八）马兰属 *Kalimeris* **Cass.**

1. 马兰 *K. indica*（L.）Sch. Bip.　榕江县兴华乡星光村，海拔 550m，RJ－064；榕江县水尾乡上下午村下午组，海拔 425m，RJ－198。

【药用功能】全草、根入药。凉血止血，清热利湿，解毒消肿；主治吐血，血痢，黄疸，水肿，感冒咳嗽，咽痛喉痹，小儿疳积等。

（二十九）莴苣属 _Lactuca_ L.

1. 山莴苣 _L. indica_ L.　榕江县水尾乡（月亮山 2010 年调查），海拔 680m。

【森林蔬菜】食用部位：幼苗。

2. 堆莴 _L. sororia_ Miq.　从江太阳山。

（三十）橐吾属 _Ligularia_ Cass.

1. 鹿蹄橐吾 _L. hodgsonii_ Hook.　从江县光辉乡党郎村洋堡，海拔 1100m，CJ - 589。

（三十一）假千里光属 _Parasenecio_ W. W. Smith et J. Samll

1. 无毛蟹甲草 _P. subglaber_（C. C. Chang）Y. L. Chen　榕江县水尾乡月亮山（2011 年调查），海拔 1200m。

（三十二）刺果菊属 _Pterocypsela_ Shih

1. 高大翅果菊 _P. elata_（Hemsl.）C. Shih　榕江县计划乡计划大山（2010 年调查），海拔 800m。

（三十三）风毛菊属 _Saussurea_ DC.

1. 多头风毛菊 _S. polycephala_ Hand. - Mazz.　榕江县兴华乡星月村姑基坡脚，海拔 450m，RJ - 049。

（三十四）千里光属 _Senecio_ L.

1. 千里光 _S. scandens_ Buch. - Ham. ex D. Don　区内林缘、灌草坡习见种。

【药用功能】全草入药。清热解毒，明目退翳，杀虫止痒；主治流感，菌痢，黄疸型肝炎，目赤肿痛，翳障，滴虫性阴道炎等。

2. 岩生千里光 _S. wightii_（DC. ex Wight）Benth. ex C. B. Clarke　榕江县兴华乡星光村，海拔 600m，RJ - 026。

【药用功能】全草、根入药。清热明目；主治感冒，目赤肿痛。

（三十五）豨莶属 _Siegesbeckia_ L.

1. 豨莶 _S. orientalis_ L.　榕江县兴华乡星月村姑基坡脚，海拔 550m，RJ - 056。

【森林蔬菜】食用部位：嫩茎叶；食用方法：焯过，浸去涩味做菜、汤、馅。

（三十六）一枝黄花属 _Solidago_ L.

1. 一枝黄花 _S. decurrens_ Lour.　榕江县水尾乡月亮山（2011 年调查），海拔 1110m。

（三十七）苦苣菜属 _Sonchus_ L.

1. 苦苣菜 _S. oleraceus_ L.　榕江县兴华乡星光村沙沉河，海拔 480m，RJ - 145。

【药用功能】全草入药。清热解毒，凉血止血；主治肠炎，痢疾，黄疸，咽喉肿痛，痈疮肿毒，乳腺炎，吐血，便血，尿血，痔瘘等。

（三十八）蒲公英属 _Taraxacum_ F. H. Wigg.

1. 蒲公英 _T. mongolicum_ Hand. - Mazz.　从江县光辉乡党郎村洋堡，海拔 929m，CJ - 578。

【药用功能】全草入药。清热解毒，消肿痛散结；主治乳痈，肺痈，肠痈，目赤肿痛，感冒发热，咳嗽，痢疾等。

【森林蔬菜】食用部位：幼苗、花；食用方法：焯熟，浸 1 - 2 小时后炒菜、凉拌。

（三十九）狗舌草属 _Tephroseris_（Reichenb.）Reichenb.

1. 黔狗舌草 _T. pseudosonchus_（Vaniot）C. Jeffrey et Y. L. Chen

（四十）斑鸠菊属 _Vernonia_ Schreb.

1. 夜香牛 _V. cinerea_（L.）Less.　从江太阳山。

【药用功能】全草入药。疏风清热，除湿，解毒；主治感冒发热，咳嗽，急性黄疸型肝炎，痢疾，白带，乳腺炎，鼻炎，疮疖肿毒等。

（四十一）苍耳属 _Xanthium_ L.

1. 苍耳 _X. sibiricum_ Patrin ex Widder　月亮山、太阳山都有分布，广布种，海拔 400 ~ 1110m，

RJ－005。榕江县水尾乡下必翁河边，海拔555m，RJ－264。

（四十二）斑鸠菊属 *Vernonia* Schreb.

1. 南川斑鸠菊 *V. bockiana* Diels   榕江兴华乡星月村，海拔457m，RJ－157。

一百二十八、泽泻科 Alismataceae

（一）慈姑属 *Sagittaria* L.

1. 矮慈姑 *S. pygmaea* Miq.   从江县光辉乡党郎村洋堡，海拔700m，CJ－603。

【药用功能】全草入药。清热解毒；治喉痛，外敷治痈肿。

2. 野慈姑 *S. trifolia* L.   榕江县兴华乡星光村沙沉河，海拔545m，RJ－175。

【药用功能】清热解毒，凉血化瘀，利水消肿；主治咽喉肿痛，黄疸，水肿，恶疮肿毒，丹毒，瘰疬，湿疹，蛇虫咬伤。

3. 慈姑 *S. trifolia.* var. *sinensis* Sims   榕江县兴华乡星光村沙沉河，海拔480m，RJ－140；榕江县水尾乡华贡村，海拔640m，RJ－313；从江县光辉乡党郎村洋堡，海拔700m，CJ－602。

一百二十九、棕榈科 Arecaceae

（一）省藤属 *Calamus* L.

1. 大喙省藤 *C. macrorrhynchus* Burret   榕江计划大山，RJ－416；从江光辉乡加牙村月亮山野加木，海拔1480m，CJ－525。

【药用功能】果实入药。祛腐生新；主治疮疡痈毒。

2. 杖藤 *C. rhabdocladus* Burret   来源：《月亮山林区科学考察集》

（二）棕榈属 *Trachycarpus* H. Wendl.

1. 棕榈 *T. fortunei*（Hook.）H. Wendl.   从江光辉乡党郎洋堡，海拔1309m；从江县光辉乡党郎村，海拔740m；榕江县水尾乡必翁村下必翁，海拔555m，RJ－B－26。

【药用功能】叶柄、叶鞘纤维入药。收敛止血；主治衄血，便血，尿血，功能性子宫出血，血崩等。

一百三十、天南星科 Araceae

（一）菖蒲属 *Acorus* L.

1. 金钱蒲 *A. gramineus* Soland.   榕江县水尾乡下必翁，海拔600m，RJ－287。

【药用功能】根茎入药。开窍，豁痰，理气，活血，散风，去湿；治癫痫，痰厥，痈疽肿毒，跌打损伤。

2. 石菖蒲 *A. tatarinowii* Schott   榕江县水尾乡华贡村，海拔640m，RJ－302；榕江县水尾乡拉几（2011年调查），海拔840m。

【药用功能】根状茎入药。开窍化痰，辟秽杀虫；治饮食不振，痢疾，肠炎，气管炎，疮疥。

（二）海芋属 *Alocasia*（Schott）G. Don

1. 海芋 *A. odora*（Roxb.）K. Koch   榕江县兴华乡星光村，海拔500m，RJ－078。

【药用功能】根茎入药。清热解毒，散结消肿，行气止痛；主治感冒，流感，肺结核，腹痛，瘰疬，痈疽肿痛，疔疮，风湿骨痛，疥癣，蛇虫咬伤。

（三）魔芋属 *Amorphophallus* Blume

1. 魔芋 *A. konjac* K. Koch   榕江县水尾乡上下午村下午组和华贡村有分布，海拔450～650m，RJ－255。

2. 野魔芋 *A. variabilis* Blume   榕江县水尾乡（月亮山2010年调查），海拔700m。

（四）雷公连属 *Amydrium* Schott

1. 雷公连 *A. sinense*（Engl.）H. Li   榕江县水尾乡华贡村，海拔640m，RJ－320，榕江县兴华镇沙坪沟下午，海拔700m，RJ－647。

【药用功能】全草入药。行瘀止痛，舒筋活络；主治跌打损伤，骨折，风湿麻木，心绞痛。

（五）天南星属 *Arisaema* Mart.

1. 灯台莲 *A. bockii* Engl.　榕江县计划乡加去村（计划大山），海拔 910m，RJ－413。

【药用功能】块茎入药。燥湿化痰，消肿止痛，祛风止痉；主治痰湿咳嗽，风痰眩晕，毒蛇咬伤，痈肿，中风，口眼歪斜等。

2. 云台南星 *A. du－bois－reymondiae* Engl.　榕江县兴华乡星光村沙沉河，海拔 480m，RJ－144。

【药用功能】块茎入药。解毒消肿，止痛，活血；主治无名肿痛，毒蛇咬伤，面部神经麻痹，神经性皮炎。

3. 一把伞南星 *A. erubescens*（Wall.）Schott　榕江县计划乡加去村（计划大山），海拔 970m，RJ－437；榕江县水尾乡月亮山（2011 年调查），海拔 780m。

【药用功能】块茎入药。有毒。燥湿化痰，祛风定痛；治中风口眼歪斜；无名毒疮，疟疾。

4. 全缘灯台莲 *A. sikokianum* Franch. 榕江县水尾乡必拱，海拔 1280m，RJ－376。

【药用功能】块茎入药。消肿止痛，燥湿化痰，祛风止痉；主治毒蛇咬伤，痈肿，风痰眩晕，痰湿咳嗽，口眼歪斜，中风等。

5. 天南星一种 *A. sp.*　从江县光辉乡加牙（太阳山），海拔 1095m，RJ－592。

（六）芋属 *Colocasia* Schott

1. 野芋 *C. esculentum* var. *antiquorum*（Schott）Hubbard et Rehder　榕江县水尾乡华贡村，海拔 640m，RJ－325；榕江县水尾乡拉儿（2011 年调查），海拔 850m。

2. 大野芋 *C. gigantea*（Blume）Hook. f.　榕江县兴华乡星光村，海拔 470m，RJ－106。

【药用功能】根茎入药。消肿止痛，解毒；主治跌打损伤，蛇虫咬伤，疮疡肿毒。

3. 紫芋 *C. tonoimo* Nakai.　榕江县兴华乡星月村水沟边，海拔 430m，RJ－039。

【药用功能】全草入药。消肿解毒，止血散结；主治无名肿毒。

（七）大藻属 *Pistia* L.

1. 大藻 *P. stratiotes* L.　从江县光辉乡太阳山水塘里，海拔 1115m，CJ－575。

（八）石柑属 *Pothos* L.

1. 石柑子 *P. chinensis*（Raf.）Merr.　榕江水尾乡上下午村下午组，海拔 430m，RJ－277。

【药用功能】全草入药。祛风湿，消积，散瘀解毒，行气止痛；主治风湿痹痛，跌打损伤，骨折，小儿甘积，食积胀满，心、胃气痛，疝气。

一百三十一、鸭跖草科 Commelinaceae

（一）鸭跖草属 *Commelina* L.

1. 鸭跖草 *C. communis* L.　榕江县兴华乡星月村姑基坡脚，海拔 419m，RJ－010；榕江县水尾乡拉儿（2011 年调查），海拔 850m。

【药用功能】全草入药。清热解毒，利水消肿；治风热感冒，高热不退，咽喉肿痛，水肿尿少，热淋涩痛，痈肿疔疮。

【森林蔬菜】食用部位：嫩茎叶；食用方法：煮 5 分钟，浸去异味后做菜。

2. 大苞鸭跖草 *C. paludosa* Blume　榕江县兴华乡星光村，海拔 510m，RJ－022。

【药用功能】全草入药。清热解毒，利水消肿，凉血止血；主治热淋尿血，血崩，痢疾，小便不利，水肿，疮疖痈肿，咽喉肿痛，丹毒，蛇虫咬伤。

（二）聚花草属 *Floscopa* Lour.

1. 聚花草 *F. scandens* Lour.　榕江县水尾乡华贡村，海拔 650m，RJ－312。

【药用功能】全草入药。清热解毒，利水；主治目赤肿痛，肺热咳嗽，疮疖肿毒，水肿，淋症。

（三）水竹叶属 *Murdannia* Royle

1. 裸花水竹叶 *M. nudiflora*（L.）Brenan　榕江县水尾乡上下午村下午组，海拔 420m，RJ－188；从江县光辉乡太阳山，海拔 815m，CJ－462。

【药用功能】全草入药。补肺益肾，清肺止咳，调经止血；主治气虚喘咳，肺热咳嗽，头晕耳鸣，吐血等。

2. 水竹叶 *M. triquetra*（Wall. ex C. B. Clarke）Brückner　榕江县兴华乡星光村，海拔550m，RJ – 063；榕江县水尾乡（月亮山2010年调查），海拔676m。

【药用功能】全草入药。清热，凉血，解毒；主治小儿惊风，肺热咳嗽，吐血，目赤肿痛等。

（四）杜若属 *Pollia* Thunb.

1. 杜若 *P. japonica* Thunb.　榕江县兴华乡星光村，海拔495m，RJ – 089；榕江县水尾乡月亮山（2011年调查），海拔1050m。

2. 川杜若 *P. miranda*（H. Lévl.）H. Hara　榕江县计划乡计划大山（2010年调查），海拔825m；从江县光辉乡太阳山，海拔855m，CJ – 491。

【药用功能】根、全草入药。补肾壮阳，解毒消肿；主治阳痿，腰痛，疮疡痈毒。

一百三十二、谷精草科 Eriocaulaceae

（一）谷精草属 *Eriocaulon* L.

1. 谷精草 *E. buergerianum* Koern.　从江县光辉乡太阳山，海拔805m，CJ – 461。

【药用功能】花序。祛风散热，明目退翳；主治目赤翳障，头痛。

一百三十三、灯心草科 Juncaceae

（一）灯心草属 *Juncus* L.

1. 翅茎灯心草 *J. alatus* Franch. et Sav.　从江县光辉乡（太阳山），海拔750m，RJ – 625。

【药用功能】全草入药。清热，通淋，止血；主治心烦口渴，口舌生疮，淋症，小便涩痛等。

2. 野灯心草 *J. setchuensis* Buchenau ex Diels　榕江县水尾乡上下午村下午组，海拔410m，RJ – 183。

【药用功能】全草入药。利水通淋，泄热安神，凉血止血；主治肾炎水肿，热淋，心热烦燥，心烦失眠，口舌生疮，咯血，尿血等。

一百三十四、莎草科 Cyperaceae

（一）球柱草属 *Bulbostylis* Kunth

1. 丝叶球柱草 *B. densa*（Wall.）Hand. – Mazz.

【药用功能】全草入药。清凉，解热；主治湿疹，腹泻，中暑，跌打肿痛，尿频。

（二）苔草属 *Carex* L.

1. 浆果苔草 *C. baccans* Nees　从江太阳山，海拔980m。

【药用功能】根、全草入药。透疹止咳，补中利水；主治百日咳，水痘，麻疹，脱肛，浮肿。

2. 栗褐苔草 *C. brunnea* Thunb.

3. 中华苔草 *C. chinensis* Retz. Observ.　从江太阳山，海拔950m。

【药用功能】全草入药。理气止痛；主治小儿夜啼。

4. 十字苔草 *C. cruciata* Wahlenb.　榕江县兴华乡星光村，海拔460m，RJ – 095。

【药用功能】全草入药。解表透疹，理气健脾；主治麻疹不出，风热感冒，消化不良。

5. 蕨状苔草 *C. filicina* Nees　从江太阳山。

【药用功能】全草入药。理气止痛，祛风除湿；主治风湿疼痛。

6. 舌叶苔草 *C. ligulata* Nees　榕江计划大山等地的次生灌草坡。

【药用功能】全草入药。解表透疹，理气健脾；主治风热感冒，麻疹不出，消化不良。

7. 粉被苔草 *C. pruinosa* Boott

8. 花葶苔草 *C. scaposa* C. B. Clarke　榕江县水尾乡月亮山（2011年调查），海拔980m；榕江县计划乡加去村（计划大山），海拔825m，RJ – 470。

【药用功能】全草入药。活血散瘀，清热解毒；主治腰肌劳损，跌打损伤，急性胃肠炎等。

9. 苔草的一种 *C. sp.*　榕江县月亮山，海拔 1290m，RJ – 617。

（三）莎草属 *Cyperus* L.

1. 碎米莎草 *C. iria* L.　从江县光辉乡太阳山，海拔 1040m，CJ – 529。

【药用功能】根入药。祛风除湿，活血调经，利尿；主治风湿筋骨痛，跌打损伤，月经不调，闭经，痛经，瘫痪。

2. 具芒碎米莎草 *C. microiria* Steud.　榕江县兴华乡星月村姑基坡公路边，海拔 425m，RJ – 018。

【药用功能】带根全草入药。利湿通淋，行气活血；主治小便不利，热淋，跌打损伤。

（四）荸荠属 *Eleocharis* R. Br.

1. 牛毛毡 *E. yokoscensis*（Franch. et Sav.）Ts. Tang et F. T. Wang　从江县光辉乡党郎村，海拔 700m，CJ – 605。

【药用功能】全草入药。发散风寒，祛痰平喘，活血散瘀；主治风寒感冒，支气管炎，跌打伤痛。

（五）飘拂草属 *Fimbristylis* Vahl

1. 矮扁鞘飘拂草 *F. complanata* var. *exalata*（T. Koyama）Y. C. Tang ex S. R. Zhang, S. Y. Liang et T. Koy

2. 拟三叶飘拂草 *F. diphylloides* Makino et Nemoto

3. 五棱秆飘拂草 *F. quinquangularis*（Vahl）Kunth

（六）湖瓜草属 *Lipocarpha* R. Br.

1. 华湖瓜草 *L. chinensis*（Osbeck）Kern　从江县光辉乡太阳山，海拔 870m，CJ – 502。

2. 银穗湖瓜草 *L. senegalensis*（Tam.）Dandy

（七）扁莎草属 *Pycreus* P. Beauv.

1. 宽穗扁莎 *P. diaphanus*（Schrad. et Schult.）S. M. Huang　榕江县水尾乡下必翁河边，海拔 555m，RJ – 270；从江县光辉乡太阳山，海拔 870m，CJ – 507。

2. 球穗扁莎 *P. flavidus*（Retz.）T. Koyama

3. 小球穗扁莎 *P. flavidus* var. *nilagiricus*（Hoschst. ex Steud.）C. Y. Wu　榕江县水尾乡上下午村下午组，海拔 418m，RJ – 176。

（八）刺子莞属 *Rhynchospora* Vahl

1. 刺子莞 *R. rubra*（Lour.）Makino　榕江县兴华乡星光村沙沉河，海拔 490m，RJ – 151；榕江县水尾乡下必翁河边，海拔 555m，RJ – 269；从江县光辉乡太阳山，海拔 815m，CJ – 464。

（九）水葱属 *Schoenoplectus*（H. G. L. Reichenbach）Palla

1. 萤蔺 *S. juncoides*（Roxb.）Palla

【药用功能】全草入药。清热解毒，利湿凉血，消积开胃；主治肺痨咳血，目赤肿痛，麻疹热毒，牙痛，热淋，白浊，食积停滞。

2. 水毛花 *S. mucronatus*（L.）Palla subsp. *robustus*（Miq.）T. Koyama　从江县光辉乡加牙（太阳山），海拔 850m，RJ – 622。

（十）珍珠茅属 *Scleria* Berg.

1. 黑鳞珍珠茅 *S. hookeriana* Boeck.　榕江县计划乡加去村（计划大山），海拔 970m，RJ – 444、RJ – 448；榕江县水尾乡月亮山（2011 年调查），海拔 850 – 1110m。

【药用功能】根入药。祛风除湿，舒筋通络；主治痛经，风湿疼痛，跌打损伤，痢疾，咳嗽，劳伤疼痛

2. 毛果珍珠茅 *S. levis* Retz　榕江县水尾乡（月亮山 2010 年调查），海拔 677m。

【药用功能】根入药。解毒消肿，消食和胃；主治毒蛇咬伤，小儿消化不良。

3. 高秆珍珠茅 *S. terrestris*（L.）Fass　榕江县兴华乡星光村，海拔 470m，RJ – 108；榕江县水尾乡月亮山（2011 年调查），海拔 850m；从江县光辉乡（太阳山），海拔 750m，RJ – 627。

一百三十五、禾本科 Poaceae

(一)剪股颖属 *Agrostis* L.

1. 多花剪股颖 *A. micrantha* Steud.　榕江县兴华乡星光村沙沉河河边，海拔 540m，RJ - 028。

【森林蔬菜】食用部位：种仁。

(二)看麦娘属 *Alopecurus* L.

1. 看麦娘 *A. aequalis* Sohol.　区内浅水、沼泽等地习见。

【药用功能】全草入药。止咳定喘，杀虫；治哮喘，外感风寒咳嗽，疮疡。

(三)荩草属 *Arthraxon* Beauv.

1. 荩草 *A. hispidus*（Thunb.）Makino　从江太阳山、榕江计划大山等地阳坡草地。

【药用功能】全草入药。止咳，定喘，杀虫；主治气喘上气，恶疮疥癣。

2. 矛叶荩草 *A. lanceolatus*（Roxb.）Hochst.　榕江县兴华乡星月村姑基坡公路边，海拔 420m，RJ - 031。

(四)野古草属 *Arundinella* Raddi

1. 野古草 *A. anomala* Steud.　榕江县水尾乡下必翁河边，海拔 555m，RJ - 267。

(五)箣竹属 *Bambusa* Schreb.

1. 慈竹 *B. emeiensis* L. C. Chia et H. L. Fung　从江县光辉乡党郎村，海拔 740m；榕江兴华乡星月村，海拔 455m，RJ - 103。

【森林蔬菜】食用部位：笋；食用方法：味苦。煮后食。

(六)雀麦属 *Bromus* L.

1. 疏花雀麦 *B. remotiflorus*（Steud.）Obwi

(七)拂子茅属 *Calamagrostis* Adans.

1. 密花拂子茅 *C. epigejos*（L.）Roth　榕江县水尾乡月亮山(2011 年调查)，海拔 1110m。

(八)细柄草属 *Capillipedium* Stapf

1. 硬杆子草 *C. assimile*（Steud.）A. Camus 从江太阳山

(九)寒竹属 *Chimonobambusa* Makino

1. 狭叶方竹 *C. angustifolia* C. D. Chu et C. S. Chao　榕江计划大山，海拔 1436m；计划大山，海拔 1480m，CJ - 641。

2. 方竹 *C. quadrangularis*（Franceschi）Makino　榕江水尾乡上下午村下午组，海拔 1417m；榕江计划大山，海拔 1270m；从江光辉乡加牙村月亮山野加木，海拔 1357m；从江光辉乡加牙村太阳山阿枯；从江光辉乡党郎洋堡，海拔 929m。

【森林蔬菜】食用部位：笋。

(十)薏苡属 *Coix* L.

1. 薏苡 *C. lacryma - jobi* L.　榕江县水尾乡华贡村，海拔 645m，RJ - 346。

【药用功能】薏苡仁：健脾，补肺，清热，利湿；主治泄泻，湿痹，筋脉拘挛，屈伸不利，水肿，脚气，肺痿，肺痈，肠痈，淋浊，白带。薏苡根：清热，利湿，健脾，杀虫；主治黄疸，水肿，淋病，疝气，经闭，带下，虫积腹痛。

(十一)香茅属 *Cymbopogon* Spreng.

1. 橘草 *C. goeringii*（Steud.）A. Camus　榕江县兴华乡星光村，海拔 600m，RJ - 091。

【药用功能】全草入药。通经止痛，止咳平喘，祛风利湿；主治心胃气痛，腹痛，头痛，急、慢性支气管炎，支气管哮喘，风湿性关节炎，跌打损伤，水泻。

(十二)狗牙根属 *Cynodon* Rich.

1. 狗牙根 *C. dactylon*（L.）Persoon　榕江县水尾乡上下午村下午组，海拔 410m，RJ - 180。

【药用功能】根茎入药。凉血止血，解毒，祛风活络；主治劳伤吐血，便血，鼻衄，疮疡肿毒，风湿痹痛等。

（十三）牡竹属 *Dendrocalamus* **Nees**

1. 麻竹 *D. latiflorus* Munro　榕江县计划乡摆拉村上拉力组，海拔 885m，RJ – B – 162；榕江计划大山。

【森林蔬菜】食用部位：笋。

（十四）野青茅属 *Deyeuxia* **Clarion**

1. 糙野青茅 *D. scabrescens*（Griseb.）Hook. f.　榕江县水尾乡下必翁河边，海拔 555m，RJ – 272。

（十五）马唐属 *Digitaria* **Hall.**

1. 升马唐 *D. adscendens*（HBK）Henr.　区内农地、荒地重要杂草。

2. 纤毛马唐 *D. ciliaris*（Retz.）Koeler　榕江县计划乡加去村（计划大山），海拔 975m，RJ – 452。

3. 十字马唐 *D. cruciata*（Nees ex Steud.）A. Camus　从江县光辉乡加牙（太阳山），海拔 1050m，RJ – 531。

4. 止血马唐 *D. ischaemum*（Schreb.）Schreb.　榕江县水尾乡月亮山（2011 年调查），海拔 1010m；榕江县兴华乡星光村沙沉河，海拔 545m，RJ – 174。

（十六）稗属 *Echinochloa* **Beauv.**

1. 光头稗 *E. colona*（L.）Link　从江县光辉乡太阳山，海拔 870m，CJ – 501。

【药用功能】根入药。消肿，止血，利水；主治水肿，咯血，腹水。

2. 稗 *E. crusgalli*（L.）P. Beauv.　从江县光辉乡党郎村，海拔 700m，CJ – 604。

（十七）穇属 *Eleusine* **Gaertn.**

1. 牛筋草 *E. indica*（L.）Gaertn.　榕江县水尾乡上下午村下午组，海拔 455m，RJ – 261；榕江县水尾乡月亮山（2011 年调查），海拔 750m。

【药用功能】全草入药。清热解毒，利湿凉血；主治伤暑发热，疮疡肿痛，小儿惊风，淋症，黄疸，乙脑。

（十八）画眉草属 *Eragrostis* **Wolf**

1. 知风草 *E. ferruginea*（Thunb.）P. Beauv.　榕江县兴华乡星月村姑基坡脚，海拔 450m，RJ – 032。

【药用功能】根入药。舒筋逐瘀；主治筋骨疼痛，跌打损伤。

2. 画眉草 *E. pilosa*（L.）Beauv.

【药用功能】全草入药。疏风清热，利尿；主治水肿，石淋。

（十九）蜈蚣草属 *Eremochloa* **Buse**

1. 假俭草 *E. ophiuroides*（Munro）Hack.　榕江县水尾乡（月亮山 2010 年调查），海拔 680m。

【药用功能】全草入药。舒筋活络，止痛；主治劳伤腰痛，骨节酸痛。

（二十）金茅属 *Eulalia* **Kunth**

1. 金茅 *E. speciosa*（Debeaux）Kuntze

（二十一）箭竹属 *Fargesia* **Franch.**

1. 箭竹 *F. spathacea* Franch.　榕江县水尾乡滚筒村茅坪，海拔 1374m，RJ – B – 119。

（二十二）白茅属 *Imperata* **Cyrillo**

1. 白茅 *I. cylindrica*（L.）Raeuschel　榕江县水尾乡上下午村下午组，海拔 420m，RJ – 189；榕江县水尾乡月亮山（2011 年调查），海拔 1010m。

【药用功能】根茎入药。凉血，止血，清热，利尿；治热病烦渴，吐血，衄血，肺热喘急，胃热哕逆，淋病，小便不利，水肿，黄疸。

（二十三）箬竹属 *Indocalamus* **Nakai**

1. 广东箬竹 *I. guangdongensis* H. R. Zhao et Y. L. Yang　从江光辉乡加牙村太阳山昂亮，海拔

1120m，CJ-545。

2. 阔叶箬竹 *I. latifolius*（Keng）McClure　榕江牛长河（马鞍山），海拔 300m。

【药用功能】叶入药。清热解毒，止血消肿；主治便血，吐血，崩漏，小便不利，喉痹，痈肿。

3. 箬叶竹 *I. longiauritus* Hand. - Mazz.　榕江水尾乡上下午村下午组，海拔 403m；榕江县水尾乡毕贡，海拔 643m，RJ - B - 55。

（二十四）柳叶箬属 *Isachne* R. Br.

1. 柳叶箬 *I. globosa*（Thunb.）Kuntze　从江太阳山。

【药用功能】全草入药。清热利尿，舒筋散瘀；主治小便淋痛，跌打损伤。

（二十五）鸭嘴草属 *Ischaemum* L.

1. 有芒鸭嘴草 *I. aristatum* L.　榕江县兴华乡星月村姑基坡脚，海拔 415m，RJ - 002。

2. 鸭嘴草 *I. aristatum* var. *glaucum*（Honda）T. Koyama　榕江县水尾乡月亮山（2011 年调查），海拔 1010m。

3. 细毛鸭嘴草 *I. ciliare* Retz.　榕江县水尾乡下必翁河边，海拔 555m，RJ - 273。

4. 田间鸭嘴草 *I. rugosum* Salisb.　榕江县兴华乡星光村沙沉河，海拔 480m，RJ - 024。

（二十六）千金子属 *Leptochloa* Beauv.

1. 千金子 *L. chinensis*（L.）Nees　榕江县水尾乡上下午村下午组，海拔 418m，RJ - 612。

【药用功能】全草入药。行水破血，化痰散结；主治久热不退。

（二十七）淡竹叶属 *Lophatherum* Brongn.

1. 淡竹叶 *L. gracile* Brongn.　榕江县兴华乡星光村，海拔 460m，RJ - 099；榕江县水尾乡上下午村下午组，海拔 425m，RJ - 206。林下分布广泛。

【药用功能】全草入药。清心火，除烦热，利小便；治热病口渴，心烦，小便赤涩，淋浊，口糜舌疮，牙龈肿痛。

（二十八）莠竹属 *Microstegium* Nees

1. 竹叶茅 *M. nudum*（Trin.）A. Camus　榕江水尾。

（二十九）芒属 *Miscanthus* Anderss.

1. 五节芒 *M. floridulus*（Labill.）Warburg ex K. Schumann　榕江县兴华乡星月村田埂边，海拔 420m，RJ - 004，RJ - 050；榕江县水尾乡下必翁，海拔 630m，RJ - 292。

【药用功能】根茎部叶鞘内的虫瘿入药。顺气，发表，除瘀；治月经不调，小儿出疹不透，小儿疝气。

2. 芒 *M. sinensis* Andersson　榕江县兴华乡星月村公路边，海拔 420m，RJ - 015。

【药用功能】茎入药。清热解毒，利尿，散血；治小便不利，虫咬伤。

（三十）球米草属 *Oplismenus* Beauv.

1. 竹叶草 *O. compositus*（L.）P. Beauv.　榕江县水尾乡上下午村下午组，海拔 415m，RJ - 186。

2. 求米草 *O. undulatifolius*（Ard.）Roemer et Schuit.　榕江县水尾乡下必翁河边，海拔 560m，RJ - 279。

【药用功能】全草入药。活血化瘀；主治跌打损伤。

（三十一）露籽草属 *Ottochloa* Dandy

1. 小花露籽草 *O. nodosa* var. *micrantha*（Balansa）Keng f.　榕江县兴华乡星光村，海拔 495m，RJ - 083。

（三十二）黍属 *Panicum* L.

1. 糠稷 *P. bisulcatum* Thunb.　从江县光辉乡太阳山，海拔 1110m，CJ - 566。

2. 短叶黍 *P. brevifolium* L.　榕江县兴华乡星光村，海拔 500m，RJ - 079；榕江县水尾乡上下午村下午组，海拔 430m，RJ - 226；从江县光辉乡加牙（太阳山），海拔 1036m，RJ - 513。

（三十三）雀稗属 *Paspalum* L.

1. 双穗雀稗 *P. distichum* L. 榕江县水尾乡（月亮山 2010 年调查），海拔 680m。

2. 圆果雀稗 *P. scrobiculatum* var. *orbiculare*（G. Forst.）Hack. 榕江县水尾乡上下午村下午组，海拔 418m，RJ－611。

（三十四）狼尾草属 *Pennisetum* Rich.

1. 狼尾草 *P. alopecuroides*（L.）Spreng. 榕江县兴华乡星光村，海拔 460m，RJ－094；榕江县水尾乡上拉力后山，海拔 893m，RJ－408。

（三十五）芦苇属 *Phyagmites* Trin.

1. 芦苇 *P. communis* Trin. 区内沟谷溪边偶见。

（三十六）刚竹属 *Phyllostachys* Sieb. et Zucc.

1. 毛竹 *P. edulis*（Carrière）J. Houzeau 从江县光辉乡党郎村，海拔 740m；榕江兴华乡沙坪沟，海拔 457m，RJ－200；榕江水尾乡上下午村下午组，海拔 403m；榕江计划大山；从江光辉乡党郎洋堡，海拔 929m、海拔 1313m。

【药用功能】幼竹苗入药：治小儿痘疹不出。毛竹笋入药：通血脉通窍，化痰消食；治疟疾，消食。

【森林蔬菜】食用部位：笋。

2. 水竹 *P. heteroclada* Oliv. 榕江兴华乡星月村，海拔 457m，RJ－158；榕江水尾乡上下午村下午组，海拔 403m；从江光辉乡加牙村月亮山白及组，海拔 693m；从江光辉乡党郎洋堡，海拔 1313m；从江县光辉乡党郎村，海拔 740m。

【药用功能】根入药。清热，凉血，化痰；治咳嗽，痰中带血。

3. 毛金竹 *P. nigra*（Lodd. ex Lindl.）Munro var. *henonis*（Mitford）Stapf ex Rendle 来源：《月亮山林区科学考察集》

【森林蔬菜】食用部位：笋。

（三十七）大明竹属 *Pleioblastus* Nakai

1. 苦竹 *P. amarus*（Keng）Keng f. 榕江县水尾乡毕贡，海拔 643m，RJ－B－37。

（三十八）早熟禾属 *Poa* L.

1. 早熟禾 *P. annua* L. 榕江水尾、从江光辉等地路边草地。

【药用功能】全草。消炎，清热，止咳；主治跌打损伤，支气管炎，感冒咳嗽，湿疹。

（三十九）金发草属 *Pogonatherum* Beauv.

1. 金丝草 *P. crinitum*（Thunb.）Kunth 榕江县水尾乡上下午村下午组，海拔 410m，RJ－182。

【药用功能】全草入药。清热，消积，利湿；主治黄疸型肝炎，热病烦渴，小儿疳积，消化不良。

（四十）泡竹属 *Pseudostachyum* Munro

1. 泡竹 *P. polymorphum* Munro 榕江兴华乡星月村，海拔 457m，RJ－153；榕江水尾乡上下午村下午组，海拔 403m。

（四十一）鹅观草属 *Roegneria* C. Koch.

1. 鹅观草 *R. kamoji* Ohwi 榕江县水尾乡华贡村，海拔 640m，RJ－304。

【药用功能】全草入药。凉血，清热，镇痛；主治咳嗽痰中带血，丹毒，劳伤疼痛。

（四十二）甘蔗属 *Saccharum* L.

1. 斑茅 *S. arundinaceum* Retz.

（四十三）狗尾草属 *Setaria* Beauv.

1. 棕叶狗尾草 *S. palmifolia*（J. Konig）Stapf 榕江县兴华乡星光村沙沉河，海拔 470m，RJ－115；榕江县水尾乡华贡村，海拔 640m，RJ－301；榕江县计划乡加去村（计划大山），海拔 825m，RJ－471。

【药用功能】根入药；主治脱肛，子宫下垂。

2. 皱叶狗尾草 *S. plicata*（Lam.）T. Cooke 榕江县水尾乡上下午村下午组，海拔 418m，RJ－179。

【药用功能】全草入药。解毒，杀虫；主治疥癣，丹毒，疮疡。

3. 狗尾草 *S. viridis*（L.）P. Beauv. 榕江县兴华乡星月村姑基坡公路边，海拔 420m，RJ－017；榕江县水尾乡下必翁河边，海拔 555m，RJ－265。

【药用功能】全草入药。除热，去湿，消肿；治痈肿，疮癣，赤眼，黄水疮。

（四十四）鼠尾粟属 *Sporobolus* R. Br.

1. 鼠尾粟 *S. fertilis*（Steudel）Clayton

【药用功能】全草入药。清热解毒，凉血利尿；主治黄疸，传染性肝炎，乙脑高热神昏，赤白痢疾，热淋，尿血

（四十五）三毛草属 *Trisetum* Pers.

1. 三毛草 *T. bifidum*（Thunb.）Ohwi 从江月亮山次生灌草坡习见种。

（四十六）玉山竹属 *Yushania* Keng f.

1. 玉山竹 *Y. niitakayamensis*（Hayata）Keng f. 从江光辉乡加牙村月亮山野加木，海拔 1357m，CJ－520。

一百三十六、芭蕉科 Musaceae

（一）芭蕉属 *Musa* L.

1. 芭蕉 *M. basjoo* Siebold et Zucc. 榕江县兴华乡星光村，海拔 510m，RJ－058。

【药用功能】根、花、果实入药。根：清热解毒，止渴，利尿；主治热病，烦闷，消渴，痈疽疔疮，丹毒，崩漏，淋浊，水肿，脚气。花：化痰消痞，散瘀，止痛；主治胸膈饱胀，脘腹痞疼，吞酸反胃，呕吐痰涎，头目昏眩，心痛，怔忡，风湿疼痛，痢疾。果实：止渴润肺。

【森林蔬菜】食用部位：浆果；食用方法：果肉烩、炖、炸，烧鱼、肉。

一百三十七、姜科 Zingiberaceae

（一）山姜属 *Alpinia* Roxb.

1. 山姜 *A. japonica*（Thunb.）Miq. 榕江县兴华乡星光村沙沉河河边，海拔 540m，RJ－167；榕江县水尾乡上下午村下午组，海拔 430m，RJ－228；榕江县计划乡加去村（计划大山），海拔 960m，RJ－429。

【药用功能】根、果实入药。根：温跌，散寒，活血，祛风；主治肺寒咳喘，脘腹冷痛，月经不调，劳伤出血，跌打损伤，风湿痹痛。果实：温中散寒，行气调中；主治呕吐泄泻，脘腹胀痛，食欲不振。

【森林蔬菜】食用部位：根茎；食用方法：除异味后煮食。

2. 华山姜 *A. oblongifolia* Hayata 榕江县水尾乡必拱，海拔 1380m，RJ－391。

【药用功能】根茎入药。温胃散寒，消食止痛，止咳平喘；主治胃寒冷痛，腹痛泄泻，噎膈吐逆，风湿关节冷痛，咳喘

3. 箭秆风 *A. stachyoides* Hance 榕江县水尾乡拉几（2011 年调查），海拔 860m。

（二）舞花姜属 *Globba* L.

1. 舞花姜 *G. racemosa* Sm. 从江县光辉乡太阳山，海拔 1105m，CJ－545。榕江县水尾乡月亮山（2011 年调查），海拔 1200m；榕江县月亮山，海拔 1290m，RJ－380。

【药用功能】果实入药。健胃消食；主治胃脘胀痛，食欲不振等。

【森林蔬菜】食用部位：花序；食用方法：炒、烤食。

（三）姜属 *Zingiber* Boehm.

1. 阳荷 *Z. striolatum* Diels 从江县光辉乡党郎村洋堡，海拔 1100m，CJ－591；榕江县水尾乡月亮山（2011 年调查），海拔 1110m。

【药用功能】根茎入药。活血调经，解毒消肿，祛痰止咳；主治痛经，月经不调，咳嗽气喘，跌打损伤，痈疽肿毒，瘰疬。

一百三十八、美人蕉科 Cannaceae

（一）美人蕉属 *Canna* L.

1. 美人蕉 *C. indica* L.　榕江县水尾乡华贡村，海拔 645m，RJ - 331。

一百三十九、百合科 Liliaceae

（一）葱属 *Allium* L.

1. 宽叶韭 *A. hookeri* Thwaites　从江县光辉乡太阳山，海拔 1040m，CJ - 536。

【森林蔬菜】食用部位：嫩叶、鳞茎。

2. 薤白 *A. macrostemon* Bunge　区内退耕地、荒坡习见。

【药用功能】鳞茎入药。理气，宽胸，通阳，散结；治胸痹心痛，脘腹不舒，干呕，泻痢，疮疖。

（二）天门冬属 *Asparagus* L.

1. 天门冬 *A. cochinchinensis*（Lour.）Merr.　从江县光辉乡党郎村，海拔 700m，CJ - 607；榕江县水尾乡月亮山（2011 年调查），海拔 1100m。

【药用功能】块根入药。滋阴润燥，清火止咳；治咳嗽，阴虚发热，消渴，便秘，肺痈，喉痛。

【森林蔬菜】食用部位：块根。

（三）蜘蛛抱蛋属 *Aspidistra* Ker - Gawl.

1. 蜘蛛抱蛋 *A. elatior* Blume　榕江县兴华乡星光村，海拔 550m，RJ - 066。

（四）开口箭属 *Campylandra* Ker - Gawl.

1. 开口箭 *C. chinensis*（Baker）M. N. Tamura　榕江县水尾乡必拱，海拔 1280m，RJ - 377；榕江县计划乡计划大山（2010 年调查），海拔 805m；榕江县水尾乡月亮山（2011 年调查），海拔 1200m。

【药用功能】根状茎入药。清热解毒，利湿；治风湿性关节炎，痈疖肿毒，腰腿痛，跌打损伤，狂犬咬伤，毒蛇咬伤。

2. 弯蕊开口箭 *C. wattii* C. B. Clarke　榕江县计划乡加去村（计划大山），海拔 825m，RJ - 469。

【药用功能】根茎入药。清热解毒，止血消肿；治外伤出血，跌打损伤，胃出血，扁桃体炎，淋巴结炎。

（五）大百合属 *Cardiocrinum*（Endl.）Lindl.

1. 大百合 *C. giganteum*（Wall.）Makino　榕江县计划乡加去村（计划大山），海拔 960m，RJ - 430。

【药用功能】鳞茎入药。清肺止咳，宽胸利气；主治肺结核咯血，小儿高热，肺热咳嗽，胃痛，反胃呕吐。

（六）山菅属 *Dianella* Lam.

1. 山菅 *D. ensifolia*（L.）DC.　榕江县水尾乡华贡村，海拔 640m，RJ - 300。

（七）竹根七属 *Disporopsis* Hance

1. 竹根七 *D. fuscopicta* Hance　从江县光辉乡太阳山，海拔 1115m，CJ - 572。

2. 深裂竹根七 *D. pernyi*（Hua）Diels　榕江县水尾乡月亮山（2011 年调查），海拔 1200m。

【药用功能】根茎。生津止渴，养阴润燥；主治心悸，消渴，热病口燥咽干，阴虚肺燥，干咳少痰。

（八）万寿竹属 *Disporum* Salisb.

1. 万寿竹 *D. cantoniense*（Lour.）Merr.

【药用功能】根、根茎入药。健脾消肿积，润肺止咳；主治食积胀满，肠风下血，痰中带血，虚损咳喘。

2. 宝铎草 *D. sessile* D. Don　榕江县计划乡加去村（计划大山），海拔 820m，RJ - 485。

【药用功能】根状茎入药。健脾消积，润肺止咳；主治食积胀满，肠风下血，痰中带血，虚损咳喘。

【森林蔬菜】食用部位：根茎；食用方法：炖肉，炖鸡。

（九）玉簪属 *Hosta* Tratt.

1. 紫萼 *H. ventricosa*（Salisb.）Stearn　榕江县水尾乡华贡村，海拔 650m，RJ - 309；榕江县水尾乡

月亮山(2011 年调查)，海拔 900m。

【药用功能】根、花入药。清热解毒，散瘀止痛，止血，下骨鲠；主治咽喉肿痛，牙痛，痈肿疮疖，跌打损伤，胃痛，带下，骨鲠等。

（十）百合属 *Lilium* L.

1. 野百合 *L. brownii* F. E. Br. ex Miellez　榕江县水尾乡下必翁河边，海拔 560m，RJ－285；从江县光辉乡党郎村洋堡，海拔 929m，CJ－579。

【药用功能】全草入药。清热，利湿，解毒，消积；主治痢疾，热淋，喘咳，风湿痹痛，疔疮疖肿，毒蛇咬伤，小儿疳积，恶性肿瘤。

（十一）沿阶草属 *Ophiopogon* Ker－Gawl.

1. 沿阶草 *O. bodinieri* H. Lévl.　榕江县计划乡计划大山(2010 年调查)，海拔 955m；榕江县计划乡计划村，海拔 835m，RJ－635。

【药用功能】块根入药。滋阴润肺，益胃生津，清心除烦；主治肺燥干咳，阴虚劳咳，消渴，咽喉疼痛，肠燥便秘，心烦失眠等。

2. 异药沿街草 *O. heterandrus* F. T. Wang et L. K. Dai　榕江县月亮山，海拔 1290m，RJ－389。

3. 麦冬 *O. japonicus* (L. f.) Ker Gawl.　榕江县水尾乡必拱，海拔 1385m，RJ－392。榕江县计划乡加去村(计划大山)，海拔 825m，RJ－479。

【药用功能】块根入药。养阴润肺，清心除烦，益胃生津；治胸燥干咳，吐血，咯血，肺痿，肺痈，虚劳烦热，消渴，热病津伤，咽干口燥，便秘。

【森林蔬菜】食用部位：块根。

4. 狭叶沿阶草 *O. stenophyllus* (Merr.) L. Rodr.

（十二）重楼属 *Paris* L.

1. 七叶一枝花 *P. polyphylla* Sm.　从江县光辉乡太阳山，海拔 1115m，CJ－569。

【药用功能】根状茎入药。清热解毒，消肿止痛，治乙型脑炎，胃痛，淋巴结核，腮腺炎，蛇蚊伤，无名肿毒。

（十三）黄精属 *Polygonatum* Mill.

1. 多花黄精 *P. cyrtonema* Hua　从江县光辉乡党郎村洋堡，海拔 1100m，CJ－593；榕江县计划乡计划大山(2010 年调查)，海拔 955m；榕江县水尾乡月亮山(2011 年调查)，海拔 1110m。

【药用功能】根茎入药。润肺养阴，健脾益气，祛痰止咳，消肿解毒；主治虚咳，遗精，盗汗吐血，脾虚乏力，消渴，须发早白，外伤出血。

【森林蔬菜】食用部位：根状茎。

（十四）吉祥草属 *Reineckia* Kunth

1. 吉祥草 *R. carnea* (Andrews) Kunth　从江县光辉乡太阳山，海拔 805m，CJ－460。榕江县水尾乡月亮山(2011 年调查)，海拔 1100m。

【森林蔬菜】食用部位：全草；食用方法：炖禽、肉。

（十五）菝葜属 *Smilax* L.

1. 弯梗菝葜 *S. aberrans* Gagnep.　来源：《月亮山林区科学考察集》。

2. 西南菝葜 *S. biumbellata* T. Koyama　来源：《月亮山林区科学考察集》。

【药用功能】根茎入药。活血祛瘀，祛风昨湿，解毒散结；主治风湿痹痛，疔疮瘰疬，跌打损伤。

3. 菝葜 *S. china* L.　榕江水尾乡上下午村下午组，海拔 430m，RJ－280。

【药用功能】根茎入药。祛风利湿，解毒消痈，利水；主治淋浊，带下，风湿痹痛，痢疾，泄泻，痈肿疮毒等。

【森林蔬菜】食用部位：块茎；食用方法：酿酒。嫩株作菜。

4. 银叶菝葜 *S. cocculoides* Warb.　榕江兴华乡星月村，海拔 455m，RJ－135。

【药用功能】根茎入药。祛风利湿，消肿；主治风湿痹痛，跌打损伤。

5. 筐条菝葜 *S. corbularia* Kunth　来源：《月亮山林区科学考察集》。

6. 长托菝葜 *S. ferox* Wall. ex Kunth　来源：《月亮山林区科学考察集》。

【药用功能】根茎入药。祛风除湿，利水通淋，解疮毒；主治风湿痹痛，小便淋浊，疮疹瘙痒，臁疮。

8. 折枝菝葜 *S. lanceifolia* Roxb. var. *elongata*（Warb.）F. T. Wang et Ts. Tang　来源：《月亮山林区科学考察集》。

【药用功能】根茎入药。解毒，除湿，利关节；治梅毒，淋浊，筋骨挛痛，脚气，疔疮，痈肿。

9. 暗色菝葜 *S. lanceifolia* Roxb. var. *opaca* A. DC.　来源：《月亮山林区科学考察集》。

【药用功能】根入药。清热除湿，解毒，利关节；主治湿热淋浊，梅毒，瘰疬，汞中毒，风湿关节痛等。

10. 小叶菝葜 *S. microphylla* C. H. Wright　来源：《月亮山林区科学考察集》。

【药用功能】根入药。祛风除湿，解毒；主治小便赤涩，白带，风湿痹痛，疮疖。

11. 白背牛尾菜 *S. nipponica* Miq.　来源：《月亮山林区科学考察集》

【药用功能】根茎入药。活血止痛，利关节，壮筋骨；主治月经不调，跌打损伤，屈伸不利，腰腿疼痛。

12. 抱茎菝葜 *S. ocreata* A. DC.　榕江兴华乡星月村，海拔 455；403m，RJ－71；榕江水尾乡上下午村下午组，海拔 403m。

【森林蔬菜】食用部位：嫩茎叶；食用方法：炒菜、做汤、凉拌、腌食。

13. 牛尾菜 *S. riparia* A. DC.　从江县光辉乡太阳山，海拔 1040m，CJ－538；榕江县计划乡计划大山（2010 年调查），海拔 840m；榕江县水尾乡月亮山（2011 年调查），海拔 1100m。

【药用功能】根茎入药。补气活血，舒筋通络，消炎镇痛；治气虚浮肿，筋骨疼痛，偏瘫，头晕头痛，咳嗽吐血，骨结核，白带。

【森林蔬菜】食用部位：嫩茎叶。

（十六）岩菖蒲属 *Tofieldia* Huds.

1. 岩菖蒲 *T. thibetica* Franch.　从江县光辉乡太阳山，海拔 855m，CJ－493。

【药用功能】全草入药。清热解毒，散瘀止痛；主治感冒咳嗽，跌打损伤。

（十七）油点草属 *Tricyrtis* Wall.

1. 油点草 *T. macropoda* Miq.　榕江县水尾乡必拱，海拔 1290m，RJ－369；榕江县水尾乡必拱，海拔 1280m，RJ－384。

【药用功能】根、全草入药。补肺止咳；主治肺虚咳嗽。

【森林蔬菜】食用部位：子房；食用方法：花刚开谢时采，鲜食、凉拌。

2. 黄花油点草 *T. pilosa* Wall.　榕江县水尾乡必拱，海拔 1280m，RJ－390；榕江县水尾乡月亮山（2011 年调查），海拔 1310m。

【药用功能】根、全草。活血消肿，安神除烦，健脾止渴；主治水肿，劳伤，烦躁不安，胃热口渴。

【森林蔬菜】食用部位：子房；食用方法：花刚开谢时采，鲜食、凉拌。

一百四十、石蒜科 Amaryllidaceae

（一）仙茅属 *Curculigo* Gaertn.

1. 大叶仙茅 *C. capitulata*（Lour.）Kuntze　榕江县兴华乡星光村，海拔 555m，RJ－067。

【药用功能】根茎入药。润肺化痰，补肾壮阳，祛风除湿，活血调经；主治肾虚咳嗽，阳痿遗精，腰膝酸软，白浊带下，风湿痹痛，月经不调，不孕，跌打损伤。

2. 仙茅 *C. orchioides* Gaertn.　榕江县水尾乡必拱，海拔 1280m，RJ－382。

【药用功能】根茎入药。祛寒除湿，温阳益肾；主治小便失禁，阳痿精冷，心腹冷痛，崩漏，腰脚冷痛，痈疽，更年期综合症。

（二）小金梅草属 *Hypoxis* L.

1. 小金梅草 *H. aurea* Lour.　从江县光辉乡太阳山，海拔 825m，CJ-468。

【药用功能】全草入药。温肾壮阳，理气；主治肾虚腰痛，病后阳虚，阳痿，疝气，失眠。

一百四十一、鸢尾科 Iridaceae

（一）鸢尾属 *Iris* L.

1. 扁竹兰 *I. confusa* Sealy　榕江县兴华镇沙坪沟下午，海拔 700m，RJ-645。

【药用功能】根茎入药。全草：清热解毒，利咽消肿；主治急性扁桃体炎，支气管炎，咽喉肿痛，肺热咳喘。

2. 鸢尾 *I. tectorum* Maxim.　榕江县兴华乡星光村，海拔 470m，RJ-111；榕江县计划乡计划大山（2010 年调查），海拔 805m。

【药用功能】根茎、叶、全草入药。消积通便，利咽，泻热；主治食积胀满，便秘，咽喉肿痛，痔瘘，牙龈肿痛。

（二）观音兰属 *Tritonia* Ker-Gawl.

1. 观音兰 *T. crocata*（Thunb.）Ker-Gael.　榕江县水尾乡月亮山（2011 年调查），海拔 650m。

一百四十二、薯蓣科 Dioscoreaceae

（一）薯蓣属 *Dioscorea* L.

1. 薯莨 *D. cirrhosa* Lour.　榕江县计划乡计划大山（2010 年调查），海拔 840m。

【药用功能】块茎入药。清热解毒，理气止痛，活血止血；主治脘腹胀痛，热毒血痢，崩漏，产后出血，咯血，吐血，外伤出血

【森林蔬菜】食用部位：块根；食用方法：捣烂，浸水数日后，与米、面混合食。

2. 叉蕊薯蓣 *D. collettii* Hook. f.　从江县光辉乡加叶村，海拔 705m，CJ-454；从江县光辉乡太阳山，海拔 870m，CJ-499。

【药用功能】根茎入药。通络止痛，祛风利湿，清热解毒；主治胃气痛，风湿痹痛，淋痛，白浊，带下，湿热黄疸，湿疹，湿疮肿毒，跌打损伤，毒蛇咬伤。

3. 粉背薯蓣 *D. collettii* var. *hypoglauca*（Palib.）Pei et C. T. Ting　榕江县水尾乡上下午村下午组，海拔 425m，RJ-207。

4. 高山薯蓣 *D. delavayi* Franch.　从江县光辉乡太阳山，海拔 800~1150m，CJ-498。

【药用功能】块茎入药。敛肺止咳，补虚益肾，解毒消肿；主治虚劳咳嗽，肾虚阳痿，脾虚腹泻，白带，遗精，无名肿毒。

5. 七叶薯蓣 *D. esquirolii* Prain et Burkill　榕江水尾乡上下午村下午组，海拔 403m，RJ-240。

【药用功能】块茎入药。

5. 日本薯蓣 *D. japonica* Thunb.　榕江县兴华乡星光村沙沉河，海拔 480m，RJ-143；榕江县水尾乡必拱，海拔 1280m，RJ-383；榕江县计划乡加去村（计划大山），海拔 950m，RJ-420。区内分布广泛。

【药用功能】块茎入药。健脾补肺，固肾益精；主治脾胃虚弱，泄泻，食少倦怠，虚劳咳嗽，消渴，无名肿毒。

6. 黑珠芽薯蓣 *D. melanophyma* Prain et Burkill　从江县光辉乡太阳山，海拔 1040m，CJ-543。

【药用功能】块茎入药。清热解毒，健脾益肺；主治痈肿热毒，咽喉肿痛，虚咳，食少倦怠。

【森林蔬菜】食用部位：块根；食用方法：忌同食鲫鱼。

7. 黄山药 *D. panthaica* Prain et Burkill　榕江县水尾乡华贡村，海拔 640m，RJ-324。

【药用功能】根茎入药。解毒消肿，理气止痛；主治疮疡肿毒，跌打损伤，毒蛇咬伤，胃气痛，腰痛，腹痛，瘰疬。祛风利湿，舒筋活血；主治带下病，淋浊，风湿痹痛，腰膝酸痛。

8. 薯蓣 *D. polystachya* Turcz.　榕江县兴华乡星光村，海拔 515m，RJ-059；榕江县水尾乡上下午村下午组，海拔 440m，RJ-257。

【药用功能】块茎入药。补脾养胃，生津益肺，益肾涩精；主治脾虚食少，脾虚泄泻，肺虚咳喘，食少浮肿，肾虚遗精，小便尿频，带下，消渴。外用于痈肿，瘰疬。

【森林蔬菜】食用部位：块根；食用方法：优质蔬菜。有实邪者忌食。

9. 毛胶薯蓣 *D. subcalva* Prain et Burkill　榕江县计划乡计划大山（2010 年调查），海拔 840m。

【药用功能】块茎入药。健脾祛湿，补肺益肾；主治脾虚食少，肾虚遗精，消渴，泄泻，肺结核。

10. 薯蓣一种 *D. sp.*　榕江县兴华乡星光村，海拔 500m，RJ - 077。

一百四十三、水玉簪科 Burmanniaceae

（一）水玉簪属 *Burmannia* L.

1. 水玉簪 *B. disticha* L.　从江县光辉乡太阳山，海拔 870m，CJ - 500；从江县光辉乡党郎村洋堡，海拔 1100m，CJ - 597。

一百四十四、兰科 Orchidaceae

（一）无柱兰属 *Amitostigma* Schltr.

1. 无柱兰 *A. gracile*（Blume）Schltr.

【药用功能】全草入药。活血止痛，解毒消肿；主治无名肿毒，吐血，毒蛇咬伤，跌打损伤。

（二）开唇兰属 *Anoectochilus* Bl.

1. 西南齿唇兰 *A. elwesii*（C. B. Clarke ex Hook. f.）King et Pantl. 榕江水尾，海拔 820m。

2. 艳丽齿唇兰 *A. moulmeinensis*（Parish et Rchb. f.）Seidenf. 榕江计划大山，海拔 880m。

【药用功能】全草入药。除湿解毒，清热凉血，消肿；主治肺热咳嗽，小儿惊风，尿血，风湿痹痛，毒蛇咬伤，跌打损伤，无名肿痛等。

3. 金线兰 *A. roxburghii*（Wall.）Lindl. 牛场河，海拔 800m。

（三）竹叶兰属 *Arundina* Bl.

1. 竹叶兰 *A. graminifolia*（D. Don）Hochr.

（四）白及属 *Bletilla* Rchb. f.

1. 小白及 *B. formosana*（Hayata）Schltr. 榕江县计划乡加去村（计划大山），海拔 960m，RJ - 441。

【药用功能】假鳞茎入药。止血，生肌，收敛；主治肺痨咯血，胃肠出血，外伤出血，跌打损伤。

2. 黄花白及 *B. ochracea* Schltr. 榕江县水尾乡上拉力后山，海拔 893m，RJ - 406；从江县光辉乡加叶村，海拔 705m，CJ - 459。

【药用功能】假鳞茎入药。有小毒。清热利湿，祛风止痛；治消化不良，腹痛，痈疮肿毒，风湿疼痛。

3. 白及 *B. striata*（Thunb. ex A. Murray）Rchb. f.

（五）苞叶兰属 *Brachycorythis* Lindl.

1. 短距苞叶兰 *B. galeandra*（Rchb. f.）Summerh.

【药用功能】块茎入药；主治蛇咬伤。

（六）石豆兰属 *Bulbophyllum* Thou.

1. 广东石豆兰 *B. kwangtungense* Schltr.

【药用功能】假鳞茎入药。清热，滋阴，消肿；主治风热咽痛，肺热咳嗽，乳腺炎，风湿痹痛，跌打损伤。

2. 齿瓣石豆兰 *B. levinei* Schltr. 加牙八沙沟，海拔 600m。

（七）虾脊兰属 *Calanthe* R. Br.

1. 泽泻虾脊兰 *C. alismaefolia* Lindl. 榕江县水尾乡必拱，海拔 1385m，RJ - 393；从江县光辉乡太阳山，海拔 855m，CJ - 497。

【药用功能】全草入药。清热解毒，祛风除湿，活血止痛；主治热淋，肠痈，尿血，腰痛，跌打损伤等。

2. 虾脊兰 *C. discolor* Lindl.

【药用功能】全草入药。清热解毒，消肿止痛，活血化瘀；主治咽喉肿痛，风湿痹痛，痔疮，跌打损伤。

3. 香花虾脊兰 *C. odora* Griff. 沙坪沟，海拔 700m。

4. 镰萼虾脊兰 *C. puberula* Lindl. 污秋雾蒙沟，海拔 800m

5. 反瓣虾脊兰 *C. reflexa* Maxim. 榕江县计划乡计划大山（2010 年调查），海拔 840m；榕江县水尾乡月亮山（2011 年调查），海拔 1110m。

【药用功能】全草入药。清热解毒，活血止痛，软坚散结；主治瘰疬，疮痈，风湿痹痛，疥癣，痢疾，跌打损伤等。

6. 三棱虾脊兰 *C. tricarinata* Lindl. 榕江县水尾乡上拉力后山，海拔 1221m，RJ－396。

【药用功能】根入药。解毒散结，祛风活血；主治腰肌劳损，风湿痹痛，跌打损伤，瘰疬，疮毒。

7. 三褶虾脊兰 *C. triplicata*（Willem.）Ames 摆王、月亮山顶，海拔 700m。

（八）头蕊兰属 *Cephalanthera* Rich.

1. 金兰 *C. falcata*（Thunb. ex A. Murray）Blume 从江县光辉乡党郎村洋堡，海拔 929m，CJ－577；榕江县兴华镇沙坪沟下午，海拔 700m，RJ－646。

【药用功能】全草入药。清热泻火，解毒；主治牙痛，咽喉肿痛，毒蛇咬伤。

2. 银兰 *C. erecta*（Thunb. ex A. Murray）Bl. 茅坪，海拔 800m。

（九）隔距兰属 *Cleisostoma* Bl.

1. 大序隔距兰 *C. paniculatum*（Ker Gawl.）Garay 榕江县兴华乡星光村，海拔 460m，RJ－101。

【药用功能】全草入药。养阴，润肺，止咳。

（十）珊瑚兰属 *Corallorhiza* Gagnebin

1. 珊瑚兰 *C. trifida*

（十一）杜鹃兰属 *Cremastra* Lindl.

1. 杜鹃兰 *C. appendiculata*（D. Don）Makino 从江光辉乡太阳山、榕江计划大山皆有分布。

【药用功能】鳞茎入药。清热解毒，消肿散结；主治咽喉痹痛，结核，痈肿疔毒，瘰疬，蛇、虫咬伤。

（十二）兰属 *Cymbidium* Sw.

1. 建兰 *C. bicolor* Lindl. 加牙，海拔 400m。

2. 建兰 *C. ensifolium*（L.）Sw.

【药用功能】全草入药。滋阴润肺，止咳化痰，活血止痛；主治产后瘀血腹痛，血滞经闭，肺痨咳嗽，小便淋痛，风湿痹痛等。

【森林蔬菜】食用部位：花。

3. 蕙兰 *C. faberi* Rolfe 从江县光辉乡太阳山，海拔 1040m，CJ－528。

【药用功能】根入药。止咳，明目，调经和中；主治久咳，白内障，胸闷，腹泻。

【森林蔬菜】食用部位：花。

4. 多花兰 *C. floribundum* Lindl. 从江县光辉乡太阳山，海拔 855m，CJ－495。

【药用功能】根入药。止咳，明目，调气稳中有降；主治久咳，白内障，胸闷，腹泻。

【森林蔬菜】食用部位：花。

5. 春兰 *C. goeringii*（Rchb. f.）Rchb. f. 榕江县水尾乡下必翁，海拔 630m，RJ－290；榕江县水尾乡必拱，海拔 1280m，RJ－376；榕江县计划乡计划大山，海拔 1000m，RJ－637。

【药用功能】全草入药。止咳，明目，调气和中；主治久咳，白内障，胸闷，腹泻。

【森林蔬菜】食用部位：花。

6. 春剑 *C. goeringii* var. *longibracteatum* 茅坪，海拔 700m。

7. 寒兰 *C. kanran* Makino 从江县光辉乡太阳山，海拔 855m，CJ – 484。

【药用功能】全草。清心润肺，止咳平喘；主治肺结核，肺热咳嗽，哮喘。

【森林蔬菜】食用部位：花。

8. 兔耳兰 *C. lancifolium* Hook. 从江太阳山。

9. 大根兰 *C. macrorhizon* Lindl. 茅坪，海拔 750m。

（十三）石斛属 *Dendrobium* Sw.

1. 钩状石斛 *D. aduncum* Wall. ex Lindl. 从江太阳山。

【药用功能】茎入药。滋阴，清热，益胃，生津；主治口干烦渴，热病伤津，食欲不振，病后虚热。

2. 流苏石斛 *D. fimbriatum* Hook.

3. 疏花石斛 *D. henryi* Schltr.

4. 美花石斛 *D. loddigesii* Rolfe 榕江县计划乡计划村，海拔 830m，RJ – 634。

【药用功能】茎入药。清热滋阴，润肺生津，益肾养胃，明目强腰；主治热病伤津，口干烦渴，肺热干咳，胃阴不足，安神定惊，胃痛干呕等。

5. 细茎石斛 *D. moniliforme*（L.）Sw.

【药用功能】茎入药。清热滋阴，润肺生津，益肾养胃，明目强腰；主治口干烦渴，热病伤津，肺热干咳，胃阴不足，胃痛干呕，虚热不退。

6. 铁皮石斛 *D. officinale* Kimura et Migo

【药用功能】茎入药。清热滋阴，润肺生津，益肾养胃，明目强腰；主治热病伤津，口干烦渴，肺热干咳，胃阴不足，安神定惊，胃痛干呕等。

7. 广东石斛 *D. wilsonii* Rolfe 榕江水尾、兴华等地沟谷。

【药用功能】茎入药。清热滋阴，润肺生津，益肾养胃，明目强腰；主治热病伤津，口干烦渴，肺热干咳，胃阴不足，安神定惊，胃痛干呕等。

（十四）毛兰属 *Eria* Lindl.

1. 匍茎毛兰 *E. clausa* King et Pantl.

2. 半柱毛兰 *E. corneri* Rchb. f. 榕江县兴华乡星光村，海拔 495m，RJ – 087。

【药用功能】全草入药。生津止渴，滋阴清热；主治热病伤津，烦渴，肺结核，盗汗，疮疡肿毒。

（十五）天麻属 *Gastrodia* R. Br.

1. 天麻 *G. elata* Bl.

（十六）斑叶兰属 *Goodyera* R. Br.

1. 莲座叶斑叶兰 *G. brachystegia* Hand. – Mazz. 榕江县水尾乡必拱，海拔 1040m，RJ – 356。

2. 光萼斑叶兰 *G. henryi* Rolfe

【药用功能】全草入药。清热解毒，润肺止咳；主治肺热咳嗽，肺痨。

3. 斑叶兰 *G. schlechtendaliana* Rchb. f. 榕江县计划乡加去村（计划大山），海拔 970m，RJ – 436；榕江县计划大山，海拔 830m，RJ – 630。

4. 绒叶斑叶兰 *G. velutina* Maxim. 榕江计划大山。

【药用功能】全草入药。润肺止咳，行气活血，消肿解毒，补肾益气；主治肺痨咳嗽，气管炎，神经衰弱，阳痿，咽喉肿痛，跌打损伤，疮疖，毒蛇咬伤。

（十七）玉凤花属 *Habenaria* Willd.

1. 毛葶玉凤花 *H. ciliolaris* Kraenzl. 榕江计划大山，海拔 820m。

【药用功能】块茎入药。壮腰补肾，清热解毒，利水；主治肾虚腰痛，阳痿，遗精，疮疖肿毒，毒蛇咬伤，热淋。

2. 鹅毛玉凤花 *H. dentata*（Sw.）Schltr.

【药用功能】块茎入药。补肾益肺，解毒，利湿；主治肺痨咳嗽，肾虚腰痛，阳痿，疝气，痈肿疔毒，蛇虫咬伤。

3. 坡参 *H. linguella* Lindl. 从江光辉乡太阳山，海拔 890m。

【药用功能】块茎入药。补肺肾，利尿；主治肾盂肾炎。

4. 橙黄玉凤花 *H. rhodocheila* Hance 榕江县水尾乡（月亮山 2010 年调查），海拔 680m。

【药用功能】块茎入药。清热解毒，活血止痛；主治肺热咳嗽，跌打损伤，疮疡肿毒。

（十八）角盘兰属 *Herminium* Guett.

1. 叉唇角盘兰 *H. lanceum*（Thunb. ex Sw.）Vuijk

【药用功能】块茎、全草入药。益肾壮阳，润肺抗痨，止血；主治肾虚腰痛，遗精，阳痿，小儿疝气，肺痨，淋症。外用刀伤出血。

（十九）羊耳蒜属 *Liparis* L. C. Rich.

1. 镰翅羊耳蒜 *L. bootanensis* Griff. 榕江水尾，海拔 700m。

2. 平卧羊耳蒜 *L. chapaensos* Gagnep.

3. 大花羊耳蒜 *L. distans* C. B. Clarke

4. 贵州羊耳蒜 *L. Esquirolii* Schltr.

5. 长苞羊耳蒜 *L. inaperta* Finet 榕江水尾，海拔 700m。

【药用功能】全草入药。润肺，化痰，止咳；主治百日咳，风热咳嗽，肺结核咳嗽。

6. 羊耳蒜 *L. japonica*（Miq.）Maxim. 从江县光辉乡太阳山，海拔 870m，CJ－512。

【药用功能】带根全草入药。消肿止痛，活血止血；主治扁桃体炎，产后腹痛，白带过多，崩漏，烧伤，跌打损伤。

7. 紫花羊耳蒜 *L. nigra* Seidenf.

【药用功能】全草入药。破瘀活血，清热解毒，利湿；主治跌打损伤，疮痈肿痛，风湿痹痛。

8. 香花羊耳蒜 *L. odorata*（Willd.）Lindl.

【药用功能】全草入药。解毒消肿，祛风利湿；主治风寒湿痹，疮疡肿毒，腰痛，咳嗽。

（二十）山兰属 *Oreorchis* Lindl

1. 长叶山兰 *O. fargesii* Finet 茅坪、长牛荔波，海拔 700～1000m。

（二一）粉口兰属 *Pachystoma* Bl.

1. 粉口兰 *P. pubescens* Bl. 茅坪、长牛荔波，海拔 700～1000m。

（二二）白蝶兰属 *Pecteilis* Raf.

1. 龙头兰 *P. susannae*（L.）Rafin.

（二三）阔蕊兰属 *Peristylus* Bl.

1. 狭穗阔蕊兰 *P. densus*（Lindl.）Santapau et Kapadia

【药用功能】块茎入药。补中益气；主治头晕目眩。

（二四）石仙桃属 *Pholidota* Lindl. ex Hook.

1. 石仙桃 *P. chinensis* Lindl. 榕江县兴华乡星光村，海拔 460m，RJ－100。

【药用功能】全草、假鳞茎入药。滋阴润肺，清热解毒，利湿，消瘀；主治肺痨咳嗽，咳血，头痛，咽喉肿痛，内伤吐血，瘰疬，风湿疼痛，痢疾，跌打损伤。

2. 单叶石仙桃 *P. leveilleana* Schltr.

3. 云南石仙桃 *P. yunnanensis* Rolfe 榕江水尾，海拔 720m。

【药用功能】全草、假鳞茎入药。养阴清肺，化痰止咳，行气止痛；主治肺结核咳嗽，咯血，慢性气管炎，咽炎。

（二五）舌唇兰属 *Platanthera* L. C. Rich

25. 小舌唇兰 *P. minor*（Miq.）Rchb. f.

（二六）独蒜兰属 *Pleione* D. Don

1. 独蒜兰 *P. bulbocodioides*（Franch.）Rolfe 从江光辉，海拔 810m。

【药用功能】假鳞茎入药。清热解毒，消肿散结；主治喉痹疼痛，痈肿疔毒，瘰疬，狂吠咬伤，蛇虫咬伤。

2. 毛唇独蒜兰 *P. hookeriana*（Lindl.）B. S. Williams

【药用功能】假鳞茎入药。清热解毒，消肿散结，润肺化痰；主治喉痹疼痛，痈肿疔疮，蛇虫咬伤，瘰疬。

3. 云南独蒜兰 *P. yunnanensis*（Rolfe）Rolfe 榕江县计划乡计划大山，海拔 1010m，RJ - 644。

【药用功能】假鳞茎入药。清热解毒，止咳化痰，止血生肌；主治肺结核，百日咳，矽肺，气管炎，痈肿，消化道出血，外伤出血。

（二七）苞舌兰属 *Spathoglottis* Bl.

1. 苞舌兰 *S. pubescens* Lindl. 榕江县计划大山、从江太阳山。

【药用功能】假鳞茎入药。清热解毒，止咳，补肺，生肌，敛疮；主治肺痨咯血，咳血，肺热咳嗽，跌打损伤，痈疽疔疮。

（二八）绶草属 *Spiranthes* L. C. Rich.

1. 绶草 *S. sinensis*（Pers.）Ames 从江光辉乡太阳山，海拔 1050m。

【药用功能】全草、根入药。滋阴凉血，润肺止咳，益气生津；主治咳嗽吐血，咽喉肿痛，肺痨咯血，病后体虚。

（二九）带唇兰属 *Tainia* Bl.

1. 带唇兰 *T. dunnii* 茅坪、长牛，700~1000 林下阴湿处。

（三十）万带兰属 *Vanda* W. Jones ex R. Br.

1. 琴唇万代兰 *V. concolor* Bl. 八蒙河、沙坪沟，海拔 400~500m。

（杨成华　安明态　李　鹤　余德会　袁丛军　胡绍平　杨泉　潘碧文　石开平　杨焱冰　潘德权）

附录二：动物名录

软体动物门 MOLLUSCA

腹足纲 GASTROPODA
中腹足目 MESOGASTROPODA

一、田螺科 Viviparidae
1. 中国圆田螺 *Cipangopaludina chinensis*（Gray，1834）
2. 方形环棱螺 *Bellamya quadrata*（Benson，1832）

二、环口螺科 Cyclophoridae
1. 大扁褶口螺 *Ptychopoma expoliatum expoliatum*（Heude，1885）
2. 李氏褶口螺 *Ptychopoma lienense liuanum*（Gredler，1882）
3. 梨形环口螺 *Cyclophorus pyrostoma* Moellendorff，1882

三、觞螺科 Hydrobiidae
1. 泥泞拟钉螺 *Tricula humida*（Heude，1924）
2. 光滑狭口螺 *Stenothyra glabra*（A. Adams，1850）

四、黑螺科 Melaniidae
1. 瘤拟黑螺 *Melanoides tuberculata*（OF Müller，1774）

基眼目 BASOMMATOPHORA

五、椎实螺科 Lymnaeidae
1. 耳萝卜螺 *Radix auricularia*（Linnaeus，1758）
2. 小土蜗 *Galba pervia*（Martens，1867）

柄眼目 STYLOMMATOPHORA

六、巴蜗牛科 Bradybaenidae
1. 同型巴蜗牛 *Bradybaena*（*Bradybaena*）*similaris similaris*（Ferussac，1821）
2. 杂色巴蜗牛 *Bradybaena*（*Bradybaena*）*poecila*（Moellendorff，1899）
3. 谷皮巴蜗牛 *Bradybaena*（*Bradybaena*）*carphochroa*（Moellendorff，1899）
4. 短旋巴蜗牛 *Bradybaena brevispira*（Adams，1870）

七、蛞蝓科 Limacidae
1. 野蛞蝓 *Agriolimax agrestis*（Linnaeus，1758）
2. 黄蛞蝓 *Limax flavus* Linnaeus，1758

八、嗜黏液蛞蝓科 Philomyeidae
1. 双线嗜黏液蛞蝓 *Philomycus bilineatus*（Benson，1842）
2. 绣花嗜黏液蛞蝓 *Philomycus pictus* Stoliczka，1873
3. 皱纹嗜黏液蛞蝓 *Philomycus rugulosus* Chen et Gao，1982

九、内齿螺科 Endodontidae
1. 扁圆盘螺 *Discus potanini*（Moellendorff，1899）

十、拟阿勇蛞蝓科 Ariophantidae
1. 哈氏轮状螺 *Trochomorpha haenseli* Schmacker et Boettger，1891
2. 北方轮状螺 *Trochomorpha borealis* Moellendorff，1888

3. 裙状巨楯蛞蝓 *Macrochlamys cincta* Moellendorff, 1883

十一、坚齿螺科 Camaenidae

1. 三楯裂口螺 *Traumatophora triscalpta triscalpta*（Von Martens, 1875）
2. 小轮小丽螺 *Ganesella microtrochus*（Moellendorff, 1886）
3. 暗色毛蜗牛 *Trichochloritis percussa*（Heude, 1882）

双壳纲 BIVALVIA

真瓣鳃目 EULAMELLIBRANCHIA

十二、珠蚌科 Unionidae

1. 椭圆背角无齿蚌 *Anodonta woodiana elliptica*（Heude, 1878）

十三、蚬科 Corbiculidae

1. 河蚬 *Corbicula fluminea*（O. F. Müller, 1774）

节肢动物门 ARTHROPODA

甲壳动物亚门 CRUSTACEA

鳃足纲 BRANCHIOPODA

双甲目 DIPLOSTRACA
枝角亚目 CLADOCERA

一、仙达溞科 Sididae

1. 长肢秀体溞 *Diaphanosoma leuchtenbergianum* Fischer, 1854

二、溞科 Daphniidae

1. 透明溞 *Daphnia hyalina* Leydig, 1860

颚足纲 MAXILLOPODA

桡足亚纲 COPEPODA
哲水蚤目 CALANOIDA

三、镖水蚤科 Diaptomidae

1. 舌状叶镖水蚤 *Phyllodiaptomus tunguidus* Shen et Tai, 1964

猛水蚤目 HARPACTICOIDA

四、猛水蚤科 Harpacticidae

1. 隆脊异猛水蚤 *Camthocamptus carinatus* Shen et Sung, 1973

软甲纲 MALACOSTRACA

十足目 DECAPODA
匙指虾总科 Atyoidea

五、匙指虾科 Atyidae

1. 掌肢新米虾指名亚种 *Neocaridina palmata palmata*（Shen, 1948）
2. 榕江米虾 *Caridina rongjiangensis* Chen et al, 2016

溪蟹总科 Potamoidea

六、溪蟹科 Potamidae

1. 会同华溪蟹 *Sinopotamon huitongense* Dai，1995

多足亚门 MYRIAPODA

倍足纲 DIPLOPODA LEACH
蠕形马陆亚纲 HELMINOTHOMORPHA POCOCK

无毛总目 ANOCHETA COOK

山蛩目 SPIROBOLIDA BOLLMAN

一、山蛩科 Spirobolidae Brolemann

1. 格氏山蛩 *Spirobolus grahami* Keeton

节毛总目 MERCOHETA COOK

带马陆目 POLYDESMIDA LEACH

奇马陆亚目 PARADOXOSOMATIDEA HOFFMAN

二、奇马陆科 Paradoxosomatidae Daday

1. 章马陆 *Chamberlinius* sp.

三、带马陆科 Polydesmidae

1. 雕背马陆 *Epanerchodus* sp.

四、单带马陆科 Haplodesmidae

1. 真带马陆 *Eutrichodesmus* sp.

螯肢亚门 CHELICERATA

蛛形纲 ARACHNIDA

蜘蛛目 ARANEAE

一、园蛛科 Araneidae

1. 山地艾蛛 *Cyclosa monticola* Bösenberg et Strand，1906

2. 日本艾蛛 *Cyclosa japonica* Bösenberg et Strand，1906

3. 银背艾蛛 *Cyclosa argenteoalba* Bösenberg et Strand，1906

4. 银斑艾蛛 *Cyclosa argentata* Tanikawa et Ono，1993

5. 黄斑园蛛 *Araneus ejusmodi* Bösenberg et Strand，1906

6. 嗜水新园蛛 *Neoscona nautica*（L. Koch，1875）

7. 拟嗜水新园蛛 *Neoscona pseudonautica* Yin et al.，1900

8. 叶斑八氏蛛 *Yaginumia sia*（Strand，1906）

9. 山地亮腹蛛 *Singa alpigena* Yin，Wang et Li，1983

10. 小悦目金蛛 *Argiope minuta* Karsch，1879

11. 哈氏棘腹蛛 *Gasteracantha hasselti* C. L. Koch，1837

二、球蛛科 Theridiidae

1. 闪光丽蛛 *Chrysso scintillans*（Thorell，1895）

2. 温室脈蛛 *Parasteatoda tepidariorum*（C. L. Koch，1841）

3. 佐贺脈蛛 *Parasteatoda kompirensis*（Bösenberg et Strand，1906）

4. 半月肥腹蛛 *Steatoda cingulata*（Thorell，1890）

5. 蚓腹阿里蛛 *Ariamnes cylindrogaster* Simon，1889

三、跳蛛科 Salticidae

1. 陇南雅蛛 *Yaginumaella longnanensis* Yang，Tang et Kim，1997

2. 鳃蛤莫蛛 *Harmochirus brachiatus*（Thorell，1877）

3. 白斑猎蛛 *Evarcha albaria*（L. Koch，1878）

4. 东方猎蛛 *Evarcha orientalis*（Song et Chai），1992

5. 普氏散蛛 *Spartaeus platnicki* Song，Chen et Gong，1991

6. 毛垛兜跳蛛 *Ptocasius strupifer* Simon，1901

7. 长触螯蛛 *Cheliceroides longipalpis* Zabka，1985

四、巨蟹蛛科 Sparassidae

1. 白额巨蟹蛛 *Heteropoda venatoria*（Linnaeus，1767）

五、盗蛛科 Pisauridae

1. 黄褐狡蛛 *Dolomedes sulfureus* L. Koch，1878

六、平腹蛛科 Gnaphosidae

1. 亚洲狂蛛 *Zelotes asiaticus*（Bösenberg et Strand，1906）

七、猫蛛科 Oxyopidae

1. 拟斜纹猫蛛 *Oxyopes sertatoides* Xie et Kim，1996

2. 福建猫蛛 *Oxyopes fujianicus* Song et Zhu，1993

八、络新妇科 Nephilidae

1. 棒络新妇 *Nephila clavata* L. Koch，1878

九、管巢蛛科 Clubionidae

1. 拟喙管巢蛛 *Clubiona subrostrata* Zhang et Hu，1991

十、肖蛸科 Tetragnathidae

1. 前齿肖蛸 *Tetragnatha praedonia* L. Koch，1878

2. 西里银鳞蛛 *Leucauge celebesiana*（Walckenaer，1841）

3. 锥腹肖蛸 *Tetragnatha maxillosa* Thorell，1895

十一、狼蛛科 Lycosidae

1. 查氏豹蛛 *Pardosa chapini*（Fox，1935）

2. 渠豹蛛 *Pardosa laura* Karsch，1879

3. 拟环纹豹蛛 *Pardosa pseudoannulata*（Bösenberg et Strand，1906）

十二、漏斗蛛科 Agelenidae

1. 镰刀龙隙蛛 *Draconarius drepanoides* Jiang et Chen，2015，新种

2. 蕾形花冠蛛 *Orumcekiagemata*（Wang，1994）

3. 阴暗拟隙蛛 *Pireneitega luctuosa*（L. Koch，1878）

4. 猛扁桃蛛 *Tonsilla truculenta* Wang et Yin，1992

5. 凯里平隙蛛 *Platocoelotes kailiensis* Wang，2003

6. 朝鲜异漏斗蛛 *Allagelena koreana*（Paik，1965）

十三、幽灵蛛科 Pholcidae

1. 李氏贝尔蛛 *Belisana lii* Chen et al，2016，新种

环节动物门 ANNELIDA

寡毛纲 OLIGOCHAETA

颤蚓目 TUBIFICIDA

颤蚓亚目 TUBIFICINA

一、颤蚓科 Tubificidae

1. 苏氏尾鳃蚓 *Branchiura sowerbyi* Beddard，1892

单向蚓目 HAPLOTAXIDA

链胃蚓亚目 MONILIGASTRINA

二、链胃蚓科 Moniligastridae

1. 日本杜拉蚓 *Drawida japonica*（Michuelsan，1892）
2. 平滑杜拉蚓 *Drawida glabella*（Chen，1938）

正蚓亚目 LUMBRICINA

三、正蚓科 Lumbricidae

1. 微小双胸蚓 *Bimastus parvus*（Eisen，1874）

四、巨蚓科 Megascolecidae

1. 异毛环毛蚓 *Pheretima diffringens*（Baird，1869）
2. 白颈环毛蚓 *Pheretima californica* Kinberg，1867
3. 囊腺远盲蚓 *Amynthas saccalus* Qiu，Wang et Wang，1993
4. 云龙远盲蚓 *Amynthas yunlongensis*（Lhenet Hsun，1977）
5. 珠串远盲蚓 *Amynthas monitiatus*（Chen，1946）
6. 三星远盲蚓 *Amynthas triastriatus*（Chen，1946）
7. 莲蕊远盲蚓 *Amynthas loti*（Chen et Hsu，1975）
8. 中材远盲蚓指名亚种 *Amynthas mediocus mediocus*（Chen et Hsu，1975）
9. 中材远盲蚓多毛亚种 *Amynthas mediocus multus* Qiu et Wang，1994
10. 指掌远盲蚓 *Amynthas palmosus*（Chen，1946）
11. 异毛远盲蚓 *Amynthas diffringens*（Baird，1869）
12. 无孔远盲蚓 *Amynthas aporus* Qiu *et* Wang，1994，
13. 壮伟远盲蚓 *Amynthas robustus*（E. perrier，1872
14. 夏威远盲蚓 *Amynthas hawayanus*（Rose，1891）
15. 天青远盲蚓 *Amynthas cupreae*（Chen，1946）
16. 秉氏远盲蚓 *Amynthas pingi*（Stephenson，1925）
17. 多突远盲蚓 *Amynthas polypapillatus* Qiu et Wang，1994
18. 异毛环毛蚓 *Pheretima diffringens*（Baird，1869）

蛭纲 HIRUDINEA

吻蛭目 RHYNCHOBDELLIDA

五、舌蛭科 Glossiphonidae

1. 宽身舌蛭 *Glossiphonia lata* Oka，1910
2. 裸泽蛭 *Helobdella nuda*（Moore，1924）
3. 缘拟扁蛭 *Hemiclepsis marginata*（O. F. Muller，1774）

无吻蛭目 ARHYNCHOBDELLIDA

六、医蛭科 Hirudiniidae

1. 日本医蛭 *Hirudo nipponia* Whitmania，1886

七、石蛭科 Herpobdellidae

1. 湘红蛭 *Dina xiangjiangensis* Yang，1983

八、沙蛭科 Herpobdellidae

1. 巴蛭 *Barbronia weberi*（Blanchard，1897）

（陈会明）

昆虫名录

蚤目 SIPHONAPTERA

一、蚤科 Pulicidae

1. 致痒蚤 *Pulex irritans* Linnaeus

寄主：犬、豹、豺、狐、鼬獾、山羊、刺猬、旱獭、黄胸鼠、人等

分布：贵州（全省），全国性分布；世界性分布。

等翅目 ISOPTERA

二、白蚁科 Termitidae

1. 黑翅土白蚁 *Odontotermes formosanus*（Shiraki）

分布：贵州（全省），长江以南地区。

革翅目 DERMAPTERA

三、球螋科 Forficulidae

1. 异螋 *Allodahlia scabriuscula* Serville

分布：贵州（月亮山等），甘肃，湖北，湖南，台湾，广东，广西，四川，云南，西藏；缅甸；不丹；印度；越南；印度尼西亚。

竹节虫目 PHASMATODEA

四、竹节虫科 Phasmatidae

1. 短棒竹节虫 *Ramulus* sp.

分布：中国西南部地区。

蜚蠊目 BLATTARIA

五、蜚蠊科 Blattidae

1. 东方蜚蠊 *Blatta orientalis* Linnaeus

分布：全国性分布；亚洲，欧洲，南美洲，非洲。

2. 美洲大蠊 *Periplaneta americana* Linnaeus

分布：贵州（全省），全国性分布；非洲热带亚热带地区；美国南部。

3. 黑胸大蠊 *Periplaneta fuliginosa*（Serville）

分布：贵州（月亮山等），全国性分布。

螳螂目 MANTODEA

六、螳科 Mantidea

1. 广斧螳 *Hierodula patellifera*

分布：贵州，四川，湖北，湖南，辽宁，河北，山东，河南，江苏，安徽，浙江，江西，福建，台湾，广东，广西，云南。

2. 中华大刀螳 *Tenodera aridlfolia* Sinensls

分布：贵州（全省），全国性分布。

3. 棕污斑螳螂 *Statilia maculata*（Thunberg）

分布：北起辽宁东部及陕西北部，南至台湾，海南及广东，广西，云南南境，东面临海，西达甘肃陇南地区折入四川，云南，并再西展至西藏的墨脱，亚东及吉隆。

直翅目 ORTHOPTERA

七、丝角蝗科 Acrididae

1. 平猛 *Bennia* sp.

分布：贵州（全省），云南等地。

2. 棉蝗 *Chondracris rosea* De Geer

分布：北起辽宁，内蒙古，山西，陕西，南至台湾，海南，广东，广西，云南，东起滨海，西达四川，云南，西藏。

3. 山稻蝗 *Oxya agavisa*

分布：贵州（月亮山等），湖北、江西、福建、广东、重庆、四川、云南。

4. 黄脊竹蝗 *Ceracris kiangsu* Tsai

寄主：竹类。

分布：我国主要竹产区均有分布。

5. 中华稻蝗 *Oxya chinensis*（Thunberg）

分布：贵州（月亮山等），内蒙古，甘肃，河北，山西，陕西，山东，河南，江苏，浙江，安徽，湖北，江西，湖南，福建，台湾，广东，海南，四川，广西，云南；东南亚；美洲；澳大利亚等。

6. 短额负蝗 *Atractomorpha sinensis* Bolivar

分布：全中国；日本，越南。

7. 中华剑角蝗 *Acrida cinerea*（Thunberg）

分布：贵州（全省），北京，宁夏，甘肃，陕西，四川，云南，山西，河南，河北，山东，江苏，安徽，浙江，福建，江西，湖南，湖北，广西，广东，东北三省。

8. 红褐斑腿蝗 *Catantops pinguis* Stal

分布：贵州，福建，河北，陕西，河南，江苏，湖北，浙江，江西，湖南，台湾，广东，广西，四川，海南，西藏；日本，缅甸，斯里兰卡，印度，印度尼西亚。

八、斑翅蝗科 Oedipodidae

1. 东亚飞蝗 *Locusta migratoria manilensis*（Meyen）

分布：贵州（从江县等），河北，山西，陕西，福建，广东，广西，海南，广西，云南，浙江，江苏，江西，安徽，河南，湖南，湖北，上海，山东，重庆，四川，甘肃。

九、刺翼蚱科 Scelimenidae

1. 大优角蚱 *Eucriotettix grandis*（Hancock）

分布：贵州（月亮山等），河南，广东，广西，云南，四川，西藏；印度；尼泊尔。

十、露螽科 Phaneropteridae

1. 日本条螽 *Ducetia japonica*（Thunberg）

分布：贵州（月亮山等），重庆，四川，云南，广西等；日本。

2. 四川华绿螽 *Sinochlora szechwanensis* Tinkham

分布：贵州（月亮山等），湖北，湖南，广西，四川，云南，甘肃。

十一、蝼蛄科 Gryllotalpidae

1. 非洲蝼蛄 *Gryllotalpa africana* Palisot de Beauvois

分布：贵州（全省），山西，陕西，宁夏，山东，江苏，浙江，湖北，湖南，福建，台湾，江西，广东，海南，广西，四川等；国外印度，斯里兰卡，日本，菲律宾，马来西亚，印度尼西亚，夏威夷以及大洋洲和非洲均有分布。

2. 东方蝼蛄 *Gryllotalpa orientalis* Burmeister

分布：贵州（月亮山等），广布于我国南方；朝鲜；日本；菲律宾；马来西亚；印度尼西亚等。

十二、蟋蟀科 Gryllidae

1. 黄脸油葫芦 *Teleogryllus emma* （Ohmachi & Matsumura）

分布：贵州（全省），全中国。

十三、纺织娘科

1. 纺织娘 *Mecopoda elongate* （Linnaeus）

分布：贵州（全省），全中国；朝鲜；韩国；印度；印度尼西亚；泰国；缅甸；巴布亚新几内亚。

脉翅目 NEUROPTERA

十四、草蛉科 Chrysopidae

1. 中华草蛉 *Chrysoperla sinica* Tjeder

分布：贵州（月亮山等），黑龙江，吉林，辽宁，河北，北京，陕西，山西，山东，河南，湖北，湖南，四川，江苏，江西，安徽，上海，广东，云南。

蜻蜓目 ODONATA

十五、蜻科 Aeshnidae

1. 红蜻 *Crocothemis servilia* Drur

分布：贵州（全省），黑龙江，河南，山东，甘肃，安徽，江西，浙江，台湾，香港，海南，湖南，西藏，河北，山西，江苏，湖北，福建，广东，广西，四川，云南；日本；菲律宾；印度；缅甸；马来西亚；斯里兰卡；非洲；澳大利亚。

2. 黄蜻 *Pantala flavescens* （Fabricius）

分布：贵州（全省），辽宁，吉林，陕西，河北，河南，湖北，湖南，山西，江西，江苏，浙江，福建，广东，海南，四川，广西，云南，西藏；日本；印度尼西亚；马来西亚；缅甸；印度；斯里兰卡。

3. 晓褐蜻 *Trithemis aurora* （Burmeister）

分布：贵州（全省），福建，湖北，湖南，广东，广西，广东，四川，重庆，云南，海南，台湾。

4. 竖眉赤蜻 *Sympetrum eroticum ardens* Maclachlan

分布：贵州（月亮山等），湖南，北京，浙江，四川，云南；日本。

5. 高砂蜻蜓 *Zygonyx takasago* Asahina

分布：贵州（月亮山等），中国北部低海拔山区。

6. 赤褐灰蜻 *Nannophya pruinosum* Rambur

分布：贵州（月亮山等），南方各省。

7. 狭腹灰蜻 *Orthetrum sabina* （Drury）

分布：贵州（月亮山等），浙江，福建，云南，广东，广西。

8. 小黄赤蜻 *Sympetrum kunckeli* Selys

分布：贵州（全省），河北，山西，山东，江苏，江西，上海，北京等。

9. 褐顶赤蜻 *Sympetrum infuscatum* Selys

分布：贵州（全省），黑龙江，四川，吉林，北京，陕西，河南，福建，江西，浙江，广西，广东等；朝鲜；韩国；日本；俄罗斯等。

10. 异色灰蜻 *Orthetrum melanium*（Selys）

分布：贵州（月亮山等），江苏，浙江，福建，广西，四川，云南，广东，香港，台湾，北京等。

11. 线痣灰蜻 *Orthetrum lineostigmum*（Selys）

分布：贵州（月亮山等），北京，河北，河南，山西，陕西，甘肃。

12. 鼎异色灰蜻 *Orthetrum triangulare*（Selys）

分布：贵州（月亮山等），广东，广西，四川，云南。

十六、蟌科 Coenagrionidae Kirby

1. 赤异痣蟌 *Ischnura rofostigma* Swlys

分布：贵州（月亮山等），北京，河北，天津，山西，内蒙古，陕西，宁夏，浙江，上海，广东等地。

十七、溪蟌科 Euphaeidae

1. 壮大溪蟌 *Philoganga robusta* Navás

分布：贵州（月亮山等），浙江，江西，福建，四川，重庆

2. 宽带暗溪蟌 *Euphaea ornata*（Campion）

分布：贵州（月亮山等），福建，海南，云南，江西。

十八、色蟌科 Calopterygidae

1. 苗家细色蟌 *Vestalaria miao* Wilson & Reels

分布：贵州（月亮山等），广东，广西，海南。

2. 褐单脉色蟌 *Matrona basilaris nigripectus* Selys

分布：贵州（月亮山等），广东，海南。

3. 透顶单脉色蟌 *Matrona basilaris basilaris*（Selys）

分布：贵州（月亮山等），河北，山西，浙江，江西，湖南，福建，广西，云南，西藏。

十九、扇蟌科 Calopterygidae

1. 杨氏华扇蟌 *Sinocnemis yangbingi* Wilson & Zhou

分布：贵州（月亮山等），河南，四川。

半翅目 HOMOPTERA

二十、飞虱科 Delphacidae

1. 褐飞虱 *Nilaparvata lugens*（Stal）

寄主：水稻及禾本科杂草

分布：贵州（全省），吉林，辽宁，甘肃，陕西，河南，河北，山东，山西，四川，江西，湖北，湖南，江苏，上海，安徽，浙江，福建，云南，广东，海南，广西，台湾，西藏；朝鲜；日本；菲律宾；马来西亚；越南；斯里兰卡；爪哇；印度尼西亚；澳大利亚。

2. 白背飞虱 *Sogatella furcifera*（Horváth）

寄主：水稻及禾本科杂草

分布：贵州（月亮山等），甘肃，黑龙江，吉林，辽宁，河北，山西，陕西，宁夏，青海，山东，河南，江苏，安徽，浙江，湖北，湖南，江西，四川，西藏，云南，广东，广西，海南，台湾；朝鲜；日本；尼泊尔；巴基斯坦；沙特阿拉伯；菲律宾；印度尼西亚；马来西亚；印度；斯里兰卡；泰国；越南；斐济；密克罗尼西亚；瓦努阿图；澳大利亚；俄罗斯；蒙古。

二十一、蜡蝉科 Fulgoridae

1. 斑衣蜡蝉 *Lycorma delicatula*（White）

寄主：臭椿、樱、梅、珍珠梅、海棠、桃、葡萄、石榴等花木。

分布：贵州（月亮山等），华北、华东、西北、西南、华南以及台湾等地区。

二十二、广翅蜡蝉科 Ricaniidae

1. 缘纹广翅蜡蝉 *Ricania marginalis*（Walker）

分布：贵州（月亮山等），浙江，湖北，重庆，广东。

二十三、沫蝉科 Cercopidae

1. 松沫蝉（松尖胸沫蝉）*Aphrophora flavipes* Uhler

分布：贵州（月亮山等），辽宁，河北，山东省；朝鲜，日本。

2. 肿沫蝉 *Phymatostetha* sp.

分布：贵州（月亮山等），云南，四川等。

3. 铲头沫蝉 *Clovia* sp.

分布：贵州（月亮山等），云南。

4. 东方丽沫蝉 *Cosmoscarta heros*（Fabricius）

分布：我国南方地区

5. 红二带丽沫蝉 *Cosmoscarta egens*（Walker）

分布：南方大部分地区。

6. 白斑尖胸沫蝉 *Aphrophora quadriguttata* Melichar

分布：贵州（月亮山等），甘肃，陕西，湖北，江西，四川。

二十四、叶蝉科 Cicadellidae

1. 带耳叶蝉 *Ledra serrulata* Fabricius

寄主：杂灌。

分布：贵州（月亮山等），云南；印度。

2. 角胸叶蝉 *Tituria* sp.

分布：贵州（月亮山等），中国西南地区。

3. 大青叶蝉 *Cicadella viridis*（Linnaeus）

寄主：杨、柳、白蜡、刺槐、苹果、桃、梨、桧柏、梧桐、扁柏、粟（谷子）、玉米、水稻、大豆、马铃薯等。

分布：贵州（全省），黑龙江，吉林，辽宁，内蒙古，河北，河南，山东，江苏，浙江，安徽，江西，台湾，福建，湖北，湖南，广东，海南，四川，陕西，甘肃，宁夏，青海，新疆等；俄罗斯；日本；朝鲜；马来西亚；印度；加拿大；欧洲。

4. 琼凹大叶蝉 *Bothrogonia qiongana* Yang et Li

分布：贵州（月亮山等），广东、广西、海南；东洋界。

5. 黑尾大叶蝉 *Bothrogonia ferruginea*（Fabricius）

寄主：甘蔗、桑、茶等。

分布：贵州（月亮山等），东北，华中，华东以及台湾，广东，海南；朝鲜；日本；缅甸；菲律宾；印度；印度尼西亚；非洲南部。

6. 黑缘条大叶蝉 *Arkinsoniella heiyuana* Li

分布：贵州（月亮山等）。

7. 橙带凸缘叶蝉 *Gununga yoshimotoi* Young

分布：贵州（月亮山等）。

8. 金翅斑大叶蝉 *Anatkina vespertinula*（Breddin）

分布：贵州（月亮山等），云南。

9. 磺条大叶蝉 *Atkinsoniella sulphurata*（Distant）

分布：贵州（月亮山等），四川，云南，浙江，福建，湖北；东洋界；缅甸；印度，印度尼西亚。

二十五、蝉科 Cicadidae

1. 黑蚱蝉 *Cryptotympana atrata* Fabricius

寄主：樱花、元宝枫、槐树、榆树、桑树、白蜡、桃、柑橘、梨、苹果、樱桃、杨、柳、刺槐等。

分布：贵州(全省)、上海、江苏、浙江、河北、陕西、山东、河南、安徽、湖南、福建、台湾、广东、四川、云南。

2. 绿草蝉 *Mogannia hebei* (Walker)

分布：贵州(月亮山等)，南方大部分地区。

二十六、瘿绵蚜科 Pemphigidae

1. 角倍蚜 *Malaphis chinensis* Bell

寄主：盐肤木、红肤杨

分布：贵州(月亮山等)，陕西，河南，云南，广西，江西，安徽，广东，福建，浙江，湖北，湖南，四川，云南等；日本；朝鲜。

2. 倍花蚜 *Nurudea shiraii* Matsumura

分布：贵州(月亮山等)，陕西，浙江，湖北，湖南，台湾，四川，广西，云南；日本。

3. 蛋倍蚜 *Schlechtendalia peitan* (Tsai et Tang)

分布：贵州(月亮山等)。

二十七、蚜科 Aphididae

1. 桃蚜 *Myzus persicae* (Sulzer)

寄主：梨、桃、李、梅、樱桃、白菜、甘蓝、萝卜、芥菜、芸苔、芜菁、甜椒、辣椒、菠菜等。

分布：贵州(全省)，中国大部分地区。

2. 萝卜蚜 *Lipaphis erysimi* (Kaltenbach)

寄主：油菜、白菜、萝卜等。

分布：贵州(月亮山等)，北京，辽宁，内蒙古，河北，山东，甘肃，上海，江苏，浙江，湖南，四川，台湾，广东，云南；朝鲜；日本；印度；印度尼西亚；伊拉克；以色列；埃及；非洲；美国。

二十八、蝎蝽科 Nepidae

1. 日壮蝎蝽 *Laccotrephes japonensis* Scott

分布：贵州(月亮山等)，北京，天津，河北，山西，江苏，江西，台湾。

2. 单色螳蝽 *Ranatra unicolor*

分布：贵州(月亮山等)，湖北。

二十九、缘蝽科

1. 瘤缘蝽 *Acanthocoris scaber* Linnaeus

寄主：马铃薯、番茄、茄子、蚕豆、瓜类、辣椒等农作物；牵牛，商陆。

分布：贵州(月亮山等)，山东，江西，江苏，安徽，湖北，浙江，四川，福建，广西，广东，海南，云南；印度、马来西亚。

2. 稻脊(棘)缘蝽 *Cletus punctiger* (Dallas)

分布：贵州(全省)，上海，江苏，浙江，安徽，河南，福建，江西等。

3. 拟黛缘蝽 *Dasynopsis cunealis* Hsiao

分布：贵州(月亮山等)，云南。

4. 黑长缘蝽 *Megalotomus junceus* Scopoli

分布：贵州(月亮山等)，北京，山东，江苏。

5. 曲胫侎缘蝽 *Mictis tenebrosa*

分布：贵州(月亮山等)，浙江，湖南，江西，四川，福建，广东，广西，云南，西藏。

6. 纹须同缘蝽 *Homoeocerus striicornis* Scott

寄主：柑橘、合欢、紫荆花、茄科及豆科植物。

分布：贵州(月亮山等)，河北，北京，甘肃，浙江，江西，湖北，四川，台湾，广东，海南，云南；见于日本，印度及斯里兰卡。

7. 宽肩达缘蝽 *Dalader planiventris* Westwood

分布：贵州(月亮山等)，广西，云南。

三十、盾蝽科 Scutelleridae

1. 桑宽盾蝽 *Poecilocoris druraei* Linnaeus

寄主：桑树，油茶等

分布：贵州(月亮山等)，四川，台湾，广东，广西，云南；缅甸；印度等。

83. 红缘亮盾蝽 *Lamprocoris lateralis* (Guérin – Méneville)

分布：贵州(月亮山等)，云南。

三十一、蝽科 Pentatomidae

1. 珀蝽 *Plautia fimbriata* (Fabricius)

寄主：水稻、大豆、菜豆、玉米、芝麻、苎麻、茶、柑橘、梨、桃、柿、李、泡桐、马尾松、枫杨、盐肤木等

分布：贵州(月亮山等)，北京，江苏，福建，河南，广西，四川，云南，西藏等；日本；缅甸；印度；马来西亚；菲律宾；斯里兰卡；印度尼西亚；西非和东非。

2. 益蝽 *Picromerus lewisi* Scott

分布：贵州(月亮山等)，黑龙江，吉林，河北，北京，陕西，江苏，浙江，江西，湖南，福建，四川，江苏。

3. 谷蝽 *Gonopsis affinis* (Uhler)

分布：贵州(全省)，福建，辽宁，陕西，山东，河南，江苏，安徽，湖北，浙江，江西，湖南，广东，广西，四川，云南，海南；日本。

4. 巨蝽 *Eusthenes robustus* (Lepel&Serville)

分布：贵州(月亮山等)，湖南，江西，四川，福建，广东，广西，云南；印度；不丹；越南；印度尼西亚；斯里兰卡。

三十二、荔蝽科 Tessaratomidae

1. 小皱蝽 *Cyclopelta parva* Distant

寄主：危害刺槐、紫穗槐、胡枝子、葛条等多种园林植物。

分布：贵州(月亮山等)，山东，江苏，浙江，湖南，湖北，四川，福建，广东，云南等地。

2. 麻皮蝽 *Erthesina full* (Thunberg)

寄主：苹果、枣、沙果、李、山楂、梅、桃、杏、石榴、柿、海棠、板栗、龙眼、柑橘、杨、柳、榆等及林木植物

分布：贵州(月亮山等)，河北，天津，北京，河南，山东，陕西，山西，江苏，江西，浙江，湖北，湖南，重庆，四川，云南，广东，广西，海南，福建，台湾等；日本；印度；缅甸；斯里兰卡及安达曼群岛。

3. 稻绿蝽黄肩型 *Nezara viridula forma torquata* (Fabricius)

分布：贵州(月亮山等)，宁夏，河北，山西，山东，河南，安徽，浙江，湖北，江西，湖南，福建，台湾，广东，海南，广西，四川，云南，西藏；朝鲜；日本；东南亚；中亚；欧洲；非洲；北美洲南部；南美洲；大洋洲。

4. 宽碧蝽 *Palomena viridissima*(Poda)

分布：贵州(月亮山等)，河北，山西，黑龙江，山东，云南，陕西，甘肃，青海；欧洲；北非；印度。

5. 锚纹二星蝽 *Stollia montivagus*（Distant）

分布：贵州（月亮山等），湖南，河南，江苏，浙江，安徽，江西，湖北，四川，福建，广东，广西，海南，云南；印度；阿富汗。

三十三、扁蝽科 Aradidae

1. 刺扁蝽 *Aradus spinicollis* Jakovlev

分布：贵州（月亮山等），湖南，湖北，四川，福建，黑龙江，甘肃；俄罗斯。

三十四、同蝽科 Acanthosomatidae

1. 黑刺同蝽 *Acanthosoma nigrospina* Hsiao et Liu

寄主：核桃、漆树。

分布：贵州（月亮山等），山西，四川，甘肃等。

三十五、龟蝽科 Plataspidae

1. 筛豆龟蝽 *Megacopta cribraria*（Fabricius）

寄主：菜豆、扁豆、大豆、绿豆等豆科作物以及刺槐、杨树、桃等多种其他植物。

分布：贵州（月亮山等），北京，河北，山西，台湾，陕西，四川，云南，西藏等省区。

三十六、红蝽科 Pyrrhocoridae

1. 小斑红蝽 *Physopelta cincticollis* Stål

分布：贵州（月亮山等），陕西，江苏，浙江，湖北，江西，湖南，广东。

三十七、猎蝽科 Reduviidae

1. 暴猎蝽 *Agriosphodrus dohrni*（Signoret）

分布：贵州（月亮山等），湖北，江苏，上海，浙江，四川，福建，广东，云南，广西，甘肃，陕西。

2. 彩纹猎蝽 *Euagoras plagiatus* Burmeiter

分布：贵州（月亮山等），湖南，浙江，福建，广东，广西，云南；越南；印度尼西亚；斯里兰卡；菲律宾；缅甸；印度。

3. 霜斑素猎蝽 *Epidaus famulus* Stål

分布：贵州（月亮山等），云南，四川，福建，广西，广东，海南。

4. 齿缘刺猎蝽 *Sclomina erinacea* Stål

分布：贵州（月亮山等），安徽，江西，湖南，浙江，福建，台湾，广东，海南，广西，云南。

三十八、龙虱科 Dytiscidae

1. 单边斑龙虱 *Hydaticus vittatus*（Fabricius）

分布：贵州（月亮山等），山东，江苏，浙江，湖北，福建，台湾，广东，海南，四川。

鞘翅目 COLEOPTERA

三十九、豉甲科 Gyrinidae

1. 大豉甲 *Dineutus mellyi* Regimbart

分布：贵州（月亮山等），山东，江西，浙江，湖北，湖南，福建，重庆，广东，云南。

四十、锹甲科 Lucanidae

1. 扁锹甲 *Dorcus titanus platymelus*（Saunders）

分布：贵州（月亮山等），华北，华南，东北，台湾。

2. 葫芦锹甲 *Nigidionus parryi*（Bates）

分布：贵州（月亮山等），华南，台湾。

四十一、天牛科 Cerambycidae

1. 中华薄翅天牛 *Megopis sinica sinica* White

寄主：柳、杨、榆、栎、栗、枣、枫杨、泡桐、梧桐、苦楝、油桐、白蜡、乌桕、枫香、银杏、苹果、桤木、松、杉。

分布：贵州（月亮山等），山东，北京，上海，天津，山西，河南，河北，陕西，甘肃，内蒙古，吉林，辽宁，黑龙江，江苏，安徽，江西，福建，湖南，湖北，四川，云南。

2. 松墨天牛 *Monochamus alternatus* Hope

寄主：主要为害马尾松，其次为害黑松、雪松、落叶松、油松、华山松、柏、杉。

分布：贵州（月亮山等），北京，河北，上海，江苏，浙江，福建，广东，广西，湖南，四川，西藏，陕西，河南，台湾；越南；老挝；朝鲜；日本。

3. 四点象天牛 *Mesosa myops*（Dalman）

寄主：苹果，漆树，赤杨等。

分布：贵州（月亮山等），东北，内蒙古，北京，安徽，四川，台湾，广东；北欧；西伯利亚；朝鲜；日本；库页岛

4. 台湾红星天牛 *Rosalia formosa* Conviva

分布：贵州（月亮山等），台湾，中国西南等中海拔地区。

四十二、芫菁科 Meloidae

1. 毛胫豆芫菁 *Epicauta tibialis* Waterhouse

分布：贵州（月亮山等），河南，福建，重庆，广西，台湾。

四十三、叶甲科 Chrysomelidae

1. 杨叶甲 *Chrysomela populi* Linnaeus

寄主：杨、柳树。

分布：贵州（全省），河北，山西，内蒙古，辽宁，吉林，黑龙江，山东，河南，湖北，湖南，四川，陕西，宁夏；日本；朝鲜；印度等。

2. 皱背叶甲 *Abiromorphus anceyi* Pic

分布：贵州（月亮山等），吉林，北京，江苏，浙江；朝鲜。

3. 蒿金叶甲 *Chrysolina aurichalcea*（Mannerheim）

分布：贵州（月亮山等），东北，甘肃，新疆，河北，陕西，山东，河南，湖北，湖南，福建，广西，四川，云南。

4. 漆树跳甲 *Podontia lutea* Olivier

分布：贵州（月亮山等），甘肃，四川，贵州，陕西，河南，台湾，广东，云南。

5. 甘薯叶甲 *Colasposoma dauricum* Mannerhein

分布：贵州（月亮山等），东北，内蒙古，宁夏，河北，山东，山西，河南，陕西，甘肃，青海，新疆，江苏，安徽，湖北，四川；日本；朝鲜等地。

6. 柳氏黑守瓜 *Aulacophora lewisii* Baly

分布：贵州（月亮山等），浙江，江西，湖南，福建，广东，海南，广西，四川，西藏，安徽，湖北，云南。

7. 铜绿里叶甲 *Linaeidea aenea*（Linnaeus）

分布：贵州（月亮山等），吉林，辽宁；欧洲；西伯利亚；日本。

8. 四斑拟守瓜 *Paridea quadriplagiata*（Baly）

分布：贵州（月亮山等），安徽，浙江，江西，湖南，福建，广东，四川，云南；日本；印度。

9. 中华拟守瓜 *Paridea sinensis* Laboissiere

分布：贵州（月亮山等），湖北，湖南，四川，江西，福建，云南。

10. 斑角拟守瓜 *Paridea angulicollis*（Motschulsky）

分布：贵州（月亮山等），黑龙江，吉林，甘肃，河北，山西，江苏，浙江，湖南，福建，台湾，

海南，广西；日本。

11. 核桃扁叶甲 *Gastrolina depressa* Baly

寄主：核桃。

分布：贵州（月亮山等），甘肃，江苏，湖北，湖南，广西，四川，陕西，河南，浙江，福建，广东，黑龙江，吉林，辽宁，河北等。

12. 苹果蓝跳甲 *Altica* sp.

寄主：苹果属果树、柳树、杨树等。

分布：贵州（月亮山等），陕西，安徽，浙江，湖北，湖南，福建，广东，广西，云南，西藏。

13. 黄色凹缘跳甲 *Podontia lutea*（Olivier）

分布：贵州（月亮山等），河南，江苏，安徽，浙江，湖北，江西，福建，台湾，广东，广西，重庆，四川，云南，陕西。

14. 黑额光叶甲 *Smaragdina nigrifrons*（Hope）

寄主：玉米，算盘子，粟，白茅属，蒿属等。

分布：贵州（月亮山等），辽宁，河北，北京，山西，陕西，山东，河南，江苏，安徽，浙江，湖北等。

四十四、萤叶甲科 Galerucidae

1. 茶殊角萤叶甲 *Agetocera mirabilis* Hope

寄主：取食茶，油瓜。

分布：贵州（月亮山等），江苏，安徽，浙江，台湾，广东，海南，广西，云南；尼泊尔；印度；不丹；缅甸；老挝；越南。

2. 二纹柱萤叶甲 *Gallerucida bifasciata* Motschulsky

分布：贵州（月亮山等），黑龙江，吉林，辽宁，甘肃，河北，陕西，河南，江苏，浙江，湖北，江西，湖南，福建，台湾，广西，四川，云南。

3. 日本榕萤叶甲 *Morphosphaera japonica*（Hornstedi）

分布：贵州（月亮山等），湖北，湖南，广西，四川，浙江，福建，台湾，云南。

4. 沟翅毛胸萤叶甲 *Pyrrhalta sulcatipennis*（Chen）

分布：贵州（月亮山等），浙江。

5. 蓝翅瓢萤叶甲 *Oides bowringii*（Baly）

分布：贵州（月亮山等），浙江，湖北，江西，湖南，福建，广东，广西，四川，云南。

6. 锚阿波萤叶甲 *Aplosonyx ancorus ancorus* Laboissière

分布：贵州（月亮山等），福建，广东，广西，云南；越南。

7. 黄肩柱萤叶甲 *Gallerucida singularis* Harold

分布：贵州（月亮山等），福建，台湾，广东，海南，广西，四川，云南；越南；缅甸；印度；不丹。

8. 葡萄十星瓢萤叶甲 *Oides decempunctata* Billberg

分布：贵州（月亮山等），吉林，河北，山西，陕西，甘肃，山东，河南，江苏，安徽，浙江，福建，广东，海南，广西，四川。

四十五、负泥虫科 Crioceridae

1. 黑胸负泥虫 *Lilioceris bechynei* Medvedev

分布：贵州（月亮山等），广东，江西，浙江。

2. 长角水叶甲 *Sominella longicornis*（Jacoby）

分布：贵州（月亮山等），浙江，湖北，湖南，福建。

四十六、花萤科 Cantharidae

3. 利氏丽花萤 *Themus leechianus*（Gorharm）

分布：贵州（月亮山等），浙江，江西，福建，广东。

4. 华丽花萤 *Themus cavaleriei*（Pec）

分布：贵州（月亮山等），甘肃，江苏，湖北，江西，福建，广东，广西，云南。

四十七、伪叶甲科 Lagriidae

5. 紫蓝角伪叶甲 *Cerogira janthinipennis*（Fairmaire）

分布：贵州（月亮山等），浙江，安徽，福建，江西，河南，湖北，湖南，广西，四川，陕西；韩国。

6. 黑胸伪叶甲 *Lagria hirta*（Linnaeus）

分布：贵州（月亮山等），辽宁，新疆，河南，湖北，湖南，福建。

7. 毛伪叶甲 *Lagria oharai* Masumoto

分布：贵州（月亮山等），浙江，安徽，河南，湖南，广西，台湾。

8. 足彩伪叶甲 *Mimoborchmannia coloirpes*（Pic）

分布：贵州（月亮山等）。

四十八、埋葬甲科 Silphidae

1. 双色丽葬甲 *Calosilpha brunnicollis* Kraatz

分布：贵州（月亮山等），黑龙江，辽宁，北京，山西，陕西，浙江；日本；朝鲜；韩国；印度；不丹；俄罗斯。

2. 黑负葬甲 *Nicrophorus concolor* Kraatz

分布：贵州（月亮山等），黑龙江，吉林，辽宁，内蒙古，宁夏，河北，山西，山东，河南，江苏，安徽，湖北，浙江，江西，湖南，广东，广西，福建，台湾，重庆，四川，云南，海南。

3. 亚洲尸葬甲 *Necrodes littoralis* Linnaeus

分布：贵州（月亮山等），吉林，内蒙古，河北，浙江，湖北，西藏

四十九、瓢虫科 Coccinellidae

1. 球端崎齿瓢虫 *Afissula expansa*（Dieke）

分布：贵州（月亮山等），台湾。

2. 柯氏素菌瓢虫 *Illeis koebelei* Timberlake

分布：贵州（月亮山等），台湾，部分大陆低海拔山区。

3. 隐斑瓢虫 *Harmonia yedoensis*（Takizawa）

分布：贵州（月亮山等），甘肃，北京，河北，河南，山西，浙江，福建，台湾，四川，香港；日本；朝鲜；越南。

4. 异色瓢虫 *Harmonia axyridis*（Pallas）

分布：贵州（月亮山等），黑龙江，吉林，辽宁，河北，山东，山西，河南，陕西，甘肃，湖南，江苏，浙江，江西；朝鲜；蒙古；日本。

5. 七星瓢虫 *Coccinella septempunctata* Linnaeus

分布：贵州（全省），北京，辽宁，吉林，黑龙江，河北，山东，山西，河南，陕西，江苏，浙江，上海，湖北，湖南，江西，福建，广东，四川，云南，青海，新疆，西藏，内蒙古等。

6. 华裸瓢虫 *Calvia chinensis*（Mulsant）

分布：贵州（月亮山等），广东，广西，福建，湖南，四川，江苏，浙江等。

7. 瓜茄瓢虫 *Epilachna admirabilis* Crotch

分布：贵州（月亮山等），湖北，江苏，浙江，台湾，云南。

8. 龟纹瓢虫 *Propylaea japonica*（Thunberg）

寄主：贵州(月亮山等)，黑龙江，吉林，辽宁，新疆，甘肃，宁夏，北京，河北，河南，陕西，山东，湖北，江苏，上海，浙江，湖南，四川，台湾，福建，广东，广西，云南；日本；朝鲜。

9. 八斑盘瓢虫 *Coelophora bowringii* Crotch

分布：贵州(月亮山等)，浙江，江西，湖北，湖南，四川，广东，广西，云南。

10. 马铃薯瓢虫 *Henosepilachna vigintioctomaculata* (Motschulsky)

寄主：茄科，豆科，葫芦科，十字花科，藜科。

分布：中国广泛分布；日本；朝鲜；西伯利亚；越南。

11. 黑点褐瓢虫 *Harmonia secedimnotata*

分布：中国广泛分布，从低海拔至高海拔地区都可发现。

12. 六斑异瓢虫 *Aiolocaria hexaspilota* (Hope)

分布：贵州(全省)，吉林，内蒙古，甘肃，陕西，北京，河北，河南，湖北，四川，台湾，福建，云南，西藏；日本；印度；尼泊尔；缅甸；俄罗斯；朝鲜。

13. 八斑和瓢虫 *Harmonia octomaculata* (Fabricius)

分布：贵州(月亮山等)，浙江，江西，湖北，湖南，四川，福建，广东，广西，云南。

14. 黑缘红瓢虫 *Chilocorus rubldus* Hope

分布：贵州(全省)，北京，黑龙江，吉林，辽宁，内蒙，宁夏，甘肃，陕西，河北，河南，山东，江苏，浙江，湖南，四川，福建，海南，云南，西藏；日本；俄罗斯；朝鲜；印度；尼泊尔；印度尼西亚；澳大利亚。

15. 双带盘瓢虫 *Coelophora biplagiata* (Swartz)

分布：贵州(月亮山等)，广东，云南，福建，台湾，江西，广西，江苏，西藏，湖北，四川等。

16. 周缘盘瓢虫 *Lemnia circumvelata* Mulsant

分布：贵州(月亮山等)，台湾；越南。

17. 六斑月瓢虫 *Menochilus sexmaculatus* (Fabricius)

分布：贵州(月亮山等)，四川，福建，广东，云南；印度；菲律宾；印度尼西亚。

18. 黄缘巧瓢虫 *Oenopia sauzeti* Mulsant

分布：贵州(全省)，湖北，四川，云南，西藏，广西，安徽。

五十、叩甲科 Elateridae

1. 四拟叩甲 *Tetralanguria* sp.

分布：贵州(月亮山等)，重庆。

2. 朱肩丽叩甲 *Campsosternus gemma* Candeze

分布：贵州(全省)，江苏，安徽，湖北，浙江，江西，湖南，福建，台湾，重庆，四川。

3. 缝线重脊叩甲 *Chiagosnius suturalis maculicollis* (Candeze)

分布：贵州(月亮山等)，广西，云南。

4. 双瘤槽缝叩甲 *Agrypnus bipapulatus* (Candeze)

分布：贵州(全省)，吉林，辽宁，内蒙古，河南，江苏，湖北，陕西，江西，福建，台湾，广西，四川，云南。

五十一、吉丁甲科 Buprestidae

1. 四斑黄吉丁 *Ptosima chinensis* Marseul

分布：贵州(全省)，山东，陕西，湖南，江西，福建，四川；日本。

五十二、步甲科 Carabidae

1. 暗步甲 *Amara mandschurica* Luts

分布：贵州(月亮山等)，重庆。

2. 中华丽步甲 *Calleida chinensis* Jedlicka

分布：贵州（月亮山等），福建，广西，重庆，四川。

3. 印度细颈步甲 *Casnoidea ingica* Thunberg

分布：贵州（全省），浙江、江西、福建、台湾、广东、广西、四川；日本；中南半岛；印度；斯里兰卡；马来西亚。

4. 凹翅凹唇步甲 *Catascopus sauteri* Dupuis

分布：贵州（月亮山等），浙江，广西，福建，台湾。

5. 日本细径步甲 *Agonum japonicus*（Motschulsky）

分布：贵州（月亮山等），湖北，东北，华北，华东地区。

五十三、铁甲科 Hispidae

1. 大锯龟甲 *Basiprionota chinensis*（Fabricius）

分布：贵州（全省），福建，江西，湖南，广东，陕西，江苏，重庆，四川。

2. 金梳龟甲 *Aspidomorpha sanctaecrucis* Fabricius

寄主：旋花科、马鞭草科、木兰科植物。

分布：贵州（月亮山等），福建，广东，广西，四川，云南；孟加拉国；印度；斯里兰卡；中南半岛；马来半岛。

3. 甘薯蜡龟甲 *Laccoptera quadrimaculata*（Thunberg）

分布：贵州（全省），江苏，浙江，湖北，福建，台湾，广东，海南，广西，四川；越南。

4. 三楂肋龟甲 *Alledoya vespertina*（Boheman）

分布：贵州（全省），黑龙江，内蒙古，甘肃，河北，北京，陕西，江苏，浙江，湖北，湖南，福建，台湾，广东，广西，四川；朝鲜；日本；琉球群岛。

5. 甘薯小龟甲 *Taiwania circumdata*（Herbst）

寄主：甘薯、蕹菜及其他旋花科植物。

分布：贵州（月亮山等），浙江，江苏，江西，福建，台湾，广东，广西，湖北，湖南，四川，云南等地区。

6. 并蒂掌铁甲 *Platypria aliena* Chen et Sun

分布：贵州（月亮山等），云南。

五十四、粪金龟科 Geotrupidae

1. 黑利蜣螂 *Liatongus gagatinus*（Hope）

分布：贵州（月亮山等），云南，西藏。

2. 黑裸蜣螂 *Paragymnopleurus melanarius*（Harold）

分布：贵州（月亮山等），重庆，四川。

五十五、花金龟科 Cetoniidae

1. 斑青花金龟 *Oxycetonia bealiae*（Gory et Percheron）

寄主：草莓、茄子、苹果、梨、柑橘、罗汉果、棉花、玉米、栗等多种蔬菜及经济作物的花器。

分布：贵州（全省），浙江，江苏，江西，福建，广东，广西，云南，四川，湖南，山西，西藏。

2. 雅唇花金龟 *Trigonophorus gracilipes* Westw

分布：贵州（月亮山等），四川；不丹；印度。

3. 苹绿唇花金龟 *Trigonophorus rothschildi*

分布：贵州（月亮山等），山东，河南，安徽，江苏，浙江，江西，湖北，湖南，福建，台湾，广东，海南，广西，四川，甘肃。

五十六、丽金龟科 Rutelidae

1. 铜绿丽金龟 *Anomala corpulenta* Motsch

寄主：苹果、沙果、花红、海棠、杜梨、梨、桃、杏、樱桃、核桃、板栗、栎、杨、柳、榆、槐、柏、桐、茶、松、杉等。

分布：贵州（月亮山等），黑龙江，吉林，辽宁，内蒙古，宁夏，陕西，山西，北京，河北，河南，山东，安徽，江苏，上海，浙江，福建，台湾，广西，重庆，四川等地。

2. 斑喙丽金龟 *Adoretus tenuimaculatus* Waterhouse

寄主：葡萄、刺槐、板栗、玉米、丝瓜、菜豆、芝麻、黄麻、棉花，次为油桐、榆、梧桐、枫杨、梨、苹果、杏、柿、李、樱桃等。

分布：贵州（月亮山等），陕西，河北，山东，安徽，江苏，上海，浙江，江西，福建，广东，广西，湖南，湖北，四川，重庆等；朝鲜；日本；夏威夷。

3. 中喙丽金龟 *Adoretus sinicus* Burmeister

分布：贵州（月亮山等），山东，江苏，浙江，安徽，江西，湖北，湖南，广东，广西，福建，台湾。

4. 异丽金龟 *Anomala aulax* Wiedemann

分布：贵州（月亮山等），北京。

5. 绿丽金龟 *Anomala expansa*（H. Bates）

分布：贵州（全省），陕西，山东，河南，湖北，浙江，江西，湖南，福建，广东，海南，广西，四川，云南。

7. 无斑弧丽金龟 *Popillia mutans* Newman

寄主：水稻、棉花、青冈、刺梨等杂灌的花。

分布：全国均有分布。

五十七、臂金龟科 Euchiridae

1. 阳彩臂金龟 *Cheirotonus jansoni* Jordan

分布：贵州（月亮山等），浙江，江西，山东，广西，海南，四川，广东，福建，江苏。

五十八、鳃金龟科 Melolonthidae

1. 棕色鳃金龟 *Holotrichia titanis* Reitter

寄主：棉花、玉米、高粱、谷子等禾本科作物和豆类、花生等。

分布：贵州（月亮山等），全国分布。

2. 小云斑鳃金龟 *Polyphylla gracilicornis* Blanchard

分布：贵州（月亮山等），浙江，湖北，福建。

五十九、象甲科 Curculionidae

1. 毛束象 *Desmidophorus hebes* Dejean

分布：贵州（月亮山等），江苏，浙江，湖北，湖南，广东，广西，四川，云南。

2. 癞象甲 *Episomus* sp.

分布：贵州（月亮山等），重庆，四川。

3. 松瘤象 *Hyposipalus gigaus* Linnaeus

寄主：马尾松、华山松。

分布：贵州（月亮山等）。江苏、福建、江西、湖南；朝鲜；日本等。

4. 玉米象 *Sitophilus zeamaiz* Motschulsky

分布：贵州（全省），全国性分布；世界性分布。

5. 白条筒喙象 *Lixus lautus* Voss

分布：贵州（月亮山等），黑龙江，吉林，辽宁，北京，河北，山西，陕西，浙江，湖北，江西，湖南，福建，广西，四川。

6. 核桃长足象 *Alcidodes juglans* Chao

寄主：核桃。

分布：贵州（月亮山等），四川，山西，重庆，陕西，河南，湖北，云南等。

六十、卷象科 Attelabidae

1. 黄纹卷象 *Apoderus sexguttatus* Voss

分布：贵州(月亮山等)，云南。

六十一、豆象科 Bruchidae

1. 绿豆象 *Callosobruchus chinensis*（Linnaeus）

寄主：菜豆、豇豆、扁豆、豌豆、蚕豆、绿豆、赤豆等。

分布：贵州(全省)，全国分布；世界性分布。

六十二、拟步甲科 Tenebrionidae

1. 拱釉甲 *Andocamaria imperialis*

分布：贵州(月亮山等)，广东。

六十三、大蕈甲科

1. 红斑蕈甲 *Episcapha* sp.

分布：贵州(月亮山等)，台湾。

鳞翅目 LEPIDOPTERA

六十四、天蛾科 Sphingidae

1. 月天蛾 *Parum porphyria*（Butler）

分布：贵州(月亮山等)，四川。

2. 灰天蛾 *Acosmerycoudes leucocraspis leucocraspis*（Hampson）

分布：贵州(月亮山等)。

3. 斜绿天蛾 *Rhyncholaba acteus*（Cramer）

分布：贵州(月亮山等)，分布于中国南方；印度；斯里兰卡；越南；缅甸；印度尼西亚。

4. 条背天蛾 *Cechenena lineosa*（Walker）

分布：贵州(月亮山等)，四川，华南，台湾。

5. 绒星天蛾 *Dolbina tancrei* Staudinger

分布：贵州(月亮山等)，浙江，江苏，河北，黑龙江，四川。

6. 斜纹天蛾 *Theretra clotho clotho*（Drury）

分布：贵州(从江县)，江西，浙江，云南。

7. 丁香天蛾 *Psilogramma increta*（Walker）

寄主：丁香，梧桐，女贞，楸树。

分布：贵州(月亮山等)，北京，浙江，江苏，江西，湖南，海南，台湾；日本；朝鲜。

8. 葡萄天蛾 *Ampelophaga rubiginosa*（Bremer et Grey）

寄主：葡萄，爬山虎、猕猴桃等花木。

分布：贵州(月亮山等)，吉林，辽宁，黑龙江，河北，天津，北京，江苏，浙江，上海，福建，江西，山东，安徽，广东，广西。

9. 白薯天蛾 *Agrius convolvuli*（Linnaeus）

分布：贵州(月亮山等)，北京，天津，山东，江苏，安徽，浙江，湖北，福建，台湾，广东，海南，四川。

10. 缺角天蛾 *Acosmeryx castanea* Rothschild *et* Jordan

分布：贵州(从江县)，浙江，福建，台湾等；日本。

11. 大背天蛾 *Meganoton analis*（Felder）

分布：贵州(月亮山等)，浙江，江西，福建，广东，海南，四川，云南；印度。

12. 构月天蛾 *Paeum colligata*（Walker）

分布：贵州（月亮山等），东北，华北，河南，湖北，台湾，重庆，四川等。

13. 木蜂天蛾 *Sataspes tagalica tagalica* Bolsduval

分布：贵州（月亮山等），湖南，云南，四川，浙江，广东。

14. 青白肩天蛾 *Rhagastis olivacea*（Moore）

分布：贵州（月亮山等）。

15. 梨六点天蛾 *Marumba gaschkewitschi complacens*（Walker，1864）

寄主：梨，桃，苹果，枣，葡萄，杏，李，樱桃，枇杷等。

分布：贵州（月亮山等），四川，湖北，湖南，江苏，浙江，海南。

16. 芋双线天蛾 *Theretra oldenlandiae*（Fabricius）

寄主：凤仙花，水芋，葡萄，长春花，地锦，鸡冠花，三色堇，大丽花等多种花卉。

分布：贵州（月亮山等），华北，江苏，浙江，江西，广东，台湾。

17. 赭横线天蛾 *Clanidopsis exusta*（Butler）

分布：贵州（月亮山等），西藏；印度。

18. 黑长喙天蛾 *Macroglossum pyrrhostictum* Butler

分布：贵州（月亮山等），北京，东北，华北，四川；日本；印度；越南；马来西亚。

19. 八字白眉天蛾 *Hyles livornica*（Esper）

分布：贵州（月亮山等），北京，黑龙江，新疆，河北，宁夏，湖南，浙江，江西，甘肃，内蒙古，陕西，台湾。

20. 华中白肩天蛾 *Rhagastis mongoliana centrosinaria* Chu et Wang

分布：贵州（月亮山等），湖北，湖南，四川。

21. 青背斜纹天蛾 *Theretra nessus*（Drury）

分布：贵州（月亮山等），广东，福建，台湾；日本；印度尼西亚；印度；斯里兰卡；巴布亚新几内亚；菲律宾；澳大利亚。

22. 黄点缺角天蛾 *Acosmeryx miskini*（Murray）

分布：贵州（月亮山等）。

23. 湖南长喙天蛾 *Macroglossum hunanensis* Chu et Wang

寄主：茜草。

分布：贵州（月亮山等），湖南，海南。

24. 斑腹长喙天蛾 *Macroglossum variegatum* Rothschild et Jordan

分布：贵州（月亮山等），华南；印度；泰国；越南；马来西亚；印度尼西亚。

25. 枇杷六点天蛾 *Marumba spectabilis* Butler

寄主：枇杷。

分布：贵州（月亮山等），浙江，湖南，海南，广东；印度；印度尼西亚。

26. 葡萄缺角天蛾 *Acocmeryx naga*（Moore）

分布：贵州（从江县），河北，浙江，湖北，湖南，广东，，海南等。

27. 核桃鹰翅天蛾 *Oxyambulyx schauffelbergeri*（Bremer et Grey）

寄主：橄榄，乌榄。

分布：贵州（月亮山等），广西，海南；印度；斯里兰卡；马来西亚；印度尼西亚。

六十五、钩蛾科 Drepanidae

1. 洋麻钩蛾 *Cyclidia substigmaria*（Hübner）

分布：贵州（月亮山等），湖北，四川，云南，广东，广州，台湾。

2. 大窗钩蛾 *Macrauzata maxima* Inoue

分布：贵州（月亮山等），陕西，浙江，湖北，福建，重庆，四川。

3. 豆点丽钩蛾 *Callidrepana gemina* Watson

分布：贵州(月亮山等)，江苏，福建，湖北，广西，四川。

4. 交让木钩蛾 *Hypsomadius insignis* Butler

分布：贵州(从江县)，湖北，江西，福建，广西，四川，云南。

5. 曲突山钩蛾 *Oreta sinuate*

分布：贵州(月亮山等)，福建，海南，重庆，四川。

六十六、夜蛾科 Noctuidae

1. 掌夜蛾 *Tiracola plagiata* Walker

寄主：香荚兰、油菜、甘蓝、花椰菜、白菜、萝卜等十字花科蔬菜，豆类作物，葛芭、茄子等。

分布：中国各地。

2. 镶夜蛾 *Trichosea champa* (Moore)

分布：贵州(月亮山等)，湖南，黑龙江，陕西，湖北，云南；日本；印度。

3. 小地老虎 *Agrotis ypsilon* Rottemberg

分布：全国及世界各地。

4. 大地老虎 *Agrotis tokionis* Butler

寄主：烟草、棉花、果树幼苗。

分布：全国及世界各地。

5. 苎麻夜蛾 *Cocytodes coerulea* Guenee

寄主：麻，苎麻，蓖麻，亚麻，大豆等。

分布：分布在中国各地。

6. 黄后夜蛾 *Trisuloides subflava* Wileman

分布：贵州(月亮山等)，湖南，四川，云南，台湾。

7. 蓝条夜蛾 *Ischyja manlia* (Cramer)

分布：贵州(月亮山等)，湖南，浙江，广东，广西，云南；印度；缅甸；菲律宾；印度尼西亚；斯里兰卡。

8. 变色夜蛾 *Enmonodia vespertilio* Fabricius

寄主：合欢，紫藤，紫薇，兰花，楹树，桃，梨等。

分布：贵州(月亮山等)，华南、西南。

9. 银表夜蛾 *Titulcia argyroplaga* Hampson

分布：贵州(月亮山等)。

10. 斑表夜蛾 *Titulcia confictella* Walker

分布：贵州(月亮山等)。

11. 旋目夜蛾 *Speiredonia retorta* Linnaeus

寄主：柑橘，苹果，葡萄，梨，桃，杏，李，杧果，木瓜，番石榴，红毛榴莲。

分布：除新疆，宁夏，青海，西藏，吉林之外，中国其余各省均有分布。日本；朝鲜；印度；斯里兰卡；缅甸；马来西亚等也有分布。

12. 睇目夜蛾 *Entomogramma fautrix* Guenée

分布：贵州(月亮山等)，江西。

13. 肾巾夜蛾 *Parallelia praetermissa* (Warren)

分布：贵州(月亮山等)，湖北，江西，台湾，四川，云南。

14. 斜纹夜蛾 *Prodenia litura* (Fabricius)

寄主：甘薯、棉花、芋、莲、田菁、大豆、烟草、甜菜和十字花科及茄科蔬菜等。

分布：贵州(月亮山等)，全国性分布；世界性分布。

15. 弓巾夜蛾 *Parallelia arcuata* Moore

分布：贵州(月亮山等)，湖南，浙江，台湾，四川；朝鲜；印度；斯里兰卡；印度尼西亚。

16. 肖毛翅夜蛾 *Lagoptera juno* Dalman

寄主：桦，李，木槿，柑橘，苹果，梨，桃。

分布：贵州(月亮山等)，河北，浙江，江西，湖北，云南；日本；印度。

17. 青安钮夜蛾 *Ophiusa tirhaca* (Cramer)

寄主：大部分果园植物。

分布：贵州(月亮山等)，福建，广东，海南，广西，云南；印度；马来西亚；印度尼西亚；欧洲大部分地区及非洲南部。

18. 玫瑰巾夜蛾 *Parallelia arctotaenia* Guenee

寄主：月季、玫瑰、蔷藏、石榴、柑桔、马铃薯、蓖麻、十姐妹、大丽花、大叶黄杨等。

分布：贵州(月亮山等)，山东，河北，江苏，上海，浙江，安徽，江西，陕西，四川。

19. 绿角翅夜蛾 *Tyana falcate*

分布：贵州(月亮山等)，福建，台湾，重庆，四川。

20. 交兰纹夜蛾 *Stenoloba confusa* Leech

分布：贵州(月亮山等)，湖南，浙江，四川，广西，云南；日本。

21. 犁纹黄夜蛾 *Xanthodes transversa* Guenée

分布：贵州(月亮山等)，湖南，江苏，湖北，台湾，福建，广东，四川；日本；印度；缅甸；菲律宾；新加坡；印度尼西亚；大洋洲。

22. 套环拟叶夜蛾 *Phyllodes consobrina* Westwood

分布：贵州(月亮山等)，广东，云南；锡金；印度。

六十七、毒蛾科 Lymantridae

1. 白毒蛾 *Arctornis lnigrum* (Müller)

寄主：山毛榉、栎、鹅耳栎、苗榆、榛、桦、苹果、山楂、榆、杨、柳等。

分布：贵州(月亮山等)，河北，辽宁，吉林，黑龙江，江苏，浙江，安徽，福建，山东，河南，湖北，湖南，四川，云南，陕西；朝鲜；日本；俄罗斯；欧洲。

2. 枫毒蛾 *Lymantria umbrifera* Wileman

寄主：枫树。

分布：贵州(月亮山等)，江苏，浙江，安徽，福建，江西，湖北，湖南，广东，广西，四川，台湾。

3. 丛毒蛾 *Locharna strigipennis* Moore

寄主：尖齿槲栎，短柄泡，肉桂，杧果。

分布：贵州(月亮山等)，江苏，安徽，浙江，江西，福建，湖北，湖南，广东，广西，四川，云南，台湾；锡金；缅甸；马来西亚；印度。

4. 卵黄毒蛾 *Euproctis vitellina* (Kollar)

分布：贵州(月亮山等)，西藏。

5. 岩黄毒蛾 *Euproctis flavotriangulata* Gaede

寄主：核桃。

分布：贵州(月亮山等)，北京，浙江，福建，湖南，四川，云南，陕西。

6. 茶黄毒蛾 *Euproctis pseudoconspersa* (Strand)

寄主：山茶，荣，油茶，柑橘。

分布：贵州(月亮山等)，江苏，浙江，安徽，江醇，湖北，湖南，福建，广东，广西，四川，陕西。

7. 夜窗毒蛾 *Leucoma comma* Hütton

分布：贵州（月亮山等），广东，云南；印度。

8. 银纹毒蛾 *Lymantria argyrochroa* Collenette

分布：贵州（月亮山等），云南。

9. 戟盗毒蛾 *Porthesia kurosawai* Inoue

寄主：刺槐、茶、油茶、苹果、柑橘。

分布：贵州（月亮山等），辽宁，河北，陕西，河南，江苏，安徽，浙江，湖北，湖南，福建，台湾，广西，四川；朝鲜；日本。

10. 刻茸毒蛾 *Dasychira taiwan taiwana* Wileman

分布：贵州（月亮山等），台湾。

11. 松茸毒蛾 *Dasychira axutha* Collenette

分布：贵州（全省），湖北，湖南，福建，广东，广西，四川，江苏，安徽，浙江，江西，云南。

12. 皎星黄毒蛾 *Euproctis bimaculata*（Walker）

寄主：枫杨。

分布：贵州（月亮山等），湖北，湖南，广东，广西，四川，云南；印度；印度尼西亚；菲律宾。

13. 绿栎黄毒蛾 *Euproctis plana* Walker

分布：贵州（月亮山等），湖北，江西，湖南，福建，广东，广西，四川，云南；菲律宾；印度尼西亚；印度。

14. 河星黄毒蛾 *Euproctis staudingeri*（Leech）

分布：贵州（月亮山等），福建，广东，广西，台湾。

15. 弧星黄毒蛾 *Euproctis decussata*（Moore）

寄主：高山榕。

分布：贵州（月亮山等），广东，广西，四川，云南；印度；斯里兰卡。

16. 榕透翅毒蛾 *Perina nuda*（Fabricius）

寄主：桑科榕属植物，例如榕树、琴叶榕、涩叶榕等。

分布：贵州（月亮山等），浙江，福建，湖北，湖南，江西，广东，广西，四川，西藏，台湾，香港；日本；印度；斯里兰卡；尼泊尔。

17. 叉斜带毒蛾 *Numenes separata* Leech

分布：贵州（月亮山等），湖北，广西，四川，陕西，甘肃。

18. 黄斜带毒蛾 *Numenes disparilis* Staudinger

寄主：鹅耳栎，铁木。

分布：贵州（月亮山等），吉林，黑龙江；朝鲜；日本；俄罗斯。

六十八、舟蛾科 Notodontidae

1. 云舟蛾 *Neopheosia fasciata*（Moore）

寄主：李属。

分布：贵州（月亮山等），黑龙江，河北，安徽，江西，陕西，浙江，台湾，广东，四川；日本；印度；缅甸；泰国；越南；印度尼西亚；马来西亚；菲律宾。

2. 梭舟蛾 *Netria viridescens*（Walker）

寄主：人心果。

分布：贵州（月亮山等），福建，江西，湖南，广东，广西，海南，四川，云南，贵州；尼泊尔；越南；泰国；菲律宾；马来西亚；印度尼西亚。

3. 羽梢舟蛾 *Rachia plumosa* Moore

分布：贵州（月亮山等），云南，西藏；印度；尼泊尔。

4. 新奇舟蛾 *Allata sikkima*（Moore）

分布：贵州（月亮山等），浙江，福建，江西，湖南，广西，海南，四川，贵州，云南，甘肃；越南；马来西亚；印度尼西亚。

5. 丽金舟蛾 *Spatalia dives* Oberthür

寄主：蒙古栎。

分布：贵州（月亮山等），辽宁，吉林，黑龙江，湖北，湖南，陕西，台湾；日本；朝鲜；俄罗斯。

6. 绿蚁舟蛾 *Stauropus virescens* Moore

分布：贵州（月亮山等），四川，浙江，湖北，江西，台湾。

7. 栎掌舟蛾 *Phalera assimilis*（Bremer et Grey）

寄主：栗，栎，榆，白杨。

分布：贵州（月亮山等），中国东北地区，河北，陕西，山东，河南，安徽，江苏，浙江，湖北，江西，四川。

8. 槐羽舟蛾 *Pterostoma sinicum* Moore

寄主：国槐，龙爪槐，江南槐，蝴蝶槐，紫薇，紫藤，海棠，刺槐。

分布：贵州（月亮山等），北京，河北，山西，辽宁，上海，江苏，浙江，安徽，福建，江西，山东，湖北，湖南；日本；朝鲜；俄罗斯。

9. 宽带重舟蛾 *Baradesa lithosioides* Moore

分布：贵州（月亮山等），云南；印度；尼泊尔；越南。

10. 核桃美舟蛾 *Uropyia meticulodina*（Oberthür）

寄主：胡桃，胡桃楸。

分布：贵州（月亮山等），东北，北京，陕西，甘肃，广西。

11. 白二尾舟蛾 *Cerura tattakana* Matsumura

寄主：红花天料木，杨，柳。

分布：贵州（月亮山等），江苏，浙江，湖北，湖南，陕西，四川，云南，台湾；日本；越南。

12. 黄二星舟蛾 *Lampronadata cristata*（Butler）

分布：贵州（月亮山等），北京，河北，山西，内蒙古，辽宁，吉林，黑龙江，江苏，浙江，安徽，江西，山东，河南，湖北；日本；朝鲜；俄罗斯；缅甸。

13. 银刀奇舟蛾 *Allata argyropeza*（Oberthur）

分布：贵州（月亮山等），福建。

14. 分月扇舟蛾 *Clostera anastomosis*（Linnaeus）

分布：贵州（月亮山等），河北，内蒙古，吉林，黑龙江，江苏，浙江，安徽，福建，湖北，湖南，四川，云南；日本；朝鲜；俄罗斯；蒙古；欧洲。

15. 杨扇舟蛾 *Clostera anachoreta*（Fabricius）

寄主：多种杨柳。

分布：贵州（月亮山等），除广东，广西，海南外，全国各地均有记录；日本，朝鲜，欧洲，印度，斯里兰卡，越南，印度尼西亚也有分布。

六十九、潜叶蛾科 Lyonetiidae

1. 柑橘潜叶蛾 *Phyllocnistis citrella* Stainton

寄主：柑橘、金橘、柠檬、二月蓝、枸橘、四季橘等。

分布：贵州（月亮山等），江苏，福建，浙江，海南，广西，广东，湖南，湖北，四川，重庆，上海等。

七十、角石蛾科

1. 角石蛾 *Stenopsyche* sp.

分布：贵州（月亮山等），云南。

七十一、苔蛾科 **Lithosiidae**

1. 猩红雪苔蛾 *Agylla ramelana*（Moore）

分布：贵州（月亮山等），广东，海南，云南。

2. 美雪苔蛾 *Barsine striata*（Bremer et Grey）

分布：贵州（月亮山等），福建，四川，云南，西藏；尼泊尔；缅甸。

3. 玫痣苔蛾 *Cyana coccinea*（Moore）

分布：贵州（月亮山等），黑龙江，吉林，河北，山西，陕西，山东，河南，江苏，浙江，湖北，湖南，广西，四川。

4. 掌痣苔蛾 *Cyana distincta*（Rothschild）

分布：贵州（月亮山等），浙江，江西，湖南，广东，广西，四川，云南，西藏；印度。

5. 乌闪苔蛾 *Miltochrista dentifascia* Hampson

分布：贵州（月亮山等），云南；印度；缅甸。

6. 齿美苔蛾 *Stigmatophora rhodophila*（Walker）

分布：贵州（月亮山等），江西，海南，云南，西藏；缅甸；印度。

7. 俏美苔蛾 *Stigmatophora palmata*（Moore）

分布：贵州（月亮山等），江西，湖南，福建，广东，海南，四川，云南，台湾。

8. 优美苔蛾 *Barsine striata*（Bremer et Grey）

分布：贵州（从江县），江苏，浙江，江西，福建，湖南，广东，陕西，四川，重庆；日本。

9. 之美苔蛾 *Miltochrista dentifascia* Hampson

分布：贵州（月亮山等），山西，江苏，浙江，福建，江西，湖北，湖南，广西，广东。

10. 闪光苔蛾 *Chrysaeglia magnifica*（Walker）

分布：贵州（月亮山等），湖南，四川，云南，台湾，西藏；尼泊尔。

11. 优雪苔蛾 *Barsine striata*（Bremer et Grey）

分布：贵州（月亮山等），河南，江苏，浙江，湖北，江西，湖南，福建，台湾，广东，广西，四川。

12. 四点苔蛾 *Lithosia quadra*（Linnaeus）

分布：贵州（月亮山等），黑龙江，吉林，辽宁，陕西，山东，湖南，广西，四川，云南；日本；欧洲；西伯利亚。

13. 三色艳苔蛾 *Asura tricolor* Wileman

分布：贵州（月亮山等），广西，海南，四川，云南，台湾。

14. 十字美苔蛾 *Miltochrista cruciata*（Walker）

分布：贵州（月亮山等），云南。

15. 中黄美苔蛾 *Miltochrista eccentropis* Meyrick

分布：贵州（月亮山等），广西，海南，云南；印度；缅甸。

16. 黄黑华苔蛾 *Agylla alboluteola* Rothschild

分布：贵州（月亮山等），湖南、江西、广西；印度；尼泊尔；泰国；越南；日本。

17. 条纹艳苔蛾 *Asura strigipennis*（Herrich - Schaffer）

分布：贵州（月亮山等），山东，江苏，安徽，浙江，湖北，江西，湖南，福建，台湾，广东，广西，四川，云南；印度尼西亚；印度。

18. 褐脉艳苔蛾 *Asura esmia*（Swinhoe）

分布：贵州(月亮山等)，湖北，浙江，江西，湖南，四川，云南；缅甸。

19. 白黑华苔蛾 *Agylla ramelana*（Moore）

分布：贵州(月亮山等)，江西，湖北，湖南，重庆，四川，福建，海南，云南，西藏。

20. 圆斑土苔蛾 *Eilema signata* Walker

分布：贵州(月亮山等)，浙江，湖北，江西，湖南，福建，广西，四川，云南。

七十二、灯蛾科 Hypercompe

1. 大丽灯蛾 *Callimorpha histrio* Walker

分布：贵州(从江县)，江苏，浙江，湖北，江西，湖南，福建，台湾，四川，云南等。

2. 强污灯蛾 *Spilarctia robusta*（Leech）

分布：贵州(月亮山等)，甘肃，河北，陕西，山东，江苏，浙江，湖北，江西，湖南，福建，广东，四川。

3. 白污灯蛾 *Spilarctia neglecta*（Rothschild）

分布：贵州(月亮山等)，西藏；印度；缅甸；东洋界；古北界。

4. 粉蝶灯蛾 *Nyctemera adversata*（Schaller）

寄主：柑橘、狗舌草、菊科(菊芹属、飞蓬属、菊三七属、毛连菜属、千里光属)、无花果等。为害绿肥作物叶果等。

分布：贵州(全省)，浙江，江西，湖南，广东，广西，河南，重庆，四川，云南，西藏，台湾；日本；印度；尼泊尔；不丹；马来西亚；印度尼西亚。

5. 阳污灯蛾 *Spilarctia solitaria* Wileman

分布：贵州(月亮山等)，福建。

6. 日污灯蛾 *Spilarctia japonensis*（Rothschild）

分布：贵州(月亮山等)，甘肃，东北，河北，陕西。

7. 黑须污灯蛾 *Spilarctia casigneta*（Rothschild）

分布：贵州(月亮山等)，浙江，云南。

8. 乳白斑灯蛾 *Pericallia galactina*（Hoeven）

分布：贵州(月亮山等)，湖南，广东，广西，四川，云南；印度；印度尼西亚。

9. 白腹污灯蛾 *Spilarctia melansoma* Hampson

分布：贵州(月亮山等)，吉林。

10. 八点灰灯蛾 *Creatonotus transiens*（Walker）

寄主：菜心、白菜、甘蓝等十字花科蔬菜和柑橘、桑叶、茶叶、稻叶等。

分布：贵州(月亮山等)，山西，陕西，华东，华中，华南，台湾，内蒙古，福建，广西，四川，云南，西藏。

11. 楔斑拟灯蛾 *Asota paliura* Swinhoe

分布：贵州(月亮山等)，湖南(湘西)，湖北，四川，西藏。

12. 人纹污灯蛾 *Spilarctia subcarnea*（Walker）

寄主：蔷薇，月季，榆等。

分布：贵州(月亮山等)，北起黑龙江、内蒙古，南至台湾、海南、广东、广西、云南等。

13. 显脉污灯蛾 *Spilarctia bisecta*（Leech）

分布：贵州(月亮山等)，浙江，福建，湖北，湖南，广西，四川，云南，江西；日本。

七十三、枯叶蛾科 Lasiocampidae

14. 栎毛虫 *Paralebeda plagifera* Walker

分布：贵州(月亮山等)，安徽，浙江，湖北，江西，湖南，福建，广东，广西，四川。

15. 苹毛虫 *Odonestis pruni* Linnaeus

寄主：苹果、梨、桃、李、梅、樱桃及其他蔷薇科植物。

分布：贵州(月亮山等)，黑龙江，内蒙古，福建，广东，广西，云南，宁夏，甘肃，青海，四川，云南；朝鲜；日本；前苏联；小亚细亚；欧洲。

16. 杨枯叶蛾 *Gastropacha populifolia* Esper

寄生：杨、柳、栎、苹果、梨、杏、桃、李、樱花、梅花等。

分布：贵州(月亮山等)，江西，江南，河南，河北，北京，广东，广西，新疆；朝鲜；日本；前苏联；欧洲。

17. 李枯叶蛾 *Gastropacha quercifolia* Linnaeus

寄主：苹果、沙果、李、桃、杏、梨、樱桃、梅、核桃、杨、柳等。

分布：贵州(月亮山等)，华北，华东，中南各地区。

18. 石梓毛虫 *Gastropacha philippinensis* Swanni

分布：贵州(月亮山等)，广东。

19. 油茶枯叶蛾 *Lebeda nobilis* Walker

寄主：山毛榉，板栗、油茶、杨梅、苦槠、麻栎、锥栗

分布：贵州(月亮山等)，湖南，江西，浙江，江苏，台湾，广西。

20. 马尾松毛虫 *Dendrolimus punctatus* Walker

寄主：马尾松、黑松、湿地松、火炬松

分布：贵州(月亮山等)，海南，广东，广西，福建，台湾，浙江，江苏，湖南，湖北，四川，云南，重庆，江西，河南，安徽，陕西。

21. 窒纹松毛虫 *Dendrolimus atrilineis* Lajonquiere

分布：贵州(月亮山等)，福建，陕西。

22. 大斑丫毛虫 *Metanastria hyrtaca* Cramer

分布：贵州(月亮山等)，湖北，江西，福建，广东，广西，四川，云南。

23. 双斑杂毛虫 *Cyclophragama yamadai* (Nagano)

分布：贵州(月亮山等)，湖南。

24. 思茅松毛虫 *Dendrolimus kikuchii* Matsumura

寄主：思茅松，云南松，华山松，马尾松，黄山松，海南五针松，雪松，云南油杉。

分布：贵州(全省)，江西，福建，台湾，云南，广东，广西，浙江，安徽，湖北，湖南，四川。

25. 栗黄枯叶蛾 *Trabala vishnou* Lefebure

寄主：核桃、栎类、板栗、苹果等

分布：贵州(月亮山等)，河北，河南，山西，陕西，江苏，浙江，江西，甘肃，四川，云南，福建，台湾等；印度；缅甸；斯里兰卡；印度尼西亚。

26. 橘褐枯叶蛾 *Gastropacha pardale sinensis* Tams

分布：贵州(月亮山等)，福建，浙江，江西，湖南，湖北，广东，广西，海南，四川，云南。

27. 无纹枯叶蛾 *Gastropacha xenapates wilemani* Tams

分布：贵州(月亮山等)，浙江，江西，湖南，福建，广东，广西，四川，云南。

28. 新月斑枯叶蛾 *Somadasys kibunensis* Matsumura

分布：贵州(月亮山等)，江西，山西，台湾。

七十四、带蛾科 Thaumetopoeidae

1. 褐斑带蛾 *Apha subdive* Walker

分布：贵州(月亮山等)，福建，云南。

2. 云斑带蛾 *Apha yunnanensis* Mell

分布：贵州(月亮山等)，湖北，重庆，云南。

七十五、凤蛾科 Epicopeiidae

1. 蚬蝶凤蛾 *Psychostrophia nymphidiaria*（Oberthür）

分布：贵州（月亮山等），重庆，四川。

七十六、鹿蛾科 Ctenuchidae

1. 红带新鹿蛾 *Caeneressa rubrozonata* Poujade

分布：贵州（月亮山等），福建，浙江，重庆。

2. 伊贝鹿蛾 *Ceozv imaon*（Cramer）

分布：贵州（月亮山等），福建，广东，云南，西藏；印度；斯里兰卡；缅甸。

七十七、瘤蛾科 Nolidae

1. 内黄血斑瘤蛾 *Siglophora sanguinolenta* Moore

分布：贵州（月亮山等），云南，台湾。

七十八、尺蛾科 Geometridae

1. 丸尺蛾 *Plutodes flavescens* Butler

分布：贵州（月亮山等），四川。

2. 海绿尺蛾 *Pelagodes antiquadraria*（Inoue）

分布：贵州（月亮山等），重庆，浙江，江西，福建，台湾，广西；日本；尼泊尔；印度；不丹；泰国。

3. 雪尾尺蛾 *Ourapteryx nivea* Butler

分布：贵州（月亮山等），湖南，浙江，甘肃，内蒙古，重庆，四川，香港；日本。

4. 木橑尺蠖 *Culcula panternaria* Bremer *et* Grey

分布：贵州（月亮山等），四川，河南，河北，山西，山东，台湾，江西，浙江。

5. 肾纹绿尺蛾 *Comibaena procumbaria*（Pryer）

分布：贵州（月亮山等），湖南，四川，台湾，广东，云南，西藏；印度；尼泊尔；巴基斯坦；克什米尔地区。

6. 核桃星尺蛾 *Ophthalmitis albosignaria*（Bremer Grey）

分布：贵州（月亮山等），山西，河南，河北，北京，云南。

7. 黑条眼尺蛾 *Problepsis diazoma* Prout

分布：贵州（月亮山等），湖南，江西，湖北；日本。

8. 黑星白尺蛾 *Asthena melanosticta* Wehrli

分布：贵州（月亮山等），湖南，江西，台湾，广东，广西。

9. 三线沙尺蛾 *Sarcinodes aequilinearia*（Walker）

分布：贵州（月亮山等），湖南，四川，海南，广西；印度。

10. 圆翅达尺蛾 *Dalima patularia*（Walker）

分布：贵州（月亮山等），海南，福建，四川，云南，西藏；印度；尼泊尔。

11. 灰绿片尺蛾 *Fascellina plagiata subvirens* Wehrh

分布：贵州（月亮山等），湖南，湖北，四川，广西，西藏；印度；缅甸。

12. 黄缘丸尺蛾 *Plutodes costatus* Butler

分布：贵州（月亮山等），湖北，江西，湖南，福建，海南，广西，四川，云南；印度；尼泊尔。

13. 玉臂黑尺蛾 *Xandrames dholaria* Moore

分布：贵州（月亮山等），河南，陕西，甘肃，湖北，湖南，福建，四川，云南；日本；朝鲜。

14. 丝棉木金星尺蛾 *Calospilos suspecta* Warren

寄主：丝棉木、大叶黄杨、扶芳藤。

分布：贵州（月亮山等），华北，中南，华东，华北，西北，东北等地。

七十九、波纹蛾科 Thyatiridae

1. 费浩波纹蛾 *Habrosyne fraterna* Moore

分布：贵州（月亮山等），江苏，浙江，湖北，湖南，福建，台湾，重庆。

2. 大斑波纹蛾 *Thyatira batis formosicola* Matsumura

分布：贵州（月亮山等），河北，黑龙江，吉林，辽宁，浙江，江西，云南，四川，西藏；朝鲜；日本；缅甸；印度尼西亚；印度；欧洲。

八十、锚纹蛾科 Callidulidae

1. 隐锚纹蛾 *Tetraonus catamitus*（Geyer）

分布：贵州（月亮山等），广西，云南；印度尼西亚。

八十一、木蠹蛾科

1. 多斑豹蠹蛾 *Zeuzera multistrigata*

寄主：核桃等。

分布：贵州（月亮山等），陕西，湖北，浙江，江西，湖南，广西，福建，重庆，四川，云南。

八十二、卷蛾科

1. 苹黄小卷蛾 *Laspeyresia pomonella*（Linnaeus）

寄主：苹果。

分布：贵州（月亮山等），全国广布。

2. 小黄卷叶蛾 *Adoxophyes fasciata* Wals

寄主：茶、油茶、柑橘、梨、李、苹果、桃、桑、棉等。

分布：贵州（月亮山等），全国各地都有分布。

八十三、蚕蛾科 Bombycidae

1. 樗蚕 *Philosamia cynthia* Walker et Felder

寄主：核桃、石榴、柑橘、蓖麻、花椒、臭椿（樗）、乌桕、银杏、马褂木、喜树、白兰花、槐、柳等。

分布：贵州（月亮山等），全国各地；朝鲜；日本。

2. 银杏大蚕蛾 *Dictyoploca japonica* Butler

寄主：杏、苹果、梨、李、柿、核桃、栗、榛、枫香等。

分布：贵州（月亮山等），东北、华北、华东、华中、华南、西南。

3. 藤豹大蚕蛾 *Loepa anthera* Jordan

寄主：粉藤，葛藤。

分布：贵州（月亮山等），福建，湖南，广西，云南。

4. 白线野蚕蛾 *Theophila religiosa* Helf

分布：贵州（月亮山等），海南，湖北，云南。

5. 长尾大蚕蛾 *Actias dubernardi* Oberthür

寄主：柳、杉等。

分布：贵州（全省），湖北，湖南，福建，广西，广东，云南，浙江。

6. 黄尾大蚕蛾 *Actias heterogyna* Mell

分布：贵州（全省），全国各地都有分布。

7. 粤豹天蚕蛾 *Loepa kuangdongensis* Mell

分布：贵州（月亮山等），西南、华中、华南。

8. 黄豹大蚕蛾 *Leopa katinka* Westwood

分布：贵州（月亮山等），华南，西南；印度。

9. 银杏珠天蚕蛾 *Saturnia japonica*（Moe）

分布：贵州（月亮山等），河北，山西，黑龙江，广东，广西，四川，陕西，台湾等。

10. 后目珠天蚕蛾 *Saturnia simla*（Westwood）

分布：贵州（月亮山等），广东，四川，云南，陕西。

八十四、斑蛾科 Zygaenidae

1. 桧带锦斑蛾 *Pidorus glaucopis atratus* Butler

分布：贵州（月亮山等），江西，台湾，广西，云南；朝鲜；日本。

2. 茶斑蛾 *Eterusia aedea* Linnaeus

寄主：茶、油茶

分布：贵州（全省），浙江，江苏，安徽，江西，福建，台湾，湖南，广东，海南，四川，云南等；日本；印度；斯里兰卡。

3. 梨叶斑蛾 *Illiberis pruni* Dyar

寄主：梨树，苹果，海棠，桃，杏，樱桃和沙果等果树。

分布：全国各梨产区都有分布。

4. 华庆锦斑蛾 *Erasmia pulchella*

寄主：榕树，茶树。

分布：贵州（月亮山等），广东，广西，云南；缅甸。

5. 黄翅眉锦斑蛾 *Rhodopsona* sp.

分布：贵州（月亮山等），重庆。

八十五、刺蛾科 Limacodidae

1. 中国绿刺蛾 *Latoia sinica* Moore

寄主：幼虫危害栀子花、桃、核桃、梨、李、樱桃、紫藤、杨、柳、榆等。

分布：贵州（月亮山等），华北，山东，四川，湖北，江西。

八十六、螟蛾科 Pyralidae

1. 豆野螟 *Maruca testulalis* Geyer

分布：贵州（月亮山等），全国分布；全球分布。

2. 金黄螟 *Pyralis regalis* Schiffermuller &Denis

分布：贵州（月亮山等），黑龙江，吉林，河北，台湾，广东；朝鲜；日本；西伯利亚。

3. 玉米螟 *Ostrinia nubilalis*（Hubner）

分布：贵州（月亮山等），东北，华北，华东，华中，广东，广西，四川；日本。

4. 桃蛀螟 *Conogethes punctiferalis*（Guenée）

寄主：高粱、玉米、粟、向日葵、蓖麻、姜、棉花、桃、柿、核桃、板栗、无花果、松树等。

分布：贵州（月亮山等），黑龙江，内蒙古，台湾，海南，云南、山西，陕西，甘肃，西藏，四川；朝鲜；前苏联。

5. 瓜绢野螟 *Diaphania indica*（Saunders）

分布：贵州（月亮山等），华东，华中，华南，西南；朝鲜；日本；越南；泰国；印度；印度尼西亚；澳大利亚。

6. 赤双纹螟 *Herculia pelasgalis* Walker

分布：贵州（月亮山等），山东，江苏，浙江，湖北，江西，湖南，福建，台湾，广东，四川，云南。

7. 茶须野螟 *Analthes semitritalis*（Leech）

寄主：常春藤、木槿、冬葵、大叶黄杨等。

分布：贵州（月亮山等），浙江，湖北，湖南，福建，台湾，广东，四川，云南；日本；缅甸；印度；菲律宾；印度尼西亚。

8. 黄杨绢野螟 *Diaphania perspectalis* Cwalker

寄主：黄杨、大叶黄杨、小叶黄杨、瓜于黄杨、雀舌黄杨、匙叶黄杨、朝鲜黄杨、冬青、卫矛等。

分布：贵州（月亮山等），青海，陕西，河北，山东，江苏，上海，浙江，江西，福建，湖北，湖南，广东，广西，重庆，四川，西藏。

9. 橙黑纹野螟 *Tyspanodes striata*（Butler，1879）

分布：贵州（月亮山等），山东，江苏，浙江，湖北，江西，福建，台湾，广东，四川，云南。

10. 稻纵卷叶螟 *Cnaphalocrocis medinalis* Guenee

分布：贵州（全省），全国分布；朝鲜；日本；泰国；缅甸；印度；巴基期坦；斯里兰卡等。

11. 六斑蓝水螟 *Zalanga sexpunctalis* Moore

分布：贵州（月亮山等），海南，云南。

12. 白斑翅野螟 *Bocchoris inspersalis*（Zeller）

寄主：毛竹、刚竹、淡竹。

分布：贵州（月亮山等），安徽，江苏，浙江，台湾，湖南。

13. 绿翅绢野螟 *Parotis suralia*（Lederer）

分布：贵州（月亮山等），重庆，四川，广东，云南。

14. 黄黑纹野螟 *Tyspanodes hypsalis* Warren

分布：贵州（月亮山等），江苏，浙江，湖北，江西，福建，台湾，广西，四川。

15. 竹织叶野螟 *Algedonia coclesalis*（Walker）

寄主：刚竹属各竹种及青皮竹等。

分布：贵州（月亮山等），山东、河南以南各省；日本；缅甸；印度尼西亚。

16. 黄翅缀叶野螟 *Botyodes diniasalis* Walker

寄主：杨、柳等林木。

分布：贵州（月亮山等），河南，山东，河北，山西，北京。

八十七、草螟科 **Crambidae**

1. 甜菜白带野螟 *Hymenia recurvalis* Fabricius

寄主：甜菜、大豆、玉米、甘薯、甘蔗、茶、向日葵等

分布：贵州（月亮山等），东北，华北，陕西，湖北，江西，湖南，福建，台湾，广东，广西，四川，云南，西藏；朝鲜；日本；缅甸；印度；斯里兰卡；澳大利亚；非洲；北美洲。

八十八、粉蝶科 **Pieridae**

1. 黑纹粉蝶 *Pieris melete*（Ménétriès）

寄主：白菜、油菜、甘蓝、黄芽白、芥菜、萝卜等栽培及野生十字花科植物。

分布：贵州（月亮山等），黑龙江、辽宁、河南、陕西、福建、江西、湖北、广西、云南、青海、西藏。

2. 檗黄粉蝶 *Eurema blanda*（Boisduval）

分布：贵州（从江县），海南，广东，台湾，福建，广西，湖南；东南亚各岛屿至印度南部。

3. 宽边黄粉蝶 *Eurema hecabe*（Linnaeus）

分布：贵州（全省），中国广布种；日本、朝鲜、菲律宾、印度尼西亚、马来西亚、缅甸、泰国、印度、孟加拉国也有分布。

4. 圆翅钩粉蝶 *Gonepteryx amintha* Blanchard

分布：贵州（月亮山等），昆明，楚雄，大理，中国中南部；朝鲜；日本；尼泊尔；印度；克什米尔地区；喜马拉雅山脉。

5. 黑角方粉蝶 *Dercas lycorias*（Doubleday）

分布：贵州（月亮山等），陕西，浙江，福建，四川，云南，广西；印度；尼泊尔等。

6. 东方菜粉蝶 *Pieris canidia* Sparrman

分布：贵州(月亮山等)，河南，陕西，山东，湖南，浙江，江西，四川，福建，广东，海南，广西，云南，西藏；印度；缅甸等。

八十九、凤蝶科 Papilionidae

1. 碧凤蝶 *Papilio bianor* Cramer

寄主：吴茱萸、飞龙掌血、柑橘、花椒、黄檗等。

分布：贵州(月亮山等)，国内大部分地区；日本；朝鲜；越南北部；印度；缅甸等。

2. 蓝凤蝶 *Papilio protenor* Cramer

分布：贵州(月亮山等)，华西，华南，海南。

3. 美凤蝶 *Papilio memnon*(Linnaeus)

分布：贵州(月亮山等)，四川，云南，湖北，湖南，浙江；日本；印度。

4. 宽带凤蝶 *Papilio nephelus* Boisduval

寄主：芸香科植物，柑橘属，爪哇双面刺，吴茱萸，飞龙血掌，楝叶吴茱萸等。

分布：贵州(月亮山等)，江西，广西，云南，福建，台湾；泰国；缅甸；不丹；尼泊尔；马来西亚；印度尼西亚。

5. 玉带凤蝶 *Papilio polytes* Linnaeus

寄主：桔梗、柑橘类、双面刺、过山香、花椒、山椒等。

分布：贵州(全省)，河南，浙江，江西，重庆，四川，云南，广东，广西，福建，台湾，海南，甘肃，青海，陕西，河北，湖南，湖北，山东，山西等；印度；泰国；马来西亚；印度尼西亚；日本。

6. 玉斑凤蝶 *Papilio helenus* Linnaeus

寄主：柑桔、双面刺、食茱萸、飞龙血掌、楝叶吴茱萸等。

分布：贵州(月亮山等)，浙江，江西，重庆，四川，广东，广西，福建，台湾，海南等；日本、朝鲜、印度、缅甸、斯里兰卡、印度尼西亚、泰国等也有分布。

7. 柑橘凤蝶 *Papilio xuthus* L.

寄主：柑橘、枸橘、黄檗、花椒、吴茱萸、佛手、枳壳、山椒、黄粱、黄波罗等。

分布：贵州(全省)，黑龙江，吉林，北京，天津，辽宁，河北，陕西，山西，河南，内蒙古，宁夏，青海，甘肃，四川，重庆，西藏，云南，湖南，湖北，江苏，江西，安徽，上海，浙江，福建，广东，广西，海南，台湾；朝鲜；日本。

8. 樟青凤蝶 *Graphium sarpedon*(Linnaeus)

寄主：潺槁木姜子、小梗黄木姜子、樟树、沉水樟、假肉桂、天竺桂、红楠、香楠、大叶楠、山胡椒等植物。

分布：贵州(月亮山等)，陕西，四川，西藏，云南，湖北，湖南，江西，江苏，浙江，海南，广东，江西，福建，台湾，香港；日本；尼泊尔；不丹；印度；缅甸；泰国；马来西亚；印度尼西亚；斯里兰卡；菲律宾；澳大利亚。

9. 暖曙凤蝶 *Atrophaneura aidonea*(Doubleday)

分布：贵州(月亮山等)，南亚，东南亚，中国的南部地区。

10. 红斑美凤蝶 *Papilio memnon*(Linnaeus)

分布：贵州(月亮山等)，四川，云南，湖北，湖南，浙江，江西，海南，广东，广西，福建，台湾；日本；印度；缅甸；泰国。

11. 巴黎翠凤蝶 *Papilio paris* Linnaeus

寄主：芸香科的飞龙掌血、柑橘类等植物。

分布：贵州(全省)，河南，四川，云南，陕西，海南，广东，广西，浙江，福建，台湾，香港；印度；缅甸；泰国；老挝；越南；马来西亚；印度尼西亚。

九十、眼蝶科 Satyridae

1. 矍眼蝶 *Ypthima balda*（Fabricius）

分布：贵州（月亮山等），黑龙江，山西，甘肃，青海，河南，云南，陕西，四川，浙江，湖北，湖南，福建，广东，广西，海南，西藏；尼泊尔；不丹；巴基斯坦；缅甸；马来西亚。

2. 稻眉眼蝶 *Mycalesis gotama* Moore

分布：贵州（月亮山等），河南，陕西，西藏，四川，云南，江苏，安徽，湖北，浙江，湖南，福建，江西，广东，广西，海南，台湾；越南；朝鲜；日本。

3. 睇暮眼蝶 *Melanitis phedima* Cramer

分布：贵州（全省），云南，浙江，江西，福建，广东，广西，海南，重庆，四川，西藏，台湾。

4. 阿矍眼蝶 *Ypthima argus* Butler

分布：贵州（月亮山等），东北，西北，华北，华东，中南。

5. 曲纹黛眼蝶 *Lethe chandica* Moore

寄主：禾本科之绿竹、桂竹、台风草等植物。

分布：贵州（月亮山等），浙江，湖北，福建，广东，广西，重庆，四川，山西，云南，台湾。

6. 连纹黛眼蝶 *Lethe syrcis*（Hewitson）

分布：贵州（月亮山等），华东，华南，中南。

7. 拟稻眉眼蝶 *Mycalesis francisca*（Stoll）

分布：贵州（月亮山等），河南、陕西、浙江、江西、福建、广东、广西、海南、台湾；日本；朝鲜。

8. 蓝斑丽眼蝶 *Mandarinia regalis*（Leech）

分布：贵州（月亮山等），河南，陕西，四川，江苏，湖北，浙江，安徽，广东，海南；缅甸；越南。

9. 紫线黛眼蝶 *Lethe violaceopicta*（Poujade）

分布：贵州（月亮山等），福建，浙江，江西，四川，陕西。

10. 白带黛眼蝶 *Lethe confusa*（Aurivillius）

分布：贵州（月亮山等），四川，广东，福建，广西，海南，云南；印度；尼泊尔；孟加拉国；泰国；缅甸；柬埔寨；老挝；马来西亚；印度尼西亚。

11. 棕褐黛眼蝶 *Lethe christophi*（Leech）

分布：贵州（月亮山等），湖北，浙江，江西，福建，台湾。

12. 木坪黛眼蝶 *Lethe helena* Leech

分布：贵州（月亮山等），四川，陕西，湖北，福建，浙江，云南，广西。

九十一、斑蝶科 Danaidae

1. 虎斑蝶 *Danaus genutia*（Cramer）

分布：贵州（月亮山等），河南，西藏，江西，浙江，福建，四川，云南，广西，广东，海南，台湾；缅甸；越南；印度；印度尼西亚；马来西亚；菲律宾；澳大利亚；新几内亚。

2. 大绢斑蝶 *Parantica sita*（Kollar）

分布：贵州（月亮山等），云南，湖北，湖南，广东，广西，台湾，海南；南亚；中南半岛等地。

3. 黑紫斑蝶 *Euploea eunice* Godart

分布：贵州（月亮山等），海南，广东，台湾。

4. 啬青斑蝶 *Tirumala septentrionis*（Butler）

分布：贵州（从江县），江西，海南，广东，广西，四川，云南，台湾；阿富汗；印度；缅甸；泰国；越南；马来西亚；印度尼西亚。

九十二、蛱蝶科 Nymphalidae

1. 帅蛱蝶 *Sephisa chandra*（Moore）

分布：贵州（月亮山等），黑龙江，河南，湖北，四川，云南，广西，广东，海南，浙江，江西，福建，台湾；印度；缅甸；泰国。

2. 黑眼纹蛱蝶 *Precis iphita* Cramer

寄主：蓑衣枫桦，爵床甘菊、爵床草，鳞桧，马蓝属植物等。

分布：贵州（月亮山等），湖南、长江以南各省，西藏，台湾；斯里兰卡；尼泊尔；不丹；缅甸；泰国；孟加拉国；印度；马来半岛；印度尼西亚。

3. 电蛱蝶 *Dichorragia nesimachus*（Doyere）

分布：贵州（月亮山等），浙江，陕西，云南，广东，福建，江西，台湾，香港；印度；日本；马来西亚；菲律宾。

4. 秀蛱蝶 *Pseudergolis wedah*（Kollar）

分布：贵州（月亮山等），云南，浙江，江西，福建，广东，广西，海南，重庆，四川，西藏，台湾。

5. 迷蛱蝶 *Mimathyma chevana*（Moore，1866）

分布：贵州（月亮山等），河南，陕西，湖北，四川，江西，浙江，福建，云南。

6. 断环蛱蝶 *Neptis sankara*（Kollar）

分布：贵州（月亮山等），陕西，河南，四川，云南，浙江，福建，江西，广西。

7. 羚环蛱蝶 *Neptis antilope* Leech

分布：贵州（月亮山等），浙江，福建，河南，湖北，陕西，四川，云南。

8. 小环蛱蝶 *Neptis sappho*（Pallas）

分布：贵州（月亮山等），东北，北京，河北，河南，陕西，湖北，四川，甘肃，云南，台湾；日本；朝鲜；印度；巴基斯坦；欧洲。

9. 弥环蛱蝶 *Neptis miah* Moore

分布：贵州（月亮山等），浙江，福建，广东，广西，海南，四川，云南。

10. 珂环蛱蝶 *Neptis clinia* Moore

分布：贵州（从江县），四川，西藏，云南，福建，浙江等；印度；缅甸；越南；马来西亚。

11. 德环蛱蝶 *Neptis dejeani* Oberthür

分布：贵州（月亮山等），云南，四川。

12. 链环蛱蝶 *Neptis pryeri* Butler

分布：贵州（从江县），台湾，陕西，河南，吉林等；日本；朝鲜等。

13. 嘉翠蛱蝶 *Euthalia kardama*（Moore）

分布：贵州（月亮山等），四川，云南，陕西，浙江，福建。

14. 夜迷蛱蝶 *Mimathyma nycteis nycteis*（Ménétriès）

分布：贵州（月亮山等），黑龙江、山西、河南、辽宁、陕西、北京等；朝鲜、俄罗斯。

15. 美眼蛱蝶 *Junonia almana*（Linnaeus）

分布：贵州（月亮山等），河北，河南，陕西，西藏，云南，四川，湖北，湖南，江苏，浙江，福建，江西，广东，广西，海南，香港，台湾；日本；巴基斯坦；斯里兰卡；印度；不丹；尼泊尔；孟加拉国；缅甸；泰国；老挝；越南；柬埔寨；马来西亚；新加坡；印度尼西亚。

16. 红锯蛱蝶 *Cethosia biblis*（Drury）

分布：贵州（月亮山等），四川，西藏，云南，广东，广西，香港，海南岛，江西，福建，湖南；马来西亚、印尼、菲律宾、缅甸、泰国、马来西亚、尼泊尔、不丹、印度。

17. 琉璃蛱蝶 *Kaniska canace*（Linnaeus）

分布：贵州(全省)，中国广泛分布；日本；朝鲜；阿富汗；印度；东南亚。

18. 素饰蛱蝶 *Stibochiona nucea* (Gray)

分布：贵州(月亮山等)，云南，浙江，江西，福建，广东，广西，海南，重庆，四川，西藏；印度；尼泊尔；不丹；缅甸；越南；马来西亚。

19. 网丝蛱蝶 *Cyrestis thyodamas* Boisduval

分布：贵州(月亮山等)，广东，四川，西藏，云南，浙江，江西，广西，海南，台湾；日本；印度；尼泊尔；泰国；缅甸；越南；马来半岛；印度尼西亚；巴布亚新几内亚。

20. 小红蛱蝶 *Vanessa cardui*(Linnaeus)

分布：贵州(月亮山等)，中国各省分布；世界广布(除南美洲外)。

21. 大红蛱蝶 *Vanessa indica* (Herbst)

分布：贵州(月亮山等)，中国各省分布；亚洲东部；欧洲；非洲西北部。

22. 斐豹蛱蝶 *Argyreus hyperbius* (Linnaeus)

分布：贵州(全省)，全国各地；日本；朝鲜；菲律宾；印度尼西亚；缅甸；泰国；不丹；尼泊尔；阿富汗；印度；巴基斯坦；孟加拉国；斯里兰卡等。

23. 银豹蛱蝶 *Argynnis childreni* (Gray)

分布：贵州(月亮山等)，云南；中国中部、西部和东部；尼泊尔；印度北部。

24. 老豹蛱蝶 *Agyronome laodice* (Pallas)

分布：贵州(月亮山等)，东北，华北，西北，华东，中南，西南；印度；马来半岛。

25. 白钩蛱蝶 *Polyura c - album* (Linnaeus)

寄主：大麻、黄麻、朴、榆、忍冬。

分布：贵州(月亮山等)，全国广大地区；日本；朝鲜；尼泊尔；不丹；欧洲。

26. 黑脉蛱蝶 *Hestina assimilis* (Linnaeus)

寄主：榆科，朴树。

分布：贵州(月亮山等)，福建、黑龙江、辽宁、甘肃、河北、山西、陕西、山东、河南、湖北、浙江、江苏、江西、湖南、台湾、广东、广西、四川、云南、西藏；朝鲜；日本。

27. 黄豹盛蛱蝶 *Symbrenthia brabira* Moore

分布：贵州(月亮山等)，西藏，浙江，江西，广东，台湾；印度；尼泊尔；不丹；孟加拉国；泰国；缅甸。

28. 相思带蛱蝶 *Athyma nefte* Cramere

分布：贵州(月亮山等)，福建，广东，广西，香港，云南，海南。

29. 大二尾蛱蝶 *Polyura eudamippus* (Doubleday)

分布：贵州(月亮山等)，广东，台湾；印度；缅甸；泰国；老挝；越南；马来西亚；日本。

30. 玄珠带蛱蝶 *Athyma perius* (Linnaeus)

分布：贵州(月亮山等)，华东，华南，中南，西南。

31. 翠蓝眼蛱蝶 *Junonia orithya* (Linnaeus，1758)

分布：贵州(月亮山等)，陕西，河南，江西，湖北，湖南，浙江，云南，广西，广东，香港，福建，台湾；日本；印度；斯里兰卡；尼泊尔；柬埔寨；马来西亚；缅甸；泰国；越南；菲律宾；非洲；美洲。

32. 散纹盛蛱蝶 *Symbrenthia lilaea* (Hewitson)

分布：贵州(月亮山等)，江西，福建，广西，云南，台湾；印度北部；越南；菲律宾。

33. 柳紫闪蛱蝶 *Apatura ilia* (Denis et Schiffermüller)

分布：贵州(月亮山等)，黑龙江、辽宁、吉林、新疆、青海、宁夏、陕西、河北、河南、山西、山东、江苏、浙江、江西、福建、四川、云南；欧洲；朝鲜。

34. 幻紫斑蛱蝶 *Hypolimnas bolina*（Linnaeus）

分布：贵州（月亮山等），广东，福建，台湾，云南。

35. 双色带蛱蝶 *Athyma cama* Moore

分布：贵州（月亮山等），华南，华东，中南，西南。

36. 链斑翠蛱蝶 *Euthalia sahadeva*（Moore）

分布：贵州（月亮山等），重庆，云南。

37. 波纹翠蛱蝶 *Euthalia undosa* Fruhstorfer

分布：贵州（月亮山等）、陕西、河南、江西、湖北、湖南、浙江、云南、重庆、广西、广东、香港、福建、台湾；日本；越南；缅甸；泰国；马来西亚；印度。

38. 细带链环蛱蝶 *Neptis andetria* Fruhstorfer

分布：贵州（月亮山等），东北，华北，甘肃，陕西，广西，云南，四川。

九十三、弄蝶科

1. 飒弄蝶 *Satarupa gopala* Moore

分布：贵州（月亮山等），黑龙江，辽宁，河南，陕西，甘肃，湖南，江西，重庆，四川，广西，浙江，福建，海南。

2. 白角星弄蝶 *Celaenorrhinus maculosus*（C. et R. Felder）

分布：贵州（月亮山等）。

3. 黑边裙弄蝶 *Tagiades menaka*（Moore）

分布：贵州（月亮山等），四川，广西。

4. 黄斑香蕉弄蝶 *Erionota thrax* Linnaeus

寄主：香蕉、芭蕉。

分布：贵州（月亮山等），广东，台湾，广西，福建，海南，云南。

九十四、喙蝶科 Libytheidae

1. 朴喙蝶 *Libythea celtis* Laicharting

寄主：朴树。

分布：贵州（月亮山等），北京，辽宁，河北，山西，陕西，甘肃，河南，湖北，浙江，福建，四川，广西，台湾；日本；朝鲜；印度；缅甸；泰国；斯里兰卡；欧洲。

九十五、蚬蝶科 Riodinidae

1. 波蚬蝶 *Zemeros flegyas*（Cramer）

分布：贵州（月亮山等），浙江，江西，湖北，福建，广东，云南，西藏等。

1. 白蚬蝶 *Stiboges nymphidia* Butler

分布：贵州（月亮山等），四川，云南；缅甸；越南。

2. 黄带褐蚬蝶 *Abisara fylla* Westwood

分布：贵州（月亮山等），福建，云南；泰国；缅甸；印度。

3. 白带褐蚬蝶 *Abisara fylloides* Moore，1902

分布：贵州（月亮山等），海南，福建，浙江，湖北，江西，云南，四川；越南；泰国；缅甸；印度；斯里兰卡；印度尼西亚；澳大利亚；所罗门岛。

4. 长尾褐蚬蝶 *Abisara chelina*（Fruhstorfer）

分布：贵州（月亮山等），广东，福建，云南；缅甸；越南；泰国南部；马来半岛。

九十六、灰蝶科 Lycaenidae

1. 红灰蝶 *Lycaena phlaeas*（Fabricius）

寄主：何首乌，羊蹄草，酸模等蓼科植物。

分布：贵州（月亮山等），北京，河北，黑龙江，吉林，河南，浙江，江西，福建，西藏；欧洲；

美洲；朝鲜；日本；非洲。

2. 雅灰蝶 *Jamides bochus*（Stoll）

分布：贵州(月亮山等)，广东，台湾。

3. 咖灰蝶 *Catochrysops strabo*（Fabricius）

分布：贵州(月亮山等)，广东，广西，云南，台湾。

4. 酢浆灰蝶 *Pseudozizeeria maha*（Kollar）

分布：贵州(月亮山等)，广东，浙江，湖北，江西，福建，海南，广西，四川，台湾；朝鲜；巴基斯坦；日本；印度；尼泊尔；缅甸；泰国；马来西亚。

5. 尖翅银灰蝶 *Curetis acuta* Moore

分布：贵州(月亮山等)，河南，陕西，浙江，江西，湖北，福建，海南，西藏，广西，四川，云南，台湾；日本；印度。

6. 白斑妩灰蝶 *Udara albocaerulea*（Moore）

分布：贵州(月亮山等)，浙江，福建，台湾；日本；中南半岛；缅甸；印度；阿萨姆地区至尼泊尔的喜马拉雅中部及东部地区；马来半岛。

7. 浓紫彩灰蝶 *Heliophorus ila*（de Nicéville & Martin）

分布：贵州(月亮山等)，福建，江西，广东，广西，重庆，四川，陕西，河南，海南，台湾。

双翅目 DIPTERA

九十七、蝇科 Muscidae

1. 大头金蝇 *Chrysomyia megacephala*（Fabricius）

分布：贵州(全省)，全国分布；日本；越南；东洋界；大洋界普遍分布。

九十八、食蚜蝇科 Syrphidae

1. 黄颜食蚜蝇 *Syrphus ribesii*（Linnaeus）

分布：贵州(月亮山等)，河北，吉林，辽宁，四川，云南，西藏，陕西，甘肃，宁夏，新疆。

2. 黑带食蚜蝇 *Epistrophe balteata* De Geer

分布：贵州(月亮山等)，全国各地；日本；印度；欧洲；非洲北部；澳大利亚。

3. 灰带管尾蚜蝇 *Eristalis cerealis* Fabricius

分布：贵州(全省)，全国各地；俄罗斯；印度；印度尼西亚；泰国等。

4. 梯斑黑食蚜蝇 *Melanostoma scalare* Fabricius

分布：贵州(月亮山等)，湖北，四川，浙江，福建，云南，西藏等。

5. 狭带条胸食蚜蝇 *Helophilus virgatus* Coquillett

分布：贵州(月亮山等)，辽宁，河北，江苏，浙江，湖北，江西，四川。

九十九、实蝇科 Tephritidae

1. 具条实蝇 *Dacus scutellatus*（Hendel）

寄主：南瓜属植物等。

分布：贵州(月亮山等)，上海，安徽，浙江，湖北，江西，湖南，广东，广西，福建，四川，云南，台湾；泰国；日本；韩国；马来西亚。

2. 橘小实蝇 *Bactrocera dorsalis* Hendel

寄主：橘类植物。

分布：贵州(月亮山等)，四川，广东，广西，福建，云南，台湾等。

3. 柑橘大实蝇 *Bactrocera minax*（Enderlein）

寄主：橘类植物。

分布：贵州(月亮山等)，四川，云南，广西，江苏，湖南，湖北；印度；不丹。

一百、突眼蝇科 Diopsidae

1. 凹曲突眼蝇 *Cytodiopsis concaya* Yang et Chen

分布：贵州(月亮山等)，海南，云南。

一百零一、水虻科 Stratiomyidae

1. 丽瘦腹水虻 *Sargus metallinus* Fabricius

分布：贵州(月亮山等)，甘肃，四川，云南，浙江，湖南，天津，吉林，北京，河北，内蒙古，陕西，山西，上海，江西，福建，广西，广州，西藏；日本；韩国；俄罗斯；印度；印度尼西亚；马来西亚；缅甸；菲律宾；斯里兰卡；泰国；大洋界。

2. 金黄指突水虻 *Ptecticus aurifer* (Walker)

分布：贵州(月亮山等)，湖南，重庆，陕西，河南，江西，宁夏，海南，北京，陕西，安徽，江苏，浙江，四川，吉林，内蒙古，河北，山西，湖北，福建，云南，广西，西藏，台湾；日本；俄罗斯；印度；印度尼西亚；马来西亚；越南。

3. 亮斑扁角水虻 *Hermetia illucens* (Linnaeus)

分布：贵州(月亮山等)，全国各地；世界各大陆地动物区。

4. 黄腹小丽水虻 *Microchrysa flaviventris* (Wiedemann)

分布：贵州(月亮山等)，江西，陕西，安徽，河南，云南，重庆，四川，广东，上海，广西，海南，浙江，江苏，台湾；日本；俄罗斯；马来西亚；印度；印度尼西亚；巴基斯坦；菲律宾；斯里兰卡；泰国；马达加斯加；喀麦隆岛；塞舌尔群岛；美国；大洋界。

一百零二、蜂虻科 Bombyliidae

1. 三带姬蜂虻 *Systropus tricuspidutus*

分布：贵州(月亮山等)，云南。

膜翅目 HYMENOPTERA

一百零三、胡蜂科 Vespidae

1. 金环胡蜂 *Vespa mandarinia* Smith

分布：贵州(月亮山等)，湖北，湖南，江苏，浙江，四川，广西，江西，福建等。

2. 墨胸胡蜂 *Vespa velutina nigrithorax* Buysson

分布：贵州(月亮山等)，浙江，重庆，四川，江西，广东，广西，福建，云南，西藏；印度；印度尼西亚。

3. 黑盾胡蜂 *Vespa bicolor* Fabricius

分布：贵州(月亮山等)，河北，河南，陕西，四川，浙江，福建，广东，广西，山西。

4. 黑尾胡蜂 *Vespa ducalis* Smith

分布：贵州(月亮山等)，吉林，黑龙江，辽宁，河北，四川，湖南，浙江。

5. 变侧异腹胡蜂 *Parapolybia varia* (Mulsant)

分布：贵州(月亮山等)，江苏，福建，湖北，广东，云南，台湾；印度；缅甸；孟加拉国；马来西亚；菲律宾；印度尼西亚。

6. 光全狭腹胡蜂 *Holischnogaster micans*

分布：贵州(月亮山等)，云南。

一百零四、马蜂科 Polistidae

1. 约马蜂 *Polistes jokajamae* Radoszkowski

分布：贵州(月亮山等)，湖北，河南，河北，安徽。

一百零五、蜜蜂科 Apidae

1. 中华蜜蜂 *Apis cerana cerana* Fabricius

分布：贵州（全省），全国均有分布；朝鲜；日本；印度等。

2. 黑足熊蜂 *Bombus atripes* Smith

分布：贵州（月亮山等），河北，安徽，江苏，浙江，江西，湖南，湖北，福建，广东，广西，四川，云南，新疆。

3. 瑞熊蜂 *Bombus richardsi*（Reing）

分布：贵州（月亮山等），云南，四川，西藏；印度。

4. 三条熊蜂 *Bombus trifasciatus*（Smith）

分布：贵州（月亮山等），广布全国。

5. 黄熊蜂 *Bombus flavescens*（Smith）

分布：贵州（月亮山等），甘肃，浙江，湖北，江西，福建，广东，海南，广西，云南。

一百零六、木蜂科 Xylocopidae

1. 黄胸木蜂 *Xylocopa appendiculata* Smith

分布：贵州（月亮山等），辽宁，甘肃，河北，山西，陕西，河南，山东，江苏，浙江，安徽，江西，湖北，湖南，福建，广东，海南，广西，四川，云南，西藏，浙江，安徽，江西；俄罗斯；日本；朝鲜。

一百零七、姬蜂科 Ichneumonidae

1. 两色深沟姬蜂 *Trogus bicolor* Radoszkowski

分布：贵州（月亮山等），浙江。

2. 广黑点瘤姬蜂 *Xanthopimpla punctata* Fabricius

寄主：寄主昆虫有棉小造桥虫、红铃虫、棉大卷叶螟、金刚钻、玉米螟、镶纹夜蛾等，主要危害棉花、玉米等作物。

分布：贵州（月亮山等），河北，北京，河南，上海，湖南，台湾，福建，云南，西藏；朝鲜；日本；菲律宾；马来西亚；印度；毛里求斯。

一百零八、蚁科 Formicidae

1. 日本弓背蚁 *Camponotus japonicus* Mary

分布：贵州（月亮山等），黑龙江，辽宁，吉林，山东，北京，江苏，上海，浙江，福建，湖南，重庆，广东，广西，云南；原苏联；日本；朝鲜；韩国；东南亚。

2. 中华四节大头蚁 *Ceratopheidole sinica* Wu et Wang

分布：贵州（月亮山等），湖南，云南。

一百零九、蜾蠃科 Eumenidae

1. 镶黄蜾蠃 *Eumenes decorates*

分布：贵州（月亮山等），辽宁，吉林，河北，山西，山东，江苏，浙江，四川，广西。

（余金勇　刘童童　朱秀娥　李晓龙　杨再华）

鱼类动物名录

鲤形目 CYPRINIFORMES

一、鳅科 Cobitidae

（一）沙鳅属 *Botia* Gray

1. 状体沙鳅 *Botia robusta* Wu

2. 美丽沙鳅 *Botia pulchra* Wu

（二）泥鳅属 *Misgurnus* **lacepede**

1. 泥鳅 *Misgurnus anguillicaudatus*（Cantor）

（三）条鳅属 *Nemacheilus* **Van Hasselt**

1. 美丽条鳅 *Nemacheilu pulcher* Nichols et Pope

2. 斑带条鳅 *Nemacheilu fasciolatus*（Nichols et Pope）

3. 红尾条鳅 *Nemacheilu berezowskii*（Gunther）

（四）平头鳅属 *Oreonectes*

1. 平头岭鳅 *Oreonectes platycephalus* Günther

二、鲤科 Cyprinidae

鲥亚科 Danioninae

（一）鱲属 *Zacco* **Jordan et Evermann**

1. 宽鳍鱲 *Zacco platypus*（Temminck et Schlegel）

（二）马口鱼属 *Opsariichthys* **Bleeker**

1. 马口鱼 *Opsariichthys. bidens* Cuother

雅罗鱼亚科 Leuciscinae

（三）草鱼属 *Ctenopharyngodon* **Steindachner**

1. 草鱼 *Ctenopharyngodon idellus*（Cuvier et Valenciennes）

鲌亚科 Cultrinae

（四）鲨属 *Hemiculter* **Bleeker**

1. 鲨 *Hemiculter leucisculus*（Basilewsky）

（五）飘鱼属 *Pseudolauca* **Bleeker**

1. 银飘鱼 *Pseudolauca sinensis* Bleeker

（六）鲂属 *Megalobrama* **Dybowsky**

1. 三角鲂 *Megalobrama terminalis*（Richardson）

（七）华鳊属 *Sinibrama* **Wu**

1. 大眼华鳊 *Sinibrama macrops*（Gunther）

（八）红鲌属 *Erythroculter* **Berg**

1. 翘嘴红鲌 *Erythroculter ilishaeformis*（Bleeker）

（九）半鲨属 *Hemiculterella* **Warpachowsky**

1. 四川半鲨 *Hemiculterella sauvagei* Warpachowsky

鲴亚科 Xenocyprinae

（十）圆吻鲴属 *Distoechodon* **Peters**

1. 圆吻鲴 *Distoechodon tumirostris* Peters

鲢亚科 Hypophthalmichthinae

（十一）鳙属 *Aristichthys* **Oshima**

1. 鳙 *Aristichthys nobilis*（Richardson）

（十二）鲢属 *Hypophalmichthys* **Bleeker**

1. 鲢 *Hypophalmichthys molitrix*（Cuvier et Valenciennes）

鮈亚科 Gobioninae

（十三）鳕属 *Hemibarbus* **Bleeker**

1. 唇鳕 *Hemibarbus labeo*（Pallas）

2. 花鳕 *Hemibarbus maculatus* Bleeker

（十四）麦穗鱼属 *Pseudorasbora* **Bleeker**

1. 麦穗鱼 *Pseudorasbora parva*（Temminck et Schlegel）

（十五）鳈属 *Sarcocheilichthys* **Bleeker**

1. 黑鳍鳈 *Sarcocheilichthys nigripinnis*（Günther）

（十六）颌须鮈属 *Gnathopongon* **Bleeker**

1. 银色颌须鮈 *Gnathopongon argentatus*（Sauvang et Dabry）

（十七）棒花鱼属 *Abbottina* **Jordan et Fowler**

1. 福建棒花鱼 *Abbottina fukiensis*（Nichols）

（十八）蛇鮈属 *Sanrogobio* **Bleeker**

1. 蛇鮈 *Sanrogobio dabryi* Bleeker

鳑亚科 Acheilognathinae

（十九）鳑鲏属 *Rhodeus* **Agassiz**

1. 高体鳑鲏 *Rhodeus ocellatus*（Kner）

鲃亚科 Barbinae

（二十）四须鲃属 *Barbodes* **Bleeker**

1. 刺鲃 *Barbodes*（*Spinibarbus*）*caldwelli*（Nichols）

（二十一）光唇鱼属 *Acrossocheilus* **Oshima**

1. 虹彩光唇鱼 *Acrossocheilus*（*A.*）*iridescens*（Nichols et Pope）

2. 厚唇鱼 *Acrossocheilus*（*Lissochilichthys*）*labiatus*（Regan）

3. 侧条厚唇鱼 *Acrossocheilus*（*Lissochilichthys*）*parallens*（Nichols）

4. 北江厚唇鱼 *Acrossocheilus*（*Lissochilichthys*）*beijiangensis* Wu et Lin

（二十二）突吻鱼属 *Varicorhinus* **Ruppell**

1. 白甲鱼 *Varicorhinus*（*Onychostoma*）*Sima*（Sauvage et Dabry）

2. 小口白甲鱼 *Varicorhinus*（*Onychostoma*）*lini* Wu

野鲮亚科 Labeoninae

（二十三）墨头鱼属 *Garra* **Hamilton**

1. 东方墨头鱼 *Garra orientalis* Nichols

（二十四）盘鮈属 *Discogobio* **Lin**

1. 四须盘鮈 *Discogobio tetrabarbatus* Lin

鲤亚科 Cyprininae

（二十五）鲤属 *Cyprinus* **Linnaeus**

1. 三角鲤 *Cyprinus*（*Mesocyprinus*）*multitaeniata* Pellegrin et Chevey

1. 鲤 *Cyprinus carpio*（Linnaeus.）

2. 华南鲤 *Cyprinus carpio rubrofuscus* Lacepêde

（二十六）鲫属 *Carassius* **Jarocki**

1. 鲫 *Carassius auratus*（Linnaeus）

2. 须鲫 *Carassioides cantonensis*

三、平鳍鳅科 Homalopteridae

腹吸鳅亚科 Gastromyzoninae

（一）原缨口鳅属 *Vanmanenia* **Hora**

1. 平舟原缨口鳅 *Vanmanenia pingchowensis*（Fang）

（二）爬岩鳅属 *Beaufortia* **Hora**

1. 贵州爬岩鳅 *Beaufortia kweichowensis*（Fang）

鲇形目 SILURIFORMES

四、胡鲇科 Clariidae

（一）胡鲇属 *Clarias* Scopoli

1. 胡鲇 *Clarias batrachus*（Linnaeus）

五、鲇科 Siluridae

（一）鲇属 *Parasilurus* Bleeker

1. 鲇 *Parasilurus asotus*（Linnaeus）

六、鲱科 Sisoridae

（一）纹胸鲱属 *Glyptothorax* Blyth

1. 福建纹胸鲱 *Glyptothorax fukiensis*（Rendahl）

七、鲿科 Bagridae

（一）黄颡鱼属 *Pelteobagrus* Bleeker

1. 黄颡鱼 *Pelteobagrus fulvidraco*（Richardson）

2. 江黄颡鱼 *Pelteobagrus vachelli*（Richardson）

（二）鲢属 *Mystus* Scopli

1. 斑鲢 *Mystus guttatus* Lacepede

2. 大鳍鲢 *Mystus macropterus* Bleeker

合鳃鱼目 SYNBRANCHIFORMES

八、合鳃鱼科 Synbranchidae

（一）黄鳝属 *Monopterus* Lacepede

1. 黄鳝 *Monopterus albus*（Zuiew）

鲈形目 PERCIFORMES

九、鮨科 Serranidae

（一）鳜鱼属 *Siniperca* Gill

1. 斑鳜 *Siniperca scherzeri*（Steindachner）

十、塘鳢科 Eleotridae

（一）沙塘鳢属 *Odontobutis* Bleeker

1. 沙塘鳢 *Odontobutis obscurus*（Temminck et Schlegel）

十一、鰕虎鱼科 Gobiidae

（一）栉鰕虎鱼属 *Ctenogobius* Gill

1. 褐栉鰕虎鱼 *Ctenogobius brunneus*（Temminck et Schlegel）

十二、斗鱼科 Belontiidae

（一）斗鱼属 *Macropodus* Lacepede

1. 叉尾斗鱼 *Macropodus opercularis*（Linnaeus）

十三、鳢科 Channidae

（一）鳢属 *Channa* Scopoli

1. 月鳢 *Channa. asiatica*（Linnaeus）

十四、刺鳅科 Mastacembelidae

（一）刺鳅属 *Mastacembelus* Scopoli

1. 大刺鳅 *Mastacembelus armatus*（Lacepede）

（雷孝平   陈 靖   龙立平   杨 泉   潘碧文）

两栖动物名录

有尾目 URODELA

一、隐鳃鲵科 Crptobranchidae
（一）大鲵属 *Andris* Tschudi，1826

1. 大鲵 *Andrias davidianus*

二、蝾螈科 Salamandridae
（一）疣螈属 *Yaotriton* Dubois et Raffaelli，2009

1. 细痣疣螈 *Yaotriton asperrimus*

（二）肥螈属 *Pachytriton* Boulenger，1878

1. 瑶山肥螈 *Pachytriton inexpectatus*

无尾目 ANURA

三、角蟾科 Megophryidae
（一）掌突蟾属 *Paramegophrys* Liu，1964

1. 福建掌突蟾 *Paramegophrys liui*

（二）髭蟾属 *Vibrisaphora* Liu，1945

1. 雷山髭蟾 *Vibrisaphora leishanensis*

（三）短腿蟾属 *Brachytarsophrys* Tian et Hu，1983

1. 宽头短腿蟾 *Brachytarsophrys carinensis*

（四）角蟾属 *Megophrys* Kuhl et van Hasselt，1822

1. 小角蟾 *Megophrys minor*

四、蟾蜍科 Bufonidae
（一）蟾蜍属 *Bufo* Laurenti，1768

1. 中华大蟾蜍 *Bufo gargarizans*

五、雨蛙科 Hylidae
（一）雨蛙属 *Hyla* Laurenti，1768

1. 华西雨蛙 *Hyla gongshanensis*

六、蛙科 Ranidae
（一）侧褶蛙属 *Pelophylax* Fitzinger，1843

1. 黑斑侧褶蛙 *Pelophylax nigromaculatus*

（二）臭蛙属 *Odorrana* Fei，Ye et Huang，1900

1. 大绿臭蛙 *Odorrana graminea*
2. 花臭蛙 *Odorrana schmackeri*
3. 竹叶臭蛙 *Odorrana versabilis*

（三）水蛙属 *Hylarana* Tschudi，1838

1. 台北纤蛙 *Hylarana taipehensis*

（四）沼蛙属 *Boulengerana* Fei，Ye et Jiang，2010

1. 沼蛙 *Boulengerana guentheri*

（五）肱腺蛙属 *Sylvrana* Dubois，1992

1. 阔褶水蛙 *Sylvrana latouchii*

（六）林蛙属 *Rana* **Linnacus**，1785

1. 峨眉林蛙 *Rana omeimontis*

（七）湍蛙属 *Amolops* **Cope**，1856

1. 华南湍蛙 *Amolops ricketti*

七、叉舌蛙科 **Dicroglossidae**

（一）陆蛙属 *Fejeruarya* **Bolkay**，1915

1. 泽陆蛙 *Fejervarya multistriata*

（二）棘胸蛙属 *Quasipaa* **Dubois**，1975

1. 棘胸蛙 *Quasipaa spinosa*

2. 棘侧蛙 *Quasipaa shini*

八、树娃科 **Rhacophoridae**

（一）泛树蛙属 *Polypedates* **Tschudi**，1838

1. 斑腿泛树蛙 *Polypedates megacephalus*

（二）水树蛙属 *Aquixalus* **Delorme，Dubois，Grosjean et Ohler**，2005

1. 锯腿水树蛙 *Aquixalus odontotarsus*

（三）树蛙属 *Rhacophorus* **Kuhl et van Hasselt**，1822

1. 白线树蛙 *Rhacophorus leucofasciatus*

2. 大树蛙 *Rhacophorus dennysi*

九、姬蛙科 **Microhylidae**

（一）姬蛙属 *Microhyla* **Tschudi**，1838

1. 饰纹姬蛙 *Microhyla fissipes*

2. 小弧斑姬蛙 *Microhyla heymonsi*

3. 花姬蛙 *Microhyla pulchra*

（田应洲　熊荣川　杨　泉　李　松　陈　红）

爬行动物名录

龟鳖目 TESTUDINES

一、平胸龟科 **Platysternidae**

（一）平胸龟属 *Platysternon*

1. 平胸龟 *P. megacephalum*

二、鳖科 **Trionychidae**

（一）鳖属 *Pelodiscus*

1. 鳖 *P. Sinensis*

蜥蜴目 LACERTIFORMES

三、鬣蜥科 **Agamidae**

（一）棘蜥属 *Acanthosaura*

1. 丽棘蜥 *Acanthosaura lepidogaster*

（二）树蜥属 *Calotes*

1. 细鳞树蜥 *C. microlepis*

四、石龙子科 Scincidae
（一）石龙子属 *Eumeces*
1. 石龙子 *E. chinensis*
2. 蓝尾石龙子 *E. elegans*
（二）蜓蜥属 *Sphenomorphus*
1. 铜蜓蜥 *S. indicus*
五、蜥蜴科 Lacertidae
（一）草蜥属 *Takydromus*
1. 北草蜥 *T. septentrionalis*
六、蛇蜥科 Anguidae
（一）脆蛇蜥属 *Ophisaurus*
1. 脆蛇蜥 *O. harti*

三、蛇目 SERPENTIFORMES

七、盲蛇科 Typhlopidae
（一）钩盲蛇属 *Ramphotyphlops*
1. 钩盲蛇 *R. braminus*
八、游蛇科 Colubridae
（一）腹链蛇属 *Amphiesma*
1. 锈链腹链蛇 *A. craspedogaster*
2. 丽纹腹链蛇 *A. optatum*
3. 坡普腹链蛇 *A. popei*
4. 棕黑腹链蛇 *A. sauteri*
5. 草腹链蛇 *A. stolatum*
（二）林蛇属 *Boiga*
1. 绞花林蛇 *B. kraepelini*
（三）两头蛇属 *Calamaria*
1. 钝尾两头蛇 *C. septentrionalis*
（四）翠青蛇属 *Cyclophiops*
1. 翠青蛇 *C. major*
（五）链蛇属 *Dinodon*
1. 黄链蛇 *D. flavozonatum*
2. 赤链蛇 *D. rufozonatum*
（六）锦蛇属 *Elaphe*
1. 王锦蛇 *E. carinata*
2. 玉斑锦蛇 *E. mandarina*
3. 三索锦蛇 *E. radiata*
4. 黑眉锦蛇 *E. taeniura*
（七）颈棱蛇属 *Macropisthodon*
1. 颈棱蛇 *M. rudis*
（八）小头蛇属 *Oligodon*
1. 中国小头蛇 *O. chinensis*
（九）后棱蛇属 *Opisthotropis*
1. 山溪后棱蛇 *O. latouchii*

（十）斜鳞蛇属 *Pseudoxenodon*

1. 横纹斜鳞蛇 *P. bambusicola*

2. 崇安斜鳞蛇 *P. karlschmidti*

（十一）鼠蛇属 *Ptyas*

1. 灰鼠蛇 *P. korros*

2. 滑鼠蛇 *P. mucosus*

（十二）乌梢蛇属 *Zaocys*

1. 乌梢蛇 *Z. dhumnades*

（十三）颈槽蛇属 *Rhabdophis*

1. 虎斑颈槽蛇 *R. tigrinus*

（十四）华游蛇属 *Sinonatrix*

1. 乌华游蛇 *S. percarinata*

2. 环纹华游蛇 *S. aequifasciata*

（十五）渔游蛇属 *Xenochrophis*

1. 渔游蛇 *X. piscator*

（十六）白环蛇属 *Lycodon*

1. 黑背白环蛇 *L. ruhstrati*

（十七）紫砂蛇属 *Psammodynastes*

1. 紫砂蛇 *P. pulverulentus*

九、蝰科 Viperidae

（一）竹叶青蛇属 *Trimeresurus*

1. 竹叶青指名亚种 *T. stejnegeri stejnegeri*

2. 白唇竹叶青 *T. albolabris*

（二）烙铁头蛇属 *Ovophis*

1. 山烙铁头 *O. monticola*

（三）原矛头蝮属 *Protobothrops*

1. 原矛头蝮 *P. mucrosquamatus*

（四）尖吻蝮属 *Deinagkistrodon*

1. 尖吻蝮 *D. acutus*

十、眼镜蛇科 Elapidae

（一）环蛇属 *Bungarus*

1. 银环蛇 *B. multicinctus*

2. 金环蛇 *B. fasciatus*

（二）丽纹蛇属 *Calliophis*

1. 丽纹蛇 *C. macclellandi*

（三）眼镜蛇属 *Naja*

1. 舟山眼镜蛇 *N. atra*

（四）眼镜王蛇属 *Ophiophagus*

1. 眼镜王蛇 *O. hannah*

（田应洲　熊荣川　杨泉　李松　陈红）

鸟类名录

鹳形目 CICONIIFORMES

一、鹭科 Ardeidae

1. 苍鹭 *Ardea cinerea*
2. 白鹭 *Egretta garzetta*
3. 牛背鹭 *Bubulcus ibis*
4. 池鹭 *Ardeola bacchus*
5. 紫背苇鳽 *Ixobrychus eurhythmus*
6. 栗苇鳽 *Ixobrychus cinnamomeus*

雁形目 ANSERIFORMES

二、鸭科 Anatidae

1. 棉凫 *Nettapus coromandelianus*

隼形目 FALCONIFORMES

三、鹰科 Accipitridae

1. 黑冠鹃隼 *Aviceda leuphotes*
2. 黑鸢 *Milvus migrans*
3. 蛇雕 *Spilornis cheela*
4. 赤腹鹰 *Accipiter soloensis*
5. 松雀鹰 *Accipiter virgatus*
6. 普通鵟 *Buteo buteo*

四、隼科 Falconidae

1. 红隼 *Falco tinnunculus*

鸡形目 GALLIFORMES

五、雉科 Phasianidae

1. 鹌鹑 *Coturnix coturnix*
2. 灰胸竹鸡 *Bambusicola thoracica*
3. 白鹇 *Lophura nycthemera*
4. 白颈长尾雉 *Syrmaticus ellioti*
5. 环颈雉 *Phasianus colchicus*
6. 红腹锦鸡 *Chrysolophus pictus*

鹤形目 GRUIFORMES

六、三趾鹑科 Turnicidae

1. 黄脚三趾鹑 *Turnix tanki*

七、秧鸡科 Rallidae

1. 白喉斑秧鸡 *Rallina eurizonoides*
2. 蓝胸秧鸡 *Gallirallus striatus*
3. 白胸苦恶鸟 *Amaurornis phoenicurus*
4. 董鸡 *Gallicrex cinerea*
5. 黑水鸡 *Gallinula chloropus*

鸻形目 CHARADRIIFORMES

八、鸻科 Charadriidae

1. 灰头麦鸡 *Vanellus cinereus*

九、鹬科 Scoiopacidae

1. 丘鹬 *Scolopax rusticola*
2. 针尾沙锥 *Gallinago stenura*
3. 扇尾沙锥 *Gallinago gallinago*

鸽形目 COLUMIFORMES

十、鸠鸽科 Columbidae

1. 火斑鸠 *Streptopelia tranquebarica*
2. 珠颈斑鸠 *Streptopelia chinensis*
3. 山斑鸠 *Streptopelia orientalis*

鹃形目 CUCULIFORMES

十一、杜鹃科 Cuculidae

1. 红翅凤头鹃 *Clamator coromandus*
2. 大鹰鹃 *Hierococcyx sparverioides*
3. 棕腹杜鹃 *Cuculus nisicolor*
4. 四声杜鹃 *Cuculus micropterus*
5. 大杜鹃 *Cuculus canorus*
6. 小杜鹃 *Cuculus poliocephalus*
7. 八声杜鹃 *Cacomantis merulinus*
8. 乌鹃 *Surniculus dicruroides*
9. 噪鹃 *Eudynamys scolopacea*
10. 褐翅鸦鹃 *Centropus sinensis*
11. 小鸦鹃 *Centropus bengalensis*

鸮形目 STRIGIFORMES

十二、鸱鸮科 Strigidae

1. 领角鸮 *Otus lettia*
2. 斑头鸺鹠 *Glaucidium cuculoides*

夜鹰目 CAPRIMULGIFORMES

十三、夜鹰科 Caprimulgidae

1. 普通夜鹰 *Caprimulgus indicus*

雨燕目 APODIFORMES

十四、雨燕科 Apodidae

1. 白腰雨燕 *Apus pacificus*
2. 小白腰雨燕 *Apus nipalensis*

佛法僧目 CORACIIFORMES

十五、翠鸟科 Alcedinidae

1. 普通翠鸟 *Alcedo atthis*
2. 白胸翡翠 *Halcyon smyrnensis*

3. 蓝翡翠 *Halcyon pileata*

戴胜目 UPUPIFORMES

十六、戴胜科 Upupidae

1. 戴胜 *Upupa epops*

鴷形目 PICIFORMES

十七、须鴷科 Capitonidae

1. 大拟啄木鸟 *Megalaima virens*

十八、啄木鸟科 Picidae

1. 蚁鴷 *Jynx torquilla*
2. 白眉棕啄木鸟 *Sasia ochracea*
3. 星头啄木鸟 *Dendrocopos canicapillus*
4. 大斑啄木鸟 *Dendrocopos major*
5. 灰头绿啄木鸟 *Picus canus*
6. 黄嘴栗啄木鸟 *Blythipicus pyrrhotis*

雀形目 PASSERIFORMES

十九、八色鸫科 Pittidae

1. 仙八色鸫 *Pitta nympha*

二十、百灵科 Alaudidae

1. 小云雀 *Alauda gulgula*

二十一、燕科 Hirundinidae

1. 家燕 *Hirundo rustica*
2. 金腰燕 *Cecropis daurica*
3. 烟腹毛脚燕 *Delichon dasypus*

二十二、鹡鸰科 Motacillidae

1. 山鹡鸰 *Dendronanthus indicus*
2. 白鹡鸰 *Motacilla alba*
3. 黄头鹡鸰 *Motacilla citreola*
4. 灰鹡鸰 *Motacilla cinerea*
5. 树鹨 *Anthus hodgsoni*
6. 山鹨 *Anthus sylvanus*

二十三、山椒鸟科 Campephagidae

1. 粉红山椒鸟 *Pericrocotus roseus*
2. 灰山椒鸟 *Pericrocotus divaricatus*
3. 长尾山椒鸟 *Pericrocotus ethologus*
4. 灰喉山椒鸟 *Pericrocotus solaris*

二十四、鹎科 Pycnonotidae

1. 领雀嘴鹎 *Spizixos semitorques*
2. 黄臀鹎 *Pycnonotus xanthorrhous*
3. 栗背短脚鹎 *Hemixos castanonotus*
4. 绿翅短脚鹎 *Hypsipetes mcclellandii*
5. 黑短脚鹎 *Hypsipetes leucocephalus*

二十五、伯劳科 Laniidae

1. 虎纹伯劳 *Lanius tigrinus*
2. 红尾伯劳 *Lanius cristatus*
3. 棕背伯劳 *Lanius schach schach*

二十六、黄鹂科 Oriolidae

1. 黑枕黄鹂 *Oriolus chinensis*
2. 朱鹂 *Oriolus traillii*

二十七、卷尾科 Dicruridae

1. 黑卷尾 *Dicrurus macrocercus*
2. 灰卷尾 *Dicrurus leucophaeus*
3. 发冠卷尾 *Dicrurus hottentottus*

二十八、椋鸟科 Sturnidae

1. 八哥 *Acridotheres cristatellus*

二十九、鸦科 Corvidae

1. 松鸦 *Garrulus glandarius*
2. 红嘴蓝鹊 *Urocissa erythrorhyncha*
3. 灰树鹊 *Dendrocitta formosae*
4. 喜鹊 *Pica pica*
5. 大嘴乌鸦 *Corvus macrorhynchos*
6. 白颈鸦 *Corvus torquatus*

三十、河乌科 Cinclidae

1. 褐河乌 *Cinclus pallasii*

三十一、鸫科 Turdidae

1. 鹊鸲 *Copsychus saularis*
2. 北红尾鸲 *Phoenicurus auroreus*
3. 红尾水鸲 *Rhyacornis fuliginosa*
4. 小燕尾 *Enicurus scouleri*
5. 灰背燕尾 *Enicurus schistaceus*
6. 白额燕尾 *Enicurus leschenaulti*
7. 黑喉石䳭 *Saxicola torquata*
8. 灰林䳭 *Saxicola ferreus*
9. 蓝矶鸫 *Monticola solitarius*
10. 虎斑地鸫 *Zoothera dauma*
11. 乌鸫 *Turdus merula*

三十二、鹟科 Muscicapidae

1. 乌鹟 *Muscicapa sibirica*
2. 北灰鹟 *Muscicapa dauurica*
3. 褐胸鹟 *Muscicapa muttui*
4. 白眉姬鹟 *Ficedula zanthopygia*
5. 红喉姬鹟 *Ficedula albicilla*
6. 铜蓝鹟 *Eumyias thalassinus*
7. 海南蓝仙鹟 *Cyornis hainanus*
8. 山蓝仙鹟 *Cyornis banyumas*

9. 方尾鹟 *Culicicapa ceylonensis*

三十三、扇尾鹟科 Rhipiduridae

1. 白喉扇尾鹟 *Rhipidura albicollis*

三十四、王鹟科 Monarchinae

1. 寿带 *Terpsiphone paradisi*

三十五、画眉科 Timaliidae

1. 褐胸噪鹛 *Garrulax maesi*
2. 画眉 *Garrulax canorus*
3. 白颊噪鹛 *Garrulax sannio*
4. 锈脸钩嘴鹛 *Pomatorhinus erythrocnemis*
5. 棕颈钩嘴鹛 *Pomatorhinus ruficollis*
6. 红头穗鹛 *Stachyris ruficeps*
7. 红顶鹛 *Timalia pileata*
8. 红嘴相思鸟 *Leiothrix lutea*
9. 褐胁雀鹛 *Alcippe dubia*
10. 灰眶雀鹛 *A. davidi*
11. 矛纹草鹛 *Babax lanceolatus*
12. 栗耳凤鹛 *Yuhina castaniceps*
13. 黑颏凤鹛 *Yuhina nigrimenta*
14. 白腹凤鹛 *Yuhina zantholeuca*

三十六、鸦雀科 Paradoxornithidae

1. 点胸鸦雀 *Paradoxornis guttaticollis*
2. 棕头鸦雀 *Paradoxornis webbianus*

三十七、扇尾莺科 Cisticolidae

1. 棕扇尾莺 *Cisticola juncidis*
2. 金头扇尾莺 *Cisticola exilis*
3. 山鹪莺 *Prinia crinigera*
4. 褐山鹪莺 *Prinia polychroa*
5. 黑喉山鹪莺 *P. superciliaris*
6. 黄腹山鹪莺 *Prinia flaviventris*
7. 纯色山鹪莺 *Prinia inornata*

三十八、莺科 Sylviidae

1. 强脚树莺 *Cettia fortipes*
2. 棕褐短翅莺 *Bradypterus luteoventris*
3. 东方大苇莺 *Acrocephalus orientalis*
4. 长尾缝叶莺 *Orthotomus sutorius*
5. 褐柳莺 *Phylloscopus fuscatus*
6. 棕眉柳莺 *Phylloscopus armandii*
7. 巨嘴柳莺 *Phylloscopus schwarzi*
8. 黄腰柳莺 *Phylloscopus proregulus*
9. 黄眉柳莺 *Phylloscopus inornatus*
10. 极北柳莺 *Phylloscopus borealis*
11. 冕柳莺 *Phylloscopus coronatus*

12. 冠纹柳莺 *Phylloscopus reguloides*
13. 白斑尾柳莺 *Phylloscopus ogilviegranti*
14. 黑眉柳莺 *Phylloscopus ricketti*
15. 比氏鹟莺 *Seicercus valentini*

三十九、绣眼鸟科 Zosteropidae
1. 灰腹绣眼鸟 *Zosterops palpebrosus*
2. 暗绿绣眼鸟 *Zosterops japonicus*

四十、长尾山雀科 Aegithalidae
1. 红头长尾山雀 *Aegithalos concinnus*

四十一、山雀科 Paridae
1. 黄腹山雀 *Parus venustulus*
2. 大山雀 *Parus major*
3. 绿背山雀 *Parus monticolus*
4. 黄颊山雀 *Parus spilonotus*

四十二、䴓科 Sittidae
1. 普通䴓 *Sitta europaea*

四十三、啄花鸟科 Dicaeidae
1. 纯色啄花鸟 *Dicaeum minullum*

四十四、花蜜鸟科 Nectariniidae
1. 蓝喉太阳鸟 *Aethopyga gouldiae*
2. 叉尾太阳鸟 *Aethopyga christinae*

四十五、雀科 Passeridae
1. 山麻雀 *Passer rutilans*
2. 麻雀 *Passer montanus*

四十六、梅花雀科 Estrildidae
1. 白腰文鸟 *Lonchura striata*
2. 斑文鸟 *Lonchura punctulata*

四十七、燕雀科 Fringillidae
1. 金翅雀 *Carduelis sinica*

四十八、鹀科 Emberizidae
1. 凤头鹀 *Melophus lathami*
2. 三道眉草鹀 *Emberiza cioides*
3. 黄眉鹀 *Emberiza chrysophrys*
4. 黄喉鹀 *Emberiza elegans*

（匡中帆　江亚猛　陈东升　李筑眉　胡灿实）

兽类名录

食虫目 INSECTIVORA

一、鼩鼱科 Soricidea
（一）麝鼩属 *Crocidura*
1. 长尾大麝鼩 *Crocidura fuliginosa*

2. 灰麝鼩 *Crocidura attenuate*

（二）臭鼩属 **Suncus**

1. 臭鼩 *Suncus murinus*

翼手目 CHIROPTERA

二、菊头蝠科 Rhinolophidae

（一）菊头蝠属 **Rhinolophus**

1. 皮氏菊头蝠 *Rhinolophus pearsonii*

三、蹄蝠科 Hipposideridae

（一）蹄蝠属 **Hipposideros**

1. 大蹄蝠 *Hipposideros armiger*

四、蝙蝠科 Vespertilionidae

（一）伏翼属 **Pipistrellus**

1. 东亚伏翼 *Pipistrellus abramus*

（二）彩蝠属 **Kerivoula**

1. 彩蝠 *Kerivoula picta*

灵长目 PRIMATES

五、猴科 Cercopithecidae

（一）猕猴属 **Macaca**

1. 猕猴 *Macaca mulatta*

2. 藏酋猴 *Macaca thibetana*

3. 熊猴 *Macaca assamensis*

鳞甲目 PHOLIDOTA

六、鲮鲤科 Manidae

（一）鲮鲤属 **Manis**

1. 中国穿山甲 *Manis pentadactyla*

食肉目 CARNIVORA

七、犬科 Canidae

（一）貉属 **Nyctereutes**

1. 貉 *Nyctereutes procyonoides*

八、熊科 Ursidae

（一）熊属 **Ursus**

1. 黑熊 *Ursus thibetanus*

九、鼬科 Mustelidae

（一）鼬属 **Mustela**

1. 黄腹鼬 *Mustela kathiah*

2. 黄鼬 *Mustela sibirica*

（二）貂属 **Martes**

1. 黄喉貂 *Martes flavigula*

（三）鼬獾属 **Melogale**

1. 鼬獾 *Melogale moschata*

（四）獾属 **Meles**

1. 狗獾 *Meles leucurus*

（五）猪獾属 *Arctonyx*（单型属）

1. 猪獾 *Arctonyx collaris*

十、灵猫科 Viverridae

（一）大灵猫属 *Viverra*

1. 大灵猫 *Viverra zibetha*

（一）小灵猫属 *Viverricula*

1. 小灵猫 *Viverricula indica*

（二）灵狸属 *Prionodon*

1. 斑灵狸 *Prionodon paricolor*

（三）花面狸属 *Paguma*（单型属）

1. 花面狸 *Paguma larvata*

十一、獴科 Herpestidae

（一）獴属 *Herpestes*

1. 食蟹獴 *Herpes tesurva*

十二、猫科 Felidae

（一）豹猫属 *Prionai* **Lurus**

1. 豹猫 *Prionai bengalensis*

（二）金猫属 *Catopuma*

1. 金猫 *Catopuma temminckii*

（三）云豹属 *Neofelis*

27. 云豹 *Neofelis nebulosa*

偶蹄目 ARTIODACTYLA

十三、猪科 Suidae

（一）猪属 *Sus*

1. 野猪 *Sus scrofa*

十四、麝科 Moschidae

（一）麝属 *Moschus*

1. 林麝 *Moschus berezovskii*

十五、鹿科 Cervidae

（一）麂属 *Muntiacus*

1. 小麂 *Muntiacus reevesi*

2. 赤麂 *Muntiacus muntjak*

十六、牛科 Bovidae

（一）斑羚属 *Naemorhedus*

1. 中华斑羚 *Naemorhedus griseus*

啮齿目 PODENTIA

十七、松鼠科 Sciuridae

（一）鼯鼠属 *Petaurista*

1. 红白鼯鼠 *Petaurista alborufus*

（二）丽松鼠属 *Callosciurus*

1. 赤腹松鼠 *Callosciurus erythraeus*

（三）长吻松鼠属 *Dremomys*

1. 珀氏长吻松鼠 *Dremomys pernyi*

2. 红颊长吻松鼠 *Dremomys rufigenis*

（四）花松鼠属 *Tamiops*

1. 隐纹花松鼠 *Tamiops swinhoei*

十八、仓鼠科 Circetidae

（一）绒鼠属 *Eothenomys*

1. 大绒鼠 *Eothenomys miletus*

（二）田鼠属 *Microtus*

1. 东方田鼠 *Microtus fortis*

十九、鼠科 Muridea

（一）姬鼠属 *Apodemus*

1. 黑线姬鼠 *Apodemus agrarius*

2. 高山姬鼠 *Apodemus chevrieri*

（二）硕鼠属 *Berylmys*

1. 青毛硕鼠 *Berylmys bowersi*

（三）小鼠属 *Mus*

1. 小家鼠 *Mus musculus*

（四）巢鼠属 *Micromys*（单型属）

1. 巢鼠 *Micromys minutus*

（五）白腹鼠属 *Niviventer*

1. 北社鼠 *Niviventer confucianus*

（六）家鼠属 *Rattus*

1. 褐家鼠 *Rattus norvegicus*

2. 黄胸鼠 *Rattus tanezumi*

二十、竹鼠科 Rhizomyidae

（一）竹鼠属 *Rhizomys*

1. 银星竹鼠 *Rhizomys pruinosus*

2. 中华竹鼠 *Rhizomys sinensis*

二十一、豪猪科 Hystricidae

（二）豪猪属 *Hystrix*

1. 豪猪 *Hystrix brachyura*

兔形目 LAGOMORPHA

二十二、兔科 Leporidae

（一）兔属 *Lepus*

1. 华南兔 *Lepus sinensis*

（冉景丞　黄小龙　杨　洋　蒙文萍）

科考启动仪式及小结

（均由陈东升拍摄）

※ 全体队员合影

※ 启动仪式

贵 州 省 林 业 厅

省林业厅关于开展从江县月亮山
自然保护区综合科学考察和总体规划
编制工作的通知

省林科院：

  为更好地保护月亮山区良好的森林生态系统和丰富的生物
多样性，进一步推进我省自然保护区的建设和发展，根据从江县
人民政府、黔东南州林业局的请求，经研究，同意开展从江县月
亮山自然保护区综合科学考察，由你院负责组织本次科考和总体
规划编制工作，请严格按照自然保护区科学考察及总体规划编制
的相关技术规程开展。人员组织、后勤保障、经费筹集、成果要
求等相关事宜由你院与从江县林业局协议确定。

※ 林业厅科考文件

※ 第一阶段小结

地形地貌

（均由高华端拍摄）

※ 板岩及地表植被

※ 变余砂岩及其节理

※ 碎屑岩风化坡积物

※ 碎屑岩及网状风化节理

※ 河谷地貌景观

※ 厚层坡积物

※ 流水侵蚀地貌景观

※ 侵蚀谷-脊状山组合地貌

※ 河流景观

地衣植被

（均由孟庆峰拍摄）

※ 大叶梅属 *Parmotrema* sp.

※ 地图衣属 *Rhizocarpon* sp.

※ 鹿蕊属 *Cladina* sp.

※ 蜈蚣衣属 *Physcia* sp.

※ 石蕊属 *Cladonia* sp.

※ 星点梅属 *Punctelia* sp.

※ 地卷属 *Peltigera* sp.

真菌资源

（均由吴兴亮拍摄）

※ 粉被虫草 Cordyceps pruinosa

※ 假小鬼伞
Coprinellus disseminatus

※ 金顶侧耳
Pleurotus citrinopileatus

※ 冷杉附毛菌 Trichaptum abietinum

※ 匙盖假花耳 Dacryopinax spathularia

※ 粗毛韧伞 Lentinus strigosus

※ 鲜红密孔菌
Pycnoporus cinnabarinus

※ 角形栓孔菌 Trametes quarrei

苔藓植物

（均由熊源新拍摄）

※ 地钱 *Marchantia polymorpha*

※ 石地钱 *Reboulia hemisphaerica*

※ 东亚拟鳞叶藓 *Pseudotaxiphyllum pohliaecarpum*

※ 叶苔属 *Jungermannia* sp.

※ 东亚短颈藓 *Diphyscium fulvifolium*

※ 多形带叶苔 *Pallavicinia ambigua*

石松及蕨类植物

（均由苟光前拍摄）

※ 翠云草 *Selaginella uncinata*

※ 福建观音座莲 *Angiopteris fokiensis*

※ 垂穗石松
Palhinhaea cernua

※ 槲蕨 *Drynaria roosii*

※ 庐山石韦 *Pyrrosia sheareri*

※ 石蕨 *Saxiglossum angustissimum*

※ 疏网凤丫蕨 *Coniogramme wilsonii*

※ 乌毛蕨
Blechnum orientale

※ 西南凤尾蕨 *Pteris wallichiana*

※ 鱼鳞蕨
Acrophorus paleolatus

种子植物资源

※ 倒矛杜鹃 *Rhododendron oblancifolium*（杨成华　摄）　※ 短脉杜鹃 *Rhododendron brevinerve*（杨成华　摄）

※ 大果厚皮香 *Ternstroemia insignis*（杨成华　摄）

※ 毛花猕猴桃 *Actinidia eriantha*（杨成华　摄）　　※ 小叶买麻藤 *Gnetum parvifolium*（杨成华　摄）

※ 四照花 *Cornus kousa* subsp. *chinensis*
（冯邦贤　摄）

※ 长毛红山茶 *Camellia villosa*
（安明态　摄）

※ 羽裂唇柱苣苔 *Chirita pinnatifida*
（安明态　摄）

兰科植物

（均由魏鲁明拍摄）

※ 橙黄玉凤花
Habenaria rhodocheila

※ 广东石豆兰
Bulbophyllum kwangtungense

※ 苞舌兰 *Spathoglottis pubescens*

※ 半柱毛兰 *Eria corneri*

※ 春兰 *Cymbidium goeringii*

※ 多花兰 *Cymbidium floribundum*

※ 反瓣虾脊兰 *Calanthe reflexa*

※ 镰翅羊耳蒜 *Liparis bootanensis*

※ 镰萼虾脊兰 *Calanthe puberula*

※ 匍茎毛兰 *Eria clausa*

珍稀特有植物

※ 观光木 *Michelia odora*（安明态 摄）

※ 伯乐树 *Bretschneidera sinensis*（杨加文 摄）

※ 苍背木莲 *Manglietia glaucifolia*（模式产地）

（安明态 摄）

※ 从江含笑 *Michelia chongjiangensis*（特有植物）

（杨成华 摄）

※ 湖南茶藨子 *Ribes hunanense*（新分布）

（杨加文　摄）

※ 南方红豆杉 *axus chinensis* var. *mairei*

（杨加文　摄）

※ 喙核桃 *Annamocaryasinensis*（安明态　摄）

※ 桂南木莲 *Manglietia chingii*（安明态　摄）

15

※ 乐东拟单性木兰
Parakmeria lotungensis
（杨加文　摄）

※ 金毛狗 *Cibotium barometz*（荀光前　摄）

※ 翠柏 *Calocedrus macrolepis*（杨加文　摄）

※ 闽楠 *Phoebe bournei*（杨加文　摄）

※ 柔毛油杉 *Keteleeria pubescens*
（杨加文　摄）

※ 马尾树 *Rhoiptelea chiliantha*（杨加文　摄）

※ 伞花木 *Eurycorymbus cavaleriei*（安明态　摄）　　※ 马蹄参 *Diplopanax stachyathus*（杨加文　摄）

软体动物资源

（均由陈会明拍摄）

※ 雕背马陆 *Epanerchodus* sp.

※ 格氏山蛩 *Spirobolus grahami*

※ 章马陆 *Chamberlinius* sp.

※ 会同华溪蟹 *Sinopotamon huitongense*

※ 榕江米虾 *Caridina rongjiangensis*，雄性

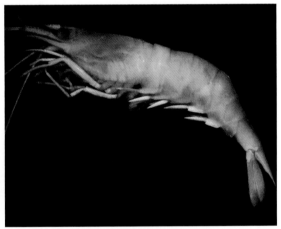

※ 掌肢新米虾指名亚种
　 Neocaridina palmata，雄性

※ 同型巴蜗牛 *Bradybaena similaris*

蜘蛛资源

（均由陈会明拍摄）

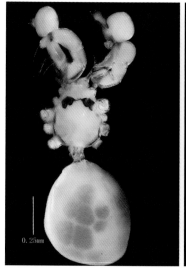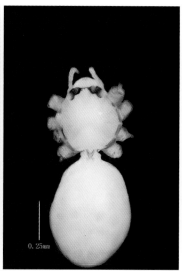

※ 李氏贝尔蛛 *Belisana lii* 雄蛛，雌蛛

※ 镰刀龙隙蛛 *Draconarius drepanoides*

※ 山地艾蛛 *Cyclosa monticola*

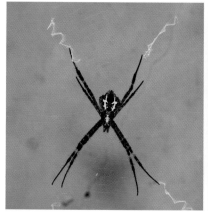

※ 小悦目金蛛 *Argiope minuta*　　※ 叶斑八氏蛛 *Yaginumia sia*　　※ 银斑艾蛛 *Cyclosa argentata*

昆虫资源

（均由余金勇拍摄）

※ 四拟叩甲 *Cyclommathus elsae*

※ 皱背叶甲 *Abiromorphus anceyi*

※ 异色瓢虫 *Harmonia axyridis*

※ 核桃扁叶甲
Gastrolina depressa

※ 阳彩臂金龟
Cheirotonus jansoni

※ 梯斑黑食蚜蝇
Melanostoma scalare

鱼类资源

（均由雷孝平拍摄）

※ 黄颡鱼 Pelteobagrus fulvidraco

※ 状体沙鳅 Botia robusta

※ 虹彩光唇鱼
Acrossocheilus iridescens

※ 刺鲃 Barbodes caldwelli

※ 须鲫 Carassioides cantonensis

爬行动物

（均由田应洲拍摄）

※ 赤链蛇 *Dinodon rufozonatum*

※ 翠青蛇 *Cyclophiops major*

※ 原矛头蝮
Protobothrops mucrosquamatus

※ 王锦蛇 *Elaphe carinata*

※ 黑背白环蛇 *Lycodon ruhstrati*

※ 银环蛇 *Bungarus multicinctus*

两栖动物

（均由田应洲拍摄）

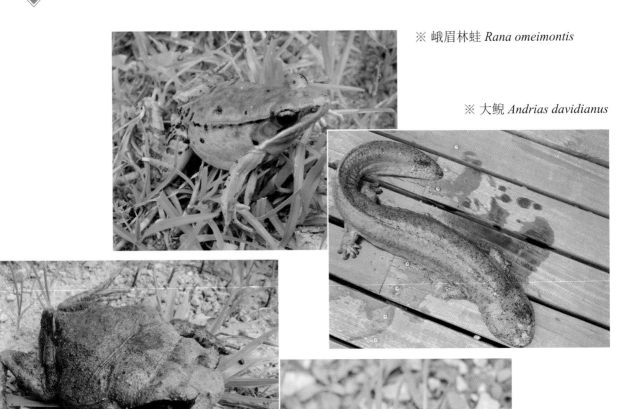

※ 峨眉林蛙 *Rana omeimontis*

※ 大鲵 *Andrias davidianus*

※ 宽头短腿蟾
Brachytarsophrys carinensis

※ 棘侧蛙 *Rana shini*

※ 雷山髭蟾 *Vibrissaphora leishanensis*（幼体）

※ 瑶山肥螈 *Pachytriton inexpectatus*

鸟 类

※ 白颊噪鹛 *Garrulax sannio*（匡中帆 摄）

※ 白鹭 *Egretta garzetta*（匡中帆 摄）

※ 黑喉山鹪莺 *Prinia atrogularis*（陈东升 摄）

※ 红尾水鸲 *Rhyacornis fuliginosa*（雌）（陈东升 摄）　※ 灰眶雀鹛 *Alcippe morrisonia*（匡中帆 摄）

※ 苍鹭
Ardea cinerea
（匡中帆　摄）

※ 蓝矶鸫
Monticola solitarius（雌）
（陈东升　摄）

※ 纯色山鹪莺
Prinia subflava
（匡中帆　摄）

※ 翠鸟 *Alcedo atthis*（匡中帆　摄）

※ 栗耳凤鹛 *Yuhina castaniceps*（匡中帆　摄）

※ 长尾缝叶莺 *Orthotomus sutorius*（陈东升　摄）

※ 小鹀 *Emberiza pusilla*（匡中帆　摄）

自然风光

月亮山

※ 原始植被（陈东升　摄）

※ 月亮山顶（陈东升　摄）

※ 月亮山梯田（陈东升　摄）

月亮山仙境（罗扬　摄）

太阳山

※ 太阳山顶（陈东升　摄）

※ 溪流（陈东升　摄）

※ 春天的太阳山（李茂　摄）

计划大山

※ 常绿阔叶原生林（陈东升　摄）

※ 摆王古寨（李茂　摄）

※远眺计划大山（李茂　摄）

沙坪沟

※ 常绿落叶阔叶混交林（陈东升　摄）

※ 沟谷景观（李茂　摄）

※ 针叶林

※ 牛场河（陈东升　摄）

科考剪影

※ 科考途中

※ 再上月亮山

※ 月亮山冲顶突击队

※ 溪边小憩

※ 宿营

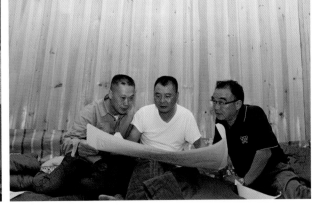

※ 研究考察路线

保护区规划

※ 实地规划（李茂 摄）

※ 专家讨论　　　　　　　　　　　　　　※ 咨询老专家（罗扬 摄）

※ 2014年12月12日，贵州省林业厅组织专家对功能区区划进行评审（李茂 摄）